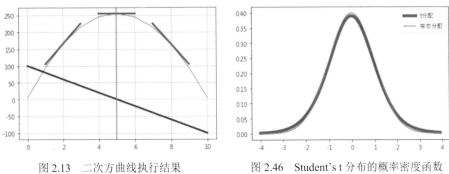

图 2.13 二次方曲线执行结果　　　　图 2.46 Student's t 分布的概率密度函数

(a)　　　　　　　　　　　　　　(b)

图 6.7　各式卷积执行结果

(a) 原图；(b) 灰阶化

图 6.20　颜色数据增补

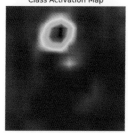

图 6.29　左上角的图像为原图，左下角的图像显示了辨识热区，即猴子的头和颈部都是辨识的主要关键区域

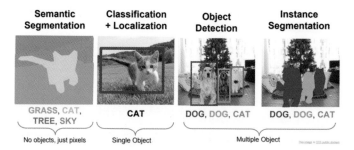

图 8.2　目标检测类型

（图片来源：Detection and Segmentation[4]）

图 8.25　区域推荐

图 9.2 语义分割

图 9.3 实例分割

图 9.21 显示屏蔽

图 10.33 ColorGAN

(图片来源:"Colorization Using ConvNet and GAN"[14])

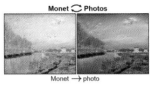

图 10.48 CycleGAN 的功能展示

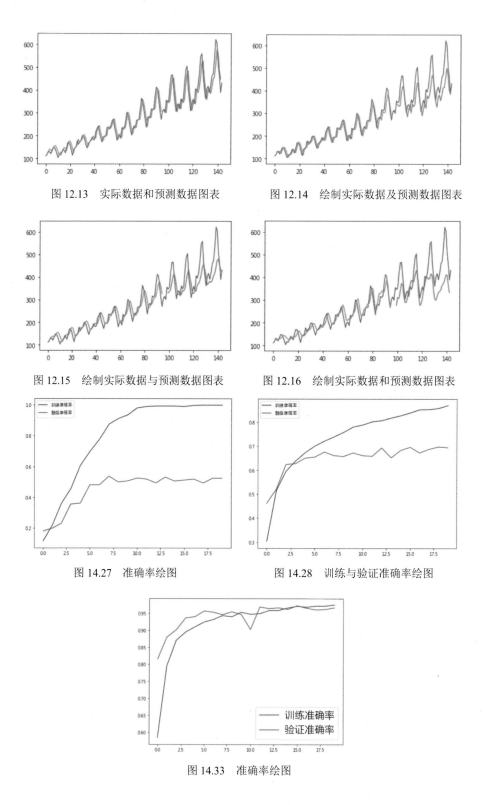

图 12.13　实际数据和预测数据图表

图 12.14　绘制实际数据及预测数据图表

图 12.15　绘制实际数据与预测数据图表

图 12.16　绘制实际数据和预测数据图表

图 14.27　准确率绘图

图 14.28　训练与验证准确率绘图

图 14.33　准确率绘图

洪锦魁　主编

深度学习全书
公式 + 推导 + 代码 + TensorFlow
—— 全程案例 ——

陈昭明　◎　著

清华大学出版社
北京

内 容 简 介

全书共 15 章，分为 5 篇，第一篇说明深度学习的概念，包括数理基础，特点是结合编程解题，加深读者印象，第二篇说明 TensorFlow 的学习地图，从张量、自动微分、梯度下降乃至神经层的实践，逐步解构神经网络，第三篇介绍 CNN 算法、影像应用、转移学习等，第四篇则进入自然语言处理及语音识别的领域，介绍 RNN/BERT/Transformer 算法、相关应用等，最后，介绍强化学习的基础知识，包括马尔可夫决策过程、动态规划、蒙特卡洛、Q Learning 算法，当然，还有相关案例实践。

各章详述如下：

第 1 章介绍 AI 的发展趋势，鉴古知今，了解前两波 AI 失败的原因，比较第三波发展的差异性。

第 2 章介绍深度学习必备的统计／数学基础，不仅要理解相关知识，也力求能撰写程序解题。

第 3 章介绍 TensorFlow 基本功能，包括张量运算、自动微分及神经网络层的组成，并说明梯度下降法求解的过程。

第 4 章开始实践，依照机器学习的十项流程，撰写完整的范例，包括 Web、桌面程序。

第 5 章介绍 TensorFlow 进阶功能，包括各种工具，如 TensorBoard、TensorFlow Serving、Callbacks。

第 6～10 章介绍图像/视讯的算法及各式应用。

第 11～14 章介绍自然语言处理、语音及各式应用。

第 15 章介绍 AlphaGo 的基础——强化学习算法。

本书范例程序代码全部可以通过扫描二维码获取。

本书封面贴有清华大学出版社防伪标签，无标签者不得销售。
版权所有，侵权必究。举报：010-62782989，beiqinquan@tup.tsinghua.edu.cn。

图书在版编目（CIP）数据

深度学习全书：公式+推导+代码+TensorFlow全程案例／洪锦魁主编. 一北京：清华大学出版社，2022.7
ISBN 978-7-302-61030-4

Ⅰ.①深… Ⅱ.①洪… Ⅲ.①人工智能－算法 Ⅳ.①TP18

中国版本图书馆CIP数据核字(2022)第098443号

责任编辑：杜　杨
封面设计：杨玉兰
责任校对：徐俊伟
责任印制：杨　艳

出版发行：清华大学出版社
网　　址：http://www.tup.com.cn，http://www.wqbook.com
地　　址：北京清华大学学研大厦A座　　　邮　编：100084
社 总 机：010-83470000　　　邮　购：010-62786544
投稿与读者服务：010-62776969，c-service@tup.tsinghua.edu.cn
质 量 反 馈：010-62772015，zhiliang@tup.tsinghua.edu.cn

印 装 者：三河市东方印刷有限公司
经　　销：全国新华书店
开　　本：170mm×240mm　　印　张：40.5　　插　页：2　　字　数：991千字
版　　次：2022年9月第1版　　印　次：2022年9月第1次印刷
定　　价：159.00元

产品编号：096173-01

前　言

为何撰写本书

笔者从事机器学习教育行业已有四年，其间也在"IT 邦帮忙"撰写过上百篇文章(https://ithelp.ithome.com.tw/users/20001976/articles)，从学员及读者的回馈中获得了许多宝贵意见，期望能将整个历程集结成册，同时，相关领域的发展也在飞速变化，过往的文章内容需要翻新，因此笔者借机再重整思路，思考如何能将算法的原理解释得更简易清楚，协助读者跨入 AI 的门坎，另外，也尽量避免流于空谈，增加应用范例，希望能使学生实现即学即用，不要有过多理论的探讨。

AI 是一个将数据转化为知识的过程，算法就是过程中的生产设备，最后产出物是模型，再将模型植入各种硬件装置，如计算机、手机、智能音箱、汽车、医疗诊断仪器等，这些装置就拥有了特殊专长的智能，再进一步整合各项技术就可以构建出智能制造、智能金融、智能交通、智慧医疗、智能城市、智能家庭等应用系统。AI 的应用领域如此广阔，个人精力和能力有限，唯有从基础扎根，再扩及有兴趣的领域，因此，笔者撰写这本书的初衷，就是希望读者在扎根的过程中，贡献一点微薄的力量。

本书主要的特点

(1) 笔者身为统计人，希望能**以统计/数学为出发点**，介绍深度学习必备的数理基础，但又不希望内文有太多数学公式的推导，让离开校园已久的在职者看到大量数学符号心生恐惧，因此，本书尝试以**程序设计取代定理证明**，缩短学习历程，增进学习乐趣。

(2) TensorFlow 2.X 版有巨大的变动，默认模式改为 Eager Execution，并以 Keras 为主力，整合 TensorFlow 其他模块，形成完整的架构，本书期望对 TensorFlow 架构作完整性的介绍，并非只是介绍 Keras 而已。

(3) 算法介绍以理解为主，辅以大量图表说明，摒弃长篇大论。

(4) 完整的范例程序及各种算法的延伸应用，以实用为要，希望能触发读者灵感，能在项目或产品内应用。

(5) 介绍日益普及的算法与相关套件的使用，如 YOLO(目标检测)、GAN(生成对抗网络)/DeepFake(深度伪造)、OCR(光学文字辨识)、人脸识别、BERT/Transformer、ChatBot、强化学习、语音识别 (ASR) 等。

目标对象

(1) 深度学习的入门者：必须熟悉 Python 程序语言及机器学习的基本概念。

(2) 数据工程师：以应用系统开发为职业志向，希望能应用各种算法，进行实际操作。

（3）信息工作者：希望能扩展深度学习知识领域。

（4）从事其他领域的工作：希望能一窥深度学习奥秘者。

阅读重点

（1）第 1 章介绍 AI 的发展趋势，鉴古知今，引导读者了解前两波 AI 失败的原因，比较第三波发展的差异性。

（2）第 2 章介绍深度学习必备的统计/数学基础，读者不仅要理解相关知识，也要力求能撰写程序解题。

（3）第 3 章介绍 TensorFlow 的基本功能，包括张量 (Tensor) 运算、自动微分及神经网络模型的组成，并说明梯度下降法求解的过程。

（4）第 4 章开始实作，依照机器学习十项流程，撰写完整的范例，包括 Web、桌面程序等。

（5）第 5 章介绍 TensorFlow 进阶功能，包括各种工具，如 TensorBoard、TensorFlow Serving、Callbacks 等。

（6）第 6～10 章介绍图像/视频的算法及各式应用。

（7）第 11～14 章介绍自然语言处理、语音及各式应用。

（8）第 15 章介绍 AlphaGo 的基础——强化学习算法。

本书范例程序代码和参考文献全部可以通过扫描二维码获取。

致谢

原本笔者计划整理过往文章集结成书，但由于相关技术发展太快，几乎全部重新撰写编排，因此耗时较长，因个人能力有限，还是有许多问题成为遗珠之憾，仍待后续努力，编写过程中感谢栾大成、申美莹在编辑、校正、封面构想环节的尽心协助，也感谢清华大学出版社的大力支持，使本书得以顺利出版，最后要借此书，纪念一位挚爱的亲人。

书中内容如有疏漏、谬误之处或有其他建议，欢迎广大读者来信指教。

陈昭明
2022-08

参考文献.docx

教学课件.pptx

目 录

第一篇 深度学习导论

第1章 深度学习导论 ········ 2
- 1-1 人工智能的三波浪潮 ······ 2
- 1-2 AI的学习地图 ·········· 4
- 1-3 机器学习应用领域 ········ 5
- 1-4 机器学习开发流程 ········ 6
- 1-5 开发环境安装 ··········· 7

第2章 神经网络原理 ········ 12
- 2-1 必备的数学与统计知识 ····· 12
- 2-2 线性代数 ············· 14
  - 2-2-1 向量 ············ 14
  - 2-2-2 矩阵 ············ 18
  - 2-2-3 联立方程式求解 ····· 22
- 2-3 微积分 ··············· 24
  - 2-3-1 微分 ············ 24
  - 2-3-2 微分定理 ········· 29
  - 2-3-3 偏微分 ·········· 32
  - 2-3-4 简单线性回归求解 ··· 36
  - 2-3-5 积分 ············ 37
- 2-4 概率与统计 ············ 41
  - 2-4-1 数据类型 ········· 42
  - 2-4-2 抽样 ············ 43
  - 2-4-3 基础统计 ········· 46
  - 2-4-4 概率 ············ 53
  - 2-4-5 概率分布 ········· 59
  - 2-4-6 假设检定 ········· 69
- 2-5 线性规划 ············· 78
- 2-6 普通最小二乘法与最大似然估计法 ················ 81
  - 2-6-1 普通最小二乘法 ····· 81
  - 2-6-2 最大似然估计法 ····· 84
- 2-7 神经网络求解 ··········· 88
  - 2-7-1 神经网络 ········· 88
  - 2-7-2 梯度下降法 ········ 91
  - 2-7-3 神经网络求解 ······ 94

第二篇　TensorFlow 基础篇

第 3 章　TensorFlow 架构与主要功能 ········ 98

- 3-1　常用的深度学习框架 ········ 98
- 3-2　TensorFlow 架构 ········ 99
- 3-3　张量运算 ········ 100
- 3-4　自动微分 ········ 105
- 3-5　神经网络层 ········ 109

第 4 章　神经网络实践 ········ 114

- 4-1　撰写第一个神经网络程序 ········ 114
  - 4-1-1　最简短的程序 ········ 114
  - 4-1-2　程序强化 ········ 115
  - 4-1-3　实验 ········ 124
- 4-2　Keras 模型种类 ········ 129
  - 4-2-1　Sequential model ········ 129
  - 4-2-2　Functional API ········ 133
- 4-3　神经层 ········ 135
  - 4-3-1　完全连接神经层 ········ 135
  - 4-3-2　Dropout Layer ········ 137
- 4-4　激活函数 ········ 137
- 4-5　损失函数 ········ 142
- 4-6　优化器 ········ 144
- 4-7　效果衡量指标 ········ 148
- 4-8　超参数调校 ········ 152

第 5 章　TensorFlow 其他常用指令 ········ 156

- 5-1　特征转换 ········ 156
- 5-2　模型存盘与加载 ········ 157
- 5-3　模型汇总与结构图 ········ 159
- 5-4　回调函数 ········ 161
  - 5-4-1　EarlyStopping Callbacks ········ 162
  - 5-4-2　ModelCheckpoint Callbacks ········ 163
  - 5-4-3　TensorBoard Callbacks ········ 164
  - 5-4-4　自定义 Callback ········ 165
  - 5-4-5　自定义 Callback 应用 ········ 168
  - 5-4-6　总结 ········ 169
- 5-5　TensorBoard ········ 169
  - 5-5-1　TensorBoard 功能 ········ 169
  - 5-5-2　测试 ········ 171
  - 5-5-3　写入图片 ········ 172
  - 5-5-4　直方图 ········ 173
  - 5-5-5　效果调校 ········ 174
  - 5-5-6　敏感度分析 ········ 175
  - 5-5-7　总结 ········ 176
- 5-6　模型部署与 TensorFlow Serving ········ 176
  - 5-6-1　自行开发网页程序 ········ 176
  - 5-6-2　TensorFlow Serving ········ 178
- 5-7　TensorFlow Dataset ········ 180
  - 5-7-1　产生 Dataset ········ 180
  - 5-7-2　图像 Dataset ········ 184
  - 5-7-3　TFRecord 与 Dataset ········ 186
  - 5-7-4　TextLineDataset ········ 189
  - 5-7-5　Dataset 效果提升 ········ 191

第 6 章　卷积神经网络 ········ 193

- 6-1　卷积神经网络简介 ········ 193

6-2 卷积 …………………………… 194
6-3 各式卷积 ………………………… 197
6-4 池化层 …………………………… 201
6-5 CNN 模型实践 …………………… 202
6-6 影像数据增补 …………………… 206
6-7 可解释的 AI …………………… 211

第 7 章 预先训练的模型 ………219
7-1 预先训练的模型简介 …………… 219
7-2 采用完整的模型 ………………… 221
7-3 采用部分模型 …………………… 225
7-4 转移学习 ………………………… 229
7-5 Batch Normalization 说明……… 233

第三篇 进阶的影像应用

第 8 章 目标检测 ……………… 238
8-1 图像辨识模型的发展 …………… 238
8-2 滑动窗口 ………………………… 239
8-3 方向梯度直方图 ………………… 242
8-4 R-CNN 目标检测 ………………… 252
8-5 R-CNN 改良 ……………………… 263
8-6 YOLO 算法简介 ………………… 266
8-7 YOLO 环境配置 ………………… 269
8-8 以 TensorFlow 实践 YOLO
    模型 …………………………… 274
8-9 YOLO 模型训练 ………………… 280
8-10 SSD 算法………………………… 285
8-11 TensorFlow Object Detection
    API …………………………… 285
8-12 目标检测的效果衡量指标 …… 294
8-13 总结 …………………………… 295

第 9 章 进阶的影像应用 …… 296
9-1 语义分割介绍 …………………… 296
9-2 自动编码器 ……………………… 297
9-3 语义分割实践 …………………… 305
9-4 实例分割 ………………………… 311

9-5 风格转换——人人都可以是
    毕加索 ………………………… 315
9-6 脸部辨识 ………………………… 327
    9-6-1 脸部检测 ………………… 327
    9-6-2 MTCNN 算法 …………… 332
    9-6-3 脸部追踪 ………………… 334
    9-6-4 脸部特征点检测 ………… 340
    9-6-5 脸部验证 ………………… 346
9-7 光学文字辨识 …………………… 349
9-8 车牌辨识 ………………………… 353
9-9 卷积神经网络的缺点 …………… 357

第 10 章 生成对抗网络 ……… 359
10-1 生成对抗网络介绍……………… 359
10-2 生成对抗网络种类……………… 361
10-3 DCGAN ………………………… 364
10-4 Progressive GAN ……………… 375
10-5 Conditional GAN ……………… 380
10-6 Pix2Pix ………………………… 385
10-7 CycleGAN ……………………… 396
10-8 GAN 挑战 ……………………… 406
10-9 深度伪造 ……………………… 406

第四篇 自然语言处理

第 11 章 自然语言处理的介绍 … 412
- 11-1 词袋与 TF-IDF … 412
- 11-2 词汇前置处理 … 416
- 11-3 词向量 … 421
- 11-4 GloVe 模型 … 433
- 11-5 中文处理 … 436
- 11-6 spaCy 库 … 439

第 12 章 自然语言处理的算法 444
- 12-1 循环神经网络 … 444
- 12-2 长短期记忆网络 … 451
- 12-3 LSTM 重要参数与多层 LSTM … 456
- 12-4 Gate Recurrent Unit … 467
- 12-5 股价预测 … 468
- 12-6 注意力机制 … 475
- 12-7 Transformer 架构 … 485
  - 12-7-1 Transformer 原理 … 486
  - 12-7-2 Transformer 效能 … 487
- 12-8 BERT … 488
  - 12-8-1 Masked LM … 488
  - 12-8-2 Next Sentence Prediction … 489
  - 12-8-3 BERT 效能微调 … 490
- 12-9 Transformers 库 … 491
  - 12-9-1 Transformers 库范例 … 491
  - 12-9-2 Transformers 库效能微调 … 501
  - 12-9-3 后续努力 … 507
- 12-10 总结 … 507

第 13 章 聊天机器人 … 508
- 13-1 ChatBot 类别 … 508
- 13-2 ChatBot 设计 … 509
- 13-3 ChatBot 实践 … 511
- 13-4 ChatBot 工具框架 … 514
  - 13-4-1 ChatterBot 实践 … 514
  - 13-4-2 Chatbot AI 实践 … 517
  - 13-4-3 Rasa 实践 … 520
- 13-5 Dialogflow 实践 … 523
  - 13-5-1 Dialogflow 安装 … 525
  - 13-5-2 Dialogflow 基本功能 … 527
  - 13-5-3 履行 … 532
- 13-6 总结 … 536

第 14 章 语音识别 … 537
- 14-1 语音基本认识 … 538
- 14-2 语音前置处理 … 549
- 14-3 语音相关的深度学习应用 … 561
- 14-4 自动语音识别 … 574
- 14-5 自动语音识别实践 … 577
- 14-6 总结 … 578

第五篇　强化学习

第15章　强化学习 ………… 580

- 15-1　强化学习的基础 ………… 581
- 15-2　强化学习模型 ………… 583
- 15-3　简单的强化学习架构 ………… 586
- 15-4　Gym 库 ………… 593
- 15-5　Gym 扩充功能 ………… 600
- 15-6　动态规划 ………… 602
- 15-7　值循环 ………… 607
- 15-8　蒙特卡洛 ………… 610
- 15-9　时序差分 ………… 619
- 15-10　其他算法 ………… 628
- 15-11　井字游戏 ………… 630
- 15-12　木棒小车 ………… 636
- 15-13　总结 ………… 637

第一篇 深度学习导论

在进入深度学习的殿堂前,学生通常会问以下的问题。
(1) 人工智能已历经三波浪潮,这一波是否又将进入寒冬?
(2) 人工智能、数据科学、数据挖掘、机器学习、深度学习到底有何关联?
(3) 机器学习开发流程与一般应用系统开发有何差异?
(4) 深度学习的学习路径为何?建议从哪里开始?
(5) 为什么要先学习数学与统计,才能学好深度学习?
(6) 先学哪一种深度学习框架比较好?是 TensorFlow 还是 PyTorch?
(7) 如何准备开发环境?

在本篇内容中,第 1 章先对以上的问题做简单的介绍,第 2 章则介绍深度学习必备的数学与统计基础知识。有别于学校教学的是,我们会偏重在程序的实践。

第 1 章
深度学习导论

1-1 人工智能的三波浪潮

人工智能 (Artificial Intelligence, AI) 并不是最近几年才兴起的,目前已经是它第三波热潮了,前两波热潮都经历了十余年,就迈入了寒冬,这一波热潮至今已超过十年 (2010 至今),是否又将迈入寒冬呢?如图 1.1 所示,我们就先来重点回顾一下人工智能的三波浪潮吧。

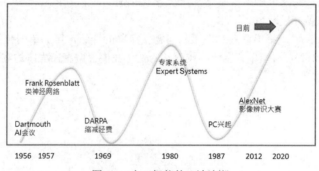

图 1.1 人工智能的三波浪潮

(1) 1956 年在达特茅斯 (Dartmouth) 学院举办了 AI 会议,确立了第一波浪潮的开始。

(2) 1957 年 Frank Rosenblatt 创建了感知器 (Perceptron),即简易的神经网络,然而当时并无法解决复杂多层的神经网络问题,直至 1980 年代才想出解决办法。

(3) 1969 年美国国防部高级研究规则局 (DARPA) 基于投资报酬率过低,决定缩减 AI 研究经费,AI 的发展迈入了第一波寒冬。

(4) 1980 年专家系统 (Expert Systems) 兴起,企图将各行各业专家的内隐知识外显为一条条的规则,从而建立起专家系统,不过因不切实际,且需要使用大型且昂贵的计算机设备,才能够建构相关系统,适逢个人计算机 (PC) 的流行,相较之下,AI 的发展势头就被掩盖下去了,至此,AI 的发展迈入了第二波寒冬。

(5) 2012 年多伦多大学 Geoffrey Hinton 研发团队利用分布式计算环境及大量影像数据,结合过往的神经网络知识,开发了 AlexNet 神经网络,参加了 ImageNet 影像辨识大赛,该神经网络大放异彩,把错误率降低了十几个百分比,就此兴起了 AI 的第三波浪潮,至今方兴未艾。

第三波热潮至今也已超过十年,是否又将迈入寒冬呢?如图 1.2 所示,观察这一波热潮，相较于过去前两波，具备了以下几个优势。

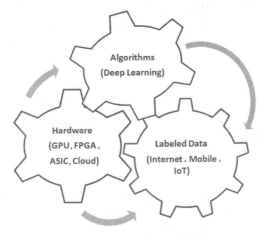

图 1.2　第三波 AI 浪潮的触媒

1. 发展方式由下往上

先架构基础功能，从影像、语音、文字辨识开始，再逐步往上构建各式的应用，如自动驾驶 (Self Driving)、聊天机器人 (ChatBot)、机器人 (Robot)、智慧医疗、智慧城市等，这种由下往上的发展方式比较扎实。

2. 硬件的快速发展

(1) 摩尔定律的发展速度：IC 上可容纳的晶体管数目，约每隔 18 个月至两年便会增加一倍，简单来说，就是 CPU 每隔两年便会提速一倍，过去 50 年均循此轨迹发展，此定律在未来十年也可能会继续适用，之后量子计算机 (Quantum Computing) 等新科技可能会继续接棒，目前计算机要计算几百年的工作，量子计算机预计只要 30 分钟即可完成，如果成真，那时又将是另一番光景。

(2) 云端数据中心的建立：大型 IT 公司在世界各地兴建大型的数据中心，采取"用多少付多少"(Pay as you go) 的模式。由于模型训练时，通常需要大量运算，因此采用云端方案，一般企业就不需在前期购买昂贵的设备，仅需支付必要的运算费用，也不需冗长的采购流程，只要几分钟就能开通 (Provisioning) 所需设备，省钱省时。

(3) GPU/ NPU 的开发：深度学习主要是以矩阵运算为主，GPU 这方面比 CPU 快很多倍，专门生产 GPU 的 NVIDIA 公司因而大放异彩，市值超越了 Intel 公司[1]。当然其他硬件及系统厂商不会错失如此良机，因此各式的 NPU(Neural-network Processing Unit) 或 XPU 纷纷出笼，积极抢食这块"蛋糕"，各项产品使得运算速度越来越快，模型训练的时间大幅缩短，通常模型调校需要反复训练，如果能在短时间得到答案，对数据科学家而言，也将是一大福音。另外，连接现场装置的计算机 (Raspberry pi、Jetson Nano、Auduino 等)，体积越来越小，运算能力越来越强，对于边缘运算也有很大的帮助，如监视器、无人机等。

3. 算法推陈出新

过去由于计算能力有限，许多无法在短时间训练完成的算法一一解封，尤其是神经网络，现在已经可以建构上百层的模型，运算的参数也可以高达上兆个，都能在短时间内调校出最佳模型，因此，模型设计就可以更复杂，算法逻辑也能够更完备。

4. 大量数据的搜集及标注 (Labeling)

人工智能必须依赖大量数据，让计算机学习，从中挖掘知识，近年来因特网 (Internet) 及手机 (Mobile) 盛行，企业可以透过社群媒体搜集到大量数据，再加上物联网 (IoT) 也可以借由传感器产生源源不断的数据，作为深度学习的"养分"（训练数据），而这些大型的网络公司资金充足，可以雇佣大量的人力，进行数据标注，确保数据的质量，使得训练出来的模型越趋精准。

因此，根据以上的趋势发展，笔者猜测第三波的热潮在短期内应该不会迈入寒冬。

1-2 AI 的学习地图

AI 的发展划分为三个阶段，每一阶段的重点分别为人工智能、机器学习 (Machine Learning)、深度学习 (Deep Learning)，每一阶段都在缩小范围，聚焦在特定的算法，机器学习是人工智能的部分领域，而深度学习又属于机器学习的部分算法，如图 1.3 所示。

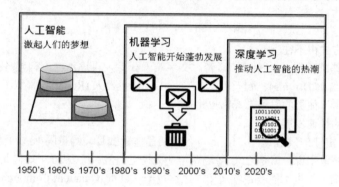

图 1.3　AI 三个阶段的重点

而一般教育机构规划 AI 的学习地图即依照这个轨迹，逐步深入各项技术，通常分为四个阶段，如图 1.4 所示。

图 1.4　AI 学习地图

(1) 数据科学 (Data Science) 入门：内容包括 Python/R 程序语言、数据分析 (Data Analysis)、大数据平台 (Hadoop、Spark) 等。

(2) 机器学习：包含一些典型的算法，如回归、Logistic 回归、支持向量机 (SVM)、K-means 聚类算法等，这些算法虽然简单，但却非常实用，比较容易在一般企业内普遍性地导入。通常机器学习的大致分类如图 1.5 所示。

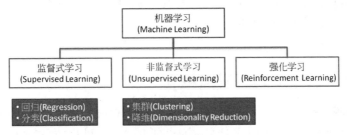

图 1.5　机器学习分类

最新的发展还有半监督学习 (Semi-supervised Learning)、自我学习 (Self Learning)、联合学习 (Federated Learning) 等，不一而足，我们千万不要被分类限制了想象。

另外，数据挖掘 (Data Mining) 与机器学习的算法大量重叠，其间的差异在于，数据挖掘是着重挖掘数据的隐藏样态 (Pattern)，而机器学习则着重于预测。

(3) 深度学习：深度学习属于机器学习中的一环，所谓深度 (Deep) 是指多层式架构的模型，如各种神经网络 (Neural Network) 模型、强化学习 (Reinforcement Learning, RL) 算法等，以多层的神经层或 try-and-error 的方式实现以优化 (Optimization) 或反复的方式求解。

(4) 实务及专题探讨 (Capstone Project)：将各种算法应用于各类领域、行业，强调专题探讨及产业应用实践。

1-3　机器学习应用领域

机器学习的应用其实早已在不知不觉中融入我们的生活中了，举例如下。

(1) 社群软件大量运用 AI，预测用户的行为模式，过滤垃圾信件。
(2) 电商运用 AI，依据每位消费者的喜好推荐合适的商品。
(3) 还有各式的 3C 产品，包括手机、智能音箱，以人脸识别取代登录、语音识别代替键盘输入。
(4) 聊天机器人取代客服人员，提供营销服务。
(5) 制造机器人 (Robot) 提供智能制造、老人照护、儿童陪伴，凡此种种，不及备载。
AI 相关的应用领域如图 1.6 所示。

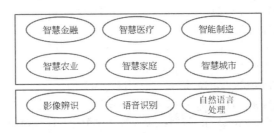

图 1.6　AI 应用领域

目前相对热门的研发领域如下。
(1) 各种疾病的诊断 (Medical Diagnostics) 及新药的开发。

(2) 聊天机器人：包括营销、销售及售后服务的支持。
(3) 目标检测 (Object Detection)/ 人脸辨识 (Facial Recognition)。
(4) 自动驾驶 (Self Driving)。
(5) 制造机器人。

1-4　机器学习开发流程

一般来说，机器学习开发流程 (Machine Learning Workflow)，有许多种建议的模型，如数据挖掘流程，包括 CRISP-DM(Cross-Industry Standard Process for Data Mining)、Google Cloud 建议的流程[2]等，个人偏好的流程如图 1.7 所示。

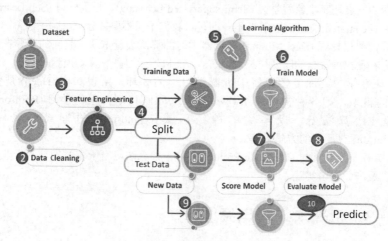

图 1.7　机器学习开发流程

机器学习开发流程大概分为十个步骤，这里不含较高层次的企业需求了解 (Business Understanding)，只包括实际开发的步骤。

(1) 搜集数据，汇整为数据集 (Dataset)。

(2) 数据清理 (Data Cleaning)、数据探索与分析 (Exploratory Data Analysis, EDA)：EDA 通常是指以描述统计量及统计图观察数据的分布，了解数据的特性、极端值 (Outlier)、变量之间的关联性。

(3) 特征工程 (Feature Engineering)：原始搜集的数据未必是影响预测目标的关键因素，有时候需要进行数据转换，以找到关键的影响变量。

(4) 数据切割 (Data Split)：切割为训练数据 (Training Data) 及测试数据 (Test Data)，一份数据提供模型训练之用，另一份数据则用于衡量模型效果，如准确度。切割的主要目的是确保测试数据不会参与训练，以维持其公正性，即 Out-of-Sample Test。

(5) 选择算法 (Learning Algorithms)：依据问题的类型选择适合的算法。

(6) 模型训练 (Model Training)：以算法及训练数据进行训练，产出模型。

(7) 模型计分 (Score Model)：计算准确度等效果指标，评估模型的准确性。

(8) 模型评估 (Evaluate Model)：比较多个参数组合、多个算法的准确度，找到最佳参数与算法。

(9) 部署 (Deploy)：复制最佳模型至正式环境 (Production Environment)，制作使用界

面或提供 API，通常以网页服务 (Web Services) 作为预测的 API。

(10) 预测 (Predict)：客户端传入新数据或文件，系统以模型进行预测，传回预测结果。

机器学习开发流程与一般应用系统开发有何差异？最大的差别如图 1.8 所示。

(1) 一般应用系统利用输入数据与转换逻辑产生输出，如撰写报表，根据转换规则将输入字段转换为输出字段；但机器学习会先产生模型，再根据模型进行预测，重用性 (Reuse) 高。

(2) 机器学习除了输入数据外，还会搜集大量历史数据或在 Internet 中抓取一堆数据，作为塑模的"饲料"。

(3) 新产生的数据可回馈入模型中，重新训练，自我学习，使模型更"聪明"。

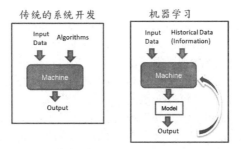

图 1.8　机器学习与一般应用系统开发流程的差异

1-5　开发环境安装

1. 开发环境安装

Python 是目前机器学习主流的程序语言，可以直接在本机安装开发环境，亦能使用云端环境，首先介绍本机安装的程序，建议依照以下顺序安装。

(1) 安装 Anaconda：建议安装此软件，它内含 Python 及上百个常用工具包。用户可先至 https://www.anaconda.com/products/individual 下载安装文件，在 Windows 操作系统安装时，建议执行到图 1.9 所示画面时，将两者都勾选，就可将安装路径加入至环境变量 Path 内，这样就能保证在任何目录下均可执行 Python 程序。Mac/Linux 系统则须自行修改登录文件 (Profile)，增加 Anaconda 安装路径。

图 1.9　Anaconda 安装注意事项

(2) 安装 TensorFlow 最新版：Windows 操作系统安装时，运行 cmd 命令，开启 DOS 窗口，Mac/Linux 则须开启终端机，输入：

pip install TensorFlow

注意：此指令同时支持 CPU 及 GPU，但要支持 **GPU 须另外安装驱动程序及 SDK**。

(3) 测试：安装完成，在 DOS 窗口或终端机内，输入 python，进入交互式环境，再输入以下指令进行测试：

> import tensorflow

> exit()

① 若出现下列错误：

from tensorflow.python._pywrap_tensorflow_internal import *

ImportError：DLL load failed：The specified module could not be found.

则可能是 Windows 操作系统较旧，须安装 MSVC 2019 runtime。

② 如果还是出现 DLL cannot be loaded.，也可使用 Anaconda 提供的指令来安装。

conda install tensorflow。

③ **注意**：若安装 Python V3.7 或更旧版，则只能安装 TensorFlow 2.0.0 版或以下版本。

(4) 若要支持 GPU，则还需安装 CUDA Toolkit、cuDNN SDK，只能安装 TensorFlow 支持的版本，请参考 TensorFlow 官网说明 [3]，如图 1.10 所示。

软件要求

必须在系统中安装以下 NVIDIA® 软件：
- NVIDIA® GPU 驱动程序：CUDA® 11.0 需要 450.x 或更高版本。
- CUDA® 工具包：TensorFlow 支持 CUDA® 11（TensorFlow 2.4.0 及更高版本）
- CUDA® 工具包附带的 CUPTI。
- cuDNN SDK 8.0.4 cuDNN 版本。
- （可选）TensorRT 6.0，可缩短用某些模型进行推断的延迟时间并提高吞吐量。

图 1.10　TensorFlow 支持的 CUDA Toolkit 版本

注意：目前只支持 **NVIDIA** 独立显卡，若是较旧型的显卡，则必须查阅驱动程序搭配的版本信息请参考 NVIDIA 官网说明 [4]，如图 1.11 所示。

Table 2. CUDA Toolkit and Compatible Driver Versions

CUDA Toolkit	Linux x86_64 Driver Version	Windows x86_64 Driver Version
CUDA 11.1.1 Update 1	>=455.32	>=456.81
CUDA 11.1 GA	>=455.23	>=456.38
CUDA 11.0.3 Update 1	>= 450.51.06	>= 451.82
CUDA 11.0.2 GA	>= 450.51.05	>= 451.48
CUDA 11.0.1 RC	>= 450.36.06	>= 451.22
CUDA 10.2.89	>= 440.33	>= 441.22
CUDA 10.1 (10.1.105 general release, and updates)	>= 418.39	>= 418.96
CUDA 10.0.130	>= 410.48	>= 411.31
CUDA 9.2 (9.2.148 Update 1)	>= 396.37	>= 398.26
CUDA 9.2 (9.2.88)	>= 396.26	>= 397.44
CUDA 9.1 (9.1.85)	>= 390.46	>= 391.29
CUDA 9.0 (9.0.76)	>= 384.81	>= 385.54
CUDA 8.0 (8.0.61 GA2)	>= 375.26	>= 376.51
CUDA 8.0 (8.0.44)	>= 367.48	>= 369.30
CUDA 7.5 (7.5.16)	>= 352.31	>= 353.66
CUDA 7.0 (7.0.28)	>= 346.46	>= 347.62

图 1.11　CUDA Toolkit 版本与驱动程序的搭配

(5) 提醒各位读者，低端的显卡，若不能安装 TensorFlow 支持的版本，就不用安装 CUDA Toolkit、cuDNN SDK 了，因为显卡内存过小，执行 TensorFlow 时常常会发生内存不足 (OOM) 的错误，徒增困扰。

(6) CUDA Toolkit、cuDNN SDK 安装成功后，将安装路径下的 bin、libnvvp 加入至环境变量 Path 中，如图 1.12 所示。

图 1.12　将 bin、libnvvp 加入 Path 中

(7) 安装若有其他问题，可参考笔者的博客文章 "Day 01：轻松掌握 Keras"[5]。

2. 云端环境的开通

我们再来谈谈云端环境的开通，Google、AWS、Azure 都提供机器学习的开发环境，这里介绍免费的 Google 云端环境——Colaboratory，须具备 Gmail 账号才能使用，其具以下特点。

(1) 常用的框架均已预安装，包括 TensorFlow。

(2) 免费的 GPU：NVIDIA Tesla K80 GPU 显卡，含 12GB 内存，设置合理。

(3) 它在使用时实时开通 Docker Container，限连续使用 12 小时，超时的话虚拟环境会被回收，所有程序、数据一律会被删除。

开通程序如下。

(1) 使用 Google Chrome 浏览器，进入云端硬盘 (Google Drive) 接口。

(2) 建立一个目录，如 "0"，并切换至该目录，如图 1.13 所示。

图 1.13　新建目录

(3) 在屏幕中间右击，选择"更多">"关联更多应用"选项，如图 1.14 所示。

图 1.14　连结应用程序

(4) 在搜索栏输入"Colaboratory"，找到后单击该 App，单击"Connect"按钮即可开通，如图 1.15 和图 1.16 所示。

图 1.15　搜索"Colaboratory"

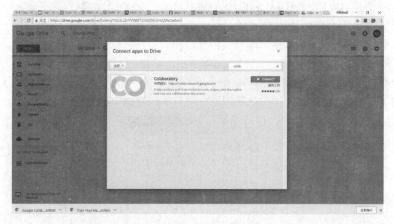

图 1.16　开通"Colaboratory"

(5) 开通后，即可开始使用，可新增一个"Colaboratory"的文件，如图 1.17 所示。

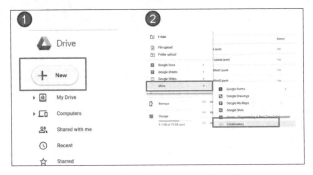

图 1.17　新增"Colaboratory"文件

(6) Google Colaboratory 会自动开启虚拟环境,建立一个空白的 Jupyter Notebook 文件,后缀为 ipynb,几乎所有的云端环境及大数据平台 Databricks 都以 Notebook 为主要使用接口,如图 1.18 所示。

图 1.18　自动建立空白 Jupyter Notebook 文件

(7) 或者直接以鼠标双击 Notebook 文件,也可以自动开启虚拟环境,进行编辑与执行。本机的 Notebook 文件也可以上传至云端硬盘,选择使用完全不用转换,非常方便。

(8) 若要支持 GPU 可设定运行环境使用 GPU 或 TPU,TPU 为 Google 发明的 NPU,如图 1.19 所示。

图 1.19　设定运行环境使用 GPU 或 TPU

(9) "Colaboratory"相关操作,可参考官网说明[6]。

注意:本书所附的范例程序,一律为 Notebook 文件,因为 Notebook 可以使用 Markdown 语法撰写美观的说明,包括数学公式,另外,程序可以单独执行,便于讲解,相关的用法可以参考 *Jupyter Notebook:An Introduction* [7]。

第 2 章
神经网络原理

2-1 必备的数学与统计知识

现在我们每天几乎都会通过各种渠道看到几则有关人工智能 (AI) 的新闻，介绍 AI 的各式研发成果，很多人基于好奇也许会想一窥究竟，了解背后运用的技术与原理，就会发现一堆数学符号及统计公式，也许会产生疑问：要从事 AI 系统开发，非要搞定数学、统计不可吗？答案是肯定的，我们都知道机器学习是从数据中学习到知识 (Knowledge Discovery from Data, KDD)，而算法就是从数据中萃取出知识的"榨汁机"，它必须以数学及统计为理论基础，才能证明其解法具有公信力与精准度，然而数学/统计理论都有局限，只有在假设成立的情况下，算法才是有效的，因此，如果不了解算法中的各个假设，随意套用公式，就好像无视交通规则，在马路上任意飙车一样危险。

(图片来源：*Decision makers need more math*[1])

因此，以深度学习而言，我们至少需要熟悉下列学科：①线性代数 (Linear Algebra)；②微积分 (Calculus)；③概率论与数理统计 (Probability and Statistics)；④线性规划 (Linear Programming)，如图 2.1 所示。

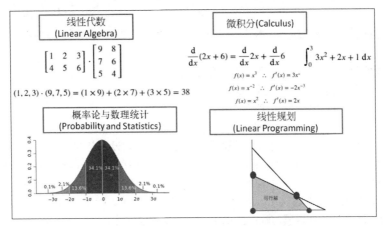

图 2.1 必备的数学与统计知识

以神经网络优化求解的过程为例,上述四门学科就全部用上了,如图 2.2 所示。

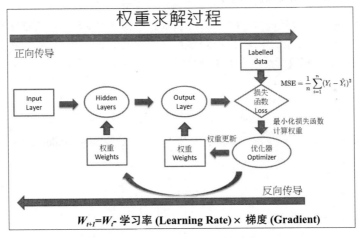

图 2.2 神经网络权重求解过程

(1) 正向传导:借由线性代数计算误差及损失函数。

(2) 反向传导:透过偏微分计算梯度,同时,利用线性规划优化技巧寻找最佳解。

(3) 统计串联整个环节,如数据的探索与分析、损失函数定义、效果衡量指标等,都是基于统计的理论架构而成的。

(4) 深度学习的推论以概率为基础,预测目标值。

四项学科相互为用,贯穿整个求解过程,因此,要通晓深度学习的运作原理,并且正确选用各种算法,甚至进而能够修改或创新算法,都必须对其背后的数学和统计有一定基础的认识,以免误用或滥用。

四门学科在大学至少都是两学期的课程,对已经离开大学殿堂很久的工程师而言,在上班之余,还要重修上述课程,相信大部分的人都会萌生退意了!那么我们是否有速成的快捷方式呢?

笔者在这里借用一个概念 Statistical Programming,原意是"以程序解决统计问题",换个角度想,我们是不是也能**以程序设计的方式学统计**,以缩短学习历程呢？

通常我们按部就班地学习数学及统计，都是从"假设"→"定义/定理"→"证明"→"应用"，一步一步学习。

(1)"假设"是"定义/定理"成立的前提。

(2)"证明"是"定理"的验证。

(3)"应用"是"定义/定理"的实践。

由于"证明"都会有一堆的数学符号及公式推导，经常会让人头晕脑涨，降低学习的效率，因此，笔者大胆建议，工程师将心力着重在假设、定义、定理的理解与应用，并利用程序进行大量个案的验证，虽然忽略了证明的做法，会让学习无法彻底地融会贯通，但是对已进入职场的工程师会是一种较为可行的快捷方式。

接下来我们就以上述做法，对四项学科进行重点介绍，除了说明深度学习需要理解的知识外，更强调如何**以撰写程序实现相关理论及解题方法**。

2-2 线性代数

张量 (Tensor) 是描述向量空间 (Vector Space) 中物体的特征，包括零维的纯量、一维的向量 (Vector)、二维的矩阵 (Matrix) 或更多维度的张量，线性代数则是说明张量如何进行各种运算，它被广泛应用于各种数值分析的领域。以下就以实例说明张量的概念与运算。

2-2-1 向量

向量是一维的张量，它与线段的差别是除了长度 (Magnitude) 以外，还有方向 (Direction)，其数学表示法为

$$v = \begin{bmatrix} 2 \\ 1 \end{bmatrix}$$

图形表示如图 2.3 所示。

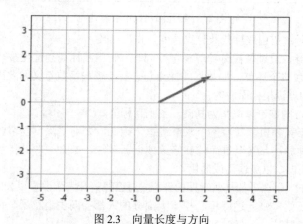

图 2.3　向量长度与方向

下面使用程序计算向量的长度与方向，**请参阅 02_01_ 线性代数 _ 向量 .ipynb**。

1. 长度

计算公式为欧几里得距离 (Euclidean Distance)，即

$$\|v\| = \sqrt{v_1^2 + v_2^2} = \sqrt{5}$$

程序代码如下：

```
1  # 向量(Vector)
2  v = np.array([2,1])
3
4  # 向量长度(Magnitude)计算
5  (v[0]**2 + v[1]**2) ** (1/2)
```

也可以使用 np.linalg.norm() 计算向量长度，程序代码如下：

```
1  # 使用 np.linalg.norm() 计算向量长度(Magnitude)
2  import numpy as np
3
4  magnitude = np.linalg.norm(v)
5  print(magnitude)
```

2. 方向

使用 $\tan^{-1}()$ 函数计算

$$\tan(\theta) = \frac{1}{2}$$

移项为

$$\theta = \tan^{-1}\left(\frac{1}{2}\right) \approx 26.57°$$

程序代码如下：

```
1   import math
2   import numpy as np
3
4   # 向量(Vector)
5   v = np.array([2,1])
6
7   vTan = v[1] / v[0]
8   print ('tan(θ) = 1/2')
9
10  theta = math.atan(vTan)
11  print('弧度(radian) =', round(theta,4))
12  print('角度(degree) =', round(theta*180/math.pi, 2))
13
14  # 也可以使用 math.degrees()转换角度
15  print('角度(degree) =', round(math.degrees(theta), 2))
```

3. 向量四则运算规则

(1) 加减乘除一个常数：常数直接对每个元素作加减乘除。

(2) 加减乘除另一个向量：两个向量相同位置的元素作加减乘除，所以两个向量的元素个数必须相等。

4. 向量加减法

向量加减一个常数，长度、方向均改变。

(1) 程序代码如下：

```python
# 载入库
import numpy as np
import matplotlib.pyplot as plt

# 向量(Vector) + 2
v = np.array([2,1])
v1 = np.array([2,1]) + 2
v2 = np.array([2,1]) - 2

# 原点
origin = [0], [0]

# 画有箭头的线
plt.quiver(*origin, *v1, scale=10, color='r')
plt.quiver(*origin, *v, scale=10, color='b')
plt.quiver(*origin, *v2, scale=10, color='g')

plt.annotate('orginal vector',(0.025, 0.01), xycoords='data'
             , fontsize=16)

# 作图
plt.axis('equal')
plt.grid()

plt.xticks(np.arange(-0.05, 0.06, 0.01), labels=np.arange(-5, 6, 1))
plt.yticks(np.arange(-3, 5, 1) / 100, labels=np.arange(-3, 5, 1))
plt.show()
```

(2) 执行结果：如图 2.4 所示。

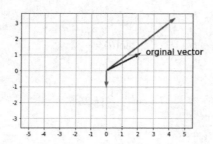

图 2.4　向量加减一个常数，长度、方向均改变

5. 向量乘除法

向量乘除一个常数，长度改变、方向不改变。

(1) 程序代码如下：

```python
# 载入库
import numpy as np
import matplotlib.pyplot as plt

# 向量(Vector) * 2
v = np.array([2,1])
v1 = np.array([2,1]) * 2
v2 = np.array([2,1]) / 2

# 原点
origin = [0], [0]

# 画有箭头的线
plt.quiver(*origin, *v1, scale=10, color='r')
plt.quiver(*origin, *v, scale=10, color='b')
plt.quiver(*origin, *v2, scale=10, color='g')

plt.annotate('orginal vector',(0.025, 0.008), xycoords='data'
             , color='b', fontsize=16)

# 作图
plt.axis('equal')
plt.grid()

plt.xticks(np.arange(-0.05, 0.06, 0.01), labels=np.arange(-5, 6, 1))
plt.yticks(np.arange(-3, 5, 1) / 100, labels=np.arange(-3, 5, 1))
plt.show()
```

(2) 执行结果：如图 2.5 所示。

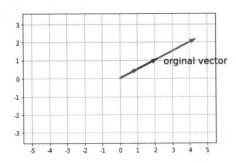

图 2.5　向量乘除一个常数，长度改变、方向不改变

6. 向量加减乘除另一个向量

两个向量的相同位置的元素作加减乘除。

(1) 程序代码如下：

```python
1  # 载入库
2  import numpy as np
3  import matplotlib.pyplot as plt
4  
5  # 向量(Vector) * 2
6  v = np.array([2,1])
7  s = np.array([-3,2])
8  v2 = v+s
9  
10 # 原点
11 origin = [0], [0]
12 
13 # 画有箭头的线
14 plt.quiver(*origin, *v, scale=10, color='b')
15 plt.quiver(*origin, *s, scale=10, color='b')
16 plt.quiver(*origin, *v2, scale=10, color='g')
17 
18 plt.annotate('orginal vector',(0.025, 0.008), xycoords='data'
19              , color='b', fontsize=16)
20 
21 # 作图
22 plt.axis('equal')
23 plt.grid()
24 
25 plt.xticks(np.arange(-0.05, 0.06, 0.01), labels=np.arange(-5, 6, 1))
26 plt.yticks(np.arange(-3, 5, 1) / 100, labels=np.arange(-3, 5, 1))
27 plt.show()
```

(2) 执行结果：如图 2.6 所示。

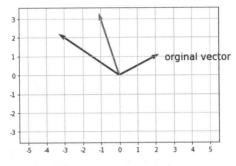

图 2.6　向量加另一个向量

7. "内积"或称"点积"(Dot Product)

公式为

$$\boldsymbol{v} \cdot \boldsymbol{s} = (v_1 \cdot s_1) + (v_2 \cdot s_2) \cdots + (v_n \cdot s_n)$$

numpy 是以 @ 作为内积的运算符号，而非 *。程序代码如下：

```
1   # 载入库
2   import numpy as np
3
4   # 向量(Vector)
5   v = np.array([2,1])
6   s = np.array([-3,2])
7
8   #'内积'或称'点积乘法'(Dot Product)
9   d = v @ s
10
11  print (d)
```

8. 计算两个向量的夹角

公式为

$$\boldsymbol{v} \cdot \boldsymbol{s} = \|\boldsymbol{v}\|\|\boldsymbol{s}\|\cos\theta$$

移项，得

$$\cos\theta = \frac{\boldsymbol{v} \cdot \boldsymbol{s}}{\|\boldsymbol{v}\|\|\boldsymbol{s}\|}$$

再利用 $\cos^{-1}()$ 计算夹角 θ。程序代码如下：

```
1   # 载入库
2   import math
3   import numpy as np
4
5   # 向量(Vector)
6   v = np.array([2,1])
7   s = np.array([-3,2])
8
9   # 计算长度(Magnitudes)
10  vMag = np.linalg.norm(v)
11  sMag = np.linalg.norm(s)
12
13  # 计算 cosine(θ)
14  cos = (v @ s) / (vMag * sMag)
15
16  # 计算 θ
17  theta = math.degrees(math.acos(cos))
18
19  print(theta)
```

2-2-2 矩阵

矩阵是二维的张量，拥有行 (Row) 与列 (Column)，可用于表达一个平面 N 个点 ($N\times 2$)、或一个 3D 空间 N 个点 ($N\times 3$)，例如：

$$A = \begin{bmatrix} 1 & 2 & 3 \\ 4 & 5 & 6 \end{bmatrix}$$

矩阵加法／减法与向量相似，相同位置的元素作运算即可，但乘法运算通常是指内积,使用 @。

➢ 以下程序请参考 **02_02_线性代数_矩阵.ipynb**。

1. 两个矩阵相加

$$\begin{bmatrix} 1 & 2 & 3 \\ 4 & 5 & 6 \end{bmatrix} + \begin{bmatrix} 6 & 5 & 4 \\ 3 & 2 & 1 \end{bmatrix} = \begin{bmatrix} 7 & 7 & 7 \\ 7 & 7 & 7 \end{bmatrix}$$

程序代码如下:

```
1   # 载入库
2   import numpy as np
3
4   # 矩阵
5   A = np.array([[1,2,3],
6                 [4,5,6]])
7   B = np.array([[6,5,4],
8                 [3,2,1]])
9
10  # 加法
11  print(A + B)
```

2. 两个矩阵相乘

$$\begin{bmatrix} 1 & 2 & 3 \\ 4 & 5 & 6 \end{bmatrix} \cdot \begin{bmatrix} 9 & 8 \\ 7 & 6 \\ 5 & 4 \end{bmatrix} = ?$$

解题:左边矩阵的第二维须等于右边矩阵的第一维,即 (m, k)×(k, n)=(m, n),则有

$$\begin{bmatrix} 1 & 2 & 3 \\ 4 & 5 & 6 \end{bmatrix} \cdot \begin{bmatrix} 9 & 8 \\ 7 & 6 \\ 5 & 4 \end{bmatrix} = \begin{bmatrix} 38 & 32 \\ 101 & 86 \end{bmatrix}$$

其中左上角的计算过程为 (1,2,3)×(9,7,5)=(1×9)+(2×7)+(3×5)=38,右上角的计算过程为 (1,2,3)×(8,6,4)=(1×8)+(2×6)+(3×4)=32,以此类推,如图 2.7 所示。

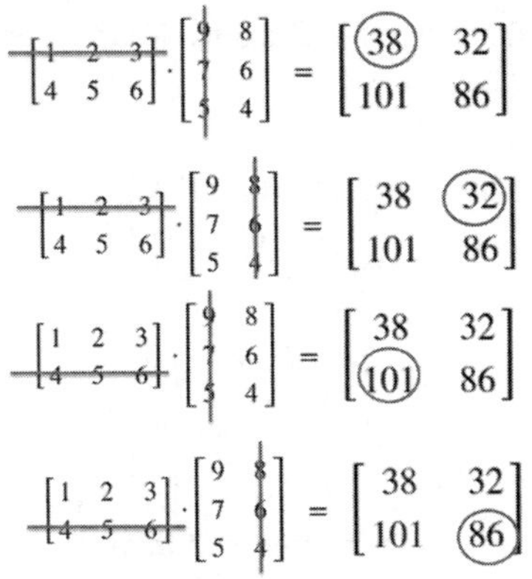

图 2.7 矩阵相乘

程序代码如下:

```
1  # 载入库
2  import numpy as np
3
4  # 矩阵
5  A = np.array([[1,2,3],
6                [4,5,6]])
7  B = np.array([[9,8],
8                [7,6],
9                [5,4],
10               ])
11
12 # 乘法
13 print(A @ B)
```

3. 矩阵 (A、B) 相乘

$A \times B$ 是否等于 $B \times A$？程序代码如下：

```
1  # 乘法：A x B != B x A
2
3  A = np.array([[1,2],
4                [4,5]])
5  B = np.array([[9,8],
6                [7,6],
7                ])
8
9  print(A @ B)
10 print()
11 print(B @ A)
12 print()
13 print('A x B != B x A')
```

执行结果：$A \times B$ 不等于 $B \times A$。

```
[[23 20]
 [71 62]]

[[41 58]
 [31 44]]

A x B != B x A
```

4. 特殊矩阵

矩阵在运算时，除了一般的加减乘除外，还有一些特殊的矩阵，包括转置矩阵 (Transpose)、反矩阵 (Inverse)、对角矩阵 (Diagonal Matrix)、单位矩阵 (Identity Matrix) 等。

(1) 转置矩阵：列与行互换。例如：

$$\begin{bmatrix} 1 & 2 & 3 \\ 4 & 5 & 6 \end{bmatrix}^T = \begin{bmatrix} 1 & 4 \\ 2 & 5 \\ 3 & 6 \end{bmatrix}$$

$(A^T)^T = A$：进行两次转置，会恢复成原来的矩阵。

对上述矩阵作转置。程序代码如下：

```
1  import numpy as np
2
3  A = np.array([[1,2,3],
4                [4,5,6]])
5
6  # 转置矩阵
7  print(A.T)
```

也可以使用 np.transpose(A)。

(2) 反矩阵 (A^{-1})：A 必须为方阵，即列数与行数须相等，且必须是非奇异方阵 (Non-singular)，即每一列或行之间不可以相异于其他列或行。程序代码如下：

```
1  import numpy as np
2
3  A = np.array([[1,2,3],
4                [4,5,6],
5                [7,8,9],
6                ])
7  print(np.linalg.inv(A))
```

执行结果如下：

```
[[ 3.15251974e+15 -6.30503948e+15  3.15251974e+15]
 [-6.30503948e+15  1.26100790e+16 -6.30503948e+15]
 [ 3.15251974e+15 -6.30503948e+15  3.15251974e+15]]
```

(3) 单位矩阵：若 A 为非奇异 (Non-singular) 矩阵，则 $A @ A^{-1}$ = 单位矩阵 (I)。所谓的非奇异矩阵是指任一行不能为其他行的倍数或多行的组合，包括各种四则运算，矩阵的列也须符合相同的规则。

试对下列矩阵验算 $A @ A^{-1}$ 是否等于单位矩阵 (I)。

$$A = \begin{bmatrix} 9 & 8 \\ 7 & 6 \end{bmatrix}$$

程序代码如下：

```
1  # A @ A反矩阵 = 单位矩阵(I)
2  A = np.array([[9,8],
3                [7,6],
4                ])
5
6  print(np.around(A @ np.linalg.inv(A)))
```

执行结果如下：

```
[[1. 0.]
 [0. 1.]]
```

结果为单位矩阵，表示 A 为非奇异矩阵。

试对下列矩阵验算 $A @ A^{-1}$ 是否等于单位矩阵 (I)。

$$A = \begin{bmatrix} 1 & 2 & 3 \\ 4 & 5 & 6 \\ 7 & 8 & 9 \end{bmatrix}$$

程序代码如下：

```
1  # A @ A反矩阵 != 单位矩阵(I)
2  # A 为 Singular 矩阵
3  # 第二行 = 第一行 + 1
4  # 第三行 = 第一行 + 2
5  A = np.array([[1,2,3],
6                [4,5,6],
7                [7,8,9],
8                ])
9
10 print(np.around(A @ np.linalg.inv(A)))
```

执行结果如下:

$$[[0.\ 1.\ -0.]$$
$$[0.\ 2.\ -1.]$$
$$[0.\ 3.\ 2.]]$$

A 为奇异 (Singular) 矩阵,因为

第二列 = 第一列 + 1

第三列 = 第一列 + 2

故 $A\ @\ A^{-1}$ 不等于单位矩阵。

2-2-3 联立方程式求解

在中学阶段,我们通常会以高斯消去法 (Gaussian Elimination) 解联立方程式。以下列方程式为例:

$$x + y = 16$$
$$10x + 25y = 250$$

将第一个方程式两边乘以 -10,加上第二个方程式,即可消去 x,变成

$$-10(x+y) = -10(16)$$
$$10x + 25y = 250$$

简化为

$$15y = 90$$

得到 $y=6$,再代入任一方程式,得到 $x=10$。

以上过程,如果以线性代数求解就简单多了。

(1) 以矩阵表示:A 为方程式中未知数 (x, y) 的系数,B 为等号右边的常数且 $AX = B$。

(2) 其中 $A = \begin{bmatrix} 1 & 1 \\ 10 & 25 \end{bmatrix}$;$X = \begin{bmatrix} x \\ y \end{bmatrix}$;$B = \begin{bmatrix} 16 \\ 250 \end{bmatrix}$,则 $X = A^{-1} B$。证明如下:

① 两边各乘 A^{-1} 得

$$A^{-1}AX = A^{-1}B$$

② $A^{-1}A$ 等于单位矩阵,且任一矩阵乘以单位矩阵,还是等于原矩阵,故

$$X = A^{-1}B$$

③ 以上式求得 (x, y)。注意:前提是 A 须为非奇异矩阵。

➢ 以下程序均收录在 **02_03_ 联立方程式求解 .ipynb**。

(1) 以 NumPy 库求解上述联立方程式。程序代码如下:

```
1   # x+y=16
2   # 10x+25y=250
3
4   # 载入库
5   import numpy as np
6
7   # 定义方程式的 A、B
8   A = np.array([[1 , 1], [10, 25]])
9   B = np.array([16, 250])
10  print('A=')
11  print(A)
12  print('')
13  print('B=')
14  print(B.reshape(2, 1))
15
16  # np.linalg.solve：线性代数求解
17  print('\n线性代数求解：')
18  print(np.linalg.inv(A) @ B)
```

① inv(A)：A 的反矩阵。

② 执行结果：$x=10$，$y=6$。

③ 也可以直接使用 np.linalg.solve() 函数求解。程序代码如下：

```
1   print(np.linalg.solve(A, B))
```

(2) 画图，交叉点即联立方程式的解。程序代码如下：

```
1   # x+y=16
2   # 10x+25y=250
3
4   # 载入库
5   import numpy as np
6   from matplotlib import pyplot as plt
7
8   # 取第一个方程式的两端点
9   A1 = [16, 0]
10  A2 = [0, 16]
11
12  # 取第二个方程式的两端点
13  B1 = [25,0]
14  B2 = [0,10]
15
16  # 画线
17  plt.plot(A1,A2, color='blue')
18  plt.plot(B1, B2, color="orange")
19  plt.xlabel('x')
20  plt.ylabel('y')
21  plt.grid()
22
23  # 交叉点 (10, 6)
24  plt.scatter([10], [6], color="red", s=100)
25  plt.show()
```

执行结果：如图 2.8 所示。

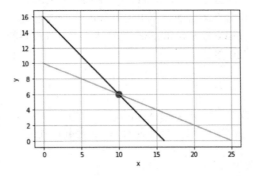

图 2.8　交叉点即联立方程式的解

(3) 以 NumPy 库求解下列联立方程式。

$$-1x + 3y = -72$$
$$3x + 4y - 4z = -4$$
$$-20x - 12y + 5z = -50$$

程序代码如下：

```
1   # 载入库
2   import numpy as np
3
4   # 定义方程式的 A、B
5   A = np.array([[-1, 3, 0], [3, 4, -4], [-20, -12, 5]])
6   B = np.array([-72, -4, -50])
7   print('A=')
8   print(A)
9   print('')
10  print('B=')
11  print(B.reshape(3, 1))
12
13  # np.linalg.solve：线性代数求解
14  print('\n线性代数求解：')
15  print(np.linalg.solve(A, B))
```

① 执行结果：(x, y, z)=(12, -20, -10)。

② 也可以使用 SymPy 库求解，直接将联立方程式整理在等号左边，使用 solve() 函数，参数内的多项式均假设等号 (=) 右边为 0。

```
1   from sympy.solvers import solve
2   from sympy import symbols
3
4   # 设定变数
5   x, y, z = symbols('x y z')
6
7   # 解题：设定联立方程式，等号右边预设为 0
8   solve([-1*x + 3*y + 72, 3*x + 4*y - 4*z + 4,-20*x + -12*y + 5*z + 50])
```

2-3 微积分

微积分包括微分 (Differentiation) 与积分 (Integration)，微分是描述函数某一点的变化率，借由微分可以得到特定点的斜率 (Slope) 或梯度 (Gradient)，即变化的速度，二次微分可以得到加速度。积分则是微分的逆运算，积分可以计算长度、面积、体积，也可以用来计算累积的概率密度函数 (Probability Density Function)。

在机器学习中，微分在求解的过程中占有举足轻重的地位，因此 TensorFlow 框架就提供自动微分 (Automatic Differentiation) 的功能，用以计算各特征变量的梯度，进而求得模型的权重 (Weight) 参数。

2-3-1 微分

微分用于描述函数的变化率 (Rate of Change)，如 $y=2x+5$，表示 x 每增加一单位，y 会增加 2。因此，变化率就等于 2，也称为斜率；5 为截距 (Intercept)，或称偏差 (Bias)，如图 2.9 所示。

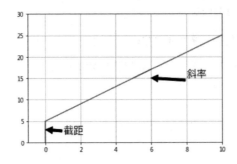

图 2.9 斜率与截距

我们先不管截距，只看斜率，算法为：取非常相近的两个点 (距离 h 趋近于 0)，y 坐标值之差 (Δy) 除以 x 坐标值之差 (Δx)，有

$$f'(x) = \frac{\Delta y}{\Delta x} = \lim_{h \to 0}\left[\frac{f(x+h) - f(x)}{h}\right]$$

这就是微分的定义，但上述极限值 (limit) 不一定存在，其存在的要素如下：
(1) h 为正值时的极限值等于 h 为负值时的极限值，亦即函数在该点时是连续的。
(2) 上述极限值不等于无穷大 (∞) 或负无穷大 (-∞)。

如图 2.10 所示的函数在 x=5 的地方是连续的，由上方 (5.25) 逼近，或由下方 (4.75) 逼近是相等的，**相关彩色图形可参考 02_04_ 微分 .ipynb**。

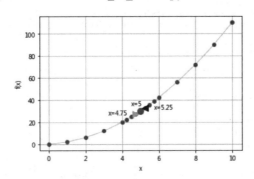

图 2.10 连续函数

相反地，图 2.11 所示函数在 x=0 时是不连续的，逼近 x=0 时有两个解。

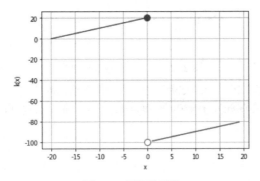

图 2.11 不连续函数

接着来看看几个应用实例。

> 以下程序请参考 02_04_ 微分 .ipynb。

(1) 试绘制一次方函数 $f(x)=2x+5$。程序代码如下：

```python
# 载入库
import numpy as np
import matplotlib.pyplot as plt
plt.rcParams['font.sans-serif'] = ['Microsoft JhengHei']
plt.rcParams['axes.unicode_minus'] = False

# 样本点
x = np.array(range(0, 11))
y = 2 * x + 5

# 作图
plt.grid()
plt.plot(x, y, color='g')
plt.xlim(-1, 10)
plt.ylim(0, 30)

# 截距 (Intercept)
x = [0, 0]
y = [0, 5]
plt.plot(x, y, color="r")
plt.annotate("截距", xy=(0,3), xytext=(1, 2), xycoords='data',
            arrowprops=dict(facecolor='black'), fontsize=18)

# 斜率(SLope)
x = np.array([5, 6])
y = 2 * x + 5
plt.plot(x, y, color="r")
plt.annotate("斜率", xy=(6,15), xytext=(8, 15), xycoords='data',
            arrowprops=dict(facecolor='black'), fontsize=18)
plt.show()
```

执行结果：如图 2.12 所示。

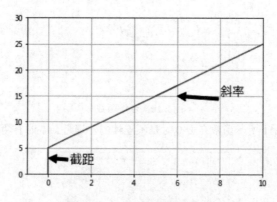

图 2.12　一次方函数执行结果

由执行结果可以看出，一次方函数每一点的斜率均相同。

(2) 试绘制二次方曲线 $f(x)=-10x^2+100x+5$，求最大值。程序代码如下：

```python
1  from matplotlib import pyplot as plt
2
3  # 二次曲线
4  def f(x):
5      return -10*(x**2) + (100*x) + 5
6
7  # 一阶导数
8  def fd(x):
9      return -20*x + 100
10
11 # 设定样本点
12 x = list(range(0, 11))
13 y = [f(i) for i in x]
14
15 # 一阶导数的样本点
16 yd = [fd(i) for i in x]
17
18 # 画二次曲线
19 plt.plot(x,y, color='green', linewidth=1)
20
21 # 画一阶导数
22 plt.plot(x,yd, color='purple', linewidth=3)
23
24 # 画三个点的斜率 x = (2, 5, 8)
25 x1 = 2
26 x2 = 5
27 x3 = 8
28 plt.plot([x1-1,x1+1],[f(x1)-(fd(x1)),f(x1)+(fd(x1))], color='red', linewidth=3)
29 plt.plot([x2-1,x2+1],[f(x2)-(fd(x2)),f(x2)+(fd(x2))], color='red', linewidth=3)
30 plt.plot([x3-1,x3+1],[f(x3)-(fd(x3)),f(x3)+(fd(x3))], color='red', linewidth=3)
31
32 # 最大值
33 plt.axvline(5)
34
35 plt.grid()
36 plt.show()
```

执行结果：如图 2.13 所示。由执行结果可以得到以下结论。

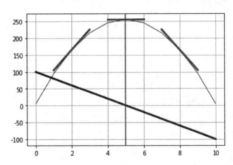

图 2.13　二次方曲线执行结果

① 一次方函数整条在线的每一个点的斜率都相同，但是二次方曲线上的每一个点的斜率就都不一样了，如图 2.13 所示，**相关彩色图形可参考 02_04_ 微分 .ipynb**。

- 绿线 (细抛物线)：二次曲线，是一条对称的抛物线。
- 紫线 (斜线)：抛物线的一阶导数。
- 红线 (抛物线的切线)：三个点 (2, 5, 8) 的斜率。

② 每一个点的斜率即该点与二次曲线的切线 (红线)，均不相同，斜率值可通过微分求得一阶导数 (图中的斜线)，随着 x 变大，斜率越来越小，二次曲线的最大值就发生在斜率等于 0 的地方，当 $x=5$ 时，$f(x)=255$。

(3) 试绘制二次方曲线 $f(x)=x^2+2x+7$，求最小值。程序代码如下：

```python
1   from matplotlib import pyplot as plt
2
3   # 二次曲线
4   def f(x):
5       return (x**2) + (2*x) + 7
6
7   # 一阶导数
8   def fd(x):
9       return 2*x + 2
10
11  # 设定样本点
12  x = list(range(-10, 11))
13  y = [f(i) for i in x]
14
15  # 一阶导数的样本点
16  yd = [fd(i) for i in x]
17
18  # 画二次曲线
19  plt.plot(x,y, color='green')
20
21  # 画一阶导数
22  plt.plot(x,yd, color='purple', linewidth=3)
23
24  # 画三个点的斜率 x = (-7, -1, 5)
25  x1 = 5
26  x2 = -1
27  x3 = -7
28  plt.plot([x1-1,x1+1],[f(x1)-(fd(x1)),f(x1)+(fd(x1))], color='red', linewidth=3)
29  plt.plot([x2-1,x2+1],[f(x2)-(fd(x2)),f(x2)+(fd(x2))], color='red', linewidth=3)
30  plt.plot([x3-1,x3+1],[f(x3)-(fd(x3)),f(x3)+(fd(x3))], color='red', linewidth=3)
31
32  # 最小值
33  plt.axvline(-1)
34
35  plt.grid()
36  plt.show()
```

执行结果：如图 2.14 所示。

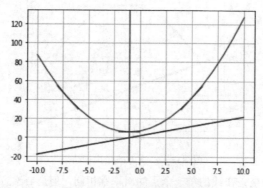

图 2.14　二次方曲线执行结果

由执行结果可得：斜率值可通过微分求得一阶导数 (图中的斜线)，随着 x 变大，斜率越来越大，二次曲线的最小值就发生在斜率等于 0 的地方，当 $x=-1$ 时，$f(x)=6$。

综合范例 (2)(3)，可以得知微分两次的**二阶导数 ($f''(x)$)** 为常数，且为正值时，函数有最小值，反之，为负值时，函数有最大值。但若 $f(x)$ 为三次方 (以上) 的函数，一阶导数等于 0 的点，可能只是区域的最佳解 (Local Minimum/Maximum)，而不是全局最佳解 (Global Minimum/Maximum)。

(4) 试绘制三次方曲线 $f(x)= x^3-2x+100$，求最小值。程序代码如下：

```python
1   from matplotlib import pyplot as plt
2   import numpy as np
3
4   # f(x)= x^3-2x+100
5   def f(x):
6       return (x**3) - (2*x) + 100
7
8   # 一阶导数
9   def fd(x):
10      return 3*(x**2) - 2
11
12  # 设定样本点
13  x = list(range(-10, 11))
14  y = [f(i) for i in x]
15
16  # 一阶导数的样本点
17  yd = [fd(i) for i in x]
18
19  # 画二次曲线
20  plt.plot(x,y, color='green')
21
22  # 画一阶导数
23  plt.plot(x,yd, color='purple', linewidth=3)
24
25  # 最小值
26  x1=np.array([sqrt(6)/3, -sqrt(6)/3])
27  plt.scatter([x1], [f(x1)])
28  plt.scatter([-sqrt(6)/3], [f(-1)])
29
30  plt.grid()
31  plt.show()
```

执行结果：如图 2.15 所示。由执行结果可以得到以下结论。

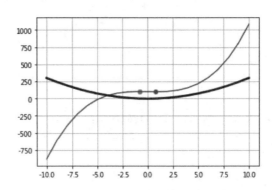

图 2.15　三次方曲线执行结果

① 三次方曲线 $f(x)= x^3-2x+100$ 在斜率等于 0 的点只是区域的最佳解。

② 三次方曲线一般为凸函数时才有全局最佳解。

2-3-2　微分定理

上述程序中的 fd() 函数为一阶导数，它们是如何求得的？只要运用以下微分的定理，就可以轻易解出上述范例的一阶导数，相关定理整理如下。

(1) $f(x)$ 一阶导数的表示法为 $f'(x)$ 或 $\dfrac{dy}{dx}$。

(2) $f(x)$ 为常数 $(C) \to f'(x) = 0$。

(3) $f(x) = Cg(x) \to f'(x) = Cg'(x)$。

(4) $f(x) = g(x) + h(x) \to f'(x) = g'(x) + h'(x)$。

(5) 次方的规则：$f(x) = x^n \to f'(x) = nx^{n-1}$。

(6) 乘积的规则：$\dfrac{d[f(x)g(x)]}{dx} = f'(x)g(x) + f(x)g'(x)$。

(7) 商的规则：若 $r(x) = s(x)/t(x)$，则 $r'(x) = \dfrac{s'(x)t(x) - s(x)t'(x)}{[t(x)]^2}$。

(8) 链式法则 (Chain Rule)：

$$\frac{d}{dx}[o(i(x))] = o'(i(x)) \cdot i'(x)$$

以上一节范例 (2) $f(x) = -10x^2 + 100x + 5$ 为例，针对多项式的每一项个别微分再相加，就得到 $f(x)$ 的一阶导数为

$$f'(x) = -20x + 100$$

SymPy 库直接支持微积分函数的计算，可以验证定理，接下来我们就写一些程序来练习一下。

➤ 以下程序请参考 02_04_ 微分 .ipynb。

(1) $f(x)$ 为常数 (C) ➔ $f'(x) = 0$。程序代码如下：

```
1  # 常数微分 f(x) = C ==> f'(x) = 0
2  from sympy import *
3
4  x = Symbol('x')
5  # f(x) 为常数
6  y = 0 * x + 5
7  yprime = y.diff(x)
8  yprime
```

执行结果：0。

(2) $f(x) = Cg(x)$ ➔ $f'(x) = Cg'(x)$。程序代码如下：

```
1  # f(x) = Cg(x) ==> f'(x) = Cg'(x)
2
3  from sympy import *
4
5  x = Symbol('x')
6
7  # Cg(x)
8  y1 = 5 * x ** 2
9  yprime1 = y1.diff(x)
10 print(yprime1)
11
12 # g(x)
13 y2 = x ** 2
14 # Cg'(x)
15 yprime2 = 5 * y2.diff(x)
16 print(yprime2)
17
18 # 比较
19 yprime1 == yprime1
```

执行结果均为 $10x$。

(3) 乘积的规则：$\dfrac{\mathrm{d}[f(x)g(x)]}{\mathrm{d}x} = f'(x)g(x) + f(x)g'(x)$。程序代码如下：

```
1   # (d[f(x)g(x)])/dx = f'(x)g(x)+f(x)g'(x)
2
3   from sympy import *
4
5   x = Symbol('x')
6
7   # d[f(x)g(x)])/dx
8   f = x ** 2
9   g = x ** 3
10  y1 = f*g
11  yprime1 = y1.diff(x)
12  print(yprime1)
13
14  # f'(x)g(x)+f(x)g'(x)
15  yprime2 = f.diff(x) * g + f * g.diff(x)
16  print(yprime2)
17
18  # 比较
19  yprime1 == yprime1
```

执行结果：$5x^4$。

(4) 链式法则：$\dfrac{\mathrm{d}}{\mathrm{d}x}[o(i(x))] = o'(i(x)) \cdot i'(x)$。程序代码如下：

```
1   from sympy import *
2
3   x = Symbol('x')
4
5   # d[f(g(x))])/dx
6   g = x ** 3
7   f = g ** 2
8   yprime1 = f.diff(x)
9   print(yprime1)
10
11  # f'(g(x))g'(x)
12  g = Symbol('g')
13  f = g ** 2
14  g1 = x ** 3
15  yprime2 = f.diff(g) * g1.diff(x)
16  # 将 f'(g(x)) 的 g 以 x ** 3 取代
17  print(yprime2.subs({g:x ** 3}))
18
19  # 比较
20  yprime1 == yprime1
```

执行结果：$6x^5$。

(5) 验证 $f(x) = -10x^2 + 100x + 5$。程序代码如下：

```
1   from sympy import *
2
3   x = Symbol('x')
4   # f(x)=-10x2 +100x+5
5   y = -10 * x**2 + 100 * x + 5
6   yprime = y.diff(x)
7   yprime
```

执行结果：$100 - 20x$。

接着，利用一阶导数等于0，求最大值。程序代码如下：

```
1  from sympy.solvers import solve
2
3  # 一阶导数=0
4  dict1 = solve([yprime])
5  print(dict1)
6  x1 = dict1[x]
7  print(f'x={x1}, 最大值={-10 * x1**2 + 100 * x1 + 5}')
```

执行结果：$x=5$ 时，最大值为 255。

(6) 验证 $f(x)= x^2+2x+7$。程序代码如下：

```
1  from sympy import *
2
3  x = Symbol('x')
4  # f(x)=x2+2x+7
5  y = (x**2) + (2*x) + 7
6  yprime = y.diff(x)
7  yprime
```

执行结果：$2x+2$。

接着，利用一阶导数等于 0，求最小值。程序代码如下：

```
1  from sympy.solvers import solve
2
3  # 一阶导数=0
4  dict1 = solve([yprime])
5  print(dict1)
6  x1 = dict1[x]
7  print(f'x={x1}, 最小值={(x1**2) + (2*x1) + 7}')
```

执行结果：$x=-1$ 时，最小值为 6。

2-3-3 偏微分

在机器学习中，偏微分 (Partial Differentiation) 在求解的过程中占有举足轻重的地位，常用来计算各特征变量的梯度，进而求得最佳权重。梯度与斜率相似，单一变量的变化率称为斜率，多变量的斜率称梯度。

在上一节中，$f(x)$ 只有单变量，如果 x 是多个变量 x_1、x_2、x_3…，要如何找到最小值或最大值呢？这时，我们就可以使用偏微分求取每个变量的梯度，让函数沿着特定方向寻找最佳解，如图 2.16 所示即沿着等高线 (Contour)，逐步向圆心逼近，这就是所谓的梯度下降法 (Gradient Descent)。

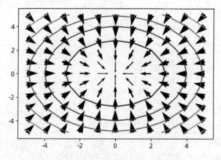

图 2.16 梯度下降法图解

> **以下程序请参考 02_05_ 偏微分 .ipynb。**

(1) 假设 $f(x,y)=x^2+y^2$，请分别对 x、y 作偏微分。

解题：先针对 x 作偏微分，有

$$\frac{\partial f(x,y)}{\partial x} = \frac{\partial (x^2+y^2)}{\partial x}$$

将其他变量视为常数，对每一项个别微分，得

$$\frac{\partial x^2}{\partial x} = 2x$$

$$\frac{\partial y^2}{\partial x} = 0$$

加总，得

$$\frac{\partial f(x,y)}{\partial x} = 2x + 0 = 2x$$

再针对 y 作偏微分，同样将其他变量视为常数，有

$$\frac{\partial f(x,y)}{\partial y} = 0 + 2y = 2y$$

总结得到

$$\frac{\partial f(x,y)}{\partial x} = 2x$$

$$\frac{\partial f(x,y)}{\partial y} = 2y$$

程序代码如下：

```
1  # f(x) = x^2 + y^2
2
3  from sympy import *
4  x, y = symbols('x y')
5
6  # 对 x 偏微分
7  y1 = x**2 + y**2
8  yprime1 = y1.diff(x)
9  print(yprime1)
10
11 # 对 y 偏微分
12 yprime2 = y1.diff(y)
13 print(yprime2)
14
```

其中第 8、12 行的 y1.diff(x)、y1.diff(y) 分别表示对 x、y 作偏微分。

(2) 假设 $f(x)=x^2$，请使用梯度下降法找最小值。

解题：程序逻辑如下。

① 任意设定一起始点 (x_start)。

② 计算该点的梯度 fd(x)。

③ 沿着梯度更新 x，逐步逼近最佳解，幅度大小以学习率控制。新的 x = 0- 学习率 (Learning Rate)* 梯度。

④ 重复步骤②和③，判断梯度是否接近于 0，若已很逼近于 0，即可找到最佳解。

程序代码如下：

```python
1   import numpy as np
2   import matplotlib.pyplot as plt
3
4   # 函数 f(x)=x^2
5   def f(x): return x ** 2
6
7   # 一阶导数:dy/dx=2*x
8   def fd(x): return 2 * x
9
10  def GD(x_start, df, epochs, lr):
11      xs = np.zeros(epochs+1)
12      w = x_start
13      xs[0] = w
14      for i in range(epochs):
15          dx = df(w)
16          # 权重的更新
17          # W_NEW = W – 学习率(Learning Rate) x 梯度(Gradient)
18          w += - lr * dx
19          xs[i+1] = w
20      return xs
21
22
23  # 超参数(Hyperparameters)
24  x_start = 5      # 起始权重
25  epochs = 25      # 执行周期数
26  lr = 0.1         # 学习率
27
28  # 梯度下降法，函数 fd 直接当参数传递
29  w = GD(x_start, fd, epochs, lr=lr)
30  # 显示每一执行周期得到的权重
31  print (np.around(w, 2))
32
33  # 画图
34  color = 'r'
35  from numpy import arange
36  t = arange(-6.0, 6.0, 0.01)
37  plt.plot(t, f(t), c='b')
38  plt.plot(w, f(w), c=color, label='lr={}'.format(lr))
39  plt.scatter(w, f(w), c=color, )
40
41  # 设定中文字型
42  from matplotlib.font_manager import FontProperties
43  font = FontProperties(fname=r"c:\windows\fonts\msjhbd.ttc", size=20)
44  plt.title('梯度下降法', fontproperties=font)
45  plt.xlabel('w', fontsize=20)
46  plt.ylabel('Loss', fontsize=20)
47
48  # 矫正负号
49  plt.rcParams['axes.unicode_minus'] = False
50
51  plt.show()
```

执行结果：如图 2.17 所示。

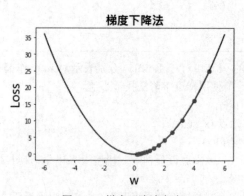

图 2.17　梯度下降法实践

得到 x 每一点的坐标为： [5. 4. 3.2 2.56 2.05 1.64 1.31 1.05 0.84 0.67 0.54

0.43 0.34 0.27 0.22 0.18 0.14 0.11 0.09 0.07 0.06 0.05 0.04 0.03 0.02 0.02]。

我们可以改变第 24~26 列的参数，观察执行结果。

① 改变起始点 x_start = -5，依然可以找到最小值，如图 2.18 所示。

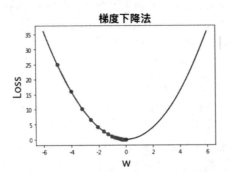

图 2.18　改变 x_start 参数

② 设定学习率 lr = 0.9：如果函数较复杂，可能会跳过最小值，如图 2.19 所示。

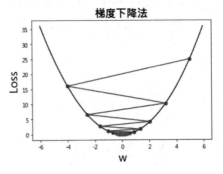

图 2.19　设定 lr = 0.9

③ 设定学习率 lr = 0.01：还未逼近最小值，就提早停止了，可以增加执行周期数来解决问题，如图 2.20 所示。

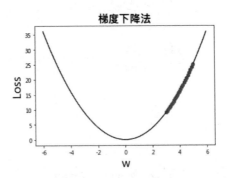

图 2.20　设定 lr = 0.01

上述程序是神经网络优化器求解的简化版，在后续的章节会进行详细的探讨，目前只聚焦在说明偏微分在深度学习的应用。

2-3-4 简单线性回归求解

在优化求解中,也经常利用一阶导数等于 0 的特性,求取最佳解。例如,以普通最小二乘法 (Ordinary Least Square, OLS) 对简单线性回归 $y = wx+b$ 求解。首先定义目标函数 (Object Function) 或称损失函数 (Loss Function) 为均方误差 (MSE),即预测值与实际值差距的平方和,MSE 当然越小越好,所以它是一个最小化的问题,所以,我们可以利用偏微分推导出公式,过程如下。

(1) $\text{MSE} = \sum \varepsilon^2 / n = \sum (y - \hat{y})^2 / n$

式中:ε 为误差,即实际值 (y) 与预测值 ($\hat{y}$) 之差;n 为为样本个数。

(2) $\text{MSE} = \text{SSE} / n$,我们忽略常数 n,可以只考虑 SSE,即

$$\text{SSE} = \sum \varepsilon^2 = \sum (y - \hat{y})^2 = \sum (y - wx - b)^2$$

(3) 分别对 w 及 b 作偏微分,并且令一阶导数等于 0,可以得到两个联立方程式,进而求得 w 及 b 的解。

(4) 对 b 偏微分,又因

$$f'(x) = g(x)g(x) = g'(x)g(x) + g(x)g'(x) = 2g(x)g'(x)$$

$$\frac{\partial \text{SSE}}{\partial b} = -2\sum_{i=1}^{n}(y - wx - b) = 0$$

两边同除以 -2,得

$$\sum_{i=1}^{n}(y - wx - b) = 0$$

分解得

$$\sum_{i=1}^{n} y - \sum_{i=1}^{n} wx - \sum_{i=1}^{n} b = 0$$

除以 n,$\bar{x}$、$\bar{y}$ 为 x、y 的平均数,有

$$\bar{y} - w\bar{x} - b = 0$$

移项得

$$b = \bar{y} - w\bar{x}$$

(5) 对 w 偏微分,得

$$\frac{\partial \text{SSE}}{\partial w} = -2\sum_{i=1}^{n}(y - wx - b)x = 0$$

两边同除以 -2,得

$$\sum_{i=1}^{n}(y - wx - b)x = 0$$

分解得

$$\sum_{i=1}^{n} yx - \sum_{i=1}^{n} wx - \sum_{i=1}^{n} bx = 0$$

代入 (4) 的计算结果 $b = \bar{y} - w\bar{x}$,有

$$\sum_{i=1}^{n} yx - \sum_{i=1}^{n} wx - \sum_{i=1}^{n} (\bar{y} - w\bar{x})x = 0$$

化简得

$$\sum_{i=1}^{n}(y-\bar{y})x - w\sum_{i=1}^{n}(x^2 - \bar{x}x) = 0$$

$$w = \sum_{i=1}^{n}(y-\bar{y})x / \sum_{i=1}^{n}(x^2 - \bar{x}x)$$

$$w = \sum_{i=1}^{n}(y-\bar{y})x / \sum_{i=1}^{n}(x - \bar{x})^2$$

(6) 结论。

$$w = \sum_{i=1}^{n}(y-\bar{y})x / \sum_{i=1}^{n}(x - \bar{x})^2$$

$$b = \bar{y} - w\bar{x}$$

> 以下程序请参考 02_06_ 线性回归 .ipynb。

现有一个世界人口统计数据集,以年度 (year) 为 x,人口数为 y,依上述公式计算回归系数 w、b。程序代码如下:

```
1   # 使用 OLS 公式计算 w、b
2   # 载入库
3   import matplotlib.pyplot as plt
4   import numpy as np
5   import math
6   import pandas as pd
7   
8   # 载入数据集
9   df = pd.read_csv('./data/population.csv')
10  
11  w = ((df['pop'] - df['pop'].mean()) * df['year']).sum() \
12      / ((df['year'] - df['year'].mean())**2).sum()
13  b = df['pop'].mean() - w * df['year'].mean()
14  
15  print(f'w={w}, b={b}')
```

执行结果:w=0.061159358661557375,b=-116.35631056117687。

使用 NumPy 的现成函数 polyfit() 验算。程序代码如下:

```
1   # 使用 NumPy 的现成函数 polyfit()
2   coef = np.polyfit(df['year'], df['pop'], deg=1)
3   print(f'w={coef[0]}, b={coef[1]}')
```

执行结果:
w=0.061159358661554586,b=-116.35631056117121,答案相差不多。

2-3-5 积分

积分则是微分的相反运算,与微分互为逆运算,微分用于斜率或梯度的计算,积分则可以计算长度、面积、体积,也可以用来计算累积的概率密度函数。

(1) 积分一般数学表示式为

$$\int_0^n f(x)\mathrm{d}x$$

(2) 若 $f(x)=x$,则积分结果为 $\frac{1}{2}x^2$。

(3) 限定范围的积分：先求积分，再将上、下限代入多项式，相减可得结果。例如

$$\int_0^3 x\mathrm{d}x = \frac{1}{2}x^2 \Big|_0^3$$

$((1/2)* 3^2)–((1/2)* 0^2)= 4.5$

接下来撰写程序，看看积分如何计算。

> 以下程序请参考 02_07_ 积分 .ipynb。

1. 进行下列积分计算并作图

$$\int_0^3 x \, \mathrm{d}x$$

(1) 积分运算：SciPy 库支持积分运算。程序代码如下：

```
1  # 载入库
2  import numpy as np
3  import scipy.integrate as integrate
4  import numpy as np
5  import math
6
7
8  f = lambda x: x
9  i, e = integrate.quad(f, 0, 3)
10
11 print('积分值: ' + str(i))
12 print('误差: ' + str(e))
```

执行结果：积分值为 4.5；误差为 4.9960036108132044e-14。

程序说明如下。

① 第 3 行载入 SciPy 库。
② 第 9 行呼叫 integrate.quad()，作限定范围的积分，参数如下。
- 函数 $f(x)$；
- 范围下限：设为负无穷大 (- ∞)；
- 范围上限：设为正无穷大 (∞)；
- 输出：含积分结果及误差值。

(2) 作图。程序代码如下：

```
1  import matplotlib.pyplot as plt
2
3  # 样本点
4  x = range(0, 11)
5
6  # 作图
7  plt.plot(x, f(x), color='purple')
8
9  # 积分面积
10 area = np.arange(0, 3, 1/20)
11 plt.fill_between(area, f(area), color='green')
12
13 # 设定图形属性
14 plt.xlabel('x')
15 plt.ylabel('f(x)')
16 plt.grid()
17
18 plt.show()
```

执行结果：如图 2.21 所示。

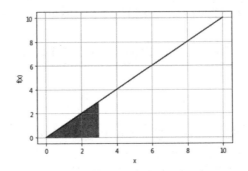

图 2.21　积分运算执行结果

程序说明：第 11 行 fill_between() 会填满整个积分区域。

2. 计算正态分布 (Normal Distribution) 的概率并作图

(1) 正态分布的概率密度函数 (Probability Density Function, PDF) 即

$$f(x;\mu,\sigma) = \frac{1}{\sqrt{2\pi*\sigma^2}} * e^{-\frac{1}{2}*(\frac{x-\mu}{\sigma})^2}$$

(2) 计算正态分布 ($-\infty$, ∞) 的概率。程序代码如下：

```
1  # 载入库
2  import scipy.integrate as integrate
3  import numpy as np
4  import math
5
6
7  # 平均数(mean)、标准差(std)
8  mean = 0
9  std = 1
10 # 正态分布的概率密度函数(Probability Density Function, PDF)
11 f = lambda x: (1/((2*np.pi*std**2) ** .5)) * np.exp(-0.5*((x-mean)/std)**2)
12
13 # 积分，从负无穷大至无穷大
14 i, e = integrate.quad(f, -np.inf, np.inf)
15
16 print('累积概率：', round(i, 2))
17 print('误差：', str(e))
```

执行结果：累积概率为 1.0；误差为 1.0178191437091558e-08。

程序说明如下。

① 第 7、8 行定义平均数 (mean) 为 0、标准差 (std) 为 1，也就是"标准"正态分布，又称 Z 分布。

② 第 11 列定义正态分布的概率密度函数 (PDF)。

③ 注意：任何概率分布的总和必然为 1，即所有事件发生的概率总和必然为 100%。

3. 正态分布常见的置信区间

包括 ±1、±2、±3 倍标准差，我们可以计算其概率。有关置信区间的定义会在概率与统计的章节进行说明。

① ±1 倍标准差的置信区间概率为 68.3%。程序代码如下：

```
1  # 1倍标准差区间之概率
2  i, e = integrate.quad(f, -1, 1)
3
4  print('累积概率：', round(i, 3))
5  print('误差：', str(e))
```

- 执行结果：累积概率为 0.683；误差为 7.579375928402476e-15。
- integrate.quad() 参数设为 -1 及 1。

  ② ±2 倍标准差的置信区间概率为 95.4%。程序代码如下：

```
1  # 2倍标准差区间之概率
2  i, e = integrate.quad(f, -2, 2)
3
4  print('累积概率:', round(i, 3))
5  print('误差:', str(e))
```

- 执行结果：累积概率为 0.954；误差为 1.8403560456416134e-11。
- integrate.quad() 参数设为 -2 及 2。

  ③ ±3 倍标准差的置信区间概率为 99.7%。程序代码如下：

```
1  # 3倍标准差区间之概率
2  i, e = integrate.quad(f, -3, 3)
3
4  print('累积概率:', round(i, 3))
5  print('误差:', str(e))
```

- 执行结果：累积概率为 0.997；误差为 1.1072256503105314e-14。
- integrate.quad() 参数设为 -3 及 3。

  ④ 我们常用 ±1.96 倍标准差的置信区间，概率为 95%，概率刚好为整数。程序代码如下：

```
1  # 95%置信区间之概率
2  i, e = integrate.quad(f, -1.96, 1.96)
3
4  print('累积概率:', round(i, 3))
5  print('误差:', str(e))
```

- 执行结果：累积概率为 0.95；误差为 1.0474096492701325e-11。
- integrate.quad() 参数设为 -1.96 及 1.96。

  ⑤ 另外，可以使用随机数及直方图，绘制标准正态分布图。程序代码如下：

```
1   import matplotlib.pyplot as plt
2   import numpy as np
3   import seaborn as sns
4
5   # 使用 randn 产生标准正态分布的随机数 10000 个样本点
6   x = np.random.randn(10000)
7
8   # 直方图，参数 hist=False：不画阶梯直方图，只画平滑曲线
9   sns.distplot(x, hist=False)
10
11  # 设定图形属性
12  plt.xlabel('x')
13  plt.ylabel('f(x)')
14  plt.grid()
15
16  # 对正负1、2、3倍标准差画虚线
17  plt.axvline(-3, c='r', linestyle=':')
18  plt.axvline(3, c='r', linestyle=':')
19  plt.axvline(-2, c='g', linestyle=':')
20  plt.axvline(2, c='g', linestyle=':')
21  plt.axvline(-1, c='b', linestyle=':')
22  plt.axvline(1, c='b', linestyle=':')
23
24  # 1 倍标准差概率
25  plt.annotate(text='', xy=(-1,0.25), xytext=(1,0.25), arrowprops=dict(arrowstyle='<->'))
26  plt.annotate(text='68.3%', xy=(0,0.26), xytext=(0,0.26))
27  # 2 倍标准差概率
28  plt.annotate(text='', xy=(-2,0.05), xytext=(2,0.05), arrowprops=dict(arrowstyle='<->'))
29  plt.annotate(text='95.4%', xy=(0,0.06), xytext=(0,0.06))
30  # 3 倍标准差概率
31  plt.annotate(text='', xy=(-3,0.01), xytext=(3,0.01), arrowprops=dict(arrowstyle='<->'))
32  plt.annotate(text='99.7%', xy=(0,0.02), xytext=(0,0.02))
33
34  plt.show()
```

执行结果：如图 2.22 所示。

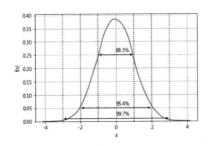

图 2.22　正态分布 ±1、±2、±3 倍标准差的置信区间

程序说明如下。

- 第 9 行 sns.distplot(x, hist=False)：使用 Seaborn 画直方图，参数 hist=False 表示不画阶梯直方图，只画平滑曲线。
- 第 17 行 axvline()：画垂直线，标示 ±1、±2、±3 倍标准差。

2-4　概率与统计

统计是从数据所推衍出来的信息，包括一些描述统计量、概率分布等，如平均数、标准差等。而我们搜集到的数据统称为数据集 (Dataset)，它包括一些观察值 (Observations) 或案例 (Cases)，即数据集的行，以及一些特征 (Features) 或称属性 (Attributes)，即数据集的字段。例如，要预测某市下一任市长，我们做一次问卷调查，相关定义如下。

(1) 数据集：全部问卷调查数据。
(2) 观察值：每张问卷。
(3) 特征或属性：每一个问题，通常以 X 表示。
(4) 属性值或特征值：每一个问题的回答。
(5) 目标 (Target) 字段：市长候选人，通常以 y 表示。

下面我们会依序介绍下列内容：

(1) 抽样；
(2) 描述统计量；
(3) 概率；
(4) 概率分布函数；
(5) 假设检定。具体如图 2.23 所示。

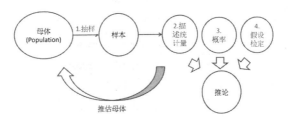

图 2.23　基础统计介绍的范围及其关联

2-4-1 数据类型

依照特征的数据类型，分为定性 (Qualitative) 及定量 (Quantitative) 的字段。定性字段为非数值型的字段，通常包含有限类别，又可以分为名义数据 (Nominal Data) 及有序数据 (Ordinal Data)；定量字段为数值型字段，又可以分为离散型数据 (Discrete Data) 及连续型数据 (Continuous Data)。预测的目标字段如为离散型变量，则适用分类 (Classification) 的算法；反之，目标字段为连续型变量，则适用回归 (Regression) 的算法。

(1) 名义数据：域值并没有顺序或大小的隐含意义，如颜色，红、蓝、绿并没有谁大谁小的隐含意义。转换为代码时，应以 One-Hot Encoding 处理，将每一类别转为个别的哑变量 (Dummy Variable)，每个哑变数只有 True/False 或 1/0 两种值，如图 2.24 所示。

	color	is_blue	is_green	is_red
0	green	0	1	0
1	red	0	0	1
2	green	0	1	0
3	blue	1	0	0

图 2.24 哑变量

Color 特征有三种类别，经过 One-Hot Encoding 处理，会转换为三个哑变量。

▶ 以下程序请参考 **02_08_ 特征转换 .ipynb**。程序代码如下：

```
1  df2 = pd.get_dummies(df["color"], columns=["color"],
2                       prefix='is', prefix_sep='_')
3
4  # 连结转换前后的字段，相互比较
5  pd.concat((df["color"], df2), axis=1)
```

数据框 (Data Frame) 包含要转换的字段、前置符号 (prefix)、分隔符 (prefix_sep)。

(2) 有序数据 (Ordinal Data)：域值有顺序或大小的隐含意义，如衣服尺寸 XL > L > M > S，如图 2.25 所示。

	color	size	price	classlabel
0	green	XL	10.1	class1
1	red	M	10.1	class1
2	green	L	13.5	class2
3	blue	S	15.3	class1

图 2.25 有序数据示例

size 字段依尺寸大小，分别编码为 XL(4)、L(3)、M(2)、S(1)，转换后如图 2.26 所示。

	color	size	price	classlabel
0	green	4	10.1	class1
1	red	2	10.1	class1
2	green	3	13.5	class2
3	blue	1	15.3	class1

图 2.26 编码转换结果

程序代码如下：

```
1  # 以字典定义转换规则
2  size_mapping = {'XL': 4,
3                  'L': 3,
4                  'M': 2,
5                  'S': 1}
6
7  # 使用 map() 转换
8  df['size'] = df['size'].map(size_mapping)
9  df
```

程序说明如下。

① 第 2 行：以字典定义转换规则，key 为原值，value 为转换后的值。

② 第 8 行 map()：以字典转换 size 字段的每一个值。

2-4-2 抽样

再以预测某市下一任市长的选举为例，由于人力、时间及经费的限制，不太可能调查所有市民的投票倾向，通常我们只会随机抽样 1000 份或更多的样本进行调查，这种方式称之为抽样 (Sampling)，相关名词定义如下。

- 母体 (Population)：全体有投票权的市民。
- 样本 (Sample)：被抽中调查的市民。
- 分层抽样 (Stratified Sampling)：依母体某些属性的比例，进行相同比例的抽样，希望能充分代表母体的特性，如政党、年龄、性别比例等。

照例我们看看程序如何撰写，**请参阅 02_09_ 抽样 .ipynb**。

(1) 简单抽样，从一个集合中随机抽出 n 个样本。程序代码如下：

```
1  import random
2  import numpy as np
3
4  # 1~10 的集合
5  list1 = list(np.arange(1, 10 + 1))
6
7  # 随机抽出 5 个
8  print(random.sample(list1, 5))
```

执行结果：[1, 6, 2, 8, 5]。

程序说明如下。

① 第 8 行 random.sample()：自集合中随机抽样。

② 每次执行结果均不相同，且每个项目不重复，此种抽样方法称为不放回式抽样 (Sampling Without Replacement)。

(2) 放回式抽样 (Sampling With Replacement)。程序代码如下：

```
1  import random
2  import numpy as np
3
4  # 1~10 的集合
5  list1 = list(np.arange(1, 10 + 1))
6
7  # 随机抽出 5 个
8  print(random.choices(list1, k=5))
```

执行结果：[8, 4, 7, 4, 6]。

程序说明如下。

① 第 8 行 random.choices()：自集合中随机抽样。

② 每次执行结果均不相同，但项目会重复，如上，4 被重复抽出两次，此种抽样方法称为放回式抽样。

(3) 以 Pandas 库进行抽样。程序代码如下：

```
1  from sklearn import datasets
2  import pandas as pd
3
4  # 载入鸢尾花(iris)资料集
5  ds = datasets.load_iris()
6
7  # x, y 合成一个资料集
8  df = pd.DataFrame(data=ds.data, columns=ds.feature_names)
9  df['y'] = ds.target
10
11 # 随机抽出 5 个
12 df.sample(5)
```

执行结果：如图 2.27 所示。

	sepal length (cm)	sepal width (cm)	petal length (cm)	petal width (cm)	y
102	7.1	3.0	5.9	2.1	2
40	5.0	3.5	1.3	0.3	0
32	5.2	4.1	1.5	0.1	0
48	5.3	3.7	1.5	0.2	0
77	6.7	3.0	5.0	1.7	1

图 2.27　以 Pandas 库进行抽样执行结果

程序说明如下。

① 第 12 行 df.sample(5)：自集合中随机抽样 5 个。

② 此抽样为不放回式抽样。

(4) 以 Pandas 库进行分层抽样。程序代码如下：

```
1  from sklearn import datasets
2  from sklearn.model_selection import StratifiedShuffleSplit
3  import pandas as pd
4
5  # 载入鸢尾花(iris)数据集
6  ds = datasets.load_iris()
7
8  # x, y 合成一个数据集
9  df = pd.DataFrame(data=ds.data, columns=ds.feature_names)
10 df['y'] = ds.target
11
12 # 随机抽出 6 个
13 stratified = StratifiedShuffleSplit(n_splits=1, test_size=6)
14 x = list(stratified.split(df, df['y']))
15
16 print('重新洗牌的全部数据:')
17 print(x[0][0])
18
19 print('\n抽出的索引值:')
20 print(x[0][1])
```

执行结果如下：

```
重新洗牌的全部数据:
[ 38 115 136  80 111  94   1   0  48 100 108 104   8  51 131  78   9 142
 112  11 126  79  95   2  46 128 125  65  55  10  72 145 130  56 138  96
  88  19   7  43   4  82  32  91 127  87 133  73  85  62 129  42  57  84
  40 105  49  75 113 147  99  27   6 135  58  35  26 124  92  70  69 139
  66 101  74  60 110  15  39  59   3  53  89 107  61 143 118  86  71  98
  50  41  34  12 149  77  23  21 117 121  97  54 119  64 120  45  81 141
 122 114  20 144 134 132  17  24  13  22  44 123  31 116  76  18  47 137
  63  83  29  25  36 102  28  37  33  93 148  14 146  16 103  68  90 140]

抽出的索引值:
[ 52   5  30 109 106  67]
```

程序说明如下。

① 第 13 行 StratifiedShuffleSplit(test_size=6):将集合重新洗牌,并从中随机抽取 6 个数据。

② 第 14 行 stratified.split(df, df['y']):以 y 字段为 key,分层抽样,得到的结果是 generator 数据类型,需转为 list,才能一次取出。

③ 第一个输出是重新洗牌的全部数据,第二个是抽出的索引值。

④ 利用 df.iloc[x[0][1]] 指令,取得数据如图 2.28 所示。观察 y 列,每个类别各有两个与母体比例相同。

	sepal length (cm)	sepal width (cm)	petal length (cm)	petal width (cm)	y
52	6.9	3.1	4.9	1.5	1
5	5.4	3.9	1.7	0.4	0
30	4.8	3.1	1.6	0.2	0
109	7.2	3.6	6.1	2.5	2
106	4.9	2.5	4.5	1.7	2
67	5.8	2.7	4.1	1.0	1

图 2.28　利用 df.iloc[x[0][1]] 指令取得的数据

母体比例可以 df['y'].value_counts() 指令取得数据如下,0/1/2 类别各 50 个。

```
2    50
1    50
0    50
```

(5) 以 Pandas 库进行不分层抽样。程序代码如下:

```
 1  from sklearn import datasets
 2  from sklearn.model_selection import train_test_split
 3  import pandas as pd
 4
 5  # 载入鸢尾花(iris)数据集
 6  ds = datasets.load_iris()
 7
 8  # x, y 合成一个数据集
 9  df = pd.DataFrame(data=ds.data, columns=ds.feature_names)
10  df['y'] = ds.target
11
12  # 随机抽出 6 个
13  train, test = train_test_split(df, test_size=6)
14  x = list(stratified.split(df, df['y']))
15
16  print('\n抽出的数据:')
17  test
```

执行结果:如图 2.29 所示。

	sepal length (cm)	sepal width (cm)	petal length (cm)	petal width (cm)	y
141	6.9	3.1	5.1	2.3	2
147	6.5	3.0	5.2	2.0	2
97	6.2	2.9	4.3	1.3	1
80	5.5	2.4	3.8	1.1	1
22	4.6	3.6	1.0	0.2	0
61	5.9	3.0	4.2	1.5	1

图 2.29　不分层抽样执行结果

程序说明如下。

① 第 13 行 train_test_split(test_size=6)：将数据集重新洗牌，并从中随机抽样 6 个为测试数据，其余为训练数据。

② 取得数据如图 2.29 所示。观察 y 列，类别 0 有 1 个，类别 1 有 3 个，类别 2 有 2 个，与母体比例不相同。

2-4-3　基础统计

通过各种方式搜集到一组样本后，我们会先对样本进行探索，通常会先衡量其集中趋势 (Central Tendency) 及数据离散的程度 (Measures of Variance)，这些指标称之为描述统计量 (Descriptive Statistics)，较为常见的描述统计量如下。

1. 集中趋势

(1) 平均数 (Mean)：母体以 μ 表示，样本以 x 表示。有

$$\mu = \frac{\sum_{i=1}^{n} x_i}{n}$$

(2) 中位数 (Median)：将所有样本由小排到大，以中间的样本值为准。若样本数为偶数，则取中间样本值的平均数。中位数可以避免离群值 (Outlier) 的影响。例如，统计平均年收入，如果加入一位超级富豪，则平均数将大幅提高，但中位数不受影响。假设有一组样本：[100, 200, 300, 400, 500]，其平均数 = 中位数 = 300。现在把 500 改为 50000，则样本为：[100, 200, 300, 400, 50000]，平均数为 100200，被 50000 影响，大幅提升，无法反映大多数数据的类型；而中位数为 300，仍然不变。

(3) 众数 (Mode)：频率发生最高的数值，以大多数的数据为主。

2. 数据离散的程度

(1) 级距 (Range)：级距 = 最大值 − 最小值。

(2) 百分位数 (Percentiles) 与四分位数 (Quartiles)：例如 100 为 75 百分位数表示有 75% 的样本小于 100。

(3) 变异数 (Variance)：母体以 δ 表示，样本以 s 表示。则有

$$\delta = \sqrt{\frac{\sum(x-\mu)^2}{n}}$$

$$s = \sqrt{\frac{\sum(x-\mu)^2}{n-1}}$$

3. 箱形图

可以使用箱形图 (Box Plot，或称盒须图) 直接显示上述相关的统计量。

下面进行实践，**请参阅 02_10_ 基础统计 .ipynb**。

(1) 以美国历届总统的身高数据，计算各式描述统计量。程序代码如下：

```python
1  # 集中趋势(Central Tendency)
2  print(f"平均数={df['height'].mean()}")
3  print(f"中位数={df['height'].median()}")
4  print(f"众  数={df['height'].mode()[0]}")
5  print()
6
7  # 数据离散的程度(Measures of Variance)
8  from scipy import stats
9
10 print(f"级距(Range)={df['height'].max() - df['height'].min()}")
11 print(f"182cm 百分位数={stats.percentileofscore(df['height'], 182, 'strict')}")
12 print(f"变异数={df['height'].std():.2f}")
```

执行结果如下。

① 平均数 =179.73809523809524。

② 中位数 =182.0。

③ 众数 =183。

④ 级距 =30。

⑤ 182cm 的百分位数 =47.61904761904761。

⑥ 变异数 =7.02。

(2) 以美国历届总统的身高数据，计算四分位数。程序代码如下：

```python
1  print(f"四分位数\n{df['height'].quantile([0.25, 0.5, 0.75, 1])}")
```

执行结果如下。

① 四分位数

② 0.25   174.25

③ 0.50   182.00

④ 0.75   183.00

⑤ 1.00   193.00

```python
1  print(f"{df['height'].describe()}")
```

执行结果如下。

① count   42.000000

② mean   179.738095

③ std   7.015869

④ min   163.000000

⑤ 25%   174.250000

⑥ 50%   182.000000

⑦ 75%   183.000000

⑧ max   193.000000

(3) 绘制箱形图，定义如图 2.30 所示。

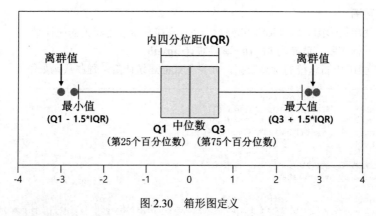

图 2.30　箱形图定义

由箱形图可观察以下特性。

① 中间的线：中位数。

② 中间的箱子：Q1~Q3 共 50% 的数据集中在箱子内。

③ 是否存在离群值。注意：离群值发生的可能原因包括记录或输入错误、传感器失常造成量测错误或是重要的影响样本 (Influential Sample)，应仔细探究为何发生，不要直接剔除。一般而言，会更进一步收集更多样本，来观察离群值是否再次出现，另一方面，更多的样本也可以稀释离群值的影响力。

程序代码如下：

```
1  import matplotlib.pyplot as plt
2  plt.rcParams['font.sans-serif'] = ['Microsoft JhengHei']
3  plt.rcParams['axes.unicode_minus'] = False
4
5  df['height'].plot(kind='box', title='美国历届总统的身高数据', figsize=(8,6))
6  plt.show()
```

执行结果：如图 2.31 所示。

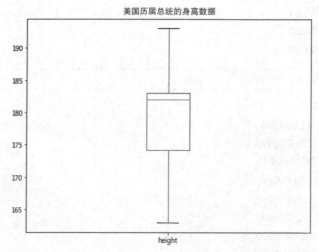

图 2.31　执行结果

除了单变量的统计量，我们也会做多变量的分析，了解变量之间的关联度 (Correlation)，在数据探索与分析 (Exploratory Data Analysis, EDA) 的阶段，我们还会依据数据字段的属性进行不同面向的观察，如图 2.32 所示。

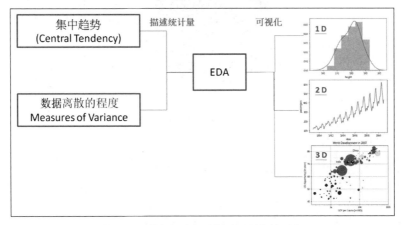

图 2.32　数据探索与分析不同面向的观察

常用的统计图功能简要说明如下，同时也使用程序实践相关图表。

(1) 直方图 (Histogram)：观察数据集中趋势、离散的程度、概率分布及偏态 (Skewness)/ 峰态 (Kurtosis)，如图 2.33 所示。

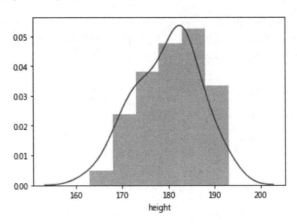

图 2.33　直方图

程序示例如下：

```
1  # 直方图
2  import seaborn as sns
3
4  # 绘图
5  sns.distplot(df['height'])
6  plt.show()
```

(2) 饼图 (Pie Chart)：显示单一变量的各类别所占比例，如图 2.34 所示。

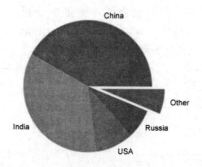

图 2.34　饼图

程序示例如下：

```
1  # 饼图(Pie Chart)
2  import matplotlib.pyplot as plt
3  import pandas as pd
4  import numpy as np
5
6  # 读取数据文件
7  df = pd.read_csv('./data/gdp.csv')
8
9  # 转为整数字段
10 df.pop = df['pop'].astype(int)
11
12 # 取最大 5 项
13 df2 = df.nlargest(5, 'pop')
14
15 # 散点图(Scatter Chart)
16 plt.pie(df2['pop'], explode=[0, 0,0,0,0.2], labels=['China', 'India', 'USA', 'Russia', 'Other'])
17
18 plt.show()
```

(3) 折线图 (Line Chart)：观察趋势，尤其是时间的趋势，如股价、气象温度、营收情况、运力分析等，如图 2.35 所示。

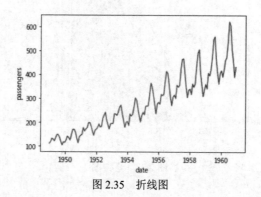

图 2.35　折线图

程序示例如下：

```
1  # 折线图(Line Chart)
2  import matplotlib.pyplot as plt
3  import pandas as pd
4  import seaborn as sns
5
6  # 读取数据文件
7  df = pd.read_csv('./data/airline.csv')
8
9  # 转为日期字段
10 df['date'] = pd.to_datetime(df['date'])
11
```

```
12   # 绘图
13   sns.lineplot(df['date'], df['passengers'])
14
15   plt.show()
```

(4) 散点图 (Scatter Chart)：显示两个变量的关联，亦用于观察是否有离群值，如图 2.36 所示。

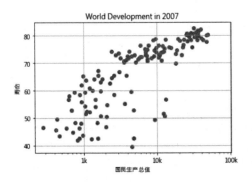

图 2.36　散点图

程序示例如下：

```
1    # 散点图(Scatter Chart)
2    import matplotlib.pyplot as plt
3    import pandas as pd
4    import numpy as np
5
6    # 读取数据文件
7    df = pd.read_csv('./data/gdp.csv')
8
9    # 转为整数字段
10   df.pop = df['pop'].astype(int)
11
12   # 绘制散点图(Scatter Chart)
13   plt.scatter(x = df.gdp, y = df.life_exp)
14
15   # 设定绘图属性
16   plt.xscale('log')
17   plt.xlabel('国民生产总值')
18   plt.ylabel('寿命')
19   plt.title('World Development in 2007')
20   plt.xticks([1000,10000,100000], ['1k','10k','100k'])
21   plt.grid()
22
23   plt.show()
```

(5) 气泡图 (Bubble Chart)：散点图再加一个变量，以该变量值作为点的大小，并且做三个维度的分析，如图 2.37 所示。

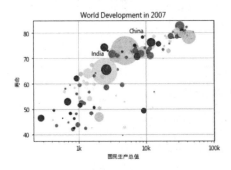

图 2.37　气泡图

程序示例如下：

```
1   # 气泡图(Bubble Chart)
2   import matplotlib.pyplot as plt
3   import pandas as pd
4   import numpy as np
5
6   # 读取数据文件
7   df = pd.read_csv('./data/gdp.csv')
8
9   # 转为整数字段
10  df.pop = df['pop'].astype(int)
11
12  # 绘制散点图(Scatter Chart) + 加一个变数 pop，作为点的大小
13  col=np.resize(['red', 'green', 'blue', 'yellow', 'lightblue'], df.shape[0])
14  plt.scatter(x = df.gdp, y = df.life_exp, s = df.pop * 2, c = col, alpha = 0.8)
15
16  # 设定绘图属性
17  plt.xscale('log')
18  plt.xlabel('国民生产总值')
19  plt.ylabel('寿命')
20  plt.title('World Development in 2007')
21  plt.xticks([1000,10000,100000], ['1k','10k','100k'])
22  plt.grid()
23
24  # 加注
25  plt.text(1550, 71, 'India')
26  plt.text(5700, 80, 'China')
27
28  plt.show()
```

(6) 热图 (Heatmap)：显示各变量之间的关联度，便于轻易辨识出较高的关联度，如图 2.38 所示。输入数据须为各变量之间的关联系数 (Correlation Coefficient)，可使用 Pandas 的 corr() 函数计算。公式为

$$r_{x,y} = \frac{\sum_{i=1}^{n}(x_i - \bar{x})(y_i - \bar{y})}{\sqrt{\sum_{i=1}^{n}(x_i - \bar{x})^2 (y_i - \bar{y})^2}}$$

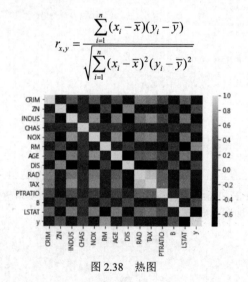

图 2.38　热图

程序示例如下：

```
1   # 热图(Heatmap)
2   import matplotlib.pyplot as plt
3   import pandas as pd
4   import seaborn as sns
5   from sklearn import datasets
6
7   # 读取 sklearn 内建数据文件
8   ds = datasets.load_boston()
9
10  df = pd.DataFrame(ds.data, columns=ds.feature_names)
```

```
11    df['y'] = ds.target
12
13
14    # 绘制热图(Heatmap)
15    # df.corr()：关联系数(Correlation coefficient)
16    sns.heatmap(df.corr())
17
18    plt.show()
```

(7) 另外，Seaborn 库还提供了许多指令，使用一个指令就可以产生多张的图表，如 pairplot（见图 2.39 所示）、facegrid 等，读者可参阅 Seaborn 官网 [2]。

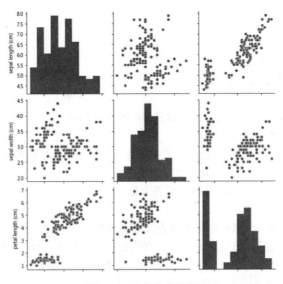

图 2.39　指令生成图表

2-4-4　概率

以某市市长选举为例，当我们收集到问卷调查后，接着就可以建立模型来预测谁会当选，预测结果通常是以概率表示各候选人当选的可能性。

1. 概率的定义与定理

接下来我们先了解概率的相关术语 (Terminology) 及定义。

(1) 实验 (Experiment) 或称试验 (Trial)：针对计划目标进行一连串的行动，如掷硬币、掷骰子、抽扑克牌、买彩票等。

(2) 样本空间 (Sample Space)：一个实验会出现的所有可能结果，如掷硬币一次的样本空间为 { 正面、反面 }，掷硬币两次的样本空间为 { 正正、正反、反正、反反 }。

(3) 样本点 (Sample Point)：样本空间内任一可能的结果，如掷硬币两次会有四种样本点，抽一张扑克牌有 52 个样本点。

(4) 事件 (Event)：某次实验发生的结果，一个事件可能含多个样本点。例如，抽一张扑克牌出现红色的事件，该事件就包含 26 个样本点。

(5) 概率：某次事件发生的可能性，因此

$$概率 = \frac{发生此事件的样本点}{样本空间的所有样本点}$$

例如，掷硬币两次出现两个正面为 { 正正 } 1 个样本点，样本空间所有样本点为 { 正正、正反、反正、反反 } 共 4 个，故概率等于 1/4。同样地，掷硬币两次出现一正一反的概率 = { 正反、反正 } / { 正正、正反、反正、反反 } = 1/2。

(6) 条件概率 (Conditional Probability) 与相依性 (Dependence)。

① 事件独立 (Independent)：A 事件发生，不会影响 B 事件出现的概率，则称 A、B 两事件独立。例如，掷硬币两次，第一次出现正面或反面，都不会影响第二次的掷硬币结果。

② 事件相依 (Dependent)：抽一张扑克牌，不放回，再抽第二张，概率会被第一张抽出结果所影响。例如：

- 第一张抽到红色的牌，第二张再抽到红色的概率：第一张抽到红色 ➔ 红色牌剩 25 张，黑色牌剩 26 张，则第二张抽到红色概率 = 25 /(25 + 26)。
- 第一张抽到红色的牌，第二张再抽到黑色的概率：第二张抽到黑色概率 = 26 / (25 + 26)。

上述两个概率是不相等的，故两次抽牌的事件是相依的。

③ 事件互斥 (Mutually Exclusive)：A 事件发生，就不会出现 B 事件，两事件不可能同时发生。例如，次日天气出现晴天的概率为 1/2，阴天的概率为 1/4，雨天的概率为 1/4，次日出现晴天，就不可能出现阴天，故次日不是雨天的概率为 1/2 + 1/4 = 3/4，即互斥事件的概率等于个别事件的概率直接相加。

依照上述定义，衍生的相关定理如下。

① A、B 事件独立，则同时发生 A 及 B 事件的概率 $P(A \cap B) = P(A) \times P(B)$。

② A、B 事件互斥，则发生 A 或 B 事件的概率 $P(A \cup B) = P(A) + P(B)$。

③ A、B 相依事件，则发生 A 或 B 事件的概率 $P(A \cup B) = P(A) + P(B) - P(A \cap B)$。

④ 样本空间内所有互斥事件的概率总和等于 1。

以上条件概率可以使用集合论 (Set Theory) 表示，如图 2.40 所示。

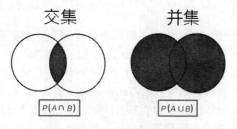

图 2.40　交集 (Intersection) 及并集 (Union)

2. 排列与组合

有些事件我们会关心发生的顺序，相反地，有些时候则不关心事件发生的顺序，计算的公式会有所不同，结果也不一样，关心事件发生的顺序称为排列 (Permutation)，反之，不关心事件发生的顺序称为组合 (Combination)。例如，掷硬币两次的排列样本空间为 { 正正、正反、反正、反反 }，但组合样本空间为 { 正正、一正一反、反反 }，因为 "正反" 和 "反正" 都是 "一正一反"。

以下列举各种案例说明排列与组合的相关计算公式及程序撰写，**请参阅 02_11_ 概率 .ipynb**。

范例1. 有三颗球，标号各为1、2、3，它们排列的事件共有几种？

程序代码如下：

```python
from itertools import permutations

# 测试数据
list1 = [1, 2, 3]

# 声明排列的类别
perm = permutations(list1)

# 列出所有事件
print('所有事件:')
list_output = list(perm)
for i in list_output:
    print(i)

print()
print(f'排列数={len(list_output)}')
```

执行结果：所有事件如下。

(1, 2, 3)

(1, 3, 2)

(2, 1, 3)

(2, 3, 1)

(3, 1, 2)

(3, 2, 1)

排列数 =6

范例2. 有三颗球，抽出两颗球排列的事件共有几种？

程序代码如下：

```python
from itertools import permutations

# 测试数据
list1 = [1, 2, 3]

# 声明排列的类别，三个球抽出两个球
perm = permutations(list1, 2)

# 列出所有事件
print('所有事件:')
list_output = list(perm)
for i in list_output:
    print(i)

print()
print(f'排列数={len(list_output)}')
```

(1) 执行结果：所有事件如下。

(1, 2)

(1, 3)

(2, 1)

(2, 3)

(3, 1)

(3, 2)

排列数 =6

(2) 出现 (1, 2) 的概率 =[(1, 2),(2, 1)] / 6 = 2/6 = 1/3。

范例3. 有三颗球，抽出两颗球组合的事件共有几种？

程序代码如下：

```
1   from itertools import combinations
2
3   # 测试数据
4   list1 = [1, 2, 3]
5
6   # 声明排列的类别，三个球抽出两个球
7   comb = combinations(list1, 2)
8
9   # 列出所有事件
10  print('所有事件:')
11  list_output = list(comb)
12  for i in list_output:
13      print(i)
14
15  print()
16  print(f'组合数={len(list_output)}')
```

(1) 执行结果：所有事件如下。

(1, 2)

(1, 3)

(2, 3)

组合数 =3

(2) 出现 (1, 2) 的概率 =[(1, 2)] / 3 = 1/3。

范例4. 再进一步深化，袋子中有10颗不同颜色的球，抽出3颗球共有几种排列方式？

解题：排列计算公式为

$$排列 = \frac{n!}{(n-k)!}$$

式中：n 为样本点数 10；

k 为 3。

程序代码如下：

```
1   import math
2
3   n=10
4   k=3
5
6   # math.factorial: 阶乘
7   perm = math.factorial(n) / math.factorial(n-k)
8
9   print(f'排列方式共 {perm:.0f} 种')
```

(1) 执行结果：排列方式共 720 种。

(2) 公式由来：抽第一次有 10 种选择，抽第二次有 9 种选择，抽第三次有 8 种选择，故

$$10 \times 9 \times 8 = \frac{10!}{(10-3)!}$$

范例5. 掷硬币三次，出现0、1、2、3次正面的组合共有几种？

解题：因为只考虑出现正面的次数，不管出现的顺序，故属于组合的问题，因为出现的顺序不同，仍视为同一事件，故要除以 k!，公式为

$$组合 = \frac{n!}{k!(n-k)!}$$

式中 n 为实验次数，4 次；

k 为出现正面次数，0、1、2、3 次。

程序代码如下：

```
1  import math
2
3  n=3
4
5  # math.factorial: 阶乘
6  for k in range(4):
7      # 组合公式
8      comb = math.factorial(n) / (math.factorial(k) * math.factorial(n-k))
9      print(f'出现 {k} 次正面的组合共 {comb:.0f} 种')
```

执行结果：

出现 0 次正面的组合共 1 种

出现 1 次正面的组合共 3 种

出现 2 次正面的组合共 3 种

出现 3 次正面的组合共 1 种

3. 二项分布

掷硬币、掷骰子、抽扑克牌一次，均假设每个单一样本点发生的概率都均等，如果不是均等，则上述的排列/组合的公式需要再考虑概率 p，如掷硬币出现正面的概率=0.4，p^k 代表出现 k 次正面的概率，$(1-p)^{(n-k)}$ 代表出现 n-k 次反面的概率。

范例6. 掷硬币出现正面的概率为0.4，掷硬币三次，出现0、1、2、3次正面的概率为何？

程序代码如下：

```
1   import math
2
3   n=3
4   p=0.4
5
6   # math.factorial: 阶乘
7   for k in range(4):
8       # 组合公式
9       comb = math.factorial(n) / (math.factorial(k) * math.factorial(n-k))
10      prob = comb * (p**k) * ((1-p)**(n-k))
11      print(f'出现 {k} 次正面的概率 = {prob:.4f}')
```

(1) 执行结果如下。

出现 0 次正面的概率 = 0.2160

出现 1 次正面的概率 = 0.4320

出现 2 次正面的概率 = 0.2880
出现 3 次正面的概率 = 0.0640

(2) 使用 SciPy comb 组合函数，执行结果同上。程序代码如下：

```
1  # 使用 SciPy comb 组合函数
2  from scipy import special as sps
3
4  n=3
5  p=0.4
6
7  for k in range(4):
8      prob = sps.comb(n, k) * (p**k) * ((1-p)**(n-k))
9      print(f'出现 {k} 次正面的概率 = {prob:.4f}')
10
```

(3) 直接使用 SciPy 的统计模块 binom.pmf(k,n,p)，执行结果同上。程序代码如下：

```
1  # 使用 SciPy binom 二项分布函数
2  # binom = comb * (p**k) * ((1-p)**(n-k))
3  from scipy.stats import binom
4
5  n=3
6  p=0.4
7
8  for k in range(4):
9      print(f'出现 {k} 次正面的概率 = {binom.pmf(k,n,p):.4f}')
```

范例7. 试算今彩539平均回报率[3]。

基本玩法：从 39 个号码中选择 5 个号码。各奖项的中奖方式见表 2.1。

表 2.1 　中奖方式

奖项	中奖方式	中奖方式图示
头等奖	与当期五个中奖号码完全相同者	●●●●●
贰等奖	对中当期奖号之其中任四码	●●●●
叁等奖	对中当期奖号之其中任三码	●●●
肆等奖	对中当期奖号之其中任二码	●●

各奖项金额见表 2.2。

表 2.2　各奖项金额

奖项	头等奖	贰等奖	叁等奖	肆等奖
单注奖金	$8000000	$20000	$300	$50

解题：

(1) 假定每个号码出现的概率是相等的 (1/39)，固定选 5 个号码，故计算概率时不需考虑 p。

(2) 计算从 39 个号码选 5 个号码，总共有几种组合。

程序代码如下：

```
1  # 从39个号码选5个号码，总共有几种
2  from scipy import special as sps
3
4  print(f'从39个号码选5个号码，总共有{int(sps.comb(39,5))}种')
```

```
5
6   # 头等奖号码的个数，5个中奖号码全中，不含非中奖号码
7   first_price_count = int(sps.comb(5,5) * sps.comb(34,0))
8   print(f'头奖号码的个数: {first_price_count}')
9
10  # 头等奖号码的个数，5个中奖号码中4个，有1个非中奖号码
11  second_price_count = int(sps.comb(5,4) * sps.comb(34,1))
12  print(f'贰奖号码的个数: {second_price_count}')
13
14  # 头等奖号码的个数，5个中奖号码中3个，有2个非中奖号码
15  third_price_count = int(sps.comb(5,3) * sps.comb(34,2))
16  print(f'叁奖号码的个数: {third_price_count}')
17
18  # 头等奖号码的个数，5个中奖号码中2个，有3个非中奖号码
19  fourth_price_count = int(sps.comb(5,2) * sps.comb(34,3))
20  print(f'肆奖号码的个数: {fourth_price_count}')
21
```

执行结果如下：

从 39 个号码选 5 个号码，总共有 575757 种

头等奖号码的个数：1

贰等奖号码的个数：170

叁等奖号码的个数：5610

肆等奖号码的个数：59840

(3) 计算平均中奖金额。程序代码如下：

```
1  # 平均中奖金额=(头等奖金额 * 头等奖组数  + 贰等奖金额 * 贰等奖组数  +
2  #               叁等奖金额 * 叁等奖组数  + 肆等奖金额 * 肆等奖组数) / 全部组合数
3  average_return = (8000000 * 1 + 20000 * 170 + 300 * 5610 + 50 * 59840) / 575757
4  print(f'平均中奖金额: {average_return:.2f}')
5
6  print(f'今彩539平均报酬率={((average_return / 50) - 1) * 100:.2f}%')
```

执行结果如下：

平均中奖金额：27.92

今彩 539 平均回报率 =-44.16%

注意：排列与组合的理论看似简单，然而实践上的应用千变万化，建议读者多找一些案例实践，才能运用自如。

2-4-5 概率分布

概率分布 (Distribution) 结合了描述统计量及概率的概念，对数据做进一步的分析，希望推测母体是呈现何种形状的分布，如正态分布、均匀分布、泊松 (Poisson) 分布或二项分布等，并且依据样本推估概率分布相关的母数，如平均数、变异数等。有了完整概率分布信息后，就可以进行预测、区间估计、假设检定等。

概率分布的种类非常多，如图 2.41 所示。这里我们仅介绍几种常见的概率分布。

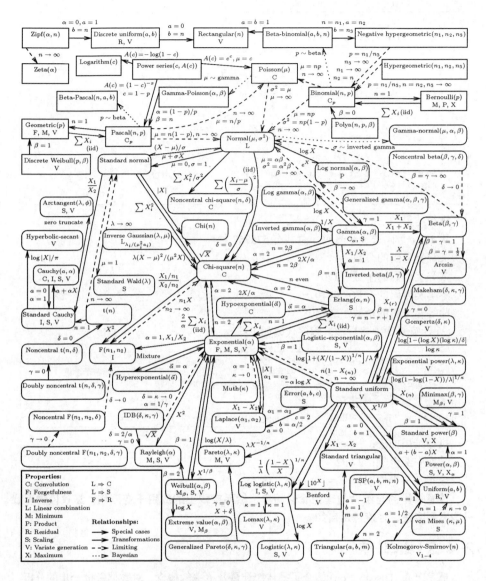

图 2.41 各种概率分布及其关联 [11]

首先介绍几个专有名词。

(1) 概率密度函数：发生各种事件的概率。

(2) 累积分布函数 (Cumulative Distribution Function, CDF)：等于或低于某一观察值的概率。

(3) 概率质量函数 (Probability Mass Function, PMF)：如果是离散型的概率分布，则 PDF 改称为 PMF。

接下来看几个常见的概率分布。

1. 正态分布

因为正态分布 (Normal Distribution) 是由 Carl Friedrich Gauss 提出的，因此又称为

高斯分布 (Gauss Distribution)，世上大部分的事件都属于正态分布，如考试的成绩，考低分及高分的学生人数会比较少，中等分数的人数会占大部分。再如，全年的温度、业务员的业绩、一堆红豆的重量等。正态分布的概率密度函数定义为

$$f(x;\mu,\sigma) = \frac{1}{\sqrt{2\pi \cdot \sigma^2}} \cdot e^{-\frac{1}{2}(\frac{x-\mu}{\sigma})^2}$$

两个重要参数介绍如下。
(1) μ：平均数，是全体样本的平均数。
(2) δ：标准差，描述全体样本的离散的程度。
概率密度函数可简写成 $N(\mu,\delta)$。
我们在 "2-3-5 积分" 节已经介绍过相关内容，并撰写了一些程序，这里直接使用 SciPy 的统计模块做一些实操。

> **以下程序请参考 02_12_ 正态分布 .ipynb。**

范例1. 使用SciPy绘制概率密度函数(PDF)。

程序代码如下：

```
1  import matplotlib.pyplot as plt
2  import numpy as np
3  from scipy.stats import norm
4
5  # 观察值范围
6  z1, z2 = -4, 4
7
8  # 样本点
9  x = np.arange(z1, z2, 0.001)
10 y = norm.pdf(x,0,1)
11
12 # 绘图
13 plt.plot(x,y,'black')
14
15 # 填色
16 plt.fill_between(x,y,0, alpha=0.3, color='b')
17 plt.show()
```

执行结果：如图 2.42 所示。

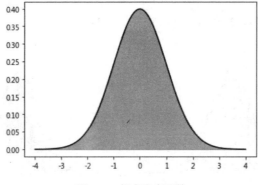

图 2.42　概率密度函数

范例2. 绘制正态分布的 ±1、±2、±3 倍标准差区间及其概率密度分布。

程序代码如下：

```python
import matplotlib.pyplot as plt
import numpy as np
from scipy.stats import norm

z1, z2 = -1, 1
x1 = np.arange(z1, z2, 0.001)
y1 = norm.pdf(x1,0,1)

# 1倍标准差区域
plt.fill_between(x1,y1,0, alpha=0.3, color='b')
plt.ylim(0,0.5)

# 观察值范围
z1, z2 = -4, 4

# 样本点
x2 = np.arange(z1, z2, 0.001)
y2 = norm.pdf(x2,0,1)

# 绘图
plt.plot(x2,y2,'black')

# 1倍标准差概率
plt.annotate(text='', xy=(-1,0.25), xytext=(1,0.25), arrowprops=dict(arrowstyle='<->'))
plt.annotate(text='68.3%', xy=(0,0.26), xytext=(0,0.26))

# 填色
plt.fill_between(x2,y2,0, alpha=0.1, color='b')
plt.show()
```

(1) 执行结果：如图 2.43 所示。

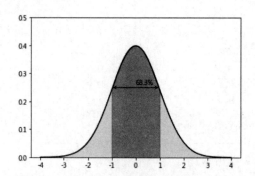

图 2.43　正态分布 ±1 倍标准差区间及概率密度分布

(2) 将第 5 行改为 (-2, 2)、(-3, 3)，结果如图 2.44 所示。

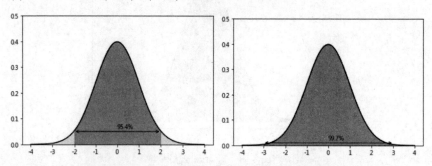

图 2.44　正态分布 ±2、±3 倍标准差区间及概率密度分布

范例3. 使用SciPy绘制累积分布函数(CDF)。

程序代码如下：

```python
import matplotlib.pyplot as plt
import numpy as np
from scipy.stats import norm

# 观察值范围
z1, z2 = -4, 4

# 样本点
x = np.arange(z1, z2, 0.001)

# norm.cdf : 累积分布函数
y = norm.cdf(x,0,1)

# 绘图
plt.plot(x,y,'black')

plt.show()
```

第 12 行从 PDF 改为 CDF。

执行结果：如图 2.45 所示。

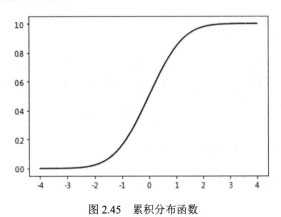

图 2.45　累积分布函数

有一个 Student's t 分布，很像正态分布，常被用来做假设检定 (Hypothesis Test)，SciPy 也有资源。

范例4. 使用SciPy绘制Student's t 分布的概率密度函数(PDF)，并与正态分布比较。

```python
import matplotlib.pyplot as plt
plt.rcParams['font.sans-serif'] = ['Microsoft JhengHei']
plt.rcParams['axes.unicode_minus'] = False
import numpy as np
from scipy.stats import t, norm

# 观察值范围
z1, z2 = -4, 4

# 样本点
x = np.arange(z1, z2, 0.1)
dof = 10 #len(x) - 1
y = t.pdf(x, dof)

# 绘图
plt.plot(x,y,'red', label='t分布', linewidth=5)

# 绘制正态分布
```

```
19  y2 = norm.pdf(x)
20  plt.plot(x,y2, 'green', label='正态分布')
21
22  plt.legend()
23  plt.show()
```

第 13 行为 t 为 Student's t 分布。

执行结果：如图 2.46 所示。

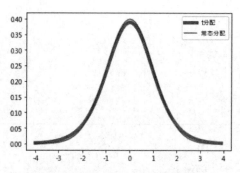

图 2.46 Student's t 分布的概率密度函数

图 2.46 中，较粗的线 (红色) t 为 Student's t 分布。

2. 均匀分布

均匀分布也是一种常见的分布，通常是属于离散型的数据，所有样本点发生的概率都相同，如掷硬币、掷骰子，出现每一面的概率都一样。均匀分布的概率密度函数为

$$f(x) = \frac{1}{(b-a)}, a \leq x \leq b$$

> 以下程序请参考 02_13_ 其他分布 .ipynb。

范例5. 绘制掷骰子的概率密度函数。

程序代码如下：

```
1  import numpy as np
2  import matplotlib.pyplot as plt
3  plt.rcParams['font.sans-serif'] = ['Microsoft JhengHei']
4  plt.rcParams['axes.unicode_minus'] = False
5
6
7  # 点数与概率
8  face = [1,2,3,4,5,6]
9  probs = np.full((6), 1/6)
10
11 # 绘制长条图
12 plt.bar(face, probs)
13 plt.ylabel('概率', fontsize=12)
14 plt.xlabel('点数', fontsize=12)
15 plt.title('掷骰子', fontsize=12)
16 plt.ylim([0,1])
17 plt.show()
```

(1) 执行结果：如图 2.47 所示。

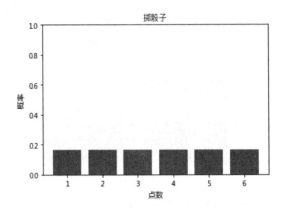

图 2.47　范例 5 执行结果

(2) 可以使用随机数模拟，程序代码为 np.random.randint(1, 6)。

3. 二项分布

顾名思义，二项分布就是只有两种观察值，如成功 / 失败、正面 / 反面、有 / 没有等，类似的分布有以下三种。

(1) 伯努利 (Bernoulli) 分布：做**一次二分类**的实验，概率密度函数为

$$f(x) = p^x(1-p)^{1-x}, x = 0 或 1$$

式中：p 为成功的概率。

(2) 二项 (Binomial) 分布：做**多次二分类**的实验。概率密度函数为

$$f(k,n,p) = \binom{n}{k} p^k (1-p)^{n-k}$$

式中：n 为实验次数；k 为成功次数；p 为成功的概率。

(3) 多项 (Multinomial) 分布：做**多次多分类**的实验。概率密度函数为

$$f(x_1, x_2, \cdots, x_k, n, p_1, p_2, \cdots, p_k) = \frac{n!}{x_1! x_2! \cdots x_k!} p_1^{x_1} p_2^{x_2} \cdots p_k^{x_k}, \sum x_i = n$$

范例6. 绘制掷硬币的概率密度函数。

程序代码如下：

```
1  import matplotlib.pyplot as plt
2  plt.rcParams['font.sans-serif'] = ['Microsoft JhengHei']
3  plt.rcParams['axes.unicode_minus'] = False
4  import numpy as np
5
6  # 正面/反面概率
7  probs = np.array([0.6, 0.4])
8  face = [0, 1]
9  plt.bar(face, probs)
10 plt.title('伯努利(Bernoulli)分布', fontsize=16)
11 plt.ylabel('概率', fontsize=14)
12 plt.xlabel('正面/反面', fontsize=14)
13 plt.ylim([0,1])
14
15 plt.show()
```

执行结果：如图 2.48 所示。

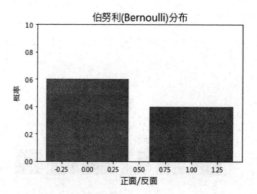

图 2.48　伯努利分布执行结果

范例7. 绘制掷硬币10次的概率密度函数。

程序代码如下：

```
1  import matplotlib.pyplot as plt
2  plt.rcParams['font.sans-serif'] = ['Microsoft JhengHei']
3  plt.rcParams['axes.unicode_minus'] = False
4  import numpy as np
5  from scipy.stats import binom
6
7  # 正面/反面概率
8  n = 10
9  p = 0.6
10
11 probs=[]
12 for k in range(11):
13     p_binom = binom.pmf(k,n,p)
14     probs.append(p_binom)
15
16 face=np.arange(11)
17 plt.bar(face, probs)
18 plt.title('二项(Binomial)分布', fontsize=16)
19 plt.ylabel('概率', fontsize=14)
20 plt.xlabel('正面次数', fontsize=14)
21
22 plt.show()
```

执行结果：如图 2.49 所示。

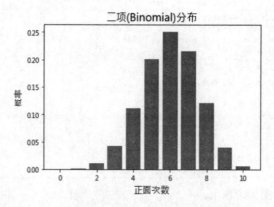

图 2.49　二项分布执行结果

范例8. 绘制掷骰子10次的概率。

程序代码如下：

```python
import matplotlib.pyplot as plt
import numpy as np
from scipy.stats import multinomial

# 掷骰子次数
n = 6

# 假设掷出各种点数的概率
p = [0.1, 0.2, 0.2, 0.2, 0.2, 0.1]

probs=[]

# 掷骰子1~6点各出现1次的概率
p_multinom = multinomial(n,p)
p_multinom.pmf([1,1,1,1,1,1])
```

(1) 执行结果：0.011520000000000013。

(2) 若掷骰子 60 次，1~6 点各出现 10 次的概率，执行结果为 4.006789054168284e-06。概率会小很多，这是由于掷骰子 60 次出现的样本空间会有更多的组合。程序代码如下：

```python
# 掷骰子60次
n = 60

# 掷骰子1~6点各出现10次的概率
p_multinom = multinomial(n,p)
p_multinom.pmf([10,10,10,10,10,10])
```

(3) 若掷骰子 1000 次，给定 1~6 点各出现的次数。程序代码如下：

```python
# 随机抽样1000次
y = np.random.choice(np.arange(1,7), size=1000, p=p)

# np.bincount：0~6点各出现的次数，故要扣掉第一个元素
times = np.bincount(y)[1:]

# 绘图
plt.bar(np.arange(1,7), times)
plt.show()
```

执行结果：如图 2.50 所示。

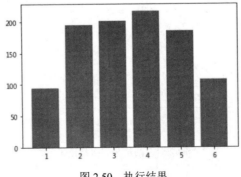

图 2.50　执行结果

4. 泊松分布

泊松分布经常运用在"给定的时间内发生 k 次事件"的概率分布函数，我们得以建立一套顾客服务的模型，用来估计一个服务柜台的等候人数，进而计算出需要安排几个人服务柜台，来达成特定的服务水平(Service Level Agreement, SLA)，其应用场景非常广，如售票柜台、便利商店结账柜台、客服中心的电话线数、依个人发生车祸的次数决定车险定价等。

泊松分布的概率密度函数为

$$f(x,\lambda) = \frac{\lambda^{k} e^{-\lambda}}{k!}$$

式中：λ 为平均发生次数；e 为自然对数；k 为发生次数。

范例9. 绘制各种 λ 值的泊松分布概率密度函数。

程序代码如下：

```python
1   import matplotlib.pyplot as plt
2   plt.rcParams['font.sans-serif'] = ['Microsoft JhengHei']
3   plt.rcParams['axes.unicode_minus'] = False
4   import numpy as np
5   from scipy.stats import poisson
6   
7   # λ = 2、4、6、8
8   for lambd in range(2, 10, 2):
9       k = np.arange(0, 10)
10      poisson1 = poisson.pmf(k, lambd)
11  
12      # 绘图
13      plt.plot(k, poisson1, '-o', label=f"λ = {lambd}")
14  
15  # 设定图形属性
16  plt.xlabel('发生次数', fontsize=12)
17  plt.ylabel('概率', fontsize=12)
18  plt.title("Poisson Distribution (各种λ值)", fontsize=16)
19  plt.legend()
```

执行结果：如图 2.51 所示。

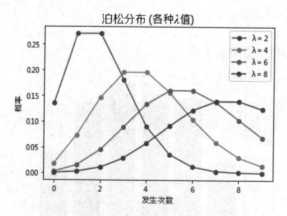

图 2.51　泊松分布执行结果

2-4-6 假设检定

根据维基百科的定义[5]，假设检定是推论统计中用于检定统计假设的一种方法。而统计假设可以通过观察一组随机变量的模型进行检定。通常判定一种新药是否有效，我们并不希望因为随机抽样的误差，而造成判定错误，所以，治愈人数的比例必须超过某一显著水平，才能够认定为具有医疗效果。在谈到假设检定之前，我们先来了解什么是置信区间 (Confidence Interval)。

1. 置信区间

之前我们谈到平均数、中位数都是以单一值表达样本的集中趋势，这称为点估计，不过，这种表达方式并不精确。以正态分布而言，如图 2.52 所示的概率密度函数，样本刚好等于平均数的概率也只有 0.4，因此，我们改以区间估计会是比较稳健的做法。例如，估计 95% 的样本会落在特定区间内，这个区间我们便称为置信区间 (Confidence Interval)。

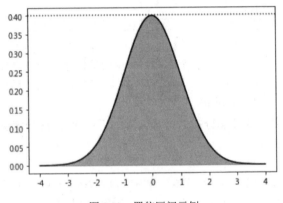

图 2.52 置信区间示例

以正态分布而言，1 倍的标准差置信水平约为 68.3%，2 倍的标准差置信水平约为 95.4%，3 倍的标准差置信水平约为 99.7%，如图 2.53 所示。

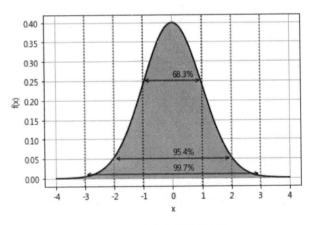

图 2.53 正态分布的置信水平

以业界常用的 95% 置信水平为例，就是"我们确信 95% 的样本会落在 (-1.96δ, 1.96δ) 区间内"，一般医药有效性的检定也是以此概念表达的，如疫苗等。

> 以下程序请参考 02_14_ 置信区间 .ipynb。

范例1. 以美国历届总统的身高数据，计算各式描述统计量及 **95%** 的置信区间。

程序代码如下：

```
1   import random
2   import pandas as pd
3   import numpy as np
4
5   # 读取文件
6   df = pd.read_csv('./data/president_heights.csv')
7   df.rename(columns={df.columns[-1]:'height'}, inplace=True)
8
9   # 计算置信区间
10  m = df['height'].mean()
11  sd = df['height'].std()
12  print(f'平均数={m}, 标准差={sd}, 置信区间=({m-2*sd}, {m+2*sd})')
```

(1) 执行结果：平均数 =179.74，标准差 =7.02，置信区间 =(165.71, 193.77)。

(2) 如上所述，如果单纯以平均数 179.74 说明美国总统的身高并不完整，因为其中有多位总统的身高低于 170cm，因此若再加上"95% 美国总统的身高介于 (165.71, 193.77)"，则会让信息更加完整。

范例2. 利用随机数生成正态分布的样本，再使用 **SciPy** 的统计模块(**stats**) 计算置信区间。

解题：

(1) 利用随机数生成 10000 个样本，样本来自正态分布 N(5, 2)，即平均数为 5，标准差为 2，使用 norm.interval() 计算置信区间，参数分别为置信水平、平均数、标准差。程序代码如下：

```
1   import matplotlib.pyplot as plt
2   import numpy as np
3   from scipy.stats import norm
4
5   # 产生随机乱数的样本
6   mu = 5         # 平均数
7   sigma = 2      # 标准差
8   n = 10000      # 样本数
9   data = np.random.normal(mu, sigma, n)
10
11  cl = .95       #置信水平
12
13  # 计算置信区间
14  m = data.mean()
15  sd = data.std()
16  y1 = norm.interval(cl, m, sd)
17  print(f'平均数={m}, 标准差={sd}, 置信区间={y1}')
```

执行结果：置信区间 =(1.0487, 8.9326)，约为 ($\mu-1.96\delta, \mu+1.96\delta$)。

(2) 绘图。程序代码如下：

```
1  import seaborn as sns
2
3  # 直方图，参数 hist=False：不画阶梯直方图，只画平滑曲线
4  sns.distplot(data, hist=False)
5
6  # 画置信区间
7  plt.axvline(y1[0], c='r', linestyle=':')
8  plt.axvline(y1[1], c='r', linestyle=':')
9
10 # 标示 95%
11 plt.annotate(text='', xy=(y1[0],0.025), xytext=(y1[1],0.025),
12             arrowprops=dict(arrowstyle='<->'))
13 plt.annotate(text='95%', xy=(mu,0.03), xytext=(mu,0.03))
14
15 plt.show()
```

执行结果：如图 2.54 所示。

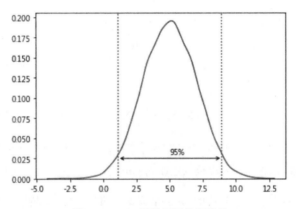

图 2.54　95% 置信区间执行结果

范例 3. 利用随机数生成二项分布的样本，再使用 SciPy 的统计模块 (stats) 计算置信区间。

程序代码如下：

```
1  import matplotlib.pyplot as plt
2  import numpy as np
3  from scipy.stats import binom
4
5  # 产生随机数的样本
6  trials = 1      # 实验次数
7  p = 0.5         # 出现正面的概率
8  n = 10000       # 样本数
9  data = np.random.binomial(trials, p, n)
10
11 cl = .95        #置信水平
12
13 # 计算置信区间
14 m = data.mean()
15 sd = data.std()
16 y1 = binom.interval(cl, n, m)
17 print(f'平均数={m}, 标准差={sd}, 置信区间={y1}')
```

(1) 执行结果：平均数 =0.5039，标准差 =0.4999847897686489，置信区间 =(4941.0, 5137.0)，约为 (μ–1.96δ, μ+1.96δ)。

(2) 二项分布标准差公式 $=\sqrt{p(1-p)}$，可以验算 $(p*(1-p))**.5 = 0.5$，随机数的样本与理论值相差不远。

2. 中心极限定理

中心极限定理 (Central Limit Theorem, CLT) 是指当样本数越大时，不管任何概率分布，每批样本的平均数之概率分布会近似于正态分布。因此，我们就可以使用正态分布估计任何样本平均数之概率分布的置信区间或做假设检定。

然而，因为每一个样本是一批的数据，假设个数为 n，则每批样本的平均数所形成的标准差不是原样本标准差，而是

$$\delta_x = \frac{\delta}{\sqrt{n}}$$

例如，我们有 1000 批的样本，每批的样本有 10 个数据，则每批样本的平均数所形成的标准差为

$$\delta_x = \frac{\delta}{\sqrt{10}}$$

又如，样本来自二项分布，标准差 $=\sqrt{p(1-p)}$，则每批样本的平均数所形成的标准差为

$$\delta_x = \frac{\sqrt{p(1-p)}}{\sqrt{n}} = \frac{\sqrt{p(1-p)}}{n}$$

平均数的标准差称为标准误差 (Standard Error)，它有别于原样本的标准差。

➤ 以下程序请参考 02_15_ 中心极限定理 .ipynb。

范例4. 利用随机数生成二项分布的10000批样本，每批含100个数据，请计算平均数、标准误差，并绘图验证是否近似于正态分布。

程序代码如下：

```
1  import matplotlib.pyplot as plt
2  import numpy as np
3  from scipy.stats import binom
4  import seaborn as sns
5
6  # 产生随机乱数的样本
7  trials = 100 # 实验次数
8  p = 0.5      # 出现正面的概率
9  n = 10000    # 样本数
10 data = np.random.binomial(trials, p, n)
11
12 cl = .95     #置信水平
13
14 # 计算置信区间
15 data = data / trials
16 m = data.mean()
17 sd = data.std()
18 y1 = binom.interval(cl, n, m)
19 print(f'平均数={m}, 标准差={sd}, 置信区间={y1}')
20
21 # 直方图
22 sns.distplot(data, bins=20)
23 plt.show()
```

(1) 执行结果：平均数 =0.5003，标准差 =0.04982，置信区间 =(4906.0, 5102.0)，如图 2.55 所示。

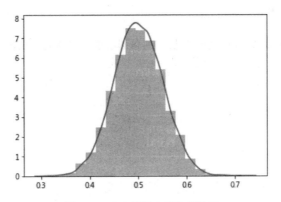

图 2.55　中心极限定理执行结果

(2) 平均数与原样本的平均数几乎相同 (0.5003 ≈ 0.5)。
(3) 标准差与理论值也很接近 (0.04982 ≈ 0.05)，理论值 =(p*(1-p)/ trials)**.5=0.04982。
(4) 直方图近似于正态分布。

3. 假设检定

我们设定特定的显著水平 (Significance Level)，以 α 表示，例如 5%，或者相对的置信水平 95%，如果样本的平均数落在置信区间之外，我们就说新药是显著有效，这样的判定只有 5% 概率是错误的，这种检定方法就称为假设检定 (Hypothesis Testing)。当然，我们也可以用较严谨的显著水平 (0.3%)，即三倍标准差，检定新药是否显著有效。

假设检定依检定范围可分为单边 (One-side)、双边 (Two-side)，依样本的设计可分为单样本 (Single-sample)、双样本 (Two-sample)，依检定的统计量，可分为平均数检定或标准差的检定。

单边检定只关心概率分布的一边，例如，A 班的成绩是否优于 B 班 ($\mu_A > \mu_B$)，为右尾检定 (Right-tail Test)，病毒核酸检测 (PCR)，ct 值 30 以下即视为确诊 (μ <30)，为左尾检定 (Left-tail Test)；双边检定则关心两边，如 A 班的成绩是否与 B 班有显著差异 ($\mu_A \neq \mu_B$)。

单样本检定只有一份样本，如抽样一群顾客，调查是否喜欢公司特定的产品；双样本则有两份样本互相作比较，如 A 班的成绩是否优于 B 班，或者新药有效性测试，通常会将实验对象分为两组，一组为实验组 (Treatment Group)，让他们服用新药，另一组为对照组，又称控制组 (Control Group)，让他们服用安慰剂，这种设计又称为 A/B Test。

检定时会有两个假设，原假设 (Null Hypothesis) 及备择假设 (Alternative Hypothesis)。

(1) 原假设 H_0：μ =0。
(2) 备择假设 H_1：$\mu \neq 0$，H_1 也可以写成 H_A。

备择假设是原假设反面的条件，通常备择假设是我们希望的结果，因此，检定后，如果原假设为真时，我们会使用**不能拒绝** (fail to reject) 原假设，而不会说原假设成立。

以下就以实例说明各式的检定。

➢ 以下程序请参考 02_16_ 假设检定 .ipynb。

范例5. 特朗普的身高190cm，是否与历届的美国总统平均身高有显著的不同？假设历届的美国总统身高为正态分布，以显著水平5% 检定。

解题：显著水平 5% 时，置信区间为 (μ –1.96 δ , μ +1.96 δ)。程序代码如下：

```
1   import random
2   import pandas as pd
3   import numpy as np
4   import seaborn as sns
5   import matplotlib.pyplot as plt
6
7   # 读取文件
8   df = pd.read_csv('./data/president_heights.csv')
9   df.rename(columns={df.columns[-1]:'height'}, inplace=True)
10
11  # 计算置信区间
12  m = df['height'].mean()
13  sd = df['height'].std()
14  print(f'平均数={m:.2f}, 标准差={sd:.2f}, ' +
15        f'置信区间=({m-1.96*sd:.2f}, {m+1.96*sd:.2f})')
16
17  sns.distplot(df['height'])
18  plt.axvline(m, color='yellow', linestyle='dashed', linewidth=2)
19  plt.axvline(m-1.96*sd, color='magenta', linestyle='dashed', linewidth=2)
20  plt.axvline(m+1.96*sd, color='magenta', linestyle='dashed', linewidth=2)
21
22  # 特朗普的身高190cm
23  plt.axvline(190, color='red', linewidth=2)
24
25  plt.show()
```

(1) 执行结果：平均数 =179.74，标准差 =7.02，置信区间 =(165.99, 193.49)，特朗普的身高 190cm 在置信区间内，表示特朗普身高并不显著比历届的美国总统高。

(2) 从图 2.56 可以看出，特朗普的身高 190cm 在左右两条虚线 (置信区间) 之间。

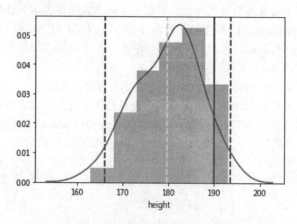

图 2.56　特朗普身高的假设检验结果

范例6. 要调查顾客是否喜欢公司新上市的食品，公司进行问卷调查，取得客户的评价，范围介于0~10分，已知母体平均分数为5分，标准差为2分，请使用假设检定确认顾客是否喜欢公司新上市的食品。

解题：

原假设 H_0：$\mu \leqslant 5$

备择假设 H_1：$\mu > 5$

检验平均数，我们会使用 t 检定，当样本大于 30 时，会近似于正态分布。t 统计量为

$$t = \frac{x - \mu}{s / \sqrt{n}}$$

(1) 使用随机数模拟问卷调查结果。程序代码如下：

```python
import numpy as np
import matplotlib.pyplot as plt

# 问卷调查，得到客户的评价
np.random.seed(123)
lo = np.random.randint(0, 5, 6)      # 0~4分 6批
mid = np.random.randint(5, 7, 38)    # 5~6分 38批
hi = np.random.randint(7, 11, 6)     # 7~10分 6批
sample = np.append(lo,np.append(mid, hi))

print(f"最小值:{sample.min()}, 最大值:{sample.max()}, 平均数:{sample.mean()}")

plt.hist(sample)    # 画直方图
plt.show()
```

执行结果：最小值：1，最大值：9，平均数：5.46。

(2) 使用 stats.ttest_1samp() 做假设检定，参数 alternative='greater' 为右尾检定，SciPy 需 v1.6.0 以上才支持 alternative 参数。程序代码如下：

```python
from scipy import stats
import seaborn as sns

# t检定，SciPy 需 v1.6.0 以上才支持 alternative
# https://docs.scipy.org/doc/scipy/reference/generated/scipy.stats.ttest_1samp.html
t,p = stats.ttest_1samp(sample, 5, alternative='greater')
print(f"t统计量:{t:.4f}, p值:{p:.4f}")

# 单尾检定，右尾显著水平 5%，故取置信区间 90%，两边各 5%
ci = stats.norm.interval(0.90, pop_mean, pop_std)
sns.distplot(pop, bins=100)

# 画平均数
plt.axvline(pop.mean(), color='yellow', linestyle='dashed', linewidth=2)

# 画右尾显著水平
plt.axvline(ci[1], color='magenta', linestyle='dashed', linewidth=2)

# 画t统计量
plt.axvline(pop.mean() + t*pop.std(), color='red', linewidth=2)

plt.show()
```

① 执行结果：t 统计量 2.0250，p 值 0.024。90% 的置信区间约在 (μ −1.645 δ，μ +1.645 δ) 之间，因 t 统计量 (2.0250)>1.645，故备择假设为真，确认顾客喜欢公司新上市的食品。使用 t 统计量比较，需考虑单 / 双尾检定，并比较不同的值，有点麻烦，专家会改用 p 值与显著水平比较，若小于显著水平，则备择假设为真，反之，不能拒绝原假设，因为 p 值的计算公式 =1-CDF(累积分布函数)，如图 2.57 所示。

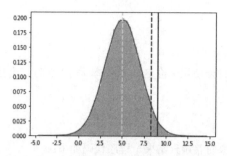

图 2.57 问卷调查结果的假设检验结果

② 图 2.57 实线为"母体平均数 + t 统计量 x 母体标准差",旁边虚线为置信区间的右界,前者大于后者,表示效果显著,有明显差异。

③ 若使用左尾检定,也是呼叫 stats.ttest_1samp(),参数 alternative='less'。

④ 若使用双尾检定,也是呼叫 stats.ttest_1samp(),删除参数 alternative 即可。

范例7. 要检定新药有效性,将实验对象分为两组,一组为实验组,让他们服用新药,另一组为对照组,又称控制组,让他们服用安慰剂,检验两组疾病复原状况是否有明显差异。

解题:

原假设 H_0: $\mu_1 = \mu_2$

备择假设 H_1: $\mu_1 \neq \mu_2$

(1) 使用随机数模拟复原状况。程序代码如下:

```python
import numpy as np
import matplotlib.pyplot as plt
from scipy import stats

np.random.seed(123)
Control_Group = np.random.normal(66.0, 1.5, 100)
Treatment_Group = np.random.normal(66.55, 1.5, 200)
print(f"控制组平均数:{Control_Group.mean():.2f}")
print(f"实验组平均数:{Treatment_Group.mean():.2f}")
```

执行结果:控制组平均数:66.04,实验组平均数:66.46。

(2) 使用 stats.ttest_ind() 作假设检定,参数放入两组数据及 alternative='greater' 表示右尾检定。程序代码如下:

```python
# t检定,SciPy 需 v1.6.0 以上才支持 alternative
# https://docs.scipy.org/doc/scipy/reference/generated/scipy.stats.ttest_1samp.html
t,p = stats.ttest_ind(Treatment_Group, Control_Group, alternative='greater')
print(f"t统计量:{t:.4f}, p值:{p:.4f}")

# 单尾检定,右尾显著水平 5%,故取置信区间 90%,两边各 5%
pop = np.random.normal(Control_Group.mean(), Control_Group.std(), 100000)
ci = stats.norm.interval(0.90, Control_Group.mean(), Control_Group.std())
sns.distplot(pop, bins=100)

# 画平均数
plt.axvline(pop.mean(), color='yellow', linestyle='dashed', linewidth=2)

# 画右尾显著水平
plt.axvline(ci[1], color='magenta', linestyle='dashed', linewidth=2)

# 画t统计量
plt.axvline(pop.mean() + t*pop.std(), color='red', linewidth=2)

plt.show()
```

① 执行结果:t 统计量 2.2390,p 值 0.0129,p 值若小于显著水平 (0.05),则备择假设为真,表示新药有显著疗效,如图 2.58 所示。

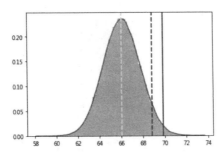

图 2.58 新药有效性的假设检验结果

② 图 2.58 实线为"母体平均数 + t 统计量 x 母体标准差",旁边虚线为置信区间的右界,前者大于后者,表示效果显著,有明显差异。

范例8. 另外有一种配对检定(Paired Tests),如学生同时参加期中及期末考试,我们希望检验期末时学生是否有显著进步,因两次考试都是以同一组学生做实验,故称为配对检定。

解题:

原假设 H_0: $\mu_1 = \mu_2$

备择假设 H_1: $\mu_1 \neq \mu_2$

(1) 使用随机数模拟学生两次考试成绩。程序代码如下:

```
import numpy as np
import matplotlib.pyplot as plt
from scipy import stats

np.random.seed(123)
midTerm = np.random.normal(60, 5, 100)
endTerm = np.random.normal(61, 5, 100)
print(f"期中考:{midTerm.mean():.2f}")
print(f"期末考:{endTerm.mean():.2f}")
```

执行结果:期中考:60.14,期末考:60.90。

(2) 使用 stats.ttest_rel() 做假设检定,参数放入两组数据及 alternative='greater' 表右尾检定。程序代码如下:

```
# t检定,SciPy 需 v1.6.0 以上才支持 alternative
# https://docs.scipy.org/doc/scipy/reference/generated/scipy.stats.ttest_1samp.html
t,p = stats.ttest_rel(endTerm, midTerm, alternative='greater')
print(f"t统计量:{t:.4f}, p值:{p:.4f}")

# 单尾检定,右尾显著水平 5%,故取置信区间 90%,两边各 5%
pop = np.random.normal(Control_Group.mean(), Control_Group.std(), 100000)
ci = stats.norm.interval(0.90, Control_Group.mean(), Control_Group.std())
sns.distplot(pop, bins=100)

# 画平均数
plt.axvline(pop.mean(), color='yellow', linestyle='dashed', linewidth=2)

# 画右尾显著水平
plt.axvline(ci[1], color='magenta', linestyle='dashed', linewidth=2)

# 画t统计量
plt.axvline(pop.mean() + t*pop.std(), color='red', linewidth=2)

plt.show()
```

① 执行结果：t 统计量 1.0159，p 值 0.1561，p 值大于显著水平 (0.05)，备择假设为假，表示学生成绩没有显著进步，如图 2.59 所示。

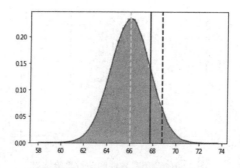

图 2.59　学生成绩的配对检验结果

② 图 2.59 实线为"母体平均数 + t 统计量 x 母体标准差"，右侧虚线为置信区间的右界，前者小于后者，表示效果不显著。

以上基础统计的介绍，环环相扣，以某市市长选举为例介绍如下，详见图 2-60。

(1) 抽样：使用抽样方法，从有投票权的市民中随机抽出一批市民意见作为样本。

(2) 计算描述统计量：推估母体的平均数、标准差、变异数等描述统计量，描绘出大部分市民的想法与差异。

(3) 概率：推测候选人当选的概率，再进而推估概率分布函数。

(4) 假设检定：依据概率分布函数，进行假设检定，推论候选人当选的可信度或确定性，这就是一般古典统计的基础流程，与机器学习以数据为主的预测相辅相成，可彼此验证对方。

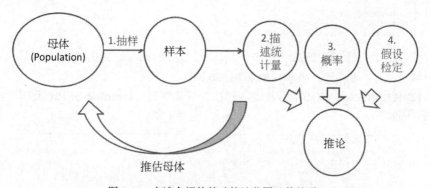

图 2.60　上述介绍的基础统计范围及其关联

2-5　线性规划

线性规划是运筹学 (Operations Research, OR) 中非常重要的领域，它是给定一些线性的限制条件，求取目标函数的最大值或最小值。

➢ 以下程序请参考 02_17_ 线性规划 .ipynb。

范例1. 最大化目标函数 $z = 3x+2y$

限制条件：$2x+y \leqslant 100$
$x+y \leqslant 80$
$x \leqslant 40$
$x \geqslant 0, y \geqslant 0$

解题：

(1) 先画图，涂色区域 (黄色) 为可行解 (Feasible Solutions)，即符合限制条件的区域，如图 2.61 所示。

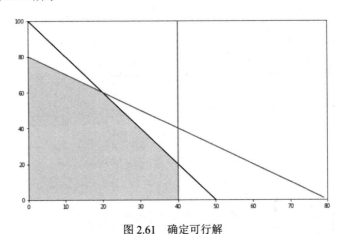

图 2.61　确定可行解

程序代码如下：

```python
import numpy as np
import matplotlib.pyplot as plt

plt.figure(figsize=(10,6))

# 限制式 2x+y = 100
x = np.arange(0,80)
y = 100 - 2 * x

# 限制式 x+y = 80
y_2 = 80 - x
plt.plot(x, y, 'black', x, y_2, 'g')

# 限制式 x = 40
plt.axvline(40)

# 坐标轴范围
plt.xlim(0,80)
plt.ylim(0,100)

# 限制式 x+y = 80 取边界线样本点
x1 = np.arange(0,21)
y1 = 80 - x1

# 限制式 2x+y = 100 取边界线样本点
x2 = np.arange(20,41)
y2 = 100 - 2 * x2

# 限制式 x = 40 取边界线样本点
x3 = np.array([40]*20)
y3 = np.arange(0,20)

# 整合边界线样本点
x1 = np.concatenate((x1, x2, x3))
y1 = np.concatenate((y1, y2, y3))
```

```
36
37  # 可行解(Feasible Solutions)
38  plt.fill_between(x1, y1, color='yellow')
39
40  plt.show()
```

(2) 上述线性规划求解可使用单形法 (Simplex Method)。上述问题比较简单，凸集合的最佳解发生在可行解的顶点 (Vertex)，所以依上图，我们只要求每一个顶点对应的目标函数值，比较并找到最大的数值即可。不过，深度学习的变数动辄几百个，且神经层及神经元又很多，无法使用单形法求解，而是采取优化的方式，逐渐逼近找到近似解。因此，我们只运用程序来解题，不介绍单形法的原理。首先安装 pulp 包。

(3) 以 pulp 包求解，定义目标函数及限制条件。程序代码如下：

```
1   from pulp import LpMaximize, LpProblem, LpStatus, lpSum, LpVariable
2
3   # 设定题目名称及最大化(LpMaximize)或最小化(LpMinimize)
4   model   = LpProblem("范例1. 最大化目标函数", LpMaximize)
5
6   # 变数初始化，x >= 0, y >= 0
7   x = LpVariable(name="x", lowBound=0)
8   y = LpVariable(name="y", lowBound=0)
9
10  # 目标函数
11  objective_function = 3 * x + 2 * y
12
13  # 限制条件
14  constraint = 2 * x + 4 * y >= 8
15  model += (2 * x + y <= 100, "限制式1")
16  model += (x + y <= 80, "限制式2")
17  model += (x <= 40, "限制式3")
18
19  model += objective_function
20  model
```

执行结果如下，显示定义内容：

```
范例1._最大化目标函数:
MAXIMIZE
3*x + 2*y + 0
SUBJECT TO
限制式1: 2 x + y <= 100

限制式2: x + y <= 80

限制式3: x <= 40

VARIABLES
x Continuous
y Continuous
```

(4) 调用 model.solve() 求解。程序代码如下：

```
1   status = model.solve()
2   status = 'yes' if status == 1 else 'no'
3   print(f'有解吗? {status}')
4
5   print(f"目标函数: {model.objective.value()}")
6   for var in model.variables():
7       print(f"{var.name}: {var.value()}")
8
9   print(f'\n限制式的值(不太重要)')
10  for name, constraint in model.constraints.items():
11      print(f"{name}: {constraint.value()}")
```

执行结果如下，当 $x=20$、$y=60$ 时，目标函数最大值 $=180$。

```
有解吗? yes
目标函数: 180.0
x: 20.0
y: 60.0

限制式的值(不太重要)
限制式1: 0.0
限制式2: 0.0
限制式3: -20.0
```

范例2. 实例应用，运用线性规划来安排客服中心各时段的人力配置，请参考文献[6]。

以上是简单的线性规划，还有其他的模型，如整数规划(Integer Programming)、二次规划(Quadratic Programming)、非线性规划(Non-linear Programming)。

2-6 普通最小二乘法与最大似然估计法

普通最小二乘法(Ordinary Least Squares, OLS)、最大似然估计法(Maximum Likelihood Estimation, MLE)是常见的优化和估算参数值的方法，如回归系数、正态分布的平均数/变异数。笔者戏称两者是优化器求解的倚天剑与屠龙刀，许多算法问题凭借这两把利器便可迎刃而解。

2-6-1 普通最小二乘法

在"2-3-4 简单线性回归求解"章节，利用一阶导数等于 0 的特性，对简单线性回归 ($y = wx + b$) 求取最佳解，使用的就是普通最小二乘法，这里再强化一下，使用矩阵运算，让解法可应用到多元回归、深度学习。

$$y = w_1x_1 + w_2x_2 + w_3x_3 + \cdots + w_nx_n + b$$

首先定义线性回归的目标函数(Objective Function)或称损失函数(Loss Function)为均方误差(MSE)，公式为误差平方和(SSE)，除以样本数(n)，其中

$$\text{误差}(\varepsilon) = \text{实际值}(y) - \text{预测值}(\hat{y})$$

MSE 当然越小越好，所以它是一个最小化的问题。

(1) 目标函数 $\text{MSE} = \sum \varepsilon^2 / n = \sum(y-\hat{y})^2 / n$。

① $\text{MSE} = \text{SSE}/n$，我们忽略常数 n，可以只考虑 SSE，有

$$\text{SSE} = \sum \varepsilon^2 = \sum(y-\hat{y})^2 = \sum(y-wx-b)^2$$

② 以矩阵表示线性回归 $y = wx$。其中 $b = b * x^0$，故将 b 也可视为 w 的一个项目。
③ 以矩阵表示 SSE：

➔ $(y - wx)^T * (y - wx)$

➔ $y^T y - 2w^T x^T y + w^T x^T wx$

(2) 对 w 偏微分得

$$\frac{\text{dSSE}}{\text{d}w} = -2x^T y + 2x^T xw = 0$$

$$w = (x^T x)^{-1} x^T y$$

结合矩阵、微分，我们就能够轻松求出线性回归的系数，此原理是神经网络优化求解的基石。

> 以下程序请参考 02_18_ 普通最小二乘法 .ipynb。

范例1. 以普通最小二乘法建立线性回归模型，预测波士顿(Boston)房价。

解题：
(1) 依上述公式计算回归系数。程序代码如下：

```
1  # 载入库
2  import numpy as np
3  import matplotlib.pyplot as plt
4  import pandas as pd
5  import seaborn as sns
6  from sklearn import datasets
7
8  # 载入 sklearn 内建数据集
9  ds = datasets.load_boston()
10
11 # 特征变数
12 X=ds.data
13
14 # b = b * x^0
15 b=np.ones((X.shape[0], 1))
16
17 # 将 b 并入 w
18 X=np.hstack((X, b))
19
20 # 目标变数
21 y = ds.target
22
23 # 以公式求解
24 W = np.linalg.inv(X.T @ X) @ X.T @ y
25 print(f'W={W}')
```

执行结果：W=[-1.08011358e-01 4.64204584e-02 2.05586264e-02 2.68673382e+00
 -1.77666112e+01 3.80986521e+00 6.92224640e-04 -1.47556685e+00
  3.06049479e-01 -1.23345939e-02 -9.52747232e-01 9.31168327e-03
 -5.24758378e-01 3.64594884e+01]

(2) 计算相关效果衡量指标。程序代码如下：

```
1  # 计算效果衡量指标
2  SSE = ((X @ W - y ) ** 2).sum()
3  MSE = SSE / y.shape[0]
4  RMSE = MSE ** (1/2)
5  print(f'MSE={MSE}')
6  print(f'RMSE={RMSE}')
7
8  # 计算判别系数(R^2)
9  y_mean = y.ravel().mean()
10 SST = ((y - y_mean) ** 2).sum()
11 R2 = 1 - (SSE / SST)
12 print(f'R2={R2}')
```

(3) 以 Sklearn 库验证。程序代码如下：

```
1  from sklearn.linear_model import LinearRegression
2  from sklearn.metrics import r2_score, mean_squared_error
3
4  # 模型训练
5  lr = LinearRegression()
6  lr.fit(X, y)
7
```

```
 8  # 预测
 9  y_pred = lr.predict(X)
10
11  # 回归系数
12  print(f'W={lr.coef_},{lr.intercept_}\n')
13
14  # 计算效果衡量指标
15  print(f'MSE={mean_squared_error(y, y_pred)}')
16  print(f'RMSE={mean_squared_error(y, y_pred) ** .5}')
17  print(f'R2={r2_score(y, y_pred)}')
```

执行结果：与公式计算一致，验证无误。

范例2. 使用SciPy以普通最小二乘法计算函数x^2+5的最小值。

(1) 先对函数绘图。程序代码如下：

```
 1  # 函数绘图
 2  import numpy as np
 3  import matplotlib.pyplot as plt
 4  from scipy.optimize import leastsq
 5
 6  x=np.linspace(-5, 5, 11)
 7  # x^2+5
 8  def f(x):
 9      return x**2+5
10
11  # 绘坐标轴
12  plt.axhline()
13  plt.axvline()
14  # 绘图
15  plt.plot(x, f(x), 'g')
16  plt.scatter([0],[5], color='r')
```

执行结果：如图2.62所示。

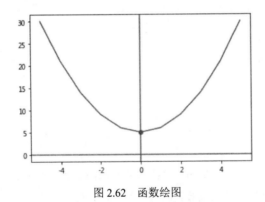

图2.62　函数绘图

(2) 调用scipy.optimizea模块的leastsq()函数进行优化求解。

```
1  import numpy as np
2  from scipy.optimize import leastsq
3
4  # x^2+5
5  def f(x):
6      return x**2+5
7
8  # 普通最小二乘法
9  leastsq(f, 5, full_output=1) # full_output=1 ==> 显示详尽的结果
```

① 在leastsq()函数中，第一个参数是求解的函数；第二个参数是起始点；leastsq是采逼近法，而非纯数学公式求解，nfev显示它经过22次执行周期，才找到最小值

5(fvec)，当时 x=1.72892379e-05 ≈ 0。

② 执行结果如下：

```
(array([1.72892379e-05]),
 None,
 {'fvec': array([5.]),
  'nfev': 22,
  'fjac': array([[-0.]]),
  'ipvt': array([1], dtype=int32),
  'qtf': array([5.])})
```

③ 起始点可设为任意值，通常采用随机数或是直接给 0。指定值设定不佳的话，仍然可以找到最佳解，不过，需要较多次的执行周期，也就是所谓的较慢收敛 (Convergence)。

④ 当面对较复杂的函数或较多的变量时，我们很难单纯运用数学去求解，因此，逼近法会是一个比较实用的方法，深度学习的梯度下降法就是一个典型的例子，后面章节我们将使用 TensorFlow 程序来进行说明。

2-6-2 最大似然估计法

最大似然估计法 (MLE) 也是估算参数值的方法，目标是找到一个参数值，使出现目前事件的概率最大。如图 2.63 所示，圆点是样本点，曲线是四个可能的正态概率分布 (平均数 / 变异数不同)，我们希望利用最大似然估计法找到最适配 (Fit) 的一个正态概率分布。

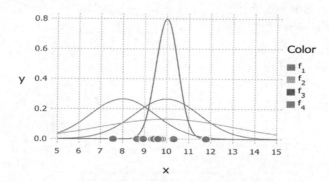

图 2.63 最大似然估计法示意图

下面使用最大似然估计法求算正态分布的参数 μ 及 δ。

(1) 正态分布

$$P(x;\mu,\sigma) = \frac{1}{\sigma\sqrt{2\pi}} \exp\left(-\frac{(x-\mu)^2}{2\sigma^2}\right)$$

(2) 假设来自正态分布的多个样本互相独立，联合概率就等于个别的概率相乘。即

$$\mathcal{L}(\mathcal{D}|\mu,\sigma^2) = \prod_{i=1}^{N} \frac{1}{\sqrt{2\pi\sigma^2}} e^{-\frac{(x_i-\mu)^2}{2\sigma^2}}$$

(3) 目标是求取参数值 μ 及 δ，最大化概率值，即最大化目标函数。即

$$\arg\max_{\mu,\sigma^2} \mathcal{L}(\mathcal{D} \mid \mu,\sigma^2)$$

(4) N 个样本概率全部相乘，不易计算，通常我们会取对数，变成一次方，所有的概率值取对数后，大小顺序并不会改变。即

$$\arg\max_{\mu,\sigma^2} \log \mathcal{L}(\mathcal{D} \mid \mu,\sigma^2)$$

(5) 取对数后，化简为

$$\log \mathcal{L}(\mathcal{D} \mid \mu,\sigma^2) = -\frac{N}{2}\log(2\pi\sigma^2) - \frac{1}{2\sigma^2}\sum_{i=1}^{N}(x_i-\mu)^2$$

(6) 对 μ 及 δ 分别偏微分，得

$$\frac{\partial \log \mathcal{L}}{\partial \mu} = \frac{1}{\sigma^2}\sum_{i=1}^{N}(x_i-\mu)$$

$$\frac{\partial \log \mathcal{L}}{\partial \sigma} = -\frac{N}{\sigma} + \frac{1}{\sigma^3}\sum_{i=1}^{N}(x_i-\mu)^2$$

(7) 一阶导数为 0 时，有最大值，得到目标函数最大值下的 μ 及 δ。所以，使用最大似然估计法算出的 μ 及 δ 就如同我们常见的公式。有

$$\mu = \frac{1}{N}\sum_{i=1}^{N}x_i$$

$$\sigma^2 = \frac{1}{N}\sum(x_i-\mu)^2$$

> 以下程序请参考 02_19_最大似然估计法 .ipynb。

范例1. 如果样本点 $x=1$，计算来自正态分布 $N(0,1)$ 的概率。

(1) 使用 NumPy 计算概率密度函数 (PDF)。程序代码如下：

```python
# 载入库
import numpy as np
import math

# 正态分布的概率密度函数
def f(x, mean, std):
    return (1/((2*np.pi*std**2) ** .5)) * np.exp(-0.5*((x-mean)/std)**2)

f(1, 0, 1)
```

执行结果：0.24。

(2) 也可以使用 scipy.stats 模块计算。程序代码如下：

```
1  from scipy.stats import norm
2
3  # 平均数(mean)、标准差(std)
4  mean = 0
5  std = 1
6
7  # 计算来自正态分布N(0,1)的概率
8  norm.pdf(1, mean, std)
```

执行结果：0.24。

(3) 绘制概率密度函数。程序代码如下：

```
1   import matplotlib.pyplot as plt
2   import numpy as np
3   from scipy.stats import norm
4
5   # 观察值范围
6   z1, z2 = -4, 4
7
8   # 平均数(mean)、标准差(std)
9   mean = 0
10  std = 1
11
12  # 样本点
13  x = np.arange(z1, z2, 0.001)
14  y = norm.pdf(x, mean, std)
15
16  # 绘图
17  plt.plot(x,y,'black')
18
19  # 填色
20  plt.fill_between(x,y,0, alpha=0.3, color='b')
21
22  plt.plot([1, 1], [0, norm.pdf(1, mean, std)], color='r')
23  plt.show()
```

执行结果：如图 2.64 所示。

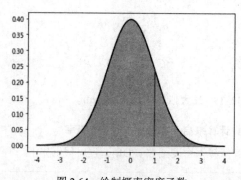

图 2.64　绘制概率密度函数

范例2. 如果有两个样本点 $x=1$、3，来自正态分布 $N(1,1)$ 及 $N(2,3)$ 的可能性，哪一个比较大？

假设两个样本是独立的，故联合概率为两个样本概率相乘，使用 scipy.stats 模块计算概率。程序代码如下：

```
1  # 载入库
2  import numpy as np
3  import math
4  from scipy.stats import norm
5
```

```
6   # 计算来自正态分布 N(1,1)的概率
7   mean = 1      # 平均数(mean)
8   std = 1       # 标准差(std)
9   print(f'来自 N(1,1)的概率：{norm.pdf(1, mean, std) * norm.pdf(3, mean, std)}')
10
11
12  # 计算来自正态分布 N(2,3)的概率
13  mean = 2      # 平均数(mean)
14  std = 3       # 标准差(std)
15  print(f'来自 N(2,3)的概率：{norm.pdf(1, mean, std) * norm.pdf(3, mean, std)}')
```

执行结果如下，表明来自 $N(1,1)$ 可能性比较大。

```
来自 N(1,1)的概率：0.021539279301848634
来自 N(2,3)的概率：0.015824233339377573
```

范例3. 如果有一组样本，计算来自哪一个正态分布$N(\mu, \delta)$的概率最大，请依上面证明计算μ、δ。

(1) 对正态分布的 PDF 取对数 (log)。程序代码如下：

```
1   # 载入库
2   from scipy.stats import norm
3   from sympy import symbols, pi, exp, log
4   from sympy.stats import Probability, Normal
5
6   # 样本
7   data = [1,3,5,3,4,2,5,6]
8
9   # x变数、平均数(m)、标准差(s)
10  x, m, s = symbols('x m s')
11
12  # 正态分布的概率密度函数
13  pdf = (1/((2*pi*s**2) ** .5)) * exp(-0.5*((x-m)/s)**2)
14  # 显示 log(pdf) 函数
15  log_p = log(pdf)
16  log_p
```

执行结果如下，Jupyter Notebook 可显示 LaTeX 数学式。有

$$\log\left(\frac{0.707106781186547 e^{-\frac{0.5(-m+x^2)}{s^2}}}{\pi^{0.5}(s^2)^{0.5}}\right)$$

(2) 带入样本数据。程序代码如下：

```
1   # 带入样本数据
2   logP = 0
3   for xi in data:
4       logP += log_p.subs({x: xi})
5
6   logP
```

(3) 上述函数使用 diff() 各对平均数、变异数偏微分。程序代码如下：

```
1   from sympy import diff
2
3   logp_diff_m = diff(logP, m)  # 对平均数(m)偏微分
4
5   logp_diff_s = diff(logP, s)  # 对变异数(s)偏微分
```

```
6
7  print('m 偏导数:', logp_diff_m)
8  print('s 偏导数:', logp_diff_s)
```

(4) 使用 simplify() 简化偏导数。程序代码如下：

```
1   from sympy import simplify
2
3   # 简化 m 偏导数
4   logp_diff_m = simplify(logp_diff_m)
5   print(logp_diff_m)
6   print()
7
8   # 简化 s 偏导数
9   logp_diff_s = simplify(logp_diff_s)
10  logp_diff_s
```

(5) 令一阶导数为 0，有最大值，可得到联立方程式。程序代码如下：

```
1   from sympy import solve
2
3   funcs = [logp_diff_s, logp_diff_m]
4   solve(funcs, [m, s])
```

执行结果：[(3.62, -1.57),(3.62, 1.57)]

(6) 使用 NumPy 验证。程序代码如下：

```
1   np.mean(data), np.std(data)
```

执行结果：(3.62, 1.57)，与 MLE 求解的结果相符。

2-7 神经网络求解

有了以上的基础后，我们将综合微积分、矩阵、概率等数学知识，对神经网络求解，这是进入深度学习领域非常重要的概念。

2-7-1 神经网络

神经网络是深度学习最重要的算法，它主要是仿真生物神经网络的传导系统，希望通过层层解析，归纳出预测的结果，如图 2.65 所示。

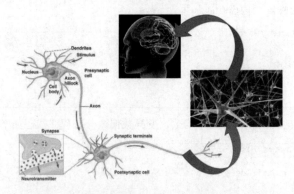

图 2.65　生物神经网络的传导系统

生物神经网络中表层的神经元接收到外界信号，归纳分析后，再通过神经末梢，将分析结果传给下一层的每个神经元，下一层神经元进行相同的动作，再往后传导，最后传至大脑，大脑做出最后的判断与反应，如图 2.66 所示。

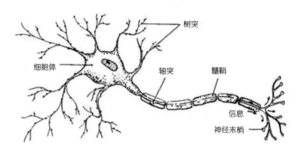

图 2.66　单一神经元结构

于是，AI 科学家将上述生物神经网络简化成如图 2.67 所示的网络结构：

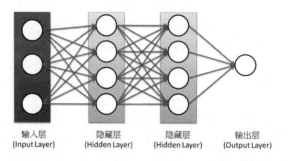

图 2.67　AI 神经网络

AI 神经网络最简单的连接方式称为完全连接 (Full Connected, FC)，即每一神经元均连接至下一层的每个神经元，因此，我们可以把第二层以后的神经元均视为一条回归线的 y，它的特征变量 x 就是前一层的每一个神经元。如图 2.68 所示，y_1、z_1 两条回归线表示为

$$y_1 = w_1 x_1 + w_2 x_2 + w_3 x_3 + b$$
$$z_1 = w_1 y_1 + w_2 y_2 + w_3 y_3 + b$$

所以，简单地讲，一个神经网络可视为多条回归线组合而成的模型。

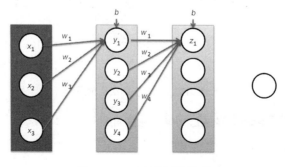

图 2.68　一个神经网络模型

以上的回归线是线性的，为了支持更通用性的解决方案 (Generic Solution)，模型还会乘上一个非线性的函数，称为激励函数 (Activation Function)，期望也能解决非线性的问题，如图 2.69 所示。因激励函数并不能明确表达原意，因此下面直接以 Activation Function 表示。

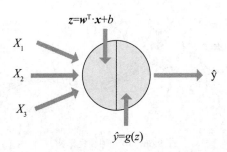

g：Activation Function

图 2.69 激励函数

如果不考虑激励函数，每一条线性回归线的权重及偏差可以通过普通最小二乘法求解，请参阅 2-6-1 说明，但如果乘上非线性的 Activation Function，就比较难用单纯的数学求解了，因此，学者就利用优化 (Optimization) 理论，针对权重、偏差各参数分别偏微分，沿着切线 (即梯度) 逐步逼近，找到最佳解，这种算法就称为梯度下降法 (Gradient Descent)。

有人用了一个很好的比喻，"当我们在山顶时，不知道下山的路，于是，就沿路往下走，遇到叉路时，就选择坡度最大的叉路走，直到抵达平地为止"，所以梯度下降法利用偏微分 (Partial Differential) 求算斜率，依斜率的方向，一步步地往下走，逼近最佳解，直到损失函数没有显著改善为止，这时我们就认为已经找到最佳解了，如图 2.70 所示。

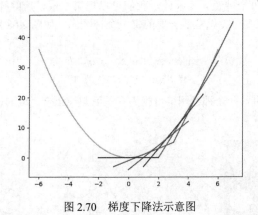

图 2.70 梯度下降法示意图

➢ **上图及以下程序请参考 02_20_ 梯度下降法 .ipynb**。

2-7-2 梯度下降法

梯度其实就是斜率，单变量回归线的权重称为斜率，多变数回归线时，需分别作偏微分求取权重值，此时就称为梯度。下面我们先针对单变量求解，示范如何使用梯度下降法 (Gradient Descent) 求取最小值。

范例1. 假定损失函数 $f(x) = x^2$，而非 **MSE**，请使用梯度下降法求取最小值。

注意：损失函数又称为目标函数或成本函数，在神经网络相关文献中大多称为损失函数，本书从善如流，以下将统一以损失函数取代目标函数。

(1) 定义函数 (func) 及其导数 (dfunc)。程序代码如下：

```python
1   # 载入库
2   import numpy as np
3   import matplotlib.pyplot as plt
4
5   # 目标函数(损失函数):y=x^2
6   def func(x): return x ** 2 #np.square(x)
7
8   # 目标函数的一阶导数:dy/dx=2*x
9   def dfunc(x): return 2 * x
```

(2) 定义梯度下降法函数，反复更新 x，更新的公式如下，后面章节我们会推算公式的由来。新的 x = 目前的 x – 学习率 (learning_rate)* 梯度 (gradient)。程序代码如下：

```python
1   # 梯度下降
2   # x_start: x的起始点
3   # df: 目标函数的一阶导数
4   # epochs: 执行周期
5   # lr: 学习率
6   def GD(x_start, df, epochs, lr):
7       xs = np.zeros(epochs+1)
8       x = x_start
9       xs[0] = x
10      for i in range(epochs):
11          dx = df(x)
12          # x更新 x_new = x – learning_rate * gradient
13          x += - dx * lr
14          xs[i+1] = x
15      return xs
```

(3) 设定起始点、学习率 (lr)、执行周期数 (epochs) 等参数后，呼叫梯度下降法求解。程序代码如下：

```python
1   # 超参数(Hyperparameters)
2   x_start = 5      # 起始权重
3   epochs = 15      # 执行周期数
4   lr = 0.3         # 学习率
5
6   # 梯度下降法
7   # *** Function 可以直接当参数传递 ***
8   w = GD(x_start, dfunc, epochs, lr=lr)
9   print (np.around(w, 2))
10
11  color = 'r'
12  from numpy import arange
13  t = arange(-6.0, 6.0, 0.01)
14  plt.plot(t, func(t), c='b')
15  plt.plot(w, func(w), c=color, label='lr={}'.format(lr))
16  plt.scatter(w, func(w), c=color, )
17
18  # 设定中文字体
19  plt.rcParams['font.sans-serif'] = ['Microsoft JhengHei']
20  # 矫正负号
```

```
21  plt.rcParams['axes.unicode_minus'] = False
22
23  plt.title('梯度下降法', fontsize=20)
24  plt.xlabel('X', fontsize=20)
25  plt.ylabel('损失函数', fontsize=20)
26  plt.show()
```

①执行结果：如图2.71所示。

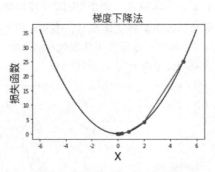

图2.71 梯度下降法执行结果

②每一执行周期的损失函数如图2.72所示。随着x变化，损失函数逐渐收敛，即前后周期的损失函数差异逐渐缩小，最后当x=0时，损失函数f(x)等于0，为函数的最小值，与普通最小二乘法(OLS)的计算结果相同。

[5.2, 0.8, 0.32, 0.13, 0.05, 0.02, 0.01, 0, 0, 0, 0, 0, 0, 0]

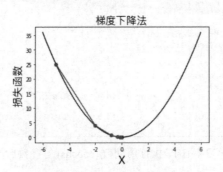

图2.72 每一执行周期的损失函数

③如果改变起始点(x_start)为其他值，如-5，依然可以找到相同的最小值。

范例2. 假定损失函数 $f(x)= 2x^4-3x-20$，请使用梯度下降法求取最小值。

(1) 定义函数及其微分。程序代码如下：

```
1  # 损失函数
2  def func(x): return 2*x**4-3*x+2*x-20
3
4  # 损失函数一阶导数
5  def dfunc(x): return 8*x**3-6*x+2
```

(2) 绘制损失函数。程序代码如下：

```
1  from numpy import arange
2  t = arange(-6.0, 6.0, 0.01)
3  plt.plot(t, func(t), c='b')
4
5  # 设定中文字体
6  plt.rcParams['font.sans-serif'] = ['Microsoft JhengHei']
7  # 矫正负号
8  plt.rcParams['axes.unicode_minus'] = False
9
10 plt.title('梯度下降法', fontsize=20)
11 plt.xlabel('X', fontsize=20)
12 plt.ylabel('损失函数', fontsize=20)
13 plt.show()
```

执行结果：如图 2.73 所示。

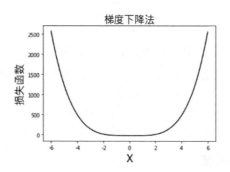

图 2.73　梯度下降法损失函数

(3) 梯度下降法函数 (GD) 不变，执行程序，如果学习率不变 (lr = 0.3)，会出现错误信息"Result too large"，原因是学习率过大，梯度下降过程错过最小值，往函数左方逼近，造成损失函数值越来越大，最后导致溢位。程序代码如下：

```
---------------------------------------------------------------------------
OverflowError                             Traceback (most recent call last)
<ipython-input-22-06ed633c9046> in <module>
      6 # 梯度下降法
      7 # *** Function 可以直接当参数传递 ***
----> 8 w = GD(x_start, dfunc, epochs, lr=lr)
      9 print (np.around(w, 2))
     10

<ipython-input-16-539ab6d8ed99> in GD(x_start, df, epochs, lr)
      9     xs[0] = x
     10     for i in range(epochs):
---> 11         dx = df(x)
     12         # x更新 x_new = x - learning_rate * gradient
     13         x += - dx * lr

<ipython-input-19-ec76fd32558c> in dfunc(x)
      3
      4 # 损失函数一阶导数
----> 5 def dfunc(x): return 8*x**3-6*x+2

OverflowError: (34, 'Result too large')
```

(4) 修改学习率 (lr = 0.001)，同时增加执行周期数 (epochs = 15000)，避免还未逼近到最小值程序就先提早结束。程序代码如下：

```
1  # 超参数(Hyperparameters)
2  x_start = 5       # 起始权重
3  epochs = 15000    # 执行周期数
4  lr = 0.001        # 学习率
```

执行结果：当 x=0.51 时，函数有最小值，如图 2.74 所示。

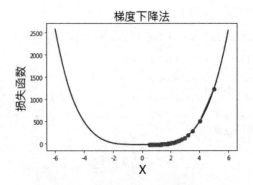

图 2.74　修改学习率后执行结果

观察上述范例，不管函数为何，我们以相同的梯度下降法 (GD 函数) 都能够找到函数最小值，最重要的关键是 x 的更新公式

新的 x = 目前的 x - 学习率 (learning_rate) × 梯度 (gradient)

接着我们会说明此公式的由来，也就是神经网络求解的精华所在。

2-7-3　神经网络求解

神经网络求解是一个正向传导与反向传导反复执行的过程，如图 2.75 所示。

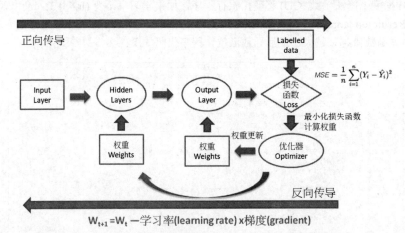

图 2.75　神经网络权重求解过程

(1) 由于神经网络是多条回归线的组合，建立模型的主要任务就是计算出每条回归线的权重 (w) 与偏差 (b)。

(2) 依上述范例的逻辑，一开始我们指定 w、b 为任意值，建立回归方程式 y=wx+b，将特征值 (x) 带入方程式，可以求得预测值 ($\hat{y}$)，进而计算出损失函数，例如 MSE，这个过程称为正向传导 (Forward Propagation)。

(3) 透过最小化 MSE 的目标和偏微分，可以找到更好的 w、b，并依学习率来更新每一层神经网络的 w、b，此过程称之为反向传导 (Backpropagation)。这部分

可以借由微分的链法则 (Chain Rule)，依次逆算出每一层神经元对应的 w、b，公式为

$$W_{t+1} = W_t - 学习率 \times 梯度$$

式中：梯度 $=-2 * \times *(y - \hat{y})$ [后续证明]；学习率为优化器事先设定的固定值或动能函数。

(4) 重复 (2)(3) 步骤，一直到损失函数不再有明显改善为止。

梯度公式证明如下。

(1) 损失函数 $MSE = \dfrac{\sum(y-\hat{y})^2}{n}$，因 n 为常数，故仅考虑分子，即 SSE。

(2) $SSE = \sum(y-\hat{y})^2 = \sum(y-wx)^2 = \sum(y^2 - 2ywx + w^2x^2)$

(3) 以矩阵表示，$SSE = y^2 - 2ywx + w^2x^2$

(4) $\dfrac{\partial SSE}{\partial w} = -2yx + 2wx^2 = -2x(y-wx) = -2x(y-\hat{y})$

(5) 同理，$\dfrac{\partial SSE}{\partial b} = -2x^0(y-\hat{y}) = -2(y-\hat{y})$

(6) 为了简化公式，常把系数 2 拿掉。

(7) 最后公式为

$$调整后权重 = 原权重 +(学习率 * 梯度)$$

(8) 有些文章将梯度负号拿掉，公式就修正为

$$调整后权重 = 原权重 -(学习率 * 梯度)$$

以上是以 MSE 为损失函数时的梯度计算公式，若是其他损失函数，梯度计算结果也会有所不同，如果再加上 Activation Function，梯度公式计算就更加复杂了，好在深度学习框架均提供自动微分、计算梯度的功能，我们就不用烦恼了。后续有些算法会自定义损失函数，会因此产生意想不到的功能，如风格转换 (Style Transfer) 可以合成两张图像，生成对抗网络 (Generative Adversarial Network, GAN) 可以产生几可乱真的图像。也因为如此关键，我们才花费了这么多的篇幅介绍梯度下降法。

基础的数学与统计就介绍到此，告一段落，下一章起，我们将开始以 TensorFlow 实现各种算法，并介绍相关的应用。

第二篇 TensorFlow 基础篇

TensorFlow 是 Google Brain 于 2015 年发布的深度学习框架，它是目前深度学习框架占有率最高的框架，又于 1.4 版纳入了 Keras，兼顾简易性与效能，是深度学习最佳的入门套件。

本篇将介绍 TensorFlow 的整体架构，包含以下内容。
(1) 从张量运算、自动微分、神经层，最后构建完整的神经网络。
(2) 说明神经网络的各项函数，如 Activation Function、损失函数、优化器 (Optimizer)、效果衡量指标 (Metrics) 等，并介绍运用梯度下降法找到最佳解的原理与过程。
(3) 示范 TensorFlow 各项工具的使用，包含回调函数 (Callback)、TensorBoard 可视化工具、TensorFlow Dataset、TensorFlow Serving 部署等。
(4) 神经网络完整流程的实践。
(5) 卷积神经网络 (Convolutional Neural Network, CNN)。
(6) 预先训练的模型 (Pre-trained Model)。
(7) 转移学习 (Transfer Learning)。

第 3 章
TensorFlow 架构与主要功能

3-1 常用的深度学习框架

维基百科[1]列举了近 20 种的深度学习框架，有许多已经逐渐被淘汰了，以 Python/C++ 语言的框架而言，目前比较流行的只剩以下四种，具体见表 3.1。

表 3.1 Python/C++ 语言框架

框架名称	程序语言	优点	缺点
TensorFlow/Keras	Python、C++、JS、Java、Go	1.Keras 简单、易入门，支持多种程序语言； 2. 效果佳	与 Python 未完全整合，如模型结构不能直接使用 if
PyTorch	Python、C++、Java	1. 与 Python 整合较好，有弹性； 2. 学界采用占比有增加的趋势	执行速度较慢
Caffe	C++	1. 执行速度非常快； 2. 专长于影像应用，NVIDIA 有一改良版	1. 复杂； 2. 无 NLP 模块
Apache MXNet	Python、Scala、Julia	AWS/Azure 云端支持	复杂

TensorFlow、PyTorch 分居占有率的前两名，其他框架均望尘莫及，如图 3.1 所示。因此推荐读者若是使用 Python 语言，熟悉 TensorFlow、PyTorch 就绰绰有余了；若偏好 C/C++，则可以使用 Caffe 框架。

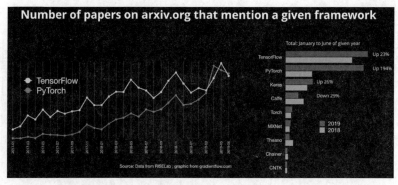

图 3.1 深度学习框架在 Arxiv 网站的论文采用比率

(图片来源：*Which deep learning framework is the best?* [2])

本书的范例以 TensorFlow/Keras 为主，不会涉及其他深度学习框架，以期对 TensorFlow/Keras 进行全面而深入的探讨。

3-2　TensorFlow 架构

梯度下降法是神经网络主要求解的方法，计算过程需要使用大量的张量运算，另外，在反向传导的过程中，要进行偏微分，并需解决多层结构的神经网络问题。因此，大多数的深度学习框架至少都会具备以下功能。

(1) 张量运算：包括各种向量、矩阵运算。

(2) 自动微分。

(3) 神经网络及各种神经层 (Layers)。

学习的路径可以从简单的张量运算开始，再逐渐熟悉高阶的神经层函数，以奠定扎实的基础。

接着再来了解 TensorFlow 执行环境 (Runtime)，如图 3.2 所示。它支持 GPU、分布式计算、低阶 C API 等，也支持多种网络协议。

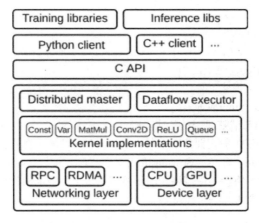

图 3.2　TensorFlow 执行环境 (Runtime)

(图片来源：TensorFlow GitHub [3])

TensorFlow 执行环境包括以下三个版本。

(1) TensorFlow：一般计算机版本。

(2) TensorFlowjs：网页版本，适合边缘运算的装置及虚拟机装置 (Docker/Kubernetes)。

(3) TensorFlow Lite：轻量版，适合指令周期及内存有限的移动设备和物联网装置。

程序设计堆栈 (Programming Stack) 如图 3.3 所示，在 2.x 版后以 Keras 为主轴，TensorFlow 团队依照 Keras 的规格重新开发，逐步整合其他模块，比独立开发的 Keras 框架功能更加强大，因而 Keras "大神" François Chollet 也宣告 Keras 独立框架不再升级，甚至将 Keras 官网也改为介绍 TensorFlow 的 Keras 模块，而非自家开发的 Keras 独立框架。所以，现在要撰写 Keras 程序，应以 TensorFlow 为主，避免再使用 Keras 独立框架。

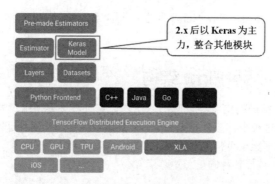

图 3.3 TensorFlow 程序设计堆栈 (Programming Stack)

(图片来源：*Explained*：*Deep Learning in Tensorflow* [4])

TensorFlow Keras 模块逐步整合其他模块及工具，如果读者之前使用的是 Keras 独立框架，则可以补强以下项目。

(1) 低阶梯度下降的训练 (GradientTape)。
(2) 数据集载入 (Dataset and Loader)。
(3) 回调函数 (Callback)。
(4) 估计器 (Estimator)。
(5) 预训模型 (Keras Application)。
(6) TensorFlow Hub：进阶的预训模型。
(7) TensorBoard 可视化工具。
(8) TensorFlow Serving 部署工具。

我们会在后面的章节陆续探讨各项功能。

除了 Keras 的引进，特别要注意的是，**TensorFlow 2.x 版之后，默认模式一修改为 Eager Execution Mode**，舍弃了 Session 语法，若未调回原先的 Graph Execution Mode，则 1.x 版的程序执行时将会产生错误。由于目前网络上许多范例的程序新旧杂陈，还有很多 1.x 版的程序，读者应特别注意。

3-3 张量运算

TensorFlow 顾名思义就是提供张量的定义、计算与变量值的传递功能。因此，它最底层的功能即支持各项张量的数据类型与其运算函数，基本上都遵循 NumPy 库的设计理念与语法，包括传播 (Broadcasting) 机制的支持。

以下我们直接以实践代替长篇大论，读者请参阅 03_3_张量运算.ipynb。

(1) 显示 TensorFlow 版本。程序代码如下：

```
1  # 载入库
2  import tensorflow as tf
3
4  # 显示版本
5  print(tf.__version__)
```

(2) 检查 GPU 是否存在。程序代码如下：

```
1  # check cuda available
2  tf.config.list_physical_devices('GPU')
```

执行结果如下，可显示 GPU 简略信息：

[PhysicalDevice(name='/physical_device：GPU：0',device_type='GPU')]

（3）如果要知道 GPU 的详细规格，可安装 PyCuda 模块。请注意在 Windows 环境下，无法以 pip install pycuda 安装，可到 https://www.lfd.uci.edu/~gohlke/pythonlibs/?cm_mc_uid=08085305845514542921829&cm_mc_sid_50200000=1456395916#pycuda 下载对应 Python、Cuda Toolkit 版本的二进制文件。

举例来说，Python v3.8 且安装 Cuda Toolkit v10.1，则须下载 pycuda-2020.1+cuda101-cp38-cp38-win_amd64.whl，并执行 pip install pycuda-2020.1+cuda101-cp38-cp38-win_amd64.whl。接着就可以执行本书所附的范例：python GpuQuery.py。

执行结果如下，即可显示 GPU 的详细规格，重要信息排列在前面。

装置 0: NVIDIA GeForce GTX 1050 Ti
计算能力: 6.1
GPU记忆体: 4096 MB
6 个处理器，各有 128 个CUDA核心数，共 768 个CUDA核心数

ASYNC_ENGINE_COUNT: 5
CAN_MAP_HOST_MEMORY: 1
CLOCK_RATE: 1392000
COMPUTE_CAPABILITY_MAJOR: 6
COMPUTE_CAPABILITY_MINOR: 1
COMPUTE_MODE: DEFAULT
CONCURRENT_KERNELS: 1
ECC_ENABLED: 0
GLOBAL_L1_CACHE_SUPPORTED: 1
GLOBAL_MEMORY_BUS_WIDTH: 128

（4）声明常数 (constant)，参数可以是常数、list、NumPy array。程序代码如下：

```
1  # 声明常数(constant)，参数可以是常数、list、Numpy Array
2  x = tf.constant([[1, 2]])
```

（5）支持四则运算。程序示例如下：

```
1  print(x+10)
2  print(x-10)
3  print(x*2)
4  print(x/2)
```

执行结果如下：

tf.Tensor([[11 12]], shape=(1, 2), dtype=int32)
tf.Tensor([[-9 -8]], shape=(1, 2), dtype=int32)
tf.Tensor([[2 4]], shape=(1, 2), dtype=int32)
tf.Tensor([[0.5 1.]], shape=(1, 2), dtype=float64)

注意：如果要显示数值，须转换为 NumPy array。例如：

(x+10).numpy()

（6）四则运算也可以使用 TensorFlow 函数。程序代码如下：

```
1  # 转为负数
2  print(tf.negative(x))
3
4  # 常数、List、NumPy array 均可运算
5  print(tf.add(1, 2))
6  print(tf.add([1, 2], [3, 4]))
7
8  print(tf.square(5))
9  print(tf.reduce_sum([1, 2, 3]))
10
11 # 混用四则运算符号及TensorFlow 函数
12 print(tf.square(2) + tf.square(3))
```

reduce_sum 是沿着特定轴加总，输出会少一维，故 [1, 2, 3] 套用函数运算后等于 6。

(7) TensorFlow 会自动决定在 CPU 或 GPU 运算，可由下列指令侦测。一般而言，常数 (tf.constant) 放在 CPU，其他变量则放在 GPU 上，两者加总时，会将常数搬到 GPU 上再加总，过程不需要人为操作。但请注意，**PyTorch 框架稍显麻烦，必须手动将变量搬移至 CPU 或 GPU 运算，不允许一个变量在 CPU，另一个变量在 GPU**。侦测程序代码如下：

```
1  x1 = tf.constant([[1, 2, 3]], dtype=float)
2  print("x1 是否在 GPU #0 上: ", x1.device.endswith('GPU:0'))
3
4  # 设定 x 为均匀分配乱数 3x3
5  x2 = tf.random.uniform([3, 3])
6  print("x2 是否在 GPU #0 上: ", x2.device.endswith('GPU:0'))
7
8  x3=x1+x2
9  print("x3 是否在 GPU #0 上: ", x3.device.endswith('GPU:0'))
```

执行结果：

x1 是否在 GPU #0 上：False

x2 是否在 GPU #0 上：True

x3 是否在 GPU #0 上：True

(8) 用户也能够使用 with tf.device("CPU：0") 或 with tf.device("GPU：0")，强制指定在 CPU 或 GPU 运算。程序代码如下：

```
1  import time
2
3  # 计算 10 次的时间
4  def time_matmul(x):
5      start = time.time()
6      for loop in range(10):
7          tf.matmul(x, x)
8
9      result = time.time()-start
10     print("{:0.2f}ms".format(1000*result))
11
12 # 强制指定在CPU运算
13 print("On CPU:", end='')
14 with tf.device("CPU:0"):
15     x = tf.random.uniform([1000, 1000])
16     assert x.device.endswith("CPU:0")
17     time_matmul(x)
18
19 # 强制指定在GPU运算
20 if tf.config.list_physical_devices("GPU"):
21     print("On GPU:", end='')
22     with tf.device("GPU:0"):
23         x = tf.random.uniform([1000, 1000])
24         assert x.device.endswith("GPU:0")
25         time_matmul(x)
```

① 第一次执行结果如下，CPU 运算比 GPU 快：

On CPU：64.00ms

On GPU：311.49ms

② 多次执行后，GPU 反而比 CPU 运算快了很多：

On CPU：58.00ms

On GPU：1.00ms

(9) 稀疏矩阵 (Sparse Matrix) 运算：稀疏矩阵是指矩阵内只有很少数的非零元素，如果依一般的矩阵存储会非常浪费内存，运算也是如此，因为大部分项目为零，不需浪费时间计算，所以，科学家针对稀疏矩阵设计出了特殊的数据存储结构及运算算法，TensorFlow 也支持此类数据类型，如图 3.4 所示。

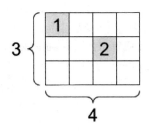

图 3.4　稀疏矩阵

(10) TensorFlow 稀疏矩阵只需设定有值的位置和数值，并设定维度如下：

```
1  # 稀疏矩阵只需设定有值的位置及数值
2  sparse_tensor = tf.sparse.SparseTensor(indices=[[0, 0], [1, 2]],
3                                         values=[1, 2],
4                                         dense_shape=[3, 4])
5  print(sparse_tensor)
```

执行结果如下：

```
SparseTensor(indices=tf.Tensor(
[[0 0]
 [1 2]], shape=(2, 2), dtype=int64), values=tf.Tensor([1 2], shape=(2,), dtype=int32), dense_shape=tf.Tensor([3 4], shape=(2,), dtype=int64))
```

(11) 转为正常的矩阵格式。程序代码如下：

```
1  # 转为正常的矩阵格式
2  x = tf.sparse.to_dense(sparse_tensor)
3  print(type(x))
4
5  # 2.31 以前版本会出错
6  x.numpy()
```

执行结果如下：

```
<class 'tensorflow.python.framework.ops.EagerTensor'>
array([[1, 0, 0, 0],
       [0, 0, 2, 0],
       [0, 0, 0, 0]])
```

(12) 如果要执行 TensorFlow 1.x 版 Graph Execution Mode 的程序，则需禁用

(Disable)2.x 版的功能，并改变加载框架的命名空间 (Namespace)。程序代码如下：

```
1  if tf.__version__[0] != '1':       # 是否为 TensorFlow 1.x版
2      import tensorflow.compat.v1 as tf   # 改变载入框架的命名空间(Namespace)
3      tf.disable_v2_behavior()           # 使 2.x 版功能失效(Disable)
```

TensorFlow 改良反而带来了后向兼容性差的困扰，1.x 版的程序在 2.x 版的默认模式下均无法执行，虽然可以把 2.x 版的默认模式切换回 1.x 版的模式，但是要自行修改的地方较多，而且也缺乏未来性，因此，在这里建议大家以下几点。

① Eager Execution Mode 已是 TensorFlow 的主流，不要再使用 1.x 版的 Session 或 TFLearn 等旧的架构，套用一句电视剧对白，**已经回不去了**。

② 手上有许多 1.x 版的程序，如果很重要，非用不可，可利用官网移转 (Migration) 指南[5]进行修改，单一文件比较可行，但若是复杂的框架，可能就要花费大量时间了。

③ 官网也有提供指令，能够一次升级整个目录的所有程序，如下：

tf_upgrade_v2 --intree <1.x 版程序目录> --outtree < 输出目录 >

详细使用方法可参阅 TensorFlow 官网升级指南[6]。

(13) 禁用 2.x 版的功能后，测试 1.x 版程序，Graph Execution Mode 程序须使用 tf.Session。程序代码如下：

```
1  # 测试1.x版程序
2  x = tf.constant([[1, 2]])
3  neg_x = tf.negative(x)
4
5  with tf.Session() as sess:       # 使用 Session
6      result = sess.run(neg_x)
7      print(result)
```

(14) GPU 内存管理：由于 TensorFlow 对 GPU 内存的垃圾回收 (Garbage Collection) 机制并不完美，因此，常会出现下列 GEMM 错误：

```
InternalError:  Blas GEMM launch failed : a.shape=(32, 784), b.shape=(784, 256), m=32, n=256, k=784
         [[node sequential/dense/MatMul (defined at <ipython-input-3-9d42ad511782>:5) ]] [Op:__inference_train_function_581]
```

此信息表示 GPU 内存不足，尤其是使用 Jupyter Notebook 时，因为 Jupyter Notebook 是一个网页程序，关掉某一个 Notebook 文件，网站仍然在执行中，所以不代表该文件的资源会被回收，通常要选择 **Kernel > Restart** 选项才会回收资源。另一个方法，就是限制 GPU 的使用配额。以下是 TensorFlow 2.x 版的方式，1.x 版并不适用。程序代码如下：

```
1  # 限制 TensorFlow 只能使用 GPU 2GB 内存
2  gpus = tf.config.experimental.list_physical_devices('GPU')
3  if gpus:
4      try:
5          # 限制 第一个 GPU 只能使用 2GB 内存
6          tf.config.experimental.set_virtual_device_configuration(gpus[0],
7              [tf.config.experimental.VirtualDeviceConfiguration(memory_limit=1024*2)])
8
9          # 显示 GPU 个数
10         logical_gpus = tf.config.experimental.list_logical_devices('GPU')
11         print(len(gpus), "Physical GPUs,", len(logical_gpus), "Logical GPUs")
12     except RuntimeError as e:
13         # 显示错误信息
14         print(e)
```

(15) 用户也可以不使用 GPU。程序代码如下：

```
1  import os
2
3  os.environ["CUDA_VISIBLE_DEVICES"] = "-1"
```

3-4　自动微分

反向传导时，会更新每一层的权重，这时就会用到偏微分运算，如图 3.5 所示。所以，深度学习框架的第二项主要功能就是自动微分。

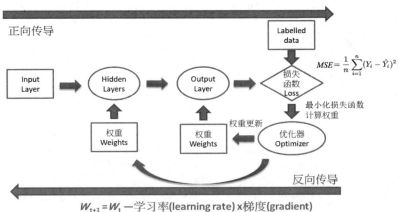

图 3.5　神经网络权重求解过程

同样地，我们直接以实践代替长篇大论，请参阅 **03_2_ 自动微分 .ipynb**。

(1) 使用 tf.GradientTape() 函数可自动微分，再使用 g.gradient(y, x) 可取得 y 对 x 作偏微分的梯度。程序代码如下：

```
1  import numpy as np
2  import tensorflow as tf
3
4  x = tf.Variable(3.0)           # 声明 TensorFlow 变量(Variable)
5
6  with tf.GradientTape() as g:   # 自动微分
7      y = x * x                  # y = x^2
8
9  dy_dx = g.gradient(y, x)       # 取得梯度，f'(x) = 2x, x=3 ==> 6
10
11 print(dy_dx.numpy())           # 转换为 NumPy array 格式
```

执行结果：

$f(x) = x^2$

$f'(x) = 2x$

$f'(3) = 2 * 3 = 6$。

(2) 声明为变量 (tf.Variable) 时，该变量会自动参与自动微分，但声明为常数 (tf.constant) 时，如欲参与自动微分，则需额外设定 g.watch()。程序代码如下：

```
1  import numpy as np
2  import tensorflow as tf
3
4  x = tf.constant(3.0)              # 声明 TensorFlow 常数
5
6  with tf.GradientTape() as g:      # 自动微分
7      g.watch(x)                    # 设定常数参与自动微分
8      y = x * x                     # y = x^2
9
10 dy_dx = g.gradient(y, x)          # 取得梯度, f'(x) = 2x, x=3 ==> 6
11
12 print(dy_dx.numpy())              # 转换为 NumPy array 格式
```

执行结果：与上面(1)中相同。

(3) 计算二阶导数：使用 tf.GradientTape()、g.gradient(y, x) 函数两次，即能取得二阶导数。程序代码如下：

```
1  x = tf.constant(3.0)                      # 声明 TensorFlow 常数
2  with tf.GradientTape() as g:              # 自动微分
3      g.watch(x)
4      with tf.GradientTape() as gg:         # 自动微分
5          gg.watch(x)                       # 设定常数参与自动微分
6          y = x * x                         # y = x^2
7
8      dy_dx = gg.gradient(y, x)             # 一阶导数
9  d2y_dx2 = g.gradient(dy_dx, x)            # 二阶导数
10
11 print(f'一阶导数={dy_dx.numpy()}, 二阶导数={d2y_dx2.numpy()}')
```

执行结果：一阶导数 =6.0，二阶导数 =2.0。

$f(0) = x^2$

$f'(x) = 2x$

$f''(x) = 2$

$f''(3) = 2$。

(4) 多变量计算导数：各自使用 g.gradient(y, x) 函数，可取得每一个变量的梯度。若使用 g.gradient() 两次或以上，则 tf.GradientTape() 须加参数 persistent=True，使 tf.GradientTape() 不会被自动回收，用完之后，可使用"del g"删除 GradientTape 对象。程序代码如下：

```
1  x = tf.Variable(3.0)                              # 声明 TensorFlow 常数
2  with tf.GradientTape(persistent=True) as g:       # 自动微分
3      y = x * x                                     # y = x^2
4      z = y * y                                     # z = y^2
5
6  dz_dx = g.gradient(z, x)                          # 4*x^3
7  dy_dx = g.gradient(y, x)                          # 2*x
8
9  del g                                             # 不用时可删除 GradientTape 对象
10
11 print(f'dy/dx={dy_dx.numpy()}, dz/dx={dz_dx.numpy()}')
```

执行结果：$dy/dx=6$，$dz/dx=108$。

$z = f(x) = y^2 = x^4$

$f'(x) = 4x^3$

$f'(3) = 108$。

(5) 借此机会我们认识一下 PyTorch 自动微分的语法，它与 TensorFlow 稍有差异。程序代码如下：

```
1  import torch           # 载入库
2
3  x = torch.tensor(3.0, requires_grad=True)  # 设定 x 参与自动微分
4  y=x*x                  # y = x^2
5
6  y.backward()           # 反向传导
7
8  print(x.grad)          # 取得梯度
```

① requires_grad=True 参数声明 x 参与自动微分。
② 调用 y.backward()，要求做反向传导。
③ 调用 x.grad 取得梯度。

范例. 利用TensorFlow自动微分求解简单线性回归的参数(w、b)。

程序：请参阅 **03_3_ 简单线性回归 .ipynb**。流程如图 3.6 所示。

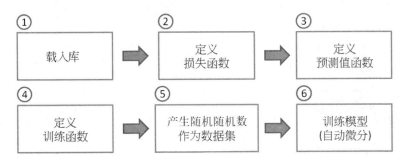

图 3.6　程序设计流程

(1) 载入库。程序代码如下：

```
1  # 载入库
2  import numpy as np
3  import tensorflow as tf
```

(2) 定义损失函数 $MSE = \dfrac{\sum(y-\hat{y})^2}{n}$。程序代码如下：

```
1  # 定义损失函数
2  def loss(y, y_pred):
3      return tf.reduce_mean(tf.square(y - y_pred))
```

(3) 定义预测值函数 $y = wx + b$。程序代码如下：

```
1  # 定义预测值函数
2  def predict(X):
3      return w * X + b
```

(4) 定义训练函数：在自动微分中需重新计算损失函数值，assign_sub 函数相当于"-="。程序代码如下：

```python
# 定义训练函数
def train(X, y, epochs=40, lr=0.0001):
    current_loss=0                              # 损失函数值
    for epoch in range(epochs):                 # 执行训练周期
        with tf.GradientTape() as t:            # 自动微分
            t.watch(tf.constant(X))             # 创建 TensorFlow 常数参与自动微分
            current_loss = loss(y, predict(X))  # 计算损失函数值

        dw, db = t.gradient(current_loss, [w, b]) # 取得 w, b 个别的梯度

        # 更新权重：新权重 = 原权重 - 学习率(learning_rate) * 梯度(gradient)
        w.assign_sub(lr * dw) # w -= lr * dw
        b.assign_sub(lr * db) # b -= lr * db

        # 显示每一训练周期的损失函数
        print(f'Epoch {epoch}: Loss: {current_loss.numpy()}')
```

(5) 产生随机数作为数据集，进行测试。程序代码如下：

```python
# 产生线性随机数据100批，介于 0~50
n = 100
X = np.linspace(0, 50, n)
y = np.linspace(0, 50, n)

# 数据里加一点噪声(noise)
X += np.random.uniform(-10, 10, n)
y += np.random.uniform(-10, 10, n)
```

(6) 执行训练。程序代码如下：

```python
# w、b 初始值均设为 0
w = tf.Variable(0.0)
b = tf.Variable(0.0)

# 执行训练
train(X, y)

# w、b 的最佳解
print(f'w={w.numpy()}, b={b.numpy()}')
```

① 执行结果：w=0.9464，b=0.0326。

② 损失函数值随着训练周期越来越小，如下：

```
Epoch 0: Loss: 890.1063232421875
Epoch 1: Loss: 607.071533203125
Epoch 2: Loss: 419.7763671875
Epoch 3: Loss: 295.8358459472656
Epoch 4: Loss: 213.81948852539062
Epoch 5: Loss: 159.5459747314453
Epoch 6: Loss: 123.63106536865234
Epoch 7: Loss: 99.86465454101562
Epoch 8: Loss: 84.1374282836914
Epoch 9: Loss: 73.7300033569336
Epoch 10: Loss: 66.84292602539062
Epoch 11: Loss: 62.28538513183594
Epoch 12: Loss: 59.269386291503906
Epoch 13: Loss: 57.27349090576172
Epoch 14: Loss: 55.95263671875
Epoch 15: Loss: 55.078487396240234
Epoch 16: Loss: 54.49993133544922
Epoch 17: Loss: 54.116981506347656
Epoch 18: Loss: 53.86347579956055
Epoch 19: Loss: 53.69562911987305
Epoch 20: Loss: 53.584468841552734
```

(7) 显示结果：回归线确实居于样本点中线。程序代码如下：

```
1  import matplotlib.pyplot as plt
2
3  plt.scatter(X, y, label='data')
4  plt.plot(X, predict(X), 'r-', label='predicted')
5  plt.legend()
```

执行结果：如图 3.7 所示。

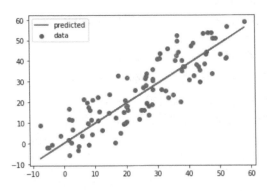

图 3.7　自动微分求解简单线性回归执行结果

有了 TensorFlow 自动微分的功能，正向与反向传导变得非常简单，只要熟悉了运作的架构，后续复杂的模型就可以运用自如。

3-5　神经网络层

上一节运用自动微分实现了一条简单线性回归线的求解，然而神经网络是多条回归线的组合，并且每一条回归线可能再乘上非线性的 Activation Function，假如使用自动微分函数逐一定义每条公式，层层串连，程序可能要很多个循环才能完成。所以为了简化程序开发的复杂度，TensorFlow/Keras 直接建构了各式各样的神经层函数，可以使用神经层组合神经网络的结构，用户只需要专注算法的设计即可，轻松不少。

如图 3.8 所示，神经网络是多个神经层组合而成的，包括输入层 (Input Layer)、隐藏层 (Hidden Layer) 及输出层 (Output Layer)，其中隐藏层可以有任意多层。一般而言，隐藏层大于或等于两层，即称为深度学习。

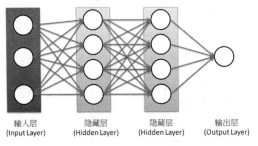

图 3.8　神经网络示意图

TensorFlow/Keras 提供了数十种神经层，分成以下类别，用户可参阅 Keras 官网说明 (https://keras.io/api/layers/)。

(1) 核心类别 (Core Layer)：包括完全连接层 (Full Connected Layer)、激励神经层 (Activation layer)、嵌入层 (Embedding layer) 等。

(2) 卷积层 (Convolutional Layer)。

(3) 池化层 (Pooling Layer)。

(4) 循环层 (Recurrent Layer)。

(5) 前置处理层 (Preprocessing layer)：提供 One-Hot Encoding、影像前置处理、数据增补 (Data Augmentation) 等。

我们先来看看两个最简单的完全连接层范例。

范例1. 使用完全连接层估算简单线性回归的参数(w、b)。

程序：请参阅 03_4_ 简单的完全连接层 .ipynb。

(1) 产生随机数据，与上一节范例相同。程序代码如下：

```python
1  # 载入库
2  import numpy as np
3  import tensorflow as tf
4
5  # 产生线性随机数据100批，介于 0-50
6  n = 100
7  X = np.linspace(0, 50, n)
8  y = np.linspace(0, 50, n)
9
10 # 数据中加一点噪声
11 X += np.random.uniform(-10, 10, n)
12 y += np.random.uniform(-10, 10, n)
```

(2) 建立模型：神经网络仅使用一个完全连接层，而且输入只有一个神经元，即 X，输出也只有一个神经元，即 y。Dense 本身有一个参数 use_bias，即是否有偏差项，默认值为 True，除了一个神经元输出外，还会有一个偏差项。以上设定其实就等于 $y=wx+b$。为聚焦概念的说明，暂时不解释其他参数，在后面章节会有详尽说明。程序代码如下：

```python
1  # 定义完全连接层(Dense)
2  # units : 输出神经元个数, input_shape : 输入神经元个数
3  layer1 = tf.keras.layers.Dense(units=1, input_shape=[1])
4
5  # 神经网络包含一个完全连接层
6  model = tf.keras.Sequential([layer1])
```

(3) 定义模型的损失函数及优化器。程序代码如下：

```python
1  # 定义模型的损失函数为 MSE, 优化器为 Adam
2  model.compile(loss='mean_squared_error',
3                optimizer=tf.keras.optimizers.Adam())
```

(4) 模型训练：只需一个指令 model.fit(X, y) 即可，训练过程的损失函数变化都会存在 history 变量中。程序代码如下：

```python
1  history = model.fit(X, y, epochs=500, verbose=False)
```

(5) 训练过程绘图。程序代码如下：

```
1  import matplotlib.pyplot as plt
2  plt.rcParams['font.sans-serif'] = ['Microsoft JhengHei']
3  plt.rcParams['axes.unicode_minus'] = False
4
5  plt.xlabel('训练周期', fontsize=20)
6  plt.ylabel("损失函数", fontsize=20)
7  plt.plot(history.history['loss'])
```

执行结果：损失函数值随着训练周期越来越小，如图 3.9 所示。

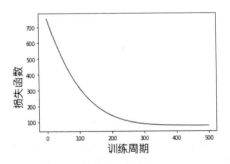

图 3.9　训练过程执行结果

(6) 取得模型参数 w 为第一层的第一个参数，b 为输出层的第一个参数。程序代码如下：

```
1  w = layer1.get_weights()[0][0][0]
2  b = layer1.get_weights()[1][0]
3
4  print(f"w：{w:.4f} , b：{b:.4f}")
```

执行结果：w：0.8798，b：3.5052，因输入数据为随机随机数。

(7) 绘图显示回归线。程序代码如下：

```
1  import matplotlib.pyplot as plt
2
3  plt.scatter(X, y, label='data')
4  plt.plot(X, X * w + b, 'r-', label='predicted')
5  plt.legend()
```

执行结果：如图 3.10 所示。

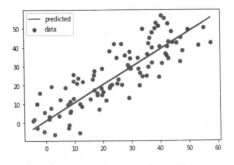

图 3.10　绘图显示回归线执行结果

与自动微分比较，这种方法程序更简单，只要设定模型结构、损失函数、优化器后，

呼叫训练 (fit) 函数即可。

下面我们再看一个有趣的例子，利用神经网络自动求出华氏与摄氏温度的换算公式。

范例2. 使用完全连接层推算华氏与摄氏温度的换算公式。

$$华氏(F) = 摄氏(C)*(9/5) + 32$$

(1) 利用换算公式，随机产生151个数据。程序代码如下：

```python
# 载入库
import numpy as np
import tensorflow as tf

# 随机产生151个数据
n = 151
C = np.linspace(-50, 100, n)
F = C * (9/5) + 32

for i, x in enumerate(C):
    print(f"华氏(F)：{F[i]:.2f}，摄氏(C)：{x:.0f}")
```

(2) 建立模型：神经网络只有一个完全连接层，而且输入只有一个神经元，即摄氏温度，输出只有一个神经元，即华氏温度。程序代码如下：

```python
# 定义完全连接层(Dense)
# units：输出神经元个数，input_shape：输入神经元个数
layer1 = tf.keras.layers.Dense(units=1, input_shape=[1])

# 神经网络包含一层完全连接层
model = tf.keras.Sequential([layer1])

# 定义模型的损失函数为 MSE，优化器为 Adam
model.compile(loss='mean_squared_error',
              optimizer=tf.keras.optimizers.Adam(0.1))
```

(3) 模型训练。程序代码如下：

```python
history = model.fit(C, F, epochs=500, verbose=False)
```

(4) 训练过程绘图。程序代码如下：

```python
import matplotlib.pyplot as plt
plt.rcParams['font.sans-serif'] = ['Microsoft JhengHei']
plt.rcParams['axes.unicode_minus'] = False

plt.xlabel('训练周期', fontsize=20)
plt.ylabel("损失函数", fontsize=20)
plt.plot(history.history['loss'])
```

执行结果：如图 3.11 所示。由此可见：损失函数值随着训练周期越来越小。

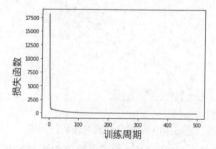

图 3.11　训练过程执行结果

(5) 测试：输入摄氏 100 度及 0 度转换为华氏温度，答案完全正确。程序代码如下：

```
1  y_pred = model.predict([100.0])[0][0]
2  print(f"华氏(F):{y_pred:.2f}，摄氏(C):100")
3
4  y_pred = model.predict([0.0])[0][0]
5  print(f"华氏(F):{y_pred:.2f}，摄氏(C):0")
```

执行结果：

华氏 (F)：212.00，摄氏 (C)：100

华氏 (F)：32.00，摄氏 (C)：0

(6) 取得模型参数 w、b。

```
1  w = layer1.get_weights()[0][0][0]
2  b = layer1.get_weights()[1][0]
3
4  print(f"w:{w:.4f}，b:{b:.4f}")
```

① 执行结果：w：1.8000，b：31.9999，近似于华氏与摄氏温度的换算公式。

② 其实换算公式也是一条回归线。

读到这里，读者应该会好奇如何使用更多的神经元和神经层，甚至更复杂的神经网络结构，下一章我们将正式迈入深度学习的殿堂，学习如何用 TensorFlow 解决各种实际的案例，并且详细剖析各个函数的用法及参数说明。

第 4 章
神经网络实践

接下来,我们将开始以神经网络实践各种应用,可以暂时与数学/统计说再见,我们会着重于概念的澄清与程序的撰写。笔者会尽可能地运用大量图解,帮助读者迅速掌握各种算法的原理。

同时笔者也会借由"手写阿拉伯数字辨识"的案例,实践机器学习流程的十大步骤,并详细解说构建神经网络的函数用法及各项参数代表的意义,最后我们会撰写一个完整的窗口接口程序及网页程序,让终端用户(End User)亲身体验 AI 应用程序,期望激发用户对企业导入 AI 有更多的体验。

4-1 撰写第一个神经网络程序

手写阿拉伯数字辨识,如图 4.1 所示,问题定义如下。

(1) 读取手写阿拉伯数字的影像,将影像中的每个像素当成一个特征。数据源为 MNIST 机构所收集的 60000 个训练数据,另含 10000 个测试数据,每个数据是一个阿拉伯数字、宽高为 (28, 28) 的位图形。

(2) 建立神经网络模型,利用梯度下降法,求解模型的参数值,一般称为权重。

(3) 依照模型推算每一个影像是 0~9 的概率,再以最大概率者为预测结果。

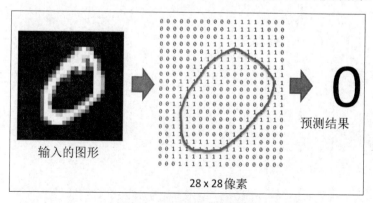

图 4.1 手写阿拉伯数字辨识

4-1-1 最简短的程序

TensorFlow 1.x 版使用会话(Session)及运算图(Computational Graph)的概念来编写,

光是要将两个张量相加就要撰写一大段程序，被 PyTorch 比了下去，于是 TensorFlow 2.x 为了回击对手，官网直接在文件首页展示了一个超短程序，示范如何撰写手写阿拉伯数字的辨识，要证明改版后的 TensorFlow 确实更好用，现在我们就来看看这支程序。

范例.TensorFlow官网的手写阿拉伯数字辨识。

程序：**04_01_手写阿拉伯数字辨识.ipynb**。程序代码如下：

```python
import tensorflow as tf
mnist = tf.keras.datasets.mnist

# 导入 MNIST 手写阿拉伯数字数据集
(x_train, y_train),(x_test, y_test) = mnist.load_data()

# 特征缩放至 (0, 1) 之间
x_train, x_test = x_train / 255.0, x_test / 255.0

# 建立模型
model = tf.keras.models.Sequential([
  tf.keras.layers.Flatten(input_shape=(28, 28)),
  tf.keras.layers.Dense(128, activation='relu'),
  tf.keras.layers.Dropout(0.2),
  tf.keras.layers.Dense(10, activation='softmax')
])

# 设定优化器(optimizer)、损失函数(loss)、效果衡量指标(metrics)
model.compile(optimizer='adam',
              loss='sparse_categorical_crossentropy',
              metrics=['accuracy'])

# 模型训练，epochs：执行周期，validation_split：验证数据集占 20%
model.fit(x_train, y_train, epochs=5, validation_split=0.2)

# 模型评估
model.evaluate(x_test, y_test)
```

执行结果如下：

```
Epoch 1/5
1500/1500 [==============================] - 5s 3ms/step - loss: 0.5336 - accuracy: 0.8432 - val_loss: 0.1558 - val_accuracy: 0.9555
Epoch 2/5
1500/1500 [==============================] - 5s 3ms/step - loss: 0.1676 - accuracy: 0.9505 - val_loss: 0.1134 - val_accuracy: 0.9657
Epoch 3/5
1500/1500 [==============================] - 5s 3ms/step - loss: 0.1203 - accuracy: 0.9646 - val_loss: 0.0975 - val_accuracy: 0.9704
Epoch 4/5
1500/1500 [==============================] - 5s 3ms/step - loss: 0.0981 - accuracy: 0.9703 - val_loss: 0.0968 - val_accuracy: 0.9717
Epoch 5/5
1500/1500 [==============================] - 5s 3ms/step - loss: 0.0786 - accuracy: 0.9758 - val_loss: 0.0958 - val_accuracy: 0.9713
313/313 [==============================] - 1s 3ms/step - loss: 0.0807 - accuracy: 0.9752
[0.08072374016046524, 0.9751999974250793]
```

上述的程序除去批注，仅 10 多行，辨识的准确率高达 97%~98%，TensorFlow 成功实现了超越！

4-1-2 程序强化

上一节的范例"手写阿拉伯数字辨识"是官网为了炫技刻意缩短了程序，本节将会按照机器学习流程的十大步骤(见图 4.2)，撰写完整程序，并对每个步骤仔细解析，读者务必理解每一行程序背后代表的内涵。

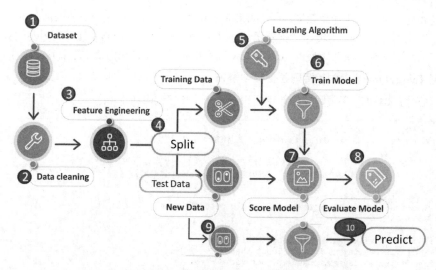

图 4.2 机器学习流程十大步骤

范例.依据上图十大步骤撰写手写阿拉伯数字辨识。

程序：**04_02_手写阿拉伯数字辨识_完整版.ipynb**。

(1) 步骤 1：加载 MNIST 手写阿拉伯数字数据集。程序代码如下：

```
1  import tensorflow as tf
2  mnist = tf.keras.datasets.mnist
3
4  # 导入 MNIST 手写阿拉伯数字数据集
5  (x_train, y_train),(x_test, y_test) = mnist.load_data()
6
7  # 训练/测试数据的 X/y 维度
8  print(x_train.shape, y_train.shape,x_test.shape, y_test.shape)
```

执行结果：取得 60000 个训练数据，10000 个测试数据，每个数据是一个阿拉伯数字，宽高各为 (28, 28) 的位图形，要注意数据的维度及其大小必须与模型的输入规格契合。执行结果如下：

```
(60000, 28, 28) (60000,) (10000, 28, 28) (10000,)
```

(2) 步骤 2：EDA，对数据集进行探索与分析，首先观察训练数据的目标值 (y)，即影像的真实结果。程序代码如下：

```
1  # 训练数据集前10张图片的数字
2  y_train[:10]
```

执行结果如下，每个数据是一个阿拉伯数字。

```
array([5, 0, 4, 1, 9, 2, 1, 3, 1, 4], dtype=uint8)
```

(3) 打印第一个训练数据的像素。程序代码如下：

```
1  # 显示第1张图片像素数据
2  x_train[0]
```

执行结果如下，每个像素的值在 (0, 255) 之间，为灰阶影像，0 为白色，255 为最深的黑色。**注意：这与 RGB 色码刚好相反，RGB 中黑色为 0，白色为 255。**

```
[   0,   0,   0,   0,   0,   0,   0,   0,   0,   0,   0,   0,   0,
    0,   0,   0,   0,   0,   0,   0,   0,   0,   0,   0,   0,   0,
    0,   0],
[   0,   0,   0,   0,   0,   0,   0,   0,   0,   0,   0,   0,   3,
   18,  18,  18, 126, 136, 175,  26, 166, 255, 247, 127,   0,   0,
    0,   0],
[   0,   0,   0,   0,   0,   0,   0,   0,  30,  36,  94, 154, 170,
  253, 253, 253, 253, 253, 225, 172, 253, 242, 195,  64,   0,   0,
    0,   0],
[   0,   0,   0,   0,   0,   0,   0,  49, 238, 253, 253, 253, 253,
  253, 253, 253, 253, 251,  93,  82,  82,  56,  39,   0,   0,   0,
    0,   0],
[   0,   0,   0,   0,   0,   0,   0,  18, 219, 253, 253, 253, 253,
  253, 198, 182, 247, 241,   0,   0,   0,   0,   0,   0,   0,   0,
    0,   0],
[   0,   0,   0,   0,   0,   0,   0,   0,  80, 156, 107, 253, 253,
  205,  11,   0,  43, 154,   0,   0,   0,   0,   0,   0,   0,   0,
    0,   0],
```

（4）为了看清楚图片的手写的数字，将非 0 的数值转为 1，变为黑白两色的图片。程序代码如下：

```
1  # 将非0的数字转为1，显示第1张图片
2  data = x_train[0].copy()
3  data[data>0]=1
4
5  # 将转换后二维内容显示出来，隐约可以看出数字为 5
6  text_image=[]
7  for i in range(data.shape[0]):
8      text_image.append(''.join(str(data[i])))
9  text_image
```

执行结果如下，笔者以笔描绘为 1 的范围，隐约可以看出是 5。

```
['[0 0 0 0 0 0 0 0 0 0 0 0 0 0 0 0 0 0 0 0 0 0 0 0 0 0 0 0]',
 '[0 0 0 0 0 0 0 0 0 0 0 0 0 0 0 0 0 0 0 0 0 0 0 0 0 0 0 0]',
 '[0 0 0 0 0 0 0 0 0 0 0 0 0 0 0 0 0 0 0 0 0 0 0 0 0 0 0 0]',
 '[0 0 0 0 0 0 0 0 0 0 0 0 0 0 0 0 0 0 0 0 0 0 0 0 0 0 0 0]',
 '[0 0 0 0 0 0 0 0 0 0 0 0 1 1 1 1 1 1 1 1 1 1 1 0 0 0 0 0]',
 '[0 0 0 0 0 0 0 0 1 1 1 1 1 1 1 1 1 1 1 1 1 1 1 0 0 0 0 0]',
 '[0 0 0 0 0 0 0 1 1 1 1 1 1 1 1 1 1 1 1 1 1 0 0 0 0 0 0 0]',
 '[0 0 0 0 0 0 0 1 1 1 1 1 1 1 1 0 0 0 0 0 0 0 0 0 0 0 0 0]',
 '[0 0 0 0 0 0 0 0 1 1 1 1 1 0 0 0 0 0 0 0 0 0 0 0 0 0 0 0]',
 '[0 0 0 0 0 0 0 0 0 1 1 1 1 0 0 0 0 0 0 0 0 0 0 0 0 0 0 0]',
 '[0 0 0 0 0 0 0 0 0 0 1 1 1 1 0 0 0 0 0 0 0 0 0 0 0 0 0 0]',
 '[0 0 0 0 0 0 0 0 0 0 0 1 1 1 1 0 0 0 0 0 0 0 0 0 0 0 0 0]',
 '[0 0 0 0 0 0 0 0 0 0 0 0 1 1 1 1 0 0 0 0 0 0 0 0 0 0 0 0]',
 '[0 0 0 0 0 0 0 0 0 0 0 0 0 1 1 1 1 0 0 0 0 0 0 0 0 0 0 0]',
 '[0 0 0 0 0 0 0 0 0 0 0 0 1 1 1 1 1 0 0 0 0 0 0 0 0 0 0 0]',
 '[0 0 0 0 0 0 0 0 0 0 0 1 1 1 1 1 1 0 0 0 0 0 0 0 0 0 0 0]',
 '[0 0 0 0 0 0 0 0 0 1 1 1 1 1 1 1 0 0 0 0 0 0 0 0 0 0 0 0]',
 '[0 0 0 0 0 0 1 1 1 1 1 1 1 1 0 0 0 0 0 0 0 0 0 0 0 0 0 0]',
 '[0 0 0 0 0 1 1 1 1 1 1 1 1 0 0 0 0 0 0 0 0 0 0 0 0 0 0 0]',
 '[0 0 0 0 1 1 1 1 1 1 1 0 0 0 0 0 0 0 0 0 0 0 0 0 0 0 0 0]',
 '[0 0 0 0 0 0 0 0 0 0 0 0 0 0 0 0 0 0 0 0 0 0 0 0 0 0 0 0]',
 '[0 0 0 0 0 0 0 0 0 0 0 0 0 0 0 0 0 0 0 0 0 0 0 0 0 0 0 0]',
 '[0 0 0 0 0 0 0 0 0 0 0 0 0 0 0 0 0 0 0 0 0 0 0 0 0 0 0 0]']
```

(5) 显示第一个训练数据图像，确认是 5。程序代码如下：

```
1   # 显示第1张图片图像
2   import matplotlib.pyplot as plt
3
4   # 第一批数据
5   X2 = x_train[0,:,:]
6
7   # 绘制点阵图，cmap='gray'：灰阶
8   plt.imshow(X2.reshape(28,28), cmap='gray')
9
10  # 隐藏刻度
11  plt.axis('off')
12
13  # 显示图形
14  plt.show()
```

执行结果如下：

(6) 步骤 3：进行特征工程，将特征缩放至 (0, 1) 区间，特征缩放可提高模型准确度，并且可以加快收敛速度。特征缩放采用正态化 (Normalization) 公式

$$(x - 样本最小值)/(样本最大值 - 样本最小值)$$

```
1   # 特征缩放，使用正态化(Normalization)，公式 = (x - min) / (max - min)
2   # 颜色范围：0~255，所以，公式简化为 x / 255
3   # 注意，颜色0为白色，与RGB颜色不同，(0,0,0) 为黑色。
4   x_train_norm, x_test_norm = x_train / 255.0, x_test / 255.0
5   x_train_norm[0]
```

执行结果如下：

```
[0.        , 0.        , 0.        , 0.        , 0.        ,
 0.        , 0.        , 0.        , 0.        , 0.        ,
 0.        , 0.        , 0.00392157, 0.00392157, 0.00392157,
 0.00392157, 0.00392157, 0.00392157, 0.00392157, 0.00392157,
 0.00392157, 0.00392157, 0.00392157, 0.00392157, 0.        ,
 0.        , 0.        , 0.        ],
[0.        , 0.        , 0.        , 0.        , 0.        ,
 0.        , 0.        , 0.        , 0.00392157, 0.00392157,
 0.00392157, 0.00392157, 0.00392157, 0.00392157, 0.00392157,
 0.00392157, 0.00392157, 0.00392157, 0.00392157, 0.00392157,
 0.00392157, 0.00392157, 0.00392157, 0.00392157, 0.        ,
 0.        , 0.        , 0.        ],
```

(7) 步骤 4：数据分割为训练及测试数据，此步骤无须进行，因为加载 MNIST 数据时，数据已经切割好了。

(8) 步骤 5：建立模型结构如图 4.3 所示。

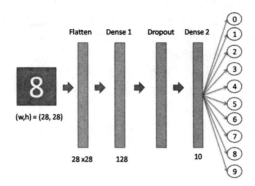

图 4.3　手写阿拉伯数字辨识的模型结构

Keras 提供两类模型，包括顺序型模型 (Sequential Model) 及 Functional API 模型。顺序型模型函数为 tf.keras.models.Sequential，适用于简单的结构，神经层一层接一层地顺序执行；使用 Functional API 可以设计较复杂的模型结构，包括多个输入层或多个输出层，也允许分叉，后续用到时再详细说明。这里使用简单的顺序型模型，内含各种神经层。程序代码如下：

```
1  # 建立模型
2  model = tf.keras.models.Sequential([
3      tf.keras.layers.Flatten(input_shape=(28, 28)),
4      tf.keras.layers.Dense(128, activation='relu'),
5      tf.keras.layers.Dropout(0.2),
6      tf.keras.layers.Dense(10, activation='softmax')
7  ])
```

① 扁平层 (Flatten Layer)：将宽高各 28 像素的图压扁成一维数组 (28×28=784 个特征)。

② 完全连接层 (Dense Layer)：输入为上一层的输出，输出为 128 个神经元，即构成 128 条回归线，每一条回归线有 784 个特征。输出通常定为 4 的倍数，并无建议值，可经由实验调校取得较佳的参数值。

③ Dropout Layer：类似于正则化 (Regularization)，希望避免过度拟合，在训练周期随机丢弃一定比例 (0.2) 的神经元，一方面可以估计较少的参数，另一方面能够取得多个模型的均值，避免受极端值影响，借以矫正过度拟合的现象。通常会在每一层 Dense 后面加一个 Dropout，比例也无建议值，如图 4.4 所示。

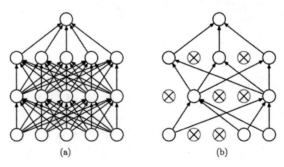

图 4.4　神经网络
(a) 标准神经网络；(b) 丢弃一定比例的神经元后

④ 第二个完全连接层：为输出层，因为要辨识 0~9 这十个数字，故输出要设成 10，透过 Softmax Activation Function，可以将输出转为概率形式，即预测 0~9 的个别概率，再从中选择最大概率者为预测值。

（9）编译指令 (model.compile) 需设定参数，优化器为 Adam，损失函数为 sparse_categorical_crossentropy(交叉熵)，而非 *MSE*，相关参数后面章节会详细说明。程序代码如下：

```
1  # 设定优化器、损失函数、效果衡量指标的类别
2  model.compile(optimizer='adam',
3                loss='sparse_categorical_crossentropy',
4                metrics=['accuracy'])
```

（10）步骤 6：结合训练数据及模型结构，进行模型训练。程序代码如下：

```
1  # 模型训练
2  history = model.fit(x_train_norm, y_train, epochs=5, validation_split=0.2)
```

① validation_split：将训练数据切割一部分为验证数据，目前设为 0.2，即验证数据占 20%，在训练过程中，会用验证数据计算准确度及损失函数值，确认训练过程有无异常。

② epochs：设定训练要执行的周期数，所有训练数据经过一次正向和反向传导，称为一个执行周期。

③ 执行结果如下，每一个执行周期都包含训练的损失、准确率及验证数据的损失 (val_loss)、准确率 (val_accuracy)，这些信息都会存储在 history 变量内，为一字典 (dict) 数据类型。

```
Train on 48000 samples, validate on 12000 samples
Epoch 1/5
48000/48000 [==============================] - 4s 77us/sample - loss: 0.3264 - accuracy: 0.9055 - val_loss: 0.1576 - val_accura
cy: 0.9572
Epoch 2/5
48000/48000 [==============================] - 3s 71us/sample - loss: 0.1593 - accuracy: 0.9534 - val_loss: 0.1187 - val_accura
cy: 0.9654
Epoch 3/5
48000/48000 [==============================] - 3s 71us/sample - loss: 0.1188 - accuracy: 0.9649 - val_loss: 0.1039 - val_accura
cy: 0.9682
Epoch 4/5
48000/48000 [==============================] - 3s 72us/sample - loss: 0.0969 - accuracy: 0.9704 - val_loss: 0.1071 - val_accura
cy: 0.9668
Epoch 5/5
48000/48000 [==============================] - 3s 71us/sample - loss: 0.0829 - accuracy: 0.9740 - val_loss: 0.0876 - val_accura
cy: 0.9739
```

（11）对训练过程的准确率绘图。程序代码如下：

```
1  # 对训练过程的准确率绘图
2  plt.rcParams['font.sans-serif'] = ['Microsoft JhengHei']
3  plt.rcParams['axes.unicode_minus'] = False
4
5  plt.figure(figsize=(8, 6))
6  plt.plot(history.history['accuracy'], 'r', label='训练准确率')
7  plt.plot(history.history['val_accuracy'], 'g', label='验证准确率')
8  plt.legend()
```

执行结果：随着执行周期次数的增加，准确率越来越高，且验证数据与训练数据的准确率应趋于一致，若不一致或准确率过低，就要检查每个环节是否出错，如图 4.5 所示。

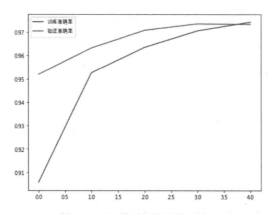

图 4.5　对训练过程绘图执行结果

(12) 对训练过程的损失绘图。程序代码如下：

```python
# 对训练过程的损失绘图
import matplotlib.pyplot as plt

plt.figure(figsize=(8, 6))
plt.plot(history.history['loss'], 'r', label='训练损失')
plt.plot(history.history['val_loss'], 'g', label='验证损失')
plt.legend()
```

执行结果：随着执行周期次数的增加，损失越来越低，验证数据与训练数据的损失应趋于一致，如图 4.6 所示。

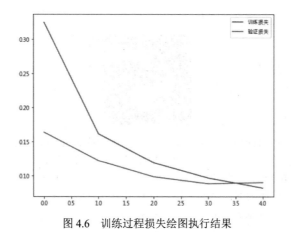

图 4.6　训练过程损失绘图执行结果

(13) 步骤 7：评分 (Score Model)，使用 evaluate() 函数，输入测试数据，会计算出损失及准确率。程序代码如下：

```python
# 评分(Score Model)
score=model.evaluate(x_test_norm, y_test, verbose=0)

for i, x in enumerate(score):
    print(f'{model.metrics_names[i]}: {score[i]:.4f}')
```

执行结果：loss 为 0.0833，accuracy 为 0.9743。

(14) 实际比对测试数据的前 20 个，使用 predict_classes() 函数，可以得到预测类别。程序代码如下：

```
1  # 实际预测 20 个数据
2  predictions = model.predict_classes(x_test_norm)
3
4  # 比对
5  print('actual    :', y_test[0:20])
6  print('prediction:', predictions[0:20])
```

执行结果如下，执行结果全部正确。

```
actual     : [7 2 1 0 4 1 4 9 5 9 0 6 9 0 1 5 9 7 3 4]
prediction: [7 2 1 0 4 1 4 9 5 9 0 6 9 0 1 5 9 7 3 4]
```

(15) 显示第 9 个的概率：使用 predict() 函数，可以得到 0~9 预测概率各自的值。

```
1  # 显示第 9 个的概率
2  import numpy as np
3
4  predictions = model.predict(x_test_norm[8:9])
5  print(f'0~9预测概率: {np.around(predictions[0], 2)}')
```

执行结果：发现 5 及 6 的概率很相近，表示模型并不很肯定。所以，实际上，我们可以提高门槛，规定概率须超过规定的下限，如 0.8，才算是辨识成功，以提高可信度，避免模棱两可的预测。

```
0~9 预测机率: [0.   0.   0.   0.   0.   0.59 0.41 0.   0.   ]
```

第 9 张图像如下，像 5 又像 6。

(16) 步骤 8：效果评估，暂不进行，之后可调校相关超参数 (Hyperparameter) 及模型结构，寻找最佳模型和参数。超参数是指在模型训练前可以调整的参数，如学习率、执行周期、权重初始值、训练批量等，但不含模型求算的参数如权重或偏差。

(17) 步骤 9：模型部署，将最佳模型存盘，再开发用户接口或提供 API，连同模型文件一并部署到上线环境 (Production Environment)。程序代码如下：

```
1  # 模型存档
2  model.save('model.h5')
3
4  # 模型载入
5  model = tf.keras.models.load_model('model.h5')
```

(18) 步骤 10：接收新数据预测，之前都是使用 MNIST 内建数据测试，严格说并不可靠，因为这些都是出自同一机构所收集的数据，因此，建议读者自己利用绘图软件亲自撰写测试。我们准备一些图文件，放在 myDigits 目录内，读者可自行修改，再利用下列程序代码测试，注意，**从图文件读入影像后要反转颜色**，颜色 0 为白色，与 RGB 色码不同，RGB 色码中 0 为黑色。程序代码如下：

```
1   # 使用画板，绘制 0~9，实际测试看看
2   from skimage import io
3   from skimage.transform import resize
4   import numpy as np
5
6   # 读取影像并转为单色
7   uploaded_file = './myDigits/8.png'
8   image1 = io.imread(uploaded_file, as_gray=True)
9
10  # 缩为 (28, 28) 大小的影像
11  image_resized = resize(image1, (28, 28), anti_aliasing=True)
12  X1 = image_resized.reshape(1,28, 28) #/ 255
13
14  # 反转颜色，颜色0为白色，与 RGB 色码不同，它的 0 为黑色
15  X1 = np.abs(1-X1)
16
17  # 预测
18  predictions = model.predict_classes(X1)
19  print(predictions)
```

(19) 使用下列指令显示模型汇总信息 (summary)。程序代码如下：

```
1   # 显示模型的汇总信息
2   model.summary()
```

① 执行结果：执行结果如下，包括每一神经层的名称及输出参数的个数。

```
Model: "sequential_2"
_____
Layer (type)                 Output Shape              Param #
=================================================================
flatten_2 (Flatten)          (None, 784)               0
_____
dense_4 (Dense)              (None, 128)               100480
_____
dropout_2 (Dropout)          (None, 128)               0
_____
dense_5 (Dense)              (None, 10)                1290
=================================================================
Total params: 101,770
Trainable params: 101,770
Non-trainable params: 0
```

② 计算参数个数：举例来说 dense_5，输出参数为 1290，意思是共有 10 条回归线，每一条回归线都有 128 个特征对应的权重 (w) 与一个偏差项 (b)，所以总共有 10×(128 +1)= 1290 个参数。

(20) 绘制图形，显示模型结构：要绘制图形显示模型结构，需先完成以下步骤，才能顺利绘制图形。

① 安装 graphviz 软件，网址为 https://www.graphviz.org/download，再把安装目录下的 bin 路径加到环境变量 Path 中。

② 安装两个库：pip install graphviz pydotplus。

```
1   tf.keras.utils.plot_model(model, to_file='model.png')
```

③ 执行 plot_model 指令，可以同时显示图形和存盘。
执行结果：如图 4.7 所示。

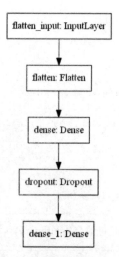

图 4.7　绘制图形显示模型结构

以上我们按机器学习流程的十大步骤撰写了一支完整的程序，虽然篇幅很长，读者应该还是有些疑问，许多针对细节的描述，将于下一节登场，我们会做些实验来说明建构模型的考虑，同时解答教学现场同学们常提出的问题。

4-1-3　实验

前一节我们完成了第一个深度学习的程序，也见识到了它的作用，扣除说明，短短十几行的程序就能够辨识手写阿拉伯数字，且准确率达到 97%。然而，仔细思考后我们会产生许多疑问。

(1) 模型结构为什么要设计成两层 Dense？更多层准确率会提高吗？
(2) 第一层 Dense 输出为什么要设为 128？设为其他值会有何影响？
(3) 目前第一层 Dense 的 Activation Function 设为 relu，代表什么意义？设为其他值又会有何不同？
(4) 优化器、损失函数、效果衡量指标有哪些选择？设为其他值会有何影响？
(5) Dropout 比例为 0.2，设为其他值会更好吗？
(6) 影像为单色灰阶，若是彩色可以辨识吗？怎么修改？
(7) 目前执行周期设为 5，设为其他值会更好吗？
(8) 准确率可以达到 100%，以便企业安心导入吗？
(9) 如果要辨识其他对象，程序要修改哪些地方？
(10) 如果要辨识多个数字，如输入 4 位数，要如何辨识？
(11) 希望了解更详细的相关信息，有哪些资源可以参阅？
以上问题是这几年授课时学员常提出的疑惑，我们就来逐一实验，试着寻找答案。

问题 1. 模型结构为什么要设计成两层 Dense？更多层准确率会提高吗？
解答：

(1) 前面曾经说过，神经网络是多条回归线的组合，而且每一条回归线可能还会包含在 Activation Function 内，变成非线性的函数，因此，要单纯以数学方法求解几乎不可能，只能以优化方法求得近似解，但是，只有凸集合的数据集，才保证有全局最佳解 (Global Minimization)，以 MNIST 为例，总共有 784 维特征，即 784 度空间，根本无法知道它是否为凸集合，因此严格来讲，到目前为止，神经网络依然是一个黑箱 (Black Box) 科学，我们只知道它威力强大，但如何实现较佳的准确率，依旧需要经验与实验，因此，模型结构并没有明确规定要设计成几层，会随着不同的问题及数据来进行测试，case by case 进行效果调校，寻找较佳的参数值。

(2) 理论上，越多层架构，回归线就越多，预测应当越准确，如 ResNet 模型就高达 150 层，但是，经过实验证实，超过某一界限后，准确率可能会不升反降，这与训练数据量有关，如果只有少量的数据，要估算过多的参数 (w、b)，自然准确率不高。

(3) 我们就来实验一下，多一层 Dense，准确率是否会提高？请参阅程序 **04_03_ 手写阿拉伯数字辨识 _ 实验 1.ipynb**。

(4) 修改模型结构如下，加一对 Dense/Dropout，其余程序代码不变。程序代码如下：

```
1  # 建立模型
2  model = tf.keras.models.Sequential([
3      tf.keras.layers.Flatten(input_shape=(28, 28)),
4      tf.keras.layers.Dense(128, activation='relu'),
5      tf.keras.layers.Dropout(0.2),
6      tf.keras.layers.Dense(64, activation='relu'),
7      tf.keras.layers.Dropout(0.2),
8      tf.keras.layers.Dense(10, activation='softmax')
9  ])
```

执行结果如下，准确率未见提升，反而微降。

loss：0.0840

accuracy：0.9733

问题 2. 第一层 Dense 输出为什么要设为 128？设为其他值会有何影响？

解答：

(1) 输出的神经元个数可以任意设定，一般来讲，会使用 4 的倍数，以下我们修改为 256，请参阅程序 **04_04_ 手写阿拉伯数字辨识 _ 实验 2.ipynb**。程序代码如下：

```
1  # 建立模型
2  model = tf.keras.models.Sequential([
3      tf.keras.layers.Flatten(input_shape=(28, 28)),
4      tf.keras.layers.Dense(256, activation='relu'),
5      tf.keras.layers.Dropout(0.2),
6      tf.keras.layers.Dense(10, activation='softmax')
7  ])
```

执行结果如下，准确率略微提高，但不明显。

loss：0.0775

accuracy：0.9764

(2) 同问题 1，照理来说，神经元个数越多，回归线就越多，特征也越多，预测应该会越准确，但经过验证，准确率并未显著提高。依 *Deep Learning with TensorFlow 2.0 and Keras* 一书测试如图 4.8 所示，也是有一个极限，超过这个极限准确率就会不升反降。

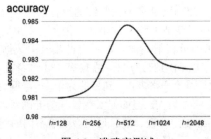

图 4.8 准确率测试

(3) 神经元个数越多, 训练时间就越长, 如图 4.9 所示。

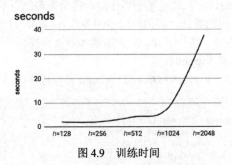

图 4.9 训练时间

问题 3. 目前第一层 Dense 的 Activation Function 设为 relu, 代表什么意义? 设为其他值会有何不同?

· 解答:

Activation Function 有很多种, 后面会有详尽介绍, 读者可先参阅维基百科[7], 部分表格撷取见表 4.1。其中包括函数的名称、概率分布图形、公式及一阶导数:

表 4.1 部分 Activation Function

Name	Plot	Function, $f(x)$	Derivative of f, $f'(x)$
Identity		x	1
Binary step		$\begin{cases} 0 & \text{if } x < 0 \\ 1 & \text{if } x \geqslant 0 \end{cases}$	$\begin{cases} 0 & \text{if } x \neq 0 \\ \text{undefined} & \text{if } x = 0 \end{cases}$
Logistic, sigmoid, or soft step		$\sigma(x) = \dfrac{1}{1+e^{-x}}$ [1]	$f(x)(1-f(x))$
tanh		$\tanh(x) = \dfrac{e^x - e^{-x}}{e^x + e^{-x}}$	$1 - f(x)^2$
Rectified linear unit (ReLU)[11]		$\begin{cases} 0 & \text{if } x \leqslant 0 \\ x & \text{if } x > 0 \end{cases}$ $= \max\{0, x\} = x \mathbf{1}_{x>0}$	$\begin{cases} 0 & \text{if } x < 0 \\ 1 & \text{if } x > 0 \\ \text{undefined} & \text{if } x = 0 \end{cases}$
Gaussian error linear unit (GELU)[6]		$\dfrac{1}{2}x\left(1 + \operatorname{erf}\left(\dfrac{x}{\sqrt{2}}\right)\right)$ $= x\phi(x)$	$\phi(x) + x\phi(x)$
Softplus[12]		$\ln(1 + e^x)$	$\dfrac{1}{1+e^{-x}}$

早期隐藏层大都使用 sigmoid 函数，近几年发现 relu 准确率较高，因此我们先尝试比较这两种函数，请参阅程序 **04_05_手写阿拉伯数字辨识_实验 3.ipynb**。

(1) 将 relu 改为 sigmoid，程序代码如下：

```
# 建立模型
model = tf.keras.models.Sequential([
    tf.keras.layers.Flatten(input_shape=(28, 28)),
    tf.keras.layers.Dense(128, activation='relu'),
    tf.keras.layers.Dropout(0.2),
    tf.keras.layers.Dense(10, activation='sigmoid')
])
```

(2) 执行结果如下，sigmoid 准确率确实略低于 relu。

loss：0.0847

accuracy：0.9762

问题 4. 优化器、损失函数、效果衡量指标有哪些选择？设为其他值会有何影响？

解答：

(1) 优化器有很多种，从最简单的固定值的学习率 (SGD)，到很复杂的动态改变的学习率，甚至是能够自定义优化器。请参考参考文献 [8] 或 [9]。优化器的选择，主要会影响收敛的速度，大多数状况下，Adam 优化器都有不错的表现。

(2) 损失函数也种类繁多，包括常见的 MSE、Entropy，其他更多的损失函数请参考参考文献 [10] 或 [11]。损失函数的选择，主要也是影响着收敛的速度，另外，某些自定义损失函数有特殊功能，如风格转换 (Style Transfer)，它能够制作影像合成的效果，生成对抗网络 (GAN)，后面章节会有详细的介绍。

(3) 效果衡量指标：除了准确率，还可以计算精确率 (Precision)、召回率 (Recall)、F1 等，也可以同时设定多个效果衡量指标，请参考参考文献 [12]，如下面程序代码所示，完整程序可参阅程序 **04_06_手写阿拉伯数字辨识_实验 4.ipynb**。

```
# 设定优化器、损失函数、效果衡量指标的类别
model.compile(optimizer='adam',
              loss='categorical_crossentropy',
              metrics=[tf.keras.metrics.CategoricalAccuracy(),
                       tf.keras.metrics.Precision(),
                       tf.keras.metrics.Recall()])
```

①注意：设定多个效果衡量指标时，准确率请不要使用 Accuracy，否则数值会非常低；而需使用 CategoricalAccuracy，表示分类的准确率，而非回归的准确率。

② 执行结果如下：

loss：0.0757

categorical_accuracy：0.9781

precision_3：0.9810

recall_3：0.9751

问题 5. 目前 Dropout 比例为 0.2，设为其他值会更好吗？

解答：

若 Dropout 比例为 0.1，我们测试看看，请参阅程序 **04_07_手写阿拉伯数字辨识_实验 5.ipynb**。部分代码如下：

```
1  # 建立模型
2  model = tf.keras.models.Sequential([
3      tf.keras.layers.Flatten(input_shape=(28, 28)),
4      tf.keras.layers.Dense(128, activation='relu'),
5      tf.keras.layers.Dropout(0.1),
6      tf.keras.layers.Dense(10, activation='softmax')
7  ])
```

执行结果如下，准确率略为提高。

loss：0.0816

accuracy：0.9755

可见抛弃比例过高时，准确率会陡降，如图 4.10 所示。

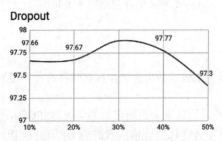

图 4.10　准确率随抛弃比例变化

问题 6. 目前 MNIST 影像为单色灰阶，若是彩色可以辨识吗？怎么修改？

解答：可以，若颜色有助于辨识，可以将 RGB 三通道分别输入辨识，后面我们谈到卷积神经网络时会有范例说明。

问题 7. 目前执行周期设为 5，设为其他值会更好吗？

解答：执行周期改为 10，请参阅程序 **04_08_ 手写阿拉伯数字辨识 _ 实验 6.ipynb**。部分代码如下：

```
15  history = model.fit(x_train_norm, y_train, epochs=10, validation_split=0.2)
```

执行结果如下，准确率略为提高。

loss：0.0700

accuracy：0.9785

理论上，训练周期越多，准确率越高，但是，过多的训练周期会导致过度拟合 (Overfitting)，反而会使准确率降低，如图 4.11 所示。

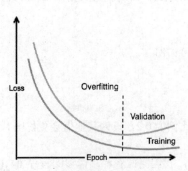

图 4.11　准确率随训练周期变化

问题 8. 准确率可以达到 100%，以便企业安心导入吗？

解答：很少模型准确率能够达到 100%，除非是用数学证明，然而，神经网络只是近似解而已，另一方面，神经网络是从训练数据中学习到知识，但是，测试或预测数据并不参与训练，若与训练的数据分布有所差异，甚至来自于不同的概率分布，则很难确保准确率能达到 100%。

问题 9. 如果要辨识其他对象，程序要修改哪些地方？

解答：我们只需修改很少的程序代码，就可以辨识其他对象。例如，MNSIT 另一个数据集 FashionMnist，它包含女人身上的 10 种配件，请参阅 **04_09_FashionMnist_实验 .ipynb**，除了加载数据的指令不同之外，其他的程序代码几乎不变。这也说明了一点，**神经网络并不是真的认识 0~9 或女人身上的 10 个配件，它只是从像素数据中推估出的模型，即所谓的从数据中学习到知识 (Knowledge Discovery from Data, KDD)**，以 MNIST 而言，模型只是统计 0~9 这十个数字，它们的像素大部分分布在那些位置而已。

问题 10. 如果要辨识多个数字，如输入 4 位数，要如何辨识？

解答：可以使用图像处理分割数字，再分别依序输入模型预测即可。还有更简单的方法，直接将视觉接口 (UI) 设计成 4 格，规定使用者只能在每格子内各输入一个数字即可。

问题 11. 希望了解更详细的相关信息，有哪些资源可以参阅？

解答：可以参考 TensorFlow 官网[13] 或 Keras 官网[14]，版本快速的更新已经使网络上的信息新旧杂陈，官网才是最新信息的正确来源。

以上的实验大多只对单一参数作做较，假如要同时比较多个变量，就必须"跑遍"所有参数组合，这样程序会很复杂吗？读者不必担心，有一些库可以帮忙，包括 Keras Tuner、hyperopt、Ray Tune、Ax 等，在后续超参数调校中会有较详细的介绍。

由于这个模型的辨识率很高，要观察超参数调整对模型的影响，并不容易，建议找一些辨识率较低的模型进行相关实验，例如 FashionMnist[15]、CiFar 数据集，才能有比较显著的效果，笔者针对 FashionMnist 做了另一次实验，请参阅 **04_09_FashionMnist_实验 .ipynb**。

4-2 Keras 模型种类

TensorFlow/Keras 提供以下两类模型结构。

(1) Sequential model：顺序型的模型，按神经层的排列顺序，由上往下执行，每一层的输出都是下一层的输入，所以，除了第一层要设定输入的维度外，其他层都不需要设定。

(2) Functional API：提供较有弹性的结构，允许非直线型的结构、共享的神经层及多输入/输出，亦即模型结构可以有分叉或合并 (Split/Merge)。

4-2-1 Sequential model

请参阅程序：**04_10_ Sequential_model.ipynb**。

(1) 模型内可包含各式的神经层，简洁的写法是以 List 包住神经层。程序代码如下：

```
1  model = tf.keras.models.Sequential([
2    tf.keras.layers.Flatten(input_shape=(28, 28)),
3    tf.keras.layers.Dense(128, activation='relu'),
4    tf.keras.layers.Dropout(0.2),
5    tf.keras.layers.Dense(10, activation='softmax')
6  ])
```

注意：除了第一层要设定输入的维度 (input_shape) 外，其他层都不需要设定，只要在第一个参数指定输出维度即可。

(2) 可以变换另一种写法，将 input_shape 拿掉，在 model 内设定输入层及维度参数 (shape)。程序代码如下：

```
1   model = tf.keras.models.Sequential([
2     tf.keras.layers.Flatten(),
3     tf.keras.layers.Dense(128, activation='relu'),
4     tf.keras.layers.Dropout(0.2),
5     tf.keras.layers.Dense(10, activation='softmax')
6   ])
7
8   x = tf.keras.layers.Input(shape=(28, 28))
9   # 或 x = tf.Variable(tf.random.truncated_normal([28, 28]))
10  y = model(x)
```

(3) 可以直接串连神经层。程序代码如下，请详见最后一列指令。

```
1  layer1 = tf.keras.layers.Dense(2, activation="relu", name="layer1")
2  layer2 = tf.keras.layers.Dense(3, activation="relu", name="layer2")
3  layer3 = tf.keras.layers.Dense(4, name="layer3")
4
5  # Call layers on a test input
6  x = tf.ones((3, 3))
7  y = layer3(layer2(layer1(x)))
```

(4) 可以后续加减神经层，pop() 会删减最上层 (Top)。注意：神经层是堆栈 (Stack)，后进先出，即最后一层 Dense。

```
1   model = tf.keras.models.Sequential([
2     tf.keras.layers.Flatten(input_shape=(28, 28)),
3     tf.keras.layers.Dense(128, activation='relu'),
4     tf.keras.layers.Dropout(0.2),
5     tf.keras.layers.Dense(10, activation='softmax')
6   ])
7
8   # 删减一层
9   model.pop()
10  print(f'神经层数: {len(model.layers)}')
11  model.layers
```

执行结果如下：

```
神经层数: 3
[<tensorflow.python.keras.layers.core.Flatten at 0x205bbedff70>,
 <tensorflow.python.keras.layers.core.Dense at 0x205bbedff10>,
 <tensorflow.python.keras.layers.core.Dropout at 0x205bbec55b0>]
```

(5) 增加一层神经层。程序代码如下：

```
1  # 增加一层
2  model.add(tf.keras.layers.Dense(10))
3  print(f'神经层数：{len(model.layers)}')
4  model.layers
```

执行结果如下：

```
神经层数：4

[<tensorflow.python.keras.layers.core.Flatten at 0x205bbedff70>,
 <tensorflow.python.keras.layers.core.Dense at 0x205bbedff10>,
 <tensorflow.python.keras.layers.core.Dropout at 0x205bbec55b0>,
 <tensorflow.python.keras.layers.core.Dense at 0x205bbee6250>]
```

(6) 取得模型各神经层信息。程序代码如下：

```
1   # 建立 3 layers
2   layer1 = tf.keras.layers.Dense(2, activation="relu", name="layer1",
3                                  input_shape=(28, 28))
4   layer2 = tf.keras.layers.Dense(3, activation="relu", name="layer2")
5   layer3 = tf.keras.layers.Dense(4, name="layer3")
6
7   # 建立模型
8   model = tf.keras.models.Sequential([
9       layer1,
10      layer2,
11      layer3
12  ])
13
14  # 读取模型权重
15  print(f'神经层参数类别总数：{len(model.weights)}')
16  model.weights
```

执行结果：执行结果如下，包括 3 层权重及 3 层偏差，共 6 类。

```
神经层参数类别总数：6

[<tf.Variable 'layer1/kernel:0' shape=(28, 2) dtype=float32, numpy=
 array([[-0.10640502,  0.3605774 ],
        [-0.08907318, -0.17315978],
        [ 0.1200158 , -0.28237817],
        [ 0.24987322, -0.3639028 ],
        [ 0.15365154,  0.24755305],
        [-0.3127381 ,  0.10788786],
        [ 0.08372974, -0.22560312],
        [ 0.3914864 ,  0.09738165],
        [-0.19479197, -0.01712051],
        [ 0.12762403, -0.26360968],
        [ 0.12762141,  0.2805773 ],
        [ 0.13974649,  0.12249672],
        [ 0.36713785,  0.40628284],
        [ 0.42620873, -0.04030997],
```

(7) 取得特定神经层信息。程序代码如下：

```
1  print(f'{layer2.name}: {layer2.weights}')
```

(8) 取得模型汇总信息。程序代码如下：

```
1  model.summary()
```

(9) 可以一边加神经层，一边显示模型汇总信息，这样有利于排除错误，查看中间处理结果。

```python
from tensorflow.keras import layers

model = tf.keras.models.Sequential()
model.add(tf.keras.Input(shape=(250, 250, 3)))  # 250x250 RGB images
model.add(layers.Conv2D(32, 5, strides=2, activation="relu"))
model.add(layers.Conv2D(32, 3, activation="relu"))
model.add(layers.MaxPooling2D(3))

# 显示目前模型汇总信息
model.summary()

# The answer was: (40, 40, 32), so we can keep downsampling...

model.add(layers.Conv2D(32, 3, activation="relu"))
model.add(layers.Conv2D(32, 3, activation="relu"))
model.add(layers.MaxPooling2D(3))
model.add(layers.Conv2D(32, 3, activation="relu"))
model.add(layers.Conv2D(32, 3, activation="relu"))
model.add(layers.MaxPooling2D(2))

# 显示目前模型汇总信息
model.summary()

# Now that we have 4x4 feature maps, time to apply global max pooling.
model.add(layers.GlobalMaxPooling2D())

# Finally, we add a classification layer.
model.add(layers.Dense(10))
```

(10) 取得每一层神经层的 output：可设定模型的 input 和 output。程序代码如下：

```python
# 设定模型
initial_model = tf.keras.Sequential(
    [
        tf.keras.Input(shape=(250, 250, 3)),
        layers.Conv2D(32, 5, strides=2, activation="relu"),
        layers.Conv2D(32, 3, activation="relu"),
        layers.Conv2D(32, 3, activation="relu"),
    ]
)

# 设定模型的 input和output
feature_extractor = tf.keras.Model(
    inputs=initial_model.inputs,
    outputs=[layer.output for layer in initial_model.layers],
)

# 使用 feature_extractor 取得 output
x = tf.ones((1, 250, 250, 3))
features = feature_extractor(x)
features
```

(11) 取得特定神经层的 output：设定模型的 output 为特定的神经层。程序代码如下：

```
1   # 设定模型
2   initial_model = tf.keras.Sequential(
3       [
4           tf.keras.Input(shape=(250, 250, 3)),
5           layers.Conv2D(32, 5, strides=2, activation="relu"),
6           layers.Conv2D(32, 3, activation="relu", name="my_intermediate_layer"),
7           layers.Conv2D(32, 3, activation="relu"),
8       ]
9   )
10
11  # 设定模型的 input和output
12  feature_extractor = tf.keras.Model(
13      inputs=initial_model.inputs,
14      outputs=initial_model.get_layer(name="my_intermediate_layer").output,
15  )
16
17  # 使用 feature_extractor 取得 output
18  x = tf.ones((1, 250, 250, 3))
19  features = feature_extractor(x)
20  features
```

4-2-2 Functional API

由于 Functional API 提供了较有弹性的结构，因此适用于相对复杂的模型结构，允许非直线型的结构、共享的神经层及多输入/输出，结构可以分叉或合并(Split/Merge)。

我们直接通过范例说明，请参阅程序 **04_11_ Functional_API.ipynb**。

范例1. 先看一个简单的程序语法，除了第一层之外，每一层均须设定前一层，同时，**model**函数必须指定输入/输出**(input/output)**是哪些神经层，它们都是**List**数据类型，允许多个输入/输出。程序代码如下：

```
1   # Functional API
2
3   # 建立第一层 InputTensor
4   InputTensor = layers.Input(shape=(100,))
5
6   # H1 接在 InputTensor 后面
7   H1 = layers.Dense(10, activation='relu')(InputTensor)
8
9   # H2 接在 H1 后面
10  H2 = layers.Dense(20, activation='relu')(H1)
11
12  # Output 接在 H2 后面
13  Output = layers.Dense(1, activation='softmax')(H2)
14
15  # 建立模型，必须指定 inputs / outputs
16  model = tf.keras.Model(inputs=InputTensor, outputs=Output)
17
18  # 显示模型汇总信息
19  model.summary()
```

范例2. 模型包括3个输入、2个输出，我们先不管模型用途，只观察程序语法，**layers.concatenate()**函数可用于合并神经层。程序代码如下：

```
1   # 设定变量
2   num_tags = 12          # tags 数目
3   num_words = 10000      # vocabulary 字数
4   num_departments = 4    # departments 数目
5
6   # 建立第一层 InputTensor
7   title_input = tf.keras.Input(shape=(None,), name="title")
8   body_input = tf.keras.Input(shape=(None,), name="body")
9   tags_input = tf.keras.Input(shape=(num_tags,), name="tags")
10
11  # 建立第二层
12  title_features = layers.Embedding(num_words, 64)(title_input)
13  body_features = layers.Embedding(num_words, 64)(body_input)
14
15  # 建立第三层
16  title_features = layers.LSTM(128)(title_features)
17  body_features = layers.LSTM(32)(body_features)
18
19  # 合并以上神经层
20  x = layers.concatenate([title_features, body_features, tags_input])
21
22  # 建立第四层，连接合并的 x
23  priority_pred = layers.Dense(1, name="priority")(x)
24  department_pred = layers.Dense(num_departments, name="department")(x)
25
26  # 建立模型，必须指定 inputs / outputs
27  model = tf.keras.Model(
28      inputs=[title_input, body_input, tags_input],
29      outputs=[priority_pred, department_pred],
30  )
31
32  # 绘制模型
33  # show_shapes=True : Layer 含 Input/Output 信息
34  tf.keras.utils.plot_model(model, "multi_input_and_output_model.png",
35                            show_shapes=True)
```

(1) 最后一行程序代码绘制的模型图如图 4.12 所示。

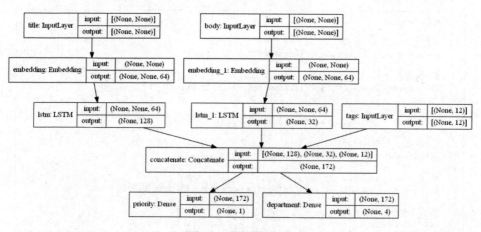

图 4.12　绘制模型图

(2) concatenate() 合并了 3 个 layers，它们的输出维度大小分别为 128、32、12，故合并后，输出维度大小为 128+32+12=172。

(3) 最后一行程序代码的参数 show_shapes=True，结构图会额外添加含有 input 和 output 信息。

4-3 神经层

神经层是神经网络的主要成员，TensorFlow 有各式各样的神经层，详情可参阅 Keras 官网[16]，目前包括以下类别，随着各种算法的发明，类别也会不断增加，就算 TensorFlow 的更新脚步跟不上用户的需求，用户也可以自定义神经层 (Custom Layer)。

(1) 核心神经层 (Core Layers)。

(2) 卷积神经层 (Convolution Layers)。

(3) 池化神经层 (Pooling Layers)。

(4) 循环神经层 (Recurrent Layers)。

(5) 前置神经层 (Preprocessing Layers)。

(6) 常态化神经层 (Normalization Layers)。

(7) 正则神经层 (Regularization Layers)。

(8) 注意力神经层 (Attention Layers)。

(9) 维度重置神经层 (Reshaping Layers)。

(10) 合并神经层 (Merging Layers)。

(11) 激励神经层 (Activation Layers)。

由于中文翻译大部分都不能望文生义，因此后面的内容均使用英文术语。

现阶段仅介绍之前用到的核心神经层，其他类型的神经层在后续算法用到时再说明。

4-3-1 完全连接神经层

Dense 是最常见的神经层，每个输入的神经元都会完全连接到输出神经元。

我们直接通过范例进行说明，请参阅程序 **04_12_ 神经层 .ipynb**。

范例. 计算 Dense 的参数个数。

(1) 模型结构如下：

```
1  import tensorflow as tf
2  from tensorflow.keras import layers
3
4  # 建立模型
5  model = tf.keras.models.Sequential([
6    tf.keras.layers.Flatten(input_shape=(28, 28)),
7    tf.keras.layers.Dense(128, activation='relu', name="layer1"),
8    tf.keras.layers.Dropout(0.2),
9    tf.keras.layers.Dense(10, activation='softmax', name="layer2")
10 ])
11
12 # 设定优化器、损失函数、效果衡量指标的类别
13 model.compile(optimizer='adam',
14               loss='sparse_categorical_crossentropy',
15               metrics=['accuracy'])
16
17 # 显示模型汇总信息
18 model.summary()
```

执行结果如下，显示出了各层的 output 及参数个数。

```
Model: "sequential"
_____
Layer (type)                 Output Shape              Param #
=================================================================
flatten (Flatten)            (None, 784)               0
_____
layer1 (Dense)               (None, 128)               100480
_____
dropout (Dropout)            (None, 128)               0
_____
layer2 (Dense)               (None, 10)                1290
=================================================================
Total params: 101,770
Trainable params: 101,770
Non-trainable params: 0
_____
```

(2) 设定模型的 output 为第一层 Dense，显示第一层 Dense output 个数 (128)。程序代码如下：

```
1  # 设定模型的 input/output
2  feature_extractor = tf.keras.Model(
3      inputs=model.inputs,
4      outputs=model.get_layer(name="layer1").output,
5  )
6
7  # 使用 feature_extractor 取得 output
8  x = tf.ones((1, 28, 28))
9  features = feature_extractor(x)
10 features.shape
```

(3) 第一层 Dense 的参数个数计算。程序代码如下：

```
1  # 第一层 Dense 参数个数计算
2  parameter_count = (28 * 28) * features.shape[1] + features.shape[1]
3  print(f'参数(parameter)个数：{parameter_count}')
```

执行结果：参数个数共有 100480 个，与模型汇总信息一致。

(4) 第二层 Dense 的参数个数计算。程序代码如下：

```
1  # 设定模型的 input/output
2  feature_extractor = tf.keras.Model(
3      inputs=model.inputs,
4      outputs=model.get_layer(name="layer2").output,
5  )
6
7  # 使用 feature_extractor 取得 output
8  x = tf.ones((1, 28, 28))
9  features = feature_extractor(x)
10
11 parameter_count = 128 * features.shape[1] + features.shape[1]
12 print(f'参数(parameter)个数：{parameter_count}')
```

执行结果：参数个数共有 1290 个，与模型汇总信息一致。

Dense 神经层的参数说明如下。
- units：输出神经元个数。
- activation：指定要使用 Activation Function，也可以独立使用 Activation Layer。
- use_bias：权重参数估计是否要含偏差项。
- bias_initializer：偏差初始值。
- kernel_initializer：权重初始值，默认值是 glorot_uniform，它是均匀分布的随机数。

- kernel_regularizer：权重是否要使用防止过度拟合的正则函数，默认值是无，也可以设为 L1 或 L2。
- bias_regularizer：偏差是否要使用防止过度拟合的正则函数，默认值是无，也可以设为 L1 或 L2。
- activity_regularize：activation function 是否要使用防止过度拟合的正则函数，默认值是无，也可以设为 L1 或 L2。
- kernel_constraint：权重是否有限制范围。
- bias_constraint：偏差是否有限制范围。

4-3-2　Dropout Layer

Dropout Layer 在每一 Epoch/Step 训练时，会随机丢弃设定比例的输入神经元，避免过度拟合，只在训练时运作，预测时会忽视 Dropout，不会有任何作用。参数说明如下。

- rate：丢弃的比例，介于 (0, 1)。
- training：是否在训练时运作。

根据大部分学者的经验，在神经网络中使用 Dropout 会比 Regularizer 效果好。

4-4　激活函数

Activation Function 是将线性方程转为非线性，目的是希望能提供更通用的解决方案。

$$\text{Output} = \text{activation function}(x_1 w_1 + x_2 w_2 + \cdots x_n w_n + \text{bias})$$

Activation Function 有多种函数，读者可以参考维基百科表格[3]，具体见表 4.2。

表 4.2　Activation Function 列表 (数据源：维基百科)

Name	Plot	Function, $f(x)$	Derivative of f, $f'(x)$	Range
Identity		x	1	$(-\infty, \infty)$
Binary step		$\begin{cases} 0 & \text{if } x < 0 \\ 1 & \text{if } x \geqslant 0 \end{cases}$	$\begin{cases} 0 & \text{if } x \neq 0 \\ \text{undefined} & \text{if } x = 0 \end{cases}$	$\{0, 1\}$
Logistic, sigmoid, or soft step		$\sigma(x) = \dfrac{1}{1 + e^{-x}}$ [1]	$f(x)(1 - f(x))$	$(0, 1)$
tanh		$\tanh(x) = \dfrac{e^x - e^{-x}}{e^x + e^{-x}}$	$1 - f(x)^2$	$(-1, 1)$
Rectified linear unit (ReLU)[11]		$\begin{cases} 0 & \text{if } x \leqslant 0 \\ x & \text{if } x > 0 \end{cases}$ $= \max\{0, x\} = x \mathbf{1}_{x > 0}$	$\begin{cases} 0 & \text{if } x < 0 \\ 1 & \text{if } x > 0 \\ \text{undefined} & \text{if } x = 0 \end{cases}$	$[0, \infty)$
Gaussian error linear unit (GELU)[6]		$\dfrac{1}{2} x \left(1 + \text{erf}\left(\dfrac{x}{\sqrt{2}}\right)\right)$ $= x \phi(x)$	$\phi(x) + x \phi(x)$	$(-0.17\ldots, \infty)$
Softplus[12]		$\ln(1 + e^x)$	$\dfrac{1}{1 + e^{-x}}$	$(0, \infty)$

（续表4.2）

			函数	导数	范围
Exponential linear unit (ELU)[13]			$\begin{cases} \alpha(e^x - 1) & \text{if } x \leqslant 0 \\ x & \text{if } x > 0 \end{cases}$ with parameter α	$\begin{cases} \alpha e^x & \text{if } x < 0 \\ 1 & \text{if } x > 0 \\ 1 & \text{if } x = 0 \text{ and } \alpha = 1 \end{cases}$	$(-\alpha, \infty)$
Scaled exponential linear unit (SELU)[14]			$\lambda \begin{cases} \alpha(e^x - 1) & \text{if } x < 0 \\ x & \text{if } x \geqslant 0 \end{cases}$ with parameters $\lambda = 1.0507$ and $\alpha = 1.67326$	$\lambda \begin{cases} \alpha e^x & \text{if } x < 0 \\ 1 & \text{if } x \geqslant 0 \end{cases}$	$(-\lambda\alpha, \infty)$
Leaky rectified linear unit (Leaky ReLU)[15]			$\begin{cases} 0.01x & \text{if } x < 0 \\ x & \text{if } x \geqslant 0 \end{cases}$	$\begin{cases} 0.01 & \text{if } x < 0 \\ 1 & \text{if } x \geqslant 0 \end{cases}$	$(-\infty, \infty)$
Parameteric rectified linear unit (PReLU)[16]			$\begin{cases} \alpha x & \text{if } x < 0 \\ x & \text{if } x \geqslant 0 \end{cases}$ with parameter α	$\begin{cases} \alpha & \text{if } x < 0 \\ 1 & \text{if } x \geqslant 0 \end{cases}$	$(-\infty, \infty)$[2]
ElliotSig[17][18] softsign[19][20]			$\dfrac{x}{1 + |x|}$	$\dfrac{1}{(1 + |x|)^2}$	$(-1, 1)$
Square nonlinearity (SQNL)[21]			$\begin{cases} 1 & \text{if } x > 2.0 \\ x - \dfrac{x^2}{4} & \text{if } 0 \leqslant x \leqslant 2.0 \\ x + \dfrac{x^2}{4} & \text{if } -2.0 \leqslant x < 0 \\ -1 & \text{if } x < -2.0 \end{cases}$	$1 \mp \dfrac{x}{2}$	$(-1, 1)$
S-shaped rectified linear activation unit (SReLU)[22]			$\begin{cases} t_l + a_l(x - t_l) & \text{if } x \leqslant t_l \\ x & \text{if } t_l < x < t_r \\ t_r + a_r(x - t_r) & \text{if } x \geqslant t_r \end{cases}$ where t_l, a_l, t_r, a_r are parameters	$\begin{cases} a_l & \text{if } x \leqslant t_l \\ 1 & \text{if } t_l < x < t_r \\ a_r & \text{if } x \geqslant t_r \end{cases}$	$(-\infty, \infty)$
Bent identity			$\dfrac{\sqrt{x^2 + 1} - 1}{2} + x$	$\dfrac{x}{2\sqrt{x^2 + 1}} + 1$	$(-\infty, \infty)$
Sigmoid linear unit (SiLU)[6] SiL[23] or Swish-1[24]			$\dfrac{x}{1 + e^{-x}}$	$\dfrac{1 + e^{-x} + xe^{-x}}{(1 + e^{-x})^2}$	$[-0.278\ldots, \infty)$
Gaussian			e^{-x^2}	$-2xe^{-x^2}$	$(0, 1]$
SQ-RBF			$\begin{cases} 1 - \dfrac{x^2}{2} & \text{if } |x| \leqslant 1 \\ \dfrac{1}{2}(2 - |x|)^2 & \text{if } 1 < |x| < 2 \\ 0 & \text{if } |x| \geqslant 2 \end{cases}$	$\begin{cases} -x & \text{if } |x| \leqslant 1 \\ x - 2\,\text{sgn}(x) & \text{if } 1 < |x| < 2 \\ 0 & \text{if } |x| \geqslant 2 \end{cases}$	$[0, 1]$

TensorFlow 支持大部分的函数，如果找不到，用户也能够自定义函数，它们可以直接设定神经层的参数，也可以是独立的函数。

范例. 实际测试常用的Activation Function。

请参阅程序：**04_13_Activation_Function.ipynb**。

（1）ReLU(Rectified Linear Unit)：是目前隐藏层最常用的函数，公式请参考上表，函数名称为relu。程序代码如下：

```
1  # 设定 x = -10, -9, ..., 10 测试
2  x= np.linspace(-10, 10, 21)
3  x_tf = tf.constant(x, dtype = tf.float32)
4
5  # ReLU
6  y = activations.relu(x_tf).numpy()
7
8  # 绘图
9  plt.plot(x, y)
10 plt.show()
```

① 执行结果：结果如图 4.13 所示，会忽视过小的外部输入，比如说，我们轻轻碰一下皮肤，大脑可能不会做出反应。

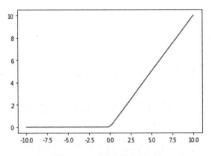

图 4.13　测试执行结果

② relu 函数有以下三个参数。

- threshold：超过此阈值，y 才会大于 0。例如，threshold=5 时，如图 4.14 所示。

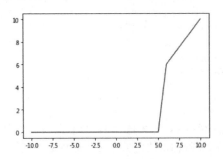

图 4.14　阈值测试结果

- max_value：y 的上限。例如，max_value=5 时，如图 4.15 所示。

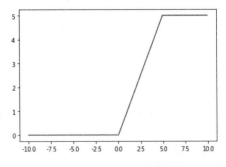

图 4.15　max_value 测试结果

- alpha：小于阈值，y 会等于 x*alpha。例如，alpha=0.5，如图 4.16 所示，又称为 Parameteric rectified linear unit(PReLU)，若 alpha=0.01，则称为 Leaky rectified linear unit(Leaky ReLU)。

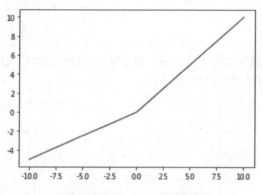

图 4.16　alpha=0.5 测试结果

③ 相关测试请参阅程序。

(2) sigmoid：即 Logistic 回归，因为函数为 S 型而得名，适用于二分类，可加在最后一层 Dense 内。程序代码如下：

```
1  x= np.linspace(-10, 10, 21)
2  x_tf = tf.constant(x, dtype = tf.float32)
3
4  # sigmoid
5  y = activations.sigmoid(x_tf).numpy()
6
7  # 模糊地带
8  plt.axvline(-4, color='r')
9  plt.axvline(4, color='r')
10
11 plt.plot(x, y)
12 plt.show()
```

执行结果：函数最小值为 0，最大值为 1，只有两条直线中间是模糊地带，但也是一个平滑改变的过程，而非阶梯形的函数，可降低预测的变异性 (Variance)，如图 4.17 所示。

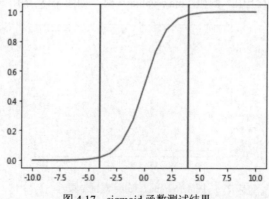

图 4.17　sigmoid 函数测试结果

(3) tanh：与 sigmoid 类似，但最小值是 -1。程序代码如下：

```
1  x= np.linspace(-10, 10, 21)
2  x_tf = tf.constant(x, dtype = tf.float32)
3
4  # tanh
5  y = activations.tanh(x_tf).numpy()
6
7  # 模糊地带
8  plt.axvline(-3, color='r')
9  plt.axvline(3, color='r')
10
11 plt.plot(x, y)
12 plt.show()
```

执行结果：函数最小值为 -1，最大值为 1，只有两条直线中间是模糊地带，平滑改变的过程与 sigmoid 相比较为陡峭，如图 4.18 所示。

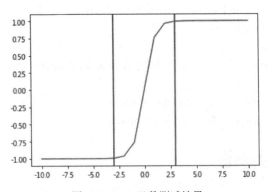

图 4.18　tanh 函数测试结果

(4) softmax：这个函数会将输入转为概率，即所有值介于 (0, 1)，总和为 1，适用于多分类，可加在最后一层 Dense 内。程序代码如下：

```
1  # activations.softmax 输入限为 二 维数据，设定 x 为均匀分布，转换后每一行加总为 1
2  x = np.random.uniform(1, 10, 40).reshape(10, 4)
3  print('输入：\n', x)
4  x_tf = tf.constant(x, dtype = tf.float32)
5
6  # softmax
7  y = activations.softmax(x_tf).numpy()
8  print('加总：', np.round(np.sum(y, axis=1)))
```

① 执行结果：activations.softmax() 输入必须是二维数据，设定 x 为均匀分布，转换后，每一行总和为 1。执行结果如下：

```
输入：
[[6.96374103 3.56759932 6.81461845 6.13818249]
 [8.21949231 8.64238308 4.10392038 1.15902837]
 [3.76801259 3.90992316 4.94608869 8.02829542]
 [2.30668926 9.62941128 2.58390131 7.15530129]
 [3.31859535 6.63781936 2.66373368 8.26399924]
 [5.51747795 2.21733791 1.11501206 8.05622922]
 [1.16947165 4.69649342 2.27081238 8.68047906]
 [5.44635867 5.48375512 8.09837217 8.3067494 ]
 [2.59147769 1.34277168 9.38268057 4.80765181]
 [2.8182047  1.81172631 2.75112306 8.46645002]]
加总： [1. 1. 1. 1. 1. 1. 1. 1. 1. 1.]
```

② 使用 NumPy 计算 softmax。程序代码如下：

```
1  # 设定 x = 1, 2, ..., 10 测试
2  x= np.random.uniform(1, 10, 40)
3
4  # softmax
5  y = np.e ** (x) / tf.reduce_sum(np.e ** (x))
6  print(sum(y))
```

(5) 自定义函数，可以使用 TensorFlow 张量函数，只要传回与输入 / 输出相符合的维度和数据类型即可，例如：model.add(layers.Dense(64, activation=tf.nn.tanh))。

(6) 其他的函数请参见 Keras 官网，包括以下两个网址。

① https://keras.io/api/layers/activations/ [17]。

② https://keras.io/api/layers/activation_layers/ [18]。

一般来说，Activation Function 会接在神经层后面，示例如下。

① x = layers.Dense(10)(x)。

② x = layers.LeakyReLU()(x)。

TensorFlow/Keras 为简化语法，允许将 Activation Function 当作参数使用，直接包在神经层的定义中，示例如下。

① tf.keras.layers.Dense(128, activation='relu')。

② tf.keras.layers.Dense(10, activation='softmax')。

4-5 损失函数

损失函数 (Loss Functions) 又称为目标函数 (Objective Function)、成本函数 (Cost Function)，模型以预测总误差最小化为目标，因而，学者因应不同的场域，以各种函数来定义总误差。

TensorFlow 损失函数分成以下三类，请参阅官网 [7]。

(1) 概率相关的损失函数 (Probabilistic Loss)。例如，二分类的交叉熵 (Binary Crossentropy)、多分类的交叉熵 (CategoricalCrossentropy)。

(2) 回归相关的损失函数 (Regression Loss)。比如，均方误差 (MSE)。

(3) 铰链损失函数 (Hinge Loss)。经常用在最大间格分类 (Maximum-margin Classification)，适用于支持向量机 (SVM) 等算法。

TensorFlow 损失函数一般在 model.compile() 中设定，例如：

model.compile(loss='mean_squared_error', optimizer='sgd')

上面直接使用字符串，如果担心出错，也可以使用函数：

from keras import losses

model.compile(loss=losses.mean_squared_error, optimizer='sgd')

范例1. 实际测试几个常用的损失函数。

请参阅程序：**04_14_Loss_Function.ipynb**。

BinaryCrossentropy：二分类的交叉熵，熵 (Entropy) 是指不确定的程度，公式为

$$s = -\int p(x) \log p(x) dx \text{（适用于连续型分布）}$$

$$s = -\sum p(x) \log p(x) \text{（适用于离散型分布）}$$

若是二分类 $y=0$ 或 1，则离散型分布的二分类交叉熵为

$$s = -y\log(p) - (1-y)\log(1-p)$$

当 $y=0$ 时，

$$s = -\log(1-p)$$

当 $y=1$ 时，

$$s = -\log(p)$$

使用 sigmoid 计算 p，就可得到 BinaryCrossentropy。

(1) 两个数据的实际值和预测值如下，计算 BinaryCrossentropy。程序代码如下：

```
1  # 两个数据实际及预测值
2  y_true = [[0., 1.], [0., 0.]]          # 实际值
3  y_pred = [[0.6, 0.4], [0.4, 0.6]]      # 预测值
4
5  # 二分类交叉熵(BinaryCrossentropy)
6  bce = tf.keras.losses.BinaryCrossentropy()
7  bce(y_true, y_pred).numpy()
```

执行结果：0.8149。

依照公式验算，程序代码如下：

```
1  # 验算
2  import math
3
4  ((0-math.log(1-0.6) - math.log(0.4)) + (0-math.log(1-0.6) - math.log(0.6)) )/4
```

执行结果：0.8149。与 BinaryCrossentropy() 计算结果一致。

(2) CategoricalCrossentropy：多分类的交叉熵。两个数据的实际值和预测值如下，计算 BinaryCrossentropy。程序代码如下：

```
1  # 两个数据实际及预测值
2  y_true = [[0, 1, 0], [0, 0, 1]]                # 实际值
3  y_pred = [[0.05, 0.95, 0], [0.1, 0.8, 0.1]]    # 预测值
4
5  # 多分类交叉熵(CategoricalCrossentropy)
6  cce = tf.keras.losses.CategoricalCrossentropy()
7  cce(y_true, y_pred).numpy()
```

执行结果：1.1769。

(3) SparseCategoricalCrossentropy：稀疏矩阵的多分类交叉熵，预期的目标值是单一整数，而非 One-Hot Encoding 的数据类型，所以，使用此损失函数有个好处是，前置处理就可以省去 One-Hot Encoding 的转换。

两个数据的实际值和预测值如下，计算 SparseCategoricalCrossentropy。程序代码如下：

```
1  # 两个数据实际及预测值
2  y_true = [1, 2]                                # 实际值
3  y_pred = [[0.05, 0.95, 0], [0.1, 0.8, 0.1]]    # 预测值
4
5  # 多分类交叉熵(CategoricalCrossentropy)
6  cce = tf.keras.losses.SparseCategoricalCrossentropy()
7  cce(y_true, y_pred).numpy()
```

执行结果：1.1769。

(4) MeanSquaredError：计算实际值和预测值的均方误差。

两个数据的实际值和预测值如下，计算 MeanSquaredError。程序代码如下：

```
1  # 两个数据实际及预测值
2  y_true = [[0., 1.], [0., 0.]]      # 实际值
3  y_pred = [[1., 1.], [1., 0.]]      # 预测值
4
5  # 多分类交叉熵(CategoricalCrossentropy)
6  mse = tf.keras.losses.MeanSquaredError()
7  mse(y_true, y_pred).numpy()
```

① 执行结果：$((1-1)^2+(0-1)^2)/2 = 0.5$。
② sample_weight：可加参数设定样本类别的权重比例。
③ reduction=tf.keras.losses.Reduction.SUM：取总和，即 SSE，而非 MSE。
④ 大部分损失函数也可以加这些参数。

(5) 铰链损失函数：常用于支持向量机，详细可参阅资料 [13]。

$$\text{total loss} = \sum \text{maximum}(1 - y\_true * y\_pred, 0)$$

不考虑负值的损失，所以也被称作单边损失函数，真实值 (y_true) 通常是 −1 或 1，如果训练数据的 y 是 0/1，Hinge Loss 会自动将其转成 −1/1，再计算损失。

两个数据的实际值和预测值如下，计算 Hinge Loss。程序代码如下：

```
1  # 两个数据实际及预测值
2  y_true = [[0., 1.], [0., 0.]]          # 实际值
3  y_pred = [[0.6, 0.4], [0.4, 0.6]]      # 预测值
4
5  # Hinge Loss
6  loss_function = tf.keras.losses.Hinge()
7  loss_function(y_true, y_pred).numpy()
```

执行结果：1.3。

验算程序代码如下：

```
1  # 验算
2  # loss = sum (maximum(1 - y_true * y_pred, 0))
3  (max(1 - (-1) * 0.6, 0) + max(1 - 1 * 0.4, 0) +
4      max(1 - (-1) * 0.4, 0) + max(1 - (-1) * 0.6, 0)) / 4
```

执行结果：与 Hinge() 执行结果相同。

(6) 自定义损失函数 (Custom Loss)：撰写一个函数，输入为 y 的实际值及预测值，输出为常数即可。下面的范例自定义损失为 MSE。程序代码如下：

```
1  # 自定义损失函数(Custom Loss)
2  def my_loss_fn(y_true, y_pred):
3      # MSE
4      squared_difference = tf.square(y_true - y_pred)
5      return tf.reduce_mean(squared_difference, axis=-1)  # axis=-1 须设为 -1
6
7  model.compile(optimizer='adam', loss=my_loss_fn)
```

4-6 优化器

优化器是神经网络中反向传导的求解方法，着重应用在以下两方面。
(1) 设定学习率的变化，加速求解的收敛速度。

(2) 避开马鞍点 (Saddle Point) 等局部最小值，并且找到全局的最小值 (Global Minimum)。

优化器的类别一样在 model.compile() 设定，TensorFlow 支持的不同优化器如下，读者可参阅 Keras 官网[5]。

① SGD。
② RMSprop。
③ Adam。
④ Adadelta。
⑤ Adagrad。
⑥ Adamax。
⑦ Nadam。
⑧ Ftrl。

范例. 实际操作几个常用的优化器。

请参阅程序：**04_15_Optimizer.ipynb**。

1. 随机梯度下降法

依据权重更新的时机差别，梯度下降法分为以下三种：

(1) 批量梯度下降法 (Batch Gradient Descent, BGD)：以全部样本计算梯度，更新权重。

(2) 随机梯度下降法 (Stochastic Gradient Descent, SGD)：一次抽取一个样本计算梯度，并立即更新权重。其优点是更新速度快，但收敛会较曲折，因为训练过程中，可能抽到好样本，也可能抽到坏样本，如图 4.19 所示。

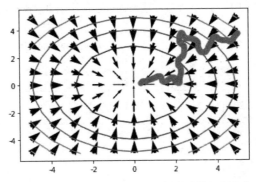

图 4.19　随机梯度下降法求解图示

(3) 小批量梯度下降法 (Mini-batch Gradient Descent)：折中前两种做法，以一批样本计算梯度，再更新权重。小批量梯度下降法可涵盖前两种，批量等于全部样本，即为 BGD；批量为 1，即为 SGD，故小批量梯度下降法通称为随机梯度下降法 (SGD)。

SGD 语法如下：

```
# SGD
tf.keras.optimizers.SGD(
    learning_rate=0.01, momentum=0.0, nesterov=False, name="SGD"
)
```

① 权重更新公式为

$$w = w - learning\_rate * g$$

其中：w 为权重；g 为梯度；*learning_rate* 为学习率。

② 动能 (momentum)：公式为

$$velocity = momentum * velocity - learning\_rate * g$$

$$w = w + velocity$$

动能通常介于 (0, 1)，若等于 0，表示学习率为固定值。一般而言，刚开始训练，离最小值较远的时候，学习率可以"放胆迈大步"，越接近最小值时，学习率变动幅度就要变小，以免错过最小值，这种动态调整学习率的方式，能够使求解收敛速度加快，又不会错过最小值。

③ nesterov：是否使用 Nesterov momentum，默认值是 False。要了解技术细节可参阅"Understanding Nesterov Momentum(NAG)"[14]。

(4) 随机梯度下降法的简单测试。程序代码如下：

```
1   # SGD
2   opt = tf.keras.optimizers.SGD(learning_rate=0.1)
3
4   # 任意变数
5   var = tf.Variable(1.0)
6
7   # 损失函数
8   loss = lambda: (var ** 2)/2.0
9
10  # step_count : 优化的步骤
11  for i in range(51):
12      step_count = opt.minimize(loss, [var]).numpy()
13      if i % 10 == 0 and i > 0:
14          print(f'优化的步骤:{step_count}, 变数:{var.numpy()}')
```

① 损失函数 $x^2/2$。

② 执行结果：每 10 步打印结果，越来越接近最小值 0。执行结果如下：

```
优化的步骤:11, 变数:0.3138105869293213
优化的步骤:21, 变数:0.10941898822784424
优化的步骤:31, 变数:0.03815204277634621
优化的步骤:41, 变数:0.013302796520292759
优化的步骤:51, 变数:0.004638398066163063
```

(5) 优化三次测试随机梯度下降法的动能。程序代码如下：

```
1   opt = tf.keras.optimizers.SGD(learning_rate=0.1, momentum=0.9)
2   var = tf.Variable(1.0)
3
4   # 损失函数起始值
5   val0 = var.value()
6   print(f'val0:{val0}')
7   # 损失函数
8   loss = lambda: (var ** 2)/2.0
9
10  # 优化第一次
11  step_count = opt.minimize(loss, [var]).numpy()
12  val1 = var.value()
13  print(f'优化的步骤:{step_count}, val1:{val1}, 变化值:{(val0 - val1).numpy()}')
14
15  # 优化第二次
16  step_count = opt.minimize(loss, [var]).numpy()
17  val2 = var.value()
18  print(f'优化的步骤:{step_count}, val2:{val2}, 变化值:{(val1 - val2).numpy()}')
19
20  # 优化第三次
21  step_count = opt.minimize(loss, [var]).numpy()
22  val3 = var.value()
23  print(f'优化的步骤:{step_count}, val3:{val3}, 变化值:{(val2 - val3).numpy()}')
```

执行结果如下:

```
val0:1.0
优化的步骤:1, val1:0.8999999761581421, 变化值:0.10000002384185791
优化的步骤:2, val2:0.7199999690055847, 变化值:0.18000000715255737
优化的步骤:3, val3:0.4860000014305115, 变化值:0.23399996757507324
```

2. Adam 优化器

Adam(Adaptive Moment Estimation) 是常用的优化器,这里就引用 Kingma 等学者于 2014 年发表的 "Adam: A Method for Stochastic Optimization"[15] 一文所作的评论 "Adam 计算效率高、内存耗费少,适合大数据集及参数个数很多的模型"。

Adam 语法如下:

```
1  # Adam
2  tf.keras.optimizers.Adam(
3      learning_rate=0.001,
4      beta_1=0.9,
5      beta_2=0.999,
6      epsilon=1e-07,
7      amsgrad=False,
8      name="Adam",
9  )
```

- beta_1:一阶动能衰减率 (exponential decay rate for the 1st moment estimates)。
- beta_2:二阶动能衰减率 (exponential decay rate for the 2nd moment estimates)。
- epsilon:误差值,小于这个值,优化即停止。
- amsgrad:是否使用 AMSGrad,默认值是 False。技术细节可参阅 "一文告诉你 Adam、AdamW、Amsgrad 区别和联系"[16]。

Adam 简单测试。程序代码如下:

```
1  # Adam
2  opt = tf.keras.optimizers.Adam(learning_rate=0.1)
3
4  # 任意变数
5  var = tf.Variable(1.0)
6
7  # 损失函数
8  loss = lambda: (var ** 2)/2.0
9
10 # step_count : 优化的步骤
11 for i in range(11):
12     step_count = opt.minimize(loss, [var]).numpy()
13     if i % 2 == 0 and i > 0:
14         print(f'优化的步骤:{step_count-1}, 变数:{var.numpy()}')
```

执行结果:SGD 执行 50 步,Adam 只需要执行 10 步,就已收敛。执行结果如下:

```
优化的步骤:2, 变数:0.7015870809555054
优化的步骤:4, 变数:0.5079653263092041
优化的步骤:6, 变数:0.32342255115509033
优化的步骤:8, 变数:0.15358668565750122
优化的步骤:10, 变数:0.00513361394405365
```

3. 几种常用的优化器

(1) Adagrad(Adaptive Gradient-based optimization):设定每个参数的学习率更新频率

不同，较常变动的特征使用较小的学习率，较少调整；反之，使用较大的学习率，比较频繁地调整，主要是针对稀疏的数据集。

(2) RMS-Prop：每次学习率更新是除以均方梯度 (Average of Squared Gradients)，以指数的速度衰减。

(3) ADAM：是 Adagrad 改良版，学习率更新会配合过去的平均梯度调整。

官网还有介绍其他的优化器，网络上也有许多优化器的比较和动画，有兴趣的读者可自行搜索。虽然研发领域也是一个值得探究的小宇宙，但毕竟我们学习东西，能不能实际派上用场最重要，所以本书的核心是以实务为主，论文研究并不是本书的重点。

4-7 效果衡量指标

效果衡量指标是定义模型优劣的衡量标准，要了解各种效果衡量指标，先要理解混淆矩阵 (Confusion Matrix)，以二分类而言，如图 4.20 所示。

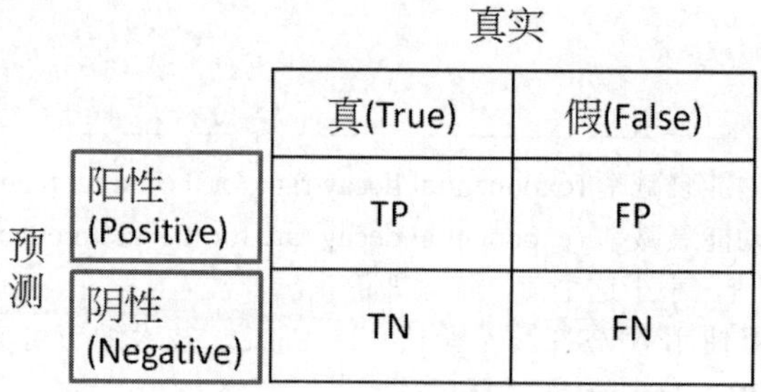

	真实	
	真(True)	假(False)
预测 阳性(Positive)	TP	FP
预测 阴性(Negative)	TN	FN

图 4.20 混淆矩阵

(1) 横轴为预测结果，分为阳性 (Positive, P)、阴性 (Negative, N)。
(2) 纵轴为真实状况，分为真 (True, T)、假 (False, F)。
(3) 依预测结果及真实状况的组合，共分为以下四种状况。
① TP(真阳性)：预测为阳性，且预测正确。
② TN(真阴性)：预测为阴性，且预测正确。
③ FP(伪阳性)：预测为阳性，但预测错误，又称型一误差 (Type Ⅰ Error)，或称 α 误差。
④ FN(伪阴性)：预测为阴性，但预测错误，又称型二误差 (Type Ⅱ Error)，或称 β 误差。

(4) 有了 TP/TN/FP/FN 之后，我们就可以定义各种效果衡量指标，常见的有以下四种。
① 准确率 (Accuracy)=(TP+TN)/(TP+FP+FN+TN)，即"预测正确数 / 总数"。
② 精确率 (Precision)= TP/(TP+FP)，即"正确预测阳性数 / 总阳性数"。
③ 召回率 (Recall)= TP/(TP+FN)，即"正确预测阳性数 / 实际为真的总数"。
④ F1 = 精确率与召回率的调和平均数，即 1 /((1 / Precision)+(1 / Recall))。

(5) FP(伪阳性) 与 FN(伪阴性) 是相冲突的，以 Covid-19 检测为例，如果降低阳性认定值，可以尽最大可能找到所有的确诊者，减少伪阴性，避免传染病扩散，但有些无病毒携带的人会被误判，伪阳性会因而相对增加，导致资源的浪费，更严重的可能导致医疗体系崩溃，得不偿失，所以，随着疫情的发展，政府机构随时调整阳性认定值。

(6) 除了准确率之外，为什么还需要参考其他指标？

① 以医疗检验设备来举例，假设某疾病实际染病的比例为 1%，这时我们用一台故障的检验设备，它不管有无染病，都判定为阴性，这时候计算设备准确率，结果竟然是 99%。会有这样离谱的统计，是因为在此案例中，验了 100 个样本，确实只错一个。所以，遇到真假比例悬殊的不平衡 (Imbalanced) 样本，必须使用其他指标来衡量效果。

② 精确率：再以医疗检验设备为例，我们只关心被验出来的阳性病患，有多少比例是真的染病，而不去关心验出为阴性者，因为验出为阴性，通常不会再被复检，或者不放心又跑到其他医院复检，医院其实很难追踪他们是否真的患病。

③ 召回率：比方 Covid-19，我们关心的是所有的染病者有多少比例被验出阳性，因为一旦有漏网之鱼 (伪阴性)，可能就会造成重大的危害。

(7) 针对二分类，还有一种较客观的指标称为 ROC/AUC 曲线，它是在各种检验阈值下，以假阳率为 X 轴，真阳率为 Y 轴，绘制出来的曲线，称为 ROC。覆盖的面积 (AUC) 越大，表示模型在各种阈值下的平均效果越好，这个指标有别于一般预测固定以 0.5 当作判断真假的基准。

(8) 有趣的是，损失函数也可以视为效果衡量指标，因为损失函数越小，就表示预测值与实际值越接近，所以，TensorFlow 也可以把损失函数当作效果衡量指标来使用。

TensorFlow 的效果衡量指标可参阅 Keras 官网[17]。

请参阅程序：**04_16_Metrics.ipynb**。

范例1. 假设有8笔数据如下，请计算混淆矩阵。

实际值 = [0, 0, 0, 1, 1, 1, 1, 1]

预测值 = [0, 1, 0, 1, 0, 1, 0, 1]

(1) 加载相关库。程序代码如下：

```
1  import tensorflow as tf
2  from tensorflow.keras import metrics
3  import numpy as np
4  import matplotlib.pyplot as plt
5  from sklearn.metrics import accuracy_score, classification_report
6  from sklearn.metrics import precision_score, recall_score, confusion_matrix
```

(2) sklearn 提供混淆矩阵函数。程序代码如下：

```
1  from sklearn.metrics import confusion_matrix
2
3  y_true = [0, 0, 0, 1, 1, 1, 1, 1] # 实际值
4  y_pred = [0, 1, 0, 1, 0, 1, 0, 1] # 预测值
5
6  # 混淆矩阵(Confusion Matrix)
7  tn, fp, fn, tp = confusion_matrix(y_true, y_pred).ravel()
8  print(f'TP={tp}, FP={fp}, TN={tn}, FN={fn}')
```

① 注意：sklearn 提供的混淆矩阵，返回值与图 4.19 位置不同。

② 实际值与预测值上下比较，TP 为 (1, 1)、FP 为 (0, 1)、TN 为 (0, 0)、FN 为 (1, 0)。

③ 执行结果：TP=3, FP=1, TN=2, FN=2。

(3) 绘图。程序代码如下：

```
1  # 修正中文问题
2  plt.rcParams['font.sans-serif'] = ['Microsoft JhengHei']
3  plt.rcParams['axes.unicode_minus'] = False
4
5  # 显示矩阵
6  fig, ax = plt.subplots(figsize=(2.5, 2.5))
7
8  # 1:蓝色, 0:白色
9  ax.matshow([[1, 0], [0, 1]], cmap=plt.cm.Blues, alpha=0.3)
10
11 # 标示文字
12 ax.text(x=0, y=0, s=tp, va='center', ha='center')
13 ax.text(x=1, y=0, s=fp, va='center', ha='center')
14 ax.text(x=0, y=1, s=tn, va='center', ha='center')
15 ax.text(x=1, y=1, s=fn, va='center', ha='center')
16
17 plt.xlabel('实际', fontsize=20)
18 plt.ylabel('预测', fontsize=20)
19
20 # x/y 标签
21 plt.xticks([0,1], ['T', 'F'])
22 plt.yticks([0,1], ['P', 'N'])
23 plt.show()
```

执行结果：如图 4.21 所示。

图 4.21　混淆矩阵执行结果

范例2. 依上述数据计算效果衡量指标。

(1) 准确率。程序代码如下：

```
1  m = metrics.Accuracy()
2  m.update_state(y_true, y_pred)
3
4  print(f'准确率:{m.result().numpy()}')
5  print(f'验算={(tp+tn) / (tp+tn+fp+fn)}')
```

执行结果：0.625。

(2) 计算精确率。程序代码如下：

```
1  m = metrics.Precision()
2  m.update_state(y_true, y_pred)
3
4  print(f'精确率:{m.result().numpy()}')
5  print(f'验算={(tp) / (tp+fp)}')
```

执行结果：0.75。

(3) 计算召回率。程序代码如下：

```
1  m = metrics.Recall()
2  m.update_state(y_true, y_pred)
3
4  print(f'召回率:{m.result().numpy()}')
5  print(f'验算={(tp) / (tp+fn)}')
```

执行结果：0.6。

范例3. 依数据文件data/auc_data.csv计算AUC。

(1) 读取数据文件。程序代码如下：

```
1  # 读取数据文件
2  import pandas as pd
3  df=pd.read_csv('./data/auc_data.csv')
4  df
```

执行结果：见表4.3。

表 4.3 读取数据文件

	predict	actual
0	0.11	0
1	0.35	0
2	0.72	1
3	0.10	1
4	0.99	1
5	0.44	1
6	0.32	0
7	0.80	1
8	0.22	1
9	0.08	0
10	0.56	1

(2) 以 sklearn 函数计算 AUC。程序代码如下：

```
1  from sklearn.metrics import roc_curve, roc_auc_score, auc
2
3  # fpr：假阳率，tpr：真阳率, threshold：各种决策阈值
4  fpr, tpr, threshold = roc_curve(df['actual'], df['predict'])
5  print(f'假阳率={fpr}\n\n真阳率={tpr}\n\n决策阈值={threshold}')
```

执行结果如下：

```
假阳率=[0.         0.         0.         0.14285714 0.14285714 0.28571429
 0.28571429 0.57142857 0.57142857 0.71428571 0.71428571 1.        ]

真阳率=[0.         0.09090909 0.27272727 0.27272727 0.63636364 0.63636364
 0.81818182 0.81818182 0.90909091 0.90909091 1.         1.        ]

决策阈值=[1.99 0.99 0.8  0.73 0.56 0.48 0.42 0.32 0.22 0.11 0.1  0.03]
```

(3) 绘制 AUC。程序代码如下：

```
1  # 绘图
2  auc1 = auc(fpr, tpr)
3  ## Plot the result
4  plt.title('ROC/AUC')
5  plt.plot(fpr, tpr, color = 'orange', label = 'AUC = %0.2f' % auc1)
6  plt.legend(loc = 'lower right')
7  plt.plot([0, 1], [0, 1],'r--')
8  plt.xlim([0, 1])
9  plt.ylim([0, 1])
10 plt.ylabel('True Positive Rate')
11 plt.xlabel('False Positive Rate')
12 plt.show()
13
```

执行结果：如图 4.22 所示。

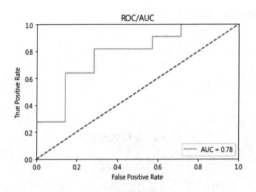

图 4.22　计算 AUC 执行结果

(4) 以 TensorFlow 函数计算 AUC。程序代码如下：

```
1  m = metrics.AUC()
2  m.update_state(df['actual'], df['predict'])
3
4  print(f'AUC:{m.result().numpy()}')
```

执行结果：0.7792，与 sklearn 的执行结果相差不远。

4-8　超参数调校

这一节我们来研究超参数 (Hyperparameters) 对效果的影响。在 4-1-3 节只对单一变量进行了调校，假如要同时调校多个超参数，有一些库可以帮忙，包括 Keras Tuner、hyperopt、Ray Tune、Ax 等。

本节介绍 Keras Tuner 的用法。首先我们要安装库：pip install keras-tuner。

范例.超参数调校。

请参阅程序：**04_17_keras_tuner_ 超参数调校 .ipynb**。设计步骤如图 4.23 所示。

图 4.23　超参数调校设计步骤

(1) 首先要建立模型，并设定超参数测试的范围。
①学习率测试选项。0.01, 0.001, 0.0001。
②第一层 Dense 输出神经元数：32、64、96…512。

程序代码如下:

```python
import kerastuner as kt

# 建立模型
def model_builder(hp):
    # 学习率选项: 0.01, 0.001, or 0.0001
    hp_learning_rate = hp.Choice('learning_rate', values = [0.01, 0.001, 0.0001])
    # 第一层Dense输出选项: 32、64、...、512
    hp_units = hp.Int('units', min_value = 32, max_value = 512, step = 32)

    model = tf.keras.models.Sequential([
      tf.keras.layers.Flatten(input_shape=(28, 28)),
      tf.keras.layers.Dense(hp_units, activation='relu'),
      tf.keras.layers.Dropout(0.1),
      tf.keras.layers.Dense(10, activation='softmax')
    ])

    # 设定优化器、损失函数、效果衡量指标的类别
    model.compile(optimizer=tf.keras.optimizers.Adam(learning_rate = hp_learning_rate),
                  loss='sparse_categorical_crossentropy',
                  metrics=['accuracy'])

    return model
```

(2) 调校设定：使用 Hyperband() 函数设定下列参数。

① 目标函数 (objective)：准确率。

② 最大执行周期 (max_epochs) 为 5。

③ 执行周期数的递减因子 (factor) 为 3。

④ 存盘目录 (directory)：my_dir。

⑤ 项目名称 (project_name)：test1。

程序代码如下:

```python
# 调校设定，Hyperband：针对所有参数组合进行测试
tuner = kt.Hyperband(model_builder,             # 模型定义
                     objective = 'val_accuracy',  # 目标函数
                     max_epochs = 5,              # 最大执行周期
                     factor = 3,                  # 执行周期数的递减因子
                     directory = 'my_dir',        # 存档目录
                     project_name = 'test1')      # 专案名称
```

(3) 执行参数调校。

① 设定 callbacks：每个参数组合测试完成后，清除输出显示。

② get_best_hyperparameters：取得最佳参数值。

程序代码如下:

```python
# 参数调校
import IPython

# 每个参数组合测完后，清除输出显示
class ClearTrainingOutput(tf.keras.callbacks.Callback):
    def on_train_end(*args, **kwargs):
        IPython.display.clear_output(wait = True)

# 调校执行
tuner.search(x_train_norm, y_train, epochs = 5,
             validation_data = (x_test_norm, y_test),  # 验证数据
             callbacks = [ClearTrainingOutput()])      # 执行每个参数组合后清除显示

# 显示最佳参数值
best_hps = tuner.get_best_hyperparameters(num_trials = 1)[0]

print(f"最佳参数值\n第一层Dense输出：{best_hps.get('units')}\n"
      "学习率：{best_hps.get('learning_rate')}")
```

最佳参数组合如下。

①第一层 Dense 输出：160。

②学习率：0.001。

除此之外，Keras Tuner 还有很多功能，介绍如下。

(1) 超参数测试范围的设定，参阅参考文献[18]。

① Boolean：真 / 假。

② Choice：多个设定选项。

③ Int/Float：整数 / 浮点数的连续范围。

④ Fixed：测试所有参数 (tune_new_entries=True)，除了目前的参数，也可以依赖其他参数 (parent_name) 的设定。只有当其他参数值为特定值时，这个参数才会生效。

⑤ conditional_scope：条件式，类似 Fixed，依赖其他参数，只有当其他参数值为特定值时，这个条件才会生效。

(2) 测试方法 (Tuners) 请参阅参考文献[19]。

① Hyperband：测试所有组合。

② RandomSearch：若测试范围过大，可随机抽样部分组合，加以测试。

③ BayesianOptimization：搭配高斯过程 (Gaussian process)，依照前次的测试结果，决定下次的测试内容。

(3) Oracle：超参数调校的算法，为测试方法 (Tuners) 的参数，可决定测试方法的下次测试组合，读者可参阅参考文献[20]。

另外再加码推荐，可搭配 Hiplot 可视化库，显示每一种参数组合的设定值与损失 / 准确度，用户需先安装库：pip install hiplot。

(1) 解析 Keras Tuner 测试的日志文件。程序代码如下：

```
1  # 解析 Keras Tuner 测试的日志文件
2  import os
3  import json
4
5  vis_data = []
6  # 扫描目录内每一个文件
7  rootdir = 'my_dir/test1'
8  for subdirs, dirs, files in os.walk(rootdir):
9      for file in files:
10         if file.endswith("trial.json"):
11             with open(subdirs + '/' + file, 'r') as json_file:
12                 data = json_file.read()
13                 vis_data.append(json.loads(data))
```

(2) 显示参数组合与测试结果。程序代码如下：

```
1  # 显示参数组合与测试结果
2  import hiplot as hip
3
4  # 建立字典，含参数组合与测试结果
5  data = [{'units': vis_data[idx]['hyperparameters']['values']['units'],
6           'learning_rate': vis_data[idx]['hyperparameters']['values']['learning_rate'],
7           'loss': vis_data[idx]['metrics']['metrics']['loss']['observations'][0]['value'],
8           'val_loss': vis_data[idx]['metrics']['metrics']['val_loss']['observations'][0]['value'],
9           'accuracy': vis_data[idx]['metrics']['metrics']['accuracy']['observations'][0]['value'],
10          'val_accuracy': vis_data[idx]['metrics']['metrics']['val_accuracy']['observations'][0]['value']}
11         for idx in range(len(vis_data))]
12
13 # 显示
14 hip.Experiment.from_iterable(data).display()
```

执行结果：uid 为执行代码，可以看出第一列 (uid=7) 有最高的准确率，获选为最佳参数组合，如图 4.24 所示。

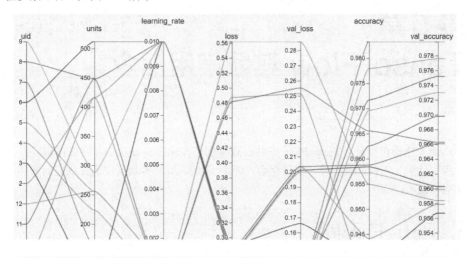

图 4.24　显示参数组合与测试结果

参数调校是深度学习中非常重要的步骤，因为深度学习是一个黑箱科学，加上我们对于高维数据的联合概率分布也不熟悉，唯有通过大量的实验，才能获得较佳的模型。但困难的是，模型训练的执行非常耗时，如何通过各种方法或库的协助，缩短调校时间，是工程师建构 AI 模型时须思考如何改善的课题。

第 5 章
TensorFlow 其他常用指令

除了建构模型外，TensorFlow 还贴心地提供了各种工具和指令，方便在程序开发流程中使用，包括前置处理、模型存盘 / 加载 / 绘制、除错等功能，现在我们就来学习这些功能吧。

5-1 特征转换

1. One-hot encoding

将类别变量转为多个虚拟变量 (Dummy Variable)，每个虚拟变量只含真 / 假值 (1/0)，为避免被算法误认，该变量类别有顺序大小之分，如颜色红、蓝、绿会被转换成三个变量"是红色吗"/"是蓝色吗"/"是绿色吗"，而非 1/2/3。

请参阅程序：**05_01_ 特征转换 .ipynb**。程序代码如下：

```
1  # One-hot encoding
2  # num_classes : 类别个数，可不设定
3  tf.keras.utils.to_categorical([0, 1, 2, 3], num_classes=9)
```

(1) 执行结果如下，指定 9 种类别，即产生 9 个变量。

(2) num_classes：类别个数，此参数可以不设定，函数会从数据中统计出类别个数。如下：

```
array([[1., 0., 0., 0., 0., 0., 0., 0., 0.],
       [0., 1., 0., 0., 0., 0., 0., 0., 0.],
       [0., 0., 1., 0., 0., 0., 0., 0., 0.],
       [0., 0., 0., 1., 0., 0., 0., 0., 0.]], dtype=float32)
```

修改 MNIST 手写阿拉伯数字辨识程序如下：

```
1   mnist = tf.keras.datasets.mnist
2
3   # 载入 MNIST 手写阿拉伯数字数据
4   (x_train, y_train),(x_test, y_test) = mnist.load_data()
5
6   # 特征缩放，使用常态化(Normalization)，公式 = (x - min) / (max - min)
7   x_train_norm, x_test_norm = x_train / 255.0, x_test / 255.0
8
9   # One-hot encoding
10  y_train = tf.keras.utils.to_categorical(y_train)
11  y_test = tf.keras.utils.to_categorical(y_test)
12
13  # 建立模型
14  model = tf.keras.models.Sequential([
15      tf.keras.layers.Flatten(input_shape=(28, 28)),
```

```
16       tf.keras.layers.Dense(256, activation='relu'),
17       tf.keras.layers.Dropout(0.2),
18       tf.keras.layers.Dense(10, activation='softmax')
19   ])
20
21   # 设定优化器、损失函数、效果衡量指标的类别
22   model.compile(optimizer='adam',
23                 loss='categorical_crossentropy',
24                 metrics=['accuracy'])
25
26   # 模型训练
27   history = model.fit(x_train_norm, y_train, epochs=5, validation_split=0.2)
28
29   # 评分(Score Model)
30   score=model.evaluate(x_test_norm, y_test, verbose=0)
31
32   for i, x in enumerate(score):
33       print(f'{model.metrics_names[i]}: {score[i]:.4f}')
```

(1) 第 10~11 行对 y 对 One-hot encoding 转换。

(2) 第 23 行损失函数使用 categorical_crossentropy，而非 sparse_categorical_crossentropy，因后者的 y 不需 One-hot encoding 转换。

2. 正态化 (Normalization)

将所有数据标准化 (Standardization)，使数据转换为标准正态分布 $N(0, 1)$，类似于 sklearn 的 StandardScaler()。程序代码如下：

```
1   import numpy as np
2   import tensorflow as tf
3   from tensorflow.keras.layers.experimental import preprocessing
4
5   # 测试数据
6   data = np.array([[0.1, 0.2, 0.3], [0.8, 0.9, 1.0], [1.5, 1.6, 1.7],])
7   layer = preprocessing.Normalization()   # 正态化
8   layer.adapt(data)                       # 训练
9   normalized_data = layer(data)           # 转换
10
11  # 显示平均数、标准差
12  print(f"平均数: {normalized_data.numpy().mean():.2f}")
13  print(f"标准差: {normalized_data.numpy().std():.2f}")
```

执行结果：平均数：0.00，标准差：1.00。

5-2 模型存盘与加载

模型存盘，可以存储下列信息：①模型结构与组态；②权重，含偏差项；③模型 compile 选项；④优化器的状态，这样训练即可由断点处继续执行。

目前支持以下两种格式。

(1) TensorFlow SavedModel 格式：官方建议采用这种格式，以目录存储，目录下含多个文件，各司其职。

(2) Keras H5 格式：Keras 库既有格式，以单一文件存储，注意，此种格式无法存储自定义的神经层。

均使用 model.save(<file path>) 指令，如果设定扩展名为 .h5，则存档成 Keras 既有格式。加载模型时调用 load_model(<file path>) 指令。

范例. 模型存盘与加载。

请参阅程序：**05_02_ 模型存盘与加载 .ipynb**。

程序代码如下：

```
1  model.save('my_model')
```

(1) 执行结果如下，以整个目录存储模型信息。

```
code > my_model >
    assets
    variables
    saved_model.pb
```

(2) 加载模型，以变量名称 model2 接收。程序代码如下：

```
1  # 模型载入
2  model2 = tf.keras.models.load_model('my_model')
3
4  # 评分(Score Model)
5  score=model2.evaluate(x_test_norm, y_test, verbose=0)
6
7  for i, x in enumerate(score):
8      print(f'{model2.metrics_names[i]}: {score[i]:.4f}')
```

① 执行结果与之前存盘的模型相同。
② 可以使用 np.testing.assert_allclose 比较预测结果。程序代码如下：

```
1  # 模型比较
2  import numpy as np
3
4  # 比较，若结果不同，会出现错误
5  np.testing.assert_allclose(
6      model.predict(x_test_norm), model2.predict(x_test_norm)
7  )
```

(3) 可以只取得模型结构，不含权重，有以下两种指令。
① get_config()/ from_config()。程序代码如下：

```
1  # 取得模型结构
2  config = model.get_config()
3
4  # 载入模型结构
5  # Sequential model
6  new_model = tf.keras.Sequential.from_config(config)
7
8  # function API
9  # new_model = tf.keras.Model.from_config(config)
```

② JSON。程序代码如下：

```
1  # 取得模型结构
2  json_config = model.to_json()
3
4  # 载入模型结构
5  new_model = tf.keras.models.model_from_json(json_config)
```

(4) 只取得模型权重。程序代码如下：

```
1  # 取得模型权重
2  weights = model.get_weights()
3  weights
```

(5) 若有自定义神经层，则需先注册，才能从组态中还原模型，程序代码如下：

```
35  # Retrieve the config
36  config = model.get_config()
37
38  # Custom Layer 需注册
39  custom_objects = {"CustomLayer": CustomLayer, "custom_activation": custom_activation}
40  with tf.keras.utils.custom_object_scope(custom_objects):
41      new_model = tf.keras.Model.from_config(config)
```

(6) 加载模型权重，并不包含 compile() 选项，必须另外补填。程序代码如下：

```
1   # 设定模型权重
2   new_model.set_weights(weights)
3
4   # 设定优化器、损失函数、效果衡量指标的类别
5   new_model.compile(optimizer='adam',
6                     loss='sparse_categorical_crossentropy',
7                     metrics=['accuracy'])
8
9   # predict
10  score=new_model.evaluate(x_test_norm, y_test, verbose=0)
11  score
```

(7) 模型权重存盘：Custom Layer 会出现错误。程序代码如下：

```
1  # 模型权重存盘，Custom Layer 会出现错误
2  model.save_weights('my_h5_model.weight')
```

(8) 加载模型权重文件。程序代码如下：

```
1  # 载入模型权重文件
2  model.load_weights('my_h5_model.weight')
```

详细相关信息可参考 "Keras Models API" [1]。

5-3 模型汇总与结构图

如果设计一个复杂的模型，通常会希望有可视化的呈现，让我们一目了然，利于检查结构是否完整，TensorFlow 提供汇总信息，以表格显示，再提供模型结构图，帮助我们厘清整体流程。

范例. 显示模型汇总与绘制结构图。

请参阅程序： **05_03_ 模型汇总与结构图 .ipynb**。

(1) 显示模型汇总：下列指令可取得汇总信息表格，包含每一层的输入、输出、参数个数。程序代码如下：

```
1  model.summary()
```

执行结果如下：

```
Model: "sequential"
_____
Layer (type)                 Output Shape              Param #
=================================================================
flatten (Flatten)            (None, 784)               0
_____
dense (Dense)                (None, 256)               200960
_____
dropout (Dropout)            (None, 256)               0
_____
dense_1 (Dense)              (None, 10)                2570
=================================================================
Total params: 203,530
Trainable params: 203,530
Non-trainable params: 0
```

(2) 取得神经层信息。

① 使用索引取得神经层信息。程序代码如下：

```
1  # 以索引取得神经层信息
2  model.get_layer(index=0)
```

② 使用名称取得神经层信息。程序代码如下：

```
1  # 以名称取得神经层信息
2  model.get_layer(name='dense_1')
```

③ 取得神经层权重。程序代码如下：

```
1  # 取得神经层权重
2  model.get_layer(name='dense').weights
```

④ 绘制结构图：要绘制模型结构，需先完成以下步骤，才能顺利绘制图形。

- 安装 graphviz 软件，网址为：https://www.graphviz.org/download，再把安装目录下的 bin 路径加到环境变量 Path 中。
- 安装两个 Python 库：pip install graphviz 和 pip install pydotplus。

⑤ 以下绘图指令会先产生描述向量图的文本文件 (.dot)，再使用 graphviz 的 dot.exe，将 .dot 文件里的内容转化为图像文件 (.png)。程序代码如下：

```
1  # 绘制结构图
2  tf.keras.utils.plot_model(model)
```

⑥ 加上不同的参数，可显示各种的额外信息，例如：

- show_shapes=True：显示输入/输出的神经元个数。
- show_dtype=True：显示输入/输出的数据类型。
- to_file="model.png"：同时存档。

程序代码如下：

```
1  # 绘制结构图
2  # show_shapes=True：可显示输入/输出的神经元个数
3  # show_dtype=True：可显示输入/输出的数据类型
4  # to_file：可同时存档
5  tf.keras.utils.plot_model(model, show_shapes=True, show_dtype=True,
6                            to_file="model.png")
```

⑦ 执行结果如下：

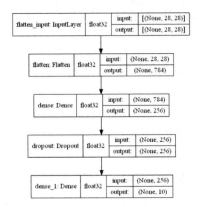

⑧ 也可以产生 dot 格式文件。程序代码如下：

```
1  # 产生 dot 格式及 png 格式文件
2  import pydotplus as pdp
3  from IPython.display import display, Image
4
5  # 产生 dot 格式文件
6  dot1 = tf.keras.utils.model_to_dot(model, show_shapes=True, show_dtype=True)
7  # 产生 png 格式文件
8  display(Image(dot1.create_png()))
```

5-4　回调函数

如图 5.1 所示回调函数 (Callbacks) 是在模型训练过程中埋入要触发的事件，在每一个周期执行之前与之后，都可以使用 Callback 函数，TensorFlow/Keras 提供了许多类型的 Callback 函数，功能如下。

(1) 在训练过程中记录任何信息。
(2) 在每个检查点 (Checkpoint) 进行模型存盘。
(3) 迫使训练提前结束。
(4) 结合 TensorBoard 可视化工具，实时监看训练过程。
(5) 将训练过程产生的信息写入 CSV 文件。
(6) 使用其他 PC 远程监控训练过程。

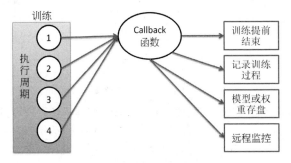

图 5.1　回调函数

还有更多的其他功能，请参阅 Keras 官网的 Callback 介绍[2]。除了内建 Callback 函数，也能够自定义 Callback 函数。

透过 Callback 函数可以完全解构模型训练的过程，我们使用一些范例，说明各类型 Callback 函数的用法。

5-4-1 EarlyStopping Callbacks

EarlyStopping 用于设定训练提前结束的条件，我们可以设定较大的执行周期数，并搭配训练提前结束的条件，当训练效果一段时间内没有持续改善时，就可以提前结束训练，这样就能兼顾训练效果与训练时间了。

范例.实际操作 EarlyStopping Callbacks。

请参阅程序：**05_04_Callback.ipynb**。设计流程如图 5.2 所示。

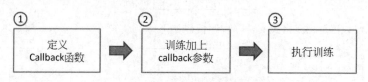

图 5.2　设计流程

(1) 定义 Callback 函数为"要是连续三个执行周期 validation accuracy 没改善就停止训练"。程序代码如下：

```
1  # validation loss 三个执行周期没改善就停止训练
2  my_callbacks = [
3       tf.keras.callbacks.EarlyStopping(patience=3, monitor = 'val_accuracy'),
4  ]
```

执行结果：如图 5.3 所示。预计训练 20 次，但实际只训练了 12 次就停止了。注意：每次执行结果可能不同。

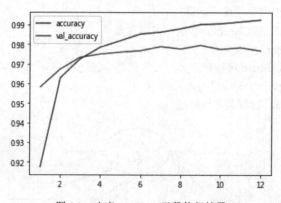

图 5.3　定义 Callback 函数执行结果

(2) 效果指标也可以改为验证的损失 (val_loss)，只要连续三次没改善停止训练。程序代码如下：

```
1  # validation loss 三个执行周期没改善就停止训练
2  my_callbacks = [
3       tf.keras.callbacks.EarlyStopping(patience=3, monitor = 'val_loss'),
4  ]
```

执行结果：如图 5.4 所示。

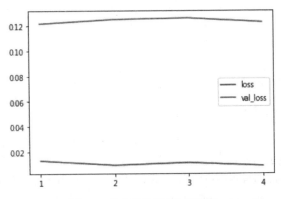

图 5.4　修改效果指标执行结果

5-4-2　ModelCheckpoint Callbacks

若训练过程过长，难免会发生训练到一半就断掉的状况，因此，我们可以利用 ModelCheckpoint Callback，在每一个检查点存档，再次执行时，就可以从断点延续，继续训练。

范例.实际操作ModelCheckpoint Callback。

请参阅程序：　**05_04_Callback.ipynb**。

(1) 定义 ModelCheckpoint callback。程序代码如下：

```
1  # 定义 ModelCheckpoint callback
2  checkpoint_filepath = 'model.{epoch:02d}.h5'  # 存档名称，可用 f-string 变量
3  model_checkpoint_callback = tf.keras.callbacks.ModelCheckpoint(
4      filepath=checkpoint_filepath, # 设定存档名称
5      save_weights_only=True,       # 只存权重
6      monitor='val_accuracy',       # 监看验证数据的准确率
7      mode='max',                   # 设定save_best_only=True时，best是指 max or min
8      save_best_only=True)          # 只存最好的模型
9
10 EPOCHS = 3                        # 训练 3 次
11 model.fit(x_train_norm, y_train, epochs=EPOCHS, validation_split=0.2,
12           callbacks=[model_checkpoint_callback])
```

执行结果如下，最后的准确率等于 0.9859。

```
Epoch 1/3
1500/1500 [==============================] - 6s 4ms/step - loss: 0.0652 - accuracy: 0.9796 - val_loss: 0.0521 - val_accuracy: 0.9843
Epoch 2/3
1500/1500 [==============================] - 5s 3ms/step - loss: 0.0520 - accuracy: 0.9835 - val_loss: 0.0502 - val_accuracy: 0.9844
Epoch 3/3
1500/1500 [==============================] - 5s 3ms/step - loss: 0.0431 - accuracy: 0.9859 - val_loss: 0.0450 - val_accuracy: 0.9863
```

(2) 再执行 3 个周期，准确率会接续上一次的结果，继续改善。程序代码如下：

```
1  # 再训练 3 次，观察 accuracy，会接续上一次，继续改善 accuracy。
2  model.fit(x_train_norm, y_train, epochs=EPOCHS, validation_split=0.2,
3            callbacks=[model_checkpoint_callback])
```

执行结果如下，最后的准确率等于 0.9902。

```
Epoch 1/3
1500/1500 [==============================] - 5s 3ms/step - loss: 0.0378 - accuracy: 0.9876 - val_loss: 0.0559 - val_accuracy: 0.9842
Epoch 2/3
1500/1500 [==============================] - 5s 3ms/step - loss: 0.0316 - accuracy: 0.9892 - val_loss: 0.0580 - val_accuracy: 0.9827
Epoch 3/3
1500/1500 [==============================] - 5s 3ms/step - loss: 0.0300 - accuracy: 0.9902 - val_loss: 0.0548 - val_accuracy: 0.9837
```

5-4-3　TensorBoard Callbacks

TensorBoard 是 TensorFlow 所提供的可视化诊断工具，功能非常强大，除了可以显示训练过程外，也能够显示图片、语音及文字信息。将 TensorBoard 整合至 Callback 事件里，就可以在训练的过程中启动 TensorBoard 网站，实时观看训练信息。

范例.实际操作TensorBoard Callback。

请参阅程序：**05_04_Callback.ipynb**。

(1) 定义触发事件。程序代码如下：

```
1  # 定义 tensorboard callback
2  tensorboard_callback = [tf.keras.callbacks.TensorBoard(log_dir='.\\logs',
3                         histogram_freq=1)]
4
5  # 训练 5 次
6  history = model.fit(x_train_norm, y_train, epochs=5, validation_split=0.2,
7                      callbacks=tensorboard_callback)
```

(2) 启动 TensorBoard 网站：tensorboard --logdir=.\logs。

(3) 使用浏览器输入以下网址 http://localhost:6006/，即可观看训练信息。界面如图 5.5 所示。

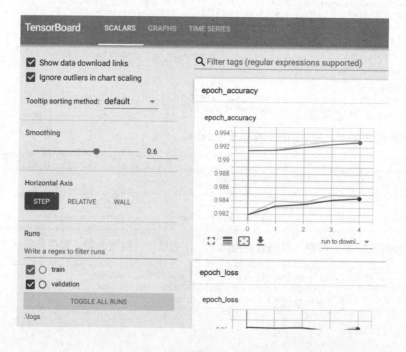

图 5.5　观看训练信息

单击"Graph"选项,可以观察模型的运算图,显示模型的运算顺序,如图 5.6 所示。

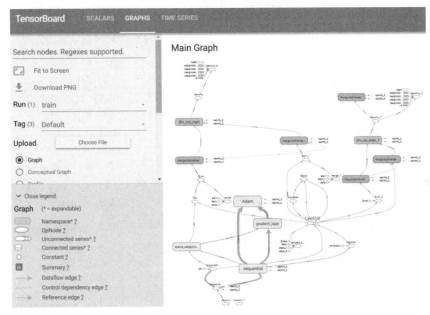

图 5.6　观察模型的运算图

请注意：model.fit 的 Callback 参数值是一个 list,一次可以加入多个 Callback 函数,在训练时一并触发。同时设定提前结束训练、检查点及 TensorBoard。程序代码如下：

```
1  # 可同时定义多个Callback事件
2  my_callbacks = [
3      tf.keras.callbacks.EarlyStopping(patience=3),
4      tf.keras.callbacks.ModelCheckpoint(filepath='model.{epoch:02d}.h5'),
5      tf.keras.callbacks.TensorBoard(log_dir='./logs'),
6  ]
7  model.fit(x_train_norm, y_train, epochs=10, callbacks=my_callbacks)
```

5-4-4　自定义 Callback

如果内建的 Callback 不能满足需求,也可以自定义 Callback,触发时机可包含训练、测试、预测阶段的之前与之后。

(1) on_(train|test|predict)_begin：训练、测试及预测**开始**前,可触发事件。

(2) on_(train|test|predict)_end：训练、测试及预测**结束**后,可触发事件。

(3) on_(train|test|predict)_batch_begin：**每批**训练、测试及预测**开始**前,可触发事件。

(4) on_(train|test|predict)_batch_end：**每批**训练、测试及预测**结束**后,可触发事件。

(5) on_epoch_begin：**每个执行周期开始**前,可触发事件。

(6) on_epoch_end：**每个执行周期结束**后,可触发事件。

范例.自定义Callback实践。

请参阅程序：**05_05_Custom_Callback.ipynb**。

(1) 定义触发的时机及动作 (Action)，以下动作只单纯显示文字信息，实际运用时可取得当时的状态或统计量写入工作记录文件。程序代码如下：

```python
class CustomCallback(tf.keras.callbacks.Callback):
    def __init__(self):
        self.task_type=''
        self.epoch=0
        self.batch=0
        
    def on_train_begin(self, logs=None):
        self.task_type='训练'
        print("训练开始...")
        
    def on_train_end(self, logs=None):
        print("训练结束.")
        
    def on_epoch_begin(self, epoch, logs=None):
        self.epoch=epoch
        print(f"{self.task_type}第 {epoch} 执行周期开始...")
        
    def on_epoch_end(self, epoch, logs=None):
        print(f"{self.task_type}第 {epoch} 执行周期结束.")
        
    def on_test_begin(self, logs=None):
        self.task_type='测试'
        print("测试开始...")
        
    def on_test_end(self, logs=None):
        print("测试结束.")
        
    def on_predict_begin(self, logs=None):
        self.task_type='预测'
        print("预测开始...")
        
    def on_predict_end(self, logs=None):
        print("预测结束.")
        
    def on_train_batch_begin(self, batch, logs=None):
        print(f"训练 第 {self.epoch} 执行周期, 第 {batch} 批次开始...")
        
    def on_train_batch_end(self, batch, logs=None):
        print(f"训练 第 {self.epoch} 执行周期, 第 {batch} 批次结束.")
        
    def on_test_batch_begin(self, batch, logs=None):
        print(f"测试 第 {self.epoch} 执行周期, 第 {batch} 批次开始...")
        
    def on_test_batch_end(self, batch, logs=None):
        print(f"测试 第 {self.epoch} 执行周期, 第 {batch} 批次结束.")
        
    def on_predict_batch_begin(self, batch, logs=None):
        print(f"预测 第 {self.epoch} 执行周期, 第 {batch} 批次开始...")
        
    def on_predict_batch_end(self, batch, logs=None):
        print(f"预测 第 {self.epoch} 执行周期, 第 {batch} 批次结束.")
```

(2) 在训练、测试、预测使用此 Callback。程序代码如下：

```
1   # 训练
2   model.fit(
3       x_train_norm, y_train, epochs=5,
4       batch_size=256, verbose=0,
5       validation_split=0.2, callbacks=[CustomCallback()]
6   )
7
8   # 测试
9   model.evaluate(
10      x_test_norm, y_test, batch_size=128,
11      verbose=0, callbacks=[CustomCallback()]
12  )
13
14  # 预测
15  model.predict(
16      x_test_norm, batch_size=128,
17              callbacks=[CustomCallback()]
18  )
```

训练显示结果如下：

```
训练开始...
训练第 0 执行周期开始...
训练 第 0 执行周期, 第 0 批次开始...
训练 第 0 执行周期, 第 0 批次结束.
训练 第 0 执行周期, 第 1 批次开始...
训练 第 0 执行周期, 第 1 批次结束.
训练 第 0 执行周期, 第 2 批次开始...
训练 第 0 执行周期, 第 2 批次结束.
训练 第 0 执行周期, 第 3 批次开始...
训练 第 0 执行周期, 第 3 批次结束.
训练 第 0 执行周期, 第 4 批次开始...
训练 第 0 执行周期, 第 4 批次结束.
训练 第 0 执行周期, 第 5 批次开始...
训练 第 0 执行周期, 第 5 批次结束.
训练 第 0 执行周期, 第 6 批次开始...
训练 第 0 执行周期, 第 6 批次结束.
训练 第 0 执行周期, 第 7 批次开始...
训练 第 0 执行周期, 第 7 批次结束.
训练 第 0 执行周期, 第 8 批次开始...
训练 第 0 执行周期, 第 8 批次结束.
训练 第 0 执行周期, 第 9 批次开始...
训练 第 0 执行周期, 第 9 批次结束.
```

测试显示结果如下：

```
测试开始...

测试 第 0 执行周期, 第 0 批次开始...
测试 第 0 执行周期, 第 0 批次结束.
测试 第 0 执行周期, 第 1 批次开始...
测试 第 0 执行周期, 第 1 批次结束.
测试 第 0 执行周期, 第 2 批次开始...
测试 第 0 执行周期, 第 2 批次结束.
测试 第 0 执行周期, 第 3 批次开始...
测试 第 0 执行周期, 第 3 批次结束.
测试 第 0 执行周期, 第 4 批次开始...
测试 第 0 执行周期, 第 4 批次结束.
测试 第 0 执行周期, 第 5 批次开始...
测试 第 0 执行周期, 第 5 批次结束.
测试 第 0 执行周期, 第 6 批次开始...
测试 第 0 执行周期, 第 6 批次结束.
测试 第 0 执行周期, 第 7 批次开始...
测试 第 0 执行周期, 第 7 批次结束.
测试 第 0 执行周期, 第 8 批次开始...
测试 第 0 执行周期, 第 8 批次结束.
```

5-4-5 自定义 Callback 应用

范例.通过自定义的**Callback**，在每一批训练结束时记录损失，就可以在整个训练过程结束后依据收集的数据绘制线图。

请参阅程序：**05_06_Custom_Callback_loss.ipynb**。

(1) 在每一批的训练结束后记录损失至 Pandas DataFrame 中。程序代码如下：

```
1  class CustomCallback_2(tf.keras.callbacks.Callback):
2      ...
3      def on_train_batch_end(self, batch, logs=None):
4          # 新增数据至 df2 DataFrame
5          df2 = pd.DataFrame([[self.epoch, batch, logs["loss"]]],
6                              columns=['epoch', 'batch', 'metrics'])
7          self.df = self.df.append(df2, ignore_index=True)
```

(2) 图表显示的结果显示，优化的过程中损失函数并不是一路递减，而是起起伏伏，但整体趋势为向下递减，如图 5.7 所示。

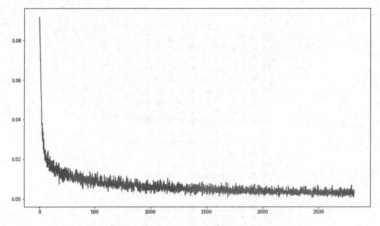

图 5.7　每一批训练结束后记录损失

(3) 依执行周期作小计，取最小损失值，画出曲线图，如图 5.8 所示。

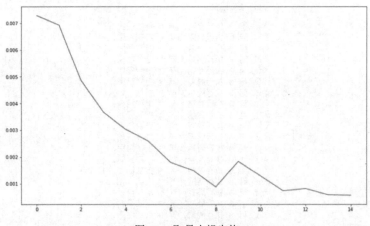

图 5.8　取最小损失值

5-4-6 总结

借由自定义 Callback，我们能够更深入理解优化的过程。除了损失函数以外，要取得其他信息也是可行的，比如可以在 Callback 中使用 self.model.get_weights() 函数来取得每一神经层的权重，另外，自定义 Callback 还有个便捷的功能，就是用来除错 (Debug)，假如训练出现错误，如 Nan 或优化无法收敛的情形，就可以利用 Callback 逐批检查，更多 Callback 的用法，可参阅"Keras Callback API"[2]。

5-5 TensorBoard

TensorBoard 是一种可视化的诊断工具，功能非常强大，可以显示模型结构、训练过程，包括图片、文字和音频数据。在训练的过程中启动 TensorBoard，能够实时观看训练过程。PyTorch 安装时所包含的 TensorBoardX，与 TensorBoard 功能相似，这表明 TensorFlow 和 PyTorch 虽然是竞争者，但 TensorBoard 仍然是 PyTorch 开发团队也不得不承认的优秀工具。

5-5-1 TensorBoard 功能

TensorBoard 包含以下功能。

(1) 追踪损失和准确率等效果衡量指标，并以可视化呈现，如图 5.9 所示。

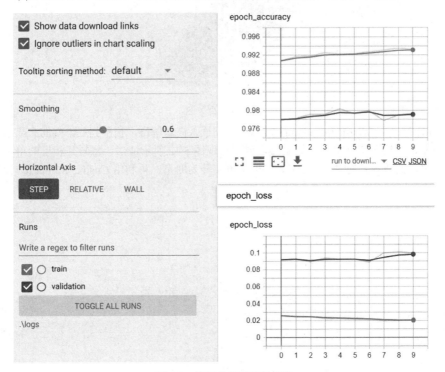

图 5.9　追踪效果指标并呈现

(2) 显示运算图 (Computational Graph)：包括张量运算和神经层，如图 5.10 所示。

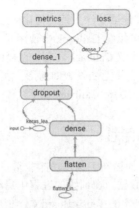

图 5.10　显示运算图

(3) 直方图 (Histogram)：显示训练过程中的权重、偏差的概率分布，如图 5.11 所示。

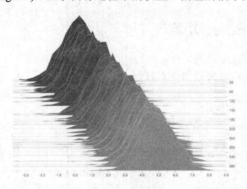

图 5.11　直方图

(4) 词嵌入 (Word Embedding) 展示：把词嵌入向量降维，投影到三维空间来显示。画面右边可输入任意单字，如 king，就会出现图 5.12 所示情形，将与其相近的单字显示出来，其原理是通过 Word2Vec 将每个单字转为向量，再利用 Cosine_Similarity 计算相似性，详情会在后续章节介绍。

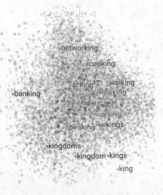

图 5.12　词嵌入展示

(5) 显示图片、文字和音频数据，如图 5.13 所示。

图 5.13　显示图片

(6) 剖析 TensorFlow 程序流程。

5-5-2　测试

之前在 model.fit() 内指定 TensorBoard Callback，可写入工作日志文件 (Log)，内容类是固定的，如果要自定义写入的内容，可以直接在程序中写入工作日志文件，但是不能使用 model.fit()，要改用自动微分 (tf.GradientTape) 的方式训练。

范例. 同样用 MNIST 辨识作测试，前面加载数据与建立模型程序代码的流程不变，从 compile() 开始做一些调整，下面仅列出关键的程序代码，完整的程序请参阅 05_07_TensorBoard.ipynb。

(1) 先设定优化器、损失函数、效果衡量指标的类别。程序代码如下：

```
1  # 设定优化器、损失函数、效果衡量指标的类别
2  loss_function = tf.keras.losses.SparseCategoricalCrossentropy()
3  optimizer = tf.keras.optimizers.Adam()
4
5  # Define 训练及测试的效果衡量指标(Metrics)
6  train_loss = tf.keras.metrics.Mean('train_loss', dtype=tf.float32)
7  train_accuracy = tf.keras.metrics.SparseCategoricalAccuracy('train_accuracy')
8  test_loss = tf.keras.metrics.Mean('test_loss', dtype=tf.float32)
9  test_accuracy = tf.keras.metrics.SparseCategoricalAccuracy('test_accuracy')
```

(2) 写入效果衡量指标：使用自动微分 (tf.GradientTape) 的方式训练模型。程序代码如下：

```
1  def train_step(model, optimizer, x_train, y_train):
2      # 自动微分
3      with tf.GradientTape() as tape:
4          predictions = model(x_train, training=True)
5          loss = loss_function(y_train, predictions)
6      grads = tape.gradient(loss, model.trainable_variables)
7      optimizer.apply_gradients(zip(grads, model.trainable_variables))
8
9      # 计算训练的效果衡量指标
10     train_loss(loss)
11     train_accuracy(y_train, predictions)
12
13 def test_step(model, x_test, y_test):
14     # 预测
15     predictions = model(x_test)
16     # 计算损失
17     loss = loss_function(y_test, predictions)
18
19     # 计算测试的效果衡量指标
20     test_loss(loss)
21     test_accuracy(y_test, predictions)
```

(3) 使用 tf.summary.create_file_writer 开启工作日志文件。程序代码如下：

```
10  train_summary_writer = tf.summary.create_file_writer(train_log_dir)
11  test_summary_writer = tf.summary.create_file_writer(test_log_dir)
```

(4) 使用 tf.summary.scalar 写入字符串名称 (Name) 及数值 (Value) 至工作日志文件。程序代码如下：

```
10      with train_summary_writer.as_default():
11          tf.summary.scalar('loss', train_loss.result(), step=epoch)
12          tf.summary.scalar('accuracy', train_accuracy.result(), step=epoch)
```

(5) 在终端机或 DOS 内执行以下指令，启动 Tensorboard 网站：tensorboard --logdir logs/gradient_tape。

(6) 也可以在 Jupyter Notebook 内启动，分为以下两个步骤。

① 先加载 "TensorBoard notebook extension" 扩充程序。程序代码如下：

```
1  # 载入 TensorBoard notebook extension，即可在 Jupyter Notebook 启动 Tensorboard
2  %load_ext tensorboard
```

② 启动 Tensorboard 网站。程序代码如下：

```
1  # 启动 Tensorboard
2  %tensorboard --logdir logs/gradient_tape
```

注意：% 为 Jupyter Notebook 的魔术方法前置符号，在终端机或 DOS 启动时，不需 %。

(7) 使用浏览器输入网址 http://localhost:6006/，即可观看训练信息。

5-5-3 写入图片

范例. 除了训练过程的信息，也可以随时把数据写入工作日志文件，以下示范如何将图片写入工作日志文件。

(1) 设定工作日志文件目录，写入图像。程序代码如下：

```
1   # 任意找一张图片
2   img = x_train_norm[0].reshape((-1, 28, 28, 1))
3   img.shape
4
5   import datetime
6
7   # 指定工作日志文件
8   logdir = ".\\logs\\train_data\\" + datetime.datetime.now().strftime("%Y%m%d-%H%M%S")
9   # Creates a file writer for the log directory.
10  file_writer = tf.summary.create_file_writer(logdir)
11
12  # Using the file writer, log the reshaped image.
13  with file_writer.as_default():
14      # 将图片写入工作日志文件
15      tf.summary.image("Training data", img, step=0)
```

(2) 启动 Tensorboard 网站：tensorboard --logdir logs/train_data。

(3) 使用浏览器观看图片 (在 Images 选项)：http://localhost:6006/。

(4) 执行结果：如图 5.14 所示。

图 5.14　写入图片执行结果

在后续章节介绍卷积神经网络 (CNN) 时，可以把卷积转换后的图片写入，以了解训练过程中图片是如何被转换的，有助于理解神经网络这个黑箱是如何辨识图片的，这就是所谓的"可解释的 AI"(Explainable AI, XAI)。

5-5-4　直方图

要显示训练过程中的权重、偏差分布相当简单，只要在定义 TensorBoard Callback 时加一个参数"histogram_freq=1"就完成了，意思是每一个执行周期绘制一张直方图。

请参阅程序：**05_04_Callback.ipynb**。

程序代码如下：

```
1  # 定义 tensorboard callback
2  tensorboard_callback = [tf.keras.callbacks.TensorBoard(log_dir='.\\logs',
3                         histogram_freq=1)]
```

启动 Tensorboard 网站，单击"histograms"选项，显示如下，前方的直方图为训练的最后结果，如图 5.15 所示。

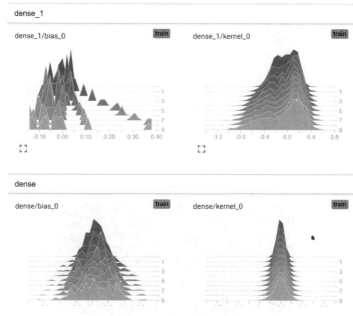

图 5.15　直方图执行结果

5-5-5 效果调校

范例. 效果调校，找出最佳参数组合。

请参阅程序：**05_08_TensorBoard_Tuning.ipynb**。

(1) TensorBoard 与 Keras Tuner 类似，首先设定多个调校的参数组合。程序代码如下：

```
1  # 参数组合
2  from tensorboard.plugins.hparams import api as hp
3
4  HP_NUM_UNITS = hp.HParam('num_units', hp.Discrete([16, 32]))
5  HP_DROPOUT = hp.HParam('dropout', hp.RealInterval(0.1, 0.2))
6  HP_OPTIMIZER = hp.HParam('optimizer', hp.Discrete(['adam', 'sgd']))
```

(2) 每一参数组合训练一个模型。程序代码如下：

```
1  # 按每一参数组合执行训练
2  session_num = 0
3
4  for num_units in HP_NUM_UNITS.domain.values:
5      for dropout_rate in (HP_DROPOUT.domain.min_value, HP_DROPOUT.domain.max_value):
6          for optimizer in HP_OPTIMIZER.domain.values:
7              hparams = {
8                      HP_NUM_UNITS: num_units,
9                      HP_DROPOUT: dropout_rate,
10                     HP_OPTIMIZER: optimizer,
11             }
12             run_name = "run-%d" % session_num
13             print('--- Starting trial: %s' % run_name)
14             print({h.name: hparams[h] for h in hparams})
15             run('logs/hparam_tuning/' + run_name, hparams)
16             session_num += 1
```

① 启动 TensorBoard 网站，单击"hparams"选项，显示如图 5.16 所示第 6 回合准确率最佳。

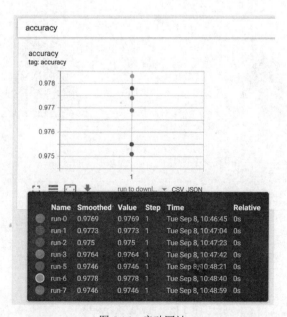

图 5.16　启动网站

② 详细信息如图 5.17 所示。

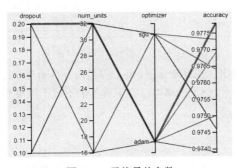

图 5.17　详细信息

③ 从图 5.18 所示的粗体线可以找到最佳参数。
- dropout rate=0.2。
- 输出神经元数 (num_units)=32。
- 优化器 (optimizer)=adam。
- 获得最佳准确度 0.9775。

图 5.18　寻找最佳参数

5-5-6　敏感度分析

敏感度分析能帮助我们更了解分类 (Classification) 与回归 (Regression) 模型，它拥有许多强大的功能，介绍如下。

(1) 在图 5.19 左边的字段中修改任意一个观察值，重新预测，即可观察变动的影响。

图 5.19　修改观察值，观察变动影响

(2) 单击"Partial dependence plots"选项，可以了解个别特征对预测结果的影响，如图 5.20 所示。

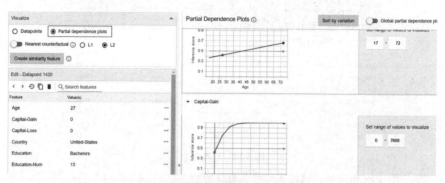

图 5.20　观察个别特征对预测结果的影响

(3) 切割训练数据数量了解测试资料预测结果的敏感度分析，如图 5.21 所示。

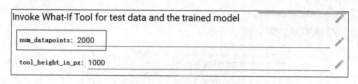

图 5.21　切割训练资据数量

详细操作说明可参考 *A Walkthrough with UCI Census Data* [3]，范例 [4] 可在 Colaboratory 环境中执行，这是一个二分类的模型，由于该范例不属于深度学习模型，因此笔者就不多作说明了。

5-5-7　总结

TensorBoard 随着时间增加的功能越来越多，以上我们只做了很简单的实验，如果需要更详细的信息，读者可以参阅 TensorBoard 官网的指南 [5]。

5-6　模型部署与 TensorFlow Serving

一般深度学习模型安装的选项如下。

(1) 本地服务器 (Local Server)。

(2) 云端服务器 (Cloud Server)。

(3) 边缘运算 (IoT Hub)：例如要侦测全省的温度，我们会在各县市安装上千个传感器，每个 IoT Hub 会负责多个传感器的信号接收、初步过滤和分析，分析完成后再将数据后送到数据中心。

其呈现的方式可能是网页、手机 App 或桌面程序，下面先就网页开发进行说明。

5-6-1　自行开发网页程序

若是自行开发网页程序，并且安装在本地服务器，则可以运用 Python 框架，如 Django、Flask 或 Streamlit，快速建立网页。其中以 Streamlit 最为简单，用户不需要懂得 HTML/CSS/Javascript，只靠 Python 就可以搞定一个初阶的网站，下面我们实际建立一个手写阿拉伯数字的辨识网站。

完整程序请参阅 **05_09_web.py**。

(1) 安装 Streamlit 包：pip install streamlit。

(2) 执行 Python 程序，必须以 streamlit run 开头，而非 python 执行，如 streamlit run 05_10_web.py。

(3) 网页显示后，拖曳 MyDigits 目录内的任一文件至画面中的上传图文件区域，就会显示辨识结果，用户也可以使用画图等绘图软件书写数字，如图 5.22 所示。

图 5.22　网页显示

程序代码说明如下。

(1) 加载相关库。程序代码如下：

```
1  # streamlit run 05_10_web.py
2  # 载入库
3  import streamlit as st
4  from skimage import io
5  from skimage.transform import resize
6  import numpy as np
7  import tensorflow as tf
```

(2) 模型加载。程序代码如下：

```
9  # 模型载入
10 model = tf.keras.models.load_model('./mnist_model.h5')
```

(3) 上传图片。程序代码如下：

```
15 # 上传图片
16 uploaded_file = st.file_uploader("上传图片(.png)", type="png")
```

(4) 文件上传后，执行以下工作。程序代码如下：

① 第 18~23 行：把图像缩小成宽高为 (28, 28)。

② 第 25 行：RGB 的白色为 255，但训练数据 MNIST 的白色为 0，故需反转颜色。

③ 第 28 行：辨识上传文件。

```
17 if uploaded_file is not None:
18     # 读取上传图片文件
19     image1 = io.imread(uploaded_file, as_gray=True)
20     # 缩小图形为(28, 28)
21     image_resized = resize(image1, (28, 28), anti_aliasing=True)
22     # 插入第一维，代表批数
23     X1 = image_resized.reshape(1,28,28,1)
24     # 颜色反转
```

```
24      # 颜色反转
25      X1 = np.abs(1-X1)
26
27      # 预测
28      predictions = model.predict_classes(X1)[0]
29      # 显示预测结果
30      st.write(f'预测结果:{predictions}')
31      # 显示上传图片文件
32      st.image(image1)
```

5-6-2 TensorFlow Serving

另外用户也可以直接利用 TensorFlow Serving 架设网页服务接口，它是一个高效的服务系统，不需撰写程序，就可提供 API，让外界程序调用，支持 gPRC、REST API 两种协议。依照文件说明，它目前只支持 Linux 系统，因此，笔者以 Windows 内建的 Linux subsystem——WSL 环境进行实验。

先看一个简单的例子，假使要部署至云端服务器或 IoT Hub，考虑到需要在短时间内部署很多台，通常会选择使用容器 (Container) 架构，建立虚拟机。我们以 TensorFlow Serving 官网的案例[6]说明。具体流程如图 5.23 所示。

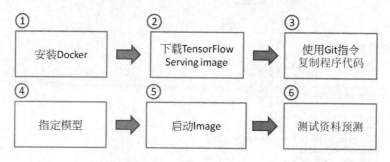

图 5.23 操作流程

(1) 安装 Docker：有关 Docker 的安装在此不作说明，笔者以 Windows 内建的 WSL2 所整合的 Docker DeskTop 来说明整个程序。

(2) 从 Docker Repository 下载一个 TensorFlow Serving 的 Image：docker pull tensorflow/serving

(3) 使用 Git 指令复制 TensorFlow Serving 程序代码：git clone https://github.com/tensorflow/serving。

(4) 指定模型：模型范例名称为 half_plus_two，顾名思义，就是将输入除以 2，再加 2，即：TESTDATA="$(pwd)/serving/tensorflow_serving/servables/tensorflow/testdata"。

(5) 启动下载的 Image：下列指令为同一行，提供 REST API：docker run -t --rm -p 8501：8501 -v "$TESTDATA/saved_model_half_plus_two_cpu：/models/half_plus_two" -e MODEL_NAME=half_plus_two tensorflow/serving &。

(6) 测试数据预测：使用 curl 送出三批数据分别为 1.0、2.0、5.0，进行预测，下列指令为同一行：curl -d '{"instances": [1.0, 2.0, 5.0]}' -X POST http://localhost：8501/v1/models/half_plus_two：predict。

(7) 传回预测结果：{ "predictions": [2.5, 3.0, 4.5] }。

(8) 修改第 6 步骤的数据 [10.0, 2.0, 5.0]，得到预测结果：{ "predictions": [7.0, 3.0, 4.5] }。

通过上述步骤，如法炮制，换上用户自己的模型，程序是一样的。

假设不使用 Docker，步骤如图 5.24 所示。

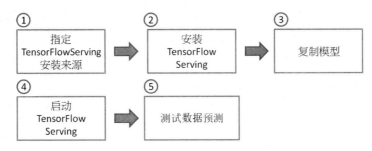

图 5.24　不使用 Docker 的步骤

(1) 首先指定 TensorFlow Serving 安装来源，以下指令为同一列：

echo "deb [arch=amd64] http://storage.googleapis.com/tensorflow-serving-apt stable tensorflow-model-server tensorflow-model-server-universal" | sudo tee /etc/apt/sources.list.d/tensorflow-serving.list && \

curl

https://storage.googleapis.com/tensorflow-serving-apt/tensorflow-serving.release.pub.gpg | sudo apt-key add -

(2) 安装 TensorFlow Serving，Ubuntu 操作系统使用 apt-get。指令如下：

sudo apt-get update

sudo apt-get install tensorflow-model-server

(3) 复制模型：将之前使用 SavedModel 存盘的目录复制到 /mnt/c/Users/mikec/，mikec 为笔者登录账号的 Home 目录，以下假设模型目录为 my_model。

(4) 复制后需要在 my_model 下新增一个名为"1"的子目录，代表版本类别，将原有子目录及文件，搬移到"1"子目录内，如图 5.25 所示。

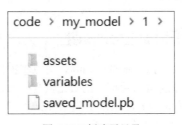

图 5.25　创建子目录

(5) 启动 TensorFlow Serving，模型名称 (model_name) 可任意取名，这里取名为 MLP。程序如下：

tensorflow_model_server --model_base_path=/mnt/c/Users/mikec/my_model --model_name=MLP --rest_api_port=8501

(6) 测试数据预测：执行客户端程序 (05_11_tf_serving_client.py) 调用 TensorFlow Serving。程序如下：

python 05_11_tf_serving_client.py

执行后会传回辨识的结果 4。

范例. 客户端程序：05_10_tf_serving_client.py：

```
1  import json
2  import numpy as np
3  import requests
4  from skimage import io
5  from skimage.transform import resize
6
7  uploaded_file='./myDigits/4.png'
8  image1 = io.imread(uploaded_file, as_gray=True)
9  # 缩小图形为(28, 28)
10 image_resized = resize(image1, (28, 28), anti_aliasing=True)
11 # 插入第一维，代表笔数
12 X1 = image_resized.reshape(1,28,28,1)
13 # 颜色反转
14 X1 = np.abs(1-X1)
15
16 # 将预测数据转为 JSON 格式
17 data = json.dumps({
18     "instances": X1.tolist()
19     })
20
21 # 呼叫 TensorFlow Serving API
22 headers = {"content-type": "application/json"}
23 json_response = requests.post(
24     'http://localhost:8501/v1/models/MLP:predict',
25     data=data, headers=headers)
26
27 # 解析预测结果
28 predictions = np.array(json.loads(json_response.text)['predictions'])
29 print(np.argmax(predictions, axis=-1))
```

程序说明如下。

(1) 第 7 行：指定要辨识的图片文件。

(2) 第 8~14 行：读取图片文件，将像素转为数组。

(3) 第 17~19 行：将预测数据转为 JSON 格式。

(4) 第 21~25 行：使 TensorFlow Serving API，送出图形数组。

(5) 第 28~29 行：接收 API 传回的数据，解析预测结果。

由上述范例可以看出 Server 端完全不必撰写程序，非常方便，详细功能可参阅 "TensorFlow Serving 架构说明"[7]。

5-7　TensorFlow Dataset

TensorFlow Dataset 类似于 Python Generator，可以根据需要逐批读取数据，不必完全把数据全部加载至内存，因为如果将庞大的数据量全部加载，内存可能就爆了。另外，它还有支持缓存 (Cache)、预取 (Prefetch)、筛选 (Filter)、转换 (Map) 等功能，官网有许多范例都会使用到 Dataset，值得我们一探究竟。

5-7-1　产生 Dataset

建立 Dataset 有以下很多种方式。

(1) from_tensor_slices()：自 List 或 NumPy ndarray 数据类型转入。

(2) from_tensors()：自 Tensorflow Tensor 数据类型转入。

(3) from_generator()：自 Python Generator 数据类型转入。

(4) TFRecordDataset()：自 TFRecord 数据类型转入。

(5) TextLineDataset()：自文本文件转入。

范例. 测试Dataset的相关操作。

详细程序请参阅：**05_11_Dataset.ipyn**b。

(1) 自 List 转入 Dataset。程序代码如下：

```python
import tensorflow as tf

# 自 list 转入
dataset = tf.data.Dataset.from_tensor_slices([8, 3, 0, 8, 2, 1])
```

(2) 使用 for 循环即可自 Dataset 取出所有数据，必须以 numpy() 函数转换才能打印数据内容。程序代码如下：

```python
# 使用 for 循环可自 Dataset 取出所有数据
for elem in dataset:
    print(elem.numpy())
```

(3) 使用 iter() 函数将 Dataset 转成 Iterator，再使用 next() 函数一次取一批数据。程序代码如下：

```python
# 转成 Iterator
it = iter(dataset)

# 一次取一批数据
print(next(it).numpy())
print(next(it).numpy())
```

执行结果为前两批：8、3。

(4) 依照维度小计 (reduce)，如果数据维度是一维，即为总计。程序代码如下：

```python
# 依照维度小计(reduce)
import numpy as np

# 一维数据
ds = tf.data.Dataset.from_tensor_slices([1, 2, 3, 4, 5])

initial_state=0       # 起始值
print(ds.reduce(initial_state, lambda state, value: state + value).numpy())
```

执行结果：15。

(5) 二维数据：按照列统计。程序代码如下：

```python
# 依照第一维度小计(reduce)
import numpy as np

# 二维数据
ds = tf.data.Dataset.from_tensor_slices(np.arange(1,11).reshape(2,5))

initial_state=0       # 起始值
print(ds.reduce(initial_state, lambda state, value: state + value).numpy())
```

执行结果：[7 9 11 13 15]。

(6) 三维数据：依照第一维度小计。程序代码如下：

```python
# 依照第一维度小计(reduce)
import numpy as np

# 三维数据
ds = tf.data.Dataset.from_tensor_slices(np.arange(1,13).reshape(2,2,3))

print('原始数据:\n', np.arange(1,13).reshape(2,2,3), '\n')

initial_state=0       # 起始值
print('计算结果:\n', ds.reduce(initial_state, lambda state, value: state + value).numpy())
```

执行结果如下：

```
原始数据：
[[[ 1  2  3]
  [ 4  5  6]]

 [[ 7  8  9]
  [10 11 12]]]
计算结果：
[[ 8 10 12]
 [14 16 18]]
```

(7) map：以函数套用到 Dataset 内每个元素，将每个元素乘以 2。程序代码如下：

```python
# 对每个元素应用函数(map)
import numpy as np

# 测试数据
ds = tf.data.Dataset.from_tensor_slices([1, 2, 3, 4, 5])

# 对每个元素应用函数(map)
ds = ds.map(lambda x: x * 2)

# 转成 Iterator，再显示
print(list(ds.as_numpy_iterator()))
```

执行结果：[2, 4, 6, 8, 10]

(8) 过滤 (filter)：将偶数取出。程序代码如下：

```python
# 过滤
import numpy as np

# 测试数据
ds = tf.data.Dataset.from_tensor_slices([1, 2, 3, 4, 5])

# 对每个元素应用函数(map)
ds = ds.filter(lambda x: x % 2 == 0)

# 转成 Iterator，再显示
print(list(ds.as_numpy_iterator()))
```

执行结果：[2, 4]

(9) 复制 (repeat)：有时候训练数据过少，我们会希望复制训练数据，来提高模型的准确度。程序代码如下：

```python
# 数据复制
import numpy as np

# 测试数据
ds = tf.data.Dataset.from_tensor_slices([1, 2, 3, 4, 5])

# 重复 3 次
ds = ds.repeat(3)

# 转成 Iterator，再显示
print(list(ds.as_numpy_iterator()))
```

执行结果：[1, 2, 3, 4, 5, 1, 2, 3, 4, 5, 1, 2, 3, 4, 5]

(10) Dataset 分片 (Shard)：将数据依固定间隔取样，在分布式计算时，可利用此函数将数据分配给每一台工作站 (Worker) 进行运算。程序代码如下：

```
1  # 分片(Shard)
2  import numpy as np
3
4  # 测试数据：0~10
5  ds = tf.data.Dataset.range(11)
6  print('原始数据:\n', list(ds.as_numpy_iterator()))
7
8  # 每 3 批间隔取样一批，从第一批开始
9  ds = ds.shard(num_shards=3, index=0)
10
11 # 转成 Iterator，再显示
12 print('\n计算结果:\n', list(ds.as_numpy_iterator()))
```

执行结果如下：

```
原始数据：
[0, 1, 2, 3, 4, 5, 6, 7, 8, 9, 10]

计算结果：
[0, 3, 6, 9]
```

另外还有许多函数，如 take、skip、unbatch、window、zip 等，读者请参阅 TensorFlow 官网关于 Dataset 的说明[8]。

(11) 将 MNIST 数据转入 Dataset。程序代码如下：

```
1  import tensorflow as tf
2
3  mnist = tf.keras.datasets.mnist
4
5  # 载入 MNIST 手写阿拉伯数字数据
6  (x_train, y_train),(x_test, y_test) = mnist.load_data()
7
8  # 特征缩放，使用常态化(Normalization)，公式 = (x - min) / (max - min)
9  x_train_norm, x_test_norm = x_train / 255.0, x_test / 255.0
10
11 # 转为 Dataset，含 X/Y 数据
12 dataset = tf.data.Dataset.from_tensor_slices((x_train_norm, y_train))
13 print(dataset)
```

执行结果：会显示数据类型及维度。执行结果如下：

```
<TensorSliceDataset shapes: ((28, 28), ()), types: (tf.float64, tf.uint8)>
```

(12) 逐批取得数据。

① shuffle(10000)：每次从 dataset 取出 10000 批数据进行洗牌。

② batch(1000)：随机抽出 1000 批数据。

程序代码如下：

```
1  # 每次随机抽出 1000 批
2  # shuffle：每次从 60000 批训练数据取出 10000 批洗牌，batch：随机抽出 1000 批
3  train_dataset = dataset.shuffle(10000).batch(1000)
4  i=0
5  for (x_train, y_train) in train_dataset:
6      if i == 0:
7          print(x_train.shape)
8          print(x_train[0])
9
10     i+=1
11 print(i)
```

执行结果：显示共 60 批数据，每批数据有 1000 个。

(13) 随机数生成 Dataset。程序代码如下：

```
1  import tensorflow as tf
2
3  # 随机乱数产生 Dataset
4  ds = tf.data.Dataset.from_tensor_slices(
5      tf.random.uniform([4, 10], minval=1, maxval=10, dtype=tf.int32))
6
7  # 转成 Iterator，再显示
8  print(list(ds.as_numpy_iterator()))
```

执行结果：维度为 (4, 10)，每个值介于 (1, 10)。执行结果如下：

[array([1, 9, 1, 1, 6, 7, 5, 9, 8, 5]), array([3, 8, 1, 3, 9, 7, 1, 2, 3, 6]), array([4, 1, 5, 4, 1, 8, 5, 7, 7, 9]), array([1, 2, 7, 4, 4, 5, 2, 7, 3, 3])]

(14) 从 Tensorflow Tensor 数据类型的变量转入 Dataset。程序代码如下：

```
1  import tensorflow as tf
2
3  # 稀疏矩阵
4  mat = tf.SparseTensor(indices=[[0, 0], [1, 2]], values=[1, 2],
5                        dense_shape=[3, 4])
6
7  # 转入 Dataset
8  ds = tf.data.Dataset.from_tensors(mat)
9
10 # 使用循环自 Dataset 取出所有数据
11 for elem in ds:
12     print(tf.sparse.to_dense(elem).numpy())
```

执行结果如下：

[[1 0 0 0]
 [0 0 2 0]
 [0 0 0 0]]

5-7-2 图像 Dataset

由于图像文件的尺寸通常都很大，不像 MNIST 的宽和高各只有 (28, 28)，假使一次加载所有文件至内存，恐怕会发生内存不足的状况，因此，TensorFlow Dataset 针对影像和文字进行了特殊处理，可以分批加载内存，同时提供数据增补 (Data Augmentation) 的功能，能够对既有的图像进行图像处理，产生更多的训练数据，这些功能全都整合至 Dataset，可在训练 (fit) 指令中指定数据源为 Dataset，一气呵成。

范例. 自 **Python Generator** 数据类型的变量转入 **Dataset**，如从网络取得压缩文件，解压缩后，进行数据增补，作为训练数据。数据增补是提高图形辨识度非常有效的方法，利用图像处理的技巧，如放大、缩小、偏移、旋转、裁切等方式，产生各式的训练数据，让训练数据更加多样化，进而使模型有更高的辨识能力。

(1) 从网络取得压缩文件，解压缩，并进行数据增补。程序代码如下：

```python
1  # 从网络取得压缩文件，并解压缩
2  flowers = tf.keras.utils.get_file(
3      'flower_photos',
4      'https://storage.googleapis.com/download.tensorflow.org/example_images/flower_photos.tgz',
5      untar=True)
6
7  # 定义参数
8  BATCH_SIZE = 32  # 批量
9  IMG_DIM = 224    # 影像宽度
10 NB_CLASSES = 5   # Label 类别数
11
12 # 数据增补，rescale：特征缩放，rotation_range：自动增补旋转20度内的图片
13 img_gen = tf.keras.preprocessing.image.ImageDataGenerator(rescale=1./255, rotation_range=20)
```

(2) 试取一批文件，并显示第一批影像。程序代码如下：

```python
1  # 取一批文件
2  images, labels = next(img_gen.flow_from_directory(flowers))
3
4  # 显示第一批影像
5  import matplotlib.pyplot as plt
6  plt.imshow(images[0])
7  plt.axis('off')
8  print('labels:', labels[0])
```

执行结果如下：

```
Found 3670 images belonging to 5 classes.
labels: [0. 1. 0. 0. 0.]
```

(3) 定义 Generator 的属性，包括取出数据的逻辑，再将之转为 Dataset。程序代码如下：

```python
1  # 定义 Generator 的属性：取出数据的逻辑
2  gen = img_gen.flow_from_directory(
3      flowers,
4      (IMG_DIM, IMG_DIM),
5      'rgb',
6      class_mode='categorical',
7      batch_size=BATCH_SIZE,
8      shuffle=False
9  )
10
11 # 转入 Dataset
12 ds = tf.data.Dataset.from_generator(lambda: gen,
13     output_signature=(
14         tf.TensorSpec(shape=(BATCH_SIZE, IMG_DIM, IMG_DIM, 3)),
15         tf.TensorSpec(shape=(BATCH_SIZE, NB_CLASSES))
16     )
17 )
```

(4) 试取下一批数据。程序代码如下：

```
1  # 取下一批数据
2  it = iter(ds)
3  images, label = next(it)
4  print(np.array(images).shape, np.array(label).shape)
```

执行结果：取出的影像及标记维度分别为 (32, 224, 224, 3)、(32, 5)。

可在训练指令中指定数据源为产生的 Dataset，在下一章会有完整范例说明。

5-7-3　TFRecord 与 Dataset

TFRecord 由 TensorFlow 团队所开发，遵循 Google Protocol Buffer，希望实现跨平台、跨语言的数据结构 (Record-Oriented Binary Format)，每批记录能够存储各种数据类型的字段，类似于 JSON 格式，可序列化 (Serialization) 为二进制的格式存储。

如图 5.26 所示，在操作 TFRecord 时，需要借由 tf.train.Example 将数据封装成 protocol message，基本上 tf.train.Example 的格式为 {"string": tf.train.Feature}，而 tf.train.Feature 可接受 BytesList、FloatList、Int64List 三种格式的数据。BytesList 用于字符串或二进制的数据，如图像、语音等。

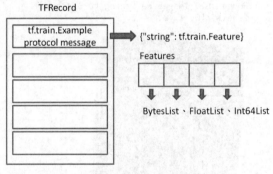

图 5.26　TFRecord 结构

范例. 测试 TFRecord 相关操作。

请参阅程序：**05_12_TFRecord.ipynb**。

(1) 定义 tf.train.Feature 转换函数。程序代码如下：

```
1  # 下列函数可转换为 tf.train.Example 的 tf.train.Feature
2  def _bytes_feature(value):
3      """Returns a bytes_list from a string / byte."""
4      if isinstance(value, type(tf.constant(0))):
5          value = value.numpy()
6      return tf.train.Feature(bytes_list=tf.train.BytesList(value=[value]))
7
8  def _float_feature(value):
9      """Returns a float_list from a float / double."""
10     return tf.train.Feature(float_list=tf.train.FloatList(value=[value]))
11
12 def _int64_feature(value):
13     """Returns an int64_list from a bool / enum / int / uint."""
14     return tf.train.Feature(int64_list=tf.train.Int64List(value=[value]))
```

(2) 简单测试。程序代码如下:

```
1  print(_bytes_feature(b'test_string'))
2  print(_bytes_feature(u'test_bytes'.encode('utf-8')))
3
4  print(_float_feature(np.exp(1)))
5
6  print(_int64_feature(True))
7  print(_int64_feature(1))
```

执行结果如下:

```
bytes_list {
  value: "test_string"
}
bytes_list {
  value: "test_bytes"
}
float_list {
  value: 2.7182817
}
int64_list {
  value: 1
}
int64_list {
  value: 1
}
```

(3) 序列化测试。程序代码如下:

```
1  # 序列化(serialization)
2  feature = _float_feature(np.exp(1))
3  feature.SerializeToString()
```

执行结果:b'\x12\x06\n\x04T\xf8-@',为二进制的格式,进行压缩。

(4) 建立 tf.train.Example 信息,含有 4 个 feature,即 0~3。程序代码如下:

```
1  # 建立tf.train.Example信息,含4个feature
2
3  # The number of observations in the dataset.
4  n_observations = int(1e4)
5
6  # Boolean feature, encoded as False or True.
7  feature0 = np.random.choice([False, True], n_observations)
8
9  # Integer feature, random from 0 to 4.
10 feature1 = np.random.randint(0, 5, n_observations)
11
12 # String feature
13 strings = np.array([b'cat', b'dog', b'chicken', b'horse', b'goat'])
14 feature2 = strings[feature1]
15
16 # Float feature, from a standard normal distribution
17 feature3 = np.random.randn(n_observations)
```

(5) 接下来要写入 TFRecord 文件,先定义 tf.train.Example 数据序列化函数。程序

代码如下:

```python
# 序列化(serialization)
def serialize(feature0, feature1, feature2, feature3):
    """
    Creates a tf.train.Example message ready to be written to a file.
    """
    # Create a dictionary mapping the feature name to the tf.train.Example-compatible
    # data type.
    feature = {
            'feature0': _int64_feature(feature0),
            'feature1': _int64_feature(feature1),
            'feature2': _bytes_feature(feature2),
            'feature3': _float_feature(feature3),
    }
    
    # Create a Features message using tf.train.Example.
    
    example_proto = tf.train.Example(features=tf.train.Features(feature=feature))
    return example_proto.SerializeToString()
```

(6) 将一批记录写入 TFRecord 文件。程序代码如下:

```python
# 将一批记录写入 TFRecord 文件
with tf.io.TFRecordWriter("test.tfrecords") as writer:
    writer.write(serialized_example)
```

(7) 读取 TFRecord 文件。程序代码如下:

```python
# 读取 TFRecord 文件
filenames = ["test.tfrecords"]
raw_dataset = tf.data.TFRecordDataset(filenames)

## 取得序列化的数据
for raw_record in raw_dataset.take(10):
    print(repr(raw_record))
```

执行结果:执行结果如下,为二进制的格式。

```
<tf.Tensor: shape=(), dtype=string, numpy=b'\nR\n\x11\n\x08feature0\x12\x05\x1a\x03\n\x01\x00\n\x11\n\x08feature1\x12\x05\x1a\x
03\n\x01\x04\n\x14\n\x08feature2\x12\x08\n\x06\n\x04goat\n\x14\n\x08feature3\x12\x08\x12\x06\n\x04[\xd3|?'>
```

(8) 若要取得原始数据,则需先反序列化 (Deserialize),设定原始数据的字段属性,透过 parse_single_example() 来进行反序列化。程序代码如下:

```python
# 设定原始数据的字段属性
feature_description = {
        'feature0': tf.io.FixedLenFeature([], tf.int64, default_value=0),
        'feature1': tf.io.FixedLenFeature([], tf.int64, default_value=0),
        'feature2': tf.io.FixedLenFeature([], tf.string, default_value=''),
        'feature3': tf.io.FixedLenFeature([], tf.float32, default_value=0.0),
}

# 将 tf.train.Example 信息转为字典(dictionary)
def _parse_function(example_proto):
    return tf.io.parse_single_example(example_proto, feature_description)
```

(9) 取得每一个字段值。程序代码如下:

```python
# 反序列化(Deserialize)
parsed_dataset = raw_dataset.map(_parse_function)

# 取得每一个字段值
for parsed_record in parsed_dataset.take(10):
    print(repr(parsed_record))
```

执行结果如下：

```
{'feature0': <tf.Tensor: shape=(), dtype=int64, numpy=0>, 'feature1': <tf.Tensor: shape=(), dtype=int64, numpy=4>, 'feature2': <tf.Tensor: shape=(), dtype=string, numpy=b'goat'>, 'feature3': <tf.Tensor: shape=(), dtype=float32, numpy=0.9876>}
```

(10) 从网络上取得官网的 TFRecord 文件。程序代码如下：

```
1  # 从网络上取得官网的 TFRecord 文件
2  file_path = "https://storage.googleapis.com/download.tensorflow.org/" + \
3              "data/fsns-20160927/testdata/fsns-00000-of-00001"
4  fsns_test_file = tf.keras.utils.get_file("fsns.tfrec", file_path)
5
6  # 显示存储位置
7  fsns_test_file
```

执行结果：显示默认存盘位置，其中 mikec 为用户目录：C:\\Users\\mikec\\.keras\\datasets\\fsns.tfrec。

(11) 读取 TFRecord 文件。程序代码如下：

```
1  # 读取 TFRecord 文件
2  dataset = tf.data.TFRecordDataset(filenames = [fsns_test_file])
3
4  # 取得下一批数据
5  raw_example = next(iter(dataset))
6  parsed = tf.train.Example.FromString(raw_example.numpy())
7  parsed.features.feature['image/text']
```

执行结果：该字段为一字符串：

bytes_list {

 value: "Rue Perreyon"

}

5-7-4　TextLineDataset

文本文件也可以像二进制文件一样存储在 Dataset 内，并且序列化后存档。我们同样来示范个简单的例子。

范例1. 测试TextLineDataset相关操作。

请参阅程序：**05_13_TextLineDataset.ipynb**。

(1) 读取三个语料库文件，合并为一 TextLineDataset。程序代码如下：

```
1  # 读取三个文件
2  directory_url = 'https://storage.googleapis.com/download.tensorflow.org/data/illiad/'
3  file_names = ['cowper.txt', 'derby.txt', 'butler.txt']
4
5  file_paths = [
6      tf.keras.utils.get_file(file_name, directory_url + file_name)
7      for file_name in file_names
8  ]
9
10 # 合并为一数据集
11 ds = tf.data.TextLineDataset(file_paths)
```

(2) 读取 5 批数据。程序代码如下：

```
1  # 读取5批数据
2  for line in ds.take(5):
3      print(line.numpy())
```

执行结果如下：

```
b"\xef\xbb\xbfAchilles sing, O Goddess! Peleus' son;"
b'His wrath pernicious, who ten thousand woes'
b"Caused to Achaia's host, sent many a soul"
b'Illustrious into Ades premature,'
b'And Heroes gave (so stood the will of Jove)'
```

(3) 轮流 (interleave)：每个文件读 3 批数据即切换为下一个文件读取 (cycle_length=3)。程序代码如下：

```
1  # interleave：每个文件轮流读取
2  files_ds = tf.data.Dataset.from_tensor_slices(file_paths)
3  lines_ds = files_ds.interleave(tf.data.TextLineDataset, cycle_length=3)
4
5  # 各读 3 批，共 9 批
6  for i, line in enumerate(lines_ds.take(9)):
7      if i % 3 == 0:
8          print()
9      print(line.numpy())
```

执行结果如下：

```
b"\xef\xbb\xbfAchilles sing, O Goddess! Peleus' son;"
b"\xef\xbb\xbfOf Peleus' son, Achilles, sing, O Muse,"
b'\xef\xbb\xbfSing, O goddess, the anger of Achilles son of Peleus, that brought'

b'His wrath pernicious, who ten thousand woes'
b'The vengeance, deep and deadly; whence to Greece'
b'countless ills upon the Achaeans. Many a brave soul did it send'

b"Caused to Achaia's host, sent many a soul"
b'Unnumbered ills arose; which many a soul'
b'hurrying down to Hades, and many a hero did it yield a prey to dogs and'
```

范例2. TextLineDataset结合筛选(filter)函数。

(1) 读取泰坦尼克文本文件 (.csv)，存储至 TextLineDataset。程序代码如下：

```
1  # 读取泰坦尼克文本文件(.csv)，存储至TextLineDataset
2  file_path = "https://storage.googleapis.com/tf-datasets/titanic/train.csv"
3  titanic_file = tf.keras.utils.get_file("train.csv", file_path)
4  titanic_lines = tf.data.TextLineDataset(titanic_file)
```

(2) 筛选生存者的数据。程序代码如下：

```
1   # 筛选生存者的数据
2   def survived(line):
3       return tf.not_equal(tf.strings.substr(line, 0, 1), "0")
4
5   # 筛选
6   survivors = titanic_lines.skip(1).filter(survived)
7
8   # 读取10批数据
9   for line in survivors.take(10):
10      print(line.numpy())
```

执行结果如下：

```
b'1,female,38.0,1,0,71.2833,First,C,Cherbourg,n'
b'1,female,26.0,0,0,7.925,Third,unknown,Southampton,y'
b'1,female,35.0,1,0,53.1,First,C,Southampton,n'
b'1,female,27.0,0,2,11.1333,Third,unknown,Southampton,n'
b'1,female,14.0,1,0,30.0708,Second,unknown,Cherbourg,n'
b'1,female,4.0,1,1,16.7,Third,G,Southampton,n'
b'1,male,28.0,0,0,13.0,Second,unknown,Southampton,y'
b'1,female,28.0,0,0,7.225,Third,unknown,Cherbourg,y'
b'1,male,28.0,0,0,35.5,First,A,Southampton,y'
b'1,female,38.0,1,5,31.3875,Third,unknown,Southampton,n'
```

范例3. TextLineDataset结合DataFrame。

(1) 读取泰坦尼克文本文件 (.csv)。程序代码如下：

```python
import pandas as pd

df = pd.read_csv(titanic_file, index_col=None)
df.head()
```

(2) 存储 Dataset，读取一批数据。程序代码如下：

```python
# 存储 Dataset
ds = tf.data.Dataset.from_tensor_slices(dict(df))

# 读取一批数据
for feature_batch in ds.take(1):
    for key, value in feature_batch.items():
        print(f"{key:20s}: {value}")
```

执行结果如下：

```
survived            : 0
sex                 : b'male'
age                 : 22.0
n_siblings_spouses  : 1
parch               : 0
fare                : 7.25
class               : b'Third'
deck                : b'unknown'
embark_town         : b'Southampton'
alone               : b'n'
```

5-7-5　Dataset 效果提升

使用 Dataset 时，可利用预先读取 (prefetch)、缓存 (cache) 等指令，来提升数据读取的效果。下面用时间轴的方式来展示 prefetch 和 cache 的用途。

(1) prefetch：在训练时只利用到 CPU/RAM，同时 TensorFlow 利用空档先读取下一批数据，并作转换，如图 5.27 和图 5.28 所示。

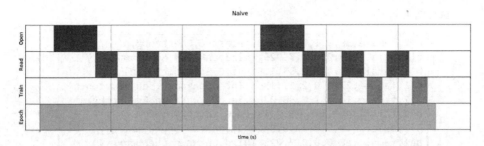

图 5.27 不使用 prefetch(开启 Dataset、读取数据、训练这三个动作会依序进行，拉长运行时间)

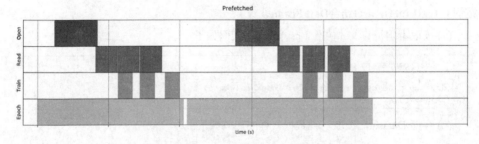

图 5.28 使用 prefetch(会在训练时，同时读取下一批数据，故读取数据和训练一起同步进行)

(2) cache：可将读出的数据留在高速缓存里，之后可再重复使用，如图 5.29 所示。

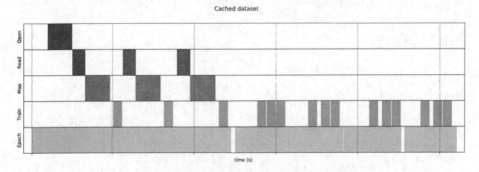

图 5.29 使用 cache(能够降低开启 Dataset 读取数据的次数，减少硬盘 I/O)

详细的情形读者可参考"官网 Dataset 效果说明"[9]。

第 6 章
卷积神经网络

第三波人工智能浪潮在自然用户接口 (Natural User Interface, NUI) 有了突破性的进展，包括影像 (Image&Video)、语音 (Voice) 与文字 (Text) 的辨识 / 生成 / 分析，机器学会利用人类日常生活中所使用的沟通方式，与使用者的互动不仅更具亲和力，也能对周遭的环境做出更合理、更有智慧的判断与反应。将这种能力附加到产品上，可使产品的应用发展焕发无限可能，包括自动驾驶 (Self-Driving)、无人机 (Drone)、智能家庭 (Smart Home)、制造 / 服务机器人 (Robot)、聊天机器人 (ChatBot) 等，不胜枚举。

从这一章开始，我们逐一来探讨影像、语音、文字的相关算法。

6-1 卷积神经网络简介

之前我们只用了十几行程序即可实现辨识阿拉伯数字，但是，模型使用像素 (Pixel) 为特征输入，似乎与人类辨识图形的方式并不一致，我们应该不会逐点辨识图形的内涵。

(1) 手写阿拉伯数字，通常都会集中在中央，故在中央像素的重要性应远大于周边的像素。

(2) 像素之间应有所关联，而非互相独立，如 1 为一垂直线。

(3) 人类视觉应该不是逐个像素辨识，而是观察数字的线条或轮廓。

因此，卷积神经网络 (Convolutional Neural Network, CNN) 引进了卷积层 (Convolution Layer)，进行特征提取 (Feature Extraction)，将像素转换为各种线条特征，再交给 Dense 层辨识，这就是图 1.7 机器学习流程的第 3 步骤——特征工程 (Feature Engineering)。

卷积 (Convolution) 简单来说就是将图形逐步抽样化 (Abstraction)，把不必要的信息删除，如色彩、背景等，图 6.1 所示经过三层卷积后，有些图依稀可辨识出人脸的轮廓了，因此，模型就依据这些线条辨识出是人、车或其他动物。

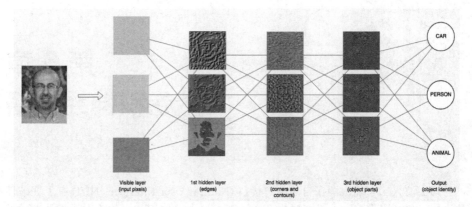

图 6.1 卷积神经网络的特征萃取

卷积神经网络的模型结构如图 6.2 所示。

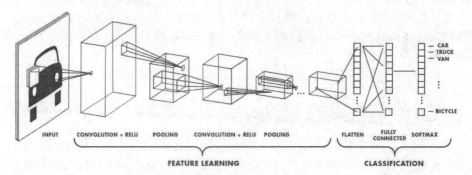

图 6.2 卷积神经网络的模型结构

(1) 先输入一张图像，可以是彩色的，每个色彩通道 (Channel) 分别卷积再合并。

(2) 图像经过卷积层运算，变成特征图 (Feature Map)，卷积可以指定很多个，卷积矩阵不是固定的，而是由反向传导推估出来的，与传统的图像处理不同，卷积层后面通常会附加 ReLU Activation Function。

(3) 卷积层后面会接一个池化层 (Pooling)，作下采样 (Down Sampling)，以降低模型的参数个数，避免模型过于庞大。

(4) 最后把特征图压扁 (Flatten) 成一维，交给 Dense 层辨识。

6-2 卷积

卷积是定义一个滤波器 (Filter) 或称卷积核 (Kernel)，对图像进行"乘积和"运算，如图 6.3 所示，计算步骤如下：

(1) 依照滤波器将输入图像裁切为相同尺寸的部分图像。
(2) 裁切的图像与相同的位置滤波器进行相乘。
(3) 加总所有格的数值，即为输出的第一格数值。
(4) 逐步向右滑动窗口 (见图 6.4)，回到步骤 (1)，计算下一格的值。
(5) 滑到最右边后，再往下滑动窗口，继续进行。

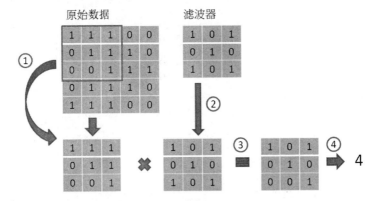

图 6.3　卷积计算 (1)

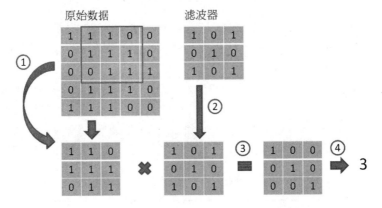

图 6.4　卷积计算 (2)

网络上有许多动画或影片可以参考，如 "Convolutional Neural Networks—Simplified"[1] 文中卷积计算的 GIF 动图[2]。

范例. 使用程序计算卷积。

请参阅程序：**06_01_convolutions.ipynb**。

(1) 准备数据及滤波器。程序代码如下：

```python
import numpy as np

# 测试数据
source_map = np.array(list('1110001110001110011001100')).astype(np.int)
source_map = source_map.reshape(5,5)
print('原始数据：')
print(source_map)

# 滤波器(Filter)
filter1 = np.array(list('101010101')).astype(np.int).reshape(3,3)
print('\n滤波器:')
print(filter1)
```

执行结果如下：

原始数据：
[[1 1 1 0 0]
 [0 1 1 1 0]
 [0 0 1 1 1]
 [0 0 1 1 0]
 [0 1 1 0 0]]

滤波器：
[[1 0 1]
 [0 1 0]
 [1 0 1]]

(2) 计算卷积。程序代码如下：

```
1  # 计算卷积
2  # 初始化计算结果的矩阵
3  width = height = source_map.shape[0] - filter1.shape[0] + 1
4  result = np.zeros((width, height))
5
6  # 计算每一格
7  for i in range(width):
8      for j in range(height):
9          value1 =source_map[i:i+filter1.shape[0], j:j+filter1.shape[1]] * filter1
10         result[i, j] = np.sum(value1)
11 print(result)
```

执行结果如下：

[4. 3. 4.]
[2. 4. 3.]
[2. 3. 4.]

(3) 使用 SciPy 库提供的卷积函数验算，执行结果一致。程序代码如下：

```
1  # 使用 SciPy 计算卷积
2  from scipy.signal import convolve2d
3
4  # convolve2d：二维卷积
5  convolve2d(source_map, filter1, mode='valid')
```

卷积计算时，其实还有以下两个参数。

(1) 补零 (Padding)：上面的卷积计算会使得图像尺寸变小，因为滑动窗口时，裁切的窗口会不足两个，即滤波器宽度减 1，因此 Padding 有以下两个选项。

① Padding='same'：在图像周围补上不足的列与行，使计算结果的矩阵尺寸不变 (same)，与原始图像尺寸相同，如图 6.5 所示。

② Padding='valid'：不补零，计算后图像尺寸变小。

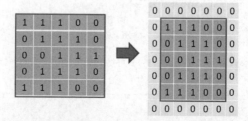

图 6.5　Padding='same'，在图像周围补上不足的列与行

(2) 滑动窗口的步数 (Stride)：图 6.4 所示是 Stride=1，图 6.6 所示是 Stride=2，可减少要估算的参数个数。

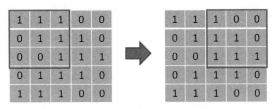

图 6.6　Stride=2，一次滑动 2 格窗口

以上是二维的卷积 (Conv2D) 的运作，通常应用在图像上。TensorFlow 还提供了 Conv1D、Conv3D，其中 Conv1D 因只考虑上下文 (Context Sensitive)，所以可应用于语音或文字方面，Conv3D 则可以应用于立体的对象。还有 Conv2DTranspose 提供了反卷积 (Deconvolution) 或称上采样 (Up Sampling) 的功能，反向由特征图重建图像。卷积和反卷积两者相结合，还可以组合成 AutoEncoder 模型，它是许多生成模型的基础算法，可以去除噪声，生成无干扰的图像。

6-3　各式卷积

虽然 CNN 会自动配置卷积的种类，不过我们还是来看看各式卷积的图像处理效果，进而使大家加深对 CNN 的理解。

(1) 首先定义一个卷积的影像转换函数，程序代码如下：

```python
1  # 卷积的影像转换函数，padding='same'
2  from skimage.exposure import rescale_intensity
3
4  def convolve(image, kernel):
5      # 取得图像与滤波器的宽高
6      (iH, iW) = image.shape[:2]
7      (kH, kW) = kernel.shape[:2]
8
9      # 计算 padding='same' 单边所需的补零行数
10     pad = int((kW - 1) / 2)
11     image = cv2.copyMakeBorder(image, pad, pad, pad, pad, cv2.BORDER_REPLICATE)
12     output = np.zeros((iH, iW), dtype="float32")
13
14     # 卷积
15     for y in np.arange(pad, iH + pad):
16         for x in np.arange(pad, iW + pad):
17             roi = image[y - pad:y + pad + 1, x - pad:x + pad + 1]   # 裁切图像
18             k = (roi * kernel).sum()                                 # 卷积计算
19             output[y - pad, x - pad] = k                             # 更新计算结果的矩阵
20
21     # 调整影像色彩深浅范围至 (0, 255)
22     output = rescale_intensity(output, in_range=(0, 255))
23     output = (output * 255).astype("uint8")
24
25     return output       # 回传结果影像
```

(2) 安装 Python OpenCV 库 pip install opencv-python，其中 OpenCV 是一个图像处理的库。

(3) 将影像灰阶化：skimage 全名为 scikit-image，也是一个图像处理的库，功能较 OpenCV 简易。程序代码如下：

```
1   # pip install opencv-python
2   import skimage
3   import cv2
4
5   # 自 skimage 取得内建的图像
6   image = skimage.data.chelsea()
7   cv2.imshow("original", image)
8
9   # 灰阶化
10  gray = cv2.cvtColor(image, cv2.COLOR_BGR2GRAY)
11  cv2.imshow("gray", gray)
12
13  # 按 Enter 键关闭窗口
14  cv2.waitKey(0)
15  cv2.destroyAllWindows()
```

执行结果：如图 6.7 所示。

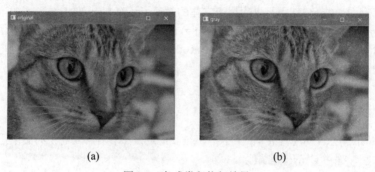

(a)　　　　　　　　　　　　(b)

图 6.7　各式卷积执行结果

(a) 原图；(b) 灰阶化

(4) 模糊化 (Blur)：滤波器设定为周围点的平均，就可以让图像模糊化，一般用于消除红眼现象或噪声。程序代码如下：

```
1   # 小模糊 filter
2   smallBlur = np.ones((7, 7), dtype="float") * (1.0 / (7 * 7))
3
4   # 卷积
5   convoleOutput = convolve(gray, smallBlur)
6   opencvOutput = cv2.filter2D(gray, -1, smallBlur)
7   cv2.imshow("little Blur", convoleOutput)
8
9   # 大模糊
10  largeBlur = np.ones((21, 21), dtype="float") * (1.0 / (21 * 21))
11
12  # 卷积
13  convoleOutput = convolve(gray, largeBlur)
14  opencvOutput = cv2.filter2D(gray, -1, largeBlur)
15  cv2.imshow("large Blur", convoleOutput)
16
17  # 按 Enter 键关闭窗口
18  cv2.waitKey(0)
19  cv2.destroyAllWindows()
```

① 小模糊：7×7 矩阵，执行结果如图 6.8 所示。

图 6.8 小模糊

②大模糊：21×21 矩阵，矩阵越大，影像越模糊，执行结果如图 6.9 所示。

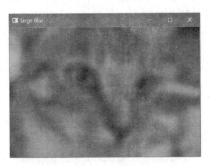

图 6.9 大模糊

(5) 锐化 (Sharpen)：可使图像的对比更加明显。程序代码如下：

```
1   # sharpening filter
2   sharpen = np.array((
3       [0, -1, 0],
4       [-1, 5, -1],
5       [0, -1, 0]), dtype="int")
6
7   # 卷积
8   convoleOutput = convolve(gray, sharpen)
9   opencvOutput = cv2.filter2D(gray, -1, sharpen)
10  cv2.imshow("sharpen", convoleOutput)
11
12  # 按 Enter 键关闭窗口
13  cv2.waitKey(0)
14  cv2.destroyAllWindows()
```

执行结果：卷积凸显中间点，使图像特征越明显，如图 6.10 所示。

图 6.10 锐化结果

(6) Laplacian 边缘检测：可检测图像的轮廓。程序代码如下：

```
1  # Laplacian filter
2  laplacian = np.array((
3      [0, 1, 0],
4      [1, -4, 1],
5      [0, 1, 0]), dtype="int")
6
7  # 卷积
8  convoleOutput = convolve(gray, laplacian)
9  opencvOutput = cv2.filter2D(gray, -1, laplacian)
10 cv2.imshow("laplacian edge detection", convoleOutput)
11
12 # 按 Enter 键关闭窗口
13 cv2.waitKey(0)
14 cv2.destroyAllWindows()
```

执行结果：卷积凸显外围，显现图像外围线条，如图 6.11 所示。

图 6.11　边缘检测结果

(7) Sobel X 轴边缘检测：沿着 X 轴检测边缘，故可检测垂直线特征，程序代码如下：

```
1  # Sobel x-axis filter
2  sobelX = np.array((
3      [-1, 0, 1],
4      [-2, 0, 2],
5      [-1, 0, 1]), dtype="int")
6
7  # 卷积
8  convoleOutput = convolve(gray, sobelX)
9  opencvOutput = cv2.filter2D(gray, -1, sobelX)
10 cv2.imshow("x-axis edge detection", convoleOutput)
11
12 # 按 Enter 键关闭窗口
13 cv2.waitKey(0)
14 cv2.destroyAllWindows()
```

执行结果：卷积列由小至大，显现图像垂直线条，如图 6.12 所示。

图 6.12　Sobel X 轴边缘检测结果

(8) Sobel Y 轴边缘检测：沿着 Y 轴检测边缘，故可检测水平线特征。程序代码如下：

```
1   # Sobel y-axis filter
2   sobelY = np.array((
3       [-1, -2, -1],
4       [0, 0, 0],
5       [1, 2, 1]), dtype="int")
6
7   # 卷积
8   convoleOutput = convolve(gray, sobelY)
9   opencvOutput = cv2.filter2D(gray, -1, sobelY)
10  cv2.imshow("y-axis edge detection", convoleOutput)
11
12  # 按 Enter 键关闭窗口
13  cv2.waitKey(0)
14  cv2.destroyAllWindows()
```

执行结果：卷积行由小至大，显现图像水平线条，如图 6.13 所示。

图 6.13　Sobel Y 轴边缘检测结果

6-4　池化层

通常我们会设定每个卷积层的滤波器个数为 4 的倍数，因此总输出等于 (笔数 × W_out × H_out × 滤波器个数)，会使输出尺寸变得很大，因此，我们必须透过池化层 (Pooling Layer) 进行采样，只取滑动窗口的最大值或平均值。换句话说，就是将每个滑动窗口转化为一个点，就能有效降低每一层输入的尺寸了，同时也能保留每个窗口的特征。我们来举个例子说明会比较清楚。

以最大池化层 (Max Pooling) 为例：

(1) 图 6.14 所示左边为原始图像。

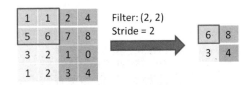

图 6.14　最大池化层

(2) 假设滤波器尺寸为 (2, 2)，Stride = 2。

(3) 滑动窗口取 (2, 2)，如图 6.14 左上角的框，取最大值为 6。

(4) 接着再滑动 2 步，如图 6.15 所示，取最大值为 8。

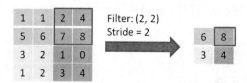

图 6.15　最大池化层——滑动 2 步

6-5　CNN 模型实践

一般卷积会采用 3×3 或 5×5 的滤波器，尺寸越大，可以提取越大的特征，但相对地，较小的特征就容易被忽略。而池化层通常会采用 2×2，stride=2 的滤波器，使用越大的尺寸，会使得参数个数减少很多，但提取到的特征也相对减少。

以下就先以 CNN 模型实践 MNIST 辨识。

范例1. 将手写阿拉伯数字辨识的模型改用CNN。

请参阅程序：**06_02_MNIST_CNN.ipynb**。

(1) 加载 MNIST 手写阿拉伯数字数据，完全不需改变。程序代码如下：

```
1  import tensorflow as tf
2  mnist = tf.keras.datasets.mnist
3
4  # 加载 MNIST 手写阿拉伯数字数据
5  (x_train, y_train),(x_test, y_test) = mnist.load_data()
6
7
8  ## 步骤2：数据清理，此步骤无需进行
9
10 ## 步骤3：进行特征工程，将特征缩放成(0, 1)之间
11
12 # 特征缩放，使用常态化(Normalization)，公式 = (x - min) / (max - min)
13 # 颜色范围：0~255，所以，公式简化为 x / 255
14 # 注意，颜色0为白色，与RGB颜色不同，(0,0,0)为黑色。
15 x_train_norm, x_test_norm = x_train / 255.0, x_test / 255.0
```

(2) 改用 CNN 模型：使用两组 Conv2D/MaxPooling2D。程序代码如下：

```
1  # 建立模型
2  from tensorflow.keras import layers
3  import numpy as np
4
5  input_shape=(28, 28, 1)
6  # 增加一维在最后面
7  x_train_norm = np.expand_dims(x_train_norm, -1)
8  x_test_norm = np.expand_dims(x_test_norm, -1)
9
10 # CNN 模型
11 model = tf.keras.Sequential(
12     [
13         tf.keras.Input(shape=input_shape),
14         layers.Conv2D(32, kernel_size=(3, 3), activation="relu"),
15         layers.MaxPooling2D(pool_size=(2, 2)),
16         layers.Conv2D(64, kernel_size=(3, 3), activation="relu"),
17         layers.MaxPooling2D(pool_size=(2, 2)),
18         layers.Flatten(),
19         layers.Dropout(0.5),
20         layers.Dense(10, activation="softmax"),
21     ]
22 )
```

CNN 的卷积层 (Conv2D) 的输入多一个维度，代表色彩通道，单色为 1，RGB 色系则设为 3。因此，输入数据须增加一维，第 7~8 行程序即是使用 np.expand_dims 增加了一维在最后面。

(3) 模型训练，程序代码不需做任何改变。程序代码如下：

```
1   # 设定优化器(optimizer)、损失函数(loss)、效果衡量指标(metrics)的类别
2   model.compile(optimizer='adam',
3                 loss='sparse_categorical_crossentropy',
4                 metrics=['accuracy'])
5
6   # 模型训练
7   history = model.fit(x_train_norm, y_train, epochs=5, validation_split=0.2)
8
9   # 评分(Score Model)
10  score=model.evaluate(x_test_norm, y_test, verbose=0)
11
12  for i, x in enumerate(score):
13      print(f'{model.metrics_names[i]}: {score[i]:.4f}')
```

执行结果：准确率为 0.9892，较之前的模型略高。

注意事项如下。

(1) 也有模型采用连续两个 Conv2D，再接一个 MaxPooling2D，并没有硬性规定，可根据数据多少进行实验，调校出最佳模型及最佳参数。

(2) 再强调一次，CNN 不须指定要使用何种滤波器，TensorFlow 会自动配置，且参数会在训练过程中找到最佳参数值，我们只要指定滤波器的个数即可。

(3) 可使用 model.summary() 函数，观察输出维度及参数个数。

卷积层输出的宽度 / 高度公式为

$$W\_out = (W-F+2P)/S+1$$

式中：W_out 为输出的宽度；W 为原图像的宽度；F 为滤波器的宽度；P 为单边补零的列数；S 为滑动的步数。

```
Model: "sequential"
_____
Layer (type)                 Output Shape              Param #
=================================================================
conv2d (Conv2D)              (None, 26, 26, 32)        320
_____
max_pooling2d (MaxPooling2D) (None, 13, 13, 32)        0
_____
conv2d_1 (Conv2D)            (None, 11, 11, 64)        18496
_____
max_pooling2d_1 (MaxPooling2 (None, 5, 5, 64)          0
_____
flatten (Flatten)            (None, 1600)              0
_____
dropout (Dropout)            (None, 1600)              0
_____
dense (Dense)                (None, 10)                16010
=================================================================
Total params: 34,826
Trainable params: 34,826
Non-trainable params: 0
```

(4) 依上述公式验算第一层 Conv2D 输出宽度 (W_out)：W_out = floor(($W-F+2P$)/S+1)=(28-3+2*0)/1+1=26。

(5) 验算第一层 Conv2D 输出参数：Output Filter 数量 *(Filter 宽 * Filter 高 * Input Filter 数量 + 1)= 32 *(3 * 3 * 1 + 1)= 32 * 10 = 320。其中加 1 为回归线的偏差项。

(6) 第一层 MaxPooling2D 输出宽度 (W_out)：W_out = floor(($W-F$)/S+1)=(26-2)/ 2 + 1 = 13(无条件舍去)。

(7) 验算第一层 Conv2D 输出参数：Output Filter 数量 *(Filter 宽 * Filter 高 * Input Filter 数量 + 1)= 64 *(3 * 3 * 32 + 1)= 18496。

从卷积层运算观察，CNN 模型有以下两个特点。

(1) 部分连接 (Locally Connected or Sparse Connectivity)：Dense 层的每个神经元完全连接 (Full Connected) 至下一层的每个神经元，但卷积层的输出神经元则只连接滑动窗口神经元，如图 6.16 所示。想象一下，假设在手臂上拍打一下，手臂以外的神经元应该不会收到信号，既然没收到信号，理所当然就不必往下一层传送信号了，所以，下一层的神经元只会收到上一层少数神经元的信号，接收到的范围称之为感知域 (Reception Field)。

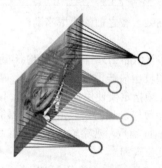

图 6.16　部分连接

由于部分连接的关系，神经层中每条回归线的输入特征大幅减少，要估算的权重个数也就少了很多，于是模型即可大幅简化。

(2) 权重共享 (Weight Sharing)：单一滤波器应用到滑动窗口时，卷积矩阵值都是一样的，如图 6.17 所示，基于这个假设，要估计的权重个数就减少了许多，模型复杂度因而进一步得到了简化。

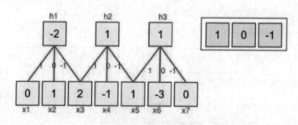

图 6.17　权重共享

所以，基于以上的两个假设，CNN 模型训练时间就不会过长。

另外，为什么 CNN 模型输入数据要加入色彩信道呢？这是因为有些情况加入色彩，会比较容易辨识，比如狮子大部分是金黄色的，又或者检测是否有戴口罩，只要图像上有一块白色的矩形，我们应该就能假定有戴口罩，当然目前口罩颜色已经是五花八门，这种情况需要更多的训练数据，才能正确辨识。

以下我们使用 TensorFlow 内建的 Cifar 图像 [3]，比较单色与彩色的图像辨识准确率。

范例2. 单色的图像辨识。

请参阅程序：**06_03_Cifar_gray_CNN.ipynb**。

(1) 加载 Cifar10 数据。程序代码如下：

```python
1  import tensorflow as tf
2  cifar10 = tf.keras.datasets.cifar10
3
4  # 载入 cifar10 数据
5  (x_train, y_train),(x_test, y_test) = cifar10.load_data()
6
7  # 训练/测试数据的 X/y 维度
8  print(x_train.shape, y_train.shape, x_test.shape, y_test.shape)
```

执行结果：训练/测试数据各为 50 000 / 10 000 笔，图像的宽和高均各为 32，为 RGB 色系。执行结果如下：

```
(50000, 32, 32, 3) (50000, 1) (10000, 32, 32, 3) (10000, 1)
```

(2) 转成单色：使用 TensorFlow 内建的 rgb_to_grayscale() 函数。程序代码如下：

```python
1  # 转成单色：rgb_to_grayscale
2  x_train = tf.image.rgb_to_grayscale(x_train)
3  x_test = tf.image.rgb_to_grayscale(x_test)
4  print(x_train.shape, x_test.shape)
```

执行结果：执行结果如下，最后一维为 1。

```
(50000, 32, 32, 1) (10000, 32, 32, 1)
```

(3) 后续的程序代码与 MNIST 辨识相同。

执行结果：执行结果如下，准确率只有 32%。

```
loss: 1.8816
accuracy: 0.3258
```

范例3. 彩色的图像辨识。

请参阅程序：**06_04_Cifar_RGB_CNN.ipynb**。

(1) 加载 Cifar10 数据，与单色的图像辨识相同，但不需转换为单色。

(2) 修改模型为 CNN，第 3 行 input_shape 为三维，最后一维是色彩通道。程序代码如下：

```python
1  # 建立模型
2  model = tf.keras.models.Sequential([
3      tf.keras.layers.Conv2D(32, (3, 3), activation='relu', input_shape=(32, 32, 3)),
4      tf.keras.layers.MaxPooling2D((2, 2)),
5      tf.keras.layers.Conv2D(64, (3, 3), activation='relu'),
6      tf.keras.layers.MaxPooling2D((2, 2)),
7      tf.keras.layers.Conv2D(64, (3, 3), activation='relu'),
8      tf.keras.layers.Flatten(),
9      tf.keras.layers.Dense(64, activation='relu'),
10     tf.keras.layers.Dense(10)
11 ])
```

执行结果：准确率提升为 70%，辨识效果显著。

6-6 影像数据增补

之前我们介绍的辨识手写阿拉伯数字程序，具有以下缺点。

(1) 使用 MNIST 的测试数据，辨识率达 98%，但如果以在绘图软件里使用鼠标书写的文件测试，辨识率就差很多了。这是因为 MNIST 的训练数据与鼠标撰写的样式有所差异，MNIST 的数据应该是请受测者先写在纸上，再扫描存盘的，所以图像会有深浅不一的灰阶和锯齿状，与我们直接使用鼠标在绘图软件内书写的情况不太一样，所以，如果要实际应用，应该要自行收集训练数据，准确率才会提升。

(2) 若要自行收集数据，须找上万个测试者，可能不太容易，又加上有些人书写可能不规范，这会影响预测准确度，我们可以借由数据增补的方法，自动产生各种变形的训练数据，让模型更强健 (Robust)，可容忍这些缺点。

数据增补可将一张正常图像，转换成各式有缺陷的图像，如增加旋转、偏移、拉近/拉远、亮度等效果，再将这些数据当作训练数据，这样训练出来的模型，就比较能辨识有缺陷的图像。

TensorFlow/Keras 提供的数据增补函数 ImageDataGenerator 的参数有多元，介绍如下。

(1) width_shift_range：图像宽度偏移的点 (Pixel) 数或比例。
(2) height_shift_range：图像高度偏移的点 (Pixel) 数或比例。
(3) brightness_range：图像亮度偏移的范围。
(4) shear_range：图像顺时针歪斜的范围。
(5) zoom_range：图像拉近/拉远的比例。
(6) fill_mode：图像填满的方式，有 constant、nearest、reflect、wrap 四种方式，详见 Keras 官网。
(7) horizontal_flip：图像水平翻转。
(8) vertical_flip：图像垂直翻转。
(9) rescale：特征缩放。

示例如图 6.18 所示，详细情形可参考 Keras 官网[4]。

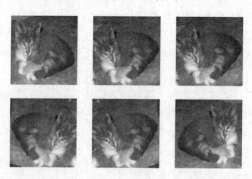

图 6.18　左上角的原始图像经过数据增补后，变成各种角度旋转的图像

范例1. MNIST加上Data Augmentation。

请参阅程序：**06_05_Data_Augmentation_MNIST.ipynb**。

(1) 加载 MNIST 数据与模型定义与之前介绍相同，完全不需改变。

(2) 训练之前先进行数据增补。程序代码如下：

```
1  # 参数设定
2  batch_size = 1000
3  epochs = 5
4
5  # 数据增补定义
6  datagen = tf.keras.preprocessing.image.ImageDataGenerator(
7              rescale=1./255,            # 特征缩放
8              rotation_range=10,         # 旋转 10 度
9              zoom_range=0.1,            # 拉远/拉近 10%
10             width_shift_range=0.1,     # 宽度偏移 10%
11             height_shift_range=0.1)    # 高度偏移 10%
12
13 # 增补数据，进行模型训练
14 datagen.fit(x_train)
15 history = model.fit(datagen.flow(x_train, y_train, batch_size=batch_size), epochs=epochs,
16           validation_data=datagen.flow(x_test, y_test, batch_size=batch_size), verbose=2,
17           steps_per_epoch=x_train.shape[0]//batch_size)
```

执行结果：

① 准确度并没有提升，但没关系，因为我们的目的是要看自行绘制的数字是否被正确辨识。

② 加入数据增补后，训练时间拉长为两倍多，以笔者的运行设备为例，由原本的 5s 拉长至 12s。

(3) 测试自行绘制的数字，原来的模型无法正确辨识笔者写的 9，经过数据增补后，已经可以正确辨识了。程序代码如下：

```
1  # 使用画板，绘制 0~9，实际测试看看
2  from skimage import io
3  from skimage.transform import resize
4  import numpy as np
5
6  # 读取影像并转为单色
7  uploaded_file = './myDigits/9.png'
8  image1 = io.imread(uploaded_file, as_gray=True)
9
10 # 缩为 (28, 28) 大小的影像
11 image_resized = resize(image1, (28, 28), anti_aliasing=True)
12 X1 = image_resized.reshape(1,28, 28, 1) #/ 255
13
14 # 反转颜色，颜色0为白色，与 RGB 色码不同，它的 0 为黑色
15 X1 = np.abs(1-X1)
16
17 # 预测
18 predictions = np.argmax(model.predict(X1), axis=-1)
19 print(predictions)
```

范例2. 宠物数据集的处理。

请参阅程序：**06_06_Data_Augmentation_Pets.ipynb**。

之前都是使用 TensorFlow/Keras 内建的数据集，而这个范例使用 Kaggle 所提供的数据集，它需要做前置处理，就是进行数据清理 (Data Clean)，这会比较接近现实的状况，但由于数据量较少，准确率较差，因此我们使用更复杂的 CNN 模型，再加上数据增补，以提升准确率。

Kaggle 为知名的 AI 竞赛网站，也是一个很好的学习园地，这里有很多人士免费提供程序代码和数据集，各位读者可以进行参阅。

宠物数据集网址：https://download.microsoft.com/download/3/E/1/3E1C3F21-ECDB-4869-8368-6DEBA77B919F/kagglecatsanddogs_3367a.zip。

原始程序来自于 Keras 官网所提供的范例"Image classification from scratch"[5]，笔者拿来做了一些修改及批注。具体步骤如图 6.19 所示。

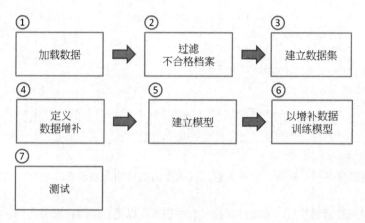

图 6.19　具体步骤

(1) 从网络取得压缩文件，并且解压缩。程序代码如下：

```
1   # 从网络取得压缩文件，并解压缩
2   import os
3   import zipfile
4   
5   # 压缩文件 URL
6   zip_file_path = 'https://download.microsoft.com/download/3/E/1/'
7   zip_file_path += '3E1C3F21-ECDB-4869-8368-6DEBA77B919F/kagglecatsanddogs_3367a.zip'
8   
9   # 存档路径
10  zip_file = os.path.join(os.getcwd(), 'CatAndDog.zip')
11  
12  # 若压缩文件不存在，则下载文件
13  if not os.path.exists(zip_file):
14      tf.keras.utils.get_file(
15          os.path.join(zip_file),
16          zip_file_path,
17          archive_format='auto'
18      )
19  
20  # 若解压缩目录不存在，则解压缩文件至 unzip_path
21  unzip_path = os.path.join(os.getcwd(), 'CatAndDog')
22  if not os.path.exists(unzip_path):
23      with zipfile.ZipFile(zip_file, 'r') as zip_ref:
24          zip_ref.extractall(unzip_path)
```

(2) 过滤不合格的文件：扫描每一个文件，若表头不含 "JFIF"，就不是图片文件，归类为不合格的文件，不纳入训练数据内。程序代码如下：

```
1   # 扫描每一个文件，若表头不含"JFIF"，即为不合格的文件，不纳入训练数据内
2   num_skipped = 0    # 记录删除的文件个数
3   # 扫描目录
4   for folder_name in ("Cat", "Dog"):
5       folder_path = os.path.join(unzip_path, "PetImages", folder_name)
6       for fname in os.listdir(folder_path):
7           fpath = os.path.join(folder_path, fname)
```

```
 8            try:
 9                fobj = open(fpath, "rb")
10                is_jfif = tf.compat.as_bytes("JFIF") in fobj.peek(10)
11            finally:
12                fobj.close()
13
14            if not is_jfif:
15                num_skipped += 1
16                # 删除文件
17                os.remove(fpath)
18
19 print(f"删除 {num_skipped} 个文件")
```

(3) 以文件目录为基础，建立训练 (Training) 及验证 (Validation) 数据集。程序代码如下：

```
 1 # image_dataset_from_directory：读取目录中的文件，存入 Dataset
 2 # image_dataset_from_directory：tf v2.3.0 才支持
 3
 4 image_size = (180, 180)    # 图片尺寸
 5 batch_size = 32            # 批量
 6
 7 # 训练数据集(Dataset)
 8 train_ds = tf.keras.preprocessing.image_dataset_from_directory(
 9     os.path.join(unzip_path, "PetImages"),
10     validation_split=0.2,
11     subset="training",
12     seed=1337,
13     image_size=image_size,
14     batch_size=batch_size,
15 )
16 # 验证(Validation)数据集
17 val_ds = tf.keras.preprocessing.image_dataset_from_directory(
18     os.path.join(unzip_path, "PetImages"),
19     validation_split=0.2,
20     subset="validation",
21     seed=1337,
22     image_size=image_size,
23     batch_size=batch_size,
24 )
```

(4) 定义数据增补。程序代码如下：

```
1 # RandomFlip("horizontal")：水平翻转
2 # RandomRotation(0.1)：旋转 0.1 比例
3 data_augmentation = keras.Sequential(
4     [
5         layers.experimental.preprocessing.RandomFlip("horizontal"),
6         layers.experimental.preprocessing.RandomRotation(0.1),
7     ]
8 )
```

(5) 设定 prefetch：预先读取训练数据，以提升效果。程序代码如下：

```
1 train_ds = train_ds.prefetch(buffer_size=32)
2 val_ds = val_ds.prefetch(buffer_size=32)
```

(6) 建立模型：原作者使用了较复杂的模型 (类似 ResNet)，部分神经层我们还没说到，会在后续章节进行讲解。程序代码如下：

```
1 # 定义模型
2 def make_model(input_shape, num_classes):
3     inputs = keras.Input(shape=input_shape)
4     # Image augmentation block
5     x = data_augmentation(inputs)
```

```python
# 特征缩放
x = layers.experimental.preprocessing.Rescaling(1.0 / 255)(x)
x = layers.Conv2D(32, 3, strides=2, padding="same")(x)
x = layers.BatchNormalization()(x)
x = layers.Activation("relu")(x)

x = layers.Conv2D(64, 3, padding="same")(x)
x = layers.BatchNormalization()(x)
x = layers.Activation("relu")(x)

previous_block_activation = x  # Set aside residual

for size in [128, 256, 512, 728]:
    x = layers.Activation("relu")(x)
    x = layers.SeparableConv2D(size, 3, padding="same")(x)
    x = layers.BatchNormalization()(x)

    x = layers.Activation("relu")(x)
    x = layers.SeparableConv2D(size, 3, padding="same")(x)
    x = layers.BatchNormalization()(x)

    x = layers.MaxPooling2D(3, strides=2, padding="same")(x)

    # Project residual
    residual = layers.Conv2D(size, 1, strides=2, padding="same")(
        previous_block_activation
    )
    x = layers.add([x, residual])  # Add back residual
    previous_block_activation = x  # Set aside next residual

x = layers.SeparableConv2D(1024, 3, padding="same")(x)
x = layers.BatchNormalization()(x)
x = layers.Activation("relu")(x)

x = layers.GlobalAveragePooling2D()(x)
if num_classes == 2:
    activation = "sigmoid"
    units = 1
else:
    activation = "softmax"
    units = num_classes

x = layers.Dropout(0.5)(x)
outputs = layers.Dense(units, activation=activation)(x)
return keras.Model(inputs, outputs)

# 建立模型
model = make_model(input_shape=image_size + (3,), num_classes=2)
```

(7) 训练模型：因为标记只有两种，故使用 binary_crossentropy 损失函数。fit() 可直接使用 Dataset。程序代码如下：

```python
epochs = 5

# 设定优化器(optimizer)、损失函数(loss)、效果衡量指标(metrics)的类别
model.compile(
    optimizer=keras.optimizers.Adam(1e-3),
    loss="binary_crossentropy",
    metrics=["accuracy"],
)

# 模型训练
model.fit(
    train_ds, epochs=epochs, validation_data=val_ds
)
```

执行结果如下。

① 训练模型用时甚久，可将程序改在 Google Colaboratory 云端环境执行，记得要设定使用 GPU 或 TPU。

② 训练 5 epochs 准确率约为 76%。

③ 依据原作者实验，若训练 50 epochs，验证准确率可达 96%。

(8) 从目录中任选一个文件进行测试，建议从网络上下载文件来测试，但由于涉及图片版权，因此请读者自行修改第 3 行文件路径。程序代码如下：

```
1  # 任取一个数据测试
2  img = keras.preprocessing.image.load_img(
3      os.path.join(unzip_path, "PetImages/Cat/18.jpg"), target_size=image_size
4  )
5  img_array = keras.preprocessing.image.img_to_array(img) # 将图片转为阵列
6  img_array = tf.expand_dims(img_array, 0) # 增加一维在最前面，代表一个数据
7
8  predictions = model.predict(img_array)
9  score = predictions[0][0]
10 print(f"是猫的概率= {(100 * score):.2f}%")
```

执行结果：是猫的概率 = 97.27%。

除了 TensorFlow/Keras 提供的数据，如增补功能之外，还有其他的函数库，提供更多的数据增补效果。比如，Albumentations[6] 包含的类型多达 70 种，很多都是 TensorFlow/Keras 所没有的效果，如图 6.20 所示的颜色数据增补。

图 6.20　颜色数据增补

6-7　可解释的 AI

虽然前文有说过深度学习是黑箱科学，但是，科学家们依然试图解释模型是如何辨识的，这方面的研究领域统称为可解释的 AI(eXplainable AI, XAI)，研究目的如下。

(1) 确认模型辨识的结果是合理的：深度学习永远不会跟你说错，"垃圾进，垃圾出"(Garbage In, Garbage Out)，确认模型推估的合理性是相当重要的。

(2) 改良算法：唯有知其所以然，才能有较大的进步，光是靠参数的调校，只能有微幅的改善。目前机器学习还只能从数据中学习到知识 (Knowledge Discovery from Data, KDD)，要进阶到机器能具有智慧 (Wisdom) 及感知 (Feeling) 能力，实现真正的人

工智能,势必要有更突破性的发展。

目前 XAI 用可视化的方式呈现特征对模型的影响力,例如:
(1) 使用卷积层提取图像的线条特征,我们可以观察到转换后的结果吗?
(2) 甚至更进一步,我们可以知道哪些线条对辨识最有帮助吗?

接下来我们以两个范例展示相关的做法。

范例1. 重建卷积层处理后的影像:观察线条特征。透过多次的卷积层/池化层处理,观察图像会有何种变化。

请参阅程序:**06_07_CNN_Visualization.ipynb**,此程序修改自"Machine Learning Mastery"中的文章[16]。设计步骤如图 6.21 所示。

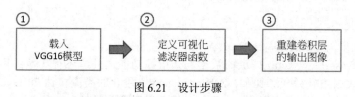

图 6.21 设计步骤

(1) 载入库。程序代码如下:

```
1  # 载入库
2  import tensorflow as tf
3  from tensorflow.keras.applications.vgg16 import VGG16
4  import matplotlib.pyplot as plt
5  import numpy as np
```

(2) 加载 VGG16 模型:VGG16 为知名的影像辨识模型,TensorFlow 当然也有内建此模型,包含已训练好的模型参数,后续章节会介绍到此类预先训练好的模型用法。程序代码如下:

```
1  # 载入 VGG16 模型
2  model = VGG16()
3  model.summary()
```

执行结果:执行结果如下,包括 16 层卷积 / 池化层。

```
Model: "vgg16"
Layer (type)                 Output Shape              Param #
=================================================================
input_1 (InputLayer)         [(None, 224, 224, 3)]     0
block1_conv1 (Conv2D)        (None, 224, 224, 64)      1792
block1_conv2 (Conv2D)        (None, 224, 224, 64)      36928
block1_pool (MaxPooling2D)   (None, 112, 112, 64)      0
block2_conv1 (Conv2D)        (None, 112, 112, 128)     73856
block2_conv2 (Conv2D)        (None, 112, 112, 128)     147584
block2_pool (MaxPooling2D)   (None, 56, 56, 128)       0
block3_conv1 (Conv2D)        (None, 56, 56, 256)       295168
block3_conv2 (Conv2D)        (None, 56, 56, 256)       590080
block3_conv3 (Conv2D)        (None, 56, 56, 256)       590080
```

(3) 定义可视化滤波器的函数。程序代码如下:

```
1  # 定义视觉化特征图的函数
2  def Visualize(layer_no=1, n_filters=6):
3      # 取得权重(weight)
4      filters, biases = model.layers[layer_no].get_weights()
5      # 正态化(Normalization)
6      f_min, f_max = filters.min(), filters.max()
7      filters = (filters - f_min) / (f_max - f_min)
8
9      # 绘制特征图
10     ix = 1
11     for i in range(n_filters):
12         f = filters[:, :, :, i]              # 取得每一个特征图
13         for j in range(3):                    # 每列 3 张图
14             ax = plt.subplot(n_filters, 3, ix)  # 指定子窗口
15             ax.set_xticks([])                 # 无X轴刻度
16             ax.set_yticks([])                 # 无Y轴刻度
17             plt.imshow(f[:, :, j], cmap='gray') # 以次阶绘图
18             ix += 1
19     plt.show()
```

(4) 可视化第一层的滤波器。程序代码如下：

```
1  Visualize(1)
```

执行结果：如图 6.22 所示，可以看出每个滤波器均不相同，表示做了不同的图像处理。

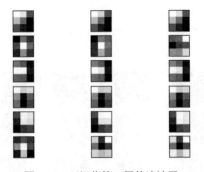

图 6.22　可视化第一层的滤波器

(5) 可视化第 15 层的滤波器。程序代码如下：

```
1  Visualize(15)
```

执行结果：如图 6.23 所示，与图 6.22 相对照，可以看出与第一层不同，表示又做了不同的图像处理。

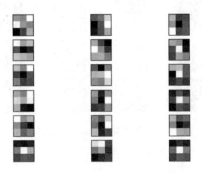

图 6.23　可视化第 15 层的滤波器

(6) 重建第一个卷积层的输出图像：以鸟的图片为例，先进行卷积，接着再重建图像。程序代码如下：

```
1   # 设定第一个卷积层的输出为模型输出
2   model2 = tf.keras.models.Model(inputs=model.inputs, outputs=model.layers[1].output)
3
4   # 载入测试的图像
5   img = tf.keras.preprocessing.image.load_img('./images_test/bird.jpg', target_size=(224, 224))
6   img = tf.keras.preprocessing.image.img_to_array(img)    # 图像转为阵列
7   img = np.expand_dims(img, axis=0)                        # 加一维作为笔数
8   img = tf.keras.applications.vgg16.preprocess_input(img)  # 前置处理(正态化)
9
10  # 预测
11  feature_maps = model2.predict(img)
12
13  # 将结果以 8x8 窗口显示
14  square = 8
15  ix = 1
16  plt.figure(figsize=(12,8))
17  for _ in range(square):
18      for _ in range(square):
19          ax = plt.subplot(square, square, ix)
20          ax.set_xticks([])
21          ax.set_yticks([])
22          plt.imshow(feature_maps[0, :, :, ix-1], cmap='gray')
23          ix += 1
24  plt.show()
```

执行结果：如图 6.24 所示可以看见第一层图像处理结果，有的滤波器可以抓到线条，有的则是漆黑一片。

图 6.24 重建第一个卷积层绘出图像

(7) 重建 2, 5, 9, 13, 17 多层卷积层的输出图像。程序代码如下：

```
1  # 取得 2, 5, 9, 13, 17 卷积层输出
2  ixs = [2, 5, 9, 13, 17]
3  outputs = [model.layers[i].output for i in ixs]
4  model2 = tf.keras.models.Model(inputs=model.inputs, outputs=outputs)
5
6  # 载入测试的图像
7  img = tf.keras.preprocessing.image.load_img('./images_test/bird.jpg', target_size=(224, 224))
8  img = tf.keras.preprocessing.image.img_to_array(img)      # 图像转为阵列
9  img = np.expand_dims(img, axis=0)                          # 加一维作为笔数
10 img = tf.keras.applications.vgg16.preprocess_input(img)   # 前置处理(正态化)
11
12 # 预测
13 feature_maps = model2.predict(img)
14
15 # 将结果以 8x8 窗口显示
16 square = 8
17 for fmap in feature_maps:
18     ix = 1
19     plt.figure(figsize=(12,8))
20     for _ in range(square):
21         for _ in range(square):
22             ax = plt.subplot(square, square, ix)
23             ax.set_xticks([])
24             ax.set_yticks([])
25             plt.imshow(fmap[0, :, :, ix-1], cmap='gray')
26             ix += 1
27     plt.show()
```

执行结果：在第 9 层图像处理结果中，还能够明显看到线条，但第 17 层图像处理结果，已经是抽象到认不出来是鸟的地步了。第 9 层图像处理结果如图 6.25 所示；第 17 层图像处理结果如图 6.26 所示。

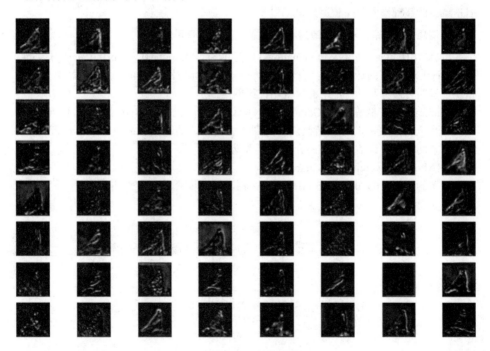

图 6.25　第 9 层图像处理结果

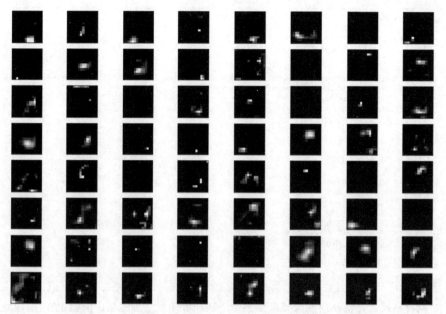

图 6.26　第 17 层图像处理结果

从以上的实验，可以很清楚看到 CNN 的处理过程，我们虽然不明白辨识的逻辑，但是至少能够观察到整个模型处理的过程。

范例2. 使用SHAP库，观察图像的哪些位置对辨识最有帮助。

SHAP(SHapley Additive exPlanations) 库是由 Scott Lundberg 及 Su-In Lee 所开发的，提供 Shapley Value 的计算，并具有可视化的接口，目标是希望能解释各种机器学习模型。库使用说明可参考网址[8]，下面仅说明神经网络的应用。

Shapley Value 是博弈论 (Game Theory) 而发展出来的，原本是用来分配利益给团队中的每个人时所使用的分配函数，沿用到了机器学习的领域，被应用在了特征对预测结果的个别影响力评估。详细的介绍可参考维基百科[9]。

SHAP 库安装：pip install shap。

请参阅程序：**06_08_Shap_MNIST.ipynb**。设计步骤如图 6.27 所示。

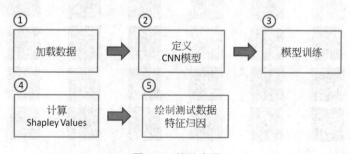

图 6.27　设计步骤

(1) 载入 MNIST 数据集：请注意，目前 TensorFlow 2.x 版执行 SHAP 有 Bug，所以务必使用 tf.compat.v1.disable_v2_behavior()，切换回 TensorFlow 1.x 版。程序代码如下：

第6章 卷积神经网络

```python
1  import tensorflow as tf
2
3  # 目前 TensorFlow 2.x 版执行 SHAP 有 Bug
4  tf.compat.v1.disable_v2_behavior()
5
6  # 载入 MNIST 手写阿拉伯数字数据
7  mnist = tf.keras.datasets.mnist
8  (x_train, y_train),(x_test, y_test) = mnist.load_data()
```

(2) 定义 CNN 模型：与前面模型相同，也可使用其他模型进行测试。程序代码如下：

```python
1   # 建立模型
2   from tensorflow.keras import layers
3   import numpy as np
4
5   # 增加一维在最后面
6   x_train = np.expand_dims(x_train, -1)
7   x_test = np.expand_dims(x_test, -1)
8   x_train_norm, x_test_norm = x_train / 255.0, x_test / 255.0
9
10  # CNN 模型
11  input_shape=(28, 28, 1)
12  model = tf.keras.Sequential(
13      [
14          tf.keras.Input(shape=input_shape),
15          layers.Conv2D(32, kernel_size=(3, 3), activation="relu"),
16          layers.MaxPooling2D(pool_size=(2, 2)),
17          layers.Conv2D(64, kernel_size=(3, 3), activation="relu"),
18          layers.MaxPooling2D(pool_size=(2, 2)),
19          layers.Flatten(),
20          layers.Dropout(0.5),
21          layers.Dense(10, activation="softmax"),
22      ]
23  )
24
25  # 设定优化器(optimizer)、损失函数(loss)、效果衡量指标(metrics)的类别
26  model.compile(optimizer='adam',
27                loss='sparse_categorical_crossentropy',
28                metrics=['accuracy'])
```

(3) 模型训练：与前面相同。程序代码如下：

```python
1  # 模型训练
2  history = model.fit(x_train_norm, y_train, epochs=5, validation_split=0.2)
3
4  # 评分(Score Model)
5  score=model.evaluate(x_test_norm, y_test, verbose=0)
6
7  for i, x in enumerate(score):
8      print(f'{model.metrics_names[i]}: {score[i]:.4f}')
```

(4) Shapley Values 计算：测试第 1 批数据。程序代码如下：

```python
1   import shap
2   import numpy as np
3
4   # 计算 Shap value 的 base
5   # 目前 TensorFlow 2.x 版执行 SHAP 有 Bug
6   # background = x_train[np.random.choice(x_train_norm.shape[0], 100, replace=False)]
7   # e = shap.DeepExplainer(model, background)            # shap values 不明显
8   e = shap.DeepExplainer(model, x_train_norm[:100])
9
10  # 测试第 1 批
11  shap_values = e.shap_values(x_test_norm[:1])
12  shap_values
```

| 217 |

执行结果：会显示图像中每一个像素的归因，每个像素一共有 10 个数值，每个数值代表辨识为 0~9 的贡献率。可使用下列指令观察执行结果的维度 (10,1,28,28,1)。

```
1  np.array(shap_values).shape
```

(5) 绘制 5 批测试数据的特征归因：红色的区块 (请参看程序) 代表贡献率较大的区域。程序代码如下：

```
1  # 绘制特征归因
2  # 一次只能显示一列
3  shap.image_plot(shap_values, x_test_norm[:1])
```

执行结果：如图 6.28 所示每一行第一个数字为真实的标记，后面为预测每个数字贡献率较大的区域。

图 6.28　绘制特征归因结果

从 SHAP 库的功能，我们很容易判断出中央位置是辨识的重点区域，这与我们认知是一致的。另一个名为 LIME[10] 的库，与 SHAP 库齐名，读者如果对这领域有兴趣，可以由此深入研究，在此不作具体说明。

还有一篇论文[11] 提出了 Class Activation Mapping 概念，可以描绘辨识的热区，如图 6.29 所示。Kaggle 也有一篇超赞的实践[12]，值得大家好好赏读。

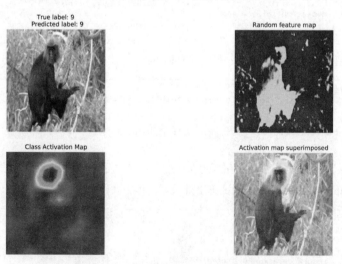

图 6.29　左上角的图像为原图，左下角的图像显示了辨识热区，
即猴子的头和颈部都是辨识的主要关键区域

透过以上可视化的辅助，不仅可以帮助我们更了解 CNN 模型的运作，也能够让我们在收集数据时，有较为明确的方向知道重点应该要放在哪里，当然，如果未来能有更创新的想法来改良算法，是值得进一步发展研究的。

第 7 章
预先训练的模型

透过 CNN 模型和数据增补的强化，我们已经能够建立准确度还不错的模型。然而，与近几年影像辨识竞赛中的冠、亚军模型相比较，只能算是小巫见大巫了，冠、亚军模型的神经层数量有些高达 100 多层，若要自行训练这些模型就需要花上几天甚至几个星期的时间，难道缩短训练时间的办法，只剩购置企业级服务器这个选项吗？

TensorFlow/Keras、PyTorch 等深度学习框架早已为中小企业设想好了，套件提供了事先训练好的模型，我们可以直接套用，也可以只采用部分模型，再接上自定义的神经层，进行其他对象的辨识，这些预先训练好的模型就称为 Pre-trained Model 或 Keras Applications。

7-1 预先训练的模型简介

在 ImageNet 历年举办的竞赛 (ILSVRC) 当中，近几年产生的冠、亚军，大都是 CNN 模型的变形，整个演进过程非常精彩，简述如下。

(1) 2012 年冠军 AlexNet 一举将错误率减少 10% 以上，且首度导入 Dropout 层。

(2) 2014 年亚军 VGGNet 承袭 AlexNet 思路，建立了更多层的模型，VGG 16/19 分别包括 16 及 19 层卷积层及池化层。

(3) 2014 年图像分类冠军 GoogNet & Inception 同时导入多种不同尺寸的 Kernel，让系统决定最佳 Kernel 尺寸。Inception 引入了 Batch Normalization 等观念，参见 *Batch Normalization: Accelerating Deep Network Training by Reducing Internal Covariate Shift* [1]。

(4) 2015 年冠军 ResNets 发现到 20 层以上的模型其前面几层会发生退化 (degradation) 的状况，因而提出以残差 (Residual) 方法来解决问题，参见 *Deep Residual Learning for Image Recognition* [2]。

Keras 收录了许多预先训练的模型，称为 Keras Applications[3]，随着版本的更新，提供的模型越来越多，目前 (2021 年) 包括的模型如图 7.1 所示。

Model	Size	Top-1 Accuracy	Top-5 Accuracy	Parameters	Depth
Xception	88 MB	0.790	0.945	22,910,480	126
VGG16	528 MB	0.713	0.901	138,357,544	23
VGG19	549 MB	0.713	0.900	143,667,240	26
ResNet50	98 MB	0.749	0.921	25,636,712	-
ResNet101	171 MB	0.764	0.928	44,707,176	-
ResNet152	232 MB	0.766	0.931	60,419,944	-
ResNet50V2	98 MB	0.760	0.930	25,613,800	-
ResNet101V2	171 MB	0.772	0.938	44,675,560	-
ResNet152V2	232 MB	0.780	0.942	60,380,648	-
InceptionV3	92 MB	0.779	0.937	23,851,784	159
InceptionResNetV2	215 MB	0.803	0.953	55,873,736	572
MobileNet	16 MB	0.704	0.895	4,253,864	88
MobileNetV2	14 MB	0.713	0.901	3,538,984	88
DenseNet121	33 MB	0.750	0.923	8,062,504	121
DenseNet169	57 MB	0.762	0.932	14,307,880	169
DenseNet201	80 MB	0.773	0.936	20,242,984	201
NASNetMobile	23 MB	0.744	0.919	5,326,716	-
NASNetLarge	343 MB	0.825	0.960	88,949,818	-
EfficientNetB0	29 MB	-	-	5,330,571	
EfficientNetB1	31 MB	-	-	7,856,239	
EfficientNetB2	36 MB	-	-	9,177,569	
EfficientNetB3	48 MB	-	-	12,320,535	
EfficientNetB4	75 MB	-	-	19,466,823	
EfficientNetB5	118 MB	-	-	30,562,527	
EfficientNetB6	166 MB	-	-	43,265,143	
EfficientNetB7	256 MB	-	-	66,658,687	

图 7.1　Keras 提供的预先训练模型 (Pre-trained Model)

上述模型的字段说明如下。

(1) Size：模型文件大小。

(2) Top-1 Accuracy：预测一次就正确的准确率。

(3) Top-5 Accuracy：预测五次中有一次正确的准确率。

(4) Parameters：模型参数 (权重、偏差) 的数目。

(5) Depth：模型层数。

Keras 研发团队将这些模型先进行训练与参数调校，并且存档，使用者就不用自行训练，直接套用即可，故称为预先训练的模型 (Pre-trained Model)。

这些预先训练的模型主要应用在图像辨识领域，各模型结构的复杂度和准确率有所差异，图 7.2 所示是各模型的比较，这里提供给各位一个简单的选用原则，如果是注重准确率，可选择准确率较高的模型，如 ResNet 152；反之，如果要部署在手机上，就可以考虑使用文件较小的模型，如 MobileNet。

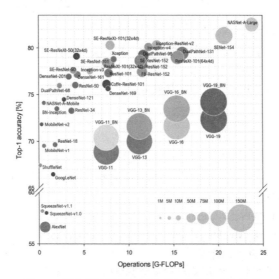

图 7.2　预先训练模型的准确率与计算速度之比较
（图形来源：*How to Choose the Best Keras Pre-Trained Model for Image Classification*[4]）

这些模型使用 ImageNet 100 万张图片作为训练数据集，内含 1000 种类别，详情请参考 yrevar GitHub[5]，训练数据集几乎涵盖了日常生活中会看到的对象类别，如动物、植物、交通工具等，所以如果要辨识的对象属于这 1000 种类别，就可以直接套用模型，反之，如果要辨识这 1000 种类别以外的对象，就需要接上自定义的输入层及辨识层，只利用预先训练模型的中间层提取特征。

因此应用这些预先训练的模型，有以下三种方式。
(1) 采用完整的模型，可辨识 ImageNet 所提供 1000 种对象。
(2) 采用部分模型，只提取特征，不作辨识。
(3) 采用部分模型，并接上自定义的输入层和辨识层，即可辨识这 1000 种以外的对象。

以下我们就依照这三种方式各实践一次。

7-2　采用完整的模型

预先训练的模型的第一种用法，是采用完整的模型来辨识 1000 种对象，直截了当。

范例.使用VGG16模型进行对象的辨识。

设计步骤如图 7.3 所示。

图 7.3　设计步骤

请参阅程序：**07_01_Keras_applications.ipynb**。
(1) 载入库。程序代码如下：

```python
1  import tensorflow as tf
2  from tensorflow.keras.applications.vgg16 import VGG16
3  from tensorflow.keras.preprocessing import image
4  from tensorflow.keras.applications.vgg16 import preprocess_input
5  from tensorflow.keras.applications.vgg16 import decode_predictions
6  import numpy as np
```

(2) 加载 VGG16 模型：显示和绘制模型结构。程序代码如下：

```python
1  model = VGG16(weights='imagenet')
2  print(model.summary())
3
4  # 绘制模型结构
5  tf.keras.utils.plot_model(model, to_file='vgg16.png')
```

① 执行 VGG16 时，系统会先下载模型文件至用户 Home 目录下的 /.keras/models/。

- Linux/Mac：~/.keras/models/。
- Windows：%HomePath%/.keras/models/。

② 文件名为 vgg16_weights_tf_dim_ordering_tf_kernels.h5。

③ 参数 weight 有以下三种选项。

- None：表示此模型还未经训练，只有模型结构。
- Imagenet：已使用 ImageNet 图片完成训练，加载该模型权重。
- 文件路径：使用自定义的权重文件。

④ include_top 有以下两种选项。

- True：默认值，表示采用完整的模型。
- False：不包含最上面的三层，一层是 Flatten、另外两层则是 Dense。注意：最上面是指最后面的神经层，文件名会包括 notop，为 vgg16_weights_tf_dim_ordering_tf_kernels_notop.h5。

⑤ 执行结果：VGG 16 使用多组的卷积/池化层，共有 16 层的卷积/池化层，执行结果如下。

```
Model: "vgg16"
_____
Layer (type)                 Output Shape              Param #
=================================================================
input_2 (InputLayer)         [(None, 224, 224, 3)]     0
block1_conv1 (Conv2D)        (None, 224, 224, 64)      1792
block1_conv2 (Conv2D)        (None, 224, 224, 64)      36928
block1_pool (MaxPooling2D)   (None, 112, 112, 64)      0
block2_conv1 (Conv2D)        (None, 112, 112, 128)     73856
block2_conv2 (Conv2D)        (None, 112, 112, 128)     147584
block2_pool (MaxPooling2D)   (None, 56, 56, 128)       0
block3_conv1 (Conv2D)        (None, 56, 56, 256)       295168
block3_conv2 (Conv2D)        (None, 56, 56, 256)       590080
block3_conv3 (Conv2D)        (None, 56, 56, 256)       590080
block3_pool (MaxPooling2D)   (None, 28, 28, 256)       0
block4_conv1 (Conv2D)        (None, 28, 28, 512)       1180160
block4_conv2 (Conv2D)        (None, 28, 28, 512)       2359808
block4_conv3 (Conv2D)        (None, 28, 28, 512)       2359808
block4_pool (MaxPooling2D)   (None, 14, 14, 512)       0
block5_conv1 (Conv2D)        (None, 14, 14, 512)       2359808
block5_conv2 (Conv2D)        (None, 14, 14, 512)       2359808
block5_conv3 (Conv2D)        (None, 14, 14, 512)       2359808
block5_pool (MaxPooling2D)   (None, 7, 7, 512)         0
flatten (Flatten)            (None, 25088)             0
fc1 (Dense)                  (None, 4096)              102764544
fc2 (Dense)                  (None, 4096)              16781312
predictions (Dense)          (None, 1000)              4097000
=================================================================
```

模型结构图:为单纯的顺序型模型,后三层为 Dense,如图 7.4 所示。

图 7.4　模型结构图

(3) 任选一张图片，如大象的侧面照，进行模型预测。程序代码如下：

```
1   # 任选一张图片，如大象侧面照
2   img_path = './images_test/elephant.jpg'
3   # 载入图片文件，并缩放宽高为 (224, 224)
4   img = image.load_img(img_path, target_size=(224, 224))
5   
6   # 加一维，变成 (1, 224, 224)
7   x = image.img_to_array(img)
8   x = np.expand_dims(x, axis=0)
9   x = preprocess_input(x)
10  
11  # 预测
12  preds = model.predict(x)
13  # decode_predictions：取得前 3 名的对象，每个对象属性包括 (类别代码，名称，概率)
14  print('Predicted:', decode_predictions(preds, top=3)[0])
```

执行结果：前三名的结果分别是印度象、非洲象、图斯克象。

[('n02504013', 'Indian_elephant', 0.71942127), ('n02504458', 'African_elephant', 0.24141161), ('n01871265', 'tusker', 0.03627622)]

(4) 再换一张图片，如大象的正面照，进行模型预测。程序代码如下：

```
1   # 任选一张图片，如大象正面照
2   img_path = './images_test/elephant2.jpg'
3   # 载入图片文件，并缩放宽高为 (224, 224)
4   img = image.load_img(img_path, target_size=(224, 224))
5   
6   # 加一维，变成 (1, 224, 224)
7   x = image.img_to_array(img)
8   x = np.expand_dims(x, axis=0)
9   x = preprocess_input(x)
10  
11  # 预测
12  preds = model.predict(x)
13  # decode_predictions：取得前 3 名的对象，每个对象属性包括 (类别代码，名称，概率)
14  print('Predicted:', decode_predictions(preds, top=3)[0])
```

① 执行结果：前三名的结果分别是图斯克象、非洲象、印度象。

[('n01871265', 'tusker', 0.6267539), ('n02504458', 'African_elephant', 0.3303416), ('n02504013', 'Indian_elephant', 0.04290244)]

② 不论正面或是侧面，都可以正确辨识，也不用另外去背。

(5) 改用并加载 ResNet 50 模型，使用其他模型亦可。程序代码如下：

```
1   from tensorflow.keras.applications.resnet50 import ResNet50
2   from tensorflow.keras.preprocessing import image
3   from tensorflow.keras.applications.resnet50 import preprocess_input
4   from tensorflow.keras.applications.resnet50 import decode_predictions
5   import numpy as np
6   
7   # 预先训练好的模型 -- ResNet50
8   model = ResNet50(weights='imagenet')
```

(6) 任选一张图片，如老虎的大头照，进行模型预测。程序代码如下：

```
1   # 任意一张图片，如老虎大头照
2   img_path = './images_test/tiger3.jpg'
3   # 载入图片文件，并缩放宽高为 (224, 224)
4   img = image.load_img(img_path, target_size=(224, 224))
5
6   # 加一维，变成 (1, 224, 224)
7   x = image.img_to_array(img)
8   x = np.expand_dims(x, axis=0)
9   x = preprocess_input(x)
10
11  # 预测
12  preds = model.predict(x)
13  # decode_predictions：取得前 3 名的对象，每个对象属性包括 (类别代码，名称，概率)
14  print('Predicted:', decode_predictions(preds, top=3)[0])
```

①执行结果：前三名的结果分别是老虎、虎猫、美洲虎。

[('n02129604', 'tiger', 0.8657895), ('n02123159', 'tiger_cat', 0.13371062), ('n02128925', 'jaguar', 0.00046872292)]

②可以改用 tiger1.jpg、tiger2.jpg 再尝试看看，结果应该相差不多。

7-3 采用部分模型

预先训练模型的第二种用法，是采用部分模型，只提取特征，不做辨识。例如，一个 3D 模型的网站，提供模型搜寻功能，首先用户上传要搜寻的图片，网站实时比对出相似的图文件，显示在网页上让用户勾选下载，操作请参考 Sketchfab 网站，类似的功能应可以适用到许多领域，如比对嫌疑犯、商品推荐等，如图 7.5 所示。

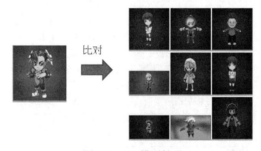

图 7.5　3D 模型搜寻

(数据源：*Using Keras' Pretrained Neural Networks for Visual Similarity Recommendations*[6])

范例.使用VGG16模型进行对象的辨识。

设计步骤如图 7.6 所示。

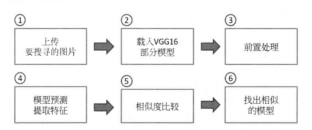

图 7.6 设计步骤

请参阅程序：**07_02_ 图像相似度比较 .ipynb**。

(1) 载入库。程序代码如下：

```python
1  from tensorflow.keras.applications.vgg16 import VGG16
2  from tensorflow.keras.preprocessing import image
3  from tensorflow.keras.applications.vgg16 import preprocess_input
4  import numpy as np
```

(2) 加载 VGG 16 模型：include_top=False 表示不包含最上面的三层 (辨识层)。程序代码如下：

```python
1  # 载入VGG 16 模型，不含最上面的三层(辨识层)
2  model = VGG16(weights='imagenet', include_top=False)
3  model.summary()
```

执行结果：执行结果如下，模型不包含 Dense。

```
Model: "vgg16"
_____
Layer (type)                 Output Shape              Param #
=================================================================
input_1 (InputLayer)         [(None, None, None, 3)]   0
block1_conv1 (Conv2D)        (None, None, None, 64)    1792
block1_conv2 (Conv2D)        (None, None, None, 64)    36928
block1_pool (MaxPooling2D)   (None, None, None, 64)    0
block2_conv1 (Conv2D)        (None, None, None, 128)   73856
block2_conv2 (Conv2D)        (None, None, None, 128)   147584
block2_pool (MaxPooling2D)   (None, None, None, 128)   0
block3_conv1 (Conv2D)        (None, None, None, 256)   295168
block3_conv2 (Conv2D)        (None, None, None, 256)   590080
block3_conv3 (Conv2D)        (None, None, None, 256)   590080
block3_pool (MaxPooling2D)   (None, None, None, 256)   0
block4_conv1 (Conv2D)        (None, None, None, 512)   1180160
block4_conv2 (Conv2D)        (None, None, None, 512)   2359808
block4_conv3 (Conv2D)        (None, None, None, 512)   2359808
block4_pool (MaxPooling2D)   (None, None, None, 512)   0
block5_conv1 (Conv2D)        (None, None, None, 512)   2359808
block5_conv2 (Conv2D)        (None, None, None, 512)   2359808
block5_conv3 (Conv2D)        (None, None, None, 512)   2359808
block5_pool (MaxPooling2D)   (None, None, None, 512)   0
=================================================================
```

(3) 提取特征：任选一张图片，如大象的侧面照，取得图片文件的特征向量。程序代码如下：

```python
1  # 任选一张图片，如大象侧面照，取得图片文件的特征向量
2  img_path = './images_test/elephant.jpg'
3
4  # 载入图片文件，并缩放宽高为 (224, 224)
5  img = image.load_img(img_path, target_size=(224, 224))
6
7  # 加一维，变成 (1, 224, 224)
8  x = image.img_to_array(img)
9  x = np.expand_dims(x, axis=0)
10 x = preprocess_input(x)
11
12 # 取得图片文件的特征向量
13 features = model.predict(x)
14 print(features[0])
```

执行结果：得到图片文件的特征向量如下。

```
[[[ 0.          0.          0.         ...  0.          0.          0.        ]
  [ 0.          0.         41.877056   ...  0.          0.          0.        ]
  [ 1.0921738   0.         22.865002   ...  0.          0.          0.        ]
  ...
  [ 0.          0.          0.         ...  0.          0.          0.        ]
  [ 0.          0.          0.         ...  0.          0.          0.        ]
  [ 0.          0.          0.         ...  0.          0.          0.        ]]

 [[ 0.          0.         36.385143   ...  0.          0.          3.2606328]
  [ 0.          0.         80.49929    ...  8.425463    0.          0.        ]
  [ 0.          0.         48.48268    ...  0.          0.          0.        ]
  ...
  [ 0.          0.          0.         ...  4.342996    0.          0.        ]
  [ 0.          0.          0.         ...  0.          0.          0.        ]
  [ 0.          0.          0.         ...  0.          0.          0.        ]]
```

(4) 相似度比较：使用 cosine_similarity 比较特征向量。

(5) 先取得 images_test 目录下所有 .jpg 文件名。程序代码如下：

```
1  from os import listdir
2  from os.path import isfile, join
3
4  # 取得 images_test 目录下所有 .jpg 文件名称
5  img_path = './images_test/'
6  image_files = np.array([f for f in listdir(img_path)
7          if isfile(join(img_path, f)) and f[-3:] == 'jpg'])
8  image_files
```

执行结果如下。

```
array(['bird.jpg', 'bird2.jpg', 'deer.jpg', 'elephant.jpg',
       'elephant2.jpg', 'lion1.jpg', 'lion2.jpg', 'panda1.jpg',
       'panda2.jpg', 'panda3.jpg', 'tiger1.jpg', 'tiger2.jpg',
       'tiger3.jpg'], dtype='<U13')
```

(6) 取得 images_test 目录下所有 .jpg 文件的像素。程序代码如下：

```
1   import numpy as np
2
3   # 合并所有图片的像素
4   X = np.array([])
5   for f in image_files:
6       image_file = join(img_path, f)
7       # 载入图片，并缩放宽高为 (224, 224)
8       img = image.load_img(image_file, target_size=(224, 224))
9       img2 = image.img_to_array(img)
10      img2 = np.expand_dims(img2, axis=0)
11      if len(X.shape) == 1:
12          X = img2
13      else:
14          X = np.concatenate((X, img2), axis=0)
15
16  X = preprocess_input(X)
```

(7) 取得所有图片文件的特征向量。程序代码如下：

```
1  # 取得所有图片的特征向量
2  features = model.predict(X)
3
4  features.shape, X.shape
```

执行结果：输出与输入的维度比较。

((13, 7, 7, 512),(13, 224, 224, 3))

(8) 使用 cosine_similarity 函数比较特征向量相似度。cosine similarity 计算两个向量的夹角，如图 7.7 所示，判断两个向量的方向是否近似，cosine 函数的值介于 (-1, 1)，越接近 1，表示方向越相近。

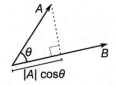

图 7.7　夹角与 cosine 函数

```python
1   # 使用 cosine_similarity 比较特征向量
2   from sklearn.metrics.pairwise import cosine_similarity
3
4
5   # 比较 Tiger2.jpg 与其他图片文件特征向量
6   no=-2
7   print(image_files[no])
8
9   # 转为二维向量，类似扁平层(Flatten)
10  features2 = features.reshape((features.shape[0], -1))
11
12  # 排除 tiger2.jpg 的其他图片文件特征向量
13  other_features = np.concatenate((features2[:no], features2[no+1:]))
14
15  # 使用 cosine_similarity 计算 cosine 函数
16  similar_list = cosine_similarity(features2[no:no+1], other_features,
17                                   dense_output=False)
18
19  # 显示相似度，由大排到小
20  print(np.sort(similar_list[0])[::-1])
21
22  # 依相似度，由大排到小，显示档名
23  image_files2 = np.delete(image_files, no)
24  image_files2[np.argsort(similar_list[0])[::-1]]
```

执行结果：与 tiger2.jpg 比较的相似度如下。

[0.35117537 0.26661643 0.19401284 0.19142228 0.1704499 0.14298241 0.10661671 0.10612212 0.09741708 0.09370482 0.08440351 0.08097083]

对应的文件名如下：

```
['tiger1.jpg', 'tiger3.jpg', 'lion1.jpg', 'elephant.jpg',
 'elephant2.jpg', 'lion2.jpg', 'panda2.jpg', 'panda3.jpg',
 'bird.jpg', 'panda1.jpg', 'bird2.jpg', 'deer.jpg'], dtype='<U13')
```

观察比对的结果，如预期一样是正确的。利用这种方式，不只能够比较 ImageNet 1000 类中的对象，也可以比较其他的对象，如 3D 模型图片文件，读者可以在网络上自行下载一些图片进行测试。

7-4 转移学习

预先训练的模型的第三种用法，是采用部分的模型，再加上自定义的输入层和辨识层，如此就能够不受限于模型原先辨识的对象，也就是所谓的转移学习 (Transfer Learning)，或者翻译为迁移学习。其实不使用预先训练的模型，直接建构 CNN 模型，也是可以辨识出任何对象，然而为什么要使用预先训练的模型呢？原因归纳如下。

(1) 使用大量高质量的数据 (ImageNet 为普林斯顿大学与斯坦福大学所主导的项目)，又加上设计较复杂的模型结构，如 ResNet 模型高达 150 层，准确率因此大大提高。

(2) 使用较少的训练数据：因为模型前半段已经训练好了。

(3) 训练速度比较快：只需要重新训练自定义的辨识层即可。

一般的转移学习分为以下两阶段。

(1) 建立预先训练的模型：包括之前的 Keras Applications，以及后面章节会谈到的自然语言模型——Transformer 模型，它包含目前最火的 BERT，利用大量的训练数据和复杂的模型结构，取得通用性的图像与自然语言特征向量。

(2) 微调 (Fine Tuning)：依照特定应用领域的需求，个别建模并训练，如本节所述，利用预先训练模型的前半段，再加入自定义的神经层，进行特殊类别的辨识。

范例.使用 ResNet152V2 模型，辨识花朵数据集(程序源自 Tensorflow 官网所提供的范例 "Load images" [7]**，笔者进行了一些修改和批注)。**

设计步骤如图 7.8 所示。

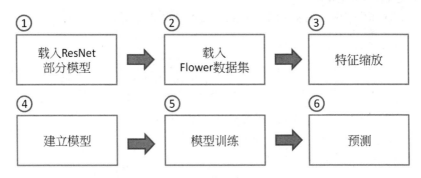

图 7.8　设计步骤

请参阅程序：**07_03_Flower_ResNet.ipynb**。

(1) 载入库：引进 ResNet152V2 模型。程序代码如下：

```
1  import tensorflow as tf
2  from tensorflow.keras.applications.resnet_v2 import ResNet152V2
3  from tensorflow.keras.preprocessing import image
4  from tensorflow.keras.applications.resnet_v2 import preprocess_input
5  from tensorflow.keras.applications.resnet_v2 import decode_predictions
6  from tensorflow.keras.layers import Dense, GlobalAveragePooling2D
7  from tensorflow.keras.models import Model
8  import numpy as np
```

(2) 载入 Flower 数据集。程序代码如下：

```
1   # 数据集来源：https://www.tensorflow.org/tutorials/load_data/images
2
3   # 参数设定
4   batch_size = 64
5   img_height = 224
6   img_width = 224
7   data_dir = './flower_photos/'
8
9   # 载入 Flower 训练数据
10  train_ds = tf.keras.preprocessing.image_dataset_from_directory(
11      data_dir,
12      validation_split=0.2,
13      subset="training",
14      seed=123,
15      image_size=(img_height, img_width),
16      batch_size=batch_size)
17
18  # 载入 Flower 验证数据
19  val_ds = tf.keras.preprocessing.image_dataset_from_directory(
20      data_dir,
21      validation_split=0.2,
22      subset="validation",
23      seed=123,
24      image_size=(img_height, img_width),
25      batch_size=batch_size)
```

执行结果：共 3670 个文件、5 种类别 (class)，其中 2936 个文件作为训练之用，734 个文件作为验证使用。

(3) 进行特征工程，将特征缩放在 (0, 1) 之间。程序代码如下：

```
1   from tensorflow.keras import layers
2
3   normalization_layer = tf.keras.layers.experimental.preprocessing.Rescaling(1./255)
4   normalized_ds = train_ds.map(lambda x, y: (normalization_layer(x), y))
5   normalized_val_ds = val_ds.map(lambda x, y: (normalization_layer(x), y))
```

(4) 显示 ResNet152V2 完整的模型结构。程序代码如下：

```
1   base_model = ResNet152V2(weights='imagenet')
2   print(base_model.summary())
```

执行结果如下。

① 共有 152 层卷积 / 池化层，再加上其他类型的神经层，总共有 566 层。

② 输入层 (InputLayer) 维度为 (224, 224, 3)。具体如下：

```
Model: "resnet152v2"

Layer (type)                    Output Shape
=================================================================
input_5 (InputLayer)            [(None, 224, 224, 3)
```

③ 最后两层为 GlobalAveragePooling、Dense，若加上 include_top=False，这两层则会被移除。具体如下：

```
post_bn (BatchNormalization)        (None, 7, 7, 2048)

post_relu (Activation)              (None, 7, 7, 2048)

avg_pool (GlobalAveragePooling2     (None, 2048)

predictions (Dense)                 (None, 1000)
=================================================================
```

(5) 建立模型结构：使用 Function API 加上自定义的辨识层 (GlobalAveragePooling、Dense)，再指定 Model 的输入 / 输出。程序代码如下：

```
1  # 预先训练好的模型 -- ResNet152V2
2  base_model = ResNet152V2(weights='imagenet', include_top=False)
3  print(base_model.summary())
4
5  # 加上自定义的辨识层
6  x = base_model.output
7  x = GlobalAveragePooling2D()(x)
8  predictions = Dense(10, activation='softmax')(x)
9
10 # 指定自定义的输入层及辨识层
11 model = Model(inputs=base_model.input, outputs=predictions)
12
13 # 模型前段不需训练了
14 for layer in base_model.layers:
15     layer.trainable = False
16
17 # 设定优化器(optimizer)、损失函数(loss)、效果衡量指标(metrics)的类别
18 model.compile(optimizer='rmsprop', loss='sparse_categorical_crossentropy',
19               metrics=['accuracy'])
```

(6) 模型训练：设定缓存、预存取，以提升训练效率。程序代码如下：

```
1  # 设定缓存、预存取，以提升训练效率
2  AUTOTUNE = tf.data.AUTOTUNE
3  normalized_ds = normalized_ds.cache().prefetch(buffer_size=AUTOTUNE)
4  normalized_val_ds = normalized_val_ds.cache().prefetch(buffer_size=AUTOTUNE)
5
6  # 模型训练
7  history = model.fit(normalized_ds, validation_data = normalized_val_ds, epochs=5)
```

执行结果如下。

① 训练准确率：93.33%。

② 验证准确率：87.74%。

(7) 绘制训练过程的准确率 / 损失函数。程序代码如下：

```
1  # 对训练过程的准确率绘图
2  import matplotlib.pyplot as plt
3  plt.rcParams['font.sans-serif'] = ['Microsoft JhengHei']
4  plt.rcParams['axes.unicode_minus'] = False
5
6  plt.figure(figsize=(8, 6))
7  plt.plot(history.history['accuracy'], 'r', label='训练准确率')
8  plt.plot(history.history['val_accuracy'], 'g', label='验证准确率')
9  plt.xlabel('Epoch')
10 plt.ylabel('准确率')
11 plt.legend()
```

执行结果：如图 7.9 所示，随着训练周期的增长，验证准确率并没有提高，这是因为预先训练的模型已将大部分的神经层训练过了。

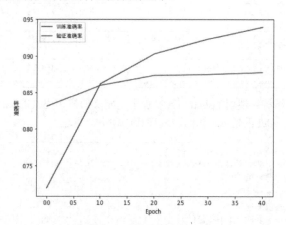

图 7.9　训练过程准确率

(8) 显示辨识的类别。程序代码如下：

```
1  # 显示辨识的类别
2  class_names = train_ds.class_names
3  print(class_names)
```

执行结果：['daisy', 'dandelion', 'roses', 'sunflowers', 'tulips']。

(9) 预测：任选一张图片，如玫瑰花，预测结果正确。程序代码如下：

```
1   # 任选一张图片，例如玫瑰
2   img_path = './images_test/rose.png'
3   # 载入图片，并缩放宽高为 (224, 224)
4   img = image.load_img(img_path, target_size=(224, 224))
5
6   # 加一维，变成 (1, 224, 224, 3)
7   x = image.img_to_array(img)
8   x = np.expand_dims(x, axis=0)
9   x = preprocess_input(x)
10
11  # 预测
12  preds = model.predict(x)
13
14  # 显示预测结果
15  y_pred = [round(i * 100, 2) for i in preds[0]]
16  print(f'预测概率(%)：{y_pred}')
17  print(f'预测类别：{class_names[np.argmax(preds)]}')
```

① 执行结果如下：

```
预测概率(%)：[0.03, 0.0, 99.78, 0.04, 0.15, 0.0, 0.0, 0.0, 0.0, 0.0]
预测类别：roses
```

② 再任选一张图片，如雏菊，执行结果也正确。

注意：笔者一开始使用 cifar 10 内建数据集，它的图片宽高只有 (28, 28)，而 ResNet 的训练模型的输入维度则为 (224, 224)，虽然还是可以训练，因为 ResNet 会自动将 cifar 10 数据放大，但也因此导致图像模糊，模型辨识能力变差。提醒读者在应用预先训练的模型时要特别留意，大部分模型的输入维度都在 (224, 224) 以上。

7-5　Batch Normalization 说明

上一节我们使用复杂的 ResNet152V2 模型，其中内含许多的 Batch Normalization 神经层，它在神经网络的反向传导时可消除梯度消失 (Gradient Vanishing) 或梯度爆炸 (Gradient Exploding) 现象，所以，我们研究了其原理与应用时机。

当神经网络包含很多神经层时，经常会在其中放置一些 Batch Normalization 层，顾名思义，它的用途应该是特征缩放，然而，究竟内部是如何运作的？有哪些好处？运用的时机为何？摆放的位置为何？

Sergey Ioffe 与 Christian Szegedy 在 2015 年首次提出了 Batch Normalization，论文标题为 Batch Normalization：Accelerating Deep Network Training by Reducing Internal Covariate Shift [8]。简单来说，Batch Normalization 即为特征缩放，将前一层的输出标准化后，再转至下一层。

标准化的好处就是让收敛速度快一些，假如没有标准化，模型通常会对梯度较大的变量先优化，进而导致收敛路线曲折前进，如图 7.10 所示，左图是特征未标准化的优化路径，右图则是标准化后的优化路径。

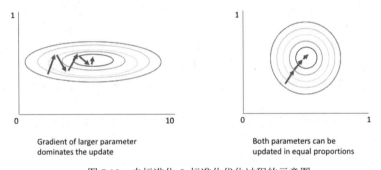

图 7.10　未标准化 & 标准化优化过程的示意图

(图片来源：Why Batch Normalization Matters? [9])

Batch Normalization 另外再引进两个变量 γ、β，分别控制规模缩放 (Scale) 和偏移 (Shift)，如图 7.11 所示。

Input: Values of x over a mini-batch: $\mathcal{B} = \{x_{1...m}\}$;
　　　　Parameters to be learned: γ, β
Output: $\{y_i = \text{BN}_{\gamma,\beta}(x_i)\}$

$$\mu_{\mathcal{B}} \leftarrow \frac{1}{m}\sum_{i=1}^{m} x_i \qquad \text{// mini-batch mean}$$

$$\sigma_{\mathcal{B}}^2 \leftarrow \frac{1}{m}\sum_{i=1}^{m} (x_i - \mu_{\mathcal{B}})^2 \qquad \text{// mini-batch variance}$$

$$\widehat{x}_i \leftarrow \frac{x_i - \mu_{\mathcal{B}}}{\sqrt{\sigma_{\mathcal{B}}^2 + \epsilon}} \qquad \text{// normalize}$$

$$y_i \leftarrow \gamma \widehat{x}_i + \beta \equiv \text{BN}_{\gamma,\beta}(x_i) \qquad \text{// scale and shift}$$

图 7.11　Batch Normalization 公式

(图片来源：Why Batch Normalization Matters? [9])

补充说明如下。

(1) 标准化是在训练时逐批处理的，而非所有数据一起标准化，通常加在 Activation Function 之前。

(2) ε 是为了避免分母为 0 而加上的一个微小正数。

(3) γ、β 值是在训练过程中计算出来的，并不是事先设定好的。

假设我们要建立小狗的辨识模型，却收集黄狗的图片进行训练，模型完成后，拿花狗的图片来辨识，效果当然会变差，要改善的话则必须重新收集数据再训练一次，这种现象就称为 Covariate Shift，正式的定义是"假设我们要使用 X 预测 Y 时，当 X 的分配随着时间有所变化时，模型就会逐渐失效"。股价预测也是类似的情形，当股价长期趋势上涨时，原来的模型就慢慢失准了，除非纳入最新的数据重新训练模型。

由于神经网络的权重会随着反向传导不断更新，每一层的输出都会受到上一层的输出影响，它是一种回归的关系，随着神经层越多，整个神经网络的输出就有可能会逐渐偏移，此现象称之为 Internal Covariate Shift。

而 Batch Normalization 就可以矫正 Internal Covariate Shift 现象，它在输出至下一层的神经层时，每批数据都会先被标准化，这使得输入数据的分布全属于 $N(0, 1)$ 的标准正态分布，因此，不管有多少层神经层，都不用担心发生输出逐渐偏移的问题。

至于什么是梯度消失和梯度爆炸？由于 CNN 模型共享权值 (Shared Weights) 的关系，使得梯度逐渐消失或爆炸，原因如下，相同的 W 值若是经过很多层。

(1) 如果 $W<1$ ➔ 模型前几层的 n 愈大，W^n 会趋近于 0，则影响力逐渐消失，即梯度消失。

(2) 如果 $W>1$ ➔ 模型前几层的 n 愈大，W^n 会趋近于 ∞，则会导致模型优化无法收敛，即梯度爆炸。

只要经过 Batch Normalization，将每一批数据标准化后，梯度都会重新计算，这样就不会有梯度消失和梯度爆炸的状况发生了。除此之外，根据原作者的说法，Batch Normalization 还有以下优点。

(1) 优化收敛速度快 (Train faster)。

(2) 可使用较大的学习率 (Use higher learning rates)，加速训练过程。

(3) 权重初始化较容易 (Parameter initialization is easier)。

(4) 不使用 Batch Normalization 时，Activation function 容易在训练过程中消失或提早停止学习，但如果经过 Batch Normalization 则又会再复活 (Makes activation functions viable by regulating the inputs to them)。

(5) 准确率全面性提升 (Better results overall)。

(6) 类似于 Dropout 的效果，可防止过度拟合 (It adds noise which reduces overfitting with a regularization effect)，所以，当使用 Batch Normalization 时，就**不需要加 Dropout** 层了，就是为避免效果加乘过强，反而造成低度拟合 (Underfitting)。

有一篇文章 "On The Perils of Batch Norm" [10] 讲述了一个很有趣的实验，使用两个数据集模拟 Internal Covariate Shift 现象，一个是 MNIST 数据集，背景是单纯白色，另一个则是 SVHN 数据集，有复杂的背景，实验过程如下。

(1) 首先合并两个数据集来训练第一种模型，如图 7.12 所示。

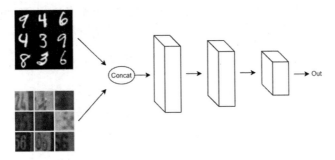

图 7.12　合并两个数据集来训练一个模型

(2) 再使用两个数据集各自分别训练模型，但共享权值，为第二种模型，如图 7.13 所示。

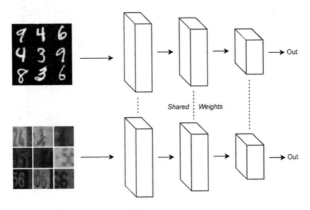

图 7.13　使用两个数据集个别训练模型，但共享权值

两种模型都有插入 Batch Normalization，比较结果，前者为单一模型，准确度较高，因为 Batch Normalization 可以矫正 Internal Covariate Shift 现象；后者则由于数据集内容的不同，两个模型共享权值本来就不合理，如图 7.14 所示。

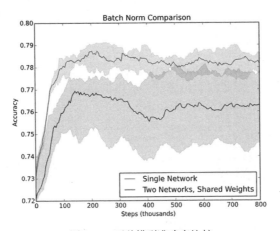

图 7.14　两种模型准确率比较

(3) 第三种模型：使用两个数据集训练两个模型，分别作 Batch Normalization，但不共享权值。比较结果为：第三种模型效果最好，如图 7.15 所示。

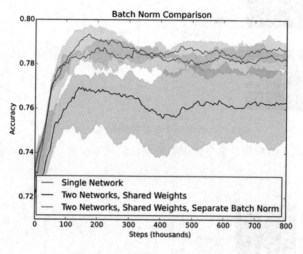

图 7.15　三种模型准确率的比较

第三篇 | 进阶的影像应用

恭喜各位勇士们通过卷积神经网络 (CNN) 关卡,越过了一座高山。本篇我们就来好好秀一下努力的成果,展现 CNN 在各领域应用上有哪些厉害的功能吧!

本篇包括下列主题。
(1) 目标检测 (Object Detection)。
(2) 语义分割 (Semantic Segmentation)。
(3) 人脸辨识 (Facial Recognition)。
(4) 风格转换 (Style Transfer)。
(5) 光学文字辨识 (Optical Character Recognition, OCR)。

第 8 章
目标检测

前面介绍的图像辨识模型,一张图片中仅含有一个对象,接下来要登场的目标检测可以同时检测多个目标,并且标示出目标的位置。但是标示位置有什么用处呢?现今最热门的目标检测算法 YOLO,发明人 Joseph Redmon 提出了一张有趣的照片,如图 8.1 所示。

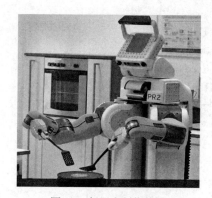

图 8.1 机器人制作煎饼

(图片来源:*Real-Time Grasp Detection Using Convolutional Neural Networks*[1])

机器人要能完成煎饼的任务,它必须知道煎饼的所在位置,才能够将饼翻面,如果有两张以上的饼,还需知道要翻哪一张。不只机器人工作时需要计算机视觉,其他领域也会用到目标检测,举例如下。

(1) 自动驾驶汽车 (Self-driving Car):需要实时掌握前方路况及闪避障碍物。

(2) 智能交通:车辆检测,利用一辆车在两个时间点的位置,计算车速,进而可以推算道路拥塞的状况,也可以用来检测违规车辆。

(3) 玩具、无人机、飞弹等都可以做类似的应用。

(4) 异常检测 (Anomaly Detection):可以在生产线架设摄影机,实时检测异常的瑕疵,如印制电路板、产品外观等。

(5) 无人商店的购物篮扫描、自动结账等。

8-1 图像辨识模型的发展

纵观历年 ImageNet ILSVRC 挑战赛 (Large Scale Visual Recognition Challenge) 的竞赛题目,从 2011 年的影像分类 (Classification) 与定位 (Classification with Localization)[2],

到 2017 年，题目扩展至物体定位 (Object Localization)、目标检测、视频目标检测 (Object Detection from Video)[3]。我们可以从中观察到图像辨识模型的发展历程，了解到整个技术的演进。目前图像辨识大概分为以下四大类型，如图 8.2 所示。

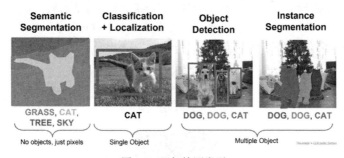

图 8.2　目标检测类型

(图片来源：*Detection and Segmentation*[4])

（1）语义分割：按照对象类别来划分像素区域，但不区分实例 (Instance)。拿图 8.2 的第四张照片为例，照片中有两只狗，都使用同一种颜色表达，即是语义分割；两只狗使用不同颜色来表示，区分实例，则称为实例分割。

（2）定位 (Classification + Localization)：标记单一对象 (Single Object) 的类别与所在的位置。

（3）目标检测：标注多个目标 (Multiple Object) 的类别与所在的位置。

（4）实例分割 (Instance Segmentation)：标记实例，同一类的对象可以区分，并标示个别的位置，尤其是对象之间有重叠时。

接下来我们就逐一介绍上述四类算法，并说明如何利用 TensorFlow 进行实践。

8-2　滑动窗口

目标检测要能够同时辨识对象的类别与位置，如果拆开来看就是以下两项任务 (Task)。

（1）分类 (Classification)：辨识对象的类别。

（2）回归 (Regression)：找到对象的位置，包括对象左上角的坐标和宽度 / 高度。

最原始的算法是采用滑动窗口 (Sliding Window)，与前面介绍的卷积作法相似，设计步骤如图 8.3 所示。

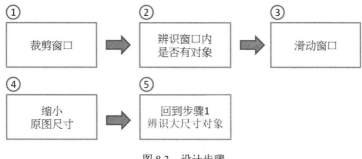

图 8.3　设计步骤

(1) 设定某一尺寸的窗口，比如宽高各为 128 像素，由原图左上角起裁剪成窗口大小。
(2) 辨识窗口内是否有对象存在。
(3) 滑动窗口，再次裁剪，并回到步骤 2，直到全图扫描完为止。
(4) 缩小原图尺寸后，再重新回到步骤 1，寻找更大尺寸的对象。

这种将原图缩小成各种尺寸的方式称为影像金字塔 (Image Pyramid)，详情请参阅 *Image Pyramids with Python and OpenCV* [5]，如图 8.4 所示。

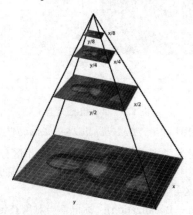

图 8.4　影像金字塔 (Image Pyramid)

(最下层为原图，往上逐步缩小原图尺寸，图片来源：IIPImage[6])

范例. 对图片滑动窗口并做影像金字塔。

请参阅程序：**08_01_Sliding_Window_And_Image_Pyramid.ipynb**。程序修改自 "Sliding Windows for Object Detection with Python and OpenCV" [17]。

(1) 加载库，需先安装 OpenCV、imutils。程序代码如下：

```
1  # 载入库
2  import cv2
3  import time
4  import imutils
```

(2) 定义影像金字塔操作函数：逐步缩小原图尺寸，以便找到较大尺寸的对象。程序代码如下：

```
1  # 影像金字塔操作
2  # image：原图，scale：每次缩小倍数，minSize：最小尺寸
3  def pyramid(image, scale=1.5, minSize=(30, 30)):
4      # 第一次传回原图
5      yield image
6
7      while True:
8          # 计算缩小后的尺寸
9          w = int(image.shape[1] / scale)
10         # 缩小
11         image = imutils.resize(image, width=w)
12         # 直到最小尺寸为止
13         if image.shape[0] < minSize[1] or image.shape[1] < minSize[0]:
14             break
15         # 传回缩小后的图像
16         yield image
```

(3) 定义滑动窗口函数。程序代码如下：

```python
# 滑动窗口
def sliding_window(image, stepSize, windowSize):
    for y in range(0, image.shape[0], stepSize):      # 向下滑动 stepSize 格
        for x in range(0, image.shape[1], stepSize):  # 向右滑动 stepSize 格
            # 传回裁剪后的窗口
            yield (x, y, image[y:y + windowSize[1], x:x + windowSize[0]])
```

(4) 测试。程序代码如下：

```python
# 读取一个图片文件
image = cv2.imread('./images_Object_Detection/lena.jpg')

# 窗口尺寸
(winW, winH) = (128, 128)

# 取得影像金字塔各种尺寸
for resized in pyramid(image, scale=1.5):
    # 滑动窗口
    for (x, y, window) in sliding_window(resized, stepSize=32,
                                         windowSize=(winW, winH)):
        # 窗口尺寸不合即放弃，滑动至边缘时，尺寸过小
        if window.shape[0] != winH or window.shape[1] != winW:
            continue
        # 标示滑动的窗口
        clone = resized.copy()
        cv2.rectangle(clone, (x, y), (x + winW, y + winH), (0, 255, 0), 2)
        cv2.imshow("Window", clone)
        cv2.waitKey(1)
        # 暂停
        time.sleep(0.025)

# 结束时关闭窗口
cv2.destroyAllWindows()
```

① 执行结果：如图 8.5 所示。

图 8.5　测试结果

② 全程的执行结果可参阅视频文件：video\Sliding_Window_And_Image_Pyramid.mp4。

8-3　方向梯度直方图

方向梯度直方图 (Histogram of oriented gradient, HOG)，是抓取图像轮廓线条的算法，先将图片切成很多个区域 (Cell)，从每个区域中找出方向梯度，并把它描绘出来，就形成了对象的轮廓，与其他边缘提取的算法比起来，它对环境的变化，如光线有较强 (Robust) 的辨识能力，如图 8.6 所示。有关 HOG 算法的详细处理方法可参阅"方向梯度直方图"[8]。

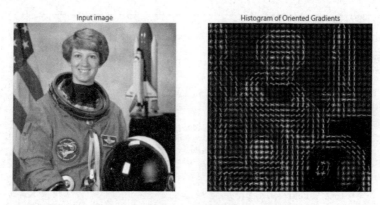

图 8.6　HOG 处理

(左图为原图，右图为 HOG 处理过后的图)

根据"Histogram of Oriented Gradients and Object Detection"[9] 一文的介绍，结合 HOG 的目标检测，流程如图 8.7 所示。

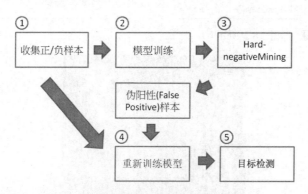

图 8.7　结合 HOG 的目标检测之流程图

(1) 收集正样本 (Positive set)：集结目标对象的各式图像样本，包括不同视角、尺寸、背景的图像。

(2) 收集负样本 (Negative set)：集结无目标对象的各式图像样本，若有找到相近的对象则更好，可以增加辨识准确度。

(3) 使用以上正/负样本与分类算法训练二分类模型，判断是否包含目标对象，一般使用支持向量机 (SVM) 算法。

(4) Hard-negative Mining：扫描负样本，使用滑动窗口的技巧，将每个窗口导入模型来预测，如果有检测到目标对象，即是伪阳性 (False Positive)，接着将这些图像加到训练数据集中进行重新训练，这个步骤可以重复很多次，能够有效地提高模型准确率，类似于 Boosting 整体学习的算法。

（5）使用最后的模型进行目标检测：将目标对象的图像使用滑动窗口与影像金字塔技巧，导入模型进行辨识，找出合格的窗口。

（6）筛选合格的窗口：使用 Non-Maximum Suppression(NMS) 算法，剔除多余重叠的窗口。

范例1. 使用HOG、滑动窗口及SVM进行目标检测。

请参阅程序：**08_02_HOG-Face-Detection.ipynb**，修改自 Scikit-Image 的范例。

（1）载入库：本例使用 scikit-image 库，OpenCV 也有支持类似的函数。程序代码如下：

```
1  # Scikit-Image 的范例
2  # 载入库
3  import numpy as np
4  import matplotlib.pyplot as plt
5  from skimage.feature import hog
6  from skimage import data, exposure
```

（2）HOG 测试：使用 Scikit-Image 内建的女航天员图像来测试 HOG 的效果。程序代码如下：

```
1   # 测试图片
2   image = data.astronaut()
3
4   # 取得图片的 HOG
5   fd, hog_image = hog(image, orientations=8, pixels_per_cell=(16, 16),
6                       cells_per_block=(1, 1), visualize=True, multichannel=True)
7
8   # 原图与HOG图比较
9   fig, (ax1, ax2) = plt.subplots(1, 2, figsize=(12, 6), sharex=True, sharey=True)
10
11  ax1.axis('off')
12  ax1.imshow(image, cmap=plt.cm.gray)
13  ax1.set_title('Input image')
14
15  # 调整对比，让显示比较清楚
16  hog_image_rescaled = exposure.rescale_intensity(hog_image, in_range=(0, 10))
17
18  ax2.axis('off')
19  ax2.imshow(hog_image_rescaled, cmap=plt.cm.gray)
20  ax2.set_title('Histogram of Oriented Gradients')
21  plt.show()
```

执行结果：原图与 HOG 处理过后的图比较如图 8.8 所示。

图 8.8　HOG 处理前后对比

(3) 收集正样本：使用 scikit-learn 内建的人脸数据集作为正样本，共有 13233 个。程序代码如下：

```
1  # 收集正样本 (positive set)
2  # 使用 scikit-learn 的人脸数据集
3  from sklearn.datasets import fetch_lfw_people
4  faces = fetch_lfw_people()
5  positive_patches = faces.images
6  positive_patches.shape
```

(4) 观察正样本中部分图片。程序代码如下：

```
1  # 显示正样本部分图片
2  fig, ax = plt.subplots(4,6)
3  for i, axi in enumerate(ax.flat):
4      axi.imshow(positive_patches[500 * i], cmap='gray')
5      axi.axis('off')
```

执行结果：每张图片宽高为 (62, 47)，如图 8.9 所示。

图 8.9　观察正样本中部分图片

(5) 收集负样本：使用 Scikit-Image 内建的数据集，共有 9 批。程序代码如下：

```
1  # 收集负样本 (negative set)
2  # 使用 Scikit-Image 的非人脸数据
3  from skimage import data, transform, color
4
5  imgs_to_use = ['hubble_deep_field', 'text', 'coins', 'moon',
6                 'page', 'clock','coffee','chelsea','horse']
7  images = [color.rgb2gray(getattr(data, name)())
8            for name in imgs_to_use]
9  len(images)
```

(6) 增加负样本批数：将负样本转换为不同的尺寸，也可以使用数据增补技术。程序代码如下：

```
1  # 将负样本转换为不同的尺寸
2  from sklearn.feature_extraction.image import PatchExtractor
3
4  # 转换为不同的尺寸
5  def extract_patches(img, N, scale=1.0, patch_size=positive_patches[0].shape):
6      extracted_patch_size = tuple((scale * np.array(patch_size)).astype(int))
7      # PatchExtractor : 产生不同尺寸的图像
8      extractor = PatchExtractor(patch_size=extracted_patch_size,
9                                 max_patches=N, random_state=0)
10     patches = extractor.transform(img[np.newaxis])
```

```
11      if scale != 1:
12          patches = np.array([transform.resize(patch, patch_size)
13                                  for patch in patches])
14      return patches
15
16  # 产生 27000 批图像
17  negative_patches = np.vstack([extract_patches(im, 1000, scale)
18                                  for im in images for scale in [0.5, 1.0, 2.0]])
19  negative_patches.shape
```

执行结果：产生 27000 批图像。

(7) 观察负样本中部分图片。程序代码如下：

```
1  # 显示部分负样本
2  fig, ax = plt.subplots(4,6)
3  for i, axi in enumerate(ax.flat):
4      axi.imshow(negative_patches[600 * i], cmap='gray')
5      axi.axis('off')
```

执行结果：如图 8.10 所示。

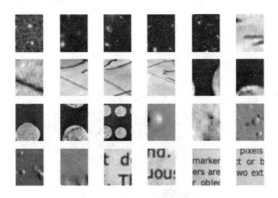

图 8.10　负样本中部分图片

(8) 合并正样本与负样本。程序代码如下：

```
1  # 合并正样本与负样本
2  from skimage import feature     # To use skimage.feature.hog()
3  from itertools import chain
4
5  X_train = np.array([feature.hog(im)
6                          for im in chain(positive_patches,
7                                          negative_patches)])
8  y_train = np.zeros(X_train.shape[0])
9  y_train[:positive_patches.shape[0]] = 1
```

(9) 使用 SVM 进行二分类的训练：使用 GridSearchCV 寻求最佳参数值。程序代码如下：

```
1  # 使用 SVM 作二分类的训练
2  from sklearn.svm import LinearSVC
3  from sklearn.model_selection import GridSearchCV
4
5  # C为矫正过度拟合强度的倒数，使用 GridSearchCV 寻求最佳参数值
6  grid = GridSearchCV(LinearSVC(dual=False), {'C': [1.0, 2.0, 4.0, 8.0]},cv=3)
7  grid.fit(X_train, y_train)
8  grid.best_score_
```

执行结果：最佳模型准确率为 98.77%。

(10) 取得最佳参数值。程序代码如下：

```
# C 最佳参数值
grid.best_params_
```

(11) 依最佳参数值再训练一次，取得最终模型。程序代码如下：

```
# 依最佳参数值再训练一次
model = grid.best_estimator_
model.fit(X_train, y_train)
```

(12) 新图像测试：需先转为灰阶图像。程序代码如下：

```
# 取新图像测试
test_img = data.astronaut()
test_img = color.rgb2gray(test_img)
test_img = transform.rescale(test_img, 0.5)
test_img = test_img[:120, 60:160]

plt.imshow(test_img, cmap='gray')
plt.axis('off');
```

执行结果：如图 8.11 所示。

图 8.11　新图像测试

(13) 定义滑动窗口函数。程序代码如下：

```
# 滑动窗口函数
def sliding_window(img, patch_size=positive_patches[0].shape,
                   istep=2, jstep=2, scale=1.0):
    Ni, Nj = (int(scale * s) for s in patch_size)
    for i in range(0, img.shape[0] - Ni, istep):
        for j in range(0, img.shape[1] - Ni, jstep):
            patch = img[i:i + Ni, j:j + Nj]
            if scale != 1:
                patch = transform.resize(patch, patch_size)
            yield (i, j), patch
```

(14) 计算 HOG：使用滑动窗口来计算每一滑动窗口的 HOG，导入模型辨识。程序代码如下：

```
# 使用滑动窗口计算每一视窗的 HOG
indices, patches = zip(*sliding_window(test_img))
```

```
3  patches_hog = np.array([feature.hog(patch) for patch in patches])
4
5  # 辨识每一个窗口
6  labels = model.predict(patches_hog)
7  labels.sum()   # 检测到的总数
```

执行结果：共有 55 个合格窗口。

(15) 显示这 55 个合格窗口。程序代码如下：

```
1   # 将每一个检测到的窗口显示出来
2   fig, ax = plt.subplots()
3   ax.imshow(test_img, cmap='gray')
4   ax.axis('off')
5
6   # 取得左上角坐标
7   Ni, Nj = positive_patches[0].shape
8   indices = np.array(indices)
9
10  # 显示
11  for i, j in indices[labels == 1]:
12      ax.add_patch(plt.Rectangle((j, i), Nj, Ni, edgecolor='red',
13                                  alpha=0.3, lw=2, facecolor='none'))
```

执行结果：如图 8.12 所示。

图 8.12　显示合格窗口

(16) 筛选合格窗口：使用 Non-Maximum Suppression(NMS) 算法，剔除多余的窗口。以下采用 *Non-Maximum Suppression for Object Detection in Python* [10] 一文的程序代码。

定义 NMS 算法函数：这是由 Pedro Felipe Felzenszwalb 等学者发明的算法，执行速度较慢，Tomasz Malisiewicz [11] 因此提出了改善的算法。函数的重叠比例阈值 (OverlapThresh) 参数一般设为 0.3~0.5。程序代码如下：

```
1   # Non-Maximum Suppression演算法 by Felzenszwalb et al.
2   # boxes：所有候选的窗口，overlapThresh：窗口重叠的比例阈值
3   def non_max_suppression_slow(boxes, overlapThresh=0.5):
4       if len(boxes) == 0:
5           return []
6
7       pick = []           # 储存筛选的结果
8       x1 = boxes[:,0]     # 取得候选的视窗的左/上/右/下 坐标
9       y1 = boxes[:,1]
10      x2 = boxes[:,2]
11      y2 = boxes[:,3]
12
13      # 计算候选视窗的面积
```

```
14        area = (x2 - x1 + 1) * (y2 - y1 + 1)
15        idxs = np.argsort(y2)      # 依窗口的底Y坐标排序
16
17        # 比对重叠比例
18        while len(idxs) > 0:
19            # 最后一笔
20            last = len(idxs) - 1
21            i = idxs[last]
22            pick.append(i)
23            suppress = [last]
24
25            # 比对最后一笔与其他窗口重叠的比例
26            for pos in range(0, last):
27                j = idxs[pos]
28
29                # 取得所有窗口的涵盖范围
30                xx1 = max(x1[i], x1[j])
31                yy1 = max(y1[i], y1[j])
32                xx2 = min(x2[i], x2[j])
33                yy2 = min(y2[i], y2[j])
34                w = max(0, xx2 - xx1 + 1)
35                h = max(0, yy2 - yy1 + 1)
36
37                # 计算重叠比例
38                overlap = float(w * h) / area[j]
39
40                # 如果大于阈值，则存储起来
41                if overlap > overlapThresh:
42                    suppress.append(pos)
43
44            # 删除合格的窗口，继续比对
45            idxs = np.delete(idxs, suppress)
46
47        # 传回合格的窗口
48        return boxes[pick]
```

(17) 呼叫 non_max_suppression_slow 函数，剔除多余的窗口。程序代码如下：

```
1  # 使用 Non-Maximum Suppression 演算法，剔除多余的窗口
2  candidate_boxes = []
3  for i, j in indices[labels == 1]:
4      candidate_boxes.append([j, i, Nj, Ni])
5  final_boxes = non_max_suppression_slow(np.array(candidate_boxes).reshape(-1, 4))
6
7  # 将每一个合格的窗口显示出来
8  fig, ax = plt.subplots()
9  ax.imshow(test_img, cmap='gray')
10 ax.axis('off')
11
12 # 显示
13 for i, j, Ni, Nj in final_boxes:
14     ax.add_patch(plt.Rectangle((i, j), Ni, Nj, edgecolor='red',
15                                alpha=0.3, lw=2, facecolor='none'))
```

执行结果：如图 8.13 所示，得到了两个合格窗口。

图 8.13　易除多余窗口

以上范例的过程中省略了一些细节，如 Hard-negative mining、影像金字塔，这个例子无法检测多个不同实体与不同尺寸的对象。所以我们再来看一个范例，它可以使用任何 CNN 模型结合影像金字塔，进行多对象、多实体的检测。

范例2. 使用ResNet50进行目标检测，并标示出位置。

设计步骤如图 8.14 所示。

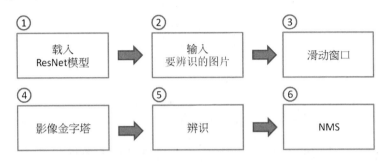

图 8.14　设计步骤

请参阅程序：**08_03_Object_Detection.ipynb**。

(1) 载入库：需要额外安装 imutils 库，它是一个简单的图像处理库。程序代码如下：

```python
# 载入库 ，需额外安装 imutils 库
from tensorflow.keras.applications import ResNet50
from tensorflow.keras.applications.resnet import preprocess_input
from tensorflow.keras.preprocessing.image import img_to_array
from tensorflow.keras.applications import imagenet_utils
from imutils.object_detection import non_max_suppression
import numpy as np
import imutils
import time
import cv2
```

(2) 参数设定：此范例是辨识三只斑马同时存在的图像，另外也可以辨识骑自行车的图像 (bike.jpg)。程序代码如下：

```python
# 参数设定
image_path = './images_Object_Detection/bike.jpg'  # 要辨识的图片
WIDTH = 600                                         # 图像缩放为 (600, 600)
PYR_SCALE = 1.5                                     # 影像金字塔缩放比例
WIN_STEP = 16                                       # 窗口滑动步数
ROI_SIZE = (250, 250)                               # 窗口大小
INPUT_SIZE = (224, 224)                             # CNN的输入尺寸
```

(3) 加载 ResNet50 模型。程序代码如下：

```python
# 载入 ResNet50 模型
model = ResNet50(weights="imagenet", include_top=True)
```

(4) 读取要辨识的图片。程序代码如下：

```python
# 读取要辨识的图片
orig = cv2.imread(image_path)
orig = imutils.resize(orig, width=WIDTH)
(H, W) = orig.shape[:2]
```

(5) 定义滑动窗口和影像金字塔函数，这部分与范例 2 的流程相同。程序代码如下：

```python
1  # 定义滑动窗口与影像金字塔函数
2
3  # 滑动窗口
4  def sliding_window(image, step, ws):
5      for y in range(0, image.shape[0] - ws[1], step):    # 向下滑动 stepSize 格
6          for x in range(0, image.shape[1] - ws[0], step):  # 向右滑动 stepSize 格
7              # 传回裁剪后的窗口
8              yield (x, y, image[y:y + ws[1], x:x + ws[0]])
9
10 # 影像金字塔操作
11 # image：原图，scale：每次缩小倍数，minSize：最小尺寸
12 def image_pyramid(image, scale=1.5, minSize=(224, 224)):
13     # 第一次传回原图
14     yield image
15
16     # keep looping over the image pyramid
17     while True:
18         # 计算缩小后的尺寸
19         w = int(image.shape[1] / scale)
20         image = imutils.resize(image, width=w)
21
22         # 直到最小尺寸为止
23         if image.shape[0] < minSize[1] or image.shape[1] < minSize[0]:
24             break
25
26         # 传回缩小后的图像
27         yield image
```

(6) 产生影像金字塔，并逐一进行窗口辨识。程序代码如下：

```python
1  # 输出候选框
2  rois = []         # 候选框
3  locs = []         # 位置
4  SHOW_BOX = False  # 是否显示要找的框
5
6  # 产生影像金字塔
7  pyramid = image_pyramid(orig, scale=PYR_SCALE, minSize=ROI_SIZE)
8  # 逐一窗口辨识
9  for image in pyramid:
10     # 框与原图的比例
11     scale = W / float(image.shape[1])
12
13     # 滑动窗口
14     for (x, y, roiOrig) in sliding_window(image, WIN_STEP, ROI_SIZE):
15         # 取得候选框
16         x = int(x * scale)
17         y = int(y * scale)
18         w = int(ROI_SIZE[0] * scale)
19         h = int(ROI_SIZE[1] * scale)
20
21         # 缩放图形以符合模型输入规格
22         roi = cv2.resize(roiOrig, INPUT_SIZE)
23         roi = img_to_array(roi)
24         roi = preprocess_input(roi)
25
26         # 加入输出变数中
27         rois.append(roi)
28         locs.append((x, y, x + w, y + h))
29
30         # 是否显示要找的框
31         if SHOW_BOX:
32             clone = orig.copy()
33             cv2.rectangle(clone, (x, y), (x + w, y + h),
34                 (0, 255, 0), 2)
35
36             # 显示正在找的框
37             cv2.imshow("Visualization", clone)
38             cv2.imshow("ROI", roiOrig)
39             cv2.waitKey(0)
40
41 cv2.destroyAllWindows()
```

(7) 预测：辨识概率必须大于设定值，并进行 NMS。程序代码如下：

```
1   # 预测
2   MIN_CONFIDENCE = 0.9    # 辨识概率阈值
3
4   rois = np.array(rois, dtype="float32")
5   preds = model.predict(rois)
6   preds = imagenet_utils.decode_predictions(preds, top=1)
7   labels = {}
8
9   # 检查预测结果，辨识概率须大于设定值
10  for (i, p) in enumerate(preds):
11      # grab the prediction information for the current ROI
12      (imagenetID, label, prob) = p[0]
13
14      # 概率大于设定值，则放入候选名单
15      if prob >= MIN_CONFIDENCE:
16          # 放入候选名单
17          box = locs[i]
18          L = labels.get(label, [])
19          L.append((box, prob))
20          labels[label] = L
21
22  # 扫描每一个类别
23  for label in labels.keys():
24      # 复制原图
25      clone = orig.copy()
26
27      # 画框
28      for (box, prob) in labels[label]:
29          (startX, startY, endX, endY) = box
30          cv2.rectangle(clone, (startX, startY), (endX, endY),
31              (0, 255, 0), 2)
32
33      # 显示 NMS(non-maxima suppression) 前的框
34      cv2.imshow("Before NMS", clone)
35      clone = orig.copy()
36
37      # NMS
38      boxes = np.array([p[0] for p in labels[label]])
39      proba = np.array([p[1] for p in labels[label]])
40      boxes = non_max_suppression(boxes, proba)
41
42      for (startX, startY, endX, endY) in boxes:
43          # 画框及类别
44          cv2.rectangle(clone, (startX, startY), (endX, endY), (0, 255, 0), 2)
45          y = startY - 10 if startY - 10 > 10 else startY + 10
46          cv2.putText(clone, label, (startX, y),
47              cv2.FONT_HERSHEY_SIMPLEX, 0.45, (0, 255, 0), 2)
48
49      # 显示
50      cv2.imshow("After NMS", clone)
51      cv2.waitKey(0)
52
53  cv2.destroyAllWindows()        # 关闭所有窗口
```

执行结果：因为图中的斑马有重叠，所以少辨识到一匹马，如图 8.15 所示。

图 8.15　窗口识别 1

改为骑自行车的图像，images_test/bike.jpg，执行结果也辨识到两辆，如图 8.16 所示。后续我们会运用其他算法来改善这个缺点。

图 8.16　窗口识别 2

由于目标检测的应用范围广大，因此有许多学者前仆后继地提出各种改良的算法，试图提高准确率并加快辨识速度，接下来我们就沿着前辈们的研究轨迹，逐步深入探讨。

8-4　R-CNN 目标检测

滑动窗口并结合 HOG 的算法虽然很好用，但是它具有以下缺点。
(1) 滑动窗口加上影像金字塔，需要检查的窗口个数太多了，耗时过久。
(2) 一个 SVM 分类器只能检测一个对象。
(3) 通用性的 CNN 模型辨识并不准确，尤其是重叠的对象。

因此，从 2014 年开始，每年都有改良的算法出现，如图 8.17 所示。

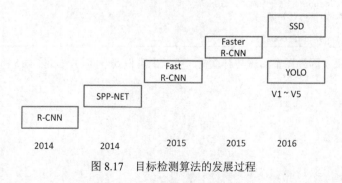

图 8.17　目标检测算法的发展过程

如图 8.18 所示，第一个神经网络的算法 Regions with CNN(以下简称 R-CNN)于 2014 年由 Ross B. Girshick 提出，论文标题为 *Rich feature hierarchies for accurate object detection and semantic segmentation* [12]。架构如下。

(1) 读取要辨识的图片。
(2) 使用区域推荐 (Region Proposal) 算法，找到 2000 个候选窗口。
(3) 使用 CNN 提取特征。
(4) 使用 SVM 辨识。

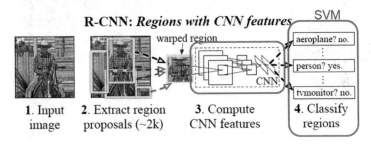

图 8.18　R-CNN 架构

(图片来源：*Rich feature hierarchies for accurate object detection and semantic segmentation*)

更详细的架构如图 8.19 所示。

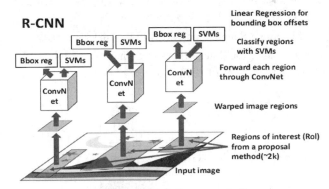

图 8.19　另一视角的 R-CNN 架构

程序处理流程如图 8.20 所示。

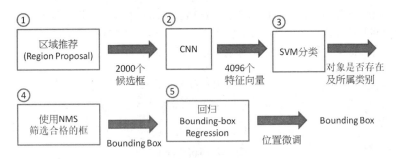

图 8.20　R-CNN 处理流程

(1) 区域推荐 (Region Proposal)：用途为改善滑动窗口的过程检查过多窗口的问题，使用区域推荐算法，只找出 2000 个候选框 (Bounding Box) 输入到模型。

区域推荐也有多种算法，R-CNN 所采用的是 Selective Search，它会依据颜色 (Color)、纹理 (Texture)、规模 (Scale)、空间关系 (Enclosure) 来进行合并，接着再选取 2000 个最有可能包含对象的区域，称之为候选框 (Bounding Box)，如图 8.21 所示。

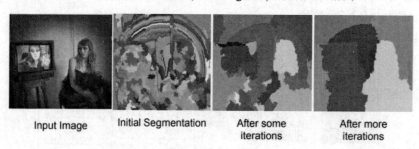

图 8.21 区域推荐

(最左边的图为原图，将颜色、纹理、规模、空间关系相近的区域合并，最后变成最右边图的区域)

(2) 特征提取 (Feature Extractor)：将 2000 个候选框使用影像变形转换 (Image Warping)，转成固定尺寸 227×227 的图像，导入 CNN 进行特征提取，如果采用 AlexNet 的话，则每个候选框转换成 4096 个特征向量。

(3) SVM 分类器：比对特征向量，检测对象是否存在与其所属的类别。注意：一种类使用一个二分类 SVM。

(4) 使用 Non-Maximum Suppression(NMS) 筛选合格的框：选取可信度较高的候选框为基准，计算与基准框的 IoU(Intersection-over Union)，高 IoU 值表示高度重叠，就可以把它们过滤掉，类似于上一节的做法，如图 8.22 所示。

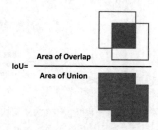

图 8.22 IoU(分母为与目标框联集的面积，分子为与目标框交集的面积)

(5) 位置微调：利用回归 (Bounding-box Regression) 微调候选框的位置。

利用回归计算候选框的四个变量：中心点 (P_x, P_y) 与宽高 (P_w, P_h)，其微调公式如下，G 为预估值。推论过程比较复杂，详情可参考原文附录 C。

$$\hat{G}_x = P_w d_x(P) + P_x$$
$$\hat{G}_y = P_h d_y(P) + P_y$$
$$\hat{G}_w = P_w \exp(d_w(P))$$
$$\hat{G}_h = P_h \exp(d_h(P))$$

损失函数如下，采用 Ridge Regression，以普通最小二乘法估算出来的权重为

$$w_\star = \underset{\hat{w}_\star}{\operatorname{argmin}} \sum_i^N (t_\star^i - \hat{w}_\star^T \phi_5(P^i))^2 + \lambda \| \hat{w}_\star \|^2$$

微调后的目标值 t^* 为

$$t_x = (G_x - P_x)/P_w$$
$$t_y = (G_y - P_y)/P_h$$
$$t_w = \log(G_w/P_w)$$
$$t_h = \log(G_h/P_h)$$

整个 R-CNN 处理流程涉及相当多的算法，包括如下。

(1) 区域推荐：Selective Search。
(2) 特征提取：AlexNet，也可采取 VGG 或者其他 CNN 模型。
(3) SVM 分类器。
(4) Non-Maximum Suppression(NMS)。
(5) Bounding-box Regression。

范例. 使用 R-CNN 检测图片中的飞机。

设计步骤如图 8.23 所示。

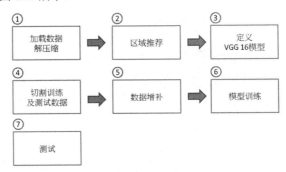

图 8.23 设计步骤

请参阅程序：**08_04_RCNN.ipynb**。

(1) 需安装下列 OpenCV 扩展版：先卸载 OpenCV，再安装扩展版，一般版与扩展版只能择其一。

pip uninstall opencv-contrib-python opencv-python

pip install opencv-contrib-python

(2) 解压缩图像训练数据。程序代码如下：

```
1  import zipfile
2  import os
3
4  # 图像训练数据
5  path_to_zip_file = './images_Object_Detection/Images.zip'
6  directory_to_extract_to = './images_Object_Detection/'
7
8  # 检查目录是否存在
9  if not os.path.isdir(directory_to_extract_to):
10     # 解压缩
11     with zipfile.ZipFile(path_to_zip_file, 'r') as zip_ref:
12         zip_ref.extractall(directory_to_extract_to)
```

(3) 解压缩标注训练数据。程序代码如下：

```python
# 标注训练数据
path_to_zip_file = './images_Object_Detection/Airplanes_Annotations.zip'
directory_to_extract_to = './images_Object_Detection/'

# 检查目录是否存在
if not os.path.isdir(directory_to_extract_to):
    # 解压缩
    with zipfile.ZipFile(path_to_zip_file, 'r') as zip_ref:
        zip_ref.extractall(directory_to_extract_to)
```

(4) 载入库。程序代码如下：

```python
# 载入库
import os,cv2
import pandas as pd
import matplotlib.pyplot as plt
import numpy as np
import tensorflow as tf
```

(5) 显示一张图像训练数据并包含标注。程序代码如下：

```python
# 设定图像及标注目录
path = "./images_Object_Detection/Images"
annot = "./images_Object_Detection/Airplanes_Annotations"

# 显示一张图像训练数据含标注
for e,i in enumerate(os.listdir(annot)):
    if e < 10:
        # 读取图像
        filename = i.split(".")[0]+".jpg"
        print(filename)
        img = cv2.imread(os.path.join(path,filename))
        df = pd.read_csv(os.path.join(annot,i))
        plt.axis('off')
        plt.imshow(img)
        # (x1, y1)：左上角坐标，(x2, y2)：右下角坐标
        for row in df.iterrows():
            x1 = int(row[1][0].split(" ")[0])
            y1 = int(row[1][0].split(" ")[1])
            x2 = int(row[1][0].split(" ")[2])
            y2 = int(row[1][0].split(" ")[3])
            cv2.rectangle(img,(x1,y1),(x2,y2),(255,0,0), 2)
        plt.figure()
        plt.axis('off')
        plt.imshow(img)
        break
```

执行结果：如图 8.24 所示。

图 8.24　显示一张图像训练数据

(6) **区域推荐**：使用 Selective Search 算法，OpenCV 扩展版提供现成的函数 createSelectiveSearchSegmentation()，假如用户要自行开发，可以参照"R-CNN 学习笔记，LaptrinhX"[13]一文的内容。程序代码如下：

```
1   # 区域推荐(Region Proposal):Selective Search
2   # 读取图像
3   im = cv2.imread(os.path.join(path,"42850.jpg"))
4
5   # Selective Search
6   cv2.setUseOptimized(True);
7   ss = cv2.ximgproc.segmentation.createSelectiveSearchSegmentation()
8   ss.setBaseImage(im)
9   ss.switchToSelectiveSearchFast()
10  rects = ss.process()
11
12  # 输出
13  imOut = im.copy()
14  for i, rect in (enumerate(rects)):
15      x, y, w, h = rect
16  #   print(x,y,w,h)
17  #   imOut = imOut[x:x+w,y:y+h]
18      cv2.rectangle(imOut, (x, y), (x+w, y+h), (0, 255, 0), 1, cv2.LINE_AA)
19
20  plt.axis('off')
21  plt.imshow(imOut)
```

执行结果：如图 8.25 所示，会依颜色、纹理等提取出 2000 个候选框(绿色)。

图 8.25　区域推荐

(7) **定义 IoU 计算函数**：计算两个框的 IoU。程序代码如下：

```
1   # 定义 IoU 计算函数
2   def get_iou(bb1, bb2):
3       assert bb1['x1'] < bb1['x2']
4       assert bb1['y1'] < bb1['y2']
5       assert bb2['x1'] < bb2['x2']
6       assert bb2['y1'] < bb2['y2']
7
8       x_left = max(bb1['x1'], bb2['x1'])
9       y_top = max(bb1['y1'], bb2['y1'])
10      x_right = min(bb1['x2'], bb2['x2'])
11      y_bottom = min(bb1['y2'], bb2['y2'])
12
13      if x_right < x_left or y_bottom < y_top:
14          return 0.0
15
16      intersection_area = (x_right - x_left) * (y_bottom - y_top)
17
18      bb1_area = (bb1['x2'] - bb1['x1']) * (bb1['y2'] - bb1['y1'])
19      bb2_area = (bb2['x2'] - bb2['x1']) * (bb2['y2'] - bb2['y1'])
20
21      iou = intersection_area / float(bb1_area + bb2_area - intersection_area)
22      assert iou >= 0.0
23      assert iou <= 1.0
24      return iou
```

(8) 筛选训练数据：找出文件名为 airplane 开头的文件，并使用区域推荐将每个文件各取出 2000 个候选框。要留意的是：每个文件必须包含 30 个以上的正样本(IoU>70%)与 30 个以上的负样本 (IoU<30%)，才能被列为训练数据。程序代码如下：

```
1   # 筛选训练数据
2
3   # 存储正样本及负样本的候选框
4   train_images=[]
5   train_labels=[]
6
7   # 扫描每一个标注
8   for e,i in enumerate(os.listdir(annot)):
9       try:
10          # 取得飞机的图像
11          if i.startswith("airplane"):
12              filename = i.split(".")[0]+".jpg"
13              print(e,filename)
14
15              # 读取标注文件
16              image = cv2.imread(os.path.join(path,filename))
17              df = pd.read_csv(os.path.join(annot,i))
18
19              # 取得所有标注的坐标
20              gtvalues=[]
21              for row in df.iterrows():
22                  x1 = int(row[1][0].split(" ")[0])
23                  y1 = int(row[1][0].split(" ")[1])
24                  x2 = int(row[1][0].split(" ")[2])
25                  y2 = int(row[1][0].split(" ")[3])
26                  gtvalues.append({"x1":x1,"x2":x2,"y1":y1,"y2":y2})
27
28              # 区域推荐
29              ss.setBaseImage(image)
30              ss.switchToSelectiveSearchFast()
31              ssresults = ss.process()
32              imout = image.copy()
33
34              # 初始化
35              counter = 0         # 正样本批数
36              falsecounter = 0    # 负样本批数
37              flag = 0            # 1:正负样本批数均 >= 30
38              fflag = 0           # 1:正样本批数 >= 30
39              bflag = 0           # 1:负样本批数 >= 30
40
41              # 扫描每一个候选框
42              for e,result in enumerate(ssresults):
43                  if e < 2000 and flag == 0:
44                      for gtval in gtvalues:
45                          x,y,w,h = result
46                          # 比较区域推荐区域与标注的 IoU
47                          iou = get_iou(gtval,{"x1":x,"x2":x+w,"y1":y,"y2":y+h})
48
49                          # 收集30批正样本
50                          if counter < 30:
51                              if iou > 0.70:
52                                  timage = imout[y:y+h,x:x+w]
53                                  resized = cv2.resize(timage, (224,224),
54                                              interpolation = cv2.INTER_AREA)
55                                  train_images.append(resized)
56                                  train_labels.append(1)
57                                  counter += 1
58                          else :
59                              fflag =1
60
61                          # 收集30批负样本
62                          if falsecounter <30:
63                              if iou < 0.3:
64                                  timage = imout[y:y+h,x:x+w]
65                                  resized = cv2.resize(timage, (224,224),
66                                              interpolation = cv2.INTER_AREA)
```

```
67                        train_images.append(resized)
68                        train_labels.append(0)
69                        falsecounter += 1
70                  else :
71                      bflag = 1
72
73              # 超过30批正样本及负样本表示有目标在框里面
74              if fflag == 1 and bflag == 1:
75                  print("inside")
76                  flag = 1
77      except Exception as e:
78          print(e)
79          print("error in "+filename)
80          continue
```

(9) 定义模型：使用 VGG 16，加上自定义的神经层。程序代码如下：

```
1  # 定义模型
2  from tensorflow.keras.layers import Dense
3  from tensorflow.keras import Model
4  from tensorflow.keras import optimizers
5  from tensorflow.keras.preprocessing.image import ImageDataGenerator
6  from tensorflow.keras.applications.vgg16 import VGG16
7
8  vggmodel = VGG16(weights='imagenet', include_top=True)
9
10 # VGG16 前端的神经层不重作训练
11 for layers in (vggmodel.layers)[:15]:
12     print(layers)
13     layers.trainable = False
14
15 # 接自定义神经层作辨识
16 X= vggmodel.layers[-2].output
17 predictions = Dense(2, activation="softmax")(X)
18 model_final = Model(inputs = vggmodel.input, outputs = predictions)
19
20 # 定义损失函数、优化器、效果衡量指标
21 from tensorflow.keras.optimizers import Adam
22 opt = Adam(lr=0.0001)
23 model_final.compile(loss = tf.keras.losses.categorical_crossentropy,
24                     optimizer = opt, metrics=["accuracy"])
25 model_final.summary()
```

(10) 定义转换函数：将标记 Y 转为两个变数。程序代码如下：

```
1  # 定义函数，将标记 Y 转为二个变数
2  from sklearn.preprocessing import LabelBinarizer
3
4  class MyLabelBinarizer(LabelBinarizer):
5      def transform(self, y):
6          Y = super().transform(y)
7          if self.y_type_ == 'binary':
8              return np.hstack((Y, 1-Y))
9          else:
10             return Y
11     def inverse_transform(self, Y, threshold=None):
12         if self.y_type_ == 'binary':
13             return super().inverse_transform(Y[:, 0], threshold)
14         else:
15             return super().inverse_transform(Y, threshold)
```

(11) 前置处理及训练数据 / 测试数据分割。程序代码如下：

```
1  # 数据前置处理，切割训练及测试数据
2  from sklearn.model_selection import train_test_split
3
4  # 笔者 PC 内存不足，只取 10000
```

```
5  X_new = np.array(train_images[:10000])
6  y_new = np.array(train_labels[:10000])
7
8  # 标记 Y 转为二个变数
9  lenc = MyLabelBinarizer()
10 Y = lenc.fit_transform(y_new)
11
12 # 切割训练及测试数据
13 X_train, X_test , y_train, y_test = train_test_split(X_new, Y, test_size=0.10)
14 print(X_train.shape,X_test.shape,y_train.shape,y_test.shape)
```

(12) 进行数据增补，以提高模型准确率，因为飞机停放的方向可能会有偏斜。程序代码如下：

```
1  # 数据增补(Data Augmentation)
2  trdata = ImageDataGenerator(horizontal_flip=True,
3                              vertical_flip=True, rotation_range=90)
4  traindata = trdata.flow(x=X_train, y=y_train)
5  tsdata = ImageDataGenerator(horizontal_flip=True,
6                              vertical_flip=True, rotation_range=90)
7  testdata = tsdata.flow(x=X_test, y=y_test)
```

(13) 模型训练：原作者训练周期达 1000 次之多，故设定检查点与提前结束的 Callback，以缩短训练时间。然而笔者只测试了 20 epochs，未使用到检查点与提前结束的 Callback。程序代码如下：

```
1  # 模型训练
2  from tensorflow.keras.callbacks import ModelCheckpoint, EarlyStopping
3  # 定义模型存档及提早结束的 Callback
4  checkpoint = ModelCheckpoint("ieeercnn_vgg16_1.h5", monitor='val_loss',
5                               verbose=1, save_best_only=True,
6                               save_weights_only=False, mode='auto', period=1)
7  early = EarlyStopping(monitor='val_loss', min_delta=0, patience=100,
8                        verbose=1, mode='auto')
9
10 # 模型训练，为节省时间，只训练 20 epochs，正式项目还是要训练较多周期
11 # hist = model_final.fit_generator(generator= traindata, steps_per_epoch= 10,
12 #        epochs= 1000, validation_data= testdata, validation_steps=2,
13 #        callbacks=[checkpoint,early])
14 hist = model_final.fit_generator(generator= traindata, steps_per_epoch= 10,
15        epochs= 20, validation_data= testdata, validation_steps=2,
16        callbacks=[checkpoint,early])
```

(14) 绘制模型训练过程的准确率。程序代码如下：

```
1  # 绘制模型训练过程的准确率
2  import matplotlib.pyplot as plt
3  plt.plot(hist.history['accuracy'])
4  plt.plot(hist.history['val_accuracy'])
5  plt.ylabel("Accuracy")
6  plt.xlabel("Epoch")
7  plt.legend(["Accuracy","Validation Accuracy"])
8  plt.show()
```

执行结果：如图 8.26 所示，准确率并未稳定上升，这表明训练周期不足。由于笔者只着重在算法的研究，所以没有继续训练下去，如果用于正式项目，则务必多训练几个周期比较妥当。

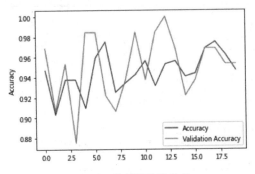

图 8.26 绘制训练准确率

(15) 任选一张图片测试。程序代码如下：

```
# 任选一张图片测试
im = X_test[100]
plt.imshow(im)
img = np.expand_dims(im, axis=0)
out= model_final.predict(img)

# 显示预测结果
if out[0][0] > out[0][1]:
    print("有飞机")
else:
    print("没有飞机")
```

执行结果：如图 8.27 所示，图片有检测到飞机。

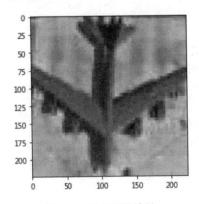

图 8.27 选图测试结果

(16) 测试所有文件中名为 4 开头的文件。

```
# 测试所有文件名为 4 开头的文件
z=0
for e,i in enumerate(os.listdir(path)):
    if i.startswith("4"):
        z += 1
        img = cv2.imread(os.path.join(path,i))
        # 区域推荐
        ss.setBaseImage(img)
        ss.switchToSelectiveSearchFast()
        ssresults = ss.process()
```

```
11          imout = img.copy()
12
13          # 目标检测
14          for e,result in enumerate(ssresults):
15              if e < 2000:
16                  x,y,w,h = result
17                  timage = imout[y:y+h,x:x+w]
18                  resized = cv2.resize(timage, (224,224), interpolation = cv2.INTER_AREA)
19                  img = np.expand_dims(resized, axis=0)
20                  out= model_final.predict(img)
21
22                  # 概率 > 0.65 才算检测到飞机
23                  if out[0][0] > 0.65:
24                      cv2.rectangle(imout, (x, y), (x+w, y+h), (0, 255, 0), 1, cv2.LINE_AA)
25          plt.figure()
26          plt.imshow(imout)
```

执行结果：如图 8.28 所示，这张图片有检测到飞机，但其他部分图片并没有正确检测到。

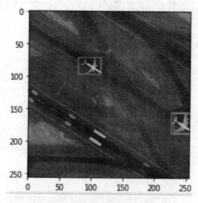

图 8.28 测试所有文件

笔者并没有找到原发明人 Ross B. Girshick 的程序代码，故以上的范例并未使用 Non-Maximum Suppression(NMS)、Bounding-box Regression，应该是作者之后又提出更好的算法 Faster R-CNN，所以 R-CNN 程序代码就被取代了，后面我们会针对 Faster R-CNN 再进行测试。

R-CNN 依然不尽理想的原因如下。

(1) 每张图经由区域推荐处理过后，各会产生出 2000 个候选框，然后每个框都需经过辨识，运行时间还是过长，而且区域推荐也不具备自我学习能力。

(2) 接着再透过 CNN 模型提取 4096 个特征向量，合计有 2000×4096 = 8 192 000 个特征向量，内存消耗也很大。

(3) 每批数据都要经过 CNN、SVM、回归三个模型的训练与预测，过于复杂。

总体而论，目标检测不只追求准确率高，更要求能够实时检测，如自动驾驶汽车，不能等撞到障碍物后才侦测到。原作者虽然以 Caffe(C++) 开发 R-CNN，企图缩短侦测时间，但仍需要 40 多秒才能侦测一张图像，因此引发了一波算法的改良浪潮，参阅图 8.17。

接下来，我们就来介绍各种改良算法的发想。

8-5　R-CNN 改良

首先 Kaiming He 等学者提出 SPP-Net(Spatial Pyramid Pooling in Deep Convolutional Networks for Visual Recognition) 算法，针对 R-CNN 把每个候选框都视为单一图像并需经过辨识的缺点进行改良，作法如下。

(1) R-CNN 一个尺寸候选框就占用掉一个 CNN 模型，而 SPP-Net 则是一张图的全部候选框都只用一个 CNN。作者所提出的 Spatial Pyramid Pooling(SPP) 概念是不管图像尺寸大小，它都能产生一个固定长度的输出，因此，作者在最后一个卷积层上增加了一个 SPP 层，这样就能接上一个可输入固定大小维度的 Dense。

(2) 之后的流程与 R-CNN 一样。

R-CNN 与 SPP-Net 的模型结构比较如图 8.29 所示。

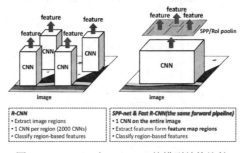

图 8.29　R-CNN 与 SPP-Net 的模型结构比较

SPP 还是有以下缺点。

(1) 虽然解决了 CNN 计算过多的状况，但没有支持向量机与回归过慢的问题。

(2) 特征向量大量占用内存空间。

详细处理流程可参阅 *Spatial Pyramid Pooling in Deep Convolutional Networks for Visual Recognition* [14] 一文，中文说明可参阅 "SPP-Net 论文详解" [15] 的内容。

接着 Ross B. Girshick 接续提出了 Fast R-CNN、Faster R-CNN 等算法。

Fast R-CNN 做法如下。

(1) 将原始图像直接经由 CNN 转成特征向量，不用再借由个别候选框转换。

(2) 透过候选框与原始图像的对照关系，换算出每个候选框的特征向量。

(3) 之后的流程与 R-CNN 一样。

Fast R-CNN 模型结构如图 8.30 所示。

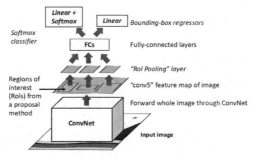

图 8.30　Fast R-CNN 模型结构

其优点如下。
(1) CNN 模型只需训练原图就好，不用训练 2000 个候选框。
(2) 透过 ROI pooling 得到固定尺寸的特征后，只要连接一个 Dense 进行分类即可。
其缺点如下。
(1) 用区域推荐算法找 2000 张候选框，耗时太久。
(2) Ross B. Girshick 决定放弃使用 selective search，引进了 RPN(Region Proposal Network) 神经层，开发 Faster R-CNN 模型，在训练的阶段挑选 9 个尺寸的框，而这 9 个框称为 Anchor Box(见图 8.31)，然后再利用滑动窗口找出要比对的候选框。

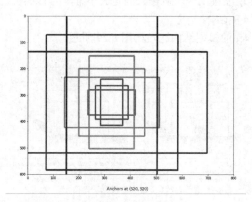

图 8.31　Anchor Box

Faster R-CNN 模型结构如图 8.32 所示。

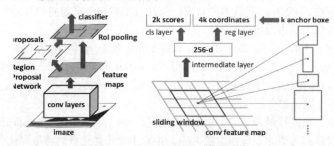

图 8.32　Faster R-CNN 模型结构

虽然 Ross B. Girshick 在 GitHub 放上了 Faster R-CNN 程序代码[16]，但安装不仅特别复杂，对执行环境的要求也很高 (Caffe/C++)，所以建议大家直接使用 Detectron 库，目前已开发至第二版 (Detectron 2)，它使用 PyTorch 框架，只能安装在 Linux/Mac 环境，Windows 使用者可以在 Google Colaboratory 上进行测试。

范例. 使用Detectron2库进行目标检测。

请参阅程序：**Detectron2 Tutorial.ipynb**，用户需在 Google Colaboratory 上执行，请上传程序至 Google 云端硬盘，接着再双击文件即可。记得要在选项"运行时间"选取 **GPU**。

(1) 确认 PyTorch、gcc 安装完成，且 PyTorch 版本须为 1.7 或以上。
(2) 安装 Detectron2 库。
(3) 自 Model Zoo 下载 Detectron2 预先训练的模型。

(4) 预测。程序代码如下：

```
cfg = get_cfg()
# add project-specific config (e.g., TensorMask) here if you're not running a model in detectron2's core library
cfg.merge_from_file(model_zoo.get_config_file("COCO-InstanceSegmentation/mask_rcnn_R_50_FPN_3x.yaml"))
cfg.MODEL.ROI_HEADS.SCORE_THRESH_TEST = 0.5  # set threshold for this model
# Find a model from detectron2's model zoo. You can use the https://dl.fbaipublicfiles... url as well
cfg.MODEL.WEIGHTS = model_zoo.get_checkpoint_url("COCO-InstanceSegmentation/mask_rcnn_R_50_FPN_3x.yaml")
predictor = DefaultPredictor(cfg)
outputs = predictor(im)
```

(5) 显示目标检测结果，如图 8.33 所示。

图 8.33　显示目标检测结果

执行结果：如图 8.33 所示，执行效果非常好，就连背景中旁观的人群都可以被正确检测。

(6) 上传之前用 ResNet50 检测结果失败的斑马照片，进行测试。程序代码如下：

```
# Upload the results
from google.colab import files
files.upload()
```

(7) 读取文件，进行目标检测。程序代码如下：

```
# 读取文件，进行目标检测
im = cv2.imread("./zebra.jpg")
cv2_imshow(im)
predictor = DefaultPredictor(cfg)
outputs = predictor(im)
outputs
```

执行结果如下：

[46.5412, 94.6141, 234.9006, 258.9107],
[180.8245, 86.8508, 418.6142, 261.7740],
[342.8438, 103.8605, 563.8304, 266.2300]]

三个信赖度：[0.9992, 0.9986, 0.9983]，概率都非常高。

(8) 显示目标检测结果。程序代码如下：

```
v = Visualizer(im[:, :, ::-1], MetadataCatalog.get(cfg.DATASETS.TRAIN[0]), scale=1.2)
out = v.draw_instance_predictions(outputs["instances"].to("cpu"))
cv2_imshow(out.get_image()[:, :, ::-1])
```

执行结果：如图 8.34 所示。

图 8.34　显示目标检测结果

这个库功能很强，除了成功抓到所有对象之外，更是已经做到了实例分割 (Instance Segmentation)，扫描到的对象不仅有框 (Bounding Box)，还有准确的屏蔽 (Mask)。

文件后面还示范了以下功能。

(1) 使用自定义的数据集，检测自己有兴趣的对象。在 Google Colaboratory 上训练只需几分钟的时间就可以完成。

(2) 人体骨架的检测。

(3) 全景视频的目标检测 (笔者测试时有出现错误)。

8-6　YOLO 算法简介

由于 R-CNN 属于两阶段 (Two Stage) 的算法，第一阶段先利用区域推荐找出候选框，第二阶段才是进行目标检测，所以检测速度始终是一个瓶颈，难以满足实时检测的要求，后来有学者提出了一阶段 (Single Shot) 的算法，主要区分为两类：YOLO 及 SSD。

R-CNN 经过一连串的改良后，目标检测的速度比较如图 8.35 所示。最新版速度比原版增快了 250 倍。

	R-CNN	Fast R-CNN	Faster R-CNN
Test Time per Image	50 Seconds	2 Seconds	0.2 Seconds
Speed Up	1x	25x	250x

图 8.35　R-CNN 各算法之目标检测的速度

YOLO 发明人 Joseph Redmon 在 2016 年的 CVPR 研讨会 (You Only Look Once：Unified, Real-Time Object Detection) 中有两张幻灯片非常有意思：一辆轿车平均车身长约 8 英尺，假如使用 Faster R-CNN 检测下一个路况的话，车子早已行驶了 12 英尺，也就是车子又开了 1.5 个车身的距离，相对地，如果使用 YOLO 检测下一个路况，车子则只行驶了 2 英尺，即 1/4 个车身的距离，安全性是否会提高许多？相信答案已不言而喻，非常有说服力，如图 8.36 和图 8.37 所示。

	Pascal 2007 mAP	Speed	
DPM v5	33.7	.07 FPS	14 s/img
R-CNN	66.0	.05 FPS	20 s/img
Fast R-CNN	70.0	.5 FPS	2 s/img
Faster R-CNN	73.2	7 FPS	140 ms/img

图 8.36　Faster R-CNN 算法目标检测的速度

	Pascal 2007 mAP	Speed	
DPM v5	33.7	.07 FPS	14 s/img
R-CNN	66.0	.05 FPS	20 s/img
Fast R-CNN	70.0	.5 FPS	2 s/img
Faster R-CNN	73.2	7 FPS	140 ms/img
YOLO	63.4	45 FPS	22 ms/img

图 8.37　YOLO 算法目标检测的速度

YOLO(You Only Look Once) 是现在最成熟的目标检测算法，于 2016 年由 Joseph Redmon 提出，他本人开发至第三版，但因某些因素离开此研究领域，其他学者继续接手，直至 2020 年已开发到第五版了，如图 8.38 所示。

- ◆ V1：2016 年 5 月， Joseph Redmon
  You Only Look Once: Unified, Real-Time Object Detection
- ◆ V2：2017 年 12 月， Joseph Redmon
  YOLO9000: Better, Faster, Stronger
- ◆ V3：2018 年 4 月， Joseph Redmon
  YOLOv3: An Incremental Improvement
- ◆ V4：2020 年 4 月， Alexey Bochkovskiy
  YOLOv4: Optimal Speed and Accuracy of Object Detection
- ◆ V5：2020 年 6 月， Glenn Jocher
  PyTorch based version of YOLOv5

图 8.38　YOLO 版本演进

YOLO 各版本的平均准确度 (mAP) 与速度的比较如图 8.39~ 图 8.41 所示。

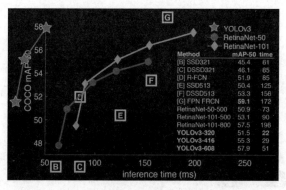

图 8.39　YOLO 版本 v1~v3 的比较

(图片来源：YOLO 官网[17])

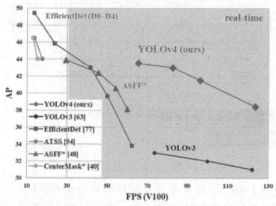

图 8.40　YOLO 版本 v4、v3 的比较

(图片来源：*YOLOv4: Optimal Speed and Accuracy of Object Detection*[18])

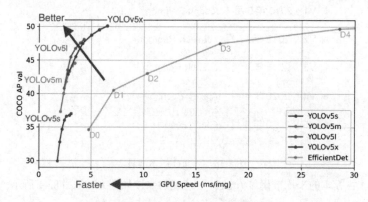

图 8.41　YOLO 版本 v5 的各模型比较

(图片来源：YOLO5 GitHub[19])

YOLO 的快速，部分是牺牲准确率所换来的，它的作法如下 (见图 8.42)。

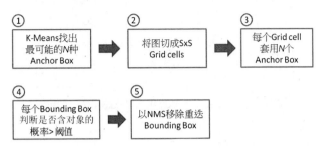

图 8.42　YOLO 的处理流程

(1) 放弃区域推荐，以集群算法 K-Means，从训练数据中找出最常见的 N 种尺寸的 Anchor Box。

(2) 直接将图像划分成 (s, s) 个网格 (Grid)：每个网格只检查多种不同尺寸的 Anchor Box 是否含有对象而已。

(3) 输入 CNN 模型，计算每个 Anchor Box 含有对象的概率。

(4) 同时计算每一个网格可能含有各种对象的概率，假设每一网格最多只含一个对象。

(5) 合并步骤 (3)(4) 的信息，并找出合格的候选框。

(6) 以 NMS 移除重叠 Bounding Box。

观察示意图 8.43，有助于 YOLO 的理解。

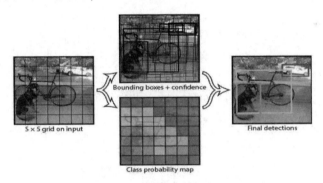

图 8.43　YOLO 处理流程的示意图

(图片来源：*You Only Look Once: Unified, Real-Time Object Detection*[20])

YOLO 为求速度快，程序代码采用 C/CUDA 开发，称为 Darknet 架构，本书不剖析源代码，只聚焦下列重点：①环境搭建；②范例应用；③自定义数据集。

8-7　YOLO 环境配置

本书以 YOLO v4 为例来示范环境配置的步骤，其他版本也差不多。官网同时提供 Linux 与 Windows 操作系统下的配置程序，在 Linux 上用 GCC 编译程序配置比较简单，不过笔者习惯使用 Windows 操作系统，因此，本文主要是介绍如何在 Windows 系统下配置 Darknet。

我们先介绍比较简单的方式，再介绍官网所建议的方式，因为 Joseph Redmon 已经不再继续开发了，后续有很多学者投入开发，所以 YOLO v4 在 GitHub 上百花齐放，有非常多的版本，笔者就以 Alexey Bochkovskiy 的版本来说明配置步骤 (见图 8.44)。

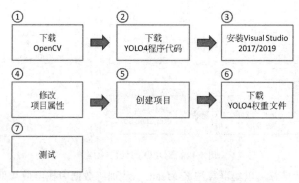

图 8.44 配置步骤

(1) 下载 OpenCV：自 OpenCV 官网 (https://opencv.org/releases/) 下载 OpenCV Windows 版，要注意是 C 的版本，不是 OpenCV-Python 版本。

(2) 解压缩至 C:\ 或 D:\，以下假设安装在 D:\，如图 8.45 所示。

图 8.45 安装路径

(3) 下载 YOLO4 程序代码：自 https://github.com/AlexeyAB/darknet 下载程序代码，并解压缩，以下假设安装在 D:\darknet-master，如图 8.46 所示。

图 8.46 安装程序代码

(4) 安装 Visual Studio 2017 或 2019 版本，以 Visual Studio 打开 D:\darknet-master\build\darknet\darknet.sln 文件，就会出现升级窗口，单击"确定"按钮。提示：若无 NVIDIA 独立显卡，请改成开启 darknet_no_gpu.sln。

(5) 将项目组态 (Configuration) 改为 x64(64 位)，如图 8.47 所示。

图 8.47　修改项目组态

(6) 修改项目属性，选择"VC++ 目录">"Include 目录"，加上：D:\opencv\build\include 和 D:\opencv\build\include\opencv2，如图 8.48 和图 8.49 所示。

图 8.48　编修目标 1

图 8.49　编修目标 2

(7) 选择"连接器">"输入">"其他相依性"，加上：D:\openCV\build\x64\vc15\lib\opencv_world430.lib，如图 8.50 和图 8.51 所示。

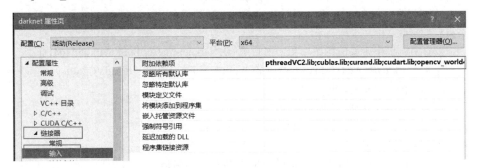

图 8.50　编修其他相依性 1

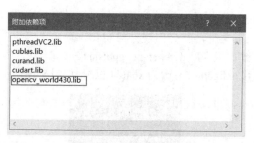

图 8.51　编修其他相依性 2

（8）在 darknet 项目上右击，选择"重建"选项，若出现"创建成功"，即表示创建成功，执行文件放在 D:\darknet-master\build\darknet\x64 目录下。

（9）复制 D:\openCV\build\x64\vc15\lib\opencv_world430.lib 至 D:\darknet-master\build\darknet\x64 目录下。留意若是使用 VS 2017，目录应改为 vc14。

（10）依照 https://github.com/AlexeyAB/darknet 指示，从 https://github.com/AlexeyAB/darknet/releases/download/darknet_yolo_v3_optimal/yolov4.weights 下载 yolov4.weights，放入 D:\darknet-master\build\darknet\x64\weights 目录中，如果不存在，可自行建立此目录。

（11）执行下列指令进行测试：

darknet.exe detect .\cfg\yolov4.cfg .\weights\yolov4.weights .\data\dog.jpg

执行结果：如图 8.52 所示，可以检测到自行车 (Bike)、狗 (Dog)、货车 (Truck)、盆栽植物 (Potted plant)，概率分别为 92%、98%、92%、33%。

图 8.52　执行结果

（12）另外目录下还有许多 .cmd 脚本文件可以测试。

（13）若要使用 Python 直接调用 Darknet API，则需创建 yolo_cpp_dll.sln，项目属性不需任何修改。

（14）复制以下必要的函数库至当前目录 (D:\darknet-master\build\darknet\x64) 下。

① D:\darknet-master\3rdparty\pthreads\bin\pthreadGC2.dll、pthreadVC2.dll。

② D:\openCV\build\bin*.dll。

③ D:\openCV\build\x64\vc15\lib*.lib。

（15）使用 Python 调用 yolo_cpp_dll.dll，执行下列指令来测试：

python darknet.py

① darknet.py 内含 performBatchDetect 函数，可一次测试多个文件。

② 执行结果会出现下列错误：

```
Traceback (most recent call last):
  File "darknet.py", line 211, in <module>
    lib = CDLL(winGPUdll, RTLD_GLOBAL)
  File "C:\Anaconda3\lib\ctypes\__init__.py", line 373, in __init__
    self._handle = _dlopen(self._name, mode)
FileNotFoundError: Could not find module 'yolo_cpp_dll.dll' (or one of its dependencies)
```

笔者之前曾经正确执行过，目前应该是欠缺某些 yolo_cpp_dll.dll 依赖的文件。我们会在下一节介绍 TensorFlow 使用 YOLO 权重文件，来排除此错误。

(16) 使用 C++ 调用 yolo_cpp_dll.dll，可先编译 yolo_console_dll.sln，然后再执行下列指令进行测试：

yolo_console_dll.exe data/coco.names cfg/yolov4.cfg weights/yolov4.weights dog.jpg

执行结果如下，包括对象名称 /Id/ 框坐标和宽高 / 概率。

```
bicycle - obj_id = 1,   x = 114, y = 127, w = 458, h = 298, prob = 0.923
dog - obj_id = 16,  x = 128, y = 225, w = 184, h = 316, prob = 0.979
car - obj_id = 2,   x = 468, y = 76,  w = 211, h = 92,  prob = 0.229
truck - obj_id = 7, x = 463, y = 76,  w = 220, h = 93,  prob = 0.923
```

注意：假如使用 VS 2019，则须更改以下事项。

① 修改 darknet.vcxproj、yolo_cpp_dll.vcxproj，将所有的 CUDA 10.0 改为对应的版本，因为 v10.0 只支持 VS 2015、VS 2017 版本。

② 复制 "C:\Program Files\NVIDIA GPU Computing Toolkit\CUDA\v10.1\extras\visual_studio_integration\MSBuildExtensions*.*" 至 "C:\Program Files(x86)\Microsoft Visual Studio\2019\Community\MSBuild\Microsoft\VC\v160\BuildCustomizations" 目录内。

③ 修改项目属性，在 C/C++ > 命令行，在其他选项加 /FS，单击"套用"按钮，清除旧项目后，再建置新的项目。

④ 若出现 "dropout_layer_kernels.cu error code 2" 的错误，则将"工具 > 选项 > 项目和方案 > 建置"并执行菜单中的"平时项目组件的最大数目"项目修改为 1。

另外，官网介绍以下两种 Windows 版的配置方法。

(1) CMake：官网比较建议的方式。

(2) vcpkg：程序相对复杂。

第一种方法虽然很顺利地创建成功，但却在测试时发生了下列错误：

```
Done! Loaded 162 layers from weights-file
CUDA status Error: file: F:/darknet-master/src/blas_kernels.cu : add_bias_gpu()
09:29:26
 CUDA Error: invalid device function
CUDA Error: invalid device function: Invalid argument
```

第二种方法较花时间，因为它会下载许多软件，包括 NVIDIA SDK、FFMPEG 等源代码，需重新创建，所以用户要耐心等候。

(1) 前置作业须先安装以下软件。

① CMake(https://cmake.org/download/)。

② VS 2017 或 2019：须安装 VC toolset、English language pack 组件。

③ NVIDIA CUDA SDK：CUDA 版本高于 10.0，cuDNN 版本高于 7.0。

④ OpenCV：版本须高于 2.4。

⑤ Git for Windows(https://git-scm.com/download/win)。

(2) 复制 " C:\Program Files\NVIDIA GPU Computing Toolkit\CUDA\v10.1\extras\

visual_studio_integration\MSBuildExtensions*.*" 至 "C:\Program Files(x86)\Microsoft Visual Studio\2019\Community\MSBuild\Microsoft\VC\v160\BuildCustomizations" 目录内。

（3）建立一个新目录，在"开始"菜单右击，开启 Windows Powershell，执行以下指令：
cd < 新目录 >

git clone https://github.com/microsoft/vcpkggit clone https://github.com/microsoft/vcpkg。

cd vcpkg

$env：VCPKG_ROOT=$PWD

.\bootstrap-vcpkg.bat

.\vcpkg install darknet[opencv-base,cuda,cudnn]: x64-windows　执行大约需要 20 分钟。

cd ..

git clone https://github.com/AlexeyAB/darknet

cd darknet

powershell -ExecutionPolicy Bypass -File .\build.ps1 执行大约需要 10 分钟。

大功告成后，执行文件会放在 darknet\build_win_release 目录内，自 https://github.com/AlexeyAB/darknet/releases/download/darknet_yolo_v3_optimal/yolov4.weights 下载 yolov4.weights，放入 build_win_release\weights 目录，执行下列程序：

darknet.exe detect ..\cfg\yolov4.cfg .\weights\yolov4.weights ..\data\dog.jpg

执行结果：如图 8.53 所示，可以检测到自行车 (Bike)、狗 (Dog)、货车 (Truck)、盆栽植物 (Potted plant)，概率分别为 92%、98%、92%、33%。

图 8.53　检测执行结果

YOLO 特别强调速度，因此，要实际应用于项目，应采用 C/C++ 创建辨识的模块，可依照 darknet-master\build\darknet\yolo_console_dll.sln 方案来进行修改。

8-8　以 TensorFlow 实践 YOLO 模型

要使用 C/C++ 来开发程序，大部分的人可能都面有难色，所以网络上有许多程序代码，让 TensorFlow/Keras 也可以使用 YOLO 模型，主要的方式有以下两种。

（1）将 YOLO 权重文件转为 TensorFlow/Keras 格式 (.h5 或 SaveModel)。

（2）直接使用 YOLO 权重文件。

How to Perform Object Detection With YOLOv3 in Keras[21] 一文说明将 YOLO 权重文

件转为Keras格式文件(.h5)的步骤很简单，即用Keras重建YOLO模型，并加载权重文件，变成完成训练的模型，之后再调用 Save() 即可。

范例1. 将YOLO权重文件转为Keras格式文件(.h5)。

设计步骤如图 8.54 所示。

图 8.54　设计步骤

请参阅程序：**08_05_YOLO_Keras_Conversion.ipynb**。

(1) 加载相关库。程序代码如下：

```python
# 载入库
import struct
import numpy as np
from tensorflow.keras.layers import Conv2D
from tensorflow.keras.layers import Input
from tensorflow.keras.layers import BatchNormalization
from tensorflow.keras.layers import LeakyReLU
from tensorflow.keras.layers import ZeroPadding2D
from tensorflow.keras.layers import UpSampling2D
from tensorflow.keras.layers import add, concatenate
from tensorflow.keras.models import Model
```

(2) 定义模型的卷积层。程序代码如下：

```python
# 定义建立卷积层的函数
def _conv_block(inp, convs, skip=True):
    x = inp
    count = 0
    for conv in convs:
        if count == (len(convs) - 2) and skip:
            skip_connection = x
        count += 1
        # darknet 特殊的 Padding 设计，只补零左/上边
        if conv['stride'] > 1: x = ZeroPadding2D(((1,0),(1,0)))(x)
        x = Conv2D(conv['filter'],
                   conv['kernel'],
                   strides=conv['stride'],
                   padding='valid' if conv['stride'] > 1 else 'same',
                   name='conv_' + str(conv['layer_idx']),
                   use_bias=False if conv['bnorm'] else True)(x)
        # 加 BatchNormalization 层
        if conv['bnorm']: x = BatchNormalization(epsilon=0.001,
                             name='bnorm_' + str(conv['layer_idx']))(x)
        # 使用 LeakyReLU，而非 ReLU
        if conv['leaky']: x = LeakyReLU(alpha=0.1, name='leaky_'
                             + str(conv['layer_idx']))(x)
        
    return add([skip_connection, x]) if skip else x
```

(3) 定义建立 YOLO v3 模型。程序代码如下：

```python
1   # 定义建立 YOLO v3 模型的函数
2   def make_yolov3_model():
3       input_image = Input(shape=(None, None, 3))
4       # Layer  0 => 4
5       x = _conv_block(input_image, [{'filter': 32, 'kernel': 3, 'stride': 1, 'bnorm': True, 'leaky': True, 'layer_idx': 0},
6                                     {'filter': 64, 'kernel': 3, 'stride': 2, 'bnorm': True, 'leaky': True, 'layer_idx': 1},
7                                     {'filter': 32, 'kernel': 1, 'stride': 1, 'bnorm': True, 'leaky': True, 'layer_idx': 2},
8                                     {'filter': 64, 'kernel': 3, 'stride': 1, 'bnorm': True, 'leaky': True, 'layer_idx': 3}])
9       # Layer  5 => 8
10      x = _conv_block(x, [{'filter': 128, 'kernel': 3, 'stride': 2, 'bnorm': True, 'leaky': True, 'layer_idx': 5},
11                          {'filter':  64, 'kernel': 1, 'stride': 1, 'bnorm': True, 'leaky': True, 'layer_idx': 6},
12                          {'filter': 128, 'kernel': 3, 'stride': 1, 'bnorm': True, 'leaky': True, 'layer_idx': 7}])
13      # Layer  9 => 11
14      x = _conv_block(x, [{'filter':  64, 'kernel': 1, 'stride': 1, 'bnorm': True, 'leaky': True, 'layer_idx': 9},
15                          {'filter': 128, 'kernel': 3, 'stride': 1, 'bnorm': True, 'leaky': True, 'layer_idx': 10}])
16      # Layer 12 => 15
17      x = _conv_block(x, [{'filter': 256, 'kernel': 3, 'stride': 2, 'bnorm': True, 'leaky': True, 'layer_idx': 12},
18                          {'filter': 128, 'kernel': 1, 'stride': 1, 'bnorm': True, 'leaky': True, 'layer_idx': 13},
19                          {'filter': 256, 'kernel': 3, 'stride': 1, 'bnorm': True, 'leaky': True, 'layer_idx': 14}])
20      # Layer 16 => 36
21      for i in range(7):
22          x = _conv_block(x, [{'filter': 128, 'kernel': 1, 'stride': 1, 'bnorm': True, 'leaky': True, 'layer_idx': 16+i*3},
23                              {'filter': 256, 'kernel': 3, 'stride': 1, 'bnorm': True, 'leaky': True, 'layer_idx': 17+i*3}])
24      skip_36 = x
25      # Layer 37 => 40
26      x = _conv_block(x, [{'filter': 512, 'kernel': 3, 'stride': 2, 'bnorm': True, 'leaky': True, 'layer_idx': 37},
27                          {'filter': 256, 'kernel': 1, 'stride': 1, 'bnorm': True, 'leaky': True, 'layer_idx': 38},
28                          {'filter': 512, 'kernel': 3, 'stride': 1, 'bnorm': True, 'leaky': True, 'layer_idx': 39}])
29      # Layer 41 => 61
30      for i in range(7):
31          x = _conv_block(x, [{'filter': 256, 'kernel': 1, 'stride': 1, 'bnorm': True, 'leaky': True, 'layer_idx': 41+i*3},
32                              {'filter': 512, 'kernel': 3, 'stride': 1, 'bnorm': True, 'leaky': True, 'layer_idx': 42+i*3}])
33      skip_61 = x
34      # Layer 62 => 65
35      x = _conv_block(x, [{'filter': 1024, 'kernel': 3, 'stride': 2, 'bnorm': True, 'leaky': True, 'layer_idx': 62},
36                          {'filter':  512, 'kernel': 1, 'stride': 1, 'bnorm': True, 'leaky': True, 'layer_idx': 63},
37                          {'filter': 1024, 'kernel': 3, 'stride': 1, 'bnorm': True, 'leaky': True, 'layer_idx': 64}])
38      # Layer 66 => 74
39      for i in range(3):
40          x = _conv_block(x, [{'filter':  512, 'kernel': 1, 'stride': 1, 'bnorm': True, 'leaky': True, 'layer_idx': 66+i*3},
41                              {'filter': 1024, 'kernel': 3, 'stride': 1, 'bnorm': True, 'leaky': True, 'layer_idx': 67+i*3}])
42      # Layer 75 => 79
43      x = _conv_block(x, [{'filter':  512, 'kernel': 1, 'stride': 1, 'bnorm': True, 'leaky': True, 'layer_idx': 75},
44                          {'filter': 1024, 'kernel': 3, 'stride': 1, 'bnorm': True, 'leaky': True, 'layer_idx': 76},
45                          {'filter':  512, 'kernel': 1, 'stride': 1, 'bnorm': True, 'leaky': True, 'layer_idx': 77},
46                          {'filter': 1024, 'kernel': 3, 'stride': 1, 'bnorm': True, 'leaky': True, 'layer_idx': 78},
47                          {'filter':  512, 'kernel': 1, 'stride': 1, 'bnorm': True, 'leaky': True, 'layer_idx': 79}], skip=Fal
48      # Layer 80 => 82
49      yolo_82 = _conv_block(x, [{'filter': 1024, 'kernel': 3, 'stride': 1, 'bnorm': True, 'leaky': True,  'layer_idx': 80},
50                                {'filter':  255, 'kernel': 1, 'stride': 1, 'bnorm': False, 'leaky': False, 'layer_idx': 81}],
51      # Layer 83 => 86
52      x = _conv_block(x, [{'filter': 256, 'kernel': 1, 'stride': 1, 'bnorm': True, 'leaky': True, 'layer_idx': 84}], skip=Fals
53      x = UpSampling2D(2)(x)
54      x = concatenate([x, skip_61])
55      # Layer 87 => 91
56      x = _conv_block(x, [{'filter': 256, 'kernel': 1, 'stride': 1, 'bnorm': True, 'leaky': True, 'layer_idx': 87},
57                          {'filter': 512, 'kernel': 3, 'stride': 1, 'bnorm': True, 'leaky': True, 'layer_idx': 88},
58                          {'filter': 256, 'kernel': 1, 'stride': 1, 'bnorm': True, 'leaky': True, 'layer_idx': 89},
59                          {'filter': 512, 'kernel': 3, 'stride': 1, 'bnorm': True, 'leaky': True, 'layer_idx': 90},
60                          {'filter': 256, 'kernel': 1, 'stride': 1, 'bnorm': True, 'leaky': True, 'layer_idx': 91}], skip=Fals
61      # Layer 92 => 94
62      yolo_94 = _conv_block(x, [{'filter': 512, 'kernel': 3, 'stride': 1, 'bnorm': True,  'leaky': True,  'layer_idx': 92},
63                                {'filter': 255, 'kernel': 1, 'stride': 1, 'bnorm': False, 'leaky': False, 'layer_idx': 93}], s
64      # Layer 95 => 98
65      x = _conv_block(x, [{'filter': 128, 'kernel': 1, 'stride': 1, 'bnorm': True, 'leaky': True,   'layer_idx': 96}], skip=Fa
66      x = UpSampling2D(2)(x)
67      x = concatenate([x, skip_36])
68      # Layer 99 => 106
69      yolo_106 = _conv_block(x, [{'filter': 128, 'kernel': 1, 'stride': 1, 'bnorm': True,  'leaky': True,  'layer_idx': 99},
70                                 {'filter': 256, 'kernel': 3, 'stride': 1, 'bnorm': True,  'leaky': True,  'layer_idx': 100},
71                                 {'filter': 128, 'kernel': 1, 'stride': 1, 'bnorm': True,  'leaky': True,  'layer_idx': 101},
72                                 {'filter': 256, 'kernel': 3, 'stride': 1, 'bnorm': True,  'leaky': True,  'layer_idx': 102},
73                                 {'filter': 128, 'kernel': 1, 'stride': 1, 'bnorm': True,  'leaky': True,  'layer_idx': 103},
74                                 {'filter': 256, 'kernel': 3, 'stride': 1, 'bnorm': True,  'leaky': True,  'layer_idx': 104},
75                                 {'filter': 255, 'kernel': 1, 'stride': 1, 'bnorm': False, 'leaky': False, 'layer_idx': 105}],
76      model = Model(input_image, [yolo_82, yolo_94, yolo_106])
77      return model
```

(4) 读取 YOLO 权重文件。程序代码如下：

```python
1   # 定义读取 YOLO 权重文件的类别
2   class WeightReader:
3       def __init__(self, weight_file):
4           with open(weight_file, 'rb') as w_f:
5               major,    = struct.unpack('i', w_f.read(4))
6               minor,    = struct.unpack('i', w_f.read(4))
7               revision, = struct.unpack('i', w_f.read(4))
8               if (major*10 + minor) >= 2 and major < 1000 and minor < 1000:
9                   w_f.read(8)
10              else:
```

```
11              w_f.read(4)
12              transpose = (major > 1000) or (minor > 1000)
13              binary = w_f.read()
14          self.offset = 0
15          self.all_weights = np.frombuffer(binary, dtype='float32')
16
17      def read_bytes(self, size):
18          self.offset = self.offset + size
19          return self.all_weights[self.offset-size:self.offset]
20
21      def load_weights(self, model):
22          for i in range(106):
23              try:
24                  conv_layer = model.get_layer('conv_' + str(i))
25                  print("loading weights of convolution #" + str(i))
26                  if i not in [81, 93, 105]:
27                      norm_layer = model.get_layer('bnorm_' + str(i))
28                      size = np.prod(norm_layer.get_weights()[0].shape)
29                      beta  = self.read_bytes(size) # bias
30                      gamma = self.read_bytes(size) # scale
31                      mean  = self.read_bytes(size) # mean
32                      var   = self.read_bytes(size) # variance
33                      weights = norm_layer.set_weights([gamma, beta, mean, var])
34                  if len(conv_layer.get_weights()) > 1:
35                      bias   = self.read_bytes(np.prod(conv_layer.get_weights()[1].shape))
36                      kernel = self.read_bytes(np.prod(conv_layer.get_weights()[0].shape))
37                      kernel = kernel.reshape(list(reversed(conv_layer.get_weights()[0].shape)))
38                      kernel = kernel.transpose([2,3,1,0])
39                      conv_layer.set_weights([kernel, bias])
40                  else:
41                      kernel = self.read_bytes(np.prod(conv_layer.get_weights()[0].shape))
42                      kernel = kernel.reshape(list(reversed(conv_layer.get_weights()[0].shape)))
43                      kernel = kernel.transpose([2,3,1,0])
44                      conv_layer.set_weights([kernel])
45              except ValueError:
46                  print("no convolution #" + str(i))
47
48      def reset(self):
49          self.offset = 0
```

(5) 重建模型：结合模型结构和权重文件，并以 Keras 格式存盘。程序代码如下：

```
1  # 建立模型
2  model = make_yolov3_model()
3  # 载入权重文件
4  weight_reader = WeightReader('./YOLO_weights/yolov3.weights')
5  weight_reader.load_weights(model)
6
7  # 转为TensorFlow/Keras格式文件
8  model.save('yolov3.h5')
```

范例2. 测试Keras格式文件(.h5)。

请参阅程序：**08_06_YOLO_Keras_Test.ipynb**。

(1) 加载相关库。程序代码如下：

```
1   # 载入库
2   from yolo_keras_utils import *
3   from tensorflow.keras.layers import Conv2D
4   from tensorflow.keras.layers import Input
5   from tensorflow.keras.layers import BatchNormalization
6   from tensorflow.keras.layers import LeakyReLU
7   from tensorflow.keras.layers import ZeroPadding2D
8   from tensorflow.keras.layers import UpSampling2D
9   from tensorflow.keras.layers import add, concatenate
10  from tensorflow.keras.models import Model
```

(2) 测试：预测的输出还须经过转换。程序代码如下：

```
1  # 测试
2  from tensorflow.keras.models import load_model
3
4  image_filename = './images_Object_Detection/zebra.jpg'  # 测试图像
5
6  model = load_model('./yolov3.h5')    # 载入模型
7  input_w, input_h = 416, 416          # YOLO v3 图像尺寸
8  # 载入图像,并缩放尺寸为 (416, 416)
9  image, image_w, image_h = load_image_pixels(image_filename, (input_w, input_h))
10 # 预测图像
11 yhat = model.predict(image)
12 # 传回检测的对象信息
13 print([a.shape for a in yhat])
```

执行结果:得到 3 个对象信息如下:

[(1, 13, 13, 255),(1, 26, 26, 255),(1, 52, 52, 255)]

(3) 输出转换:使用 NMS,移除重叠的 Bounding Box。程序代码如下:

```
1  # 输出转换
2  # 每个阵列内前两个值为grid宽/高,后四个为 anchors 的坐标与尺寸
3  anchors = [[116,90, 156,198, 373,326], [30,61, 62,45, 59,119], [10,13, 16,30, 33,23]]
4
5  # 设定对象检测的概率阈值
6  class_threshold = 0.6
7
8  # 依 anchors 的尺寸及概率阈值筛选 Bounding Box
9  boxes = list()
10 for i in range(len(yhat)):
11     boxes += decode_netout(yhat[i][0], anchors[i], class_threshold, input_h, input_w)
12
13 # 依原图尺寸与缩放尺寸的比例,校正 Bounding Box 尺寸
14 correct_yolo_boxes(boxes, image_h, image_w, input_h, input_w)
15
16 # 使用 non-maximal suppress,移除重叠的 Bounding Box
17 do_nms(boxes, 0.5)
```

(4) 取得 Bounding Box 信息:坐标、类别、概率,并进行绘图。程序代码如下:

```
1  # 取得 Bounding Box 信息:坐标、类别、概率
2  v_boxes, v_labels, v_scores = get_boxes(boxes, labels, class_threshold)
3
4  # 显示执行结果
5  print(f'Bounding Box 个数:{len(v_boxes)}')
6  for i in range(len(v_boxes)):
7      print(f'类别:{v_labels[i]}, 概率:{v_scores[i]}')
8
9  # 绘图
10 draw_boxes(image_filename, v_boxes, v_labels, v_scores)
```

执行结果:如图 8.55 所示。

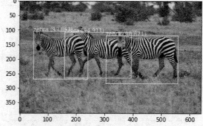

图 8.55　绘图结果

范例3. 直接使用YOLO v4权重文件。

请参阅程序：**08_07_ Tensorflow-Yolov4_Test.ipynb**，此程序源自参考数据 [22]。
(1) 加载相关库。程序代码如下：

```
1   # 载入库
2   import time
3   from absl import app, flags, logging
4   from absl.flags import FLAGS
5   import YOLO4.core.utils as utils
6   from YOLO4.core.yolov4 import YOLOv4, YOLOv3, YOLOv3_tiny, decode
7   from PIL import Image
8   import cv2
9   import numpy as np
10  import tensorflow as tf
```

(2) 设定 YOLO 模型参数。程序代码如下：

```
1   # 设定 YOLO 模型参数
2   STRIDES = np.array([8, 16, 32])
3   ANCHORS = utils.get_anchors("./YOLO4/data/anchors/yolov4_anchors.txt", False)
4   NUM_CLASS = len(utils.read_class_names("./YOLO4/data/classes/coco.names"))
5   XYSCALE = [1.2, 1.1, 1.05]    # 缩放比例
6   input_size = 608
7   yolov4_weights_path = "./YOLO_weights/yolov4.weights"
```

(3) 读取测试影像：用 kite.jpg 进行测试。程序代码如下：

```
1   # 读取测试影像
2   import matplotlib.pyplot as plt
3   image_path = './YOLO4/data/kite.jpg'
4   original_image = cv2.imread(image_path)
5   original_image = cv2.cvtColor(original_image, cv2.COLOR_BGR2RGB)
6   original_image_size = original_image.shape[:2]
7   plt.imshow(original_image)
8
9   # 前置处理
10  image_data = utils.image_preporcess(np.copy(original_image),
11                                       [input_size, input_size])
12  image_data = image_data[np.newaxis, ...].astype(np.float32)
```

执行结果：如图 8.56 所示。

图 8.56　测试影像

(4) 结合模型结构与权重文件，建立模型。程序代码如下：

```
1  # 结合模型结构与权重文件，建立模型
2  input_layer = tf.keras.layers.Input([input_size, input_size, 3])
3  feature_maps = YOLOv4(input_layer, NUM_CLASS)
4  bbox_tensors = []
5  for i, fm in enumerate(feature_maps):
6      bbox_tensor = decode(fm, NUM_CLASS, i)
7      bbox_tensors.append(bbox_tensor)
8  # 模型结构
9  model = tf.keras.Model(input_layer, bbox_tensors)
10
11 # 载入权重
12 utils.load_weights(model, yolov4_weights_path)
13
14 model.summary()
```

(5) 预测并显示结果：成功标示出人和飞行伞。程序代码如下：

```
1  # 预测
2  pred_bbox = model.predict(image_data)
3
4  # 找出 Bounding Box
5  pred_bbox = utils.postprocess_bbbox(pred_bbox, ANCHORS, STRIDES, XYSCALE)
6  bboxes = utils.postprocess_boxes(pred_bbox, original_image_size, input_size, 0.25)
7
8  # 使用NMS，移除重叠的 Bounding Box
9  bboxes = utils.nms(bboxes, 0.213, method='nms')
10
11 # 原图加框
12 image = utils.draw_bbox(original_image, bboxes)
13 image = Image.fromarray(image)
14
15 # 显示结果
16 plt.imshow(image)
17 image.show()
```

执行结果：如图 8.57 所示。

图 8.57　预测并显示执行结果

8-9　YOLO 模型训练

YOLO 默认模型是采用 COCO 数据集[23]，共有 80 个类别，详见表 8-1。

表 8-1 COCO 数据集

1	人	21	大象	41	红酒杯	61	餐桌
2	自行车	22	熊	42	杯子	62	厕所
3	汽车	23	斑马	43	叉子	63	电视
4	机车	24	长颈鹿	44	刀子	64	笔电
5	飞机	25	背包	45	汤匙	65	鼠标
6	公交车	26	伞	46	碗	66	遥控器
7	火车	27	手提包	47	香蕉	67	键盘
8	卡车	28	领带	48	苹果	68	手机
9	船	29	手提箱	49	三明治	69	微波炉
10	红绿灯	30	飞盘	50	橙子	70	烤箱
11	消防栓	31	双板滑雪板	51	花椰菜	71	烤面包机
12	停止标志	32	单板滑雪板	52	红萝卜	72	水槽
13	停车收费秒表	33	运动类用球	53	热狗	73	冰箱
14	长椅	34	风筝	54	披萨	74	书
15	鸟	35	棒球棒	55	甜甜圈	75	时钟
16	猫	36	棒球手套	56	蛋糕	76	花瓶
17	狗	37	滑板	57	椅子	77	剪刀
18	马	38	冲浪板	58	沙发	78	泰迪熊
19	羊	39	网球拍	59	植物盆栽	79	吹风机
20	牛	40	瓶子	60	床	80	牙刷

假若要检测的目标不在这80类当中，则需自行训练模型，大致步骤如图8.58所示。

图 8.58　自行训练模型步骤

（1）准备数据集：若只是要测试处理影像，不想制作数据集的，则可以直接下载 COCO 数据集，内含影像与标注文件 (Annotation)，接着遵循 YOLO 步骤实践，但可能要训练好多天，后续笔者使用 Open Images Dataset，可以选择部分类别，缩短测试时间。

（2）使用标记工具软件，如 LabelImg(https://github.com/tzutalin/labelImg)，产生 YOLO 格式的标注文件。LabelImg 安装步骤如下。LabelImg 标记工具如图 8.59 所示。

① conda install pyqt=5。

② conda install -c anaconda lxml。

③ pyrcc5 -o libs/resources.py resources.qrc。

④ 执行 LabelImg：python labelImg.py。

图 8.59　LabelImg 标记工具

(3) 模型训练：参阅官网的教学步骤 (https://github.com/AlexeyAB/darknet#how-to-train-to-detect-your-custom-objects)，训练非常耗时，处理完成 300 张图片，大约需要 6 小时。

范例.使用自定义数据集训练YOLO模型(内容参考*Create your own dataset for YOLOv4 object detection in 5 minutes* [24]及*YOLO4 GitHub*[25]这两篇文章的做法)。

(1) 下载数据前置处理程序 git clone https://github.com/theAIGuysCode/OIDv4_ToolKit.git。

(2) 在 OIDv4_ToolKit 目录开启终端机 (cmd)，并安装相关库：pip install -r requirements.txt。

(3) 至 Open Images Dataset 网站 (https://storage.googleapis.com/openimages/web/index.html) 下载训练数据，它包含 350 种类别可应用在实例分割 (Instance Segmentation) 上，我们只取三种类别来测试，避免训练太久。在 OIDv4_ToolKit 目录，执行下列指令，下载训练数据：python main.py downloader --classes Balloon Person Dog --type_csv train --limit 200

注意：出现"missing files"错误信息时，请输入 y。

(4) 执行下列指令，下载测试数据：python main.py downloader --classes Balloon Person Dog --type_csv test --limit 200。

注意：出现"missing files"错误信息时，请输入 y。

(5) 建立一个 classes.txt 文件，内容如下：

Balloon

Person

Dog

(6) 执行下列指令，产生 YOLO 标注文件，即每个图像文件都会有一个同名的标注文件 (*.txt)：

python convert_annotations.py

标注文件的内容为：

<类别 ID><标注框中心点 X 坐标><标注框中心点 Y 坐标><标注框宽度><标注框高度>。

(7) 移除 OID\Dataset\train、OID\Dataset\test 子目录下的 Label 目录，包括以下目录。

① OID\Dataset\train\Balloon\Label。
② OID\Dataset\train\Dog\Label。
③ OID\Dataset\train\Person\Label。
④ OID\Dataset\test\Balloon\Label。
⑤ OID\Dataset\test\Dog\Label。
⑥ OID\Dataset\test\Person\Label。

(8) 接着参考 YOLO4 GitHub 的说明，切换到之前创建的 darknet-master\build\darknet\x64 目录。

(9) 下载 https://github.com/AlexeyAB/darknet/releases/download/darknet_yolo_v3_optimal/yolov4.conv.137。

(10) 复制 cfg/yolov4-custom.cfg 为 yolo-obj.cfg，并将 yolo-obj.cfg 进行以下更改。

① 修改第 6 行的 batch=64，改为 batch=16，笔者 GPU 内存只有 4GB，所以容易发生内存不足的错误，改为 16 即可顺利执行，缺点是要花费更多的训练时间。
② 修改第 7 行为 subdivisions=16。
③ 修改第 20 行为 "max_batches = 6000"，公式为类别数 (3)×2000=6000。
④ 修改第 22 行为 "steps=4800,5400"，为 6000 的 80%、90%。
⑤ 修改第 8 行为 width=416，即输入影像宽度。
⑥ 修改第 9 行为 height=416，即输入影像高度。
⑦ 将 [yolo] 段落的 classes=80 改为 classes=3(第 970、1058、1146 行)。
⑧ 将 [yolo] 段落前一个 [convolutional] 的 filters=255 改为 filters=24(第 963、1051、1139 列)，公式为 (类别数 +5)× 3=24。

(11) 在 darknet-master\build\darknet\x64\data\ 目录建立一个 obj.names 文件，内容如下：

Balloon
Person
Dog

(12) 在 darknet-master\build\darknet\x64\data\ 目录建立一个 obj.data 文件，内容如下：

classes = 3
train = data/train.txt
valid = data/test.txt
names = data/obj.names
backup = backup/

(13) 复制 OID\Dataset\train、OID\Dataset\test 目录至 darknet-master\build\darknet\x64\data\obj\ 目录下。

(14) 在 darknet-master\build\darknet\x64\data\ 目录建立一个 train.txt 文件，内容如下，并将每个训练的图像文件按相对路径放入。

data/obj/train/Balloon/0016f577f9811ad3.jpg

笔者写了一支程序 gen_train.py，产生 train.txt 文件：

python gen_train.py

(15) 在 darknet-master\build\darknet\x64\data\ 目录建立一个 test.txt 文件，内容如下，将每个要训练的图像文件按相对路径放入。

data/obj/test/Balloon/00b585e025287555.jpg

执行程序 gen_train.py，产生 test.txt 文件：

python gen_train.py test

(16) 开启 cmd，执行模型训练：

darknet.exe detector train data/obj.data yolo-obj.cfg yolov4.conv.137

① 在笔者的机器上大约执行了 8 小时，如果读者要再自行标注影像的话，需有长期努力的准备。

② 若中途宕机，可指定 backup 目录下最大执行周期的文件，继续执行训练：
darknet.exe detector train data/obj.data yolo-obj.cfg backup\yolo-obj_5000.weights

③ 执行完成后，会产生 backup\yolo-obj_final.weights 权重文件。

④ 训练时会产生损失函数的变化，如图 8.60 所示。

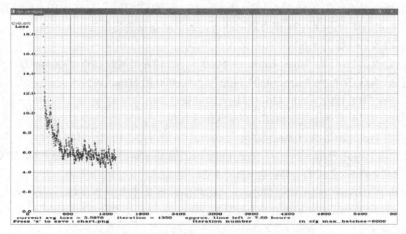

图 8.60　YOLO 模型训练时损失函数的变化

(17) 自 test 目录下或网络任取一文件测试，执行下列指令：

darknet.exe detector test data/obj.data yolo-obj.cfg backup\yolo-obj_final.weights

① 输入 D:\1\darknet-master\build\darknet\x64\data\obj\test\Balloon\633dfe8635d30dad.jpg。

② 执行效果不是很好，如图 8.61 所示。虽然有捕捉到人和气球，不过气球的概率 (0.31) 偏低，可能与第 (10) 步改成 batch=16 有关系，因此原作者建议值为 64，亦或者是 max_batches = 6000 应该略微加大。

图 8.61　YOLO 模型测试结果

以上只是笔者简单的实验，相关的配置文件放在 code\YOLO_custom_datasets 目录内，完整的目录文件过大，无法放入，请读者见谅。上述训练的步骤，在实际项目执行时，应该尚有一些改善空间，但最重要的还是要具有一台高性能的 GPU 机器，用金钱换时间。

8-10　SSD 算法

与 YOLO 齐名，Single Shot MultiBox Detector(SSD) 算法也属于一阶段的算法，在速度上比 R-CNN 系列算法快，而在准确率 (mAP) 上比 YOLO v1 高，后来 YOLO 不断的升级改良，SSD 网络声量就变小了。几种算法的比较如图 8.62 所示。

System	VOC2007 test mAP	FPS (Titan X)	Number of Boxes	Input resolution
Faster R-CNN (VGG16)	73.2	7	~6000	~1000 × 600
YOLO (customized)	63.4	45	98	448 × 448
SSD300* (VGG16)	77.2	46	8732	300 × 300
SSD512* (VGG16)	**79.8**	19	24564	512 × 512

图 8.62　R-CNN、YOLO、SSD 比较表

(数据来源：SSD 官网 [26])

SSD 比较特别的地方是它采用 VGG 模型，并且在中间使用多个卷积层提取特征图 (Feature map)，同时进行预测，如图 8.63 所示。

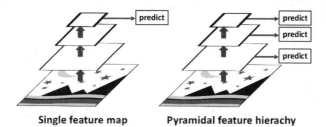

图 8.63　YOLO 模型和 SSD

详细说明可参阅"一文看尽目标检测算法 SSD 的核心架构与设计思想"[27]。

SSD 也是用 Caffe 架构开发的，SSD 官网 [25] 并未说明在 Windows 操作系统下要如何编译，不过，TensorFlow 官方所提供的 TensorFlow Object Detection API 内含 SSD 模型，可直接使用。

8-11　TensorFlow Object Detection API

由于目标检测应用广泛，TensorFlow 与 PyTorch 框架都特别提供了 API，可直接呼叫相关模型，而 TensorFlow Object Detection API 就是 TensorFlow 所支持的版本。

API 包含各式的算法，主要有 CenterNet、EfficientDet、SSD、Faster R-CNN，具体如图 8.64 所示。

Model name	Speed (ms)	COCO mAP	Outputs
CenterNet HourGlass104 512x512	70	41.9	Boxes
CenterNet HourGlass104 Keypoints 512x512	76	40.0/61.4	Boxes/Keypoints
CenterNet HourGlass104 1024x1024	197	44.5	Boxes
CenterNet HourGlass104 Keypoints 1024x1024	211	42.8/64.5	Boxes/Keypoints
CenterNet Resnet50 V1 FPN 512x512	27	31.2	Boxes
CenterNet Resnet50 V1 FPN Keypoints 512x512	30	29.3/50.7	Boxes/Keypoints
CenterNet Resnet101 V1 FPN 512x512	34	34.2	Boxes
CenterNet Resnet50 V2 512x512	27	29.5	Boxes
CenterNet Resnet50 V2 Keypoints 512x512	30	27.6/48.2	Boxes/Keypoints
CenterNet MobileNetV2 FPN 512x512	6	23.4	Boxes
CenterNet MobileNetV2 FPN Keypoints 512x512	6	41.7	Keypoints
EfficientDet D0 512x512	39	33.6	Boxes
EfficientDet D1 640x640	54	38.4	Boxes
EfficientDet D2 768x768	67	41.8	Boxes
EfficientDet D3 896x896	95	45.4	Boxes
EfficientDet D4 1024x1024	133	48.5	Boxes
EfficientDet D5 1280x1280	222	49.7	Boxes
EfficientDet D6 1280x1280	268	50.5	Boxes
EfficientDet D7 1536x1536	325	51.2	Boxes
SSD MobileNet v2 320x320	19	20.2	Boxes
SSD MobileNet V1 FPN 640x640	48	29.1	Boxes
SSD MobileNet V2 FPNLite 320x320	22	22.2	Boxes
SSD MobileNet V2 FPNLite 640x640	39	28.2	Boxes
SSD ResNet50 V1 FPN 640x640 (RetinaNet50)	46	34.3	Boxes
SSD ResNet50 V1 FPN 1024x1024 (RetinaNet50)	87	38.3	Boxes
SSD ResNet101 V1 FPN 640x640 (RetinaNet101)	57	35.6	Boxes
SSD ResNet101 V1 FPN 1024x1024 (RetinaNet101)	104	39.5	Boxes
SSD ResNet152 V1 FPN 640x640 (RetinaNet152)	80	35.4	Boxes
SSD ResNet152 V1 FPN 1024x1024 (RetinaNet152)	111	39.6	Boxes
Faster R-CNN ResNet50 V1 1024x1024	65	31.0	Boxes
Faster R-CNN ResNet50 V1 800x1333	65	31.6	Boxes
Faster R-CNN ResNet101 V1 640x640	55	31.8	Boxes
Faster R-CNN ResNet101 V1 1024x1024	72	37.1	Boxes
Faster R-CNN ResNet101 V1 800x1333	77	36.6	Boxes
Faster R-CNN ResNet152 V1 640x640	64	32.4	Boxes
Faster R-CNN ResNet152 V1 1024x1024	85	37.6	Boxes
Faster R-CNN ResNet152 V1 800x1333	101	37.4	Boxes
Faster R-CNN Inception ResNet V2 640x640	206	37.7	Boxes
Faster R-CNN Inception ResNet V2 1024x1024	236	38.7	Boxes
Mask R-CNN Inception ResNet V2 1024x1024	301	39.0/34.6	Boxes/Masks
ExtremeNet	--	--	Boxes

图 8.64 TensorFlow Object Detection API 所支持的算法
（数据来源：TensorFlow Detection Model Zoo[28]）

安装环境需求请参考"TensorFlow Object Detection API 官网文件"[29]，目前如图 8.65 所示。

Target Software versions	
OS	Windows, Linux
Python	3.8
TensorFlow	2.2.0
CUDA Toolkit	10.1
CuDNN	7.6.5
Anaconda	Python 3.7 (Optional)

图 8.65　TensorFlow Object Detection API 的安装环境需求

下面介绍 API 在 Windows 作业环境下的安装，步骤如图 8.66 所示。

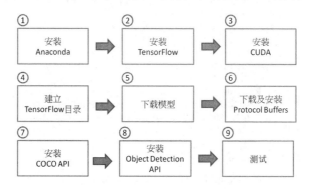

图 8.66　API 在 Windows 环境下的安装步骤

(1) 安装 Anaconda。

(2) 安装 TensorFlow：需安装 v2.2 以上版本。

(3) 安装 CUDA：GPU 不一定需要，如果要使用 GPU，则需安装 CUDA 10.1/cuDNN v7.6.5，详细说明请参考"TensorFlow Object Detection API 教学网站"。

(4) 建立 TensorFlow 目录：在任意目录下建立 TensorFlow 目录。

(5) 下载模型：自 TensorFlow Models GitHub(https://github.com/tensorflow/models) 下载整个项目 (Repository)。并解压缩至 TensorFlow 次目录下，将 models-master 目录改名为 models。

(6) 下载 Protocol Buffers：自 https://github.com/protocolbuffers/protobuf/releases 下载最新版 protoc-3.xx.0-win64.zip，解压缩至特定目录，例如 "C:\Program Files\Google Protobuf"，将其下 bin 路径加到环境变量 Path 中。

(7) 安装 Protobuf：在第 (4) 步骤的 TensorFlow\models\research 目录开启 cmd，执行：
protoc object_detection/protos/*.proto --python_out=.

(8) 安装 COCO API，执行下列指令：

pip install cython
pip install

git+https://github.com/philferriere/cocoapi.git#subdirectory=PythonAPI

（9）安装 Object Detection API：更改目前目录至 Tensorflow\models\research，复制 object_detection/packages/tf2/setup.py 至目前目录，执行：

python -m pip install .

（10）安装到此终于大功告成，执行测试指令：

python object_detection/builders/model_builder_tf2_test.py

测试结果如图 8.67 所示。

```
...
[       OK ] ModelBuilderTF2Test.test_create_ssd_models_from_config
[ RUN      ] ModelBuilderTF2Test.test_invalid_faster_rcnn_batchnorm_update
[       OK ] ModelBuilderTF2Test.test_invalid_faster_rcnn_batchnorm_update
[ RUN      ] ModelBuilderTF2Test.test_invalid_first_stage_nms_iou_threshold
[       OK ] ModelBuilderTF2Test.test_invalid_first_stage_nms_iou_threshold
[ RUN      ] ModelBuilderTF2Test.test_invalid_model_config_proto
[       OK ] ModelBuilderTF2Test.test_invalid_model_config_proto
[ RUN      ] ModelBuilderTF2Test.test_invalid_second_stage_batch_size
[       OK ] ModelBuilderTF2Test.test_invalid_second_stage_batch_size
[ RUN      ] ModelBuilderTF2Test.test_session
[  SKIPPED ] ModelBuilderTF2Test.test_session
[ RUN      ] ModelBuilderTF2Test.test_unknown_faster_rcnn_feature_extractor
[       OK ] ModelBuilderTF2Test.test_unknown_faster_rcnn_feature_extractor
[ RUN      ] ModelBuilderTF2Test.test_unknown_meta_architecture
[       OK ] ModelBuilderTF2Test.test_unknown_meta_architecture
[ RUN      ] ModelBuilderTF2Test.test_unknown_ssd_feature_extractor
[       OK ] ModelBuilderTF2Test.test_unknown_ssd_feature_extractor
----------------------------------------------------------------------
Ran 20 tests in 68.510s

OK (skipped=1)
```

图 8.67　TensorFlow Object Detection API 测试成功信息

接下来，我们实践一个简单的范例调用 TensorFlow Object Detection API，教学网站的范例写得有点复杂，笔者把一些函数拿掉，力求尽量简化程序。

范例1. 使用TensorFlow Object Detection API进行目标检测。

训练步骤如图 8.68 所示。

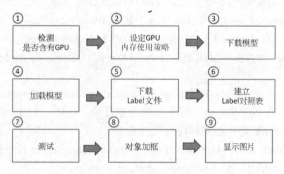

图 8.68　训练步骤

请参阅程序：**08_08_Tensorflow_Object_Detection_API_Test.ipynb**。

（1）加载相关库。程序代码如下：

```
1  # 载入库
2  import os
3  import pathlib
4  import tensorflow as tf
5  import pathlib
```

(2) 检测机器是否含有 GPU：因速度比纯靠 CPU 快上数倍，所以深度学习的模型训练非常仰赖 GPU。一般而言，TensorFlow 对内存的回收并不是很理想，时常会发生内存不足 (Out Of Memory, OOM) 的状况，所以我们通常会从这两种策略中择其一。

① 设定成内存动态调整 (Dynamic Memory Allocation) 策略：避免内存不足。程序代码如下：

```
1  # GPU 设定为 记忆体动态调整
2  gpus = tf.config.experimental.list_physical_devices('GPU')
3  for gpu in gpus:
4      tf.config.experimental.set_memory_growth(gpu, True)
```

② 设定成固定大小的内存，如 2GB。程序代码如下：

```
1   GPU 设定为固定为 2GB
2  gpus = tf.config.experimental.list_physical_devices('GPU')
3  if gpus:   # 1024*2 : 2048MB = 2GB
4      tf.config.experimental.set_virtual_device_configuration(gpus[0],
5          [tf.config.experimental.VirtualDeviceConfiguration(memory_limit=1024*2)])
```

(3) 下载模型：内含多种模型，任选其中一种。程序代码如下：

```
1  # 下载模型，并解压缩
2  def download_model(model_name, model_date):
3      base_url = 'http://download.tensorflow.org/models/object_detection/tf2/'
4      model_file = model_name + '.tar.gz'
5      # 解压缩
6      model_dir = tf.keras.utils.get_file(fname=model_name,
7                                          origin=base_url + model_date + '/' + model_file,
8                                          untar=True)
9      return str(model_dir)
10
11 MODEL_DATE = '20200711'
12 MODEL_NAME = 'centernet_hg104_1024x1024_coco17_tpu-32'
13 PATH_TO_MODEL_DIR = download_model(MODEL_NAME, MODEL_DATE)
14 PATH_TO_MODEL_DIR
```

(4) 从下载的目录加载模型。程序代码如下：

```
1  # 从下载的目录载入模型，耗时甚久
2  import time
3  from object_detection.utils import label_map_util
4  from object_detection.utils import visualization_utils as viz_utils
5
6  PATH_TO_SAVED_MODEL = PATH_TO_MODEL_DIR + "/saved_model"
7
8  print('载入模型...', end='')
9  start_time = time.time()
10
11 # 载入模型
12 detect_fn = tf.saved_model.load(PATH_TO_SAVED_MODEL)
13
14 end_time = time.time()
15 elapsed_time = end_time - start_time
16 print(f'共花费 {elapsed_time} 秒.')
```

执行结果：共花费 160.80 秒，相当缓慢，后面 (步骤 (10)) 会介绍另一种更快捷的方式。

(5) 下载 Label 文件。程序代码如下：

```python
# 下载 labels file
def download_labels(filename):
    base_url = 'https://raw.githubusercontent.com/tensorflow/models'
    base_url += '/master/research/object_detection/data/'
    label_dir = tf.keras.utils.get_file(fname=filename,
                                        origin=base_url + filename,
                                        untar=False)
    label_dir = pathlib.Path(label_dir)
    return str(label_dir)

LABEL_FILENAME = 'mscoco_label_map.pbtxt'
PATH_TO_LABELS = download_labels(LABEL_FILENAME)
PATH_TO_LABELS
```

执行结果：文件会存储在 C:\Users\< 使用者登录账号 >\.keras\datasets\mscoco_label_map.pbtxt。

(6) 建立 Label 的对照表 (代码与名称)。

```python
# 建立 Label 的对照表 ( 代码与名称 )
category_index = label_map_util.create_category_index_from_labelmap(
    PATH_TO_LABELS, use_display_name=True)
```

(7) 任选一张图片进行目标检测。程序代码如下：

```python
# 任选一张图片进行目标检测
import numpy as np
from PIL import Image

# 开启一张图片
image_np = np.array(Image.open('./images_Object_Detection/zebra.jpg'))

# 转为 TensorFlow tensor 数据类型
input_tensor = tf.convert_to_tensor(image_np)
# 加一维，变为 ( 笔数, 宽, 高, 颜色 )
input_tensor = input_tensor[tf.newaxis, ...]

# detections : 对象信息 内含 ( 候选框, 类别, 概率 )
detections = detect_fn(input_tensor)
num_detections = int(detections.pop('num_detections'))
print(f'对象个数 : {num_detections}')
detections = {key: value[0, :num_detections].numpy()
              for key, value in detections.items()}

detections['num_detections'] = num_detections
# 转为整数
detections['detection_classes'] = detections['detection_classes'].astype(np.int64)

print(f'目标信息 ( 候选框, 类别, 概率 ) : ')
for detection_boxes, detection_classes, detection_scores in \
    zip(detections['detection_boxes'], detections['detection_classes'],
        detections['detection_scores']):
    print(np.around(detection_boxes,4), detection_classes,
          round(detection_scores*100, 2))
```

部分执行结果如下：

```
目标个数 : 100
目标信息（候选框，类别，概率）：
[0.2647 0.5269 0.6977 0.8749] 24 98.77
[0.2243 0.2899 0.6752 0.6357] 24 98.19
[0.247  0.0723 0.6775 0.3546] 24 97.23
[0.2958 0.     0.4356 0.0021] 24 3.25
[0.2263 0.     0.4017 0.002 ] 24 3.06
[0.344  0.9967 0.478  1.    ] 24 2.85
[0.3139 0.9975 0.6764 1.    ] 24 2.7
[0.3315 0.9976 0.5939 0.9998] 24 2.68
[0.3326 0.9964 0.4505 1.    ] 16 2.3
[0.2882 0.9967 0.4172 1.    ] 24 2.3
```

(8) 目标加框：扫描 Bounding Box，将图片的对象加框。程序代码如下：

```
import matplotlib.pyplot as plt

image_np_with_detections = image_np.copy()
# 加框
viz_utils.visualize_boxes_and_labels_on_image_array(
      image_np_with_detections,
      detections['detection_boxes'],
      detections['detection_classes'],
      detections['detection_scores'],
      category_index,
      use_normalized_coordinates=True,
      max_boxes_to_draw=200,
      min_score_thresh=.30,
      agnostic_mode=False)

# 显示，无效
plt.figure(figsize=(12,8))
plt.imshow(image_np_with_detections, cmap='viridis')
plt.show()
```

执行结果：不如预期，无法显示图片，只能先存盘再显示。

(9) 显示处理过后的图片。程序代码如下：

```
# 存盘
saved_file = './images_Object_Detection/zebra._detection1.png'
plt.savefig(saved_file)

# 显示
from IPython.display import Image
Image(saved_file)
```

执行结果：如图 8.69 所示。

图 8.69　显示处理图片

(10) 另一种方法：从下载的目录加载模型，执行速度大幅提升。程序代码如下：

```python
1  # 快速从下载的目录载入模型
2  import time
3  from object_detection.utils import label_map_util, config_util
4  from object_detection.utils import visualization_utils as viz_utils
5  from object_detection.builders import model_builder
6  
7  # 配置文件及模型文件路径
8  PATH_TO_CFG = PATH_TO_MODEL_DIR + "/pipeline.config"
9  PATH_TO_CKPT = PATH_TO_MODEL_DIR + "/checkpoint"
10 
11 # 计时开始
12 print('Loading model... ', end='')
13 start_time = time.time()
14 
15 # 载入配置文件，再创建模型
16 configs = config_util.get_configs_from_pipeline_file(PATH_TO_CFG)
17 model_config = configs['model']
18 detection_model = model_builder.build(model_config=model_config,
19                                       is_training=False)
20 
21 # 还原模型
22 ckpt = tf.compat.v2.train.Checkpoint(model=detection_model)
23 ckpt.restore(os.path.join(PATH_TO_CKPT, 'ckpt-0')).expect_partial()
24 
25 # 计时完成
26 end_time = time.time()
27 elapsed_time = end_time - start_time
28 print(f'共花费 {elapsed_time} 秒.')
```

执行结果：只花费 0.5 秒，与前一个方法相比执行速度明显提升。

(11) 任选一张图片进行目标检测。程序代码如下：

```python
1  # 任选一张图片进行目标检测
2  import numpy as np
3  from PIL import Image
4  
5  @tf.function
6  def detect_fn(image):
7      image, shapes = detection_model.preprocess(image)
8      prediction_dict = detection_model.predict(image, shapes)
9      detections = detection_model.postprocess(prediction_dict, shapes)
10 
11     return detections
12 
13 # 读取图片
14 image_np = np.array(Image.open('./images_Object_Detection/zebra.jpg'))
15 input_tensor = tf.convert_to_tensor(image_np, dtype=tf.float32)
16 input_tensor = input_tensor[tf.newaxis, ...]
17 detections = detect_fn(input_tensor)
18 num_detections = int(detections.pop('num_detections'))
19 
20 print(f'物件个数：{num_detections}')
21 detections = {key: value[0, :num_detections].numpy()
22               for key, value in detections.items()}
23 print(f'物件信息（候选框，类别，概率）：')
24 for detection_boxes, detection_classes, detection_scores in \
25     zip(detections['detection_boxes'], detections['detection_classes'],
26         detections['detection_scores']):
27     print(np.around(detection_boxes,4), int(detection_classes)+1,
28         round(detection_scores*100, 2))
29 
30 # 结果存入 detections 变数
31 detections['num_detections'] = num_detections
32 detections['detection_classes'] = detections['detection_classes'].astype(np.int64)
```

(12) 重复步骤 (8)(9) 执行结果相同。

范例2. 使用 Tensorflow Object Detection API 进行视频测试。

请参阅程序：**08_09_Tensorflow_Object_Detection_API_Video.ipynb**。

由于前面 10 个步骤均相同，因此这里只说明差异的部分。

(1) 视频目标检测。程序代码如下：

```python
import numpy as np
import cv2

# 使用 webcam
#cap = cv2.VideoCapture(0)

# 读取视频文件
cap = cv2.VideoCapture('./images_Object_Detection/pedestrians.mp4')
i=0
while True:
    # 读取一帧(frame) from camera or mp4
    ret, image_np = cap.read()
    
    # 加一维，变为 (批数, 宽, 高, 颜色)
    image_np_expanded = np.expand_dims(image_np, axis=0)
    
    # 可测试水平翻转
    # image_np = np.fliplr(image_np).copy()
    
    # 可测试灰阶
    # image_np = np.tile(
    #     np.mean(image_np, 2, keepdims=True), (1, 1, 3)).astype(np.uint8)
    
    # 转为 TensorFlow tensor 数据类型
    input_tensor = tf.convert_to_tensor(np.expand_dims(image_np, 0), dtype=tf.float32)
    
    # detections：目标信息 内含 (候选框, 类别, 概率)
    detections = detect_fn(input_tensor)
    num_detections = int(detections.pop('num_detections'))
    
    # 第一帧(Frame)才显示目标个数
    if i==0:
        print(f'物件个数：{num_detections}')
    
    # 结果存入 detections 变量
    detections = {key: value[0, :num_detections].numpy()
                  for key, value in detections.items()}
    detections['detection_classes'] = detections['detection_classes'].astype(int)
    
    # 将目标框起来
    label_id_offset = 1
    image_np_with_detections = image_np.copy()
    viz_utils.visualize_boxes_and_labels_on_image_array(
        image_np_with_detections,
        detections['detection_boxes'],
        detections['detection_classes'] + label_id_offset,
        detections['detection_scores'],
        category_index,
        use_normalized_coordinates=True,
        max_boxes_to_draw=200,
        min_score_thresh=.30,
        agnostic_mode=False)
    
    # 显示检测结果
    img = cv2.resize(image_np_with_detections, (800, 600))
    cv2.imshow('object detection', img)
    
    # 存盘
    i+=1
    if i==30:
        cv2.imwrite('./images_Object_Detection/pedestrians.png', img)
    
    # 按 q 可以结束
    if cv2.waitKey(25) & 0xFF == ord('q'):
        break

cap.release()
cv2.destroyAllWindows()
```

（2）执行结果：影片中的车辆都可以检测到，辨识度极高，也能够使用 Web Cam，改为 cv2.VideoCapture(0)，0 代表第一台摄影机。

使用另一段影片 night.mp4 进行测试，该影片来自"Python Image Processing Cookbook GitHub"[30]，内容为高速公路的夜景，辨识度也是相当好。

如果要像 YOLO 自定义数据集，检测其他对象的话，TensorFlow Object Detection API 的官网文件[31]有非常详尽的解说，读者可依指示自行测试。

8-12 目标检测的效果衡量指标

目标检测的效果衡量指标是采平均精确度均值 (mean Average Precision，mAP)，YOLO 官网展示的图表针对各种模型比较 mAP，如图 8.70 所示。

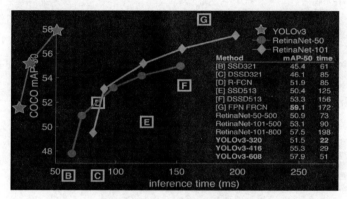

图 8.70 YOLO 与其他模型比较

(图片来源：YOLO 官网[17])

第 4 章介绍过的 ROC/AUC 效果衡量指标，是以预测概率为基准，计算各种阈值下的真阳率与伪阳率，以伪阳率为 X 轴，真阳率为 Y 轴，绘制出 ROC 曲线。而 mAP 也类似于 ROC/AUC，以 IoU 为基准，计算各种阈值下的精确率 (Precision) 与召回率 (Recall)，以召回率为 X 轴，精确率为 Y 轴，绘制出 mAP 曲线。

不过，目标检测模型通常是多分类，不是二分类，因此，采取计算各个种类的平均精确度，绘制后如图 8-71 左图，通常会调整成右图的粗线，因为，在阈值低的精确率一定比阈值高的精确率更高，所以作此调整。

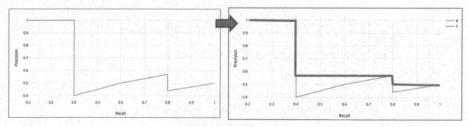

图 8.71 mAP 曲线

(左图是实际计算的结果，右图是调整后的结果)

8-13　总结

这一章我们认识了许多目标检测的算法，包括 HOG、R-CNN、YOLO、SSD，同时也实践了许多范例，像是传统的影像金字塔、R-CNN、PyTorch Detectron2、YOLO、TensorFlow Object Detection API，还包含图像和视频检测，也可自定义数据集训练模型，证明我们的确有能力，将目标检测技术导入到项目中使用。

算法各有优劣，Faster R-CNN 虽然较慢，但准确度高，尽管 YOLO 早期为了提升执行速度牺牲了准确度，但经过几个版本升级后，准确度也已大幅提高。所以建议读者在实际应用时，还是应该多方尝试，找出最适合的模型，如在边缘运算的领域使用轻量模型，不只要求辨识速度快，更要节省内存的使用。

现在许多学者开始研究动态目标检测，如姿态 (Pose) 侦测，可用来辨识体育运动姿势是否标准，协助运动员提升成绩，另外还有手势检测[32]、体感游戏、制作皮影戏[33]等，也很具有代表性。

第 9 章
进阶的影像应用

除了目标检测之外，CNN 还有许多影像方面的应用，例如：①语义分割 (Semantic segmentation)；②风格转换 (Style Transfer)；③影像标题 (Image Captioning)；④姿态辨识 (Pose Detection 或 Action Detection)；⑤生成对抗网络 (GAN) 各式的应用；⑥深度伪造 (Deep Fake)。

本章将继续探讨这些应用领域，其中生成对抗网络的内容较多，会以专门章节来介绍。

9-1 语义分割介绍

目标检测是以整个对象作为标记，而语义分割则以每个像素作为标记，区分对象涵盖的区域，如图 9.1 所示。

图 9.1　目标检测

经语义分割后如图 9.2 所示，各对象以不同颜色的像素表示。

图 9.2　语义分割

甚至更进一步，进行实例分割，相同类别的对象也以不同的颜色表示，如图 9.3 所示。

图 9.3　实例分割

语义分割的应用非常广泛，举例如下。
(1) 自动驾驶汽车的影像识别。
(2) 医疗诊断：断层扫描 (CT)、核磁共振 (MRI) 的疾病区域标示。
(3) 卫星照片。
(4) 机器人的影像识别。

语义分割的原理是先利用 CNN 进行特征提取，再运用提取的特征向量来重建影像，如图 9.4 所示。

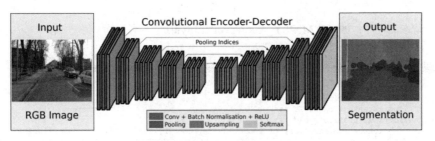

图 9.4　语义分割的示意图

(图片来源：*SegNet: A Deep Convolutional Encoder-Decoder Architecture for Image Segmentation*[1])

这种"原始影像 ➔ 特征提取 ➔ 重建影像"的做法，泛称为自动编码器 (AutoEncoder, AE) 架构，许多进阶的算法都以此架构为基础，因此，我们先来探究 AutoEncoder 架构。

9-2　自动编码器

自动编码器透过特征提取得到训练数据的共同特征，一些噪声会被过滤掉，接着再依据特征向量重建影像，这样就可以达到"去噪声"(Denosing) 的目的，此作法也可以扩展到语义分割、风格转换、U-net、生成对抗网络等各式各样的算法。

AutoEncoder 由 Encoder 与 Decoder 组合而成，如图 9.5 所示。
(1) 编码器 (Encoder)：即为提取特征的过程，类似于 CNN 模型，但不含最后的分类层。
(2) 译码器 (Decoder)：根据提取的特征来重建影像。

图 9.5 自动编码器 (AutoEncoder) 示意图

接下来,我们实践 AutoEncoder,使用 MNIST 数据集,示范如何将噪声去除。

范例1. 实作AutoEncoder,进行噪声去除。

设计步骤如图 9.6 所示。

图 9.6 设计步骤

请参阅程序:**09_01_MNIST_Autoencoder.ipynb**。

(1) 加载相关库。程序代码如下:

```
1  # 载入相关库
2  import numpy as np
3  import tensorflow as tf
4  import tensorflow.keras as K
5  import matplotlib.pyplot as plt
6  from tensorflow.keras.layers import Dense, Conv2D, MaxPooling2D, UpSampling2D
```

(2) 超参数设定。程序代码如下:

```
1  # 超参数设定
2  batch_size = 128       # 训练批量
3  max_epochs = 50        # 训练执行周期
4  filters = [32,32,16]   # 三层卷积层的输出个数
```

(3) 取得 MNIST 训练数据,只取图像 (X),不需要 Label(Y),因为程序只要进行特征提取,不用辨识。程序代码如下:

```
1  # 只取 X,不需 Y
2  (x_train, _), (x_test, _) = K.datasets.mnist.load_data()
3
4  # 正态化
5  x_train = x_train / 255.
6  x_test = x_test / 255.
7
8  # 加一维:色彩
9  x_train = np.reshape(x_train, (len(x_train),28, 28, 1))
10 x_test = np.reshape(x_test, (len(x_test), 28, 28, 1))
```

(4) 在图像中加入噪声:以利于后续实验,观察 AutoEncoder 是否能去除噪声。程序代码如下:

```
1   # 在既有图像加噪声
2   noise = 0.5
3
4   # 固定随机数
5   np.random.seed(11)
6   tf.random.set_seed(11)
7
8   # 随机加噪声
9   x_train_noisy = x_train + noise * np.random.normal(loc=0.0,
10                                      scale=1.0, size=x_train.shape)
11  x_test_noisy = x_test + noise * np.random.normal(loc=0.0,
12                                      scale=1.0, size=x_test.shape)
13
14  # 加完裁切数值，避免大于 1
15  x_train_noisy = np.clip(x_train_noisy, 0, 1)
16  x_test_noisy = np.clip(x_test_noisy, 0, 1)
17
18  # 转换为浮点数
19  x_train_noisy = x_train_noisy.astype('float32')
20  x_test_noisy = x_test_noisy.astype('float32')
```

(5) 建立编码器模型：使用卷积层与池化层。程序代码如下：

```
1   # 编码器
2   class Encoder(K.layers.Layer):
3       def __init__(self, filters):
4           super(Encoder, self).__init__()
5           self.conv1 = Conv2D(filters=filters[0], kernel_size=3, strides=1,
6                               activation='relu', padding='same')
7           self.conv2 = Conv2D(filters=filters[1], kernel_size=3, strides=1,
8                               activation='relu', padding='same')
9           self.conv3 = Conv2D(filters=filters[2], kernel_size=3, strides=1,
10                              activation='relu', padding='same')
11          self.pool = MaxPooling2D((2, 2), padding='same')
12
13
14      def call(self, input_features):
15          x = self.conv1(input_features)
16          #print("Ex1", x.shape)
17          x = self.pool(x)
18          #print("Ex2", x.shape)
19          x = self.conv2(x)
20          x = self.pool(x)
21          x = self.conv3(x)
22          x = self.pool(x)
23          return x
```

(6) 建立译码器模型：使用卷积层和上采样层 (Up-sampling)，卷积层的输出个数与 Encoder 相反，代表把图像还原，上采样层与池化层相反，则是将图像放大。程序代码如下：

```
1   # 解码器
2   class Decoder(K.layers.Layer):
3       def __init__(self, filters):
4           super(Decoder, self).__init__()
5           self.conv1 = Conv2D(filters=filters[2], kernel_size=3, strides=1,
6                               activation='relu', padding='same')
7           self.conv2 = Conv2D(filters=filters[1], kernel_size=3, strides=1,
8                               activation='relu', padding='same')
9           self.conv3 = Conv2D(filters=filters[0], kernel_size=3, strides=1,
10                              activation='relu', padding='valid')
11          self.conv4 = Conv2D(1, 3, 1, activation='sigmoid', padding='same')
12          self.upsample = UpSampling2D((2, 2))
13
14      def call(self, encoded):
15          x = self.conv1(encoded)
16          # 上采样
```

```
17          x = self.upsample(x)
18
19          x = self.conv2(x)
20          x = self.upsample(x)
21
22          x = self.conv3(x)
23          x = self.upsample(x)
24
25          return self.conv4(x)
```

(7) 结合编码器、译码器，建立 AutoEncoder 模型。程序代码如下：

```
1  # 建立 Autoencoder 模型
2  class Autoencoder(K.Model):
3      def __init__(self, filters):
4          super(Autoencoder, self).__init__()
5          self.loss = []
6          self.encoder = Encoder(filters)
7          self.decoder = Decoder(filters)
8
9      def call(self, input_features):
10         #print(input_features.shape)
11         encoded = self.encoder(input_features)
12         #print(encoded.shape)
13         reconstructed = self.decoder(encoded)
14         #print(reconstructed.shape)
15         return reconstructed
```

(8) 训练模型。程序代码如下：

```
1  model = Autoencoder(filters)
2
3  model.compile(loss='binary_crossentropy', optimizer='adam')
4
5  loss = model.fit(x_train_noisy,
6                   x_train,
7                   validation_data=(x_test_noisy, x_test),
8                   epochs=max_epochs,
9                   batch_size=batch_size)
```

(9) 绘制损失函数。程序代码如下：

```
1  # 绘制损失函数
2  plt.plot(range(max_epochs), loss.history['loss'])
3  plt.xlabel('Epochs')
4  plt.ylabel('Loss')
5  plt.show()
```

执行结果：如图 9.7 所示，损失随着训练次数越来越小，且趋于收敛。

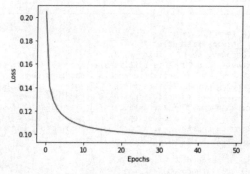

图 9.7　损失函数

(10) 比较含噪声的图像与去除噪声后的图像。程序代码如下：

```
1   number = 10   # how many digits we will display
2   plt.figure(figsize=(20, 4))
3   for index in range(number):
4       # 加了噪声的图像
5       ax = plt.subplot(2, number, index + 1)
6       plt.imshow(x_test_noisy[index].reshape(28, 28), cmap='gray')
7       ax.get_xaxis().set_visible(False)
8       ax.get_yaxis().set_visible(False)
9
10      # 重建的图像
11      ax = plt.subplot(2, number, index + 1 + number)
12      plt.imshow(tf.reshape(model(x_test_noisy)[index], (28, 28)), cmap='gray')
13      ax.get_xaxis().set_visible(False)
14      ax.get_yaxis().set_visible(False)
15  plt.show()
```

执行结果：如图 9.8 所示，效果非常好，噪声被有效剔除。

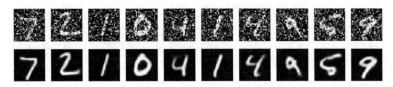

图 9.8　比较去除噪声前后图像

AutoEncoder 属于非监督式学习算法，不需要标记 (Labeling)。另外还有一个 AutoEncoder 的变形 (Variants)，称为 Variational AutoEncoders(VAE)，数据编码不是一个输出常数，而是一个正态概率分布，译码时依据概率分布进行抽样，取得输出，利用此概念去除噪声会更稳健，VAE 常与生成对抗网络相提并论，可以用来生成影像，如图 9.9 所示。

图 9.9　Variational AutoEncoders(VAE) 的架构

范例2. 建立VAE模型，使用MNIST数据集，生成影像。

设计步骤如图 9.10 所示。

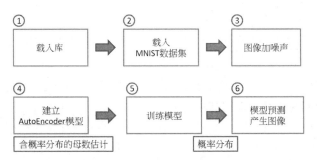

图 9.10　设计步骤

注意：VAE 的编码器输出不是特征向量，而是概率分布的母数 μ 和 $\log(\delta)$。
请参阅程序：**09_02_MNIST_VAE.ipynb**，程序修改自 keras-mnist-VAE GitHub[2]。
(1) 加载相关库。程序代码如下：

```
1  # 载入相关库
2  import numpy as np
3  import matplotlib.pyplot as plt
4  import tensorflow as tf
5  from tensorflow.keras.datasets import mnist
6  from tensorflow.keras.layers import Input, Dense, Lambda
7  from tensorflow.keras.models import Model
8  from tensorflow.keras import backend as K
9  from scipy.stats import norm
```

(2) 取得 MNIST 训练数据。程序代码如下：

```
1  # 取得 MNIST 训练数据
2  (x_tr, y_tr), (x_te, y_te) = mnist.load_data()
3  x_tr, x_te = x_tr.astype('float32')/255., x_te.astype('float32')/255.
4  x_tr, x_te = x_tr.reshape(x_tr.shape[0], -1), x_te.reshape(x_te.shape[0], -1)
5  print(x_tr.shape, x_te.shape)
```

(3) 超参数设定。程序代码如下：

```
1  # 超参数设定
2  batch_size, n_epoch = 100, 100      # 训练执行批量、周期
3  n_hidden, z_dim = 256, 2            # 编码器隐藏层神经元个数、输出层神经元个数
```

(4) 定义编码器模型。程序代码如下：

```
1  # encoder
2  x = Input(shape=(x_tr.shape[1:]))
3  x_encoded = Dense(n_hidden, activation='relu')(x)
4  x_encoded = Dense(n_hidden//2, activation='relu')(x_encoded)
5
6  # encoder 后接 Dense，估算平均数 mu
7  mu = Dense(z_dim)(x_encoded)
8
9  # encoder 后接 Dense，估算 log 变异数 log_var
10 log_var = Dense(z_dim)(x_encoded)
```

(5) 定义抽样函数：根据平均数 (mu) 和 Log 变异数 (log_var) 取随机数。程序代码如下：

```
1  # 定义抽样函数
2  def sampling(args):
3      # 根据 mu, log_var 取随机数
4      mu, log_var = args
5      eps = K.random_normal(shape=(batch_size, z_dim), mean=0., stddev=1.0)
6      return mu + K.exp(log_var) * eps
7
8  # 定义匿名函数，进行抽样
9  z = Lambda(sampling, output_shape=(z_dim,))([mu, log_var])
```

(6) 定义译码器模型。程序代码如下：

```
1  # decoder
2  z_decoder1 = Dense(n_hidden//2, activation='relu')
3  z_decoder2 = Dense(n_hidden, activation='relu')
4  y_decoder = Dense(x_tr.shape[1], activation='sigmoid')
5
```

```
6   # 解码的输入为匿名函数
7   z_decoded = z_decoder1(z)
8   z_decoded = z_decoder2(z_decoded)
9   y = y_decoder(z_decoded)
```

(7) 以 KL 散度 (Kullback-Leibler divergence, KL Loss) 为损失函数 (Loss)：类似于 MSE，主要用于衡量实际与理论概率分布之差。程序代码如下：

```
1   # 定义特殊的损失函数(loss)
2   reconstruction_loss = tf.keras.losses.binary_crossentropy(x, y) * x_tr.shape[1]
3   kl_loss = 0.5 * K.sum(K.square(mu) + K.exp(log_var) - log_var - 1, axis = -1)
4   vae_loss = reconstruction_loss + kl_loss
5
6   vae = Model(x, y)        # x:MNIST图像，y:解码器的输出
7   vae.add_loss(vae_loss)
8   vae.compile(optimizer='rmsprop')
9
10  # 显示模型汇总信息
11  vae.summary()
```

① 编码器模型的汇总信息如下：

```
Model: "model"
```

Layer (type)	Output Shape	Param #	Connected to
input_1 (InputLayer)	[(None, 784)]	0	
dense (Dense)	(None, 256)	200960	input_1[0][0]
dense_1 (Dense)	(None, 128)	32896	dense[0][0]
dense_2 (Dense)	(None, 2)	258	dense_1[0][0]
dense_3 (Dense)	(None, 2)	258	dense_1[0][0]
lambda (Lambda)	(100, 2)	0	dense_2[0][0] dense_3[0][0]

② 译码器模型的汇总信息如下：

dense_4 (Dense)	(100, 128)	384	lambda[0][0]
dense_5 (Dense)	(100, 256)	33024	dense_4[0][0]
dense_6 (Dense)	(100, 784)	201488	dense_5[0][0]
tf.math.square (TFOpLambda)	(None, 2)	0	dense_2[0][0]
tf.math.exp (TFOpLambda)	(None, 2)	0	dense_3[0][0]
tf.__operators__.add (TFOpLambd	(None, 2)	0	tf.math.square[0][0] tf.math.exp[0][0]
tf.cast (TFOpLambda)	(None, 784)	0	input_1[0][0]
tf.convert_to_tensor (TFOpLambd	(100, 784)	0	dense_6[0][0]
tf.math.subtract (TFOpLambda)	(None, 2)	0	tf.__operators__.add[0][0] dense_3[0][0]
tf.keras.backend.binary_crossen	(100, 784)	0	tf.cast[0][0] tf.convert_to_tensor[0][0]
tf.math.subtract_1 (TFOpLambda)	(None, 2)	0	tf.math.subtract[0][0]
tf.math.reduce_mean (TFOpLambda	(100,)	0	tf.keras.backend.binary_crossentr

(8) 训练模型。程序代码如下：

```
1  # 训练模型
2  vae.fit(x_tr,
3          shuffle=True,
4          epochs=n_epoch,
5          batch_size=batch_size,
6          validation_data=(x_te, None), verbose=1)
```

(9) 取得编码器的输出。程序代码如下：

```
1  # 取得编码器的输出 mu
2  encoder = Model(x, mu)
3  encoder.summary()
```

(10) 测试数据预测：以编码器的输出绘图。程序代码如下：

```
1  # 以测试数据预测，以编码器的输出绘图
2  x_te_latent = encoder.predict(x_te, batch_size=batch_size)
3  plt.figure(figsize=(6, 6))
4  plt.scatter(x_te_latent[:, 0], x_te_latent[:, 1], c=y_te)
5  plt.colorbar()
6  plt.show()
```

执行结果：如图9.11所示，显示0~9图像的分布，大致呈现分离，表示辨识度还不错。

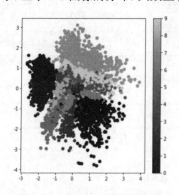

图9.11　显示0~9图像的分布

(11) 取得译码器的输出。程序代码如下：

```
1  # 取得译码器的输出
2  decoder_input = Input(shape=(z_dim,))
3  _z_decoded = z_decoder1(decoder_input)
4  _z_decoded = z_decoder2(_z_decoded)
5  _y = y_decoder(_z_decoded)
6  generator = Model(decoder_input, _y)
7  generator.summary()
```

(12) 测试数据预测：以译码器的输出来生成图像。程序代码如下：

```
1  # 显示 2D manifold
2  n = 15              # 显示 15x15 窗口
3  digit_size = 28     # 图像尺寸
4  figure = np.zeros((digit_size * n, digit_size * n))
5
6  #
7  grid_x = norm.ppf(np.linspace(0.05, 0.95, n))
8  grid_y = norm.ppf(np.linspace(0.05, 0.95, n))
```

```
 9
10    # 取得各种概率下的生成的样本
11    for i, yi in enumerate(grid_x):
12        for j, xi in enumerate(grid_y):
13            z_sample = np.array([[xi, yi]])
14            x_decoded = generator.predict(z_sample)
15            digit = x_decoded[0].reshape(digit_size, digit_size)
16            figure[i * digit_size: (i + 1) * digit_size,
17                   j * digit_size: (j + 1) * digit_size] = digit
18
19    plt.figure(figsize=(10, 10))
20    plt.imshow(figure, cmap='Greys_r')
21    plt.show()
```

执行结果：如图 9.12 所示，生成的样本无噪声且正确。

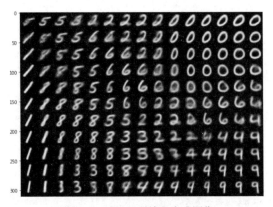

图 9.12　以译码器输出生成图像

9-3　语义分割实践

语义分割或称影像分割 (Image Segmentation)，它将每个像素作为标记，为避免抽样造成像素信息遗失，模型不使用池化层 (Pooling)，学者提出了许多算法。

(1) SegNet [2]，全名为影像分割的 Encoder-Decoder 架构 (Deep Convolutional Encoder-Decoder Architecture for Image Segmentation)：使用反卷积放大特征向量，还原图像。

(2) DeepLab [3]：以卷积作用在多种尺寸的图像，得到 Score Map 后，再利用 Score Map 与 Conditional Random Field(CRF) 算法，以内插法 (Interpolate) 的方式还原图像，如图 9.13 所示。详细处理流程可参阅原文。

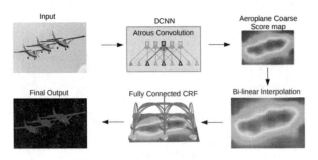

图 9.13　DeepLab 的处理流程

(3) RefiNet [4]：反卷积需要占用海量存储器，尤其是高分辨率的图像，所以 RefiNet 提出了一种节省内存的方法。

(4) PSPnet [5]：使用多种尺寸的池化层，称为金字塔时尚 (Pyramid Fashion)，金字塔掌握影像各个部分的图像数据，利用此金字塔还原图像。

(5) U-Net [6]：广泛应用于生物医学的影像分割，这个模型经常被提到，且有许多的变形，所以，我们就来认识这个模型。

U-Net 是 AutoEncoder 的变形，由于它的模型结构为 U 形而得名，如图 9.14 所示。

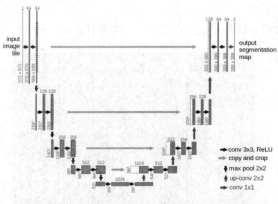

图 9.14　U-Net 模型

(图片来源：*U-Net: Convolutional Networks for Biomedical Image Segmentation* [6])

传统 AutoEncoder 的问题点发生在前半段的编码器，由于它提取特征的过程，会使输出的尺寸 (Size) 越变越小，接着译码器再透过这些变小的特征，重建出一个与原图同样大小的新图像，因此原图的很多信息，如前文所说的噪声，就没办法传递到译码器了。这个特点应用在去除噪声上是十分恰当的，但如果目标是要检测异常点 (如检测黄斑部病变) 的话，那就很不恰当了，因为经过模型过滤后，异常点通通都不见了。

所以，U-Net 在原有编码器与译码器的联系上，增加了一些链接，每一段编码器的输出都与其对面的译码器相连接，使得编码器每一层的信息，都会额外输入到一样尺寸的译码器，**如图 9.14 中间横跨 U 形两侧的长箭头**，这样在重建的过程中就不会遗失重要信息。

范例.以U-Net实践语义分割。

设计步骤如图 9.15 所示。

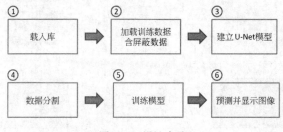

图 9.15　设计步骤

请参阅程序：**09_03_Image_segmentation.ipynb**，修改自 Keras 官网的范例 [7]。

(1) 加载相关库。程序代码如下：

```
1   # 载入相关库
2   from tensorflow import keras
3   from tensorflow.keras.preprocessing.image import load_img
4   from tensorflow.keras.preprocessing.image import load_img
5   from tensorflow.keras import layers
6   import PIL
7   from PIL import ImageOps
8   import numpy as np
9   import os
10  from IPython.display import Image, display
```

(2) 取得原图与目标图屏蔽 (Mask) 的文件路径，自以下网址下载数据。

① 原图：http://www.robots.ox.ac.uk/~vgg/data/pets/data/images.tar.gz。

② 批注：http://www.robots.ox.ac.uk/~vgg/data/pets/data/annotations.tar.gz。

程序代码如下：

```
1   # 训练数据集路径
2   root_path = "F:/0_DataMining/0_MY/Keras/ImageSegmentData/"
3   input_dir = root_path + "images/"            # 原图目录位置
4   target_dir = root_path + "annotations/trimaps/" # 遮罩图(Mask)目录位置
5   
6   # 超参数设定
7   img_size = (160, 160)  # 图像宽高
8   num_classes = 4        # 类别个数
9   batch_size = 32        # 训练批量
10  
11  # 取得所有图片文件路径
12  input_img_paths = sorted(
13      [
14          os.path.join(input_dir, fname)
15          for fname in os.listdir(input_dir)
16          if fname.endswith(".jpg")
17      ]
18  )
19  
20  # 取得所有遮罩图片文件路径
21  target_img_paths = sorted(
22      [
23          os.path.join(target_dir, fname)
24          for fname in os.listdir(target_dir)
25          if fname.endswith(".png") and not fname.startswith(".")
26      ]
27  )
28  print("样本数:", len(input_img_paths))
```

执行结果：样本数：7390。

(3) 检查：显示任一张图。程序代码如下：

```
1   # 显示第10张图
2   print(input_img_paths[9])
3   display(Image(filename=input_img_paths[9]))
4   
5   # 调整对比，将最深的颜色当作黑色(0)，最浅的颜色当作白色(255)
6   print(target_img_paths[9])
7   img = PIL.ImageOps.autocontrast(load_img(target_img_paths[9]))
8   display(img)
```

执行结果：原图和屏蔽图如图 9.16 所示。

图 9.16 原图和屏蔽图

(4) 建立 Iterator：Iterator 一次传回一批图像，不必一次全部加载至内存。程序代码如下：

```python
# 建立图像的 Iterator
class OxfordPets(keras.utils.Sequence):
    """Helper to iterate over the data (as Numpy arrays)."""

    def __init__(self, batch_size, img_size, input_img_paths, target_img_paths):
        self.batch_size = batch_size
        self.img_size = img_size
        self.input_img_paths = input_img_paths
        self.target_img_paths = target_img_paths

    def __len__(self):
        return len(self.target_img_paths) // self.batch_size

    def __getitem__(self, idx):
        """Returns tuple (input, target) correspond to batch #idx."""
        i = idx * self.batch_size
        batch_input_img_paths = self.input_img_paths[i : i + self.batch_size]
        batch_target_img_paths = self.target_img_paths[i : i + self.batch_size]
        x = np.zeros((batch_size,) + self.img_size + (3,), dtype="float32")
        for j, path in enumerate(batch_input_img_paths):
            img = load_img(path, target_size=self.img_size)
            x[j] = img
        y = np.zeros((batch_size,) + self.img_size + (1,), dtype="uint8")
        for j, path in enumerate(batch_target_img_paths):
            img = load_img(path, target_size=self.img_size, color_mode="grayscale")
            y[j] = np.expand_dims(img, 2)
        return x, y
```

(5) 建立 U-Net 模型。

① SeparableConv2D 神经层会针对色彩通道分别进行卷积。

② 模型 output 设为 4：以程序中的 num_classes 参数设定，一般 Filter 都设置为 4 的倍数，作者利用后续的 display_mask 函数取最大值，判断屏蔽的每一个像素是黑或是白。也有学者直接将其设为 1，详情可参阅 *Understanding Semantic Segmentation with UNET*[8]。

程序代码如下：

```python
def get_model(img_size, num_classes):
    inputs = keras.Input(shape=img_size + (3,))

    # 编码器
    x = layers.Conv2D(32, 3, strides=2, padding="same")(inputs)
    x = layers.BatchNormalization()(x)
    x = layers.Activation("relu")(x)
    previous_block_activation = x  # Set aside residual
```

```
 9
10      # 除了特征图大小，三个区块均相同
11      for filters in [64, 128, 256]:
12          x = layers.Activation("relu")(x)
13          x = layers.SeparableConv2D(filters, 3, padding="same")(x)
14          x = layers.BatchNormalization()(x)
15
16          x = layers.Activation("relu")(x)
17          x = layers.SeparableConv2D(filters, 3, padding="same")(x)
18          x = layers.BatchNormalization()(x)
19
20          x = layers.MaxPooling2D(3, strides=2, padding="same")(x)
21
22          # 残差层(residual)
23          residual = layers.Conv2D(filters, 1, strides=2, padding="same")(
24              previous_block_activation
25          )
26          x = layers.add([x, residual])  # Add back residual
27          previous_block_activation = x  # Set aside next residual
28
29      # 解码器
30      for filters in [256, 128, 64, 32]:
31          x = layers.Activation("relu")(x)
32          x = layers.Conv2DTranspose(filters, 3, padding="same")(x)
33          x = layers.BatchNormalization()(x)
34
35          x = layers.Activation("relu")(x)
36          x = layers.Conv2DTranspose(filters, 3, padding="same")(x)
37          x = layers.BatchNormalization()(x)
38
39          x = layers.UpSampling2D(2)(x)
40
41          # 残差层(residual)
42          residual = layers.UpSampling2D(2)(previous_block_activation)
43          residual = layers.Conv2D(filters, 1, padding="same")(residual)
44          x = layers.add([x, residual])  # Add back residual
45          previous_block_activation = x  # Set aside next residual
46
47      # per-pixel 卷积
48      outputs = layers.Conv2D(num_classes, 3, activation="softmax",
49                              padding="same")(x)
50
51      model = keras.Model(inputs, outputs)
52      return model
```

(6) 建立模型。程序代码如下：

```
1  # 释放内存，以防执行多次造成内存的占用
2  keras.backend.clear_session()
3
4  # 建立模型
5  model = get_model(img_size, num_classes)
6  model.summary()
```

(7) 绘制模型结构：无法画出 U 形结构，绘图程序没有那么聪明，请参阅程序输出。程序代码如下：

```
1  import tensorflow as tf
2  tf.keras.utils.plot_model(model, to_file='Unet_model.png')
```

(8) 将数据切割为训练数据和验证数据。程序代码如下：

```
1  import random
2
3  # Split our img paths into a training and a validation set
4  val_samples = 1000
5  random.Random(1337).shuffle(input_img_paths)
6  random.Random(1337).shuffle(target_img_paths)
7  train_input_img_paths = input_img_paths[:-val_samples]
8  train_target_img_paths = target_img_paths[:-val_samples]
9  val_input_img_paths = input_img_paths[-val_samples:]
10 val_target_img_paths = target_img_paths[-val_samples:]
11
12 # Instantiate data Sequences for each split
13 train_gen = OxfordPets(
14     batch_size, img_size, train_input_img_paths, train_target_img_paths
15 )
16 val_gen = OxfordPets(batch_size, img_size, val_input_img_paths,
17                     val_target_img_paths)
```

(9) 训练模型。程序代码如下：

```
1  # 设定优化器(optimizer)、损失函数(loss)、效果衡量指标(metrics)的类别
2  model.compile(optimizer="rmsprop", loss="sparse_categorical_crossentropy")
3
4  # 设定检查点 callbacks，模型文件
5  callbacks = [
6      keras.callbacks.ModelCheckpoint("oxford_segmentation.h5", save_best_only=True)
7  ]
8
9  # 训练 15 周期(epoch)
10 epochs = 15
11 model.fit(train_gen, epochs=epochs, validation_data=val_gen, callbacks=callbacks)
```

(10) 预测并显示图像。程序代码如下：

```
1  # 预测所有验证数据
2  val_gen = OxfordPets(batch_size, img_size, val_input_img_paths,
3                      val_target_img_paths)
4  val_preds = model.predict(val_gen)
5
6  # 显示屏蔽(mask)
7  def display_mask(i):
8      """Quick utility to display a model's prediction."""
9      mask = np.argmax(val_preds[i], axis=-1)
10     mask = np.expand_dims(mask, axis=-1)
11     img = PIL.ImageOps.autocontrast(keras.preprocessing.image.array_to_img(mask))
12     display(img)
13
14 # 显示验证数据第11个图片文件
15 i = 10
16 # 显示原图
17 print('原图：')
18 display(Image(filename=val_input_img_paths[i]))
19
20 # 显示原图屏蔽(mask)
21 print('原屏蔽图：')
22 img = PIL.ImageOps.autocontrast(load_img(val_target_img_paths[i]))
23 display(img)
24
25 # 显示预测结果
26 print('预测结果：')
27 display_mask(i)   # Note that the model only sees inputs at 150x150.
```

执行结果：如图 9.17 所示，与图 9.16 右图比较，效果还不错。

图 9.17　预测并显示图像

(a) 原因；(b) 屏蔽图；(c) 预测结果

9-4　实例分割

上一节的语义分割，同类别的对象只能够以相同颜色呈现，如要做到同类别的对象以不同颜色呈现，就会轮到实例分割 (Instance Segmentation) 上场。

而实例分割所使用的 Mask R-CNN 算法系由 Facebook AI Research 在 2018 年所发表[9]。Mask R-CNN 为 Faster R-CNN 的延伸，不只会框住对象，更能产生屏蔽 (Mask)，如图 9.18 所示。

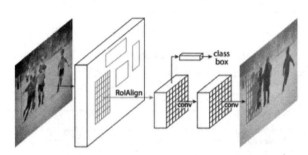

图 9.18　Mask R-CNN 模型

(图片来源：Mask R-CNN [9])

除了辨识对象之外，实例分割还有以下延伸的应用。

(1) 去背：检测到对象后，将对象以外的背景全部去除。

(2) 移除特殊的对象：将检测到的对象移除后，根据周遭的颜色填补移除的区域。如在观光景点拍照时，最困扰的就是有陌生人一起入镜，这时即可利用此技术将之移除，PhotoShop 就提供了类似的功能。

我们直接来看一个实例，使用 akTwelve Mask R-CNN 函数库[10]，安装程序如下。

(1) 自 https://github.com/akTwelve/Mask_RCNN 下载整个项目，并解压缩。

(2) 切换至该项目的根目录，执行下列指令：

```
pip install -r requirements.txt
```

python setup.py install

(3) 执行下列指令，确认安装成功：

pip show mask-rcnn

如下画面即表示安装成功。

```
Name: mask-rcnn
Version: 2.1
Summary: Mask R-CNN for object detection and instance segmentation
Home-page: https://github.com/matterport/Mask_RCNN
Author: Matterport
Author-email: waleed.abdulla@gmail.com
License: MIT
Location: c:\anaconda3\lib\site-packages\mask_rcnn-2.1-py3.8.egg
Requires:
Required-by:
```

(4) 下载权重文件：https://github.com/matterport/Mask_RCNN/releases/download/v2.0/mask_rcnn_coco.h5。

范例.使用Mask R-CNN进行实例分割。

设计步骤如图 9.19 所示。

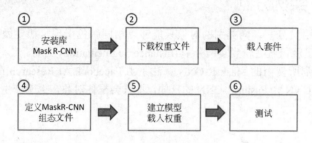

图 9.19　设计步骤

请参阅程序：**09_04_Mask_R-CNN_Test.ipynb**，修改自"How to Use Mask R-CNN in Keras for Object Detection in Photographs"所描述的例子[11]。

(1) 加载相关库。程序代码如下：

```
1  # 载入相关库
2  from tensorflow.keras.preprocessing.image import load_img
3  from tensorflow.keras.preprocessing.image import img_to_array
4  from mrcnn.config import Config
5  import matplotlib.pyplot as plt
6  from matplotlib.patches import Rectangle
7  from mrcnn.model import MaskRCNN
```

(2) 定义在图像上加框的函数。程序代码如下：

```
1  # 定义函数，在图像加框
2  def draw_image_with_boxes(filename, boxes_list):
3      # 读取图文件
4      data = plt.imread(filename)
5      # 显示图像
6      plt.imshow(data)
7
8      # 加框
9      ax = plt.gca()
10     for box in boxes_list:
11         # 上/下/左/右 坐标
12         y1, x1, y2, x2 = box
```

```
13            # 计算框的宽高
14            width, height = x2 - x1, y2 - y1
15            # 画框
16            rect = Rectangle((x1, y1), width, height, fill=False, color='red')
17            ax.add_patch(rect)
18
19     # 绘图
20     plt.show()
```

(3) 定义检测的组态文件：Mask R-CNN 须指定各项参数。程序代码如下：

```
1  # 定义检测的组态文件
2  class TestConfig(Config):
3      NAME = "test1"          # 测试名称，任意取名
4      GPU_COUNT = 1           # GPU 个数
5      IMAGES_PER_GPU = 1      # 每个 GPU 负责检测的图像数
6      NUM_CLASSES = 1 + 80    # 类别个数 + 1
```

(4) 建立模型，加载权重，进行测试。程序代码如下：

```
1   # 建立模型
2   rcnn = MaskRCNN(mode='inference', model_dir='./', config=TestConfig())
3
4   # 载入权重文件
5   rcnn.load_weights('./MaskRCNN_weights/mask_rcnn_coco.h5', by_name=True)
6
7   # 载入图片文件
8   img = load_img('./images_test/elephant.jpg')
9   img = img_to_array(img) # 影像转阵列
10
11  # 预测
12  results = rcnn.detect([img], verbose=0)
13  # 加框、绘图
14  draw_image_with_boxes('./images_test/elephant.jpg', results[0]['rois'])
```

执行结果：如图 9.20 所示。

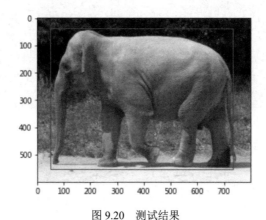

图 9.20　测试结果

(5) 定义类别名称。程序代码如下：

```
1  # 定义类别名称
2  class_names = ['BG', 'person', 'bicycle', 'car', 'motorcycle', 'airplane',
3                 'bus', 'train', 'truck', 'boat', 'traffic light',
4                 'fire hydrant', 'stop sign', 'parking meter', 'bench', 'bird',
5                 'cat', 'dog', 'horse', 'sheep', 'cow', 'elephant', 'bear',
6                 'zebra', 'giraffe', 'backpack', 'umbrella', 'handbag', 'tie',
7                 'suitcase', 'frisbee', 'skis', 'snowboard', 'sports ball',
8                 'kite', 'baseball bat', 'baseball glove', 'skateboard',
9                 'surfboard', 'tennis racket', 'bottle', 'wine glass', 'cup',
10                'fork', 'knife', 'spoon', 'bowl', 'banana', 'apple',
11                'sandwich', 'orange', 'broccoli', 'carrot', 'hot dog', 'pizza',
12                'donut', 'cake', 'chair', 'couch', 'potted plant', 'bed',
13                'dining table', 'toilet', 'tv', 'laptop', 'mouse', 'remote',
14                'keyboard', 'cell phone', 'microwave', 'oven', 'toaster',
15                'sink', 'refrigerator', 'book', 'clock', 'vase', 'scissors',
16                'teddy bear', 'hair drier', 'toothbrush']
```

(6) 显示屏蔽。程序代码如下：

```
1  # 加载显示屏蔽的类别
2  from mrcnn.visualize import display_instances
3  
4  # 取的第一个屏蔽
5  r = results[0]
6  # 显示框、遮罩、类别、概率
7  display_instances(img, r['rois'], r['masks'], r['class_ids'], class_names, r['scores'])
```

执行结果：观察图 9.21 发现整条尾巴都没被屏蔽到，所以要达到精准去背，应该需要更多的数据与训练周期，甚至要改善算法，才可能达到目的。

图 9.21　显示屏蔽

(7) 测试含多个对象的图片文件。

```
1  # 载入另一图片文件
2  img = load_img('./images_Object_Detection/zebra.jpg')
3  img = img_to_array(img) # 影像转阵列
4  
5  # 预测
6  results = rcnn.detect([img], verbose=0)
7  
8  # 取的第一个屏蔽
9  r = results[0]
10 # 显示框、屏蔽、类别、概率
11 display_instances(img, r['rois'], r['masks'], r['class_ids'], class_names, r['scores'])
```

执行结果：如图 9.22 所示三只斑马均可被屏蔽。

图 9.22 测试多个对象文件

9-5 风格转换——人人都可以是毕加索

接着来认识另一个有趣的 AutoEncoder 变形,称为风格转换 (Neural Style Transfer),把一张照片转换成某一幅画的风格,如图 9.23 所示。读者可以在手机下载 Prisma App 来玩玩,它能够在拍照后,将照片风格实时转换,内建近二十种的大师画风可供选择,只是转换速度有点慢。

图 9.23 风格转换 (Style Transfer)

(原图 + 风格图像 = 生成图像,图片来源:fast-style-transfer GitHub [12])

之前有一则关于美图影像实验室 (MTlab) 的新闻,"催生全球首位 AI 绘师 Andy,美图抢攻人工智能却面临一大挑战"[13],该公司号称投资了约合 1.99 亿元人民币,研发团队超过 60 人,将风格转换速度缩短到了 3 秒钟,开发出了美图秀秀 App,大受欢迎,之后更趁势推出专属手机,狂销 100 多万台,算得上少数成功的 AI 商业模式。

风格转换算法由 Leon A. Gatys 等学者于 2015 年提出[14],主要做法是重新定义损失函数,分为内容损失 (Content Loss) 与风格损失 (Style Loss),并利用 AutoEncoder 的译码器合成图像,随着训练周期,损失逐渐变小,即生成的图像会越接近于原图与风格图的合成。

内容损失函数比较单纯,即原图与生成图像的像素差异平方和,定义为

$$J_{\text{content}}(C,G) = \frac{1}{4 \times n_H \times n_W \times n_C} \sum (a^{(C)} - a^{(G)})^2$$

式中:n_H、n_W 分别为原图的宽、高;n_C 为色彩通道数;$a^{(C)}$ 为原图的像素;$a^{(G)}$ 为生成图像的像素。

风格损失函数为该算法的重点,如何量化抽象的画风是一大挑战,Gatys 等学者想到的方法是,先定义 Gram 矩阵 (Matrix) 后,再利用 Gram 矩阵来定义风格损失。

Gram Matrix:两个特征向量进行点积运算,代表特征的关联性,显现那些特征是同时出现的,即风格。因此,风格损失就是要最小化风格图像与生成图像的 Gram 差异平方和,即

$$J_{style}(S,G) = \frac{1}{4 \times n_C^2 \times (n_H \times n_w)^2} \sum_{i=1}^{n_C} \sum_{j=1}^{n_C} (G^{(S)} - G^{(G)})^2$$

式中：$G^{(S)}$ 为风格图像的 Gram；$G^{(G)}$ 为生成图像的 Gram。

上式只是单一神经层的风格损失，结合所有神经层的风格损失，定义为

$$J_{style}(S,G) = \sum_{l} \lambda^{(l)} J_{style}^{(l)}(S,G)$$

式中：λ 为每一层的权重。

总损失函数：

$$J(G) = \alpha J_{content}(C,G) + \beta J_{style}(S,G)$$

式中：α、β 为控制内容与风格的比重，可以控制生成图像要偏重风格的比例。

接下来，我们就来进行实践。

范例1. 使用风格转换算法进行图文件的转换。提醒一下，范例中的内容图即是原图的意思。

设计步骤如图 9.24 所示。

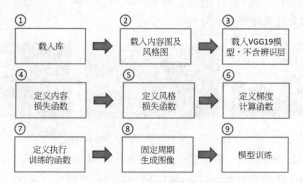

图 9.24 设计步骤

请参阅程序：**09_05_Neural_Style_Transfer.ipynb**，修改自 TensorFlow 官网提供的范例"Neural Style Transfer"[15]。

(1) 加载相关库。程序代码如下：

```
1  # 载入相关库
2  import os
3  import time
4  import sys
5  import matplotlib.pyplot as plt
6  from PIL import Image
7  import numpy as np
8  import tensorflow as tf
9  from tensorflow.keras.applications.vgg19 import VGG19
10 from tensorflow.keras.preprocessing.image import load_img
11 from tensorflow.keras.preprocessing.image import img_to_array
```

(2) 载入内容图片文件。程序代码如下：

```
1  # 载入内容图片文件
2  content_path = "./style_transfer/chicago.jpg"
3  content_image = load_img(content_path)
4  plt.imshow(content_image)
5  plt.axis('off')
6  plt.show()
```

执行结果：如图 9.25 所示。

图 9.25　载入内容图片文件

(3) 载入风格图片文件。程序代码如下：

```
1  # 载入风格图片文件
2  style_path = "./style_transfer/wave.jpg"
3  style_image = load_img(style_path)
4  plt.imshow(style_image)
5  plt.axis('off')
6  plt.show()
```

执行结果：如图 9.26 所示。

图 9.26　载入风格图片文件

(4) 定义图像前置处理的函数。程序代码如下：

```
1   # 载入图像并进行前置处理
2   def load_and_process_img(path_to_img):
3       img = load_img(path_to_img)
4       img = img_to_array(img)
5       img = np.expand_dims(img, axis=0)
6       img = tf.keras.applications.vgg19.preprocess_input(img)
7       # print(img.shape)
8   
9       # 回传影像阵列
10      return img
```

(5) 定义由数组还原成图像的函数。程序代码如下：

```
1   # 由阵列还原图像
2   def deprocess_img(processed_img):
3       x = processed_img.copy()
4       if len(x.shape) == 4:
5           x = np.squeeze(x, 0)
6   
7       # 前置处理的还原
8       x[:, :, 0] += 103.939
9       x[:, :, 1] += 116.779
10      x[:, :, 2] += 123.68
11      x = x[:, :, ::-1]
12  
13      # 裁切元素值在(0, 255)之间
```

```
14      x = np.clip(x, 0, 255).astype('uint8')
15      return x
```

(6) 定义内容图和风格图输出的神经层名称。程序代码如下：

```
1   # 定义内容图输出的神经层名称
2   content_layers = ['block5_conv2']
3
4   # 定义风格图输出的神经层名称
5   style_layers = ['block1_conv1',
6                   'block2_conv1',
7                   'block3_conv1',
8                   'block4_conv1',
9                   'block5_conv1'
10                 ]
11
12  num_content_layers = len(content_layers)
13  num_style_layers = len(style_layers)
```

(7) 定义模型：加载 VGG 19 模型，不含辨识层，加上自定义的输出。程序代码如下：

```
1   from tensorflow.python.keras import models
2
3   def get_model():
4       # 载入 VGG19，不含辨识层
5       vgg = tf.keras.applications.vgg19.VGG19(include_top=False, weights='imagenet')
6       vgg.trainable = False  # 不重新训练
7       for layer in vgg.layers:
8           layer.trainable = False
9
10      # 以之前定义的内容图及风格图神经层为输出
11      style_outputs = [vgg.get_layer(name).output for name in style_layers]
12      content_outputs = [vgg.get_layer(name).output for name in content_layers]
13      model_outputs = style_outputs + content_outputs
14
15      # 建立模型
16      return models.Model(vgg.input, model_outputs)
```

(8) 定义内容损失函数：为内容图与生成图特征向量之差的平方和，也可以采用上述理论的公式。程序代码如下：

```
1   # 内容损失函数
2   def get_content_loss(base_content, target):
3       # 下面可附加 '/ (4. * (channels ** 2) * (width * height) ** 2)'
4       return tf.reduce_mean(tf.square(base_content - target))
```

(9) 定义风格损失函数：先定义 Gram Matrix 计算函数，再定义风格损失函数。程序代码如下：

```
1   # 计算 Gram Matrix 函数
2   def gram_matrix(input_tensor):
3       # We make the image channels first
4       channels = int(input_tensor.shape[-1])
5       a = tf.reshape(input_tensor, [-1, channels])
6       n = tf.shape(a)[0]
7       gram = tf.matmul(a, a, transpose_a=True)
8       return gram / tf.cast(n, tf.float32)
9
10  # 风格损失函数
11  def get_style_loss(base_style, gram_target):
12      # 取得风格图的高、宽、色彩数
13      height, width, channels = base_style.get_shape().as_list()
14
15      # 计算 Gram Matrix
```

```
16        gram_style = gram_matrix(base_style)
17
18        # 計算風格損失
19        return tf.reduce_mean(tf.square(gram_style - gram_target))
```

(10) 定义图像的特征向量计算函数。程序代码如下：

```
1  # 计算内容图及风格图的特征向量
2  def get_feature_representations(model, content_path, style_path):
3      # 载入图片文件
4      content_image = load_and_process_img(content_path)
5      style_image = load_and_process_img(style_path)
6
7      # 设定模型
8      style_outputs = model(style_image)
9      content_outputs = model(content_image)
10
11
12     # 取得特征向量
13     style_features = [style_layer[0] for style_layer
14                       in style_outputs[:num_style_layers]]
15     content_features = [content_layer[0] for content_layer
16                         in content_outputs[num_style_layers:]]
17     return style_features, content_features
```

(11) 定义梯度计算函数。程序代码如下：

```
1  # 计算梯度
2  def compute_grads(cfg):
3      with tf.GradientTape() as tape:
4          # 累计损失
5          all_loss = compute_loss(**cfg)
6
7      # 取得梯度
8      total_loss = all_loss[0]
9      # cfg['init_image']：内容图影像阵列
10     return tape.gradient(total_loss, cfg['init_image']), all_loss
```

(12) 定义所有层的损失计算函数：按照内容图与风格图的权重比例，计算总损失。程序代码如下：

```
1  # 计算所有层的损失
2  def compute_loss(model, loss_weights, init_image, gram_style_features, content_features):
3      # 内容图及风格图的权重比例
4      style_weight, content_weight = loss_weights
5
6      # 取得模型输出
7      model_outputs = model(init_image)
8      style_output_features = model_outputs[:num_style_layers]
9      content_output_features = model_outputs[num_style_layers:]
10
11     # 累计风格分数
12     style_score = 0
13     weight_per_style_layer = 1.0 / float(num_style_layers)
14     for target_style, comb_style in zip(gram_style_features, style_output_features):
15         style_score += weight_per_style_layer * get_style_loss(comb_style[0], target_style)
16
17     # 累计内容分数
18     content_score = 0
19     weight_per_content_layer = 1.0 / float(num_content_layers)
20     for target_content, comb_content in zip(content_features, content_output_features):
21         content_score += weight_per_content_layer* get_content_loss(comb_content[0], target_content)
22
23     # 乘以权重比例
24     style_score *= style_weight
25     content_score *= content_weight
26
27     # 总损失
28     loss = style_score + content_score
29
30     return loss, style_score, content_score
```

(13) 定义执行训练的函数：这是程序的核心，在训练的过程中，在固定周期生成图像，可以看到图像逐渐转变的过程。程序代码如下：

```python
# 执行训练的函数
import IPython.display

def run_style_transfer(content_path, style_path, num_iterations=1000,
                       content_weight=1e3, style_weight=1e-2):
    # 取得模型
    model = get_model()

    # 取得内容图及风格图的神经层输出
    style_features, content_features = get_feature_representations(model, content_path, style_path)
    gram_style_features = [gram_matrix(style_feature) for style_feature in style_features]

    # 载入内容图
    init_image = load_and_process_img(content_path)
    init_image = tf.Variable(init_image, dtype=tf.float32)

    # 指定优化器
    opt = tf.optimizers.Adam(learning_rate=5, beta_1=0.99, epsilon=1e-1)

    # 初始化变量
    iter_count = 1
    best_loss, best_img = float('inf'), None
    loss_weights = (style_weight, content_weight)
    cfg = {  # 组态
        'model': model,
        'loss_weights': loss_weights,
        'init_image': init_image,
        'gram_style_features': gram_style_features,
        'content_features': content_features
    }

    # 参数设定
    num_rows = 2  # 输出小图以 2 列显示
    num_cols = 5  # 输出小图以 5 行显示
    # 每N个周期数生成图像，计算 N：display_interval
    display_interval = num_iterations/(num_rows*num_cols)
    start_time = time.time()    # 计时
    global_start = time.time()

    # RGB 三色中心值，输入图像以中心值为 0 作转换
    norm_means = np.array([103.939, 116.779, 123.68])
    min_vals = -norm_means
    max_vals = 255 - norm_means

    # 开始训练
    imgs = []
    for i in range(num_iterations):
        grads, all_loss = compute_grads(cfg)
        loss, style_score, content_score = all_loss
        opt.apply_gradients([(grads, init_image)])
        clipped = tf.clip_by_value(init_image, min_vals, max_vals)
        init_image.assign(clipped)
        end_time = time.time()

        # 记录最小损失时的图像
        if loss < best_loss:
            best_loss = loss    # 记录最小损失
            best_img = deprocess_img(init_image.numpy())  # 生成图像

        # 每N个周期数生成图像
        if i % display_interval == 0:
            start_time = time.time()

            # 生成图像
            plot_img = init_image.numpy()
            plot_img = deprocess_img(plot_img)
            imgs.append(plot_img)

            # IPython.display.clear_output(wait=True)  # 可清除之前的显示
            print(f'周期数: {i}')
            elapsed_time = time.time() - start_time
            print(f'总损失: {loss:.2e}, 风格损失: {style_score:.2e},' +
                  f'内容损失: {content_score:.2e}, 耗时: {elapsed_time:.2f}s')
            IPython.display.display_png(Image.fromarray(plot_img))
```

```
76      print(f'总耗时: {(time.time() - global_start):.2f}s')
77      # IPython.display.clear_output(wait=True)   # 可清除之前的显示
78      # 显示生成的图像
79      plt.figure(figsize=(14,4))
80      for i,img in enumerate(imgs):
81          plt.subplot(num_rows,num_cols,i+1)
82          plt.imshow(img)
83          plt.axis('off')
84
85      return best_img, best_loss
```

(14) 调用上述函数，执行模型训练。程序代码如下：

```
1  # 执行训练
2  model = get_model()
3  best, best_loss = run_style_transfer(content_path,
4                                      style_path, num_iterations=500)
```

执行结果：执行 500 个周期，刚开始画面变化很大，之后转换逐渐减少，表示损失函数逐步收敛，如图 9.27 所示。

图 9.27　图文件风格转换

续图 9.27 图文件风格转换

总耗时:247.45s

续图 9.27　图文件风格转换

(15) 显示最佳的图像。

```
1  # 显示最佳的图像
2  Image.fromarray(best)
```

执行结果：如图 9.28 所示。

图 9.28　显示最佳图像

(16) 比较内容图与生成图。程序代码如下：

```
1   # 定义显示函数，比较原图与生成图像
2   def show_results(best_img, content_path, style_path, show_large_final=True):
3       plt.figure(figsize=(10, 5))
4       content = load_img(content_path)
5       style = load_img(style_path)
6   
7       plt.subplot(1, 2, 1)
8       plt.axis('off')
9       plt.imshow(content)
10      plt.title('原图')
11  
12      plt.subplot(1, 2, 2)
13      plt.axis('off')
14      plt.imshow(style)
15      plt.title('风格图')
16  
17      if show_large_final:
18          plt.figure(figsize=(10, 10))
19          plt.axis('off')
20  
21          plt.imshow(best_img)
22          plt.title('Output Image')
23          plt.show()
24  
25  # 原图与生成图像的比较
26  show_results(best, content_path, style_path)
```

(17) 用另一张内容图来测试。程序代码如下：

```
1  # 以另一张图测试
2  content_path = './style_transfer/Green_Sea_Turtle_grazing_seagrass.jpg'
3  style_path = './style_transfer/wave.jpg'
4
5  best_starry_night, best_loss = run_style_transfer(content_path, style_path)
6  show_results(best_starry_night, content_path, style_path)
```

执行结果：如图 9.29 所示。

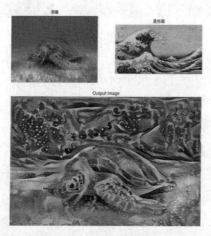

图 9.29　另一张图执行结果

TensorFlow Hub 里面有许多预先训练好的模型可以直接套用，包括风格转换模型，下面的范例 2 使用 Fast Style Transfer 算法预先训练好的模型，可快速产生新图像，但该模型每次产生的图像均不相同。

范例2. 使用TensorFlow Hub的Fast Style Transfer预先训练模型完成风格转换。

设计步骤如图 9.30 所示。

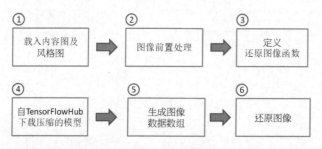

图 9.30　设计步骤

请参阅程序：请参阅 **09_05_Neural_Style_Transfer.ipynb** 的下半段。

(1) 下载图像：可从网络下载图像。程序代码如下：

```
1  # 下载图像
2  storage_url = 'https://storage.googleapis.com/download.tensorflow.org/'
3  content_url = storage_url + 'example_images/YellowLabradorLooking_new.jpg'
4  style_url = storage_url + 'example_images/Vassily_Kandinsky%2C_1913_-_Composition_7.jpg'
5  content_path = tf.keras.utils.get_file('YellowLabradorLooking_new.jpg', content_url)
6  style_path = tf.keras.utils.get_file('kandinsky5.jpg', style_url)
```

(2) 定义加载图像并进行前置处理的函数：与前一个范例的处理方式相同。程序代码如下：

```
1   # 定义载入图像并进行前置处理的函数
2   def custom_load_img(path_to_img):
3       max_dim = 512
4       img = tf.io.read_file(path_to_img)
5       img = tf.image.decode_image(img, channels=3)
6       img = tf.image.convert_image_dtype(img, tf.float32)
7
8       shape = tf.cast(tf.shape(img)[:-1], tf.float32)
9       long_dim = max(shape)
10      scale = max_dim / long_dim
11
12      new_shape = tf.cast(shape * scale, tf.int32)
13
14      img = tf.image.resize(img, new_shape)
15      img = img[tf.newaxis, :]
16      return img
```

(3) 定义显示图像的函数：与前一个范例的处理方式相同。程序代码如下：

```
1   # 定义显示图像的函数
2   def custom_imshow(image, title=None):
3       if len(image.shape) > 3:
4           image = tf.squeeze(image, axis=0)
5
6       plt.axis('off')
7       plt.imshow(image)
8       if title:
9           plt.title(title)
```

(4) 加载图像并显示。程序代码如下：

```
1   # 载入图像
2   content_image = custom_load_img(content_path)
3   style_image = custom_load_img(style_path)
4
5   # 绘图
6   plt.subplot(1, 2, 1)
7   custom_imshow(content_image, '原图')
8
9   plt.subplot(1, 2, 2)
10  custom_imshow(style_image, '风格图')
```

执行结果：如图 9.31 所示。

原图　　　　　　　　　　　风格图

图 9.31　加载像并显示

(5) 定义还原图像的函数。程序代码如下：

```
1  # 定义还原图像的函数
2  def tensor_to_image(tensor):
3      tensor = tensor*255
4      tensor = np.array(tensor, dtype=np.uint8)
5      if np.ndim(tensor)>3:
6          assert tensor.shape[0] == 1
7          tensor = tensor[0]
8      return Image.fromarray(tensor)
```

(6) 自 TensorFlow Hub 下载压缩的模型。程序代码如下：

```
1  # 自 TensorFlow Hub 下载压缩的模型
2  import tensorflow_hub as hub
3
4  os.environ['TFHUB_MODEL_LOAD_FORMAT'] = 'COMPRESSED'
5  hub_model = hub.load('https://tfhub.dev/google/magenta/arbitrary-image-stylization-v1-256/2')
```

(7) 生成新的图像。程序代码如下：

```
1  # 生成图像
2  stylized_image = hub_model(tf.constant(content_image), tf.constant(style_image))[0]
3  tensor_to_image(stylized_image)
```

执行结果：如图 9.32 所示。

图 9.32　风格转换结果

TensorFlow 官网提供的范例"Neural Style Transfer"[15]，提及了一些改善的措施。例如，基本的风格转换算法所生成的图像经常会偏重高频 (High Frequency)，而高频会造成边缘特别明显，可使用正则化 (Regularization) 矫正损失函数，改善此现象。

上述程序生成一张图像需要用时 290 秒，在如今的社群媒体时代，就算这种酷炫的效果吸引了大众的眼球，也难以流行，因此在网络上有许多的研究，讨论如何提升算法速度，有兴趣的读者可搜寻"Fast Style Transfer"。另外，也有同学问到，如果用同一张风格图，对另一张新的内容图进行风格转换，也要重新训练吗？答案是不一定，这是一个值得研究的课题。开发美图秀秀的公司斥资近 2 亿人民币，才将速度缩短至 3 秒，可见技术难度颇高，所以，速度绝对是商业模式重要的考虑因素。

风格转换是一个非常有趣的应用，除了转换成名画风格之外，也可以将照片卡通化，或是针对脸部美肌，凡此种种都值得一试。当然，不只有风格转换算法可以实现，其他像 GAN 或 OpenCV 图像处理也都能做到类似的功能，大家可以自行探讨。

9-6 脸部辨识

脸部辨识 (Facial Recognition) 的应用面向非常广泛，国内厂商不论是系统厂商、PC 厂商、NAS 厂商，甚至是电信业者，都已涉猎此领域，推出了各种五花八门的相关产品，已经有以下这些应用类型。

(1) 智慧保全：结合门禁系统，运用在家庭、学校、员工宿舍、饭店、机场登机检查、出入境比对、黑名单/罪犯/失踪人口比对等方面。

(2) 考勤系统：上下班脸部刷卡取代卡片。

(3) 商店实时监控：实时辨识 VIP 和黑名单客户的进出，进行客户关怀、发送折扣码或记录停留时间，作为商品陈列与改善经营效果的参考依据。

(4) 快速结账：以脸部辨识取代刷卡结账。

(5) 人流统计：针对有人数容量限制的公共场所，如百货公司、游乐园、体育场馆，通过脸部辨识，进行人数管控。

(6) 情绪分析：辨识脸部情绪，发生意外时能迅速通报救援或进行满意度调查。

(7) 社群软件上传照片的辨识：标注朋友姓名等。

依据技术类别可细分为以下类型。

(1) 脸部检测 (Face Detection)：与目标检测类似，因此运用目标检测技术即可做到此功能，检测图像中有哪些脸部和其位置。

(2) 脸部特征点检测 (Facial Landmarks Detection)：检测脸部的特征点，用来比对两张脸是否属于同一人。

(3) 脸部追踪 (Face Tracking)：在视频中追踪移动中的脸部，可辨识人移动的轨迹。

(4) 脸部辨识，分为以下两种。

① 脸部识别 (Face Identification)：从 N 个人中找出最相似的人。

② 脸部验证 (Face Verification)：验证脸部是否相符，如出入境检查旅客是否与其护照上的大头照相符合。

各项脸部辨识技术及支持的库如图 9.33 所示。

图 9.33　脸部辨识的技术类别与相关库支持

接下来，我们就逐一实作这些相关功能。

9-6-1 脸部检测

OpenCV 使用 Haar Cascades 算法来进行各种对象的检测，它会将各种对象的特征记录在 XML 文件，称为级联分类器 (Cascade File)，可在 OpenCV 或 OpenCV-Python 安装目录内找到 (haarcascade_*.xml)，笔者已把相关文件复制到范例程序目录下。

Haar Cascades 技术发展较早，辨识速度快，能够做到实时检测，缺点是准确度较差，容易造成伪阳性，即误认脸部特征。它的架构类似于卷积，如图 9.34 所示，以各种滤波器 (Filters) 扫描图像，像是眼部比脸颊暗、鼻梁比脸颊亮等。

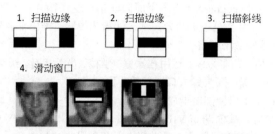

图 9.34　Haar Cascades 以滤波器扫描图像

范例. 使用OpenCV进行脸部检测。

设计步骤如图 9.35 所示。

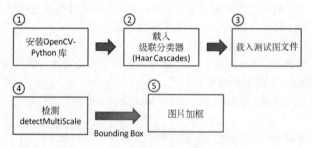

图 9.35　设计步骤

请参阅程序：**09_06_ 脸部检测 _opencv.ipynb**。

(1) 加载相关库，包含 OpenCV-Python。程序代码如下：

```
1  # 载入相关库
2  import cv2
3  from cv2 import CascadeClassifier
4  from cv2 import rectangle
5  import matplotlib.pyplot as plt
6  from cv2 import imread
```

(2) 载入脸部的级联分类器 (Face Cascade File)。程序代码如下：

```
1  # 载入脸部级联分类器(face cascade file)
2  face_cascade = './cascade_files/haarcascade_frontalface_alt.xml'
3  classifier = cv2.CascadeClassifier(face_cascade)
```

(3) 载入测试图文件。程序代码如下：

```
1   # 载入图文件
2   image_file = "./images_face/teammates.jpg"
3   image = imread(image_file)
4
5   # OpenCV 预设为 BGR 色系，转为 RGB 色系
6   im_rgb = cv2.cvtColor(image, cv2.COLOR_BGR2RGB)
7
8   # 显示图像
9   plt.imshow(im_rgb)
10  plt.axis('off')
11  plt.show()
```

执行结果：如图 9.36 所示。

图 9.36　载入测试图像

(4) 检测脸部并显示图像。程序代码如下：

```
1   # 检测脸部
2   bboxes = classifier.detectMultiScale(image)
3   # 脸部加框
4   for box in bboxes:
5       # 取得框的座标及宽高
6       x, y, width, height = box
7       x2, y2 = x + width, y + height
8       # 加白色框
9       rectangle(im_rgb, (x, y), (x2, y2), (255,255,255), 2)
10  
11  # 显示图像
12  plt.imshow(im_rgb)
13  plt.axis('off')
14  plt.show()
```

执行结果：如图 9.37 所示，全部人的脸都被正确检测到了。

图 9.37　检测脸部

(5) 载入另一图文件。程序代码如下：

```
1   # 载入图文件
2   image_file = "./images_face/classmates.jpg"
3   image = imread(image_file)
4   
5   # OpenCV 预设为 BGR 色系，转为 RGB 色系
6   im_rgb = cv2.cvtColor(image, cv2.COLOR_BGR2RGB)
7   
8   # 显示图像
9   plt.imshow(im_rgb)
10  plt.axis('off')
11  plt.show()
```

执行结果:如图 9.38 所示。

图 9.38　载入图文件

(6) 检测脸部并显示图像。程序代码如下:

```
1   # 检测脸部
2   bboxes = classifier.detectMultiScale(image)
3   # 脸部加框
4   for box in bboxes:
5       # 取得框的座标及宽高
6       x, y, width, height = box
7       x2, y2 = x + width, y + height
8       # 加红色框
9       rectangle(im_rgb, (x, y), (x2, y2), (255,0,0), 5)
10  
11  # 显示图像
12  plt.imshow(im_rgb)
13  plt.axis('off')
14  plt.show()
```

执行结果:如图 9.39 所示,就算图像中的脸部占据画面较大,检测结果依然正确。

图 9.39　检测脸部

(7) 同时载入眼睛与微笑的级联分类器。程序代码如下:

```
1   # 载入眼睛级联分类器(eye cascade file)
2   eye_cascade = './cascade_files/haarcascade_eye_tree_eyeglasses.xml'
3   classifier = cv2.CascadeClassifier(eye_cascade)
4   
5   # 载入微笑级联分类器(smile cascade file)
6   smile_cascade = './cascade_files/haarcascade_smile.xml'
7   smile_classifier = cv2.CascadeClassifier(smile_cascade)
```

(8) 检测脸部并显示图像。程序代码如下：

```
1   # 检测脸部
2   bboxes = classifier.detectMultiScale(image)
3   # 脸部加框
4   for box in bboxes:
5       # 取得框的坐标及宽高
6       x, y, width, height = box
7       x2, y2 = x + width, y + height
8       # 加白色框
9       rectangle(im_rgb, (x, y), (x2, y2), (255,0,0), 5)
10
11  # 检测微笑
12  # scaleFactor=2.5：扫描时每次缩减扫描视窗的尺寸比例
13  # minNeighbors=20：每一个被选中的视窗至少要有邻近且合格的视窗数
14  bboxes = smile_classifier.detectMultiScale(image, 2.5, 20)
15  #微笑加框
16  for box in bboxes:
17      # 取得框的坐标及宽高
18      x, y, width, height = box
19      x2, y2 = x + width, y + height
20      # 加白色框
21      rectangle(im_rgb, (x, y), (x2, y2), (255,0,0), 5)
22  #     break
23
24  # 显示图像
25  plt.imshow(im_rgb)
26  plt.axis('off')
27  plt.show()
```

执行结果：如图 9.40 所示，左边人脸的眼睛少抓了一个，嘴巴误抓好几个。这是笔者多次调整 detectMultiScale 参数后，所能得到的较佳结果。

图 9.40　检测脸部

detectMultiScale 相关参数的介绍如下。

(1) scaleFactor：设定每次扫描窗口缩小的尺寸比例，设定较小值，会检测到较多合格的窗口。

(2) minNeighbors：每一个被选中的窗口至少要有邻近且合格的窗口数，设定较大值，会让伪阳性降低，但会使伪阴性提高。

(3) minSize：小于这个设定值，会被过滤掉，格式为 (w, h)。

(4) maxSize：大于这个设定值，会被过滤掉，格式为 (w, h)。

9-6-2　MTCNN 算法

Haar Cascades 技术发展较早，使用很简单，但是要能准确检测，必须根据图像的色泽、光线、对象大小来调整参数，并不容易。因此，近几年发展改用深度学习算法进行脸部检测，较知名的算法 MTCNN 系由 Kaipeng Zhang 等学者于 2016 年 *Joint Face Detection and Alignment using Multi-task Cascaded Convolutional Networks* 发表[16]。

MTCNN 的架构是运用影像金字塔加上三个神经网络，如图 9.41 所示，四个部分的功能如下。

(1) 影像金字塔 (Image Pyramid)：抽取不同尺寸的脸部。
(2) 建议网络 (Proposal Network or P-Net)：类似区域推荐，找出候选的区域。
(3) 强化网络 (Refine Network or R-Net)：找出合格框 (bounding boxes)。
(4) 输出网络 (Output Network or O-Net)：找出脸部特征点 (Landmarks)。

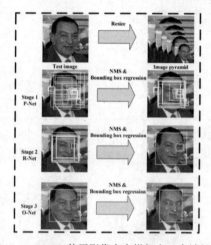

图 9.41　MTCNN 使用影像金字塔加上三个神经网络

乍一看，会不会觉得有些熟悉？其实 MTCNN 的做法与目标检测算法 Faster R-CNN 类似。

原作者使用 Caffe/C 开发[17]，许多人将以 Python 改写，安装指令为：pip install mtcnn。

范例. 使用 MTCNN 进行脸部检测。

设计步骤如图 9.42 所示。

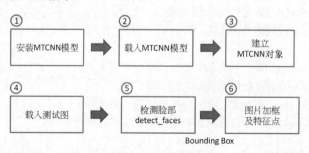

图 9.42　设计步骤

请参阅程序：**09_07_脸部检测_mtcnn.ipynb**。

(1) 加载相关模块，包含 MTCNN。程序代码如下：

```
1  # 安装模块：pip install mtcnn
2  # 载入相关模块
3  import matplotlib.pyplot as plt
4  from matplotlib.patches import Rectangle, Circle
5  from mtcnn.mtcnn import MTCNN
```

(2) 加载并显示图文件。程序代码如下：

```
1  # 载入图文件
2  image_file = "./images_face/classmates.jpg"
3  image = plt.imread(image_file)
4
5  # 显示图像
6  plt.imshow(image)
7  plt.axis('off')
8  plt.show()
```

执行结果：如图 9.43 所示。

图 9.43　加载显示图文件

(3) 建立 MTCNN 对象，检测脸部。程序代码如下：

```
1  # 建立 MTCNN 对象
2  detector = MTCNN()
3
4  # 检测脸部
5  faces = detector.detect_faces(image)
```

(4) 脸部增加框与特征点，并显示图像。程序代码如下：

```
1  # 脸部加框
2  ax = plt.gca()
3  for result in faces:
4      # 取得框的坐标及宽高
5      x, y, width, height = result['box']
6      # 加红色框
7      rect = Rectangle((x, y), width, height, fill=False, color='red')
8      ax.add_patch(rect)
9
10     # 特征点
11     for key, value in result['keypoints'].items():
12         # create and draw dot
13         dot = Circle(value, radius=5, color='green')
14         ax.add_patch(dot)
15
16 # 显示图像
17 plt.imshow(image)
18 plt.axis('off')
19 plt.show()
```

执行结果：如图 9.44 所示，特征点包括眼睛、鼻子、嘴角，详细内容请参阅程序。

图 9.44　增加特征点

(5) 将每张脸个别显示出来。程序代码如下：

```
1   # 脸部加框
2   plt.figure(figsize=(8,6))
3   ax = plt.gca()
4
5   for i, result in enumerate(faces):
6       # 取得框的坐标及宽高
7       x1, y1, width, height = result['box']
8       x2, y2 = x1 + width, y1 + height
9
10      # 显示图像
11      plt.subplot(1, len(faces), i+1)
12      plt.axis('off')
13      plt.imshow(image[y1:y2, x1:x2])
14  plt.show()
```

执行结果：如图 9.45 所示。

图 9.45　个别显示

9-6-3　脸部追踪

脸部追踪可在影片中追踪特定人的脸部，这里使用的库是 face-recognition，安装指令为：pip install face-recognition。

注意：face-recognition 是以 dlib 为基础的库，所以上述指令就是先安装 dlib 库，在 Windows 作业环境下，必须备妥以下工具。

(1) Microsoft Visual Studio 2017/2019。

(2) CMake for Windows：安装后将 bin 路径 (如 C:\Program Files\CMake\bin) 加入环境变量 Path 中。

范例1. 使用Face-Recognition库进行脸部检测。

设计步骤如图 9.46 所示。

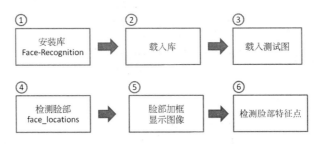

图 9.46　设计步骤

请参阅程序：**09_08_ 脸部检测 _Face_Recognition.ipynb**。

(1) 加载相关库，包含 Face-Recognition。程序代码如下：

```
1  # 安装库: pip install face-recognition
2  # 载入相关库
3  import matplotlib.pyplot as plt
4  from matplotlib.patches import Rectangle, Circle
5  import face_recognition
```

(2) 加载并显示图文件。程序代码如下：

```
1  # 载入图文件
2  image_file = "./images_face/classmates.jpg"
3  image = plt.imread(image_file)
4
5  # 显示图像
6  plt.imshow(image)
7  plt.axis('off')
8  plt.show()
```

执行结果：如图 9.47 所示。

图 9.47　加载并显示图文件

(3) 调用 face_locations 函数检测脸部。程序代码如下：

```
1  # 检测脸部
2  faces = face_recognition.face_locations(image)
```

(4) 脸部加框，显示图像。注意：框的坐标所代表的方向依序为上 / 左 / 下 / 右 (逆时钟)。程序代码如下：

```
1   # 脸部加框
2   ax = plt.gca()
3   for result in faces:
4       # 取得框的坐标
5       y1, x1, y2, x2 = result
6       width, height = x2 - x1, y2 - y1
7       # 加红色框
8       rect = Rectangle((x1, y1), width, height, fill=False, color='red')
9       ax.add_patch(rect)
10  
11  # 显示图像
12  plt.imshow(image)
13  plt.axis('off')
14  plt.show()
```

执行结果：如图 9.48 所示。

图 9.48　脸部加框

(5) 检测脸部特征点并显示。程序代码如下：

```
1   # 检测脸部特征点并显示
2   from PIL import Image, ImageDraw
3   
4   # 载入图文件
5   image = face_recognition.load_image_file(image_file)
6   
7   # 转为 Pillow 图像格式
8   pil_image = Image.fromarray(image)
9   
10  # 取得图像绘图对象
11  d = ImageDraw.Draw(pil_image)
12  
13  # 检测脸部特对象
14  face_landmarks_list = face_recognition.face_landmarks(image)
15  
16  for face_landmarks in face_landmarks_list:
17      # 显示五官特征点
18      for facial_feature in face_landmarks.keys():
19          print(f"{facial_feature} 特征点: {face_landmarks[facial_feature]}\n")
20  
21      # 绘制特征点
22      for facial_feature in face_landmarks.keys():
23          d.line(face_landmarks[facial_feature], width=5, fill='green')
24  
25  # 显示图像
26  plt.imshow(pil_image)
27  plt.axis('off')
28  plt.show()
```

执行结果如下。

(1) 五官特征点的坐标如下：

```
chin 特征点: [(958, 485), (968, 525), (982, 562), (999, 598), (1022, 630), (1054, 657), (1092, 677), (1135, 693), (1179, 689), (1220, 670), (1249, 639), (1274, 606), (1291, 567), (1298, 524), (1296, 478), (1291, 433), (1283, 387)]
left_eyebrow 特征点: [(969, 464), (978, 434), (1002, 417), (1032, 413), (1061, 415)]
right_eyebrow 特征点: [(1119, 397), (1142, 373), (1172, 361), (1204, 364), (1228, 382)]
nose_bridge 特征点: [(1098, 440), (1107, 477), (1115, 512), (1124, 548)]
nose_tip 特征点: [(1092, 557), (1112, 562), (1133, 565), (1151, 552), (1167, 538)]
left_eye 特征点: [(1006, 473), (1019, 458), (1038, 454), (1058, 461), (1042, 467), (1024, 472)]
right_eye 特征点: [(1147, 436), (1160, 417), (1179, 409), (1201, 414), (1186, 423), (1167, 430)]
top_lip 特征点: [(1079, 606), (1100, 595), (1121, 586), (1142, 585), (1160, 576), (1186, 570), (1215, 567), (1207, 571), (1164, 585), (1145, 593), (1125, 596), (1088, 605)]
bottom_lip 特征点: [(1215, 567), (1197, 598), (1176, 619), (1155, 628), (1134, 631), (1109, 626), (1079, 606), (1088, 605), (1128, 612), (1149, 610), (1168, 601), (1207, 571)]
```

(2) 脸部轮廓画线。如图 9.49 所示。

图 9.49 脸部轮廓画线

范例 2. 使用 **Face-Recognition** 库进行视频脸部追踪，程序修改自 face-recognition GitHub 的范例[18]。

设计步骤如图 9.50 所示。

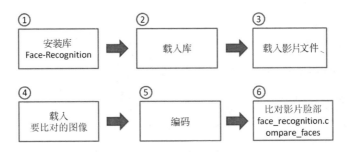

图 9.50 设计步骤

请参阅程序：**09_09_脸部追踪_Face_Recognition.ipynb**。

(1) 加载相关库。程序代码如下：

```
1  # 安装库: pip install face-recognition
2  # 载入相关库
3  import matplotlib.pyplot as plt
4  from matplotlib.patches import Rectangle, Circle
5  import face_recognition
6  import cv2
```

(2) 载入影片文件。程序代码如下：

```
1  # 载入影片文件
2  input_movie = cv2.VideoCapture("./images_face/short_hamilton_clip.mp4")
3  length = int(input_movie.get(cv2.CAP_PROP_FRAME_COUNT))
4  print(f'影片帧数：{length}')
```

执行结果：影片总帧数为 275。

(3) 指定输出文件名。注意，影片分辨率设为 (640, 360)，故输入的影片不得低于此分辨率，否则输出文件将无法播放。程序代码如下：

```
1  # 指定输出文件名
2  fourcc = cv2.VideoWriter_fourcc(*'XVID')
3  # 每秒帧数(fps):29.97，影片解析度(Frame Size):(640, 360)
4  output_movie = cv2.VideoWriter('./images_face/output.avi',
5                                  fourcc, 29.97, (640, 360))
```

(4) 加载要辨识的图像，范例设定两个人：Lin-Manuel Miranda(美国歌手) 与 Barack Obama(美国总统)。需先编码为向量，以利于脸部比对。程序代码如下：

```
1  # 载入要辨识的图像
2  image_file = 'lin-manuel-miranda.png'  # 美国歌手
3  lmm_image = face_recognition.load_image_file("./images_face/"+image_file)
4  # 取得图像编码
5  lmm_face_encoding = face_recognition.face_encodings(lmm_image)[0]
6
7  # obama
8  image_file = 'obama.jpg'  # 美国总统
9  obama_image = face_recognition.load_image_file("./images_face/"+image_file)
10 # 取得图像编码
11 obama_face_encoding = face_recognition.face_encodings(obama_image)[0]
12
13 # 设定阵列
14 known_faces = [
15     lmm_face_encoding,
16     obama_face_encoding
17 ]
18
19 # 目标名称
20 face_names = ['lin-manuel-miranda', 'obama']
```

(5) 变量初始化。程序代码如下：

```
1  # 变量初始化
2  face_locations = []   # 脸部位置
3  face_encodings = []   # 脸部编码
4  face_names = []       # 脸部名称
5  frame_number = 0      # 帧数
```

(6) 比对脸部并存档。程序代码如下：

```
1  # 检测脸部并写入输出档
2  while True:
3      # 读取一帧影像
4      ret, frame = input_movie.read()
5      frame_number += 1
6
7      # 影片播放结束，即跳出循环
8      if not ret:
9          break
10
11     # 将 BGR 色系转为 RGB 色系
12     rgb_frame = frame[:, :, ::-1]
13
14     # 找出脸部位置
15     face_locations = face_recognition.face_locations(rgb_frame)
```

```python
16      # 编码
17      face_encodings = face_recognition.face_encodings(rgb_frame, face_locations)
18
19      # 比对脸部
20      face_names = []
21      for face_encoding in face_encodings:
22          # 比对脸部编码是否与图文件符合
23          match = face_recognition.compare_faces(known_faces, face_encoding,
24                                                  tolerance=0.50)
25
26          # 找出符合脸部的名称
27          name = None
28          for i in range(len(match)):
29              if match[i] and 0 < i < len(face_names):
30                  name = face_names[i]
31                  break
32
33          face_names.append(name)
34
35      # 输出影片标记脸部位置及名称
36      for (top, right, bottom, left), name in zip(face_locations, face_names):
37          if not name:
38              continue
39
40          # 加框
41          cv2.rectangle(frame, (left, top), (right, bottom), (0, 0, 255), 2)
42
43          # 标记名称
44          cv2.rectangle(frame, (left, bottom - 25), (right, bottom), (0, 0, 255)
45                        , cv2.FILLED)
46          font = cv2.FONT_HERSHEY_DUPLEX
47          cv2.putText(frame, name, (left + 6, bottom - 6), font, 0.5,
48                      (255, 255, 255), 1)
49
50      # 将每一帧影像存档
51      print("Writing frame {} / {}".format(frame_number, length))
52      output_movie.write(frame)
53
54  # 关闭输入档
55  input_movie.release()
56  # 关闭所有窗口
57  cv2.destroyAllWindows()
```

执行结果如下：

```
Writing frame 4 / 275
Writing frame 5 / 275
Writing frame 6 / 275
Writing frame 7 / 275
Writing frame 8 / 275
Writing frame 9 / 275
Writing frame 10 / 275
Writing frame 11 / 275
Writing frame 12 / 275
Writing frame 13 / 275
Writing frame 14 / 275
Writing frame 15 / 275
Writing frame 16 / 275
Writing frame 17 / 275
Writing frame 18 / 275
Writing frame 19 / 275
Writing frame 20 / 275
Writing frame 21 / 275
```

(7) 输出的影片为 images_face/output.avi 文件：观看影片后发现，检测速度较慢，且并未检测到 Obama，因图片文件是正面照，而图像文件则是侧面的画面；但瑕不掩瑜，大致上仍可以追踪主要影像的动态。

范例3. 改用WebCam进行脸部实时追踪，程序修改自face-recognition GitHub 的范例[18]。

请参阅程序：**09_10_脸部追踪_webcam.ipynb**。

由于步骤重叠的部分较多，所以只说明与范例 3 有差异的程序代码。

(1) 以读取 WebCam 取代加载影片文件。程序代码如下：

```
1  # 指定第一台 webcam
2  video_capture = cv2.VideoCapture(0)
```

(2) 读取 WebCam 一帧影像：第 4 行。程序代码如下：

```
1  # 检测脸部并即时显示
2  while True:
3      # 读取一帧影像
4      ret, frame = video_capture.read()
```

(3) 检测脸部的处理均相同，但存盘改成实时显示。程序代码如下：

```
46      # 显示每一帧影像
47      cv2.imshow('Video', frame)
```

(4) 按 q 即可跳出循环。程序代码如下：

```
49      # 按 q 即可跳出循环
50      if cv2.waitKey(1) & 0xFF == ord('q'):
51          break
```

原作者也示范了一个例子，可在 Raspberry PI 执行，实时进行脸部追踪。

9-6-4 脸部特征点检测

检测脸部特征点可使用 Face-Recognition、dlib 或者 OpenCV 库，它们都可以检测到 68 个特征点，如图 9.51 所示。

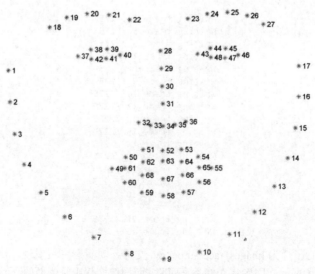

图 9.51 脸部 68 个特征点的位置

Face-Recognition 库检测脸部特征点已在 09_08_脸部检测_Face_Recognition.ipynb 实践过，不再多做介绍。dlib 是另一套包含了机器学习、数值分析、计算器视觉、图像处理等功能的函数库，它使用 C++ 开发，只要安装 Face-Recognition 库就会自动安装 dlib，如果要单独安装 dlib，可参考笔者撰写的博客文"dlib 安装心得——Windows 环境"[19]。

范例1. 使用dlib实践脸部特征点的检测。

设计步骤如图 9.52 所示。

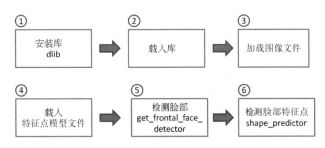

图 9.52　设计步骤

请参阅程序：**09_11_脸部特征点检测.ipynb**。

(1) 加载相关库，imutils 库是一个简易的图像处理函数库，安装指令为：
pip install imutils。程序代码如下：

```
1  # 载入相关库
2  import dlib
3  import cv2
4  import matplotlib.pyplot as plt
5  from matplotlib.patches import Rectangle, Circle
6  from imutils import face_utils
```

(2) 加载并显示图文件。程序代码如下：

```
1  # 载入图文件
2  image_file = "./images_face/classmates.jpg"
3  image = plt.imread(image_file)
4
5  # 显示图像
6  plt.imshow(image)
7  plt.axis('off')
8  plt.show()
```

执行结果：如图 9.53 所示。

图 9.53　加载并显示图文件

(3) 检测脸部特征点并显示。

① dlib 特征点模型文件为 shape_predictor_68_face_landmarks.dat，可检测 68 个点，如果只需要检测 5 个点就好，可加载 shape_predictor_5_face_landmarks.dat。

② dlib.get_frontal_face_detector：检测脸部。

③ dlib.shape_predictor：检测脸部特征点。

程序代码如下：

```python
1  # 载入 dlib 以 HOG 基础的脸部检测模型
2  model_file = "shape_predictor_68_face_landmarks.dat"
3  detector = dlib.get_frontal_face_detector()
4  predictor = dlib.shape_predictor(model_file)
5
6  # 检测图像的脸部
7  rects = detector(image)
8
9  print(f'检测到{len(rects)}张脸部.')
10 # 检测每张脸的特征点
11 for (i, rect) in enumerate(rects):
12     # 检测特征点
13     shape = predictor(image, rect)
14
15     # 转为 NumPy 阵列
16     shape = face_utils.shape_to_np(shape)
17
18     # 标示特征点
19     for (x, y) in shape:
20         cv2.circle(image, (x, y), 10, (0, 255, 0), -1)
21
22 # 显示图像
23 plt.imshow(image)
24 plt.axis('off')
25 plt.show()
```

执行结果：如图 9.54 所示。

图 9.54　检测显示特征点

(4) 检测视频文件也没问题，按 Esc 键即可提前结束。程序代码如下：

```python
1  # 读取视频文件
2  cap = cv2.VideoCapture('./images_face/hamilton_clip.mp4')
3  while True:
4      # 读取一帧影像
5      _, image = cap.read()
6
7      # 检测图像的脸部
8      rects = detector(image)
9      for (i, rect) in enumerate(rects):
10         # 检测特征点
11         shape = predictor(image, rect)
12         shape = face_utils.shape_to_np(shape)
13
```

```
14      # 标示特征点
15      for (x, y) in shape:
16          cv2.circle(image, (x, y), 2, (0, 255, 0), -1)
17
18      # 显示影像
19      cv2.imshow("Output", image)
20
21      k = cv2.waitKey(5) & 0xFF    # 按 Esc 跳离循环
22      if k == 27:
23          break
24
25  # 关闭输入档
26  cap.release()
27  # 关闭所有窗口
28  cv2.destroyAllWindows()
```

OpenCV 针对脸部特征点的检测，提供了以下三种算法。

(1) FacemarkLBF：Shaoqing Ren 等学者于 2014 年发表 "Face Alignment at 3000 FPS via Regressing Local Binary Features" 所提出的 [20]。

(2) FacemarkAAM：Georgios Tzimiropoulos 等学者于 2013 年发表 "Optimization problems for fast AAM fitting in-the-wild" 所提出的 [21]。

(3) FacemarkKazemi：V.Kazemi 和 J. Sullivan 于 2014 年发表 "One Millisecond Face Alignment with an Ensemble of Regression Trees" 所提出的 [22]。

我们分别实验一下，看看有什么差异。

范例2. 使用OpenCV库进行脸部特征点检测。

设计步骤如图 9.55 所示。

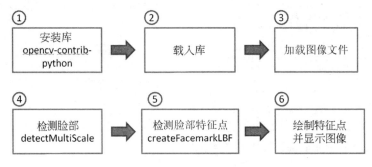

图 9.55　设计步骤

请参阅程序：**09_12_脸部特征点检测_OpenCV.ipynb**。

(1) 加载相关库：注意，只有 OpenCV 扩充版提供相关 API，所以，须执行下列指令，改安装 OpenCV 扩充版。

① 卸载：pip uninstall opencv-python opencv-contrib-python。

② 安装库：pip install opencv-contrib-python。

程序代码如下：

```
1  # 解除安装库 : pip uninstall opencv-python opencv-contrib-python
2  # 安装库 : pip install opencv-contrib-python
3  # 载入相关库
4  import cv2
5  import numpy as np
6  from matplotlib import pyplot as plt
```

(2) 加载并显示图文件：使用 Lena 图像测试。程序代码如下：

```
1  # 载入文件
2  image_file = "./images_Object_Detection/lena.jpg"
3  image = cv2.imread(image_file)
4
5  # 显示图像
6  image_RGB = cv2.cvtColor(image, cv2.COLOR_BGR2RGB)
7  plt.imshow(image_RGB)
8  plt.axis('off')
9  plt.show()
```

执行结果：如图 9.56 所示。

图 9.56　加载并显示图文件

(3) 使用 FacemarkLBF 检测脸部特征点。程序代码如下：

```
1  # 检测脸部
2  cascade = cv2.CascadeClassifier("./cascade_files/haarcascade_frontalface_alt2.xml")
3  faces = cascade.detectMultiScale(image , 1.5, 5)
4  print("faces", faces)
5
6  # 建立脸部特征点检测的对象
7  facemark = cv2.cv2.face.createFacemarkLBF()
8  # 训练模型 lbfmodel.yaml 下载自：
9  # https://raw.githubusercontent.com/kurnianggoro/GSOC2017/master/data/lbfmodel.yaml
10 facemark .loadModel("lbfmodel.yaml")
11 # 检测脸部特征点
12 ok, landmarks1 = facemark.fit(image , faces)
13 print ("landmarks LBF", ok, landmarks1)
```

执行结果：显示脸部和特征点的坐标如下：

```
faces [[225 205 152 152]]
landmarks LBF True [array([[[201.31314, 268.08807],
        [201.5153 , 293.1106 ],
        [204.91422, 317.07196],
        [210.71988, 340.4278 ],
        [222.97098, 360.37122],
        [240.34521, 375.51422],
        [260.10678, 386.35587],
        [280.64197, 392.04227],
        [298.6573 , 390.89835],
        [311.434  , 384.88406],
        [318.37827, 371.23538],
        [324.82266, 357.113  ],
        [331.87363, 342.1786 ],
        [339.7072 , 327.1501 ],
        [346.04462, 311.9719 ],
        [349.2847 , 296.59448],
        [348.95883, 280.12585],
        [236.43172, 252.06743],
```

(4) 绘制特征点并显示图像。程序代码如下：

```
1  # 绘制特征点
2  for p in landmarks1[0][0]:
3      cv2.circle(image, tuple(p), 5, (0, 255, 0), -1)
4
5  # 显示图像
6  image_RGB = cv2.cvtColor(image, cv2.COLOR_BGR2RGB)
7  plt.imshow(image_RGB)
8  plt.axis('off')
9  plt.show()
```

执行结果：结果准确，只是无法检测到左上角被帽子遮蔽的部分，如图 9.57 所示。

图 9.57 绘制显示特征点

(5) 改用 FacemarkAAM 来检测脸部特征点。程序代码如下：

```
1  # 建立脸部特征点检测的物件
2  facemark = cv2.face.createFacemarkAAM()
3  # 训练模型 aam.xml 下载自：
4  # https://github.com/berak/tt/blob/master/aam.xml
5  facemark.loadModel("aam.xml")
6  # 检测脸部特征点
7  ok, landmarks2 = facemark.fit(image , faces)
8  print ("Landmarks AAM", ok, landmarks2)
```

(6) 绘制特征点并显示图像：过程与前面的程序代码相同。程序代码如下：

```
1  # 绘制特征点
2  for p in landmarks2[0][0]:
3      cv2.circle(image, tuple(p), 5, (0, 255, 0), -1)
4
5  # 显示图像
6  image_RGB = cv2.cvtColor(image, cv2.COLOR_BGR2RGB)
7  plt.imshow(image_RGB)
8  plt.axis('off')
9  plt.show()
```

执行结果：如图 9.58 所示，左上角反而多出一些错误的特征点。

图 9.58 FacemarkAAM 检测结果

(7) 换用 FacemarkKamezi 检测脸部特征点。程序代码如下：

```
1  # 建立脸部特征点检测的物件
2  facemark = cv2.face.createFacemarkKazemi()
3  # 训练模型 face_landmark_model.dat 下载自：
4  # https://github.com/opencv/opencv_3rdparty/tree/contrib_face_alignment_20170818
5  facemark.loadModel("face_landmark_model.dat")
6  # 检测脸部特征点
7  ok, landmarks2 = facemark.fit(image , faces)
8  print ("Landmarks Kazemi", ok, landmarks2)
```

(8) 绘制特征点并显示图像：过程与前面的程序代码相同。程序代码如下：

```
1  # 绘制特征点
2  for p in landmarks2[0][0]:
3      cv2.circle(image, tuple(p), 5, (0, 255, 0), -1)
4  
5  # 显示图像
6  image_RGB = cv2.cvtColor(image, cv2.COLOR_BGR2RGB)
7  plt.imshow(image_RGB)
8  plt.axis('off')
9  plt.show()
```

执行结果：如图 9.59 所示，左上角也是多出一些错误的特征点。

图 9.59 FacemarkKamezi 检测结果

9-6-5 脸部验证

检测完脸部特征点后，利用线性代数的法向量比较多张脸的特征点，就能找出哪一张脸最相似，使用 Face-Recognition 或 dlib 库均可。

范例. 使用Face-Recognition或dlib库，比对哪一张脸最相似。

设计步骤如图 9.60 所示。

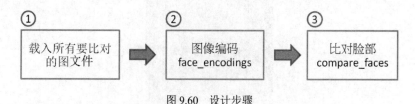

图 9.60 设计步骤

请参阅程序：**09_13_ 脸部验证 .ipynb**。

(1) 加载相关库：使用 Face-Recognition 库。程序代码如下：

```
1  # 载入相关库
2  import face_recognition
3  import numpy as np
4  from matplotlib import pyplot as plt
```

(2) 载入所有要比对的图文件。程序代码如下：

```
1   # 载入图文件
2   known_image_1 = face_recognition.load_image_file("./images_face/jared_1.jpg")
3   known_image_2 = face_recognition.load_image_file("./images_face/jared_2.jpg")
4   known_image_3 = face_recognition.load_image_file("./images_face/jared_3.jpg")
5   known_image_4 = face_recognition.load_image_file("./images_face/obama.jpg")
6
7   # 标记图文件名称
8   names = ["jared_1.jpg", "jared_2.jpg", "jared_3.jpg", "obama.jpg"]
9
10  # 显示图像
11  unknown_image = face_recognition.load_image_file("./images_face/jared_4.jpg")
12  plt.imshow(unknown_image)
13  plt.axis('off')
14  plt.show()
```

执行结果：如图 9.61 所示。

图 9.61　载入图文件

(3) 图像编码：使用 face_recognition.face_encodings 函数编码。程序代码如下：

```
1  # 图像编码
2  known_image_1_encoding = face_recognition.face_encodings(known_image_1)[0]
3  known_image_2_encoding = face_recognition.face_encodings(known_image_2)[0]
4  known_image_3_encoding = face_recognition.face_encodings(known_image_3)[0]
5  known_image_4_encoding = face_recognition.face_encodings(known_image_4)[0]
6  known_encodings = [known_image_1_encoding, known_image_2_encoding,
7                     known_image_3_encoding, known_image_4_encoding]
8  unknown_encoding = face_recognition.face_encodings(unknown_image)[0]
```

(4) 使用 face_recognition.compare_faces 进行比对。程序代码如下：

```
1  # 比对
2  results = face_recognition.compare_faces(known_encodings, unknown_encoding)
3  print(results)
```

执行结果：[True, True, True, False]，前三笔符合，完全正确。

(5) 加载相关库：改用 dlib 库。程序代码如下：

```python
1  # 载入相关库
2  import dlib
3  import cv2
4  import numpy as np
5  from matplotlib import pyplot as plt
```

(6) 加载模型：包括特征点检测、编码、脸部检测。程序代码如下：

```python
1  # 载入模型
2  pose_predictor_5_point = dlib.shape_predictor("shape_predictor_5_face_landmarks.dat")
3  face_encoder = dlib.face_recognition_model_v1("dlib_face_recognition_resnet_model_v1.dat")
4  detector = dlib.get_frontal_face_detector()
```

(7) 定义脸部编码与比对的函数：由于 dlib 无相关现成的函数，必须自行撰写。程序代码如下：

```python
1  # 找出哪一张脸最相似
2  def compare_faces_ordered(encodings, face_names, encoding_to_check):
3      distances = list(np.linalg.norm(encodings - encoding_to_check, axis=1))
4      return zip(*sorted(zip(distances, face_names)))
5  
6  
7  # 利用线性代数的法向量比较两张脸的特征点
8  def compare_faces(encodings, encoding_to_check):
9      return list(np.linalg.norm(encodings - encoding_to_check, axis=1))
10 
11 # 图像编码
12 def face_encodings(face_image, number_of_times_to_upsample=1, num_jitters=1):
13     # 检测脸部
14     face_locations = detector(face_image, number_of_times_to_upsample)
15     # 检测脸部特征点
16     raw_landmarks = [pose_predictor_5_point(face_image, face_location)
17                      for face_location in face_locations]
18     # 编码
19     return [np.array(face_encoder.compute_face_descriptor(face_image,
20                      raw_landmark_set, num_jitters)) for
21                      raw_landmark_set in raw_landmarks]
```

(8) 加载图文件并显示。程序代码如下：

```python
1  # 载入图文件
2  known_image_1 = cv2.imread("./images_face/jared_1.jpg")
3  known_image_2 = cv2.imread("./images_face/jared_2.jpg")
4  known_image_3 = cv2.imread("./images_face/jared_3.jpg")
5  known_image_4 = cv2.imread("./images_face/obama.jpg")
6  unknown_image = cv2.imread("./images_face/jared_4.jpg")
7  names = ["jared_1.jpg", "jared_2.jpg", "jared_3.jpg", "obama.jpg"]
8  
9  # 转换 BGR 为 RGB
10 known_image_1 = known_image_1[:, :, ::-1]
11 known_image_2 = known_image_2[:, :, ::-1]
12 known_image_3 = known_image_3[:, :, ::-1]
13 known_image_4 = known_image_4[:, :, ::-1]
14 unknown_image = unknown_image[:, :, ::-1]
```

(9) 图像编码。程序代码如下：

```python
1  # 图像编码
2  known_image_1_encoding = face_encodings(known_image_1)[0]
3  known_image_2_encoding = face_encodings(known_image_2)[0]
4  known_image_3_encoding = face_encodings(known_image_3)[0]
5  known_image_4_encoding = face_encodings(known_image_4)[0]
6  known_encodings = [known_image_1_encoding, known_image_2_encoding,
7                     known_image_3_encoding, known_image_4_encoding]
8  unknown_encoding = face_encodings(unknown_image)[0]
```

(10) 比对。程序代码如下：

```
1  # 比对
2  computed_distances = compare_faces(known_encodings, unknown_encoding)
3  computed_distances_ordered, ordered_names = compare_faces_ordered(known_encodings,
4                                                                    names, unknown_encoding)
5  print('比较两张脸的法向量距离：', computed_distances)
6  print('排序：', computed_distances_ordered)
7  print('依相似度排序：', ordered_names)
```

执行结果：显示两张脸的法向量距离，数字越小表示越相似。执行结果如下：

```
比较两张脸的法向量距离： [0.3998327850880958, 0.4104153798439364, 0.3913189516694114, 0.9053701677487068]
排序： (0.3913189516694114, 0.3998327850880958, 0.4104153798439364, 0.9053701677487068)
依相似度排序： ('jared_3.jpg', 'jared_1.jpg', 'jared_2.jpg', 'obama.jpg')
```

9-7　光学文字辨识

除了前面的介绍，另外还有很多其他类型的影像应用，举例如下。
(1) 光学文字辨识 (Optical Character Recognition, OCR)。
(2) 影像修复 (Image Inpainting)：用周围的影像将部分影像做修复，可用于抹除照片中不喜欢的对象。
(3) 3D 影像的建构与辨识。
利用深度学习开发影像相关的应用系统，也是种类繁多，举例如下。
(1) 防疫：是否有戴口罩的检测、社交距离的计算。
(2) 交通：道路拥塞状况的检测、车速计算、车辆的违规 (越线、闯红灯) 等。
(3) 智能制造：机器人与机器手臂的视觉辅助。
(4) 企业运用：考勤、安全监控。

光学文字辨识，是把图像中的印刷字辨识为文字，以节省大量的输入时间或抄写错误，可应用于支票号码 / 金额辨识、车牌辨识 (Automatic Number Plate Recognition, ANPR) 等，但也有人用于破解登录用的图形码验证 (Captcha)，我们就来看看如何实践 OCR 辨识。

Tesseract OCR 是目前很盛行的 OCR 软件，HP 公司于 2005 年开放源代码 (Open Source)，使用 C++ 开发而成的，可由源代码建置，或直接安装已建置好的程序，在这里我们采取后者，自 https://github.com/UB-Mannheim/tesseract/wiki 下载最新版 .exe 文件，直接执行即可。安装完成后，将安装路径下的 bin 子目录放入环境变量 path 内。若要以 Python 调用 Tesseract OCR，需额外安装 pytesseract 库，指令为 pip install pytesseract。

最简单的测试指令如下：

tesseract < 图片文件 > < 辨识结果文件 >

例如，辨识一张发票文件 (./images_ocr/receipt.png，见图 9.62) 的指令为：

tesseract ./images_ocr/receipt.png ./images_ocr/result.txt -l eng --psm 6

其中，-l eng 为辨识英文；--psm 6 为单一区块 (a single uniform block of text)。相关的参数请参考 Tesseract OCR 官网 (https://github.com/tesseract-ocr/tesseract/blob/master/doc/tesseract.1.asc)。

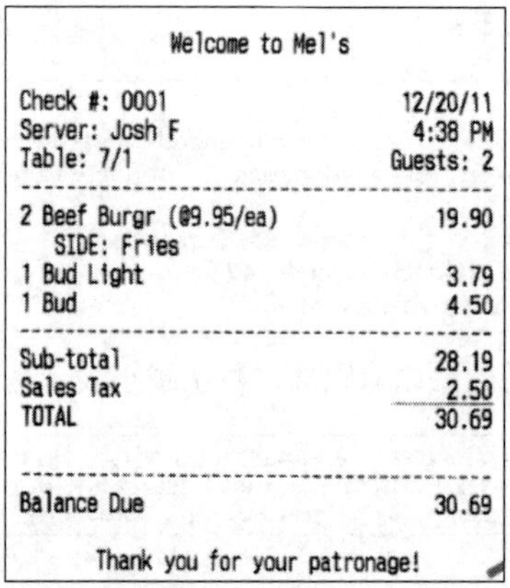

图 9.62 发票

(图片来源：A comprehensive guide to OCR with Tesseract, OpenCV and Python [23])

执行结果：几乎全部正确，只有特殊符号误判，如图 9.63 所示。

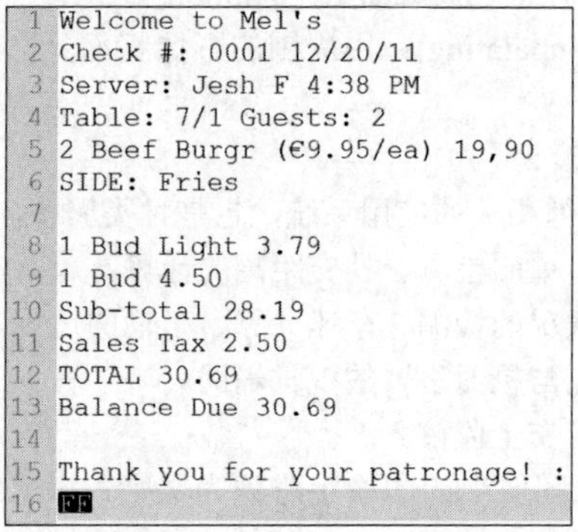

图 9.63 辨识发票执行结果

范例. 以Python调用Tesseract OCR API，辨识中、英文。

请参阅程序： **09_14_OCR.ipynb**。

(1) 加载相关库。程序代码如下：

```
1  # 载入相关库
2  import cv2
3  import pytesseract
4  import matplotlib.pyplot as plt
```

(2) 加载并显示图文件。程序代码如下：

```
1  # 载入图文件
2  image = cv2.imread('./images_ocr/receipt.png')
3
4  # 显示图文件
5  image_RGB = cv2.cvtColor(image, cv2.COLOR_BGR2RGB)
6  plt.figure(figsize=(10,6))
7  plt.imshow(image_RGB)
8  plt.axis('off')
9  plt.show()
```

(3) OCR 辨识：调用 image_to_string 函数。程序代码如下：

```
1  # 参数设定
2  custom_config = r'--psm 6'
3  # OCR 辨识
4  print(pytesseract.image_to_string(image, config=custom_config))
```

执行结果：与直接下指令的辨识结果大致相同。

(4) 只辨识数字：参数设定加 outputbase digits。程序代码如下：

```
1  # 参数设定，只辨识数字
2  custom_config = r'--psm 6 outputbase digits'
3  # OCR 辨识
4  print(pytesseract.image_to_string(image, config=custom_config))
```

执行结果如下：

```
0001 122011
4338-
71 2
29.95 19.90
1 3.79
1 4.50
- 28.19
2.50
0 30.69
30.69
```

(5) 只辨识有限字符。程序代码如下：

```
1  # 参数设定白名单，只辨识有限字符
2  custom_config = r'-c tessedit_char_whitelist=abcdefghijklmnopqrstuvwxyz --psm 6'
3  # OCR 辨识
4  print(pytesseract.image_to_string(image, config=custom_config))
```

执行结果如下：

```
elcometoels
heck
erverdeshf
able uests
eefurgrea
efries

udight
ud
ubtotal
alesfax
a
alanceue

hankyouforyourpatronage a
```

(6) 设定黑名单：只辨识有限字符。程序代码如下：

```
1  # 参数设定黑名单，只辨识有限字符
2  custom_config = r'-c tessedit_char_blacklist=abcdefghijklmnopqrstuvwxyz --psm 6'
3  # OCR 辨识
4  print(pytesseract.image_to_string(image, config=custom_config))
```

执行结果如下：

```
W  M]'
C #: 0001 12/20/11
S: J F 4:38 PM
T: 7/1 G: 2
2 B B (€9.95/) 19,90
SIDE: F

1 B L 3.79
1 B 4.50
S-] 28.19
S T 2.50
TOTAL 30.69
BI D 30.69


T é! '
```

(7) 辨识多国文字：先加载并显示图文件。程序代码如下：

```
1  # 载入图文件
2  image = cv2.imread('./images_ocr/chinese_s.png')
3
4  # 显示图文件
5  image_RGB = cv2.cvtColor(image, cv2.COLOR_BGR2RGB)
6  plt.figure(figsize=(10,6))
7  plt.imshow(image_RGB)
8  plt.axis('off')
9  plt.show()
```

图文件如下：

> Tesseract OCR 是目前很盛行的 OCR 软件，HP 公司于 2005 年开放源代码(Open Source)，以 C++开发而成的，可由源代码创建，或直接安装已创建好的程序，在这里我们采取后者，自 https://github.com/UB-Mannheim/tesseract/wiki 下载最新版 exe 文件，直接执行即可。安装完成后，将安装路径下的 bin 子目录放入环境变量 path 内。若要以 Python 调用 Tesseract OCR，需额外安装 pytesseract 库，指令如下：
> pip install pytesseract

(8) 辨识多国文字：先自 https://github.com/tesseract-ocr/tessdata_best 下载各国字库，放入安装目录的 tessdata 子目录内 (C:\Program Files\Tesseract-OCR\tessdata)。程序代码如下：

```
1  # 辨识多国文字，中文简体及英文
2  custom_config = r'-l chi_sim+jpn+eng --psm 6'
3  # OCR 辨识
4  print(pytesseract.image_to_string(image, config=custom_config))
```

执行结果：如图 9.64 所示。

```
Tesseract OCR 是 目前 很 盛行 的 OCR 软件 ，HP 公司 于 2005 年 开放 源 代码 (Open
Sourcej, 以 C++ 开发 而 成 的 ， 可 由 源 代码 创建 ， 或 直接 安装 已 创建 好 的 程序 ，
在 这 里 我 们 采取 后者 ， 自 https://github.com/UB-Mannheim/tesseract/wiki 下 载 最
新 版 exe 文件 ， 直接 执行 即 可 。 安装 完成 后 ， 将 安装 路径 下 的 bin 子 目录 放 入 环
境 变量 path 内 。 若要 以 Python 调用 Tesseract OCR, 需 额外 安装 pytesseract 库 ，
指令 如 下 ：»

DiDinstallpytesseract。
```

afr (Afrikaans), amh (Amharic), ara (Arabic), asm (Assamese), aze (Azerbaijani), aze_cyrl (Azerbaijani - Cyrillic), bel (Belarusian), ben (Bengali), bod (Tibetan), bos (Bosnian), bre (Breton), bul (Bulgarian), cat (Catalan; Valencian), ceb (Cebuano), ces (Czech), chi_sim (Chinese simplified), chi_tra (Chinese traditional), chr (Cherokee), cos (Corsican), cym (Welsh), dan (Danish), deu (German), div (Dhivehi), dzo (Dzongkha), ell (Greek, Modern, 1453-), eng (English), enm (English, Middle, 1100-1500), epo (Esperanto), equ (Math / equation detection module), est (Estonian), eus (Basque), fas (Persian), fao (Faroese), fil (Filipino), fin (Finnish), fra (French), frk (Frankish), frm (French, Middle, ca.1400-1600), fry (West Frisian), gla (Scottish Gaelic), gle (Irish), glg (Galician), grc (Greek, Ancient, to 1453), guj (Gujarati), hat (Haitian; Haitian Creole), heb (Hebrew), hin (Hindi), hrv (Croatian), hun (Hungarian), hye (Armenian), iku (Inuktitut), ind (Indonesian), isl (Icelandic), ita (Italian), ita_old (Italian - Old), jav (Javanese), jpn (Japanese), kan (Kannada), kat (Georgian), kat_old (Georgian - Old), kaz (Kazakh), khm (Central Khmer), kir (Kirghiz; Kyrgyz), kmr (Kurdish Kurmanji), kor (Korean), kor_vert (Korean vertical), lao (Lao), lat (Latin), lav (Latvian), lit (Lithuanian), ltz (Luxembourgish), mal (Malayalam), mar (Marathi), mkd (Macedonian), mlt (Maltese), mon (Mongolian), mri (Maori), msa (Malay), mya (Burmese), nep (Nepali), nld (Dutch; Flemish), nor (Norwegian), oci (Occitan post 1500), ori (Oriya), osd (Orientation and script detection module), pan (Panjabi; Punjabi), pol (Polish), por (Portuguese), pus (Pushto; Pashto), que (Quechua), ron (Romanian; Moldavian; Moldovan), rus (Russian), san (Sanskrit), sin (Sinhala; Sinhalese), slk (Slovak), slv (Slovenian), snd (Sindhi), spa (Spanish; Castilian), spa_old (Spanish; Castilian - Old), sqi (Albanian), srp (Serbian), srp_latn (Serbian - Latin), sun (Sundanese), swa (Swahili), swe (Swedish), syr (Syriac), tam (Tamil), tat (Tatar), tel (Telugu), tgk (Tajik), tha (Thai), tir (Tigrinya), ton (Tonga), tur (Turkish), uig (Uighur; Uyghur), ukr (Ukrainian), urd (Urdu), uzb (Uzbek), uzb_cyrl (Uzbek - Cyrillic), vie (Vietnamese), yid (Yiddish), yor (Yoruba)

图 9.64　Tesseract 4 支持的语言

(图片来源：Tesseract 官网的语言列表 [24])

9-8　车牌辨识

车牌辨识 (Automatic Number Plate Recognition, ANPR) 系统已被应用多年了，早期用像素逐点辨识，或将数字细线化后，再比对线条，但最近几年改为采用深度学习进行辨识，它已被应用到许多领域。

(1) 机车检验：检验单位的计算机会先进行车牌辨识。

(2) 停车场：当车辆进场时，系统会先辨识车牌并记录，要出场时会辨识车牌，自动扣款。

范例. 以OpenCV及Tesseract OCR进行车牌辨识。

设计步骤如图 9.65 所示。

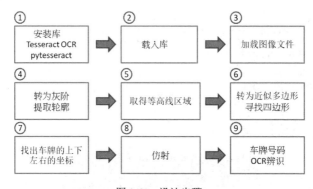

图 9.65　设计步骤

请参阅程序：**09_15_ 车牌辨识 .ipynb**，程序修改自 *Car License Plate Recognition using Raspberry Pi and OpenCV* [25]。

(1) 加载相关库。程序代码如下：

```
1  # 载入相关库
2  import cv2
3  import imutils
4  import numpy as np
5  import matplotlib.pyplot as plt
6  import pytesseract
7  from PIL import Image
```

(2) 加载并显示图文件。程序代码如下：

```
1  # 载入图文件
2  image = cv2.imread('./images_ocr/1.jpg',cv2.IMREAD_COLOR)
3
4  # 显示图文件
5  image_RGB = cv2.cvtColor(image, cv2.COLOR_BGR2RGB)
6  plt.imshow(image_RGB)
7  plt.axis('off')
8  plt.show()
```

执行结果：如图 9.66 所示，此测试图来自于原程序。

图 9.66　加载并显示图文件

(3) 先转为灰阶，会比较容易辨识，再提取轮廓。程序代码如下：

```
1  # 提取轮廓
2  gray = cv2.cvtColor(image, cv2.COLOR_BGR2GRAY)   # 转为灰阶
3  gray = cv2.bilateralFilter(gray, 11, 17, 17)     # 模糊化，去除杂信
4  edged = cv2.Canny(gray, 30, 200)                 # 提取轮廓
5
6  # 显示图文件
7  plt.imshow(edged, cmap='gray')
8  plt.axis('off')
9  plt.show()
```

执行结果：如图 9.67 所示。

图 9.67　转为灰阶并提取轮廓

(4) 取得等高线区域，并排序，取前 10 个区域。程序代码如下：

```python
# 取得等高线区域，并排序，取前10个区域
cnts = cv2.findContours(edged.copy(), cv2.RETR_TREE, cv2.CHAIN_APPROX_SIMPLE)
cnts = imutils.grab_contours(cnts)
cnts = sorted(cnts, key = cv2.contourArea, reverse = True)[:10]
```

(5) 找第一个含四个点的等高线区域：将等高线区域转为近似多边形，接着寻找四边形的等高线区域。程序代码如下：

```python
# 找第一个含四个点的等高线区域
screenCnt = None
for i, c in enumerate(cnts):
    # 计算等高线区域周长
    peri = cv2.arcLength(c, True)
    # 转为近似多边形
    approx = cv2.approxPolyDP(c, 0.018 * peri, True)
    # 等高线区域维度
    print(c.shape)
    
    # 找第一个含四个点的多边形
    if len(approx) == 4:
        screenCnt = approx
        print(i)
        break
```

(6) 在原图上绘制多边形，框住车牌。程序代码如下：

```python
# 在原图上绘制多边形，框住车牌
if screenCnt is None:
    detected = 0
    print("No contour detected")
else:
    detected = 1

if detected == 1:
    cv2.drawContours(image, [screenCnt], -1, (0, 255, 0), 3)
    print(f'车牌坐标=\n{screenCnt}')
```

(7) 去除车牌以外的图像，找出车牌的上下左右的坐标，计算车牌宽高。程序代码如下：

```python
# 去除车牌以外的图像
mask = np.zeros(gray.shape,np.uint8)
new_image = cv2.drawContours(mask,[screenCnt],0,255,-1,)
new_image = cv2.bitwise_and(image, image, mask=mask)

# 转为浮点数
src_pts = np.array(screenCnt, dtype=np.float32)

# 找出车牌的上下左右的坐标
left = min([x[0][0] for x in src_pts])
right = max([x[0][0] for x in src_pts])
top = min([x[0][1] for x in src_pts])
bottom = max([x[0][1] for x in src_pts])

# 计算车牌宽高
width = right - left
height = bottom - top
print(f'宽度={width}，高度={height}')
```

(8) 仿射 (Affine Transformation)，将车牌转为矩形：仿射可将偏斜的梯形转为矩形，笔者发现等高线区域的各点坐标都是以**逆时针排列**，因此，当要找出第一点坐标在哪个方向时，通常它会位在上方或左方，所以不需考虑右下角。程序代码如下：

```
1  # 计算仿射(Affine Transformation)的目标区域座标，须与撷取的等高线区域座标顺序相同
2  if src_pts[0][0][0] > src_pts[1][0][0] and src_pts[0][0][1] < src_pts[3][0][1]:
3      print('起始点为右上角')
4      dst_pts = np.array([[width, 0], [0, 0], [0, height], [width, height]], dtype=np.float32)
5  elif src_pts[0][0][0] < src_pts[1][0][0] and src_pts[0][0][1] > src_pts[3][0][1]:
6      print('起始点为左下角')
7      dst_pts = np.array([[0, height], [width, height], [width, 0], [0, 0]], dtype=np.float32)
8  else:
9      print('起始点为左上角')
10     dst_pts = np.array([[0, 0], [0, height], [width, height], [width, 0]], dtype=np.float32)
11
12 # 仿射
13 M = cv2.getPerspectiveTransform(src_pts, dst_pts)
14 Cropped = cv2.warpPerspective(gray, M, (int(width), int(height)))
```

(9) 车牌号码 OCR 辨识。程序代码如下：

```
1  # 车牌号码 OCR 辨识
2  text = pytesseract.image_to_string(Cropped, config='--psm 11')
3  print("车牌号码：",text)
```

执行结果：/HR.26 BR 9044，有误认一些非字母或数字的符号，可直接去除，这样车牌辨识的结果就完全正确。

(10) 显示原图和车牌。程序代码如下：

```
1  # 显示原图及车牌
2  cv2.imshow('Orignal image',image)
3  cv2.imshow('Cropped image',Cropped)
4
5  # 车牌存档
6  cv2.imwrite('Cropped.jpg', Cropped)
7
8  # 按 Enter 键结束
9  cv2.waitKey(0)
10
11 # 关闭所有视窗
12 cv2.destroyAllWindows()
```

执行结果：如图 9.68 所示。

图 9.68　显示原图和车牌

(11) 再使用 images_ocr/1.jpg 测试，车牌为 NAX-6683，辨识为 NAY-6683，将 X 误认为 Y，有可能是中国台湾省车牌的字形不同，可使用中国台湾省车牌字形供 Tesseract OCR 使用。执行结果如图 9.69 所示。

图 9.69　更换图片执行结果

另外，笔者实验发现，若镜头拉远或拉近，而导致车牌过大或过小的话，都有可能辨识错误，所以，实际进行时，镜头最好与车牌距离能固定，会比较容易辨识。假如图像的画面太杂乱，则取到的车牌区域也有可能是错的，而这个问题相对容易处理，当 OCR 辨识不到字或者字数不足时，就再找其他的等高线区域，即可解决。

从这个范例可以得知，通常一个实际的案例，并不会像内建的数据集一样，可以直接套用，常常都需要进行前置处理，如灰阶化、提取轮廓、找等高线区域、仿射等，数据清理 (Data Clean) 完才可导入模型加以训练，而且为了适应环境变化，这些工作还必须反复进行。所以有人统计，仅仅收集数据、整理数据、特征工程等工作就占项目 85% 的时间，把最烦琐的工作处理好，才是项目成功的关键因素，这与参加 Kaggle 竞赛是截然不同的感受，成功总是藏在细节里。

9-9　卷积神经网络的缺点

CNN 的应用领域那么多元，相当实用，但是它仍存在以下缺点。

(1) 卷积不考虑特征在图像的所在位置，只针对局部窗口进行特征辨识，因此，图 9.70 所示的两张图，辨识结果是相同的，这种现象称为"位置无差异性"(Position Invariant)。

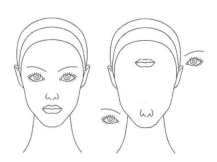

图 9.70　正常的人脸和五官移位

(两者对 CNN 来说是无差异的。图片来源：*Disadvantages of CNN models* [26])

(2) 图像中的对象如果经过旋转或倾斜，CNN 就无法辨识了，如图 9.71 所示。

图 9.71　右图为左图侧转近 180 度，CNN 无法辨识

(图片来源：*Disadvantages of CNN models* [26])

(3) 图像坐标转换，人眼可以辨识不同的对象特征，但 CNN 却难以辨识，如图 9.72 所示。

图 9.92　右图为上下颠倒的左图，CNN 无法辨识

(图片来源：*Disadvantages of CNN models* [26])

因此，Geoffrey Hinton 等学者就提出了胶囊算法 (Capsules)，用来改良 CNN 的问题，有兴趣的读者可以进一步研究 Capsules。

第 10 章
生成对抗网络

水能载舟，亦能覆舟。AI 虽然给人类带来了许多便利，但也带来不小的危害。近几年泛滥的深度伪造 (Deepfake) 就是一例，它利用 AI 技术伪造政治人物与明星的视频，能够做到真假难辨，一旦在网络上散播开来，就会产生莫大的社会危害。根据统计，名人色情片八成都是伪造的。深度伪造的基础算法就是生成对抗网络 (Generative Adversarial Network, GAN)，本章就来介绍这一课题。

Facebook 人工智能研究院 Yann LeCun 在接受 Quora 专访时说到："GAN 及其变形是近十年最有趣的想法。"(This, and the variations that are now being proposed is the most interesting idea in the last 10 years in ML, in my opinion.)。一句话导致 GAN 一炮而红，其作者 Ian Goodfellow 也成为各界竞相邀请演讲的对象。

另外，2018 年 10 月纽约佳士得艺术拍卖会，也卖出了第一幅利用 GAN 算法绘制的肖像画，最后得标价为 432500 美金。有趣的是，画作右下角还列出 GAN 的损失函数，如图 10.1 所示。相关报导可参见《全球首次！AI 创作肖像画 10 月佳士得拍卖》[1] 及 *Is artificial intelligence set to become art's next medium?* [2]。

图 10.1　Edmond de Belamy 肖像画

(图片来源：佳士得网站[3])

此后有人统计，每 28 分钟就有一篇与 GAN 相关的论文发表。

▌10-1　生成对抗网络介绍

关于生成对抗网络有一个很生动的比喻：它是由两个神经网络所组成，一个网络扮演伪钞制造者 (Counterfeiter)，一直制造假钞；另一个网络则扮演警察，不断从伪造者那边拿到假钞，并判断真假，然后，伪造者就根据警察判断结果的反馈，不停改良，直到最后假钞变成真假难辨，这就是 GAN 的概念。

"伪钞制造者"称为"生成模型"(Generative model)，"警察"则是"判别模型"(Discriminative model)，简单的架构如图 10.2 所示。

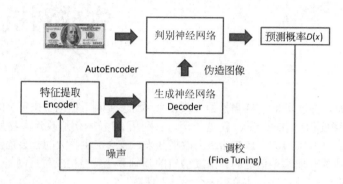

图 10.2　生成对抗网络的架构

处理流程如下。

(1) 先训练判别神经网络：从训练数据中抽取样本，导入判别神经网络，期望预测概率 $D(x) \approx 1$，相反地，判断来自生成网络的伪造图片，期望预测概率 $D(G(z)) \approx 0$。

(2) 训练生成网络：刚开始以正态分布或均匀分布产生噪声 (z)，导入生成神经网络，生成伪造图片。

(3) 透过判别网络的反向传导 (Backpropagation)，更新生成网络的权重，即改良伪造图片的准确度 (技术)，反复训练，直到产生精准的图片为止，如图 10.3 所示。

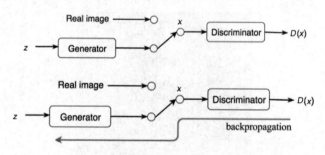

图 10.3　判别神经网络的反向传导

GAN 根据以上流程重新定义损失函数。

(1) 判别神经网络的损失函数：前半段为真实数据的判别，后半段为伪造数据的判别。即

$$\max_D V(D) = \underbrace{\mathbb{E}_{x \sim P_{\text{data}}}(x)[\log D(x)]}_{\text{recognize real images better}} + \underbrace{\mathbb{E}_{z \sim P_z(z)}[\log(1 - D(G(z)))]}_{\text{recognize generated images better}}$$

式中：x 为训练数据，故预测概率 $D(x)$ 越大越好；E 为期望值，因为训练数据并不完全相同，故预测概率有高有低；z 为伪造数据，预测概率 $D(G(z))$ 越小越好，调整为 1-$D(G(z))$，变成越大越好。

① 两者相加当然是越大越好。

② 取 log：并不会影响最大化求解，通常概率相乘会导致多次方，不容易求解，故取 log，变成一次方函数。

(2) 生成神经网络的损失函数：即判别神经网络损失函数的右边多项式，生成神经网络期望伪造数据被分类为真的概率越大越好，故差距越小越好。

$$\min_G V(G) = \mathbb{E}_{z \sim P_z(z)}[\log(1-D(G(z)))]$$

(3) 两个网络损失函数合而为一的表示法为

$$\min_G \max_D V(D,G) = \mathbb{E}_{x \sim P_{data}}[\log D(x)] + \mathbb{E}_{z \sim P_z(z)}[\log(1-D(G(z)))]$$

因为函数左边的多项式与生成神经网络的损失函数无关，故加上亦无碍。整个算法的伪码如图 10.4 所示，使用小批量梯度下降法，最小化损失函数。

Algorithm 1 Minibatch stochastic gradient descent training of generative adversarial nets. The number of steps to apply to the discriminator, k, is a hyperparameter. We used $k = 1$, the least expensive option, in our experiments.

for number of training iterations **do**
    for k steps **do**
        • Sample minibatch of m noise samples $\{z^{(1)}, \ldots, z^{(m)}\}$ from noise prior $p_g(z)$.
        • Sample minibatch of m examples $\{x^{(1)}, \ldots, x^{(m)}\}$ from data generating distribution $p_{data}(x)$.
        • Update the discriminator by ascending its stochastic gradient:
$$\nabla_{\theta_d} \frac{1}{m} \sum_{i=1}^m \left[\log D\left(x^{(i)}\right) + \log \left(1 - D\left(G\left(z^{(i)}\right)\right)\right) \right].$$
    end for
    • Sample minibatch of m noise samples $\{z^{(1)}, \ldots, z^{(m)}\}$ from noise prior $p_g(z)$.
    • Update the generator by descending its stochastic gradient:
$$\nabla_{\theta_g} \frac{1}{m} \sum_{i=1}^m \log \left(1 - D\left(G\left(z^{(i)}\right)\right)\right).$$
end for
The gradient-based updates can use any standard gradient-based learning rule. We used momentum in our experiments.

图 10.4　GAN 算法的伪码

生成网络希望生成出来的图片越来越逼真，能通过判别网络的检验，而判别网络则希望将生成网络所制造的图片都判定为假数据，两者目标相反，互相对抗，故称为生成对抗网络。

10-2　生成对抗网络种类

GAN 不是只有一种模型，其变形非常多，读者可以参阅"The GAN Zoo"[4]，有上百种模型，其功能各有不同，具体如下。

(1) CGAN：参阅 *Pose Guided Person Image Generation*[5]，可生成不同的姿势，如图 10.5 所示。

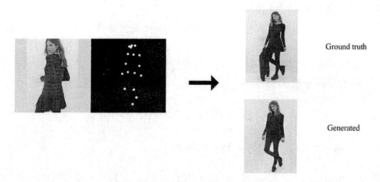

图 10.5　CGAN 算法的姿势生成

(2) ACGAN：参阅 *Towards the Automatic Anime Characters Creation with Generative Adversarial Networks* [6]，可生成不同的动漫人物，如图 10.6 所示。

图 10.6　ACGAN 算法 (从左边的动漫角色，生成为右边的新角色)

作者附有一个展示的网站，可利用不同的模型与参数，生成各种动漫人物，如图 10.7 所示。

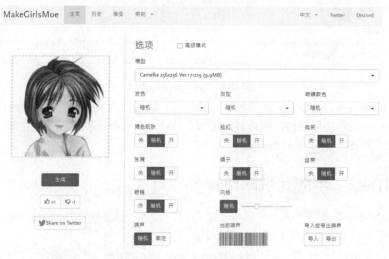

图 10.7　ACGAN 展示网站

(3) CycleGAN：风格转换，作者也附上了一个展示的网站 (https://mil-tokyo.github.io/webdnn/)，可选择不同的风格图，生成各式风格的照片或视频，如图 10.8 所示。

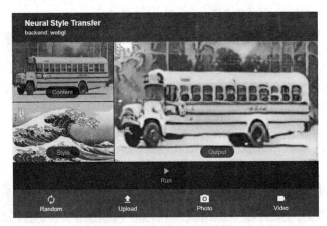

图 10.8　CycleGAN 的展示网站

(4) StarGAN：参阅 *StarGAN: Unified Generative Adversarial Networks for Multi-Domain Image-to-Image Translation* [7]，生成不同的脸部表情，转换肤色、发色或是性别，程序代码在 https://github.com/yunjey/stargan，展示如图 10.9 所示。

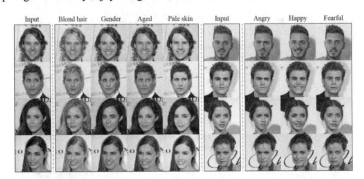

图 10.9　StarGAN 展示 (将左边的脸转换肤色、发色、性别或表情)

(5) SRGAN：可以生成高分辨率的图像，参阅 *Photo-Realistic Single Image Super-Resolution Using a Generative Adversarial Network* [8]，如图 10.10 所示。

图 10.10　SRGAN 展示 (由左而右从低分辨率的图像生成为高分辨率的图像)

(6) StyleGAN2：功能与语义分割 (Image Segmentation) 相反，它是从语义分割图渲染成实景图，参阅 *Analyzing and Improving the Image Quality of StyleGAN* [9]，程序代码在 https://github.com/NVlabs/stylegan2，如图 10.11 所示。

图 10.11　StyleGAN2 展示 (从右边的图像生成为左边的图像)

限于篇幅，这里仅介绍一小部分的算法，读者如有兴趣可参阅 "GAN——Some cool applications of GAN" [10] 一文，其有更多种算法的介绍。

只要修改原创者 GAN 的损失函数，即可产生不同的效果，所以，根据 "The GAN Zoo" [4] 的统计，GAN 相关的论文数量呈现爆炸性的成长趋势，如图 10.12 所示。

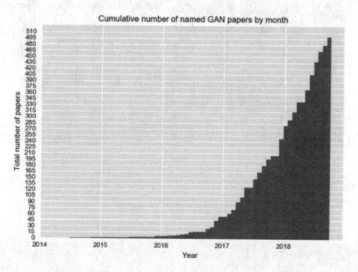

图 10.12　与 GAN 有关的论文数量呈现爆炸性的成长

10-3　DCGAN

我们先来实践 DCGAN(Deep Convolutional Generative Adversarial Network) 算法。

范例1. 以MNIST数据实践DCGAN算法，产生手写阿拉伯数字。

设计步骤如图 10.13 所示。

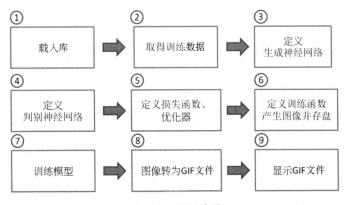

图 10.13　设计步骤

请参阅程序：**10_01_DCGAN_MNIST.ipynb**。

训练数据集：MNIST。

(1) 加载相关库：需先安装 imageio 库，以利于产生 GIF 动画。程序代码如下：

```
1  # 载入相关库
2  import glob
3  import imageio
4  import matplotlib.pyplot as plt
5  import numpy as np
6  import os
7  import PIL
8  import tensorflow as tf
9  from tensorflow.keras import layers
10 import time
11 from IPython import display
```

(2) 取得训练数据，转为 TensorFlow Dataset。程序代码如下：

```
1  # 取得 MNIST 训练数据
2  (train_images, train_labels), (_, _) = tf.keras.datasets.mnist.load_data()
3  # 像素标准化
4  train_images = train_images.reshape(train_images.shape[0], 28, 28, 1).astype('float32')
5  train_images = (train_images - 127.5) / 127.5  # 使像素值介于 [-1, 1]
6
7  # 参数设定
8  BUFFER_SIZE = 60000  # 缓冲区大小
9  BATCH_SIZE = 256     # 训练批量
10
11 # 转为 Dataset
12 train_dataset = tf.data.Dataset.from_tensor_slices(train_images) \
13         .shuffle(BUFFER_SIZE).batch(BATCH_SIZE).prefetch(BUFFER_SIZE).cache()
```

(3) 定义生成神经网络。

① use_bias=False：训练不产生偏差项，因为要生成的影像尽量是像素所构成的。

② Activation Function 采用 LeakyReLU：尽可能不要产生 0 的值，以免生成的影像有太多空白。

③ Conv2DTranspose：反卷积层，进行上采样，由小图插补为大图，strides=(2, 2) 表示宽、高各增大 2 倍。

④ 最后产生宽、高为 (28,28) 的单色向量。

程序代码如下：

```python
# 生成神经网络
def make_generator_model():
    model = tf.keras.Sequential()
    model.add(layers.Dense(7*7*256, use_bias=False, input_shape=(100,)))
    model.add(layers.BatchNormalization())
    model.add(layers.LeakyReLU())

    model.add(layers.Reshape((7, 7, 256)))
    assert model.output_shape == (None, 7, 7, 256)  # None 代表批量不检查

    model.add(layers.Conv2DTranspose(128, (5, 5), strides=(1, 1),
                                     padding='same', use_bias=False))
    assert model.output_shape == (None, 7, 7, 128)
    model.add(layers.BatchNormalization())
    model.add(layers.LeakyReLU())

    model.add(layers.Conv2DTranspose(64, (5, 5), strides=(2, 2),
                                     padding='same', use_bias=False))
    assert model.output_shape == (None, 14, 14, 64)
    model.add(layers.BatchNormalization())
    model.add(layers.LeakyReLU())

    model.add(layers.Conv2DTranspose(1, (5, 5), strides=(2, 2),
                    padding='same', use_bias=False, activation='tanh'))
    assert model.output_shape == (None, 28, 28, 1)

    return model
```

(4) 测试生成神经网络。程序代码如下：

```python
# 测试生成神经网络
generator = make_generator_model()

# 测试产生的噪声
noise = tf.random.normal([1, 100])
generated_image = generator(noise, training=False)

# 显示噪声生成的图像
plt.imshow(generated_image[0, :, :, 0], cmap='gray')
```

执行结果：如图 10.14 所示。

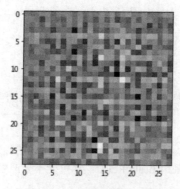

图 10.14　测试生成神经网络

(5) 定义判别神经网络：类似于一般的 CNN 判别模型，但要去除池化层，避免信息损失。程序代码如下：

```
1  # 判别神经网络
2  def make_discriminator_model():
3      model = tf.keras.Sequential()
4      model.add(layers.Conv2D(64, (5, 5), strides=(2, 2), padding='same',
5                                      input_shape=[28, 28, 1]))
6      model.add(layers.LeakyReLU())
7      model.add(layers.Dropout(0.3))
8
9      model.add(layers.Conv2D(128, (5, 5), strides=(2, 2), padding='same'))
10     model.add(layers.LeakyReLU())
11     model.add(layers.Dropout(0.3))
12
13     model.add(layers.Flatten())
14     model.add(layers.Dense(1))
15
16     return model
```

(6) 测试判别神经网络：真实影像的预测值会是较大的值，生成影像的预测值则会是较小的值，因为无明显的线条特征。程序代码如下：

```
1  # 测试判别神经网络
2  discriminator = make_discriminator_model()
3
4  # 真实的影像预测值会是较大的值，生成的影像预测值会是较小的值
5  decision = discriminator(generated_image)
6  print(f'预测值={decision}')
```

执行结果：预测值 =-0.00208456，为很小的值。

(7) 测试真实的影像。程序代码如下：

```
1  # 测试真实的影像 5 笔
2  decision = discriminator(train_images[0:5])
3  print(f'预测值={decision}')
```

执行结果：预测结果如下，为绝对值较大的值。

```
预测值=[[ 0.05318744]
 [-0.10278386]
 [ 0.06209961]
 [ 0.04826187]
 [ 0.01407145]]
```

(8) 定义损失函数为二分类交叉熵 (BinaryCrossentropy)，优化器为 Adam。

判别神经网络的损失函数为真实影像加上生成影像的损失函数和，因为判别神经网络会同时接收真实影像和生成影像。程序代码如下：

```
1  # 定义损失函数为二分类交叉熵
2  cross_entropy = tf.keras.losses.BinaryCrossentropy(from_logits=True)
3
4  # 定义判别神经网络损失函数为真实影像 + 生成影像的损失函数
5  def discriminator_loss(real_output, fake_output):
6      real_loss = cross_entropy(tf.ones_like(real_output), real_output)
7      fake_loss = cross_entropy(tf.zeros_like(fake_output), fake_output)
8      total_loss = real_loss + fake_loss
9      return total_loss
10
11 # 定义生成神经网络损失函数为生成影像的损失函数
12 def generator_loss(fake_output):
13     return cross_entropy(tf.ones_like(fake_output), fake_output)
14
15 # 优化器均为 Adam
16 generator_optimizer = tf.keras.optimizers.Adam(1e-4)
17 discriminator_optimizer = tf.keras.optimizers.Adam(1e-4)
```

(9) 设定检查点：在检查点将模型存盘，要花很长的时间训练，万一中途断掉，还可以从上次的断点继续训练。

还原 (restore) 指令为：checkpoint.restore(tf.train.latest_checkpoint(checkpoint_dir))。程序代码如下：

```python
# 在检查点模型存档
checkpoint_dir = './dcgan_training_checkpoints'
checkpoint_prefix = os.path.join(checkpoint_dir, "ckpt")
checkpoint = tf.train.Checkpoint(generator_optimizer=generator_optimizer,
                discriminator_optimizer=discriminator_optimizer,
                generator=generator,
                discriminator=discriminator)
```

(10) 参数设定。程序代码如下：

```python
# 参数设定
EPOCHS = 50                          # 训练执行周期
noise_dim = 100                      # 噪声向量大小
num_examples_to_generate = 16        # 生成笔数

# 产生乱数(噪声)
seed = tf.random.normal([num_examples_to_generate, noise_dim])
```

(11) 定义梯度下降函数：同时对生成的神经网络和判别神经网络进行训练，噪声与真实图像也一起导入判别神经网络，计算损失及梯度，并更新权重。

@tf.function：会产生运算图，使函数指令周期加快。程序代码如下：

```python
# 定义梯度下降，分别对判别神经网络、生成神经网络进行训练
@tf.function  # 产生运算图
def train_step(images):
    noise = tf.random.normal([BATCH_SIZE, noise_dim])

    with tf.GradientTape() as gen_tape, tf.GradientTape() as disc_tape:
        # 生成神经网络进行训练
        generated_images = generator(noise, training=True)

        # 判别神经网络进行训练
        real_output = discriminator(images, training=True)          # 真实影像
        fake_output = discriminator(generated_images, training=True) # 生成影像

        # 计算损失
        gen_loss = generator_loss(fake_output)
        disc_loss = discriminator_loss(real_output, fake_output)

    # 梯度下降
    gradients_of_generator = gen_tape.gradient(gen_loss, generator.trainable_variables)
    gradients_of_discriminator = disc_tape.gradient(disc_loss,
                                          discriminator.trainable_variables)

    # 更新权重
    generator_optimizer.apply_gradients(zip(gradients_of_generator,
                                    generator.trainable_variables))
    discriminator_optimizer.apply_gradients(zip(gradients_of_discriminator,
                                    discriminator.trainable_variables))
```

(12) 定义训练函数：同时间产生图像并存盘。程序代码如下：

```
1   # 定义训练函数
2   def train(dataset, epochs):
3       for epoch in range(epochs):
4           start = time.time()
5   
6           for image_batch in dataset:
7               train_step(image_batch)
8   
9           # 产生图像
10          display.clear_output(wait=True)
11          generate_and_save_images(generator, epoch + 1, seed)
12  
13          # 每 10 个执行周期存档一次
14          if (epoch + 1) % 10 == 0:
15              checkpoint.save(file_prefix = checkpoint_prefix)
16  
17          print ('epoch {} 花费 {} 秒'.format(epoch + 1, time.time()-start))
18  
19      # 显示最后结果
20      display.clear_output(wait=True)
21      generate_and_save_images(generator, epochs, seed)
```

(13) 定义产生图像的函数。程序代码如下：

```
1   # 产生图像并存档
2   def generate_and_save_images(model, epoch, test_input):
3       # 预测
4       predictions = model(test_input, training=False)
5   
6       # 显示 4x4 的格子
7       fig = plt.figure(figsize=(4, 4))
8       for i in range(predictions.shape[0]):
9           plt.subplot(4, 4, i+1)
10          plt.imshow(predictions[i, :, :, 0] * 127.5 + 127.5, cmap='gray')
11          plt.axis('off')
12  
13      # 存档
14      plt.savefig('./GAN_result/image_at_epoch_{:04d}.png'.format(epoch))
15      plt.show()
```

(14) 训练模型：训练过程会产生动画效果。程序代码如下：

```
1   train(train_dataset, EPOCHS)
```

执行结果：训练了 50 个周期，数字已隐约成形，如图 10.15 所示。

图 10.15　训练结果

(15) 将训练过程中的存盘图像转为 GIF 文件，并显示 GIF 文件。程序代码如下：

```
1   # 产生 GIF 文件
2   anim_file = './GAN_result/dcgan.gif'
3   with imageio.get_writer(anim_file, mode='I') as writer:
4       filenames = glob.glob('./GAN_result/image*.png')
5       filenames = sorted(filenames)
6       for filename in filenames:
7           # print(filename)
8           image = imageio.imread(filename)
9           writer.append_data(image)
10
11  # 显示 GIF 文件
12  import tensorflow_docs.vis.embed as embed
13  embed.embed_file(anim_file)
```

执行结果：注意 GIF 文件会不断循环播放，所以也可以打开"文件管理"，单击"大图显示"来检视，如图 10.16 所示。

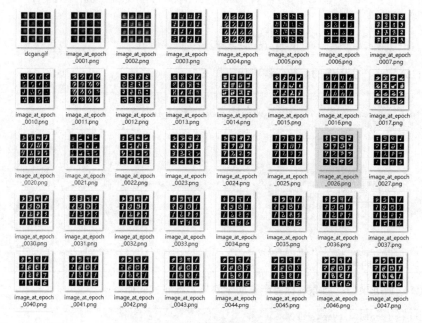

图 10.16　文件转换及显示

接着以名人脸部数据集，生成近似真实的图像，程序修改自 Keras 官网 "DCGAN to generate face images" [11]。

范例2.以名人脸部数据集实践DCGAN算法。

请参阅程序：**10_02_DCGAN_Face.ipynb**。

训练数据集：名人脸部，约 1.3GB。

(1) 加载相关库。程序代码如下：

```
1   # 载入相关库
2   import tensorflow as tf
3   from tensorflow import keras
4   from tensorflow.keras import layers
5   import numpy as np
6   import matplotlib.pyplot as plt
7   import os
```

(2) 下载 img_align_celeba.zip，解压缩至 celeba_gan 目录，产生数据集 (Dataset)，图像缩放为 (64, 64)。程序代码如下：

```
1  # 从celeba_gan目录产生数据集
2  dataset = keras.preprocessing.image_dataset_from_directory(
3      "celeba_gan", label_mode=None, image_size=(64, 64), batch_size=32
4  )
5  # 像素标准化
6  dataset = dataset.map(lambda x: x / 255.0)
```

执行结果：共有 202599 个图文件，同属一个类别 (以子目录为类别名称)。

(3) 加载并显示第一个图文件。程序代码如下：

```
1  # 载入并显示第一个图文件
2  image = next(iter(dataset))
3  plt.axis("off")
4  plt.imshow((image.numpy() * 255).astype("int32")[0])
```

执行结果：如图 10.17 所示。

图 10.17　加载并显示图文件

(4) 定义判别神经网络：使用一般的 CNN 结构，包含卷积层与完全连接层，用来辨识输入的影像，但为了避免影像信息减损，故不包含池化层。程序代码如下：

```
1  # 判别神经网络
2  discriminator = keras.Sequential(
3      [
4          keras.Input(shape=(64, 64, 3)),
5          layers.Conv2D(64, kernel_size=4, strides=2, padding="same"),
6          layers.LeakyReLU(alpha=0.2),
7          layers.Conv2D(128, kernel_size=4, strides=2, padding="same"),
8          layers.LeakyReLU(alpha=0.2),
9          layers.Conv2D(128, kernel_size=4, strides=2, padding="same"),
10         layers.LeakyReLU(alpha=0.2),
11         layers.Flatten(),
12         layers.Dropout(0.2),
13         layers.Dense(1, activation="sigmoid"),
14     ],
15     name="discriminator",
16 )
17 discriminator.summary()
```

执行结果：输入图像维度为 (64, 64, 3)，宽高各为 64，RGB 三颜色。

(5) 定义生成神经网络：使用一般的译码器结构，含完全连接层、反卷积层 (Conv2DTranspose) 与卷积层，可输出特征向量。程序代码如下：

```python
1  # 生成神经网络
2  latent_dim = 128
3
4  generator = keras.Sequential(
5      [
6          keras.Input(shape=(latent_dim,)),
7          layers.Dense(8 * 8 * 128),
8          layers.Reshape((8, 8, 128)),
9          layers.Conv2DTranspose(128, kernel_size=4, strides=2, padding="same"),
10         layers.LeakyReLU(alpha=0.2),
11         layers.Conv2DTranspose(256, kernel_size=4, strides=2, padding="same"),
12         layers.LeakyReLU(alpha=0.2),
13         layers.Conv2DTranspose(512, kernel_size=4, strides=2, padding="same"),
14         layers.LeakyReLU(alpha=0.2),
15         layers.Conv2D(3, kernel_size=5, padding="same", activation="sigmoid"),
16     ],
17     name="generator",
18  )
19  generator.summary()
```

执行结果：输入随机向量大小为 (8 * 8 * 128)，最后网络输出为 (64, 64, 3)，与判别神经网络输入的维度一致。程序代码如下：

```
Model: "generator"
_____
Layer (type)                 Output Shape              Param #
=================================================================
dense_4 (Dense)              (None, 8192)              1056768
_____
reshape_1 (Reshape)          (None, 8, 8, 128)         0
_____
conv2d_transpose_3 (Conv2DTr (None, 16, 16, 128)       262272
_____
leaky_re_lu_12 (LeakyReLU)   (None, 16, 16, 128)       0
_____
conv2d_transpose_4 (Conv2DTr (None, 32, 32, 256)       524544
_____
leaky_re_lu_13 (LeakyReLU)   (None, 32, 32, 256)       0
_____
conv2d_transpose_5 (Conv2DTr (None, 64, 64, 512)       2097664
_____
leaky_re_lu_14 (LeakyReLU)   (None, 64, 64, 512)       0
_____
conv2d_10 (Conv2D)           (None, 64, 64, 3)         38403
=================================================================
Total params: 3,979,651
Trainable params: 3,979,651
Non-trainable params: 0
_____
```

(6) 定义 GAN：组合两个网络。程序代码如下：

```python
1  # 定义GAN，组合两个网络
2  class GAN(keras.Model):
3      def __init__(self, discriminator, generator, latent_dim):
4          super(GAN, self).__init__()
5          self.discriminator = discriminator
6          self.generator = generator
7          self.latent_dim = latent_dim
8
9      # 编译：定义损失函数
10     def compile(self, d_optimizer, g_optimizer, loss_fn):
11         super(GAN, self).compile()
```

```
12            self.d_optimizer = d_optimizer
13            self.g_optimizer = g_optimizer
14            self.loss_fn = loss_fn
15            self.d_loss_metric = keras.metrics.Mean(name="d_loss")
16            self.g_loss_metric = keras.metrics.Mean(name="g_loss")
17
18        # 效能指标：判别神经网络、生成神经网络
19        @property
20        def metrics(self):
21            return [self.d_loss_metric, self.g_loss_metric]
22
23        # 训练
24        def train_step(self, real_images):
25            # 随机抽样 batch_size 笔，维度大小：latent_dim(128)
26            batch_size = tf.shape(real_images)[0]
27            random_latent_vectors = tf.random.normal(shape=(batch_size, self.latent_dim))
28
29            # 生成图像
30            generated_images = self.generator(random_latent_vectors)
31
32            # 与训练数据结合
33            combined_images = tf.concat([generated_images, real_images], axis=0)
34
35            # 训练数据的标签设为 1，生成图像的标签设为 0
36            labels = tf.concat(
37                [tf.ones((batch_size, 1)), tf.zeros((batch_size, 1))], axis=0
38            )
39
40            # 将标签加入噪声，此步骤非常重要
41            labels += 0.05 * tf.random.uniform(tf.shape(labels))
42
43            # 训练判别神经网络
44            with tf.GradientTape() as tape:
45                predictions = self.discriminator(combined_images)
46                d_loss = self.loss_fn(labels, predictions)
47            grads = tape.gradient(d_loss, self.discriminator.trainable_weights)
48            self.d_optimizer.apply_gradients(
49                zip(grads, self.discriminator.trainable_weights)
50            )
51
52            # 随机抽样 batch_size 笔，维度大小：latent_dim(128)
53            random_latent_vectors = tf.random.normal(shape=(batch_size, self.latent_dim))
54
55            # 生成图像的标签设为 0
56            misleading_labels = tf.zeros((batch_size, 1))
57
58            # 训练生成神经网络，注意，不可更新判别神经网络的权重，只更新生成神经网络的权重
59            with tf.GradientTape() as tape:
60                predictions = self.discriminator(self.generator(random_latent_vectors))
61                g_loss = self.loss_fn(misleading_labels, predictions)
62            grads = tape.gradient(g_loss, self.generator.trainable_weights)
63            self.g_optimizer.apply_gradients(zip(grads, self.generator.trainable_weights))
64
65            # 计算效果指标
66            self.d_loss_metric.update_state(d_loss)
67            self.g_loss_metric.update_state(g_loss)
68            return {
69                "d_loss": self.d_loss_metric.result(),
70                "g_loss": self.g_loss_metric.result(),
71            }
```

(7) 自定义 Callback：在训练过程中存储图像。程序代码如下：

```python
# 建立自定义的 Callback，在训练过程中存储图像
class GANMonitor(keras.callbacks.Callback):
    def __init__(self, num_img=3, latent_dim=128):
        self.num_img = num_img
        self.latent_dim = latent_dim

    # 在每一执行周期结束时产生图像
    def on_epoch_end(self, epoch, logs=None):
        random_latent_vectors = tf.random.normal(shape=(self.num_img, self.latent_dim))
        generated_images = self.model.generator(random_latent_vectors)
        generated_images *= 255
        generated_images.numpy()
        for i in range(self.num_img):
            # 存储图像
            img = keras.preprocessing.image.array_to_img(generated_images[i])
            img.save("./GAN_generated/img_%03d_%d.png" % (epoch, i))
```

(8) 训练模型：在每个执行周期结束时产生 10 张图像，依据原程序的批注，训练周期正常需要 100 次，才能产生令人惊艳的图片。程序代码如下：

```python
# 训练模型
epochs = 1   # 训练周期正常需要100次

gan = GAN(discriminator=discriminator, generator=generator, latent_dim=latent_dim)
gan.compile(
    d_optimizer=keras.optimizers.Adam(learning_rate=0.0001),
    g_optimizer=keras.optimizers.Adam(learning_rate=0.0001),
    loss_fn=keras.losses.BinaryCrossentropy(),
)

# 产生10张图像
gan.fit(
    dataset, epochs=epochs, callbacks=[GANMonitor(num_img=10, latent_dim=latent_dim)]
)
```

① 执行结果：笔者的 PC 执行 1 周期就需 2~3 小时，如果单纯使用 CPU，时间会更长，但毕竟实际项目会有完成时间的压力，这时候 GPU 卡就显得格外重要。

② 执行 1 周期结果：还非常模糊，如图 10.18 所示。

图 10.18　训练周期结果

③ 执行 30 个周期的结果：如图 10.19 所示，虽然有改善，但仍然合不符预期效果。

图 10.19　执行 30 个周期结果

10-4 Progressive GAN

Progressive GAN 也称为 Progressive Growing GAN 或 PGGAN，它是 NVIDIA 2017 年发表的一篇文章 *Progressive Growing of GANs for Improved Quality, Stability, and Variation* [12] 中提到的算法，它可以生成高画质且稳定的图像，小图像透过层层的神经层不断扩大，直到所要求的尺寸为止，大部分是针对人脸的生成，如图 10.20 所示。

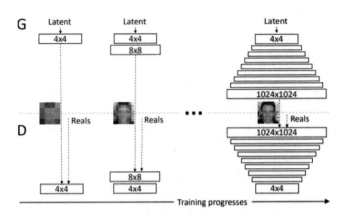

图 10.20　Progressive GAN 的示意图

（图片来源："Progressive Growing of GANs for Improved Quality, Stability, and Variation" [12]）

它的厉害之处是算法生成的尺寸可以大于训练数据集的任何图像，这称为"超分辨率"(Super Resolution)。网络架构如图 10.21 所示。

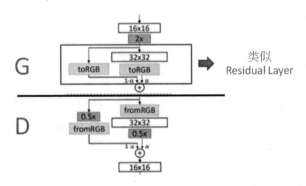

图 10.21　Progressive GAN 的网络架构

生成网络 (G) 使用类似 Residual 的神经层，一边输入原图像，另一边输入为反卷积层，使用权重 α，设定两个输入层的比例。判别网络 (D) 与生成网络 (G) 做反向操作，进行辨识。使用名人脸部数据集进行模型训练，根据论文估计，使用 8 颗 Tesla V100 GPU，大约要训练 4 天，才可以得到不错的效果。还好，TensorFlow Hub 提供了预先训练好的模型，我们马上来测试一下吧。

范例. 再拿名人脸部数据集来实践 Progressive GAN 算法。

(1) 使用随机向量，流程如图 10.22 所示。

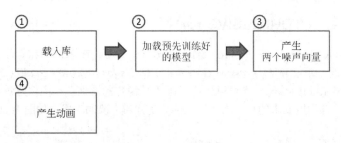

图 10.22 使用随机向量流程

(2) 若使用自定义的图像，流程如图 10.23 所示。

图 10.23 使用自定义图像流程

请参阅程序：**10_03_ Progressive_GAN_Face.ipynb**。

训练数据集：名人脸部，约 1.3GB。

(1) 加载相关库：需先安装 scikit-image、imageio 库。程序代码如下：

```python
# 载入相关库
from absl import logging
import imageio
import PIL.Image
import matplotlib.pyplot as plt
import numpy as np
import tensorflow as tf
import tensorflow_hub as hub
import time
from IPython import display
from skimage import transform
```

(2) 定义显示图像的函数以及转为动画的函数。程序代码如下：

```python
# 生成网络的输入向量尺寸
latent_dim = 512

# 定义显示图像的函数
def display_image(image):
    image = tf.constant(image)
    image = tf.image.convert_image_dtype(image, tf.uint8)
    return PIL.Image.fromarray(image.numpy())

# 定义显示一序列图像转为动画的函数
from tensorflow_docs.vis import embed
def animate(images):
    images = np.array(images)
    converted_images = np.clip(images * 255, 0, 255).astype(np.uint8)
    imageio.mimsave('./animation.gif', converted_images)
    return embed.embed_file('./animation.gif')

# 工作记录文件只记录错误等级以上的信息
logging.set_verbosity(logging.ERROR)
```

(3) 插补两个向量，产生动画：采用非线性插补，在超球面上插补两个向量，这样才能有较为平滑的转换，随机抽取两张图像，由第一张图像开始，渐变成第二张图像。程序代码如下：

```python
# 在超球面上插补两向量
def interpolate_hypersphere(v1, v2, num_steps):
    v1_norm = tf.norm(v1)
    v2_norm = tf.norm(v2)
    v2_normalized = v2 * (v1_norm / v2_norm)

    vectors = []
    for step in range(num_steps):
        interpolated = v1 + (v2_normalized - v1) * step / (num_steps - 1)
        interpolated_norm = tf.norm(interpolated)
        interpolated_normalized = interpolated * (v1_norm / interpolated_norm)
        vectors.append(interpolated_normalized)
    return tf.stack(vectors)

# 插补两向量
def interpolate_between_vectors():
    # 产生两个噪声向量
    v1 = tf.random.normal([latent_dim])
    v2 = tf.random.normal([latent_dim])

    # 产生 25 个步骤的插补
    vectors = interpolate_hypersphere(v1, v2, 50)

    # 产生一序列的图像
    interpolated_images = progan(vectors)['default']
    return interpolated_images

# 插补两向量，产生动画
interpolated_images = interpolate_between_vectors()
animate(interpolated_images)
```

执行结果：如图 10.24 所示，由左图渐变为右图。

图 10.24　插补向量产生动画

(4) 使用随机数或自定义的图像：由第 5 行的 image_from_module_space 变量来调控，设为 True 表示使用随机数，False 表示使用自定义的图像。程序代码如下：

```python
# 使用自定义的图像
image_path='./images_face/000007.jpg'

# True：使用随机数，False：使用自定义的图像
image_from_module_space = False

tf.random.set_seed(0)

def get_module_space_image():
    vector = tf.random.normal([1, latent_dim])
    images = progan(vector)['default'][0]
    return images

# 使用随机数
if image_from_module_space:
    target_image = get_module_space_image()
```

```
17  else: # 使用自定义的图像
18      image = imageio.imread(image_path)
19      target_image = transform.resize(image, [128, 128])
20
21  # 显示图像
22  display_image(target_image)
```

执行结果:目标图像如图 10.25 所示。

图 10.25　目标图像

(5) 以 PGGAN 处理的图像作为起始图像。程序代码如下:

```
1  # 以PGGAN 处理的图像作为起始图像
2  initial_vector = tf.random.normal([1, latent_dim])
3
4  # 显示图像
5  display_image(progan(initial_vector)['default'][0])
```

执行结果:起始图像如图 10.26 所示。

图 10.26　起始图像

(6) 找到最接近的特征向量,渐变成第二张图像:模型训练的过程中,每 5 个步骤就会产生一个图像。程序代码如下:

```
1  # 找到最接近的特征向量
2  def find_closest_latent_vector(initial_vector, num_optimization_steps,
3      images = []
4      losses = []
5
6      vector = tf.Variable(initial_vector)
7      optimizer = tf.optimizers.Adam(learning_rate=0.01)
8      # 以 MAE 为损失函数
9      loss_fn = tf.losses.MeanAbsoluteError(reduction="sum")
10
11     # 训练
12     for step in range(num_optimization_steps):
13         if (step % 100)==0:
14             print()
15         print('.', end='')
16
```

```
17          # 梯度下降
18          with tf.GradientTape() as tape:
19              image = progan(vector.read_value())['default'][0]
20
21              # 每 5 步骤产生一个图像
22              if (step % steps_per_image) == 0:
23                  img = tf.keras.preprocessing.image.array_to_img(image.numpy())
24                  img.save(f"./PGGAN_generated/img_{step:03d}.png")
25                  images.append(image.numpy())
26
27              # 计算损失
28              target_image_difference = loss_fn(image, target_image[:,:,:3])
29              # 正则化
30              regularizer = tf.abs(tf.norm(vector) - np.sqrt(latent_dim))
31              loss = tf.cast(target_image_difference, tf.double) + tf.cast(regularizer, tf.double)
32              losses.append(loss.numpy())
33
34              # 根据梯度，更新权重
35              grads = tape.gradient(loss, [vector])
36              optimizer.apply_gradients(zip(grads, [vector]))
37
38      return images, losses
39
40  num_optimization_steps=200
41  steps_per_image=5
42  images, loss = find_closest_latent_vector(initial_vector, num_optimization_steps, steps_per_image)
43
```

（7）显示训练过程的损失函数。程序代码如下：

```
1  # 显示训练过程的损失函数
2  plt.plot(loss)
3  plt.ylim([0,max(plt.ylim())])
```

（8）显示动画。程序代码如下：

```
1  animate(np.stack(images))
```

执行结果：如图 10.27 所示，由左图渐变为右图。

图 10.27　显示动画

① 修改步骤 4 第 5 行的 image_from_module_space 变量控制，更改为 False，使用自定义的图像，脸部特写必须一致，效果才会比较好。

② 起始图像如图 10.28 所示。

图 10.28　起始图像

③ 自定义的图像如图 10.29 所示，为目标图像。

图 10.29　目标图像

④ 执行结果：如图 10.30 所示。

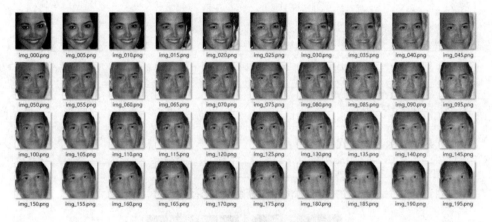

图 10.30　显示动画执行结果

10-5　Conditional GAN

DCGAN 生成的图片是随机的，以 MNIST 数据集而言，生成图像的确会是数字，但无法控制要生成哪一个数字。Conditional GAN 增加了一个条件 (Condition)，即目标变量 y，用来控制生成的数字。

Conditional GAN 也称为 CGAN，它是 Mehdi Mirz 等学者于 2014 年发表的一篇文章"Conditional Generative Adversarial Nets"[13] 中所提出的算法，它修改 GAN 损失函数为

$$\min_G \max_D V(D,G) = \mathbb{E}_{x \sim P_{data}}(x)[\log D(x|y)] + \mathbb{E}_{z \sim Pz(z)}[\log(1 - D(G(x|y)))]$$

它将单纯的 $D(x)$ 改为条件概率 $D(x|y)$。

范例. 以Fashion MNIST数据集实践Conditional GAN算法。

设计流程如图 10.31 所示。

第 10 章 | 生成对抗网络

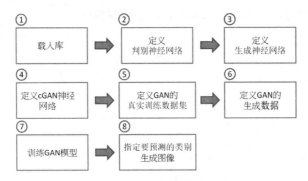

图 10.31 设计流程

请参阅程序：**10_04_CGAN_FashionMNIST.ipynb**。

(1) 加载相关库。程序代码如下：

```python
# 载入相关库
from numpy import zeros, ones, expand_dims
from numpy.random import randn
from numpy.random import randint
from tensorflow.keras.datasets.fashion_mnist import load_data
from tensorflow.keras.optimizers import Adam
from tensorflow.keras.models import Model
from tensorflow.keras.layers import Input, Dense, Reshape, Flatten
from tensorflow.keras.layers import Dropout, Embedding, Concatenate, LeakyReLU
from tensorflow.keras.layers import Conv2D, Conv2DTranspose
```

(2) 定义判别神经网络：把 Fashion MNIST 数据集的标记也视为特征变量 (X)，因为我们要指定生成图像的类别，透过嵌入层(Embedding) 转成 50 个向量。程序代码如下：

```python
# 定义判别神经网络
def define_discriminator(in_shape=(28,28,1), n_classes=10):
    # 输入 Y
    in_label = Input(shape=(1,))
    li = Embedding(n_classes, 50)(in_label)
    li = Dense(in_shape[0] * in_shape[1])(li)
    li = Reshape((in_shape[0], in_shape[1], 1))(li)

    # 输入图像
    in_image = Input(shape=in_shape)

    # 结合 Y 及图像
    merge = Concatenate()([in_image, li])

    # 抽样(downsampling)
    fe = Conv2D(128, (3,3), strides=(2,2), padding='same')(merge)
    fe = LeakyReLU(alpha=0.2)(fe)
    fe = Conv2D(128, (3,3), strides=(2,2), padding='same')(fe)
    fe = LeakyReLU(alpha=0.2)(fe)
    fe = Flatten()(fe)
    fe = Dropout(0.4)(fe)
    out_layer = Dense(1, activation='sigmoid')(fe)

    # 定义模型的输入及输出
    model = Model([in_image, in_label], out_layer)

    # 编译
    opt = Adam(lr=0.0002, beta_1=0.5)
    model.compile(loss='binary_crossentropy', optimizer=opt, metrics=['accuracy'])
    return model
```

(3) 定义生成神经网络：同样需要标记。程序代码如下：

```python
# 定义生成神经网络
def define_generator(latent_dim, n_classes=10):
    # 输入 Y
    in_label = Input(shape=(1,))
    # embedding for categorical input
    li = Embedding(n_classes, 50)(in_label)
    li = Dense(7 * 7)(li)
    li = Reshape((7, 7, 1))(li)

    # 输入图像
    in_lat = Input(shape=(latent_dim,))
    gen = Dense(128 * 7 * 7)(in_lat)
    gen = LeakyReLU(alpha=0.2)(gen)
    gen = Reshape((7, 7, 128))(gen)

    # 结合 Y 及图像
    merge = Concatenate()([gen, li])

    # 上采样(upsampling)
    gen = Conv2DTranspose(128, (4,4), strides=(2,2), padding='same')(merge)
    gen = LeakyReLU(alpha=0.2)(gen)
    gen = Conv2DTranspose(128, (4,4), strides=(2,2), padding='same')(gen)
    gen = LeakyReLU(alpha=0.2)(gen)
    out_layer = Conv2D(1, (7,7), activation='tanh', padding='same')(gen)

    # 定义模型的输入及输出
    model = Model([in_lat, in_label], out_layer)
    return model
```

(4) 定义 CGAN 神经网络：结合判别神经网络和生成神经网络。程序代码如下：

```python
# 定义 CGAN 神经网络
def define_gan(g_model, d_model):
    d_model.trainable = False                      # 判别神经网络不重新训练
    gen_noise, gen_label = g_model.input           # 取得生成神经网络的输入
    gen_output = g_model.output                    # 取得生成神经网络的输出

    # 取得判别神经网络的输出
    gan_output = d_model([gen_output, gen_label])

    # 定义模型的输入及输出
    model = Model([gen_noise, gen_label], gan_output)

    # 编译
    opt = Adam(lr=0.0002, beta_1=0.5)
    model.compile(loss='binary_crossentropy', optimizer=opt)
    return model
```

(5) 定义 GAN 的真实训练数据集：真实数据的标记均为 1。程序代码如下：

```python
# 载入 fashion mnist 数据集
def load_real_samples():
    (trainX, trainy), (_, _) = load_data()

    # 增加一维作为色彩通道
    X = expand_dims(trainX, axis=-1)
    X = X.astype('float32')
    # 标准化，使像素值介于 [-1,1]
    X = (X - 127.5) / 127.5
    return [X, trainy]

# 定义模型的输入 n 批
```

```python
13  def generate_real_samples(dataset, n_samples):
14      images, labels = dataset
15      # 随机抽样 n 批
16      ix = randint(0, images.shape[0], n_samples)
17      # fashion mnist 数据集的 X、Y 均作为 GAN 的输入
18      X, labels = images[ix], labels[ix]
19      # GAN 的 Y 均为 1
20      y = ones((n_samples, 1))
21      return [X, labels], y
```

(6) 定义 GAN 的生成数据。程序代码如下：

```python
1   # 生成随机向量
2   def generate_latent_points(latent_dim, n_samples, n_classes=10):
3       # 随机向量
4       x_input = randn(latent_dim * n_samples)
5       z_input = x_input.reshape(n_samples, latent_dim)
6       # 产生 n 个类别的 Y
7       labels = randint(0, n_classes, n_samples)
8       return [z_input, labels]
9   
10  # 定义模型的生成数据 n 批
11  def generate_fake_samples(generator, latent_dim, n_samples):
12      # 生成随机向量
13      z_input, labels_input = generate_latent_points(latent_dim, n_samples)
14      # 生成图像
15      images = generator.predict([z_input, labels_input])
16      # 产生均为 0 的 Y
17      y = zeros((n_samples, 1))
18      return [images, labels_input], y
```

(7) 训练模型：训练 GAN 模型，内含判别神经网络、生成神经网络。程序代码如下：

```python
1   # 训练模型
2   def train(g_model, d_model, gan_model, dataset, latent_dim, n_epochs=100, n_batch=128):
3       bat_per_epo = int(dataset[0].shape[0] / n_batch)
4       half_batch = int(n_batch / 2)
5   
6       # 训练
7       for i in range(n_epochs):
8           for j in range(bat_per_epo):
9               # 随机抽样 n 批
10              [X_real, labels_real], y_real = generate_real_samples(dataset, half_batch)
11              # 更新判别神经网络权重
12              d_loss1, _ = d_model.train_on_batch([X_real, labels_real], y_real)
13  
14              # 生成随机向量
15              [X_fake, labels], y_fake = generate_fake_samples(g_model, latent_dim, half_batch)
16              # 更新判别神经网络权重
17              d_loss2, _ = d_model.train_on_batch([X_fake, labels], y_fake)
18  
19              # 生成一批的随机向量
20              [z_input, labels_input] = generate_latent_points(latent_dim, n_batch)
21              # 产生均为 1 的 Y
22              y_gan = ones((n_batch, 1))
23  
24              # 训练模型
25              g_loss = gan_model.train_on_batch([z_input, labels_input], y_gan)
26  
27              # 显示损失
28              print('>%d, %d/%d, d1=%.3f, d2=%.3f g=%.3f' %
29                  (i+1, j+1, bat_per_epo, d_loss1, d_loss2, g_loss))
30  
31      # 模型存档
32      g_model.save('cgan_generator.h5')
33
```

```
34  # 参数设定
35  latent_dim = 100                              # 随机向量尺寸
36
37  d_model = define_discriminator()              # 建立判别神经网络
38  g_model = define_generator(latent_dim)        # 建立生成神经网络
39  gan_model = define_gan(g_model, d_model)      # 建立 GAN 神经网络
40
41  dataset = load_real_samples()                 # 读取训练数据
42  # 训练
43  train(g_model, d_model, gan_model, dataset, latent_dim)
```

执行结果：模型训练需要几个小时的时间。

(8) 定义噪声生成、显示图像的函数。程序代码如下：

```
1   # 载入相关库
2   from numpy import asarray
3   from tensorflow.keras.models import load_model
4   from matplotlib import pyplot
5
6   # 生成随机数据
7   def generate_latent_points(latent_dim, n_samples, n_classes=10):
8       # generate points in the latent space
9       x_input = randn(latent_dim * n_samples)
10      # reshape into a batch of inputs for the network
11      z_input = x_input.reshape(n_samples, latent_dim)
12      # generate labels
13      labels = randint(0, n_classes, n_samples)
14      return [z_input, labels]
15
16  # 显示图像
17  def save_plot(examples, n):
18      # 绘制 n x n 个图像
19      for i in range(n * n):
20          pyplot.subplot(n, n, 1 + i)
21          pyplot.axis('off')
22          # cmap='gray_r'：反转黑白，因 MNIST 像素与 RGB 相反
23          pyplot.imshow(examples[i, :, :, 0], cmap='gray_r')
24      pyplot.show()
```

(9) 预测并显示结果。程序代码如下：

```
1   # 载入模型
2   model = load_model('cgan_generator.h5')
3   # 生成 100 批数据
4   latent_points, labels = generate_latent_points(100, 100)
5   # 标记 0~9
6   labels = asarray([x for _ in range(10) for x in range(10)])
7
8   # 预测并显示结果
9   X = model.predict([latent_points, labels])
10  # 将像素范围由 [-1,1] 转换为 [0,1]
11  X = (X + 1) / 2.0
12  # 绘图
13  save_plot(X, 10)
```

执行结果：如图 10.32 所示，结果非常理想，我们指定标记就可以生成该类别的图像。

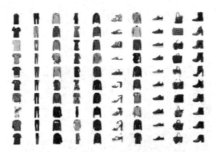

图 10.32　显示结果

上例是运用 Conditional GAN 很简单的例子，只是把标记一并当作 X，输入模型中训练，作为条件或限制条件 (Constraint)。另外还有很多延伸的做法，例如 ColorGAN，它把前置处理的轮廓图作为条件，与噪声一并当作 X，就可以生成与原图相似的图像，并且可以为灰阶图上色，相关细节可参阅 *Colorization Using ConvNet and GAN*[14] 或 "End-to-End Conditional GAN-based Architectures for Image Colourisation"[15]，如图 10.33 所示。

图 10.33　ColorGAN

（图片来源：*Colorization Using ConvNet and GAN*[14]）

10-6　Pix2Pix

Pix2Pix 为 Conditional GAN 算法的应用，出自 Phillip Isola 等学者在 2016 年发表的 *Image-to-Image Translation with Conditional Adversarial Networks*[16]，它能够将影像进行像素的转换，故称为 Pix2Pix，可应用于以下领域。

(1) 将语义分割的街景图转换为真实图像，如图 10.34 所示。

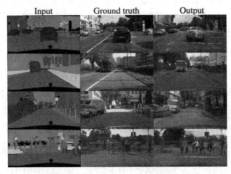

图 10.34　将语义分割的街景图转换为真实图像

（以下图片均来自于 *Image-to-Image Translation with Conditional Adversarial Networks*[16]）

(2) 将语义分割的建筑外观转换为真实图像。
(3) 将卫星照转换为地图，反之亦可，如图 10.35 所示。

图 10.35　将卫星照转换为地图

(4) 将白天图像转换为夜晚图像，如图 10.36 所示。

图 10.36　将白天图像转换为夜晚图像

(5) 将轮廓图转为实物图像，如图 10.37 所示。

图 10.37　将轮廓图转为实物图像

　　生成网络采用的 U-net 结构，引进了 Skip-connect 的技巧，即每一层反卷积层的输入都是前一层的输出加与该层对称的卷积层的输出，译码时可从对称的编码器得到对应的信息，使得生成的图像保有原图像的特征。

　　判别网络额外考虑输入图像的判别，将真实图像、生成图像与输入图像合而为一，作为判别网络的输入，进行辨识。原生的 GAN 在预测像素时，以真实数据对应的单一像素进行辨识，然而 Pix2Pix 则引用 PatchGAN 的思维，利用卷积将图像切成多个较小的区域，每个像素与对应的区域进行辨识，计算最大可能的输出。PatchGAN 可参见 *Image-to-Image Translation with Conditional Adversarial Networks*[16] 一文。

　　范例. 以 CMP Facade Database 数据集实践 Pix2Pix GAN 算法。CMP Facade Database[17] 共有 12 类的建筑物局部外形，如外观(façade)、造型(molding)、屋檐(cornice)、柱子(pillar)、窗户(window)、门(door)等。数据集自 https://people.eecs.berkeley. edu/~tinghuiz/projects/pix2pix/datasets/facades.tar.gz 下载。

设计流程如图 10.38 所示。

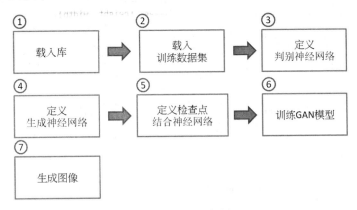

图 10.38 设计流程

请参阅程序：**10_05_Pix2Pix.ipynb**。注意：执行此范例，耗时较长，原文估计使用单片 V100 GPU，训练一个周期约需 15 秒。

(1) 加载相关库。程序代码如下：

```
1  # 载入相关库
2  import tensorflow as tf
3  import os
4  import time
5  from matplotlib import pyplot as plt
6  from IPython import display
```

(2) 参数设定并定义图像处理的函数。程序代码如下：

```
1   # 参数设定
2   PATH = './CMP Facade Database/facades/'
3   BUFFER_SIZE = 400    # 缓冲区大小
4   BATCH_SIZE = 1       # 批量
5   IMG_WIDTH = 256      # 图像宽度
6   IMG_HEIGHT = 256     # 图像高度
7
8   # 载入图像
9   def load(image_file):
10      # 读取图文件
11      image = tf.io.read_file(image_file)
12      image = tf.image.decode_jpeg(image)
13
14      w = tf.shape(image)[1]
15
16      # 高为宽的一半
17      w = w // 2
18      real_image = image[:, :w, :]
19      input_image = image[:, w:, :]
20
21      # 转为浮点数
22      input_image = tf.cast(input_image, tf.float32)
23      real_image = tf.cast(real_image, tf.float32)
24
25      return input_image, real_image
26
```

```
27  # 缩放图像
28  def resize(input_image, real_image, height, width):
29      input_image = tf.image.resize(input_image, [height, width],
30                                    method=tf.image.ResizeMethod.NEAREST_NEIGHBOR)
31      real_image = tf.image.resize(real_image, [height, width],
32                                   method=tf.image.ResizeMethod.NEAREST_NEIGHBOR)
33
34      return input_image, real_image
35
36  # 随机裁切图像
37  def random_crop(input_image, real_image):
38      stacked_image = tf.stack([input_image, real_image], axis=0)
39      cropped_image = tf.image.random_crop(
40          stacked_image, size=[2, IMG_HEIGHT, IMG_WIDTH, 3])
41
42      return cropped_image[0], cropped_image[1]
43
44  # 标准化，使像素值介于 [-1, 1]
45  def normalize(input_image, real_image):
46      input_image = (input_image / 127.5) - 1
47      real_image = (real_image / 127.5) - 1
48
49      return input_image, real_image
50
51  # 随机转换
52  @tf.function()
53  def random_jitter(input_image, real_image):
54      # 缩放图像为 286 x 286 x 3
55      input_image, real_image = resize(input_image, real_image, 286, 286)
56
57      # 随机裁切至 256 x 256 x 3
58      input_image, real_image = random_crop(input_image, real_image)
59
60      if tf.random.uniform(()) > 0.5:
61          # 水平翻转
62          input_image = tf.image.flip_left_right(input_image)
63          real_image = tf.image.flip_left_right(real_image)
64
65      return input_image, real_image
```

(3) 显示任一张训练图片。程序代码如下：

```
1  # 随意显示一张训练图片
2  inp, re = load(PATH+'train/100.jpg')
3  # 显示图像
4  plt.figure()
5  plt.imshow(inp/255.0)
6  plt.figure()
7  plt.imshow(re/255.0)
```

执行结果：如图 10.39 所示，左为语义分割图，右为实景图。

图 10.39　显示训练图片

(4) 随机转换测试：也可作为数据增补。程序代码如下：

```
1  # 随机转换测试
2  plt.figure(figsize=(6, 6))
3  for i in range(4):
4      rj_inp, rj_re = random_jitter(inp, re)
5      plt.subplot(2, 2, i+1)
6      plt.imshow(rj_inp/255.0)
7      plt.axis('off')
8  plt.show()
```

执行结果：如图 10.40 所示。

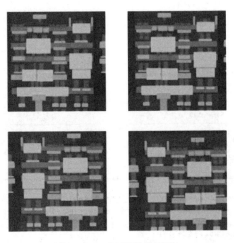

图 10.40　随机转换测试

(5) 加载训练数据，转换为 TensorFlow Dataset。程序代码如下：

```
1  def load_image_train(image_file):
2      input_image, real_image = load(image_file)
3      input_image, real_image = random_jitter(input_image, real_image)
4      input_image, real_image = normalize(input_image, real_image)
5
6      return input_image, real_image
7
8  def load_image_test(image_file):
9      input_image, real_image = load(image_file)
10     input_image, real_image = resize(input_image, real_image,
11                                      IMG_HEIGHT, IMG_WIDTH)
12     input_image, real_image = normalize(input_image, real_image)
13
14     return input_image, real_image
15
16 train_dataset = tf.data.Dataset.list_files(PATH+'train/*.jpg')
17 train_dataset = train_dataset.map(load_image_train,
18                                  num_parallel_calls=tf.data.AUTOTUNE)
19 train_dataset = train_dataset.shuffle(BUFFER_SIZE)
20 train_dataset = train_dataset.batch(BATCH_SIZE)
21
22 test_dataset = tf.data.Dataset.list_files(PATH+'test/*.jpg')
23 test_dataset = test_dataset.map(load_image_test)
24 test_dataset = test_dataset.batch(BATCH_SIZE)
```

(6) 定义采样、上采样函数，并做简单测试。

① 定义采样函数。程序代码如下：

```python
OUTPUT_CHANNELS = 3

# 定义采样函数
def downsample(filters, size, apply_batchnorm=True):
    initializer = tf.random_normal_initializer(0., 0.02)
    
    result = tf.keras.Sequential()
    result.add(
        tf.keras.layers.Conv2D(filters, size, strides=2, padding='same',
                               kernel_initializer=initializer, use_bias=False))
    
    if apply_batchnorm:
        result.add(tf.keras.layers.BatchNormalization())
    
    result.add(tf.keras.layers.LeakyReLU())
    
    return result

down_model = downsample(3, 4)
down_result = down_model(tf.expand_dims(inp, 0))
print(down_result.shape)
```

执行结果：(1, 128, 128, 3)。

② 定义上采样函数。程序代码如下：

```python
# 定义上采样函数
def upsample(filters, size, apply_dropout=False):
    initializer = tf.random_normal_initializer(0., 0.02)
    
    result = tf.keras.Sequential()
    result.add(
        tf.keras.layers.Conv2DTranspose(filters, size, strides=2,
                                        padding='same',
                                        kernel_initializer=initializer,
                                        use_bias=False))
    
    result.add(tf.keras.layers.BatchNormalization())
    
    if apply_dropout:
        result.add(tf.keras.layers.Dropout(0.5))
    
    result.add(tf.keras.layers.ReLU())
    
    return result

up_model = upsample(3, 4)
up_result = up_model(down_result)
print(up_result.shape)
```

执行结果：(1, 256, 256, 3)。

(7) 定义生成神经网络：U-Net 结构。程序代码如下：

```python
def Generator():
    inputs = tf.keras.layers.Input(shape=[256, 256, 3])
    
    down_stack = [
        downsample(64, 4, apply_batchnorm=False),   # (bs, 128, 128, 64)
        downsample(128, 4),    # (bs, 64, 64, 128)
        downsample(256, 4),    # (bs, 32, 32, 256)
        downsample(512, 4),    # (bs, 16, 16, 512)
        downsample(512, 4),    # (bs, 8, 8, 512)
        downsample(512, 4),    # (bs, 4, 4, 512)
```

```
11          downsample(512, 4),       # (bs, 2, 2, 512)
12          downsample(512, 4),       # (bs, 1, 1, 512)
13      ]
14
15      up_stack = [
16          upsample(512, 4, apply_dropout=True),    # (bs, 2, 2, 1024)
17          upsample(512, 4, apply_dropout=True),    # (bs, 4, 4, 1024)
18          upsample(512, 4, apply_dropout=True),    # (bs, 8, 8, 1024)
19          upsample(512, 4),    # (bs, 16, 16, 1024)
20          upsample(256, 4),    # (bs, 32, 32, 512)
21          upsample(128, 4),    # (bs, 64, 64, 256)
22          upsample(64, 4),     # (bs, 128, 128, 128)
23      ]
24
25      initializer = tf.random_normal_initializer(0., 0.02)
26      # (bs, 256, 256, 3)
27      last = tf.keras.layers.Conv2DTranspose(OUTPUT_CHANNELS, 4, strides=2,
28                   padding='same', kernel_initializer=initializer, activation='tanh')
29
30      x = inputs
31
32      # Downsampling through the model
33      skips = []
34      for down in down_stack:
35          x = down(x)
36          skips.append(x)
37
38      skips = reversed(skips[:-1])
39
40      # Upsampling and establishing the skip connections
41      for up, skip in zip(up_stack, skips):
42          x = up(x)
43          x = tf.keras.layers.Concatenate()([x, skip])
44
45      x = last(x)
46
47      return tf.keras.Model(inputs=inputs, outputs=x)
```

(8) 绘制生成神经网络模型。程序代码如下：

```
1  # 建立生成神经网络
2  generator = Generator()
3
4  # 绘制生成神经网络模型
5  tf.keras.utils.plot_model(generator, show_shapes=True, dpi=64)
```

执行结果：为 U 型结构。

(9) 测试生成神经网络：取第一批数据。程序代码如下：

```
1  # 测试生成神经网络
2  gen_output = generator(inp[tf.newaxis, ...], training=False)
3  plt.imshow(gen_output[0, ...])
```

执行结果：如图 10.41 所示，只有隐约的形状。

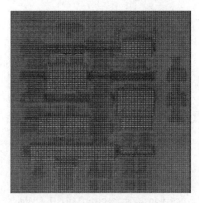

图 10.41 测试神经网络

(10) 定义判别神经网络。程序代码如下:

```python
# 定义判别神经网络
def Discriminator():
    initializer = tf.random_normal_initializer(0., 0.02)

    inp = tf.keras.layers.Input(shape=[256, 256, 3], name='input_image')
    tar = tf.keras.layers.Input(shape=[256, 256, 3], name='target_image')

    x = tf.keras.layers.concatenate([inp, tar])  # (bs, 256, 256, channels*2)

    down1 = downsample(64, 4, False)(x)  # (bs, 128, 128, 64)
    down2 = downsample(128, 4)(down1)    # (bs, 64, 64, 128)
    down3 = downsample(256, 4)(down2)    # (bs, 32, 32, 256)

    # (bs, 34, 34, 256)
    zero_pad1 = tf.keras.layers.ZeroPadding2D()(down3)
    # (bs, 31, 31, 512)
    conv = tf.keras.layers.Conv2D(512, 4, strides=1,
                                  kernel_initializer=initializer,
                                  use_bias=False)(zero_pad1)

    batchnorm1 = tf.keras.layers.BatchNormalization()(conv)

    leaky_relu = tf.keras.layers.LeakyReLU()(batchnorm1)

    # (bs, 33, 33, 512)
    zero_pad2 = tf.keras.layers.ZeroPadding2D()(leaky_relu)

    # (bs, 30, 30, 1)
    last = tf.keras.layers.Conv2D(1, 4, strides=1,
                                  kernel_initializer=initializer)(zero_pad2)

    return tf.keras.Model(inputs=[inp, tar], outputs=last)
```

(11) 建立判别神经网络,并绘制模型。程序代码如下:

```python
# 建立判别神经网络
discriminator = Discriminator()

# 绘制生成神经网络模型
tf.keras.utils.plot_model(discriminator, show_shapes=True, dpi=64)
```

执行结果:如图 10.42 所示,主要为卷积层。

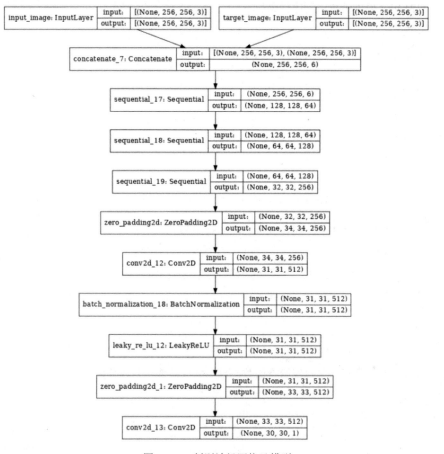

图 10.42　判别神经网络及模型

(12) 测试判别神经网络：取第一批数据。程序代码如下：

```
1  # 测试判别神经网络
2  disc_out = discriminator([inp[tf.newaxis, ...], gen_output], training=False)
3  plt.imshow(disc_out[0, ..., -1], vmin=-20, vmax=20, cmap='RdBu_r')
4  plt.colorbar()
```

执行结果：如图 10.43 所示。

图 10.43　测试判别神经网络

(13) 定义损失函数。程序代码如下：

```python
# 定义损失函数为二分类交叉熵
LAMBDA = 100
loss_obj = tf.keras.losses.BinaryCrossentropy(from_logits=True)

# 定义判别网络损失函数
def discriminator_loss(disc_real_output, disc_generated_output):
    real_loss = loss_object(tf.ones_like(disc_real_output), disc_real_output)

    generated_loss = loss_object(tf.zeros_like(disc_generated_output), disc_generated_output)

    total_disc_loss = real_loss + generated_loss

    return total_disc_loss

# 定义生成网络损失函数
def generator_loss(disc_generated_output, gen_output, target):
    gan_loss = loss_object(tf.ones_like(disc_generated_output), disc_generated_output)

    # mean absolute error
    l1_loss = tf.reduce_mean(tf.abs(target - gen_output))

    total_gen_loss = gan_loss + (LAMBDA * l1_loss)

    return total_gen_loss, gan_loss, l1_loss
```

(14) 定义优化器。程序代码如下：

```python
# 定义优化器
generator_optimizer = tf.keras.optimizers.Adam(2e-4, beta_1=0.5)
discriminator_optimizer = tf.keras.optimizers.Adam(2e-4, beta_1=0.5)
```

(15) 定义检查点：可设定以下函数，直接生成图像。程序代码如下：

```python
# 定义检查点
checkpoint_dir = './Pix2Pix_training_checkpoints'
checkpoint_prefix = os.path.join(checkpoint_dir, "ckpt")
checkpoint = tf.train.Checkpoint(generator_optimizer=generator_optimizer,
                                 discriminator_optimizer=discriminator_optimizer,
                                 generator=generator,
                                 discriminator=discriminator)
```

(16) 生成图像，并显示。程序代码如下：

```python
# 生成图像，并显示
def generate_images(model, test_input, tar):
    prediction = model(test_input, training=True)
    plt.figure(figsize=(15, 15))

    display_list = [test_input[0], tar[0], prediction[0]]
    title = ['Input Image', 'Ground Truth', 'Predicted Image']

    # 显示 输入图像、真实图像、与生成图像
    for i in range(3):
        plt.subplot(1, 3, i+1)
        plt.title(title[i])
        # 转换像素质介于 [0, 1]
        plt.imshow(display_list[i] * 0.5 + 0.5)
        plt.axis('off')
    plt.show()

# 取一批数据测试
for example_input, example_target in test_dataset.take(1):
    generate_images(generator, example_input, example_target)
```

执行结果：如图 10.44 所示，为还未训练的结果。

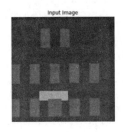

图 10.44　生成图像并显示

(17) 定义训练模型的函数。程序代码如下：

```python
import datetime
# 参数设定
EPOCHS = 150
log_dir="logs/"

summary_writer = tf.summary.create_file_writer(
    log_dir + "fit/" + datetime.datetime.now().strftime("%Y%m%d-%H%M%S"))

# 定义训练模型的函数
@tf.function
def train_step(input_image, target, epoch):
    with tf.GradientTape() as gen_tape, tf.GradientTape() as disc_tape:
        gen_output = generator(input_image, training=True)

        disc_real_output = discriminator([input_image, target], training=True)
        disc_generated_output = discriminator([input_image, gen_output], training=True)

        gen_total_loss, gen_gan_loss, gen_l1_loss = generator_loss(disc_generated_output, gen_output, target)
        disc_loss = discriminator_loss(disc_real_output, disc_generated_output)

    generator_gradients = gen_tape.gradient(gen_total_loss, generator.trainable_variables)
    discriminator_gradients = disc_tape.gradient(disc_loss, discriminator.trainable_variables)

    generator_optimizer.apply_gradients(zip(generator_gradients, generator.trainable_variables))
    discriminator_optimizer.apply_gradients(zip(discriminator_gradients, discriminator.trainable_variables))

    with summary_writer.as_default():
        tf.summary.scalar('gen_total_loss', gen_total_loss, step=epoch)
        tf.summary.scalar('gen_gan_loss', gen_gan_loss, step=epoch)
        tf.summary.scalar('gen_l1_loss', gen_l1_loss, step=epoch)
        tf.summary.scalar('disc_loss', disc_loss, step=epoch)

def fit(train_ds, epochs, test_ds):
    for epoch in range(epochs):
        start = time.time()

        display.clear_output(wait=True)

        for example_input, example_target in test_ds.take(1):
            generate_images(generator, example_input, example_target)
        print("Epoch: ", epoch)

        # Train
        for n, (input_image, target) in train_ds.enumerate():
            print('.', end='')
            if (n+1) % 100 == 0:
                print()
            train_step(input_image, target, epoch)
        print()

        # saving (checkpoint) the model every 20 epochs
        if (epoch + 1) % 20 == 0:
            checkpoint.save(file_prefix=checkpoint_prefix)

        print ('Time taken for epoch {} is {} sec\n'.format(epoch + 1, time.time()-start))

    checkpoint.save(file_prefix=checkpoint_prefix)
```

(18) 训练模型：可先启动 Tensorboard 查看工作记录，在 Notebook 中启动如下。程序代码如下：

```
1  # 启动 Tensor Board
2  %load_ext tensorboard
3  %tensorboard --logdir {log_dir}
4  # 训练模型
5  fit(train_dataset, EPOCHS, test_dataset)
```

(19) 取 5 批数据测试。程序代码如下：

```
1  # 取 5 批数据测试
2  for inp, tar in test_dataset.take(5):
3      generate_images(generator, inp, tar)
```

执行结果：如图 10.45 所示，以下仅截图两批数据，经过训练后，预测的图像已没有树木或栏杆了。

图 10.45　取 5 批数据测试

10-7　CycleGAN

前面 GAN 算法处理的都是成对转换数据，而 CycleGAN 则是针对非成对的数据生成图像。成对的意思是一张原始图像对应一张目标图像，图 10.46 右方表示多对多的数据，也就是给予不同的场域 (Domain)，原始图像就可以合成指定场景的图像。

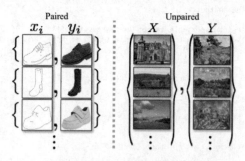

图 10.46　成对的数据 (左方)& 非成对的数据 (右方)

(以下图片来源均来自 *Unpaired Image-to-Image Translation using Cycle-Consistent Adversarial Networks* [18])

CycleGAN 或称 Cycle-Consistent GAN，是 Jun-Yan Zhu 等学者于 2017 年发表的一篇文章 *Unpaired Image-to-Image Translation using Cycle-Consistent Adversarial Networks* [18] 中提出的算法，概念如图 10.47 所示。

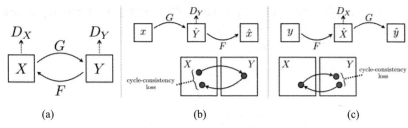

图 10.47　CycleGAN 网络结构

(1) 图 10.47(a)：有两个生成网络，G 将图像由 X 场域生成 Y 场域的图像，F 网络则是相反功能，由 Y 场域生成 X 场域的图像。

(2) 图 10.47(b)：引进 cycle consistency losses 概念，可以做到 $x \rightarrow G(x) \rightarrow F(G(0)) \approx x$，即 x 经过 G、F 转换，可得到近似于 x 的图像，称为 Forward cycle-consistency loss。

(3) 图 10.47(c)：从另一场域 y 开始，也可以做到 $y \rightarrow F(y) \rightarrow G(F(y)) \approx y$，称为 Backward cycle-consistency loss。

(4) 整个模型类似两个 GAN 网络的组合，具备循环机制，因此，损失函数为

$$L(G, F, D_X, D_Y) = L_{GAN}(G, D_Y, X, Y) + L_{GAN}(F, D_X, Y, X) + \lambda L_{cyc}(G, F)$$

其中

$$\mathcal{L}\text{cyc}(G, F) = \mathbb{E}_{x \sim P_{data}(x)}[\| F(G(x)) - X \|_1] + \mathbb{E}_{y \sim P_{data}(y)}[\| G(F(y)) - y \|_1]$$

式中：λ 控制 G、F 损失函数的相对重要性。

这种机制可应用到影像增强 (Photo Enhancement)、影像彩色化 (Image Colorization)、风格转换 (Style Transfer) 等功能，如图 10.48 所示，帮一般的马匹涂上斑马纹。

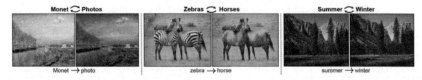

图 10.48　CycleGAN 的功能展示

范例. 以horse2zebra数据集实践CycleGAN算法(流程与上一节大致相同，所以不再复制/粘贴，节省篇幅)。

请参阅程序：**10_06_ CycleGAN.ipynb**。

(1) 加载相关库。程序代码如下：

```
1   # 载入相关库
2   import tensorflow as tf
3   import tensorflow_datasets as tfds
4   from tensorflow_examples.models.pix2pix import pix2pix
5   
6   import os
7   import time
8   import matplotlib.pyplot as plt
9   from IPython.display import import clear_output
10  
11  # 类似 prefetch()，可以提升数据集存取效果
12  AUTOTUNE = tf.data.AUTOTUNE
```

(2) 加载训练数据：tfds.load 会加载内建数据集，相关资料可参考 TensorFlow 官网有关 CycleGAN 的描述[19]。程序代码如下：

```
1  # 载入训练数据
2  dataset, metadata = tfds.load('cycle_gan/horse2zebra',
3                                with_info=True, as_supervised=True)
4
5  train_horses, train_zebras = dataset['trainA'], dataset['trainB']
6  test_horses, test_zebras = dataset['testA'], dataset['testB']
```

(3) 定义图像处理的函数：与上一节相同。程序代码如下：

```
1   # 参数设定
2   BUFFER_SIZE = 1000  # 缓冲区大小
3   BATCH_SIZE = 1      # 批量
4   IMG_WIDTH = 256     # 图像宽度
5   IMG_HEIGHT = 256    # 图像高度
6
7   # 随机裁切图像
8   def random_crop(image):
9       cropped_image = tf.image.random_crop(
10              image, size=[IMG_HEIGHT, IMG_WIDTH, 3])
11
12      return cropped_image
13
14  # 标准化，使像素值介于 [-1, 1]
15  def normalize(image):
16      image = tf.cast(image, tf.float32)
17      image = (image / 127.5) - 1
18      return image
19
20  # 随机转换
21  def random_jitter(image):
22      # 缩放图像为 286 x 286 x 3
23      image = tf.image.resize(image, [286, 286],
24              method=tf.image.ResizeMethod.NEAREST_NEIGHBOR)
25
26      # 随机裁切至 256 x 256 x 3
27      image = random_crop(image)
28
29      # 水平翻转
30      image = tf.image.random_flip_left_right(image)
31      return image
```

(4) 定义数据前置处理的函数，设定数据集属性。程序代码如下：

```
1   # 训练数据前置处理
2   def preprocess_image_train(image, label):
3       image = random_jitter(image)
4       image = normalize(image)
5       return image
6
7   # 测试数据前置处理
8   def preprocess_image_test(image, label):
9       image = normalize(image)
10      return image
11
12  # 设定数据集属性
13  train_horses = train_horses.map(
14          preprocess_image_train, num_parallel_calls=AUTOTUNE).cache().shuffle(
15          BUFFER_SIZE).batch(1)
16
17  train_zebras = train_zebras.map(
18          preprocess_image_train, num_parallel_calls=AUTOTUNE).cache().shuffle(
```

```
19              BUFFER_SIZE).batch(1)
20
21  test_horses = test_horses.map(
22              preprocess_image_test, num_parallel_calls=AUTOTUNE).cache().shuffle(
23              BUFFER_SIZE).batch(1)
24
25  test_zebras = test_zebras.map(
26              preprocess_image_test, num_parallel_calls=AUTOTUNE).cache().shuffle(
27              BUFFER_SIZE).batch(1)
```

(5) 数据测试。程序代码如下：

```
1   # 各取一批数据测试
2   sample_horse = next(iter(train_horses))
3   sample_zebra = next(iter(train_zebras))
4
5   plt.subplot(121)
6   plt.title('Horse')
7   # 转换为 [0, 1]
8   plt.imshow(sample_horse[0] * 0.5 + 0.5)
9
10  plt.subplot(122)
11  plt.title('Horse with random jitter')
12  # 将像素值由 [-1, 1] 转换为 [0, 1]，才能显示
13  plt.imshow(random_jitter(sample_horse[0]) * 0.5 + 0.5)
```

执行结果：如图 10.49 所示，左图为原图，右图为随机转换的图。

图 10.49　数据测试

(6) 定义 CycleGAN 神经网络：借用上一节的 Pix2Pix 网络结构。程序代码如下：

```
1   # 定义生成神经网络
2   OUTPUT_CHANNELS = 3
3
4   # 以 Pix2Pix 的模型建立 CycleGAN
5   generator_g = pix2pix.unet_generator(OUTPUT_CHANNELS, norm_type='instancenorm')
6   generator_f = pix2pix.unet_generator(OUTPUT_CHANNELS, norm_type='instancenorm')
7
8   discriminator_x = pix2pix.discriminator(norm_type='instancenorm', target=False)
9   discriminator_y = pix2pix.discriminator(norm_type='instancenorm', target=False)
10
11  # 生成图像
12  to_zebra = generator_g(sample_horse)
13  to_horse = generator_f(sample_zebra)
14  plt.figure(figsize=(8, 8))
15  contrast = 8
16
17  # 显示图片
18  imgs = [sample_horse, to_zebra, sample_zebra, to_horse]
```

```
19  title = ['Horse', 'To Zebra', 'Zebra', 'To Horse']
20
21  for i in range(len(imgs)):
22      plt.subplot(2, 2, i+1)
23      plt.title(title[i])
24      if i % 2 == 0:
25          plt.imshow(imgs[i][0] * 0.5 + 0.5)
26      else:
27          plt.imshow(imgs[i][0] * 0.5 * contrast + 0.5)
28  plt.show()
```

执行结果：如图 10.50 所示，左图为原图，右图为未训练前的结果。

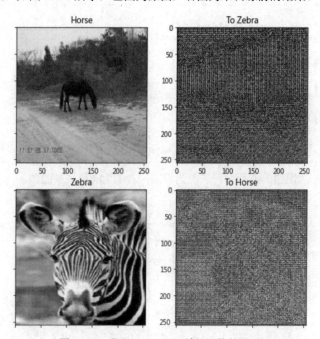

图 10.50　定义 CycleGAN 神经网络并显示

(7) 判别网络图像测试。程序代码如下：

```
1   # 判别网络图像测试
2   plt.figure(figsize=(8, 8))
3
4   plt.subplot(121)
5   plt.title('Is a real zebra?')
6   # 使用判别网络辨识图像
7   plt.imshow(discriminator_y(sample_zebra)[0, ..., -1], cmap='RdBu_r')
8
9   plt.subplot(122)
10  plt.title('Is a real horse?')
11  # 使用判别网络辨识图像
12  plt.imshow(discriminator_x(sample_horse)[0, ..., -1], cmap='RdBu_r')
13
14  plt.show()
```

执行结果：如图 10.51 所示，未训练前的结果，左图为 X 判别网络的结果，右图为 Y 判别网络的结果。

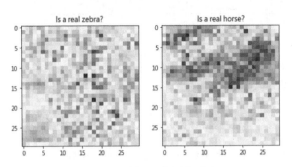

图 10.51　判别网络图像测试

(8) 定义损失函数为二分类交叉熵：包括判别网络、生成网络、循环损失与 Identity 损失函数。Identity 损失函数为输入 Y 与 Y 生成网络的差异，X 亦同，正常来说，差异应为 0。程序代码如下：

```
1   # 定义损失函数为二分类交叉熵
2   LAMBDA = 10
3   loss_obj = tf.keras.losses.BinaryCrossentropy(from_logits=True)
4
5   # 定义判别网络损失函数
6   def discriminator_loss(real, generated):
7       # 真实资料的损失
8       real_loss = loss_obj(tf.ones_like(real), real)
9
10      # 生成资料的损失
11      generated_loss = loss_obj(tf.zeros_like(generated), generated)
12
13      # 总损失
14      total_disc_loss = real_loss + generated_loss
15
16      return total_disc_loss * 0.5
17
18  # 定义生成网络损失函数
19  def generator_loss(generated):
20      return loss_obj(tf.ones_like(generated), generated)
21
22  # 定义循环损失函数，参见图 10.21 CycleGAN 网络结构
23  def calc_cycle_loss(real_image, cycled_image):
24      loss1 = tf.reduce_mean(tf.abs(real_image - cycled_image))
25      return LAMBDA * loss1
26
27  # 定义 Identity 损失函数，|G(Y)-Y| + |f(X)-X|
28  def identity_loss(real_image, same_image):
29      loss = tf.reduce_mean(tf.abs(real_image - same_image))
30      return LAMBDA * 0.5 * loss
```

(9) 定义优化器：采用 Adam。程序代码如下：

```
1   # 定义优化器
2   generator_g_optimizer = tf.keras.optimizers.Adam(2e-4, beta_1=0.5)
3   generator_f_optimizer = tf.keras.optimizers.Adam(2e-4, beta_1=0.5)
4
5   discriminator_x_optimizer = tf.keras.optimizers.Adam(2e-4, beta_1=0.5)
6   discriminator_y_optimizer = tf.keras.optimizers.Adam(2e-4, beta_1=0.5)
```

(10) 定义检查点：将以上网络函数放入。程序代码如下：

```python
1   # 定义检查点
2   checkpoint_path = "./CycleGAN_checkpoints/train"
3
4   ckpt = tf.train.Checkpoint(generator_g=generator_g,
5                              generator_f=generator_f,
6                              discriminator_x=discriminator_x,
7                              discriminator_y=discriminator_y,
8                              generator_g_optimizer=generator_g_optimizer,
9                              generator_f_optimizer=generator_f_optimizer,
10                             discriminator_x_optimizer=discriminator_x_optimizer,
11                             discriminator_y_optimizer=discriminator_y_optimizer)
12
13  ckpt_manager = tf.train.CheckpointManager(ckpt, checkpoint_path, max_to_keep=5)
14
15  # 如果检查点存在，回复至最后一个检查点
16  if ckpt_manager.latest_checkpoint:
17      ckpt.restore(ckpt_manager.latest_checkpoint)
18      print ('Latest checkpoint restored!!')
```

(11) 定义生成图像与显示的函数。程序代码如下：

```python
1   # 定义生成图像及显示的函数
2   def generate_images(model, test_input):
3       prediction = model(test_input)
4
5       plt.figure(figsize=(12, 12))
6
7       display_list = [test_input[0], prediction[0]]
8       title = ['Input Image', 'Predicted Image']
9
10      for i in range(2):
11          plt.subplot(1, 2, i+1)
12          plt.title(title[i])
13          # getting the pixel values between [0, 1] to plot it.
14          plt.imshow(display_list[i] * 0.5 + 0.5)
15          plt.axis('off')
16      plt.show()
```

(12) 定义训练模型的函数。程序代码如下：

```python
1   # 参数设定
2   EPOCHS = 40
3
4   # 定义训练模型的函数
5   @tf.function
6   def train_step(real_x, real_y):
7       # persistent=True : 表示 tf.GradientTape 会重复使用
8       with tf.GradientTape(persistent=True) as tape:
9           # Generator G translates X -> Y
10          # Generator F translates Y -> X
11          fake_y = generator_g(real_x, training=True)
12          cycled_x = generator_f(fake_y, training=True)
13
14          fake_x = generator_f(real_y, training=True)
15          cycled_y = generator_g(fake_x, training=True)
16
17          # same_x and same_y are used for identity loss.
18          same_x = generator_f(real_x, training=True)
19          same_y = generator_g(real_y, training=True)
20
21          disc_real_x = discriminator_x(real_x, training=True)
22          disc_real_y = discriminator_y(real_y, training=True)
23
24          disc_fake_x = discriminator_x(fake_x, training=True)
25          disc_fake_y = discriminator_y(fake_y, training=True)
26
27          # 计算生成网络损失
```

```
28          gen_g_loss = generator_loss(disc_fake_y)
29          gen_f_loss = generator_loss(disc_fake_x)
30
31          # 计算循环损失
32          total_cycle_loss = calc_cycle_loss(real_x, cycled_x) + calc_cycle_loss(real_y, cyc
33
34          # 计算总损失 Total generator loss = adversarial loss + cycle loss
35          total_gen_g_loss = gen_g_loss + total_cycle_loss + identity_loss(real_y, same_y)
36          total_gen_f_loss = gen_f_loss + total_cycle_loss + identity_loss(real_x, same_x)
37
38          disc_x_loss = discriminator_loss(disc_real_x, disc_fake_x)
39          disc_y_loss = discriminator_loss(disc_real_y, disc_fake_y)
40
41      # 计算生成网络梯度
42      generator_g_gradients = tape.gradient(total_gen_g_loss,
43                                            generator_g.trainable_variables)
44      generator_f_gradients = tape.gradient(total_gen_f_loss,
45                                            generator_f.trainable_variables)
46
47      # 计算判别网络梯度
48      discriminator_x_gradients = tape.gradient(disc_x_loss,
49                                                discriminator_x.trainable_variables)
50      discriminator_y_gradients = tape.gradient(disc_y_loss,
51                                                discriminator_y.trainable_variables)
52
53      # 更新权重
54      generator_g_optimizer.apply_gradients(zip(generator_g_gradients,
55                                                generator_g.trainable_variables))
56
57      generator_f_optimizer.apply_gradients(zip(generator_f_gradients,
58                                                generator_f.trainable_variables))
59
60      discriminator_x_optimizer.apply_gradients(zip(discriminator_x_gradients,
61                                                    discriminator_x.trainable_variables))
62
63      discriminator_y_optimizer.apply_gradients(zip(discriminator_y_gradients,
64                                                    discriminator_y.trainable_variables))
```

(13) 训练模型。程序代码如下：

```
1  # 训练模型
2  for epoch in range(EPOCHS):
3      start = time.time()
4
5      n = 0
6      for image_x, image_y in tf.data.Dataset.zip((train_horses, train_zebras)):
7          train_step(image_x, image_y)
8          if n % 10 == 0:
9              print ('.', end='')
10         n += 1
11
12     clear_output(wait=True)
13     # 产生图像
14     generate_images(generator_g, sample_horse)
15
16     # 检查点存档
17     if (epoch + 1) % 5 == 0:
18         ckpt_save_path = ckpt_manager.save()
19         print ('Saving checkpoint for epoch {} at {}'.format(epoch+1, ckpt_save_path))
20
21     # 计时
22     print ('Time taken for epoch {} is {} sec\n'.format(epoch + 1, time.time()-start))
```

执行结果：训练中的结果如图 10.52 所示。可以看出有逐步的转变，第一排右图为第 9 周期的结果，第二排右图为第 10 周期的结果，图像已有明显改善，第三排右图为第 12 周期的结果，已集中在马匹的处理上。

图 10.52　训练模型

训练的最终结果：如图 10.53 所示，效果很好，马匹已加上了斑马纹。

图 10.53　训练模型结果

每个训练周期均执行约 1200 秒，即 20 分钟，全部执行 40 个周期，笔者大概执行了 15 个小时。

(14) 取 5 批数据测试。程序代码如下：

```
1  # 取 5 批数据测试
2  for inp in test_horses.take(5):
3      generate_images(generator_g, inp)
```

执行结果：如图 10.54 所示，以下仅截图两批数据，左侧为原图，右侧为预测的图像，效果比训练样本差，应该是因为训练的执行周期不足，原文作者执行了 200 个周期，如果真的照做，预测耗时可达三天两夜。

图 10.54　取两批数据测试

10-8　GAN 挑战

这一章我们认识了许多种不同的 GAN 算法，由于大部分是由同一组学者发表的，因此可以看到演化的脉络。原生 GAN 加上条件后，变成了 Conditional GAN，再将生成网络改成对称型的 U-Net 后，就变成了 Pix2Pix GAN，接着再设定两个 Pix2Pix 循环的网络，就衍生出了 CycleGAN。除此之外，许多的算法也会修改损失函数的定义，来产生各种意想不到的效果。本书介绍的算法只是沧海一粟，更多的内容可参考李宏毅老师的 PPT "Introduction of Generative Adversarial Network(GAN)" [20]。

另一方面，GAN 不仅可以应用在图像上，还可以结合自然语言处理 (NLP)、强化学习 (RL) 等技术，扩大应用范围，像是高解析图像生成、虚拟人物的生成、数据压缩、文字转语音 (Text To Speech, TTS)、医疗、天文、物理、游戏等领域，可以参阅 "Tutorial on Deep Generative Models" [21] 一文。

纵使 GAN 应用广泛，但仍然存在以下挑战。

(1) 生成的图像模糊：因为神经网络是根据训练数据求取回归，类似求取每个样本在不同范围的平均值，所以生成的图像会是相似点的平均，导致图像模糊。必须有非常大量的训练数据，加上相当多的训练周期，才能产生画质较佳的图像。另外，GAN 对超参数特别敏感，包括学习率、滤波器尺寸，如果初始值设定得不好，导致生成的数据过差时，判别网络就会将其都判定为伪，到最后生成网络只能一直产生少数类别的数据了。

(2) 梯度消失 (Vanishing Gradient)：当生成的数据过差时，判别网络判定为真的概率接近于 0，梯度会变得非常小，因此就无法提供良好的梯度来改善生成器，导致生成器梯度消失。发生这种情形时可以通过多使用 leaky ReLU activation function、简化判别网络结构或增加训练周期加以改善。

(3) 模式崩溃 (Mode Collapse)：是指生成器生成的内容过于雷同，缺少变化。如果训练数据的类别不止一种，生成网络则会为了让判别网络辨识的准确率提高，而专注在比较擅长的类别，导致生成的类别缺乏多样性。以制造伪钞来举例，假设钞票分别有 100 元、500 元与 1000 元，若伪钞制造者比较善于制作 500 元纸钞，模型可能就会全部都制作 500 元的伪钞。

(4) 执行训练时间过久：反复实验的时候，如果没有相当的硬件支持，则每次调整参数都要花费大量时间。

10-9　深度伪造

深度伪造 (Deepfake) 是目前很成熟的技术，也是一个 AI 危害人类社会的明显例子。BuzzFeed.com 在 2018 年放上了一段影片，名叫 "You Won't Believe What Obama Says In This Video!" 影片中奥巴马总统的演说全是伪造的，嘴型和声音都十分逼真，震惊了世人，自此以后，各界疯狂制作各种深度伪造影片，使得网络上的影片真假难辨，引发了非常严重的假新闻灾难。

深度伪造大部分是在视频中换脸，由于人在说话时头部会自然转动，有各种角度的特写，因此，必须要收集特定人 360 度的脸部图像，才能让算法成功置换。从网络媒体中收集名人的各种影像是最容易的方式，所以，网络上流传最多的大部分是伪造名人的影片，如政治人物、明星等。

深度伪造的技术基础来自于 GAN，类似于前面介绍的 CycleGAN，架构如图 10.55 所示，也能结合脸部辨识的功能，在抓到脸部特征点 (Landmark) 后，就可以进行原始脸部与要置换脸部的互换。

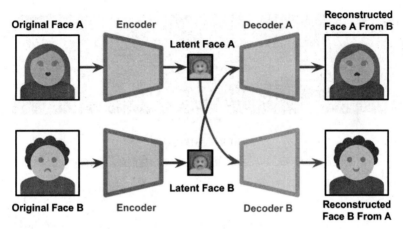

图 10.55　深度伪造的架构示意图

（图片来源："Understanding the Technology Behind DeepFakes"[22]）

Aayush Bansal 等学者在 2018 年发表 "Recycle-GAN：Unsupervised Video Retargeting"[23]，RecycleGAN 是扩充 CycleGAN 的算法，它的损失函数额外加上了时间同步的相关性 (Temporal Coherence)，即

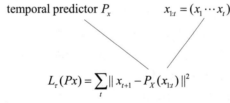

$$L_\tau(Px) = \sum_t \| x_{t+1} - P_X(x_{1:t}) \|^2$$

类似于时间序列 (Time Series)，$t+1$ 时间点的图像应该是 1 至 t 时间点的图像的延续，如图 10.56 所示。因此，生成网络的损失函数为

$$L_\tau(G_X, G_Y, P_Y) = \sum_t \| x_{t+1} - G_X(P_Y(G_Y(x_{1:t}))) \|^2$$

式中：$G_y(x_i)$ 是将 x_i 转成 y_i 的生成网络。

RecycleGAN 算法的演进如图 10.57 所示。

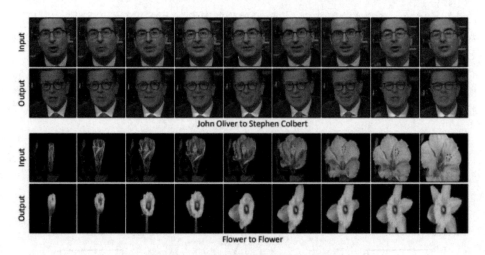

图 10.56　图像的延续

(图片来源：*Recycle-GAN：Unsupervised Video Retargeting* [21])

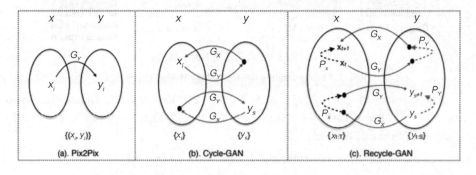

图 10.57　RecycleGAN 算法的演进

(图片来源：*Recycle-GAN: Unsupervised Video Retargeting* [21])

(1) Pix2Pix 是成对 (Paired data) 转换。
(2) CycleGAN 是循环转换，使用成对的网络架构。
(3) RecycleGAN 加上时间同步的相关性 (P_x、P_y)。

因此整体的 RecycleGAN 的损失函数为

$$\min_{G,P} \max_{D} L_{rg}(G,P,D) = L_g(G_X, D_X) + L_g(G_Y, D_Y) + \\ \lambda_{rx} L_r(G_X, G_Y, P_Y) + \lambda_{ry} L_r(G_Y, G_X, P_X) + \lambda_{\tau x} L_\tau(P_X) + \lambda_{\tau y} L_\tau(P_Y)$$

另外，还有 Face2Face、嘴型同步技术 (Lip-syncing technology) 等算法，有兴趣的读者可以参阅 Jonathan Hui 的 *Detect AI-generated Images & Deepfakes* [24] 系列文章，里面有大量的图片展示，十分有趣。

Deepfake 的实践可参阅 *DeepFakes in 5 minutes* [25] 一文，它介绍如何利用 DeepFaceLab 库，在很短的时间内制作出深度伪造的影片，源代码在 "DeepFaceLab GitHub" (https://github.com/iperov/DeepFaceLab)，网页附有一个视频 "Mini tutorial" 说明，只要按步骤执行脚本 (Scripts)，就可以顺利完成影片，不过，它比 GAN 需要更强的硬件设备，笔者并未进行测试。

Deepfake 引发了严重的假新闻灾难，许多学者及企业提出反制的方法来辨识真假，简单的像是 *Detect AI-generated Images & Deepfakes(Part 1)* [26] 一文所述，可以从脸部边缘是否模糊，是否有随机的噪声，脸部是否对称等细节来辨别，当然也有大公司推出可辨识影片真假的工具，如微软的 "Microsoft Video Authenticator"，读者可参阅 ITHome 相关的报导 [27]。

不管是 Deepfake 还是反制的算法，未来发展都值得关注，这起事件也让科学家留意到科学的发展必须兼顾伦理与道德，否则，好莱坞科幻片的剧情就不再只是幻想，人类有可能走向自我毁灭的道路。

第四篇 自然语言处理

自然语言处理 (Natural Language Processing, NLP) 顾名思义，就是希望计算机能像人类一样，看懂文字或听懂人话，理解语意，并能给予适当的回答。如下图所示，以聊天机器人为例，一个简单的计算机与人类的对话，所涵盖的技术就包括以下几项。

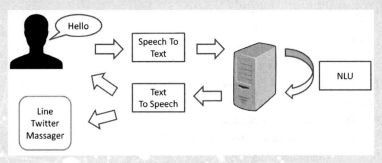

图　聊天机器人概念示意图

(1) 当人对计算机说话，计算机会先把这句话转成文字，称之为语音识别 (Speech recognition) 或语音转文字 (Speech To Text, STT)。

(2) 接着计算机对文字进行解析，了解意图，称为自然语言理解。

(3) 之后计算机依据对话回答，有以下两种表达方式。

① 以文字回复：从语料库或常用问答 (FAQ) 中找出一段要回复的文字，这部分称为文字生成 (Text Generation)。

② 以声音回复：将回复文字转为语音，称为语音合成 (Speech Synthesize) 或文字转语音 (Text To Speech, TTS)。

整个过程看似容易，实则充满了各种挑战，接下来我们把相关技术仔细演练一遍吧！

第 11 章
自然语言处理的介绍

自然语言处理的发展非常早,大约从 1950 年就开始了,当年英国计算机科学家图灵 (Alan Mathison Turing) 已有先见之明,提出图灵测试 (Turing Test),目的是测试计算机能否表现出像人类一样的智慧,时至今日,许多聊天机器人如 Siri、小冰等产品的问世,才算得上真正启动了 NLP 的热潮,即便目前依然无法媲美人类的智慧,但相关技术仍然有许多方面的应用,举例如下。

(1) 文本分类 (Text Classification)。
(2) 信息检索 (Information Retrieval)。
(3) 文字校对 (Text Proofing)。
(4) 自然语言生成 (Natural Language Generation)。
(5) 问答系统 (Question Answering)。
(6) 机器翻译 (Machine Translation)。
(7) 自动摘要 (Automatic Summarization)。
(8) 情绪分析 (Sentiment Analysis)。
(9) 语音识别 (Speech Recognition)。
(10) 音乐方面的应用,如曲风分类、自动编曲、声音模仿等等。

11-1 词袋与 TF-IDF

人类的语言具高度模糊性,一句话可能有多重的意思或隐喻,而计算机当前还无法真正理解语言或文字的意义,因此,现阶段的做法与对影像的处理方式类似,先将语音和文字转换成向量,再对向量进行分析或使用深度学习建模,相关研究的进展非常快,这一节我们从最简单的方法开始说起。

词袋 (Bag of Words, BOW) 是指把一篇文章进行词汇的整理,然后统计每个词汇出现的次数,经由前几名的词汇猜测全文大意,如图 11.1 所示。

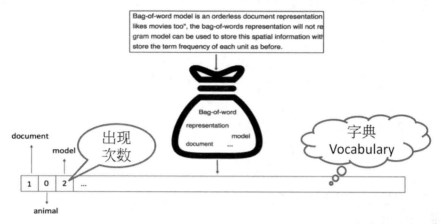

图 11.1　词袋

做法如下：

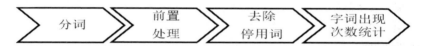

（1）分词 (Tokenization)：将整篇文章中的每个词汇切开，整理成生字表或字典 (Vocabulary)。英文较简单，以空白或句点隔开，中文较复杂，须以特殊方式处理。

（2）前置处理 (Preprocessing)：将词汇作词形还原，转换成小写等。词形还原是动词转为原形，复数转为单数等，避免因为词态不同，词汇统计出现分歧。

（3）去除停用词 (Stop Word)：be 动词、助动词、代名词、介系词、冠词等不具特殊意义的词汇称为停用词，将它们剔除，否则统计结果都是这些词汇出现最多次。

（4）词汇出现次数统计：计算每个词汇在文章出现的次数，并由高至低排列。

范例1. 以BOW实践自动摘要。

请参阅程序：**11_01_BOW.ipynb**。

（1）加载相关库。程序代码如下：

```
1  # 载入相关库
2  import collections
```

（2）设定停用词：这里直接设定停用词，许多库有整理常用的停用词，如 NLTK、spaCy。程序代码如下：

```
1  # 停用词设定
2  stop_words=['\n', 'or', 'are', 'they', 'i', 'some', 'by', '-',
3              'even', 'the', 'to', 'a', 'and', 'of', 'in', 'on', 'for',
4              'that', 'with', 'is', 'as', 'could', 'its', 'this', 'other',
5              'an', 'have', 'more', 'at','don't', 'can', 'only', 'most']
```

（3）读取文本文件 news.txt，统计词汇出现的次数，资料来自于 *South Korea's Convenience Store Culture* [1] 一文。程序代码如下：

```
1   # 读取文本文件news.txt，统计字词出现次数
2
3   # 参数设定
4   maxlen=1000          # 生字表最大个数
5
6   # 生字表的集合
7   word_freqs = collections.Counter()
8   with open('./NLP_data/news.txt','r+', encoding='UTF-8') as f:
9       for line in f:
10          # 转小写、分词
11          words = line.lower().split(' ')
12          # 统计字词出现次数
13          if len(words) > maxlen:
14              maxlen = len(words)
15          for word in words:
16              if not (word in stop_words):
17                  word_freqs[word] += 1
18
19  print(word_freqs.most_common(20))
```

① 执行结果如下：

```
[('stores', 15), ('convenience', 14), ('korean', 6), ('these', 6), ('one', 6), ('it's', 6), ('from', 5), ('my', 5), ('you', 5),
('their', 5), ('just', 5), ('has', 5), ('new', 4), ('do', 4), ('also', 4), ('which', 4), ('find', 4), ('would', 4), ('like',
4), ('up', 4)]
```

② 前 3 名分别为：

- stores：15 次。
- convenience：14 次。
- korean：6 次。

③ 因此可以猜测这整篇文章应该是在讨论韩国便利商店 (Korea Convenience Store)，结果与标题契合。

BOW 方法十分简单，效果也相当不错，不过它有个缺点，有些词汇不是停用词，也经常出现，但对全文并不重要，如上文的 only、most，对猜测全文大意没有帮助，所以，学者提出改良的算法 TF-IDF(Term Frequency - Inverse Document Frequency)，它会针对跨文件常出现的词汇给予较低的分数，如 only 在每一个文件都出现，TF-IDF 对它的评分就相对较低，因此，TF-IDF 的公式定义为

$$tf\text{-}idf = tf \times idf$$

其中：

(1) *tf*(Term Frequency, 词频)：考虑词汇出现在跨文件的次数，分母为在所有文件中出现的次数，分子为在目前文件中出现的次数。有

$$tf_{i,j} = \frac{n_{i,j}}{\sum_k n_{k,j}}$$

(2) *idf*(Inverse Document Frequency, 逆向档案频率)：考虑词汇出现的文件数，单一文件出现特定词汇多次，也只视为 1，分子为总文件数，分母为词汇出现的文件数，加 1 是避免分母为 0。有

$$idf_{i,j} = \log \frac{|D|}{1+|D_{t_i}|}$$

(3) 除了以上的定义，TF-IDF 还有一些变形的公式，可参阅维基百科关于 tf-idf 的说明[2]。

除了猜测全文大意外，TF-IDF 也可以应用到文本分类或问答的配对。

第 11 章 ┃ 自然语言处理的介绍

范例2. 以TF-IDF实践问答配对。

请参阅程序：**11_02_TFIDF.ipynb** 实践。

(1) 加载相关库。程序代码如下：

```
1  # 载入相关库
2  from sklearn.feature_extraction.text import CountVectorizer
3  from sklearn.feature_extraction.text import TfidfTransformer
4  import numpy as np
```

(2) 设定输入数据：最后一句为问题，其他的例句为回答。程序代码如下：

```
1  # 语料：最后一句为问题，其他为回答
2  corpus = [
3      'This is the first document.',
4      'This is the second second document.',
5      'And the third one.',
6      'Is this the first document?',
7  ]
```

(3) 将例句转换为词频矩阵，计算各个词汇出现的次数。程序代码如下：

```
1  # 将例句转换为词频矩阵，计算各个字词出现的次数
2  vectorizer = CountVectorizer()
3  X = vectorizer.fit_transform(corpus)
4
5  # 生字表
6  word = vectorizer.get_feature_names()
7  print ("Vocabulary : ", word)
```

执行结果如下：

```
Vocabulary : ['and', 'document', 'first', 'is', 'one', 'second', 'the', 'third', 'this']
```

(4) 查看四句话的 BOW。程序代码如下：

```
1  # 查看四句话的 BOW
2  print ("BOW=\n", X.toarray())
```

执行结果如下：

```
BOW=
 [[0 1 1 1 0 0 1 0 1]
 [0 1 0 1 0 2 1 0 1]
 [1 0 0 0 1 0 1 1 0]
 [0 1 1 1 0 0 1 0 1]]
```

(5) TF-IDF 转换：将例句转换为 TF-IDF。程序代码如下：

```
1  # TF-IDF 转换
2  transformer = TfidfTransformer()
3  tfidf = transformer.fit_transform(X)
4  print ("TF-IDF=\n", np.around(tfidf.toarray(), 4))
```

执行结果：每一个元素均介于 [0, 1]，为了显示整齐，取四舍五入，实际运算并不需要。执行结果如下：

```
TF-IDF=
 [[0.         0.4388 0.542  0.4388 0.         0.         0.3587 0.         0.4388]
  [0.         0.2723 0.     0.2723 0.         0.8532 0.2226 0.         0.2723]
  [0.5528 0.         0.     0.     0.5528 0.         0.2885 0.5528 0.         ]
  [0.         0.4388 0.542  0.4388 0.         0.         0.3587 0.         0.4388]]
```

(6) 比较最后一句与其他例句的相似度：以 cosine_similarity 比较向量的夹角，越接近 1，表示越相似。程序代码如下：

```
1  # 最后一句与其他句的相似度比较
2  from sklearn.metrics.pairwise import cosine_similarity
3  print (cosine_similarity(tfidf[-1], tfidf[:-1], dense_output=False))
```

执行结果：第一个例句与最后的问句最相似，结果与文意相符合。结果如下：

```
(0, 2)    0.10348490000930086
(0, 1)    0.43830038447620107
(0, 0)    1.0
```

11-2 词汇前置处理

传统上，我们会使用 NLTK(Natural Language Toolkit) 库来进行词汇的前置处理，它具备非常多的功能，并内含超过 50 个语料库 (Corpora) 可供测试，只是它不支持中文处理，比较新的 spaCy 库支持多国语系。这里先示范如何运用 NLTK 做一般词汇的前置处理，之后再介绍可以处理中文数据的库。

NLTK 分为程序和数据两个部分。

(1) 安装 NLTK 程序：pip install nltk。

(2) 安装 NLTK 数据：先执行 python，再执行 import nltk； nltk.download()，出现页面如图 11.2 所示。它包括库与相关语料库，可下载必要的项目。

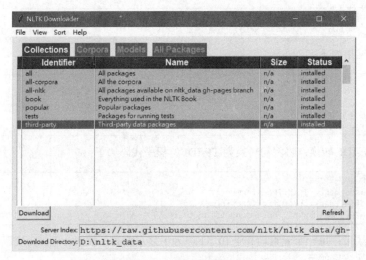

图 11.2 安装 NLTK 数据

由于文件众多，下载时间很久，如需安装至第二台计算机，可直接复制下载目录至其他 PC 即可，NLTK 加载语料库时，会自动检查所有计算机的 \nltk_data 目录。

范例. 使用NLTK进行词汇的前置处理。

请参阅程序：**11_03_ 词汇前置处理 .ipynb**。

(1) 加载相关库。程序代码如下：

```
1  # 载入相关库
2  import nltk
```

(2) 输入测试的文章段落程。序代码如下：

```
1  # 测试文章段落
2  text="Today is a great day. It is even better than yesterday." + \
3      " And yesterday was the best day ever."
```

(3) 将测试的文章段落分割成例句。程序代码如下：

```
1  # 分割字句
2  nltk.sent_tokenize(text)
```

执行结果：分割成三句。结果如下：

```
['Today is a great day.',
 'It is even better than yesterday.',
 'And yesterday was the best day ever.']
```

(4) 分词 (Tokenize)。程序代码如下：

```
1  # 分词
2  nltk.word_tokenize(text)
```

执行结果如下：

```
['Today',
 'is',
 'a',
 'great',
 'day',
 '.',
 'It',
 'is',
 'even',
 'better',
 'than',
 'yesterday',
 '.',
 'And',
 'yesterday',
 'was',
 'the',
 'best',
 'day',
 'ever',
 '.']
```

(5) 词形还原有以下两类方法。

① 依字根作词形还原 (Stemming)：速度快，但不一定正确。

② 依字典规则做词形还原 (Lemmatization)：速度慢，但准确率高。

(6) 字根词形还原根据一般文法规则，不管字的含义，直接进行字根词形还原，如

keeps 删去 s、crashing 删去 ing 都正确，但 his 直接删去 s 就会发生错误。程序代码如下：

```
1  # 字根词形还原
2  text = 'My system keeps crashing his crashed yesterday, ours crashes daily'
3  ps = nltk.porter.PorterStemmer()
4  ' '.join([ps.stem(word) for word in text.split()])
```

执行结果：his ➔ hi，daily ➔ daili。结果如下：

```
'My system keep crash hi crash yesterday, our crash daili'
```

(7) 依字典规则的词形还原：查询字典，依单字的不同进行词形还原，如此 his、daily 均不会改变。程序代码如下：

```
1  # 依字典规则的词形还原(Lemmatization)
2  text = 'My system keeps crashing his crashed yesterday, ours crashes daily'
3  lem = nltk.WordNetLemmatizer()
4  ' '.join([lem.lemmatize(word) for word in text.split()])
```

执行结果：完全正确。结果如下：

```
'My system keep crashing his crashed yesterday, ours crash daily'
```

(8) 分词后剔除停用词：nltk.corpus.stopwords.words('english') 提供常用的停用词，另外标点符号也可以列入停用词。程序代码如下：

```
1   # 标点符号(Punctuation)
2   import string
3   print('标点符号:', string.punctuation)
4
5   # 测试文章段落
6   text="Today is a great day. It is even better than yesterday." + \
7       " And yesterday was the best day ever."
8   # 读取停用词
9   stopword_list = set(nltk.corpus.stopwords.words('english')
10                      + list(string.punctuation))
11
12  # 删除停用词(Removing Stopwords)
13  def remove_stopwords(text, is_lower_case=False):
14      if is_lower_case:
15          text = text.lower()
16      tokens = nltk.word_tokenize(text)
17      tokens = [token.strip() for token in tokens]
18      filtered_tokens = [token for token in tokens if token not in stopword_list]
19      filtered_text = ' '.join(filtered_tokens)
20      return filtered_text, filtered_tokens
21
22  filtered_text, filtered_tokens = remove_stopwords(text)
23  filtered_text
```

执行结果如下：

```
标点符号: !"#$%&'()*+,-./:;<=>?@[\]^_`{|}~
'Today great day It even better yesterday And yesterday best day ever'
```

(9) 进行 BOW 统计。程序代码如下：

```
1   # 测试文章段落
2   with open('./NLP_data/news.txt','r+', encoding='UTF-8') as f:
3       text = f.read()
4
5   filtered_text, filtered_tokens = remove_stopwords(text, True)
6
7   import collections
8   # 生字表的集合
9   word_freqs = collections.Counter()
10  for word in filtered_tokens:
11      word_freqs[word] += 1
12  print(word_freqs.most_common(20))
```

执行结果：同样可以抓到文章大意是韩国便利超商。结果如下：

```
[("'", 35), ('stores', 15), ('convenience', 14), ('one', 8), ('-', 8), ('even', 8), ('seoul', 8), ('city', 7), ('korea', 6),
('korean', 6), ('cities', 6), ('people', 5), ('summer', 4), ('new', 4), ('also', 4), ('find', 4), ('store', 4), ('would', 4),
('like', 4), ('average', 4)]
```

(10) 改用正规表达式 (Regular Expression)：上段程序还是有标点符号未删除，正规表达式可以完全剔除停用词。程序代码如下：

```
1   # 删除停用词(Removing Stopwords)
2   lem = nltk.WordNetLemmatizer()
3   def remove_stopwords_regex(text, is_lower_case=False):
4       if is_lower_case:
5           text = text.lower()
6       tokenizer = nltk.tokenize.RegexpTokenizer(r'\w+') # 筛选文数字(Alphanumeric)
7       tokens = tokenizer.tokenize(text)
8       tokens = [lem.lemmatize(token.strip()) for token in tokens] # 词形还原
9       filtered_tokens = [token for token in tokens if token not in stopword_list]
10      filtered_text = ' '.join(filtered_tokens)
11      return filtered_text, filtered_tokens
12
13  filtered_text, filtered_tokens = remove_stopwords_regex(text, True)
14  word_freqs = collections.Counter()
15  for word in filtered_tokens:
16      word_freqs[word] += 1
17  print(word_freqs.most_common(20))
```

(11) 找出相似词 (Synonyms)：WordNet 语料库内含相似词、相反词与简短说明。程序代码如下：

```
1   # 找出相似词(Synonyms)
2   synonyms = nltk.corpus.wordnet.synsets('love')
3   synonyms
```

执行结果：列出前 10 名，是以例句显示，故许多单字均相同。结果如下：

```
[Synset('love.n.01'),
 Synset('love.n.02'),
 Synset('beloved.n.01'),
 Synset('love.n.04'),
 Synset('love.n.05'),
 Synset('sexual_love.n.02'),
 Synset('love.v.01'),
 Synset('love.v.02'),
 Synset('love.v.03'),
 Synset('sleep_together.v.01')]
```

(12) 显示相似词说明。程序代码如下：

```
1  # 单字说明
2  synonyms[0].definition()
```

执行结果：列出第一个相似词的单字说明。结果如下：

```
'a strong positive emotion of regard and affection'
```

(13) 显示相似词的例句。程序代码如下：

```
1  # 单字的例句
2  synonyms[0].examples()
```

执行结果：列出第一个相似词的例句。结果如下：

```
['his love for his work', 'children need a lot of love']
```

(14) 找出相反词 (Antonyms)：需先调用 lemmas() 进行词形还原，再调用 antonyms()。程序代码如下：

```
1  # 找出相反词(Antonyms)
2  antonyms=[]
3  for syn in nltk.corpus.wordnet.synsets('ugly'):
4      for l in syn.lemmas():
5          if l.antonyms():
6              antonyms.append(l.antonyms()[0].name())
7  antonyms
```

执行结果：ugly ➔ beautiful。

(15) 分析词性标签 (POS Tagging)：依照句子结构，显示每个单字的词性。程序代码如下：

```
1  # 找出词性标签(POS Tagging)
2  text='I am a human being, capable of doing terrible things'
3  sentences=nltk.sent_tokenize(text)
4  for sent in sentences:
5      print(nltk.pos_tag(nltk.word_tokenize(sent)))
```

执行结果如下：

```
[('I', 'PRP'), ('am', 'VBP'), ('a', 'DT'), ('human', 'JJ'), ('being', 'VBG'), (',', ','), ('capable', 'JJ'), ('of', 'IN'), ('doing', 'VBG'), ('terrible', 'JJ'), ('things', 'NNS')]
```

词性标签列表如下。

(1) CC(Coordinating Conjunction)：并列连词。

(2) CD(Cardinal Digit)：基数。

(3) DT(Determiner)：量词。

(4) EX(Existential)：存在地，如 There。

(5) FW(Foreign Word)：外来语。

(6) IN Preposition/Subordinating Conjunction：介词。

(7) JJ Adjective：形容词。

(8) JJR Adjective, Comparative：比较级形容词。

(9) JJS Adjective, Superlative：最高级形容词。

(10) LS(List Marker)1：列表标记。

(11) MD(Modal)：情态动词。
(12) NN Noun, Singular：名词单数。
(13) NNS Noun Plural：名词复数。
(14) NNP Proper Noun, Singular：专有名词单数。
(15) NNPS Proper Noun, Plural：专有名词复数。
(16) PDT(Predeterminer)：放在量词的前面，如 both、a lot of。
(17) POS(Possessive Ending)：所有格，如 parent's。
(18) PRP(Personal Pronoun)：代名词，如 I、he、she。
(19) PRP$ Possessive Pronoun：所有格代名词，如 my、his、hers。
(20) RB Adverb：副词，如 very、silently。
(21) RBR Adverb, Comparative：比较级副词，如 better。
(22) RBS Adverb, Superlative：最高级副词，如 best。
(23) RP Particle：助词，如 give up。
(24) TO to：例如 go 'to' the store。
(25) UH Interjection：感叹词，如 errrrrrrrm。
(26) VB Verb, Base Form：动词，如 take。
(27) VBD Verb, Past Tense：动词过去式，如 took。
(28) VBG Verb, Gerund/Present Participle：动词进行式，如 taking。
(29) VBN Verb, Past Participle：动词过去分词，如 taken。
(30) VBP Verb, Sing Present, non-3d：动词现在式单数，如 take。
(31) VBZ Verb, 3rd person sing. present：动词现在式复数，如 takes。
(32) WDT wh-determiner：疑问代名词，如 which。
(33) WP wh-pronoun who, what：疑问代名词。
(34) WP$ possessive wh-pronoun：疑问代名词所有格，如 whose。
(35) WRB wh-abverb：疑问副词，如 where、when。

spaCy 库提供更强大的分析功能，但由于内容涉及词向量 (Word2Vec)，所以我们留待后续章节再讨论。

11-3 词向量

BOW 和 TF-IDF 都只着重于词汇出现在文件中的次数，未考虑语言、文字有上下文的关联，比如，"这间房屋有四扇？"，从上文大概可以推测出最后一个词汇是"窗户"，又如，我说喜欢吃辣，那我会点"麻婆豆腐"还是"家常豆腐"呢？相信听到"吃辣"，应该都会猜是"麻婆豆腐"。另一方面，一个语系的单字数有限，中文大概就几万个字，我们是否也可以比照影像辨识，对所有的单字建构预先训练的模型呢？之后是否就可以实现转换学习 (Transfer Learning) 呢？

针对上下文的关联，Google 研发团队 Tomas Mikolov 等人于 2013 年提出词向量 (Word2Vec)，他们搜集了 1000 亿个字 (Word) 加以训练，将每个单字改以上下文表达，然后转换为向量，而这就是词嵌入 (Word Embedding) 的概念，与 TF-IDF 输出是稀疏向量不同，词嵌入的输出是一个稠密的样本空间。

词向量有以下两种做法，如图 11.3 所示。

(1) 连续 CBOW(Continuous Bag-of-Words)：以单字的上下文预测单字。
(2) Continuous Skip-gram Model：刚好相反，以单字预测上下文。

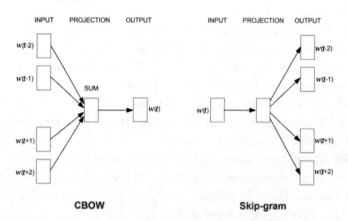

图 11.3　CBOW 与 Continuous Skip-gram Model
(图片来源：*Exploiting Similarities among Languages for Machine Translation* [3])

揭开 CBOW 算法来看，它就是一个深度学习模型，如图 11.4 所示。

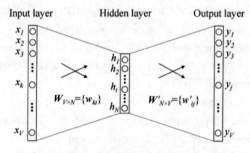

图 11.4　CBOW 的网络结构
(图片来源：*An Intuitive Understanding of Word Embeddings: From Count Vectors to Word2Vec* [4])

以单字的上下文为输入，以预测的单字为目标，如同下面 2-gram 的模型，例句为 "Hey, this is sample corpus using only one context word."使用 One-hot encoding，输出表格如图 11.5 所示。

Input	Output		Hey	This	is	sample	corpus	using	only	one	context	word
Hey	this	Datapoint 1	1	0	0	0	0	0	0	0	0	0
this	hey	Datapoint 2	0	1	0	0	0	0	0	0	0	0
is	this	Datapoint 3	0	0	1	0	0	0	0	0	0	0
is	sample	Datapoint 4	0	0	1	0	0	0	0	0	0	0
sample	is	Datapoint 5	0	0	0	1	0	0	0	0	0	0
sample	corpus	Datapoint 6	0	0	0	1	0	0	0	0	0	0
corpus	sample	Datapoint 7	0	0	0	0	1	0	0	0	0	0
corpus	using	Datapoint 8	0	0	0	0	1	0	0	0	0	0
using	corpus	Datapoint 9	0	0	0	0	0	1	0	0	0	0
using	only	Datapoint 10	0	0	0	0	0	1	0	0	0	0
only	using	Datapoint 11	0	0	0	0	0	0	1	0	0	0
only	one	Datapoint 12	0	0	0	0	0	0	1	0	0	0
one	only	Datapoint 13	0	0	0	0	0	0	0	1	0	0
one	context	Datapoint 14	0	0	0	0	0	0	0	1	0	0
context	one	Datapoint 15	0	0	0	0	0	0	0	0	1	0
context	word	Datapoint 16	0	0	0	0	0	0	0	0	1	0
word	context	Datapoint 17	0	0	0	0	0	0	0	0	0	1

图 11.5　2-gram 与 One-hot encoding

2-gram 是每次取两个单字，然后窗口滑动一个单字，输出如图 11.6 所示。

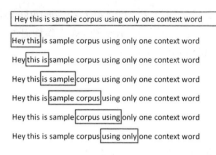

图 11.6　2-gram 滑动窗口

接着以第一个单字 One-hot encoding 为输入，第二个单字为预测目标，最后模型预测的是各单字的概率。这是一个简略的说明，当然，实际的模型不会这么简单，还会额外考虑以下状况。

(1) 不会只考虑上一个单字，会将上下文各 n 个单字都纳入考虑。

(2) 如此做法，输出是 1000 亿个单字的概率，模型应该无法承担如此多的类别，因此改用所谓的负样本抽样 (Negative Sub-sampling)，只推论输出输入是否为上下文，例如 orange, juice，从 $P(juice|orange)$ 改为预测 $P(1|<orange, juice>)$，即从多类别 (1000 亿个) 模型转换成二分类 (真 / 假) 模型。

CBOW 的优点如下。

(1) 简单，而且比传统确定性模型 (Deterministic methods) 的效能更佳。

(2) 对比相关矩阵，CBOW 的内存消耗节省了很多。

CBOW 的缺点如下。

(1) 例如，Apple 可能是指水果，但也可能是在指公司名称，遇到这样的情况，CBOW 会取平均值，导致失准，故 CBOW 无法处理一字多义。

(2) 因为 CBOW 输出高达 1000 亿个单字概率，所以优化求解的收敛十分困难。

因此，后续发展出了 Skip-gram 模型，颠倒输出与输入，改由单字预测上下文，我们再以同样的句子来举例，如图 11.7 所示。

Input	Output(Context1)	Output(Context2)
Hey	this	\<padding>
this	Hey	is
is	this	sample
sample	is	corpus
corpus	sample	corpus
using	corpus	only
only	using	one
one	only	context
context	one	word
word	context	\<padding>

图 11.7　Skip-gram 模型的输出与输入

Skip-gram 的优点如下。

(1) 一个单字可以预测多个上下文，解决了一字多义的问题。

(2) 结合负样本抽样技术，效果比其他模型佳。负样本可以是任意单字的排列组合，如果要把所有负样本放入训练数据中，数量可能过于庞大，而且会产生不平衡数据 (Imbalanced Data)，因此采用负样本抽样的方法。因我们不实践 Skip-gram 模型训练，细节就暂且不介绍，有兴趣的读者可参阅 *NLP 102: Negative Sampling and GloVe* [5]。

我们可以利用预先训练的模型来实验一下，Gensim 和 spaCy 库均提供 Word2Vec 模型。

使用前须先安装 Gensim 库：pip install gensim。

范例1. 运用Gensim进行相似性比较。

设计流程如图 11.8 所示。

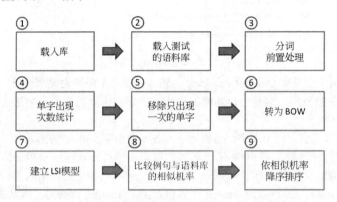

图 11.8　设计流程

请参阅程序：**11_04_gensim_ 相似性比较 .ipynb**。

(1) 加载相关库。程序代码如下：

```
1  # 载入相关库
2  import pprint  # 较美观的打印函数
3  import gensim
4  from collections import defaultdict
5  from gensim import corpora
```

(2) 测试的文章段落如下。程序代码如下：

```
1   # 语料库
2   documents = [
3       "Human machine interface for lab abc computer applications",
4       "A survey of user opinion of computer system response time",
5       "The EPS user interface management system",
6       "System and human system engineering testing of EPS",
7       "Relation of user perceived response time to error measurement",
8       "The generation of random binary unordered trees",
9       "The intersection graph of paths in trees",
10      "Graph minors IV Widths of trees and well quasi ordering",
11      "Graph minors A survey",
12  ]
```

(3) 分词、前置处理。程序代码如下：

```
1  # 任意设定一些停用词
2  stoplist = set('for a of the and to in'.split())
3
4  # 分词，转小写
5  texts = [
6      [word for word in document.lower().split() if word not in stoplist]
7      for document in documents
8  ]
9  texts
```

执行结果如下：

```
[['human', 'machine', 'interface', 'lab', 'abc', 'computer', 'applications'],
 ['survey', 'user', 'opinion', 'computer', 'system', 'response', 'time'],
 ['eps', 'user', 'interface', 'management', 'system'],
 ['system', 'human', 'system', 'engineering', 'testing', 'eps'],
 ['relation', 'user', 'perceived', 'response', 'time', 'error', 'measurement'],
 ['generation', 'random', 'binary', 'unordered', 'trees'],
 ['intersection', 'graph', 'paths', 'trees'],
 ['graph', 'minors', 'iv', 'widths', 'trees', 'well', 'quasi', 'ordering'],
 ['graph', 'minors', 'survey']]
```

(4) 单字出现的次数统计。程序代码如下：

```
1  # 单字出现次数统计
2  frequency = defaultdict(int)
3  for text in texts:
4      for token in text:
5          frequency[token] += 1
6  frequency
```

执行结果：执行结果如下，显示每个单字出现的次数。

```
defaultdict(int,
            {'human': 2,
             'machine': 1,
             'interface': 2,
             'lab': 1,
             'abc': 1,
             'computer': 2,
             'applications': 1,
             'survey': 2,
             'user': 3,
             'opinion': 1,
             'system': 4,
             'response': 2,
             'time': 2,
             'eps': 2,
             'management': 1,
             'engineering': 1,
             'testing': 1,
             'relation': 1,
             'perceived': 1,
             'error': 1,
             'measurement': 1,
             'generation': 1,
             'random': 1,
```

(5) 删除只出现一次的单字：仅专注在较常出现的关键词。程序代码如下：

```
1  # 删除只出现一次的单字
2  texts = [
3      [token for token in text if frequency[token] > 1]
4      for text in texts
5  ]
6  texts
```

执行结果：每句筛选的结果如下。

```
[['human', 'interface', 'computer'],
 ['survey', 'user', 'computer', 'system', 'response', 'time'],
 ['eps', 'user', 'interface', 'system'],
 ['system', 'human', 'system', 'eps'],
 ['user', 'response', 'time'],
 ['trees'],
 ['graph', 'trees'],
 ['graph', 'minors', 'trees'],
 ['graph', 'minors', 'survey']]
```

(6) 转为 BOW。程序代码如下：

```
1  # 转为字典
2  dictionary = corpora.Dictionary(texts)
3
4  # 转为 BOW
5  corpus = [dictionary.doc2bow(text) for text in texts]
6  corpus
```

执行结果如下：

```
[[(0, 1), (1, 1), (2, 1)],
 [(0, 1), (3, 1), (4, 1), (5, 1), (6, 1), (7, 1)],
 [(2, 1), (5, 1), (7, 1), (8, 1)],
 [(1, 1), (5, 2), (8, 1)],
 [(3, 1), (6, 1), (7, 1)],
 [(9, 1)],
 [(9, 1), (10, 1)],
 [(9, 1), (10, 1), (11, 1)],
 [(4, 1), (10, 1), (11, 1)]]
```

(7) 建立 LSI(Latent semantic indexing) 模型：可指定议题的个数，每一项议题皆由所有单字加权组合而成。程序代码如下：

```
1  # 建立 LSI (Latent semantic indexing) 模型
2  from gensim import models
3
4  # num_topics=2：取二维，即两个议题
5  lsi = models.LsiModel(corpus, id2word=dictionary, num_topics=2)
6
7  # 两个议题的 LSI 公式
8  lsi.print_topics(2)
```

执行结果：两项议题的公式如下。

```
[(0,
  '0.644*"system" + 0.404*"user" + 0.301*"eps" + 0.265*"time" + 0.265*"response" + 0.240*"computer" + 0.221*"human" + 0.206*"survey" + 0.198*"interface" + 0.036*"graph"'),
 (1,
  '0.623*"graph" + 0.490*"trees" + 0.451*"minors" + 0.274*"survey" + -0.167*"system" + -0.141*"eps" + -0.113*"human" + 0.107*"response" + 0.107*"time" + -0.072*"interface"')]
```

(8) 测试 LSI 模型。程序代码如下：

```
1  # 例句
2  doc = "Human computer interaction"
3
4  # 测试 LSI (Latent semantic indexing) 模型
5  vec_bow = dictionary.doc2bow(doc.lower().split())
6  vec_lsi = lsi[vec_bow]
7  print(vec_lsi)
```

执行结果：将例句带入到两项议题公式中，计算 LSI 值，结果比较接近第一项议题。结果如下：

```
[(0, 0.4618210045327157), (1, -0.07002766527900067)]
```

(9) 比较例句与文章段落内每一个句子的相似概率。程序代码如下：

```
1  # 比较例句与语料库每一句的相似机率
2  from gensim import similarities
3
4  # 比较例句与语料库的相似性索引
5  index = similarities.MatrixSimilarity(lsi[corpus])
```

```
 6
 7  # 比较例句与语料库的相似机率
 8  sims = index[vec_lsi]
 9
10  # 显示语料库的索引值及相似机率
11  print(list(enumerate(sims)))
```

执行结果：将例句带入到两项议题公式中，计算 LSI 值。结果如下：

```
[(0, 0.998093), (1, 0.93748635), (2, 0.9984453), (3, 0.98658866), (4, 0.90755945), (5, -0.12416792), (6, -0.1063926), (7, -0.09
879464), (8, 0.05004177)]
```

(10) 按照概率进行降序排序。程序代码如下：

```
1  # 依相似概率降序排序
2  sims = sorted(enumerate(sims), key=lambda item: -item[1])
3  for doc_position, doc_score in sims:
4      print(doc_score, documents[doc_position])
```

执行结果：前两句概率最大，依语意判断结果正确无误。结果如下：

```
0.9984453 The EPS user interface management system
0.998093 Human machine interface for lab abc computer applications
0.98658866 System and human system engineering testing of EPS
0.93748635 A survey of user opinion of computer system response time
0.90755945 Relation of user perceived response time to error measurement
0.05004177 Graph minors A survey
-0.09879464 Graph minors IV Widths of trees and well quasi ordering
-0.1063926 The intersection graph of paths in trees
-0.12416792 The generation of random binary unordered trees
```

Gensim 不仅提供 Word2Vec 预先训练的模型，也支持自定义数据训练的功能，预先训练的模型可提供一般内容的推论，但如果内容是属于特殊领域，则自行训练模型会比较恰当，Gensim Word2Vec 的用法请参考"Gensim 官网 Word2Vec 说明文件"[6]。

范例2. 运用Gensim进行Word2Vec训练与测试。

请参阅程序：**11_05_gensim_Word2Vec.ipynb**。

(1) 加载相关库。程序代码如下：

```
1  # 载入相关库
2  import gzip
3  import gensim
```

(2) 以 Gensim 进行简单测试：把 Gensim 内建的语料库 common_texts 作为训练数据，并且对"hello""world""michael"三个单字进行训练，产生词向量。程序代码如下：

```
1  from gensim.test.utils import common_texts
2  # size：词向量的大小，window：考虑上下文各自的长度
3  # min_count：单字至少出现的次数，workers：执行绪个数
4  model_simple = gensim.models.Word2Vec(sentences=common_texts, window=1,
5                                          min_count=1, workers=4)
6  # 传回 有效的字数及总处理字数
7  model_simple.train([["hello", "world", "michael"]], total_examples=1, epochs=2)
```

① 执行结果：传回两个值 (0, 6)，包括所有执行周期的有效字数与总处理字数，其中前者为内部处理的逻辑，后者数字为 6=3 个单字 ×2 个执行周期。

② train() 的参数有很多，可参阅上面所提的"Gensim 官网 Word2Vec 说明文件"，这里仅摘录此范例所用到的参数。

- sentences：训练数据。
- size：产生的词向量大小。
- window：考虑上下文各自的长度。
- min_count：单字至少出现的次数。
- workers：线程的个数。

(3) 另一个例子。程序代码如下：

```
1  sentences = [["cat", "say", "meow"], ["dog", "say", "woof"]]
2
3  model_simple = gensim.models.Word2Vec(min_count=1)
4  model_simple.build_vocab(sentences)    # 建立生字表(vocabulary)
5  model_simple.train(sentences, total_examples=model_simple.corpus_count
6                    , epochs=model_simple.epochs)
```

执行结果：传回 (1, 30)，其中 30=6 个单字 ×5 个执行周期。

(4) 实例测试：载入 OpinRank 语料库，文章内容是关于车辆与旅馆的评论。程序代码如下：

```
1  # 载入 OpinRank 语料库：关于车辆与旅馆的评论
2  data_file="./Word2Vec/reviews_data.txt.gz"
3
4  with gzip.open (data_file, 'rb') as f:
5      for i,line in enumerate (f):
6          print(line)
7          break
```

执行结果如下：

```
b"Oct 12 2009 \tNice trendy hotel location not too bad.\tI stayed in this hotel for one night. As this is a fairly new place so
me of the taxi drivers did not know where it was and/or did not want to drive there. Once I have eventually arrived at the hote
l, I was very pleasantly surprised with the decor of the lobby/ground floor area. It was very stylish and modern. I found the r
eception's staff geeeting me with 'Aloha' a bit out of place, but I guess they are briefed to say that to keep up the corporate
image.As I have a Starwood Preferred Guest member, I was given a small gift upon-check in. It was only a couple of fridge magne
ts in a gift box, but nevertheless a nice gesture.My room was nice and roomy, there are tea and coffee facilities in each room
and you get two complimentary bottles of water plus some toiletries by 'bliss'.The location is not great. It is at the last met
ro stop and then need to take a taxi, but if you are not planning on going to see the historic sites in Beijing, then you w
ill be ok.I chose to have some breakfast in the hotel, which was really tasty and there was a good selection of dishes. There a
re a couple of computers to use in the communal area, as well as a pool table. There is also a small swimming pool and a gym ar
ea.I would definitely stay in this hotel again, but only if I did not plan to travel to central Beijing, as it can take a long
time. The location is ok if you plan to do a lot of shopping, as there is a big shopping centre just few minutes away from the
hotel and there are plenty of eating options around, including restaurants that serve a dog meat!\t\r\n"
```

(5) 读取 OpinRank 语料库，并进行前置处理，如分词。程序代码如下：

```
1  # 读取 OpinRank 语料库，并作前置处理
2  def read_input(input_file):
3      with gzip.open (input_file, 'rb') as f:
4          for i, line in enumerate (f):
5              # 前置处理
6              yield gensim.utils.simple_preprocess(line)
7
8  # 载入 OpinRank 语料库，分词
9  documents = list(read_input(data_file))
10 documents
```

执行结果：结果如下，为一个 List。

```
[['oct',
  'nice',
  'trendy',
  'hotel',
  'location',
  'not',
  'too',
  'bad',
  'stayed',
  'in',
  'this',
  'hotel',
  'for',
  'one',
  'night',
  'as',
  'this',
```

(6) Word2Vec 模型训练：大约需 10 分钟。程序代码如下：

```
1  # Word2Vec 模型训练，约10分钟
2  model = gensim.models.Word2Vec(documents, size=150, window=10,
3                                 min_count=2, workers=10)
4  model.train(documents,total_examples=len(documents),epochs=10)
```

执行结果：(303,484,226, 415,193,580)，处理了数亿个单字。

接下来我们进行各种测试。

(7) 测试"dirty"的相似词。程序代码如下：

```
1  # 测试'肮脏'相似词
2  w1 = "dirty"
3  model.wv.most_similar(positive=w1) # positive：相似词
```

执行结果：显示 10 个最相似的单字。结果如下：

```
[('filthy', 0.8602699041366577),
 ('stained', 0.7798251509666443),
 ('dusty', 0.7683317065238953),
 ('unclean', 0.7638086676597595),
 ('grubby', 0.757234513759613),
 ('smelly', 0.7431163787841797),
 ('dingy', 0.73044961690090271),
 ('disgusting', 0.7111263275146484),
 ('soiled', 0.7099645733833313),
 ('mouldy', 0.706375241279602)]
```

(8) 测试"france"的相似词：topn 可指定列出前 n 名。程序代码如下：

```
1  # 测试'法国'相似词
2  w1 = ["france"]
3  model.wv.most_similar (positive=w1, topn=6) # topn：只列出前 n 名
```

执行结果：显示 6 个最相似的单字。结果如下：

```
[('germany', 0.6627413034439087),
 ('canada', 0.6545147895812988),
 ('spain', 0.644172728061676),
 ('england', 0.6122641563415527),
 ('mexico', 0.6106705665588379),
 ('rome', 0.6044377684593201)]
```

(9) 同时测试多个词汇："床、床单、枕头"的相似词与"长椅"的相反词。程序代码如下：

```
1  # 测试'床、床单、枕头'相似词及'长椅'相反词
2  w1 = ["bed",'sheet','pillow']
3  w2 = ['couch']
4  model.wv.most_similar (positive=w1, negative=w2, topn=10) # negative：相反词
```

执行结果：显示10个最适合的单字。结果如下：

```
[('duvet', 0.7157680988311768),
 ('blanket', 0.7036269903182983),
 ('mattress', 0.7003698348999023),
 ('quilt', 0.7003640532493591),
 ('matress', 0.6967926621437073),
 ('pillowcase', 0.6653460860625238),
 ('sheets', 0.6376352310180664),
 ('pillows', 0.6317484378814697),
 ('comforter', 0.6119856834411621),
 ('foam', 0.6095048785209656)]
```

(10) 比较两个词汇的相似概率。程序代码如下：

```
1  # 比较两词相似概率
2  model.wv.similarity(w1="dirty",w2="smelly")
```

执行结果：相似概率为0.7431163。

(11) 挑选出较不相似的词汇。程序代码如下：

```
1  # 选出较不相似的字词
2  model.wv.doesnt_match(["cat","dog","france"])
```

执行结果：france。

(12) 接着测试加载预先训练模型，有以下两种方式：程序直接下载或者手动下载后再读取文件。

① 程序直接下载。程序代码如下：

```
1  # 下载预先训练的模型
2  import gensim.downloader as api
3  wv = api.load('word2vec-google-news-300')
```

② 手动下载后加载，预先训练模型的下载网址为 https://drive.google.com/file/d/0B7XkCwpI5KDYNlNUTTlSS21pQmM/edit。程序代码如下：

```
1  # 载入本机的预先训练模型
2  from gensim.models import KeyedVectors
3
4  # 每个词向量有 300 个元素
5  model = KeyedVectors.load_word2vec_format(
6      './Word2Vec/GoogleNews-vectors-negative300.bin', binary=True)
```

接下来我们进行各种测试。

(13) 取得dog的词向量。程序代码如下：

```
1  # 取得 dog 的词向量(300个元素)
2  model['dog']
```

执行结果：共有 300 个元素。结果如下：

```
array([ 5.12695312e-02, -2.23388672e-02, -1.72851562e-01,  1.61132812e-01,
       -8.44726562e-02,  5.73730469e-02,  5.85937500e-02, -8.25195312e-02,
       -1.53808594e-02, -6.34765625e-02,  1.79687500e-01, -4.23828125e-01,
       -2.25830078e-02, -1.66015625e-01, -2.51464844e-02,  1.07421875e-01,
       -1.99218750e-01,  1.59179688e-01, -1.87500000e-01, -1.20117188e-01,
        1.55273438e-01, -9.91210938e-02,  1.42578125e-01, -1.64062500e-01,
       -8.93554688e-02,  2.00195312e-01, -1.49414062e-01,  3.20312500e-02,
        3.28125000e-02,  2.44140625e-02, -9.71679688e-02, -8.20312500e-02,
       -3.63769531e-02, -8.59375000e-02, -9.86328125e-02,  7.78198242e-03,
       -1.34277344e-02,  5.27343750e-02,  1.48437500e-01,  3.33984375e-01,
```

（14）测试"woman, king"的相似词和"man"的相反词。程序代码如下：

```
1  # 测试'woman, king'相似词及'man'相反词
2  model.most_similar(positive=['woman', 'king'], negative=['man'])
```

执行结果：这就是有名的 king - man + woman = queen。结果如下：

```
[('queen', 0.7118192911148071),
 ('monarch', 0.6189674139022827),
 ('princess', 0.5902431011199951),
 ('crown_prince', 0.5499460697174072),
 ('prince', 0.5377321243286133),
 ('kings', 0.5236844420433044),
 ('Queen_Consort', 0.5235945582389832),
 ('queens', 0.518113374710083),
 ('sultan', 0.5098593235015869),
 ('monarchy', 0.5087411999702454)]
```

（15）挑选出较不相似的词汇。程序代码如下：

```
1  # 选出较不相似的字词
2  model.doesnt_match("breakfast cereal dinner lunch".split())
```

执行结果：cereal(麦片) 与三餐较不相似。

（16）比较两词相似概率。程序代码如下：

```
1  # 比较两词相似概率
2  model.similarity('woman', 'man')
```

执行结果：概率为 0.76640123，"woman"和"man"是相似的。

由上面测试可以知道，对于一般的文字判断，使用预先训练的模型都相当准确，但是，如果要判断特殊领域的相关内容，效果可能就会打折。举例来说，Kaggle 上有一个很有趣的数据集"辛普生对话"(Dialogue Lines of The Simpsons)，是有关辛普生家庭的卡通剧情问答，像是询问剧中人物 Bart 与 Nelson 的相似度，结果只有 0.5，因为在卡通里面他们虽然是朋友，但不是很亲近，假如使用预先训练的模型，来推论问题的话，答案应该就不会如此精确。除此之外，还有很多其他的例子，读者有时间不妨测试看看范例程序"Gensim Word2Vec Tutorial"（详见 https://www.kaggle.com/pierremegret/gensim-word2vec-tutorial）。

另外 TensorFlow 官网也提供了一个范例，能够直接使用 TensorFlow 实现 Skip-gram 模型，网址为 https://www.tensorflow.org/tutorials/text/word2vec。

之前我们都是比较单字的相似度，然而更常见的需求是对语句 (Sentence) 的比对，如常见问答集 (FAQ) 或是对话机器人，系统会先比对问题的相似度，再将答案回复给使用者，Gensim 支持 Doc2Vec 算法，可进行语句相似度比较。

(1) 笔者从 Starbucks 官网抓了一段 FAQ 的标题当作测试语料库。程序代码如下：

```python
1  import numpy as np
2  import nltk
3  import gensim
4  from gensim.models import Word2Vec
5  from gensim.models.doc2vec import Doc2Vec, TaggedDocument
6  from sklearn.metrics.pairwise import cosine_similarity
7  
8  # 测试语料
9  f = open('./FAQ/starbucks_faq.txt', 'r', encoding='utf8')
10 corpus = f.readlines()
11 # print(corpus)
12 
13 # 参数设定
14 MAX_WORDS_A_LINE = 30  # 每行最多字数
15 
16 # 标点符号(Punctuation)
17 import string
18 print('标点符号:', string.punctuation)
19 
20 # 读取停用词
21 stopword_list = set(nltk.corpus.stopwords.words('english')
22                     + list(string.punctuation) + ['\n'])
```

(2) 训练 Doc2Vec 模型。程序代码如下：

```python
1  # 分词函数
2  def tokenize(text, stopwords, max_len = MAX_WORDS_A_LINE):
3      return [token for token in gensim.utils.simple_preprocess(text
4                      , max_len=max_len) if token not in stopwords]
5  # 分词
6  
7  document_tokens=[] # 整理后的字词
8  for line in corpus:
9      document_tokens.append(tokenize(line, stopword_list))
10 
11 # 设定为 Gensim 标签文件格式
12 tagged_corpus = [TaggedDocument(doc, [i]) for i, doc in
13                  enumerate(document_tokens)]
14 
15 # 训练 Doc2Vec 模型
16 model_d2v = Doc2Vec(tagged_corpus, vector_size=MAX_WORDS_A_LINE, epochs=200)
17 model_d2v.train(tagged_corpus, total_examples=model_d2v.corpus_count,
18                 epochs=model_d2v.epochs)
```

(3) 比较语句的相似度。程序代码如下：

```python
1  # 测试
2  questions = []
3  for i in range(len(document_tokens)):
4      questions.append(model_d2v.infer_vector(document_tokens[i]))
5  questions = np.array(questions)
6  # print(questions.shape)
7  
8  # 测试语句
9  # text = "find allergen information"
10 text = "mobile pay"
11 filtered_tokens = tokenize(text, stopword_list)
12 # print(filtered_tokens)
13 
14 # 比较语句相似度
15 similarity = cosine_similarity(model_d2v.infer_vector(
16     filtered_tokens).reshape(1, -1), questions, dense_output=False)
```

```
17
18  # 选出前 10 名
19  top_n = np.argsort(np.array(similarity[0]))[::-1][:10]
20  print(f'前 10 名 index:{top_n}\n')
21  for i in top_n:
22      print(round(similarity[0][i], 4), corpus[i].rstrip('\n'))
```

执行结果：以"mobile pay"(手机支付)寻找前10名相似的语句，结果达到了预期效果。读者可再试试其他语句，笔者测试其他的结果并不理想，后面改用BERT模型时，准确率会提升许多。

另外，TensorFlow 也提供了一个词嵌入的可视化工具 Embedding Projector(https://projector.tensorflow.org/)，支持3D的向量空间，如图11.9所示。读者可以按以下步骤操作。

(1) 在右方的搜寻字段输入单字后，系统就会显示候选字。

(2) 选择其中一个候选字，接着系统会显示相似字，且利用各种算法(PCA、T-SNE、UMAP)来降维，以3D接口显示单字间的距离。

(3) 选择"Isolate 101 points"：只显示距离最近的101个单字。

(4) 也可以修改词嵌入的模型：Word2Vec All、Word2Vec 10K、GNMT(全球语言神经机器翻译)等。

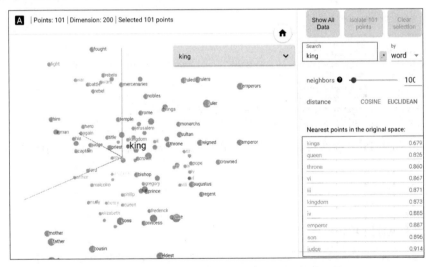

图 11.9　TensorFlow Embedding Projector 可视化工具

11-4　GloVe 模型

GloVe(Global Vectors) 是由斯坦福大学 Jeffrey Pennington 等学者于2014所提出的另一套词嵌入模型，与 Word2Vec 齐名，他们认为 Word2Vec 并未考虑全局的概率分布，只以移动窗口内的词汇为样本，没有掌握全文的信息，因此，他们提出了词汇共现矩阵 (Word-Word Cooccurrence Matrix)，考虑词汇同时出现的概率，解决 Word2Vec 只看局部的缺陷以及 BOW 稀疏向量空间的问题，详细内容可参阅 *GloVe: Global Vectors for Word Representation*[7]。

GloVe 有以下4个预先训练好的模型。

(1) glove.42B.300d.zip(https://nlp.stanford.edu/data/wordvecs/glove.42B.300d.zip)：430 亿词汇，300 维向量，占 1.75 GB 的文件空间。

(2) glove.840B.300d.zip(https://nlp.stanford.edu/data/wordvecs/glove.840B.300d.zip)：8400 亿词汇，300 维向量，占 2.03 GB 的文件空间。

(3) glove.6B.300d.zip(https://nlp.stanford.edu/data/wordvecs/glove.6B.zip)：60 亿词汇，300 维向量，占 822 MB 的文件空间。

(4) glove.twitter.27B.zip(https://nlp.stanford.edu/data/wordvecs/glove.twitter.27B.zip)：270 亿词汇，200 维向量，占 1.42 GB 的文件空间。

GloVe 词向量模型文件的格式十分简单，每行是一个单字，每个字段以空格隔开，第一列为单字，第二列以后为该单字的词向量。所以，通常把模型文件读入后，转为字典的数据类型，以利于查询。

范例. GloVe测试。

请参阅程序：**11_06_GloVe.ipynb**。

(1) 载入 GloVe 词向量档 glove.6B.300d.txt。程序代码如下：

```
1   # 载入相关库
2   import numpy as np
3
4   # 载入GloVe词向量档 glove.6B.300d.txt
5   embeddings_dict = {}
6   with open("./glove/glove.6B.300d.txt", 'r', encoding="utf-8") as f:
7       for line in f:
8           values = line.split()
9           word = values[0]
10          vector = np.asarray(values[1:], "float32")
11          embeddings_dict[word] = vector
```

(2) 取得 GloVe 的词向量：任选一个单字 (love) 测试，取得 GloVe 的词向量。程序代码如下：

```
1   # 随意测试一个单字(love)，取得 GloVe 的词向量
2   embeddings_dict['love']
```

部分执行结果如下：

```
array([-4.5205e-01, -3.3122e-01, -6.3607e-02,  2.8325e-02, -2.1372e-01,
        1.6839e-01, -1.7186e-02,  4.7309e-02, -5.2355e-02, -9.8706e-01,
        5.3762e-01, -2.6893e-01, -5.4294e-01,  7.2487e-02,  6.6193e-02,
       -2.1814e-01, -1.2113e-01, -2.8832e-01,  4.8161e-01,  6.9185e-01,
       -2.0022e-01,  1.0082e+00, -1.1865e-01,  5.8710e-01,  1.8482e-01,
        4.5799e-02, -1.7836e-02, -3.3952e-01,  2.9314e-01, -1.9951e-01,
       -1.8930e-01,  4.3267e-01, -6.3181e-01, -2.9510e-01, -1.0547e+00,
        1.8231e-01, -4.5040e-01, -2.7800e-01, -1.4021e-01,  3.6785e-02,
        2.6487e-01, -6.6712e-01, -1.5204e-01, -3.5001e-01,  4.0864e-01,
       -7.3615e-02,  6.7630e-01,  1.8274e-01, -4.1660e-02,  1.5014e-01,
        2.5216e-01, -1.0109e-01,  3.1915e-02, -1.1298e-01, -4.0147e-01,
        1.7274e-01,  1.8497e-03,  2.4456e-01,  6.8777e-01, -2.7019e-01,
        8.0728e-01, -5.8296e-02,  4.0550e-01,  3.9893e-01, -9.1688e-02,
       -5.2080e-01,  2.4570e-01,  6.3001e-02,  2.1421e-01,  3.3197e-01,
       -3.4299e-01, -4.8735e-01,  2.2264e-02,  2.7862e-01,  2.3881e-01,
```

(3) 指定以欧几里得 (Euclidean) 距离计算相似性：找出最相似的 10 个单字。

```
1  # 以欧几里得(euclidean)距离计算相似性
2  from scipy.spatial.distance import euclidean
3
4  def find_closest_embeddings(embedding):
5      return sorted(embeddings_dict.keys(),
6                    key=lambda word: euclidean(embeddings_dict[word], embedding))
7
8  print(find_closest_embeddings(embeddings_dict["king"])[1:10])
```

执行结果：大部分与"king"的意义相似。结果如下：

'queen', 'monarch', 'prince', 'kingdom', 'reign', 'ii', 'iii', 'brother', 'crown'

(4) 任选 100 个单字，并以散点图观察单字的相似度。程序代码如下：

```
1   # 任意选 100 个单字
2   words = list(embeddings_dict.keys())[100:200]
3   # print(words)
4
5   from sklearn.manifold import TSNE
6   import matplotlib.pyplot as plt
7
8   # 以 T-SNE 降维至两个特征
9   tsne = TSNE(n_components=2)
10  vectors = [embeddings_dict[word] for word in words]
11  Y = tsne.fit_transform(vectors)
12
13  # 绘制散点图，观察单字相似度
14  plt.figure(figsize=(12, 8))
15  plt.axis('off')
16  plt.scatter(Y[:, 0], Y[:, 1])
17  for label, x, y in zip(words, Y[:, 0], Y[:, 1]):
18      plt.annotate(label, xy=(x, y), xytext=(0, 0), textcoords="offset points")
```

执行结果：如图 11.10 所示，每次的执行结果均不相同，可以看到相似词都集中在局部区域。

图 11.10　以散点图观察单字相似度

11-5 中文处理

前面介绍的都是英文语料，中文是否也可以比照处理呢？答案是肯定的，NLP 所有做法都考虑了非英语系的支持。Jieba 库提供中文分词的功能，而 spaCy 库则有支持中文语料的模型，现在我们就来介绍这两个库的用法。

Jieba 的主要功能如下。

(1) 分词。

(2) 关键词提取 (Keyword Extraction)。

(3) 词性标注 (POS)。

Jieba 安装指令如下。

(1) pip install jieba

(2) 默认为简体语词字典，如需使用繁体中文，则应自 https://github.com/APCLab/jieba-tw/tree/master/jieba 下载繁体字典，可覆盖安装的文件，也可以于程序中使用 set_dictionary() 设定繁体字典，下面的范例使用后者。

范例. 以Jieba库进行中文分词。

请参阅程序：**11_07_ 中文 _NLP.ipynb**。

(1) 简体字分词：包含以下三种模式。

① 全模式 (Full Mode)：显示所有可能的词组。

② 精确模式：只显示最有可能的词组，此为默认模式。

③ 搜索引擎模式：使用隐马尔夫链 (HMM) 模型。

程序代码如下：

```python
1  # 测试语句来自新闻 http://finance.people.com.cn/n1/2021/0902/c1004-32215242.html
2  # 载入相关库
3  import numpy as np
4  import jieba
5
6  # 分词
7  text = "增加用户数量和使用黏性，提升平台活跃度，提高平台在广告谈判中的议价能力"
8  # cut_all=True：全模式
9  seg_list = jieba.cut(text, cut_all=True)
10 print("全模式: " + "/ ".join(seg_list))
11
12 # cut_all=False：精确模式
13 seg_list = jieba.cut(text, cut_all=False)
14 print("精确模式: " + "/ ".join(seg_list))
15
16 # cut_for_search：搜索引擎模式
17 seg_list = jieba.cut_for_search(text)
18 print('搜索引擎模式: ', ', '.join(seg_list))
```

执行结果如下：

全模式: 增加/ 用/ 户/ 数量/ 和/ 使用/ 黏性/ ，/ 提升/ 平台/ 活/ 跃/ 度/ ，/ 提高/ 高平/ 平台/ 在/ 广/ 告/ 谈/ 判中/ 的/ 议/ 价/ 能力
精确模式: 增加/ 用户/ 数量/ 和/ 使用/ 黏性/ ，/ 提升/ 平台/ 活跃度/ ，/ 提高/ 平台/ 在/ 广告/ 谈判/ 中/ 的/ 议价/ 能力
搜索引擎模式: 增加, 用户, 数量, 和, 使用, 黏性, ，, 提升, 平台, 活跃度, ，, 提高, 平台, 在, 广告, 谈判, 中, 的, 议价, 能力

(2) 繁体字分词：先调用 set_dictionary()，设定繁体字典 dict.txt。程序代码如下：

```python
1   # 设定繁体字典
2   jieba.set_dictionary('./jieba/dict.txt')
3   
4   # 分词
5   text = "新竹的交通大學在新竹的大學路上"
6   
7   # cut_all=True : 全模式
8   seg_list = jieba.cut(text, cut_all=True)
9   print("全模式: " + "/ ".join(seg_list))
10  
11  # cut_all=False : 精确模式
12  seg_list = jieba.cut(text, cut_all=False)
13  print("精确模式: " + "/ ".join(seg_list))
14  
15  # cut_for_search : 搜索引擎模式
16  seg_list = jieba.cut_for_search(text)
17  print('搜索引擎模式: ', ', '.join(seg_list))
```

执行结果如下：

```
全模式：新竹/ 的/ 交通/ 交通大/ 大學/ 在/ 新竹/ 的/ 大學/ 大學路/ 學路/ 路上
精确模式：新竹/ 的/ 交通/ 大學/ 在/ 新竹/ 的/ 大學/ 大學路/ 上
搜索引擎模式： 新竹, 的, 交通, 大學, 在, 新竹, 的, 大學, 學路, 大學路, 上
```

(3) 分词后，显示词汇的位置。程序代码如下：

```python
1   text = "新竹的交通大学在新竹的大学路上"
2   result = jieba.tokenize(text)
3   print("单字\t开始位置\t结束位置")
4   for tk in result:
5       print(f"{tk[0]}\t{tk[1]:-2d}\t{tk[2]:-2d}")
```

执行结果如下：

```
单字    开始位置  结束位置
新竹      0       2
的        2       3
交通      3       5
大学      5       7
在        7       8
新竹      8       10
的        10      11
大学路    11      14
上        14      15
```

(4) 加词：假如词汇不在默认的字典中，可使用 add_word() 将词汇加入字典中，各行各业的专用术语都可以利用此方式加入，不必直接修改 dict.txt。

```python
1   # 测试语句
2   text = "张惠妹在演唱会演唱三天三夜"
3   
4   # 加词前的分词
5   seg_list = jieba.cut(text, cut_all=False)
6   print("加词前的分词: " + "/ ".join(seg_list))
7   
8   # 加词
9   jieba.add_word('张惠妹')
10  jieba.add_word('演唱会')
11  jieba.add_word('三天三夜')
12  
13  seg_list = jieba.cut(text, cut_all=False)
14  print("加词后的分词: " + "/ ".join(seg_list))
```

执行结果：原本的"三天三夜"分为两个词"三天三"和"夜"；加词后，分词就正确了。

```
加词前的分词：张/ 惠妹/ 在/ 演唱/ 会/ 演唱/ 三天三/ 夜
加词后的分词：张惠妹/ 在/ 演唱会/ 演唱/ 三天三夜
```

(5) 关键词提取：调用 extract_tags() 函数，提取关键词，参数 topK 可指定显示的批数。测试语句来自经济日报的新闻[8]。程序代码如下：

```
1  # 测试语句来自新闻 http://finance.people.com.cn/n1/2021/0902/c1004-32215242.html5
2  with open('./jieba/news_s.txt', encoding='utf8') as f:
3      text = f.read()
4
5  # 加词前的分词
6  import jieba.analyse
7
8  jieba.analyse.extract_tags(text, topK=10)
```

执行结果：新闻标题为"互联网平台切莫忽视用户导向"，提取的关键词还算不错。

```
['平台', '用户', '互联网', '算法', '推送', '信息', '推荐', '这本来', '知用户', '过分读']
```

(6) 设定停用词改进：调用 stop_words(file_name) 函数。程序代码如下：

```
1  # 测试语句来自新闻 http://finance.people.com.cn/n1/2021/0902/c1004-32215242.html
2  with open('./jieba/news_s.txt', encoding='utf8') as f:
3      text = f.read()
4
5  import jieba.analyse
6
7  # 设定停用词
8  jieba.analyse.set_stop_words('./jieba/stop_words_s.txt')
9
10 # 加词前的分词
11 jieba.analyse.extract_tags(text, topK=10)
```

执行结果：设定停用词为"这本来、知用户、过分读"，提取的关键词调整如下：

```
['平台', '用户', '互联网', '算法', '推送', '信息', '推荐', '户数据', '这无疑', '工具人']
```

(7) 取得词性标注：调用 posseg.cut 函数，可使用 POSTokenizer 自定义分词器。程序代码如下：

```
1  # 测试语句
2  text = "张惠妹在演唱会演唱三天三夜"
3
4  # 加词
5  jieba.add_word('张惠妹')
6  jieba.add_word('演唱会')
7  jieba.add_word('三天三夜')
8
9  # 词性(POS)标注
10 words = jieba.posseg.cut(text)
11 for word, flag in words:
12     print(f'{word} {flag}')
```

执行结果如下：

```
张惠妹  x
在  P
演唱会  x
演唱  Vt
三天三夜  x
```

词性代码表可参阅"汇整中文与英文的词性标注代号"[9]一文,内文有完整的说明与范例。

11-6 spaCy 库

spaCy 库支持超过 64 种语言,不只有 Wod2Vec 词向量模型,也支持 BERT 预先训练的模型,主要的功能见表 11.1。

表 11.1 spaCy 库主要功能

项次	功能	说明
1	分词	词汇切割
2	词性标签	分析语句中每个单字的词性
3	文法解析 (Dependency Parsing)	依文法解析单字的相依性
4	词性还原 (Lemmatization)	还原成词汇的原型
5	语句切割 (Sentence Boundary Detection)	将文章段落切割成多个语句
6	命名实体识别 (Named Entity Recognition)	识别语句中的命名实体,如人名、地点、机构名称等
7	实体链接 (Entity Linking)	根据知识图谱链接实体
8	相似性比较 (Similarity)	单字或语句的相似性比较
9	文字分类	对文章或语句进行分类
10	语意标注 (Rule-based Matching)	类似于 Regular expression,依据语意找出词汇的顺序
11	模型训练 (Training)	
12	模型存盘 (Serialization)	

(1) 可利用 spaCy 网页 (https://spacy.io/usage) 的选单产生安装指令,产生的指令如下。
① pip install spacy。
② 支持 GPU,须配合 CUDA 版本:pip install -U spacy[cuda111]。
③ cuda111:为 cuda v11.1 版。
(2) 下载词向量模型,spaCy 称为 pipeline,指令如下。
① 英文:python -m spacy download en_core_web_sm。
② 中文:python -m spacy download zh_core_web_sm。
③ 其他语系亦可参考"spaCy Quickstart 网页"(https://spacy.io/usage/models)。
(3) 词向量模型分成大型 (lg)、中型 (md)、小型 (sm)。
(4) 中文分词有三个选项,可在组态档 (config.cfg) 选择。
① char:默认选项。

② jieba：使用 Jieba 库分词。

③ pkuseg：支援多领域分词，可参阅"pkuseg GitHub"[10]，依照文件说明，pkuseg 的各项效能 (Precision、Recall、F1) 比 jieba 来得好。

spaCy 相关功能的展示，可参考 spaCy 官网"spaCy 101：Everything you need to know"[11] 的说明，以下就依照该文测试相关的功能。

范例. spaCy相关功能测试。

请参阅程序：**11_08_spaCy_test.ipynb**。

(1) 加载相关库。程序代码如下：

```
1  # 载入相关库
2  import spacy
```

(2) 加载小型词向量模型。程序代码如下：

```
1  # 载入词向量模型
2  nlp = spacy.load("en_core_web_sm")
```

(3) 分词及取得词性标签 (POS Tagging)。

① token 的属性可参阅 https://spacy.io/api/token。

② 词性标签表则请参考 https://github.com/explosion/spaCy/blob/master/spacy/glossary.py。

程序代码如下：

```
1  # 分词及取得词性标签(POS Tagging)
2  doc = nlp("Apple is looking at buying U.K. startup for $1 billion")
3  for token in doc:
4      print(token.text, token.pos_, token.dep_)
```

执行结果如下：

```
Apple PROPN nsubj
is AUX aux
looking VERB ROOT
at ADP prep
buying VERB pcomp
U.K. PROPN dobj
startup NOUN advcl
for ADP prep
$ SYM quantmod
1 NUM compound
billion NUM pobj
```

(4) 取得词性标签详细信息。程序代码如下：

```
1  # 取得详细的词性标签(POS Tagging)
2  for token in doc:
3      print(token.text, token.lemma_, token.pos_, token.tag_, token.dep_,
4            token.shape_, token.is_alpha, token.is_stop)
```

执行结果如下：

```
Apple Apple PROPN NNP nsubj Xxxxx True False
is be AUX VBZ aux xx True True
looking look VERB VBG ROOT xxxx True False
at at ADP IN prep xx True True
buying buy VERB VBG pcomp xxxx True False
U.K. U.K. PROPN NNP dobj X.X. False False
startup startup NOUN NN advcl xxxx True False
for for ADP IN prep xxx True True
$ $ SYM $ quantmod $ False False
1 1 NUM CD compound d False False
billion billion NUM CD pobj xxxx True False
```

(5) 以 displaCy Visualizer 显示语意分析图，display.serve 的参数请参阅"displaCy visualizer 的说明文件"(https://spacy.io/api/top-level#displacy)。程序代码如下：

```
1  # 显示语意分析图
2  from spacy import displacy
3
4  text = "Apple is looking at buying U.K. startup for $1 billion"
5
6  doc = nlp(text)
7
8  display.render(doc, style="dep")
```

执行结果：可使用网页浏览 http://127.0.0.1：5000。如图 11.11 所示，箭头表示依存关系，如 looking 的主词是 Apple，buying 的受词是 UK。

图 11.11　显示语音分析图

(6) 以 displaCy visualizer 标示命名实体 (Named Entity)。程序代码如下：

```
1  # 标示实体
2  from spacy import displacy
3  text = "When Sebastian Thrun started working on self-driving cars " + \
4          "at Google in 2007, few people outside of the company took him seriously."
5
6  doc = nlp(text)
7  # style="ent" : 实体
8  display.render(doc, style="ent")
```

执行结果：可使用网页浏览 http://127.0.0.1：5000。结果如下：

When Sebastian Thrun PERSON started working on self-driving cars at Google ORG in 2007 DATE , few people outside of the company took him seriously.

(7) 繁体中文分词。程序代码如下：

```
1  # 繁体中文分词
2  import spacy
3
4  nlp = spacy.load("zh_core_web_sm")
5  doc = nlp("清華大學位於新竹")
6  for token in doc:
7      print(token.text, token.pos_, token.dep_)
```

执行结果：大学被切割成两个词，结果不太正确，建议实际执行时可以先用简体分词后，再转回繁体。结果如下：

```
清華  NOUN  nsubj
大    ADV   advmod
學位  ADV   dep
於    ADP   case
新竹  PROPN ROOT
```

(8) 简体中文分词。程序代码如下：

```
1  # 简体中文分词
2  import spacy
3
4  nlp = spacy.load("zh_core_web_sm")
5  doc = nlp("清华大学位于北京")
6  for token in doc:
7      print(token.text, token.pos_, token.dep_)
```

执行结果如下：

```
清华  PROPN compound:nn
大学  NOUN  nsubj
位于  VERB  ROOT
北京  PROPN dobj
```

(9) 显示中文语意分析图。程序代码如下：

```
1  # 显示中文语意分析图
2  from spacy import displacy
3
4  displacy.render(doc, style="dep")
```

执行结果：如图 11.12 所示，可使用网页浏览 http://127.0.0.1：5000。

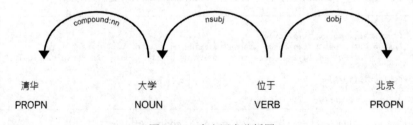

图 11.12　中文语意分析图

(10) 分词，并判断是否在字典中 (Out of Vocabulary, OOV)。程序代码如下：

```
1  # 分词，并判断是否不在字典中(Out of Vocabulary, OoV)
2  nlp = spacy.load("en_core_web_md")
3  tokens = nlp("dog cat banana afskfsd")
4
5  for token in tokens:
6      print(token.text, token.has_vector, token.vector_norm, token.is_oov)
```

执行结果：结果如下，**afskfsd** 不在字典中。注意：必须使用中型以上的模型，小型会出现错误。

```
dog True 7.0336733 False
cat True 6.6808186 False
banana True 6.700014 False
afskfsd False 0.0 True
```

(11) 相似度比较。程序代码如下：

```
1   # 相似度比较
2   nlp = spacy.load("en_core_web_md")
3   
4   # 测试两语句
5   doc1 = nlp("I like salty fries and hamburgers.")
6   doc2 = nlp("Fast food tastes very good.")
7   
8   # 两语句的相似度比较
9   print(doc1, "<->", doc2, doc1.similarity(doc2))
10  
11  # 关键字的相似度比较
12  french_fries = doc1[2:4]
13  burgers = doc1[5]
14  print(french_fries, "<->", burgers, french_fries.similarity(burgers))
```

执行结果如下：

```
I like salty fries and hamburgers. <-> Fast food tastes very good. 0.77994864211694
salty fries <-> hamburgers 0.7304624
```

第 12 章
自然语言处理的算法

上一章我们认识了自然语言处理的前置处理和词向量应用，本章我们接着探讨自然语言处理相关的深度学习算法。

自然语言的推断 (Inference) 不仅需要考虑文本上下文的关联，还要考虑人类特殊的能力——记忆力。例如，我们从小就学习历史，讲到治水，第一个可能想到治水的大禹，这就是记忆力的影响，就算时间再久远，都会印在脑中。因此，NLP 相关的深度学习算法要能够提升预测准确率，模型就必须额外添加上下文关联与记忆力的功能。

我们会依照循环神经网络发展的轨迹依序研究，从简单的 RNN、LSTM、注意力机制 (Attention)，到 Transformer 等算法，包括目前最实用的 BERT 模型。

12-1 循环神经网络

一般神经网络以回归为基础，以特征 (X) 预测目标 (Y)，但 NLP 的特征并不互相独立，它们有上下文的关联，因此，循环神经网络 (Recurrent Neural Network, RNN) 就像自回归 (Auto-regression) 模型一样，会考虑同一层前面的神经元影响。可以用数学式表示两者的差异。

(1) 回归：$Y=WX+B$。示意图 12.1 所示。

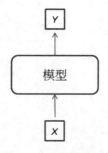

图 12.1 回归的示意图

(2) RNN
$$h_t = W * h_{t-1} + U * x_t + b$$
$$y = V * h_t$$
式中：W、U、V 都是权重、h 为隐藏层的输出。

可以看到时间点 t 的 h 会受到前一时间点的 h_{t-1} 影响，如图 12.2 所示。

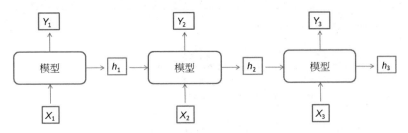

图 12.2 RNN 的示意图

由于每一个时间点的模型都类似，因此又可以简化为图 12.3 所示的循环网络，这不仅有助于理解，在开发时也可以简化为递归结构。

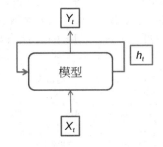

图 12.3 RNN 循环

归纳上述说明：一般神经网络假设同一层的神经元是互相独立的；而 RNN 则将同一层的前一个神经元也视为输入。

深度学习框架如 TensorFlow、PyTorch 均直接支持 RNN 神经层，下面我们就以 TensorFlow/Keras 实践一模型，看看效果如何。

范例.简单的RNN测试。

请参阅程序：**12_01_RNN_test.ipynb**。

(1) 加载相关库。程序代码如下：

```
1  # 载入相关库
2  import numpy as np
3  import tensorflow as tf
4  from tensorflow import keras
5  from tensorflow.keras import layers
```

(2) 嵌入层测试：模型只含嵌入层 (Embedding Layer)。注意：RNN 系列的神经网络模型的第一层必须为嵌入层，它会将输入转为稠密的向量空间 (Dense Vector)。嵌入层的参数如下：

- input_dim：字典的尺寸。
- output_dim：输出的向量尺寸。
- input_length：每笔输入语句的词汇长度，如果后面接 Flatten 和 Dense 层，则此参数是必填的。
- mask_zero：作长度不足时是否补 0，使用时须有许多配合措施，请参阅 Keras 中文官网 (https://keras.io/zh/layers/embeddings/)。

程序代码如下：

```
1  # 建立模型
2  model = tf.keras.Sequential()
3
4  # 模型只含嵌入层(Embedding layer)
5  # 字汇表最大为1000，输出维度为 64，输入的字数为 10
6  model.add(layers.Embedding(input_dim=1000, output_dim=64))
7
8  # 产生乱数数据，32批数据，每批 10 个数字
9  input_array = np.random.randint(1000, size=(32, 10))
10
11 # 指定优化器、损失函数
12 model.compile('rmsprop', 'mse')
13
14 # 预测
15 output_array = model.predict(input_array)
16 print(output_array.shape)
17 output_array[0]
```

执行结果：嵌入层 (Embedding Layer) 输入尺寸 (input_dim) 为 1000，代表字典的尺寸，嵌入层输入必须为二维，包含批数 (32)、语句字数 (10)，输出会加上一维，向量空间尺寸设定为 64，故输出维度大小为 (32, 10, 64)。结果如下：

```
(32, 10, 64)

array([[-4.09067757e-02,  4.13169377e-02,  3.79419327e-03,
        -8.12249258e-03,  3.98785211e-02,  4.84695174e-02,
        -3.52774151e-02, -2.07844265e-02, -3.32484469e-02,
         1.15686059e-02, -2.05504298e-02,  4.01307456e-02,
        -3.33517343e-02,  4.53372933e-02, -1.14959478e-02,
        -3.42349410e-02, -2.31464747e-02,  4.93111499e-02,
         3.65070440e-02,  1.29793398e-02,  3.98182534e-02,
        -4.83712554e-02,  2.58997716e-02,  3.76032479e-02,
         4.48194407e-02, -3.18442471e-02,  1.50911510e-05,
         4.13540117e-02, -1.83008537e-02, -3.48059647e-02,
         4.89773043e-02, -2.05516815e-04,  6.68109581e-03,
         2.11245939e-02, -4.50933240e-02,  7.08359480e-03,
        -3.61134633e-02, -3.95359285e-02,  4.99451868e-02,
```

(3) 使用真实的数据转换，观察嵌入层转换的结果。程序代码如下：

```
1  from tensorflow.keras.preprocessing.text import one_hot
2  from tensorflow.keras.preprocessing.sequence import pad_sequences
3
4  # 测试数据
5  docs = ['Well done!',
6          'Good work',
7          'Great effort',
8          'nice work',
9          'Excellent!',
10         'Weak',
11         'Poor effort!',
12         'not good',
13         'poor work',
14         'Could have done better.']
15
16 # 转成 one-hot encoding
17 vocab_size = 50    # 字典最大字数
18 maxlen = 4         # 语句最大字数
19 encoded_docs = [one_hot(d, vocab_size) for d in docs]
20
21 # 转成固定长度，长度不足则后面补空白
22 padded_docs = pad_sequences(encoded_docs, maxlen=maxlen, padding='post')
23
24 # 模型只有 Embedding
25 model = tf.keras.Sequential()
26 model.add(layers.Embedding(vocab_size, 64, input_length=maxlen))
27 model.compile('rmsprop', 'mse')
28
29 # 预测
30 output_array = model.predict(padded_docs)
31 output_array.shape
```

① 嵌入层输入必须为固定尺寸，否则无法作向量运算，故长度不足时，则后面需补 0。
② 执行结果：(输出批数、语句字数、单字向量维度)=(10, 4, 64)。
(4) 观察 One-Hot Encoding 转换结果与补 0 后的输入维度。程序代码如下：

```
1  # One-Hot Encoding 转换结果
2  print(encoded_docs[0])
3
4  # 补空白后的输入维度
5  print(padded_docs.shape)
```

执行结果：[34,33] 为 One-Hot Encoding 的两个单字编码，补 0 后的输入维度为 (10, 4)。
(5) 模型接上完全连接层，进行分类预测。程序代码如下：

```
1  # 定义 10 个语句的正面(1)或负面(0)的情绪
2  labels = np.array([1,1,1,1,1,0,0,0,0,0])
3
4  vocab_size = 50
5  maxlen = 4
6  encoded_docs = [one_hot(d, vocab_size) for d in docs]
7  padded_docs = pad_sequences(encoded_docs, maxlen=maxlen, padding='post')
8
9  model = tf.keras.Sequential()
10 model.add(layers.Embedding(vocab_size, 8, input_length=maxlen))
11 model.add(layers.Flatten())
12
13 # 加上完全连接层(Dense)
14 model.add(layers.Dense(1, activation='sigmoid'))
15
16 # 指定优化器、损失函数
17 model.compile(optimizer='adam', loss='binary_crossentropy',
18               metrics=['accuracy'])
19
20 print(model.summary())
21
22 # 模型训练
23 model.fit(padded_docs, labels, epochs=50, verbose=0)
24
25 # 模型评估
26 loss, accuracy = model.evaluate(padded_docs, labels, verbose=0)
27 print('Accuracy: %f' % (accuracy*100))
```

执行结果：准确率为 80%，效果尚可。结果如下：

```
Model: "sequential_2"
_____
Layer (type)                 Output Shape              Param #
=================================================================
embedding_2 (Embedding)      (None, 4, 8)              400
_____
flatten (Flatten)            (None, 32)                0
_____
dense (Dense)                (None, 1)                 33
=================================================================
Total params: 433
Trainable params: 433
Non-trainable params: 0
_____
None
Accuracy: 80.000001
```

(6) 测试数据预测。程序代码如下：

```
1  model.predict(padded_docs)
```

执行结果：概率均在 50% 上下，答案并不肯定。结果如下：

```
array([[0.5838079 ],
       [0.5428731 ],
       [0.50959533],
       [0.52323276],
       [0.53539276],
       [0.50386965],
       [0.49095556],
       [0.49666357],
       [0.5119646 ],
       [0.41784462]], dtype=float32)
```

(7) 加上 RNN 神经层：simple_rnn() 也称为简单 (Vanilla)RNN，第一个参数为输出的神经元个数，另一个参数 unroll=True 时，会使网络以图 12.2 所示的架构求解，好处是速度可加快，缺点是需要占用较大的内存；反之，则以递归的架构执行，如图 12.3 所示。程序代码如下：

```
1   model = tf.keras.Sequential()
2   model.add(layers.Embedding(vocab_size, 8, input_length=maxlen))
3
4   # 加上 RNN 神经层，输出 128 个神经元
5   model.add(layers.SimpleRNN(128))
6
7   # 加上完全连接层(Dense)
8   model.add(layers.Dense(1, activation='sigmoid'))
9
10  # 指定优化器、损失函数
11  model.compile(optimizer='adam', loss='binary_crossentropy',
12              metrics=['accuracy'])
13
14  print(model.summary())
15  # 模型训练
16  model.fit(padded_docs, labels, epochs=50, verbose=0)
17
18  # 模型评估
19  loss, accuracy = model.evaluate(padded_docs, labels, verbose=0)
20  print('Accuracy: %f' % (accuracy*100))
```

执行结果：准确率为 100%。结果如下：

```
Model: "sequential_9"
_____
Layer (type)                 Output Shape              Param #
=================================================================
embedding_9 (Embedding)      (None, 4, 8)              400
_____
simple_rnn_1 (SimpleRNN)     (None, 128)               17536
_____
dense_3 (Dense)              (None, 1)                 129
=================================================================
Total params: 18,065
Trainable params: 18,065
Non-trainable params: 0
_____
None
Accuracy: 100.000000
```

(8) 观察概率预测。程序代码如下：

```
1   model.predict(padded_docs)
```

执行结果：正面预测概率接近于 1，负面预测概率接近于 0。结果如下：

```
array([[9.99999642e-01],
       [9.99999881e-01],
       [9.97938693e-01],
       [9.97859895e-01],
       [9.99974608e-01],
       [2.61648721e-03],
       [1.31143715e-05],
       [1.73492054e-03],
       [7.56993222e-06],
       [8.76635386e-06]], dtype=float32)
```

(9) 改用词向量 (Word2Vec)：读取 GloVe 300 维的词向量，产生字典数据型变量，方便搜寻。程序代码如下：

```
1  # load the whole embedding into memory
2  embeddings_index = dict()
3  f = open('./GloVe/glove.6B.300d.txt', encoding='utf8')
4  for line in f:
5      values = line.split()
6      word = values[0]
7      coefs = np.array(values[1:], dtype='float32')
8      embeddings_index[word] = coefs
9  f.close()
```

(10) 分词、转为序列整数并补 0。程序代码如下：

```
1   # 分词
2   from tensorflow.keras.preprocessing.text import Tokenizer
3   t = Tokenizer()
4   t.fit_on_texts(docs)
5   
6   vocab_size = len(t.word_index) + 1
7   
8   # 转为序列整数
9   encoded_docs = t.texts_to_sequences(docs)
10  
11  # 补 0
12  padded_docs = pad_sequences(encoded_docs, maxlen=maxlen, padding='post')
13  padded_docs
```

执行结果：正面预测概率接近于 1，负面预测概率接近于 0。结果如下：

```
array([[ 6,  2,  0,  0],
       [ 3,  1,  0,  0],
       [ 7,  4,  0,  0],
       [ 8,  1,  0,  0],
       [ 9,  0,  0,  0],
       [10,  0,  0,  0],
       [ 5,  4,  0,  0],
       [11,  3,  0,  0],
       [ 5,  1,  0,  0],
       [12, 13,  2, 14]])
```

(11) 转换为 GloVe 300 维的词向量。程序代码如下：

```
1  # 转换为 GloVe 300维的词向量
2  # 初始化输出
3  embedding_matrix = np.zeros((vocab_size, 300))
4
5  # 读取词向量值
6  for word, i in t.word_index.items():
7      embedding_vector = embeddings_index.get(word)
8      if embedding_vector is not None:
9          embedding_matrix[i] = embedding_vector
10
11 # 任取一组观察
12 embedding_matrix[2]
```

执行结果：整数转为词向量。结果如下：

```
array([ 0.19205999,  0.16459   ,  0.060122  ,  0.17696001, -0.27405   ,
        0.079646  , -0.25292999, -0.11763   ,  0.17614   , -1.97870004,
        0.10707   , -0.028088  ,  0.093991  ,  0.48135   , -0.037581  ,
        0.0059231 , -0.11118   , -0.099847  , -0.22189   ,  0.0062044 ,
        0.17721   ,  0.25786   ,  0.42120999, -0.13085   , -0.32839   ,
        0.39208999, -0.050214  , -0.46766999, -0.063107  , -0.0023065 ,
        0.21005   ,  0.26982   , -0.22652   , -0.42958999, -0.89682001,
        0.21932   , -0.0020377 ,  0.1358    , -0.12661999, -0.058927  ,
        0.0049502 , -0.28457999, -0.29530999, -0.29295999, -0.24212   ,
        0.091915  ,  0.01977   ,  0.14503001,  0.26495999,  0.10817   ,
        0.029115  ,  0.075254  ,  0.16463999,  0.12097   , -0.37494001,
        0.52671999,  0.094318  , -0.054813  , -0.021008  ,  0.081353  ,
        0.18735   , -0.14458001, -0.031203  ,  0.31753999,  0.027703  ,
       -0.28657001,  0.34630999, -0.27772   ,  0.18669   , -0.11684   ,
        0.21551999, -0.21927001,  0.19778   ,  0.68763   , -0.076211  ,
       -0.06296   ,  0.13236   ,  0.55324   ,  0.15331   , -0.17332999,
       -0.35551   ,  0.16426   ,  0.34196001, -0.13568   ,  0.071228  ,
        0.49147001, -0.45590001,  0.28874999, -0.14091   , -0.025825  ,
       -0.55035001,  0.4946    , -0.2378    , -0.10571   ,  0.06842   ,
```

(12) Embedding 层设为不需训练 (trainable=False)，直接使用词向量作为权重。程序代码如下：

```
1  model = tf.keras.Sequential()
2
3  # trainable=False：不需训练，直接输入转换后的向量
4  model.add(layers.Embedding(vocab_size, 300, weights=[embedding_matrix],
5                             input_length=maxlen, trainable=False))
6  model.add(layers.SimpleRNN(128))
7  model.add(layers.Dense(1, activation='sigmoid'))
8
9  # 指定优化器、损失函数
10 model.compile(optimizer='adam', loss='binary_crossentropy',
11               metrics=['accuracy'])
12
13 print(model.summary())
14
15 # 模型训练
16 model.fit(padded_docs, labels, epochs=50, verbose=0)
17
18 # 模型评估
19 loss, accuracy = model.evaluate(padded_docs, labels, verbose=0)
20 print('Accuracy: %f' % (accuracy*100))
```

执行结果：准确率为 100%。结果如下：

```
Model: "sequential_14"
_____
Layer (type)                 Output Shape              Param #
=================================================================
embedding_13 (Embedding)     (None, 4, 300)            4500
_____
simple_rnn_5 (SimpleRNN)     (None, 128)               54912
_____
dense_7 (Dense)              (None, 1)                 129
=================================================================
Total params: 59,541
Trainable params: 55,041
Non-trainable params: 4,500
```

(13) 观察预测结果。程序代码如下：

```
1  list(model.predict_classes(padded_docs).reshape(-1))
```

执行结果：完全正确。结果如下：

```
[1, 1, 1, 1, 1, 0, 0, 0, 0, 0]
```

(14) 观察概率预测。程序代码如下：

```
1  model.predict(padded_docs)
```

执行结果：正面预测概率接近于 1，负面预测概率接近于 0，答案肯定正确。

```
array([[9.9977702e-01],
       [9.9972540e-01],
       [9.9990332e-01],
       [9.9989653e-01],
       [9.9989903e-01],
       [1.1761398e-04],
       [1.1944198e-04],
       [2.3762533e-04],
       [1.7523505e-04],
       [1.6099006e-04]], dtype=float32)
```

12-2 长短期记忆网络

简单 RNN 只考虑上文 (上一个神经元)，如果要同时考虑下文，可以直接将 simple_rnn 包在 Bidirectional() 函数内即可。

简单 RNN 有一个重大的瑕疵，它与 CNN 一样是简化模型，均假设权值共享 (Shared Weights)，因为

$h_t = W * h_{t-1} + U * x_t + b$

$h_{t-1} = W * h_{t-2} + U * x_{t-1} + b$

→ $h_t = W *(W * h_{t-2} + U * x_{t-1} + b) + U * x_t + b$

→ $h_t = (W^2 * h_{t-2} + W * U * x_{t-1} + W * b) + U * x_t + b$

在优化求解时，进行反向传导 (Backpropagation)，偏微分后有以下情况。

(1) 若 $W<1$，则越前面的神经层 W^n 会越来越小，导致影响力越小，这种现象称为梯度消失。

(2) 反之，若 $W>1$，则越前面的神经层 W^n 会越来越大，引起梯度爆炸，优化求解无法收敛。

梯度消失导致考虑的上文长度有限，因此，Hochreiter 和 Schmidhuber 于 1997 年提出长短期记忆网络 (Long Short Term Memory Network, LSTM) 算法，额外维护一条记忆网络，图 12.4 所示为比较 RNN 与 LSTM 的差别。

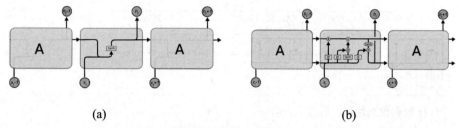

图 12.4　RNN 与 LSTM 内部结构的比较

(a) RNN；(b) LSTM

(图片来源：*Understanding LSTM Networks* [1])

我们将图 12.4 的 LSTM 进行拆解，就可以了解 LSTM 的运算机制。

(1) 额外维护一条记忆线 (Cell State)，如图 12.5 所示。

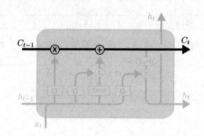

图 12.5　维护一条记忆线

(2) LSTM 多了四个阀 (Gate)，用来维护记忆网络与预测网络，即图 12.4 中的 ⊗、⊕ (原图为粉红色标志)。

(3) 遗忘阀 (Forget Gate)：决定之前记忆是否删除，σ 为 sigmoid 神经层，输出为 0 时，乘以原记忆，表示删除，反之则为保留记忆，如图 12.6 所示。

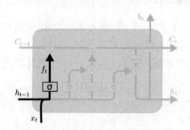

图 12.6　遗忘阀

$$f_t = \sigma(W_f \cdot [h_{t}-1, x_t] + b_f)$$

(4) 输入阀 (Input Gate)：输入含目前的特征 (x_t) 加 t-1 时间点的隐藏层 (h_{t-1})，透过 σ(sigmoid)，得到输出 (i_t)，而记忆 (C_t) 使用 tanh activation function，其值介于 (-1, 1)，如图 12.7 所示。

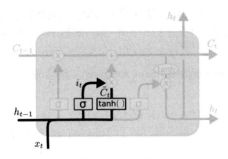

图 12.7 输入阀

$$i_t = \sigma(W_i \cdot [h_{t-1}, x_t] + b_i)$$
$$\tilde{C}_t = \tanh(W_C \cdot [h_{t-1}, x_t] + b_C)$$

(5) 更新阀 (Update Gate): 更新记忆 (C_t),为之前的记忆加上目前增加的信息,如图 12.8 所示。

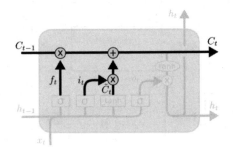

图 12.8 更新阀

$$C_t = f_t * C_{t-1} + i_t * \tilde{C}_t$$

(6) 输出阀 (Output Gate): 输出包括目前的正常输出,乘以更新的记忆,如图 12.9 所示。

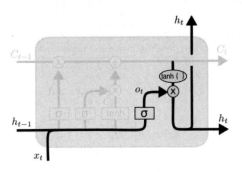

图 12.9 输出阀

$$o_t = \sigma(W_o[h_{t-1}, x_t] + b_o)$$
$$h_t = o_t * \tanh(C_t)$$

依照前面的拆解，读者大概就能知道 LSTM 是如何保存记忆及使用记忆了，网络上也有人直接用 NumPy 开发 LSTM，不过，既然 TensorFlow/Keras 已经直接定义 LSTM 神经层了，于是我们可直接拿来使用。

范例1. 以LSTM实践情绪分析(Sentiment Analysis)。 情绪分析是预测一段评论为正面或负面的情绪。

数据集：影评数据集(IMDB movie review)。注意：TensorFlow 已将数据转为索引值，而非文字，如果要取得文字数据集，可自 https://ai.stanford.edu/~amaas/data/sentiment/aclImdb_v1.tar.gz 下载。

请参阅程序：**12_02_LSTM_IMDB.ipynb**。

设计流程如图 12.10 所示。

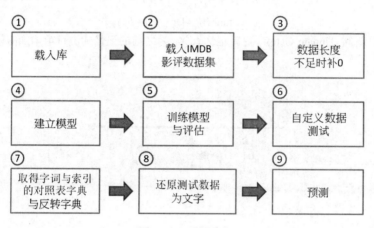

图 12.10　设计流程

(1) 加载相关库。程序代码如下：

```
1  # 载入相关库
2  import tensorflow as tf
3  from tensorflow.keras.datasets import imdb
4  from tensorflow.keras.layers import Embedding, Dense, LSTM
5  from tensorflow.keras.losses import BinaryCrossentropy
6  from tensorflow.keras.models import Sequential
7  from tensorflow.keras.optimizers import Adam
8  from tensorflow.keras.preprocessing.sequence import pad_sequences
```

(2) 参数设定。程序代码如下：

```
1  # 参数设定
2  batch_size = 128                    # 批量
3  embedding_output_dims = 15          # 嵌入层输出维度
4  max_sequence_length = 300           # 句子最大字数
5  num_distinct_words = 5000           # 字典
6  number_of_epochs = 5                # 训练执行周期
7  validation_split = 0.20             # 验证数据比例
8  verbosity_mode = 1                  # 训练数据信息显示程度
```

(3) 建立模型：使用 Embedding + LSTM + Dense 神经层。程序代码如下：

```
1  # 载入 IMDB 影评数据集，TensorFlow 已将数据转为索引值
2  (x_train, y_train), (x_test, y_test) = imdb.load_data(
3      num_words=num_distinct_words)
4  print(x_train.shape)
5  print(x_test.shape)
6
7  # 长度不足时补 0
8  padded_inputs = pad_sequences(x_train, maxlen=max_sequence_length
9                                , value = 0.0)
10 padded_inputs_test = pad_sequences(x_test, maxlen=max_sequence_length
11                                , value = 0.0)
12
13 # 建立模型
14 model = Sequential()
15 model.add(Embedding(num_distinct_words, embedding_output_dims,
16                     input_length=max_sequence_length))
17 model.add(LSTM(10))
18 model.add(Dense(1, activation='sigmoid'))
19
20 # 指定优化器、损失函数
21 model.compile(optimizer=Adam(), loss=BinaryCrossentropy, metrics=['accuracy'])
22
23 # 模型汇总资讯
24 model.summary()
```

(4) 训练模型与评估。程序代码如下：

```
1  # 训练模型
2  history = model.fit(padded_inputs, y_train, batch_size=batch_size,
3              epochs=number_of_epochs, verbose=verbosity_mode,
4              validation_split=validation_split)
5
6  # 模型评估
7  test_results = model.evaluate(padded_inputs_test, y_test, verbose=False)
8  print(f'Loss: {test_results[0]}, Accuracy: {100*test_results[1]}%')
```

执行结果：训练执行 5 周期，损失为 0.3370，准确率为 86.63。

(5) 虽然，模型准确率很高，但我们还是希望能以自定义的数据的模型测试一下。由于 IMDB 的影评内容都非常长，假使以短句测试，如 "I like the movie" 或 "I hate the movie"，并不能得到正确的预测值，因此，我们使用测试数据的前两句来测试。首先我们要取得词汇与索引的对照表字典。程序代码如下：

```
1  # 取得字词与索引的对照表字典
2  imdb_dict = imdb.get_word_index()
3  list(imdb_dict.keys())[:10]
```

(6) 反转字典，变成索引与词汇的对照表：要将数据集的数据还原成文字。程序代码如下：

```
1  # 反转字典，变成索引与字词的对照表
2  imdb_dict_reversed = {}
3  for k, v in imdb_dict.items():
4      imdb_dict_reversed[v] = k
```

(7) 还原测试数据前两批为文字：由于数据有许多 0，而空白的索引值也是 0，因此为避免以空白切割词汇时，将空白均删除，故以 "," 隔开单字。程序代码如下：

```
1  # 还原测试数据前两批为文字
2  text = []
3  for i, line in enumerate(padded_inputs_test[:2]):
4      text.append('')
```

```
 5      for j, word in enumerate(line):
 6          if word != 0:
 7              text[i] += imdb_dict_reversed[word]+','
 8          else:
 9              text[i] += ' ,'
10  text
```

执行结果如下：

```
[''                                                                      ,
,                                                                        ,
,                                                                        ,
,                                                   ,the,wonder,own,as,by,is,sequence,i,i,and,an
d,to,of,hollywood,br,of,down,and,getting,boring,of,ever,it,sadly,sadly,sadly,i,i,was,then,does,don't,close,and,after,one,carry,
as,by,are,be,and,all,family,turn,in,does,as,three,part,in,another,some,to,be,probably,with,world,and,her,an,have,and,beginning,
own,as,is,sequence,",
```

(8) 预测。程序代码如下：

```
1  # 长度不足时补 0
2  padded_inputs = pad_sequences(X_index, maxlen=max_sequence_length,
3                      padding=pad_type, truncating=trunc_type, value = 0.0)
4
5  # 预测
6  model.predict_classes(padded_inputs)
```

(9) 以原数据预测：确认答案相同。程序代码如下：

```
1  # 以原数据预测，确认答案相同
2  model.predict_classes(padded_inputs_test[:2])
```

范例2. 以文字数据集，实践LSTM情绪分析。

数据集：文字型的影评数据集 (IMDB movie review)，可自 https://ai.stanford.edu/~amaas/data/sentiment/aclImdb_v1.tar.gz 下载。

请参阅程序：**12_03_LSTM_IMDB_Text.ipynb**。

与范例 1 不同的要点如下。

(1) 以文字数据集作为测试数据：以 TensorFlow Dataset 数据类型处理。

(2) 也以卷积模型 (Conv1D) 预测，比较模型差异。

(3) 以双向 LSTM 模型 (Bidirectional、LSTM) 测试。

其他程序与 12_02_LSTM_IMDB.ipynb 大同小异，此处不再详细介绍，读者可直接测试程序。

12-3　LSTM 重要参数与多层 LSTM

LSTM 可以像 CNN 一样使用多层的卷积层吗？答案是肯定的，但使用多层 LSTM，必须注意一些重要的参数，可参阅"Keras 官网 LSTM 的说明"[2]。

(1) return_sequences：预设为 False，只传回最后一个神经元的输出 (y)，若为 True，则表示每一个神经元的输出 (y) 都会传回。

(2) return_state：预设为 False，不会传回隐藏层状态 (Hidden State) 及记忆状态 (Cell State)，反之，则会传回最后一个神经元的状态，当作下一周期或批次的输入。

(3) stateful：预设为 False，前一批的隐藏层及记忆状态不会传给下一批训练，延续记忆，反之，则会传回前一批的隐藏层及记忆状态，作为下一批训练的输入。

(4) 若两个 LSTM 层相串连，前面的 LSTM 必须设定参数 return_sequences=True，

表示每一神经元的输出 (y) 都会传回，使用批次 (Batch) 时，须设定 stateful=True，表示训练时每一批的最后输出会接到下一批的输入，同时每一个训练周期后要呼叫 reset_states 重置状态，避免接到上一个训练周期的输出。

以上的说明有些复杂，我们以实践帮助读者理解，这部分需要专心一些，细致理解。

范例1. LSTM重要参数测试。

请参阅程序：**12_04_LSTM_ 参数测试 .ipynb**。

(1) 加载相关库。程序代码如下：

```python
# 载入相关库
import tensorflow as tf
from tensorflow.keras.layers import Dense, LSTM, Input
from tensorflow.keras.models import Sequential
import numpy as np
```

(2) 定义模型，内含一个 LSTM，参数均为默认值。程序代码如下：

```python
# 定义模型，参数均为预设值
model = Sequential()
model.add(LSTM(1, input_shape=(3, 1)))

# 测试数据
data = np.array([0.1, 0.2, 0.3]).reshape((1,3,1))
# 预测：只传回最后的输出(y)
print(model.predict(data))
```

执行结果：LSTM 输入 3 个数值，输出一个数值为 [[0.10563352]]。

(3) 加一个参数 return_sequences=True。程序代码如下：

```python
# 定义模型，参数 return_sequences=True
model = Sequential()
model.add(LSTM(1, input_shape=(3, 1), return_sequences=True))

# 测试数据
data = np.array([0.1, 0.2, 0.3]).reshape((1,3,1))
# 预测：传回每一节点的输出(y)
print(model.predict(data))
```

执行结果：LSTM 每一个神经元的输出均传回，3 个输入就会有 3 个输出，分别为 [[[0.02329711], [0.06432742], [0.11739781]]]。

(4) 加一个参数 return_state=True。程序代码如下：

```python
# 定义模型，参数 return_state=True
# 多个输出必须使用 Function API
from keras.models import Model

inputs1 = Input(shape=(3, 1))
lstm1 = LSTM(1, return_state=True)(inputs1)
model = Model(inputs=inputs1, outputs=lstm1)

# 测试数据
data = np.array([0.1, 0.2, 0.3]).reshape((1,3,1))
# 预测：传回 输出(y)、state_h、state_c
print(model.predict(data))
```

执行结果：除了一个输出外，还会传回隐藏层状态及记忆状态，总共 3 个数值：[array([[-0.04487724]], dtype=float32), array([[-0.04487724]], dtype=float32), array([[-0.07851784]], dtype=float32)]。

注意：多个输出必须使用 Function API，不能使用 Sequential 模型。

(5) return_sequences=True，return_state=True。程序代码如下：

```
1  # 定义模型，参数 return_sequences=True、return_state=True
2  # 多个输出必须使用 Function API
3  from keras.models import Model
4
5  inputs1 = Input(shape=(3, 1))
6  lstm1 = LSTM(1, return_sequences=True, return_state=True)(inputs1)
7  model = Model(inputs=inputs1, outputs=lstm1)
8
9  # 测试数据
10 data = np.array([0.1, 0.2, 0.3]).reshape((1,3,1))
11 # 预测：传回 输出(y), state_h, state_c
12 print(model.predict(data))
```

执行结果：输出有 3 个数值，还有隐藏层状态 (Hidden State) 及记忆状态 (Cell State)，总共 3 个数值：[array([[[-0.04487724]], dtype=float32), array([[-0.04487724]], dtype=float32), array([[-0.07851784]], dtype=float32)]。

(6) 模型包含两个 LSTM 神经层。程序代码如下：

```
1  # 定义模型，参数 return_sequences=True、return_state=True
2  # 多个输出必须使用 Function API
3  from keras.models import Model
4
5  inputs1 = Input(shape=(3, 1))
6  lstm1 = LSTM(1, return_sequences=True)(inputs1)
7  lstm2 = LSTM(1, return_sequences=True, return_state=True)(lstm1)
8  model = Model(inputs=inputs1, outputs=lstm2)
9
10 # 测试数据
11 data = np.array([0.1, 0.2, 0.3]).reshape((1,3,1))
12 # 预测：传回 输出(y), state_h, state_c
13 print(model.predict(data))
```

① 第一个 LSTM 神经层的参数 return_sequences 须为 True，否则会出现错误如下：

```
incompatible with the layer: expected ndim=3, found ndim=2.
```

② 执行结果：输出有 3 个数值，还有隐藏层状态及记忆状态，总共 3 个数值：[array([[[-0.00471755], [-0.01753834], [-0.04042896]]], dtype=float32),array([[-0.04042896]], dtype=float32)array([[-0.07566848]], dtype=float32)]。

由以上的实验，我们就能理解 LSTM 参数的影响。接下来看另一个实例，使用多层 LSTM，即所谓堆栈 LSTM(Stacked LSTM)，可以建立更多层的神经网络，与 CNN 的卷积层一样，其主要目的是提取特征，常被运用在语音识别方面。

范例2. 时间序列预测，以LSTM算法预测航空公司的未来营收，包括以下各种模型测试。

(1) 前期数据为 X，当期数据为 Y。
(2) 取前 3 期的数据作为 X，即以 t-3、t-2、t-1 期预测 t 期。
(3) 以 t-3 期 (单期) 预测 t 期。
(4) 将每个周期再分多批训练。
(5) Stacked LSTM：使用多层的 LSTM。

请参阅程序：**12_05_Stacked_LSTM.ipynb**，修改自 *Time Series Prediction with LSTM Recurrent Neural Networks in Python with Keras*[3]。

设计流程如图 12.11 所示。

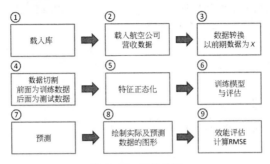

图 12.11　设计流程

(1) 加载相关库。程序代码如下：

```
1  # 载入相关库
2  import tensorflow as tf
3  from tensorflow.keras.datasets import imdb
4  from tensorflow.keras.layers import Embedding, Dense, LSTM
5  from tensorflow.keras.losses import BinaryCrossentropy
6  from tensorflow.keras.models import Sequential
7  from tensorflow.keras.optimizers import Adam
8  from tensorflow.keras.preprocessing.sequence import pad_sequences
9  import pandas as pd
10 import numpy as np
11 import matplotlib.pyplot as plt
```

(2) 加载航空公司的营收数据：这份数据年代久远，每月一笔数据，自 1949 年 1 月至 1960 年 12 月。程序代码如下；

```
1  # 载入测试数据
2  df2 = pd.read_csv('./RNN/monthly-airline-passengers.csv')
3  df2.head()
```

(3) 绘图：透过图表可以发现，航空公司的营收除了有淡旺季之分以外，还有逐步上升的趋势。程序代码如下：

```
1  # 绘图
2  df2 = df2.set_index('Month')
3  df2.plot(legend=None)
4  plt.xticks(rotation=30)
```

执行结果：如图 12.12 所示。

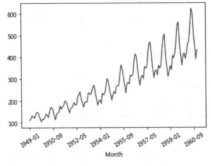

图 12.12　绘图

(4) 转换数据：以前期数据为 X，当期数据为 Y，以前期营收预测当期营收。因此训练数据和测试数据不采取随机切割，前面三分之二为训练数据，后面三分之一为测试数据，并对特征进行正态化。程序代码如下：

```python
# 转换数据
from sklearn.preprocessing import MinMaxScaler

# 函数：以前期数据为 X，当前期数据为 Y
def create_dataset(dataset, look_back=1):
    dataX, dataY = [], []
    for i in range(len(dataset)-look_back-1):
        a = dataset[i:(i+look_back), 0]
        dataX.append(a)
        dataY.append(dataset[i + look_back, 0])
    return np.array(dataX), np.array(dataY)

dataset = df2.values
dataset = dataset.astype('float32')

# X 正态化
scaler = MinMaxScaler(feature_range=(0, 1))
dataset = scaler.fit_transform(dataset)

# 数据分割
train_size = int(len(dataset) * 0.67)
test_size = len(dataset) - train_size
train, test = dataset[0:train_size,:], dataset[train_size:len(dataset),:]

# 以前期数据为 X，当期数据为 Y
look_back = 1
trainX, trainY = create_dataset(train, look_back)
testX, testY = create_dataset(test, look_back)

# 转换为三维 [批数，落后期数，X维度]
trainX = np.reshape(trainX, (trainX.shape[0], 1, trainX.shape[1]))
testX = np.reshape(testX, (testX.shape[0], 1, testX.shape[1]))
```

(5) 模型训练与评估：由于训练数据较少，故训练较多执行周期 (100)。模型为 LSTM+Dense(1)，会输出一个数值，即下期营收。LSTM 的 input_shape 为 (批数，落后期数，特征个数) 三维。程序代码如下：

```python
# 训练模型
model = Sequential()
model.add(LSTM(4, input_shape=(1, look_back)))
model.add(Dense(1))
model.compile(loss='mean_squared_error', optimizer='adam')
model.fit(trainX, trainY, epochs=100, batch_size=1, verbose=1)

# 模型评估
trainPredict = model.predict(trainX)
testPredict = model.predict(testX)
```

(6) 预测后还原正态化：绘制实际数据和预测数据的图表。程序代码如下：

```python
from sklearn.metrics import mean_squared_error
import math

# 还原正态化的训练及测试数据
trainPredict = scaler.inverse_transform(trainPredict)
trainY = scaler.inverse_transform([trainY])
testPredict = scaler.inverse_transform(testPredict)
testY = scaler.inverse_transform([testY])

# 计算 RMSE
trainScore = math.sqrt(mean_squared_error(trainY[0], trainPredict[:,0]))
print('Train Score: %.2f RMSE' % (trainScore))
testScore = math.sqrt(mean_squared_error(testY[0], testPredict[:,0]))
```

```
14  print('Test Score: %.2f RMSE' % (testScore))
15
16  # 训练数据的 X/Y
17  trainPredictPlot = np.empty_like(dataset)
18  trainPredictPlot[:, :] = np.nan
19  trainPredictPlot[look_back:len(trainPredict)+look_back, :] = trainPredict
20
21  # 测试数据 X/Y
22  testPredictPlot = np.empty_like(dataset)
23  testPredictPlot[:, :] = np.nan
24  testPredictPlot[len(trainPredict)+(look_back*2)+1:len(dataset)-1, :] = testPredict
25
26  # 绘图
27  plt.plot(scaler.inverse_transform(dataset))
28  plt.plot(trainPredictPlot)
29  plt.plot(testPredictPlot)
30  plt.show()
```

① 执行结果：训练数据和测试数据的 RMSE 分别为 22.84、47.63。

② 图表请参考程序，蓝色线条为实际值，橘色为训练数据的预测值，绿色为测试数据的预测值，如图 12.13 所示。

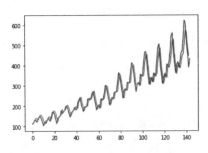

图 12.13　实际数据和预测数据图表

(7) Loopback 改为 3：X 由前 1 期改为前 3 期，即以 t-3、t-2、t-1 期预测 t 期。程序代码如下：

```
1   # 载入测试数据
2   df = pd.read_csv('./RNN/monthly-airline-passengers.csv', usecols=[1])
3   print(df.head())
4   dataset = df.values
5   dataset = dataset.astype('float32')
6
7   # X 正态化
8   scaler = MinMaxScaler(feature_range=(0, 1))
9   dataset = scaler.fit_transform(dataset)
10
11  # 数据分割
12  train_size = int(len(dataset) * 0.67)
13  test_size = len(dataset) - train_size
14  train, test = dataset[0:train_size,:], dataset[train_size:len(dataset),:]
15
16  # 以前期数据为 X，当前期数据为 Y
17  look_back = 3
18  trainX, trainY = create_dataset(train, look_back)
19  testX, testY = create_dataset(test, look_back)
20
21  # 转换为三维 [批数，落后期数，X维度]
22  trainX = np.reshape(trainX, (trainX.shape[0], 1, trainX.shape[1]))
23  testX = np.reshape(testX, (testX.shape[0], 1, testX.shape[1]))
```

执行结果：训练数据的特征 (批数，落后期数，X 维度)=(92, 1, 3)。

(8) 模型训练与评估：LSTM 的参数 input_shape 设为 (1, 3)，因为特征有 3 个

(期)。程序代码如下：

```
1  # 训练模型
2  model = Sequential()
3  model.add(LSTM(4, input_shape=(1, look_back)))
4  model.add(Dense(1))
5  model.compile(loss='mean_squared_error', optimizer='adam')
6  model.fit(trainX, trainY, epochs=100, batch_size=1, verbose=1)
7
8  # 模型评估
9  trainPredict = model.predict(trainX)
10 testPredict = model.predict(testX)
```

(9) 预测后还原正态化：绘制实际数据和预测数据的图表。程序代码如下：

```
1  from sklearn.metrics import mean_squared_error
2  import math
3
4  # 还原正态化的训练数据
5  trainPredict = scaler.inverse_transform(trainPredict)
6  trainY = scaler.inverse_transform([trainY])
7  testPredict = scaler.inverse_transform(testPredict)
8  testY = scaler.inverse_transform([testY])
9
10 # 计算 RMSE
11 trainScore = math.sqrt(mean_squared_error(trainY[0], trainPredict[:,0]))
12 print('Train Score: %.2f RMSE' % (trainScore))
13 testScore = math.sqrt(mean_squared_error(testY[0], testPredict[:,0]))
14 print('Test Score: %.2f RMSE' % (testScore))
15
16 # 训练数据的 X/Y
17 trainPredictPlot = np.empty_like(dataset)
18 trainPredictPlot[:, :] = np.nan
19 trainPredictPlot[look_back:len(trainPredict)+look_back, :] = trainPredict
20
21 # 测试数据 X/Y
22 testPredictPlot = np.empty_like(dataset)
23 testPredictPlot[:, :] = np.nan
24 testPredictPlot[len(trainPredict)+(look_back*2)+1:len(dataset)-1, :] = testPredict
25
26 # 绘图
27 plt.plot(scaler.inverse_transform(dataset))
28 plt.plot(trainPredictPlot)
29 plt.plot(testPredictPlot)
30 plt.show()
```

① 执行结果：训练数据和测试数据的 RMSE 分别为 22.83、62.55，测试 RMSE 比只以一期为特征预测差，因为使用多期，有移动平均的效果，预测曲线会比较平缓，不容易受到激烈变化的样本点影响。

② 图表请参考程序，蓝色线条为实际值，橘色为训练数据的预测值，绿色为测试数据的预测值，如图 12.14 所示。

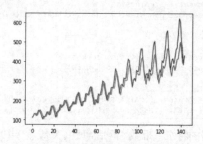

图 12.14　绘制实际数据及预测数据图表

(10) 改变落后期数 (Time Steps) 为 3：即以 t-3 期预测 t 期。程序代码如下：

```python
# 载入测试数据
df = pd.read_csv('./RNN/monthly-airline-passengers.csv', usecols=[1])

dataset = df.values
dataset = dataset.astype('float32')

# X 正态化
scaler = MinMaxScaler(feature_range=(0, 1))
dataset = scaler.fit_transform(dataset)

# 数据分割
train_size = int(len(dataset) * 0.67)
test_size = len(dataset) - train_size
train, test = dataset[0:train_size,:], dataset[train_size:len(dataset),:]

# 以前期数据为 X，当前期数据为 Y
look_back = 3
trainX, trainY = create_dataset(train, look_back)
testX, testY = create_dataset(test, look_back)

# 转换为三维 [批数, 落后期数, X维度]
# trainX = np.reshape(trainX, (trainX.shape[0], 1, trainX.shape[1]))
# testX = np.reshape(testX, (testX.shape[0], 1, testX.shape[1]))
trainX = np.reshape(trainX, (trainX.shape[0], trainX.shape[1], 1))
testX = np.reshape(testX, (testX.shape[0], testX.shape[1], 1))
```

执行结果：训练数据的特征三维度 (批数 , 落后期数 , X 维度)=(92, 3, 1)。

(11) 模型训练与评估：LSTM 的参数 input_shape 设为 (3, 1)，因为特征只有一个，落后 3 期 (t-3)。程序代码如下：

```python
# 训练模型
model = Sequential()
# (1, look_back) 改为 (look_back, 1)
model.add(LSTM(4, input_shape=(look_back, 1)))
model.add(Dense(1))
model.compile(loss='mean_squared_error', optimizer='adam')
model.fit(trainX, trainY, epochs=100, batch_size=1, verbose=1)

# 模型评估
trainPredict = model.predict(trainX)
testPredict = model.predict(testX)
```

(12) 预测后还原正态化：绘制实际数据和预测数据的图表。程序代码如下：

```python
from sklearn.metrics import mean_squared_error
import math

# 还原正态化的训练数据
trainPredict = scaler.inverse_transform(trainPredict)
trainY = scaler.inverse_transform([trainY])
testPredict = scaler.inverse_transform(testPredict)
testY = scaler.inverse_transform([testY])

# 计算 RMSE
trainScore = math.sqrt(mean_squared_error(trainY[0], trainPredict[:,0]))
print('Train Score: %.2f RMSE' % (trainScore))
testScore = math.sqrt(mean_squared_error(testY[0], testPredict[:,0]))
print('Test Score: %.2f RMSE' % (testScore))

# 训练数据的 X/Y
trainPredictPlot = np.empty_like(dataset)
trainPredictPlot[:, :] = np.nan
```

```
19  trainPredictPlot[look_back:len(trainPredict)+look_back, :] = trainPredict
20
21  # 测试数据 X/Y
22  testPredictPlot = np.empty_like(dataset)
23  testPredictPlot[:, :] = np.nan
24  testPredictPlot[len(trainPredict)+(look_back*2)+1:len(dataset)-1, :] = testPredict
25
26  # 绘图
27  plt.plot(scaler.inverse_transform(dataset))
28  plt.plot(trainPredictPlot)
29  plt.plot(testPredictPlot)
30  plt.show()
```

① 执行结果：训练数据和测试数据的 RMSE 分别为 27.19、66.19，测试 RMSE 也比以前期为特征预测差。

② 图表请参考程序，蓝色线条为实际值，橘色为训练数据的预测值，绿色为测试数据的预测值，如图 12.15 所示。

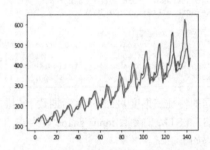

图 12.15 绘制实际数据与预测数据图表

(13) 将每个周期细分多批训练：须设定 LSTM 参数 stateful=True，表示训练时每一批的最后输出会接到下一批的输入，故每一个训练周期要调用 reset_states 重置状态，避免接到上一个训练周期的输出。LSTM 的 input_shape 为 (每批数，落后期数，特征个数) 三维，前置处理不变。程序代码如下：

```
1   # 载入测试数据
2   df = pd.read_csv('./RNN/monthly-airline-passengers.csv', usecols=[1])
3
4   dataset = df.values
5   dataset = dataset.astype('float32')
6
7   # X 正态化
8   scaler = MinMaxScaler(feature_range=(0, 1))
9   dataset = scaler.fit_transform(dataset)
10
11  # 数据分割
12  train_size = int(len(dataset) * 0.67)
13  test_size = len(dataset) - train_size
14  train, test = dataset[0:train_size,:], dataset[train_size:len(dataset),:]
15
16  # 以前期数据为 X，当前期数据为 Y
17  look_back = 3
18  trainX, trainY = create_dataset(train, look_back)
19  testX, testY = create_dataset(test, look_back)
20
21  # 转换为三维 [批数，落后期数，X维度]
22  # trainX = np.reshape(trainX, (trainX.shape[0], 1, trainX.shape[1]))
23  # testX = np.reshape(testX, (testX.shape[0], 1, testX.shape[1]))
24  trainX = np.reshape(trainX, (trainX.shape[0], trainX.shape[1], 1))
25  testX = np.reshape(testX, (testX.shape[0], testX.shape[1], 1))
```

(14) 模型训练与评估：以批量设为 1 测试，也可以加大批量。程序代码如下：

```
1   # 训练模型
2   model = Sequential()
3   # (1, look_back) 改为 (look_back, 1)
4   # model.add(LSTM(4, input_shape=(look_back, 1)))
5   batch_size = 1
6   model.add(LSTM(4, batch_input_shape=(batch_size, look_back, 1), stateful=True))
7   model.add(Dense(1))
8   model.compile(loss='mean_squared_error', optimizer='adam')
9   # model.fit(trainX, trainY, epochs=100, batch_size=1, verbose=1)
10  for i in range(100):
11      model.fit(trainX, trainY, epochs=1, batch_size=batch_size,
12              shuffle=False, verbose=2)
13      # 重置状态(cell state)
14      model.reset_states()
15
16  # 模型评估
17  trainPredict = model.predict(trainX, batch_size=batch_size)
18  model.reset_states()
19  testPredict = model.predict(testX, batch_size=batch_size)
```

(15) 预测后还原正态化：绘制实际数据和预测数据的图表。程序代码如下：

```
1   from sklearn.metrics import mean_squared_error
2   import math
3
4   # 还原正态化的训练数据
5   trainPredict = scaler.inverse_transform(trainPredict)
6   trainY = scaler.inverse_transform([trainY])
7   testPredict = scaler.inverse_transform(testPredict)
8   testY = scaler.inverse_transform([testY])
9
10  # 计算 RMSE
11  trainScore = math.sqrt(mean_squared_error(trainY[0], trainPredict[:,0]))
12  print('Train Score: %.2f RMSE' % (trainScore))
13  testScore = math.sqrt(mean_squared_error(testY[0], testPredict[:,0]))
14  print('Test Score: %.2f RMSE' % (testScore))
15
16  # 训练数据的 X/Y
17  trainPredictPlot = np.empty_like(dataset)
18  trainPredictPlot[:, :] = np.nan
19  trainPredictPlot[look_back:len(trainPredict)+look_back, :] = trainPredict
20
21  # 测试数据 X/Y
22  testPredictPlot = np.empty_like(dataset)
23  testPredictPlot[:, :] = np.nan
24  testPredictPlot[len(trainPredict)+(look_back*2)+1:len(dataset)-1, :] = testPredict
25
26  # 绘图
27  plt.plot(scaler.inverse_transform(dataset))
28  plt.plot(trainPredictPlot)
29  plt.plot(testPredictPlot)
30  plt.show()
```

执行结果：训练数据和测试数据的 RMSE 分别为 25.91、51.74，测试 RMSE 比不分批次略好一些，但不明显，这里主要是示范 stateful 参数的用法。

(16) Stacked LSTM：使用多层的 LSTM，以下前置处理不变。程序代码如下：

```
1   # 载入测试数据
2   df = pd.read_csv('./RNN/monthly-airline-passengers.csv', usecols=[1])
3
4   dataset = df.values
5   dataset = dataset.astype('float32')
6
```

```python
 7  # X 正态化
 8  scaler = MinMaxScaler(feature_range=(0, 1))
 9  dataset = scaler.fit_transform(dataset)
10
11  # 数据分割
12  train_size = int(len(dataset) * 0.67)
13  test_size = len(dataset) - train_size
14  train, test = dataset[0:train_size,:], dataset[train_size:len(dataset),:]
15
16  # 以前期数据为 X，当前期数据为 Y
17  look_back = 3
18  trainX, trainY = create_dataset(train, look_back)
19  testX, testY = create_dataset(test, look_back)
20
21  # 转换为三维 [批数, 落后期数, X维度]
22  # trainX = np.reshape(trainX, (trainX.shape[0], 1, trainX.shape[1]))
23  # testX = np.reshape(testX, (testX.shape[0], 1, testX.shape[1]))
24  trainX = np.reshape(trainX, (trainX.shape[0], trainX.shape[1], 1))
25  testX = np.reshape(testX, (testX.shape[0], testX.shape[1], 1))
```

(17) 模型训练与评估：因为 LSTM 需接收上一个神经元的隐藏层输出 (h_t-1)，因此，若两个 LSTM 层串连，前面的 LSTM 必须设定参数 return_sequences=True，表示每一个神经元的输出 (y) 都会传给下一个 LSTM。训练数据与测试数据预测之间也要重置状态，避免训练数据预测的状态传给测试数据预测。程序代码如下：

```python
 1  # 训练模型
 2  model = Sequential()
 3  # (1, look_back) 改为 (look_back, 1)
 4  # model.add(LSTM(4, input_shape=(look_back, 1)))
 5  batch_size = 1
 6
 7  # Stacked LSTM
 8  model.add(LSTM(4, batch_input_shape=(batch_size, look_back, 1),
 9                 stateful=True, return_sequences=True))
10  model.add(LSTM(4, batch_input_shape=(batch_size, look_back, 1),
11                 stateful=True))
12
13  model.add(Dense(1))
14  model.compile(loss='mean_squared_error', optimizer='adam')
15  # model.fit(trainX, trainY, epochs=100, batch_size=1, verbose=1)
16  for i in range(100):
17      model.fit(trainX, trainY, epochs=1, batch_size=batch_size,
18                shuffle=False, verbose=2)
19      # 重置状态(cell state)
20      model.reset_states()
21
22  # 模型评估
23  trainPredict = model.predict(trainX, batch_size=batch_size)
24  # 重置状态(cell state)
25  model.reset_states()
26  testPredict = model.predict(testX, batch_size=batch_size)
```

(18) 预测后还原正态化：绘制实际数据和预测数据的图表。程序代码如下：

```python
 1  from sklearn.metrics import mean_squared_error
 2  import math
 3
 4  # 还原正态化的训练数据
 5  trainPredict = scaler.inverse_transform(trainPredict)
 6  trainY = scaler.inverse_transform([trainY])
 7  testPredict = scaler.inverse_transform(testPredict)
 8  testY = scaler.inverse_transform([testY])
 9
10  # 计算 RMSE
11  trainScore = math.sqrt(mean_squared_error(trainY[0], trainPredict[:,0]))
```

```
12  print('Train Score: %.2f RMSE' % (trainScore))
13  testScore = math.sqrt(mean_squared_error(testY[0], testPredict[:,0]))
14  print('Test Score: %.2f RMSE' % (testScore))
15
16  # 训练数据的 X/Y
17  trainPredictPlot = np.empty_like(dataset)
18  trainPredictPlot[:, :] = np.nan
19  trainPredictPlot[look_back:len(trainPredict)+look_back, :] = trainPredict
20
21  # 测试数据 X/Y
22  testPredictPlot = np.empty_like(dataset)
23  testPredictPlot[:, :] = np.nan
24  testPredictPlot[len(trainPredict)+(look_back*2)+1:len(dataset)-1, :] = testPredict
25
26  # 绘图
27  plt.plot(scaler.inverse_transform(dataset))
28  plt.plot(trainPredictPlot)
29  plt.plot(testPredictPlot)
30  plt.show()
```

① 执行结果：训练数据和测试数据的 RMSE 分别为 24.28、86.85，测试 RMSE 比较差，应该是因为数据很单一，使用太复杂的网络结构反而没有帮助。

② 图表请参考程序，蓝色线条为实际值，橘色为训练数据的预测值，绿色为测试数据的预测值，如图 12.16 所示。

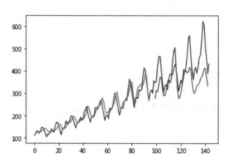

图 12.16　绘制实际数据和预测数据图表

12-4　Gate Recurrent Unit

Gate Recurrent Unit(GRU) 也是 RNN 变形的算法，由 Kyunghyun Cho 在 2014 年提出的，可参阅 *Empirical Evaluation of Gated Recurrent Neural Networks on Sequence Modeling* [4]，主要就是要改良 LSTM 的缺陷。

(1) LSTM 计算过慢，GRU 可改善训练速度。

(2) 简化 LSTM 模型，节省内存的空间。

LSTM 是由遗忘阀与输入阀来维护记忆状态，然而因为这部分太过耗时，所以 GRU 废除记忆状态，直接使用隐藏层输出 (h_t)，并且将前述两个阀改由更新阀替代，两个模型的架构比较如图 12.17 所示。

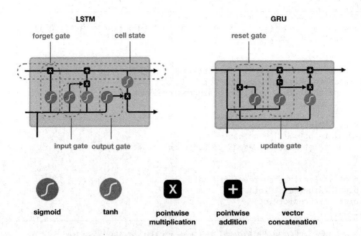

图 12.17　LSTM 与 GRU 内部结构的比较

(左图为 LSTM，右图为 GRU，
图片来源：*Illustrated Guide to LSTM's and GRU's: A step by step explanation* [5])

虽然原作者提出效能测试图表，说明 GRU 的效能比 LSTM 好，不过，笔者实际测试的结果，差异并不明显，而且网络上也比较少提到 GRU，大多仍以 LSTM 为主流，因此，我们就不详细研究了。

12-5　股价预测

由于 LSTM 与时间序列模型很类似，因此网络上有许多文章探讨以 LSTM 预测股票价格，以下我们就来实践看看。

范例. 以LSTM/GRU算法预测股价。

请参阅程序：**12_06_Stock_Forecast.ipynb**，修改自 "Predicting stock prices with LSTM" [6]。

数据集：本范例使用亚马逊企业股票 (https://www.kaggle.com/szrlee/stock-time-series-20050101-to-20171231) 为例，也可以使用台股。

设计流程如图 12.18 所示。

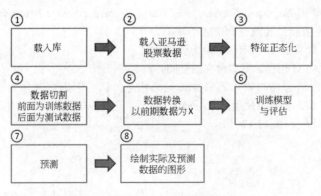

图 12.18　设计流程

(1) 加载相关库。程序代码如下:

```
1  # 载入相关库
2  import tensorflow as tf
3  from tensorflow.keras.datasets import imdb
4  from tensorflow.keras.layers import Embedding, Dense, LSTM, Dropout
5  from tensorflow.keras.losses import BinaryCrossentropy
6  from tensorflow.keras.models import Sequential
7  from tensorflow.keras.optimizers import Adam
8  import pandas as pd
9  import numpy as np
10 import matplotlib.pyplot as plt
```

(2) 加载测试数据。程序代码如下:

```
1  # 载入测试数据 -- 亚马逊
2  df = pd.read_csv('./RNN/AMZN_2006-01-01_to_2018-01-01.csv',
3                  index_col='Date', parse_dates=['Date'])
4  df.head()
```

执行结果如下:

Date	Open	High	Low	Close	Volume	Name
2006-01-03	47.47	47.85	46.25	47.58	7582127	AMZN
2006-01-04	47.48	47.73	46.69	47.25	7440914	AMZN
2006-01-05	47.16	48.20	47.11	47.65	5417258	AMZN
2006-01-06	47.97	48.58	47.32	47.87	6154285	AMZN
2006-01-09	46.55	47.10	46.40	47.08	8945056	AMZN

(3) 绘图。程序代码如下:

```
1  # 只使用收盘价
2  df = df['Close']
3
4  # 绘图
5  plt.figure(figsize = (12, 6))
6  plt.plot(df, label='Stock Price')
7  plt.legend(loc='best')
8  plt.show()
```

执行结果: 如图 12.19 所示。

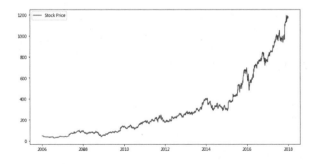

图 12.19　绘图结果

(4) 参数设定：以过去 40 期为特征 (X)，一次预测 10 天 (y)，测试数据量设定 20 期。程序代码如下：

```
1  # 参数设定
2  look_back = 40      # 以过去 40 期为特征(X)
3  forward_days = 10   # 一次预测 10 天 (y)
4  num_periods = 20    # 测试数据量设定 20 期
```

(5) 特征正态化。程序代码如下：

```
1  # 特征正态化
2  from sklearn.preprocessing import MinMaxScaler
3  scl = MinMaxScaler()
4  array = df.values.reshape(df.shape[0],1)
5  array = scl.fit_transform(array)
```

(6) 前置处理函数：取得模型输入的格式。程序代码如下：

```
1  # 前置处理函数，取得模型输入的格式
2  # look_back：特征(X)个数，forward_days：目标(y)个数，jump：移动视窗
3  def processData(data, look_back, forward_days,jump=1):
4      X,Y = [],[]
5      for i in range(0,len(data) -look_back -forward_days +1, jump):
6          X.append(data[i:(i+look_back)])
7          Y.append(data[(i+look_back):(i+look_back+forward_days)])
8      return np.array(X),np.array(Y)
```

(7) 数据切割成训练数据和测试数据。程序代码如下：

```
1  # 数据切割成训练数据及测试数据
2  # 一次预测 10 天，共 20 期
3  division = len(array) - num_periods*forward_days
4
5  # 再往前推 40 天当第一笔的 X
6  array_test = array[division-look_back:]
7  array_train = array[:division]
```

(8) 前置处理，数据切割成训练数据和验证数据。程序代码如下：

```
1   # 前置处理，数据切割
2   # 测试数据前置处理，注意最后一个参数，一次预测 10天，不重叠
3   X_test,y_test = processData(array_test,look_back,forward_days,forward_days)
4   y_test = np.array([list(a.ravel()) for a in y_test])
5
6   # 训练数据前置处理
7   X,y = processData(array_train,look_back,forward_days)
8   y = np.array([list(a.ravel()) for a in y])
9
10  # 数据切割成训练数据及验证数据
11  from sklearn.model_selection import train_test_split
12  X_train, X_validate, y_train, y_validate = train_test_split(X, y, test_size=0.20)
```

(9) 训练模型。程序代码如下：

```
1  # 训练模型
2  NUM_NEURONS_FirstLayer = 50
3  NUM_NEURONS_SecondLayer = 30
4  EPOCHS = 10
5
6  # 模型
7  model = Sequential()
8  model.add(LSTM(NUM_NEURONS_FirstLayer,input_shape=(look_back,1), return_sequences=True))
9  model.add(LSTM(NUM_NEURONS_SecondLayer,input_shape=(NUM_NEURONS_FirstLayer,1)))
```

```
10  model.add(Dense(forward_days))
11  model.compile(loss='mean_squared_error', optimizer='adam')
12
13  # 训练
14  history = model.fit(X_train,y_train,epochs=EPOCHS,validation_data=(X_validate,y_validate)
15                      ,shuffle=True,batch_size=2, verbose=2)
```

(10) 绘制损失函数。程序代码如下：

```
1  # 绘制损失函数
2  plt.figure(figsize = (12, 6))
3  plt.plot(history.history['loss'], label='loss')
4  plt.plot(history.history['val_loss'], label='val_loss')
5  plt.legend(loc='best')
6  plt.show()
```

执行结果：如图 12.20 所示。

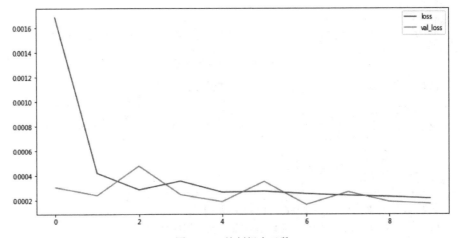

图 12.20　绘制损失函数

(11) 若一次预测 1 天：jump=1。程序代码如下：

```
1   # 前置处理、数据切割
2   # 测试数据前置处理，注意最后一个参数，一次预测 1天
3   X_test,y_test = processData(array_test,look_back,1,1)
4   y_test = np.array([list(a.ravel()) for a in y_test])
5
6   # 测试数据预测
7   Xt = model.predict(X_test)
8   print(Xt.shape)
9
10  Xt = Xt[:, 0]
11
12  # 绘制测试数据预测值
13  plt.figure(figsize = (12, 6))
14  # 绘制 1 条预测值，scl.inverse_transform：还原正态化
15  plt.plot(scl.inverse_transform(Xt.reshape(-1,1)), color='r', label='Prediction')
16
17  # 绘制实际值
18  plt.plot(scl.inverse_transform(y_test.reshape(-1,1)), label='Target')
19  plt.legend(loc='best')
20  plt.show()
```

执行结果：若一次只预测 1 天，结果尚可，如图 12.21 所示。

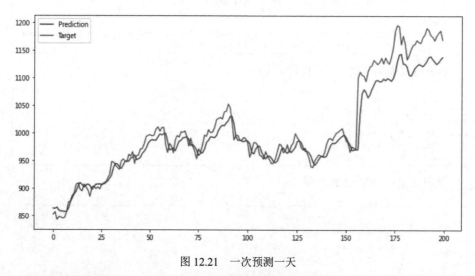

图 12.21　一次预测一天

(12) 一次预测 10 天，移动窗口不重叠。程序代码如下：

```
1  # 测试数据前置处理，注意最后一个参数，一次预测 10 天，移动窗口不重叠
2  X_test,y_test = processData(array_test,look_back,forward_days,forward_days)
3  y_test = np.array([list(a.ravel()) for a in y_test])
4
5  # 测试数据预测
6  Xt = model.predict(X_test)
7  Xt.shape
```

执行结果：(20, 10) 表示 20 期，每期预测 10 天。

(13) 绘制测试数据的预测值与实际值的比较。程序代码如下：

```
1  # 绘制测试数据预测值
2  plt.figure(figsize = (12, 6))
3  # 绘制 20 条预测值，scl.inverse_transform：还原正态化
4  for i in range(0,len(Xt)):
5      plt.plot([x + i*forward_days for x in range(len(Xt[i]))],
6               scl.inverse_transform(Xt[i].reshape(-1,1)), color='r')
7
8  # 指定预测值 label
9  plt.plot(0, scl.inverse_transform(Xt[i].reshape(-1,1))[0], color='r'
10          , label='Prediction')
11
12 # 绘制实际值
13 plt.plot(scl.inverse_transform(y_test.reshape(-1,1)), label='Target')
14 plt.legend(loc='best')
15 plt.show()
```

① 执行结果：测试数据的预测值与实际值的比较如图 12.22 所示，预测并不理想。

② 第 9 行程序只是要指定标签，并不是要画线，缺这一行的话，预测值图表会有 20 个。

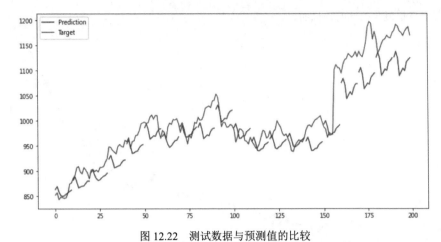

图 12.22　测试数据与预测值的比较

(14) 全部数据预测：将训练数据一并预测。程序代码如下：

```python
# 全部数据预测
division = len(array) - num_periods*forward_days
array_test = array[division-look_back:]

# 去掉不能整除的数据，取完整的训练数据
leftover = division%forward_days+1
array_train = array[leftover:division]

Xtrain,ytrain = processData(array_train,look_back,forward_days,forward_days)
Xtest,ytest = processData(array_test,look_back,forward_days,forward_days)

# 预测
Xtrain = model.predict(Xtrain)
Xtrain = Xtrain.ravel() # 转成一维

Xtest = model.predict(Xtest)
Xtest = Xtest.ravel() # 转成一维

# 合并训练数据与测试数据
y = np.concatenate((ytrain, ytest), axis=0)
```

(15) 绘制测试数据的预测值与实际值的比较。程序代码如下：

```python
# 绘制训练数据预测值
plt.figure(figsize = (12, 6))
plt.plot([x for x in range(look_back+leftover, len(Xtrain)+look_back+leftover)],
         scl.inverse_transform(Xtrain.reshape(-1,1)), color='r', label='Train')
# 绘制测试数据预测值
plt.plot([x for x in range(look_back +leftover+ len(Xtrain),
         len(Xtrain)+len(Xtest)+look_back+leftover)],
         scl.inverse_transform(Xtest.reshape(-1,1)), color='y', label='Test')

# 绘制实际值
plt.plot([x for x in range(look_back+leftover,
                  look_back+leftover+len(Xtrain)+len(Xtest))],
         scl.inverse_transform(y.reshape(-1,1)), color='b', label='Target')

plt.legend(loc='best')
plt.show()
```

执行结果：全部数据的预测值与实际值的比较如图 12.23 所示，预测看似相当理想，

但其实只是镜头拉远的效果而已。

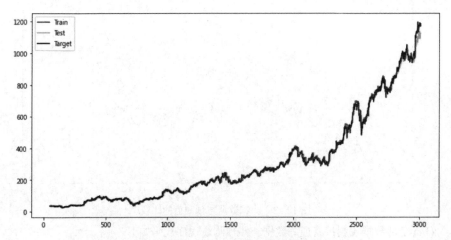

图 12.23　全部数据的预测值与实际值的比较

(16) 拉近看，只观察测试数据的预测值。程序代码如下：

```
1  # 绘制测试数据预测值
2  plt.figure(figsize = (12, 6))
3  # 全部连成一线
4  plt.plot(scl.inverse_transform(Xtest.reshape(-1,1)))
5  # 画20条线
6  for i in range(0,len(Xt)):
7      plt.plot([x + i*forward_days for x in range(len(Xt[i]))],
8               scl.inverse_transform(Xt[i].reshape(-1,1)), color='r')
```

执行结果：测试数据的预测值与实际值的比较如图 12.24 所示，在移动窗口之间画线就会造成错觉。

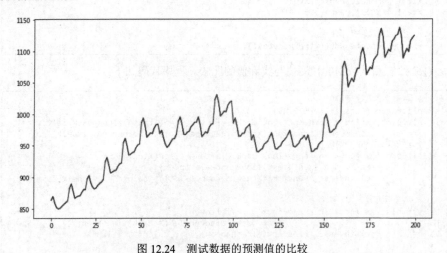

图 12.24　测试数据的预测值的比较

(17) 改用 GRU 模型：GRU 的用法/参数与 LSTM 的完全相同。程序代码如下：

```
 1  from tensorflow.keras.layers import GRU
 2
 3  model_GRU = Sequential()
 4  model_GRU.add(GRU(NUM_NEURONS_FirstLayer,input_shape=(look_back,1)
 5                    , return_sequences=True))
 6  model_GRU.add(GRU(NUM_NEURONS_SecondLayer
 7                    ,input_shape=(NUM_NEURONS_FirstLayer,1)))
 8  model_GRU.add(Dense(forward_days))
 9  model_GRU.compile(loss='mean_squared_error', optimizer='adam')
10
11  history = model_GRU.fit(X_train,y_train,epochs=EPOCHS
12                       ,validation_data=(X_validate,y_validate)
13                       ,shuffle=True,batch_size=2, verbose=2)
```

使用 LSTM 预测股价并不准确，有以下原因。

(1) 股价非稳态 (Non-stationary)：每个时间点的股价平均数与标准差都不一致，从图表观察，股价数据有一股趋势影响力，并非随机跳动。因此，时间序列预测通常会将股价转换为收益率 (Return Rate)，使数据呈现稳态。

(2) 股价变化非常大，以长期历史数据预测未来股价并不合理。

(3) 只预测 1 天还算准确，但是意义不大，因为 1 天股价涨跌幅度有限，预测微幅波动并无意义，假若要预测多天来掌握长期趋势，依上述测试，LSTM 的预测结果并不准确。

以 LSTM 预测股价，网络上有很多的讨论，有兴趣的读者可以自行搜寻相关资料来阅读，并以回测 (Back Testing) 的方式测试个股，观察策略是否奏效，回测的方式可参考笔者撰写的"算法交易 (Algorithmic Trading) 实作"[7] 一文。

12-6 注意力机制

RNN 从之前的隐藏层状态取得上文的信息，LSTM 则额外维护一条记忆线 (Cell State)，目的都是希望能借由记忆的方式来提高预测的准确性，但是，两种算法都局限于上文的序列顺序，导致越靠近预测目标的信息，权重越大。实际上当我们在阅读一篇文章时，往往会对文中的标题、人事时地物或强烈的形容词特别注意，这就是所谓的注意力机制 (Attention Mechanism)，对于图像也是如此，如图 12.25 所示，比如图片左方，婴儿的脸部就是注意力热区，图右下方的纸尿裤也是注意力热区。

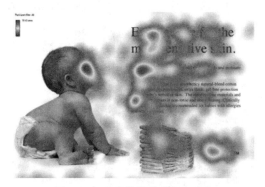

图 12.25 人类的视觉注意力分布

(图片来源："深度学习中的注意力机制 (2017 版)"[8])

只要透过注意力机制，在预测时可以额外把重点单字或部位纳入考虑，而不只是上下文。注意力机制常被应用到神经机器翻译 (Neural Machine Translation, NMT)，下面我们就来看看 NMT 的做法。

机器翻译是一个序列生成的模型，它是一种 Encoder-Decoder 的变形，称为序列到序列 (Sequence to Sequence, Seq2Seq) 模型，结构如图 12.26 所示。图中的 Context Vector 是 Encoder 输出的上下文向量，类似于 CNN AutoEncoder 提取的特征向量。也可以应用于对话问答，如图 12.27 所示。

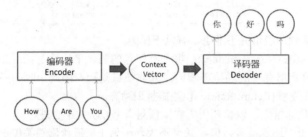

图 12.6　Seq2Seq 模型（"How are you"翻译为"你好吗"）

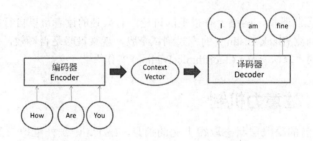

图 12.27　对话问答（问"How are you"，回答"I am fine"）

而注意力机制就是把要输入到译码器的词汇都乘上一个权重，与 Context Vector 混合计算成 Attention Vector，以预测下一个词汇，这个机制会应用到译码器的每一层，如图 12.28 所示。

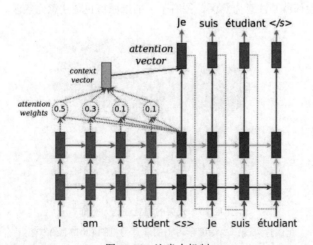

图 12.28　注意力机制

权重的计算的方式有两种，分别由 Luong 和 Bahdanau 提出的乘法与加法的公式，如图 12.29 所示。它利用完全连接层及 Softmax activation function，优化求得整个语句内每个词汇可能的概率。

$$\alpha_{ts} = \frac{\exp\left(\text{score}(\boldsymbol{h}_t, \bar{\boldsymbol{h}}_s)\right)}{\sum_{s'=1}^{S} \exp\left(\text{score}(\boldsymbol{h}_t, \bar{\boldsymbol{h}}_{s'})\right)} \qquad \text{[Attention weights]}$$

$$\boldsymbol{c}_t = \sum_{s} \alpha_{ts} \bar{\boldsymbol{h}}_s \qquad \text{[Context vector]}$$

$$\boldsymbol{a}_t = f(\boldsymbol{c}_t, \boldsymbol{h}_t) = \tanh(\boldsymbol{W}_c[\boldsymbol{c}_t; \boldsymbol{h}_t]) \qquad \text{[Attention vector]}$$

$$\text{score}(\boldsymbol{h}_t, \bar{\boldsymbol{h}}_s) = \begin{cases} \boldsymbol{h}_t^\top \boldsymbol{W} \bar{\boldsymbol{h}}_s & \text{[Luong's multiplicative style]} \\ \boldsymbol{v}_a^\top \tanh\left(\boldsymbol{W}_1 \boldsymbol{h}_t + \boldsymbol{W}_2 \bar{\boldsymbol{h}}_s\right) & \text{[Bahdanau's additive style]} \end{cases}$$

图 12.29　Attention weight 公式

虚拟程序代码如下。

(1) score = FC(tanh(FC(EO)+ FC(H)))，其中：FC 为完全连接层；EO 为 Encoder 输出 (output)；H 为所有隐藏层输出；tanh 为 tanh activation function。

(2) Attention weights = softmax(score, axis = 1)。

(3) Context vector = sum(Attention weights * EO, axis = 1)。

(4) Embedding output = 译码器的 input 经嵌入层 (Embedding layer) 处理后的输出。

(5) Attention Vector = concat(embedding output, context vector)。

推荐各位"浅谈神经机器翻译 & 用 Transformer 与 TensorFlow 2 英翻中"[9] 一文的流程图动画，比较两个模型的差异，从另一角度观察，会有更多的收获，如图 12.30 所示。

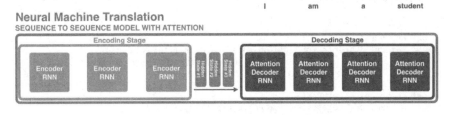

图 12.30　Seq2Seq 模型加上注意力机制

(图片来源：同上 [9])

接下来，我们就来实践神经机器翻译 (NMT)。

范例. 使用Seq2Seq架构，加上注意力机制，实践神经机器翻译(NMT)。

请参阅程序：**12_07_ 机器翻译 _attention.ipynb**，修改自 TensorFlow 官网所提供的范例 "Neural machine translation with attention" [10]。

数据集：自 http://www.manythings.org/anki/spa-eng.zip 下载西班牙文 / 英文对照档 spa-eng.zip。

设计流程如图 12.31 所示。

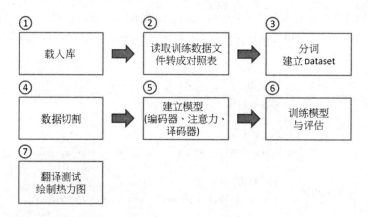

图 12.31　设计流程

(1) 加载相关库。程序代码如下：

```
1   # 载入相关库
2   import tensorflow as tf
3   import matplotlib.pyplot as plt
4   import matplotlib.ticker as ticker
5   from sklearn.model_selection import train_test_split
6   import unicodedata
7   import re
8   import numpy as np
9   import os
10  import io
11  import time
```

(2) 数据前置处理函数。程序代码如下：

```
1   # 将 unicode 转为 ascii 内码的函数
2   def unicode_to_ascii(s):
3       return ''.join(c for c in unicodedata.normalize('NFD', s)
4                      if unicodedata.category(c) != 'Mn')
5   
6   # 去除特殊符号的函数
7   def preprocess_sentence(w):
8       w = unicode_to_ascii(w.lower().strip())
9   
10      w = re.sub(r"([?.!,¿])", r" \1 ", w)
11      w = re.sub(r'[" "]+', " ", w)
12      w = re.sub(r"[^a-zA-Z?.!,¿]+", " ", w)
13      w = w.strip()
14  
15      # 前后加特殊字串，让模型知道语句的开头与结尾
16      w = '<start> ' + w + ' <end>'
17      return w
```

(3) 测试数据前置处理函数。程序代码如下：

```
1   # 测试
2   en_sentence = u"May I borrow this book?"
3   sp_sentence = u"¿Puedo tomar prestado este libro?"
4   print(preprocess_sentence(en_sentence))
5   print(preprocess_sentence(sp_sentence).encode('utf-8'))
```

执行结果如下：

\<start\> may i borrow this book ? \<end\>

b'\<start\> \xc2\xbf puedo tomar prestado este libro ? \<end\>'

(4) 读取训练数据文件，转成对照表。程序代码如下：

```python
# 读取训练数据文件，转成对照表
def create_dataset(path, num_examples):
    lines = io.open(path, encoding='UTF-8').read().strip().split('\n')
    
    word_pairs = [[preprocess_sentence(w) for w in line.split('\t')[0:2]]
                  for line in lines[:num_examples]]
    
    return zip(*word_pairs)

# 读取训练数据文件
path_to_file='./RNN/spa.txt'
en, sp = create_dataset(path_to_file, None)

# 显示最后一句对照
print(en[-1])
print(sp[-1])
```

执行结果如下：

```
<start> if you want to sound like a native speaker , you must be willing to practice saying the same sentence over and over in the same way that banjo players practice the same phrase over and over until they can play it correctly and at the desired tempo . <end>
<start> si quieres sonar como un hablante nativo , debes estar dispuesto a practicar diciendo la misma frase una y otra vez de la misma manera en que un musico de banjo practica el mismo fraseo una y otra vez hasta que lo puedan tocar correctamente y en el tiempo esperado . <end>
```

(5) 分词，建立 Dataset。程序代码如下：

```python
# 分词
def tokenize(lang):
    lang_tokenizer = tf.keras.preprocessing.text.Tokenizer(filters='')
    lang_tokenizer.fit_on_texts(lang)
    # 文字转索引值
    tensor = lang_tokenizer.texts_to_sequences(lang)
    # 长度不足补 0
    tensor = tf.keras.preprocessing.sequence.pad_sequences(tensor,
                                                           padding='post')
    
    return tensor, lang_tokenizer

# 建立 Dataset
def load_dataset(path, num_examples=None):
    targ_lang, inp_lang = create_dataset(path, num_examples)
    
    input_tensor, inp_lang_tokenizer = tokenize(inp_lang)
    target_tensor, targ_lang_tokenizer = tokenize(targ_lang)
    
    return input_tensor, target_tensor, inp_lang_tokenizer, targ_lang_tokenizer

# 限制 30000 批训练数据
num_examples = 30000
input_tensor, target_tensor, inp_lang, targ_lang = load_dataset(path_to_file,
                                                                num_examples)

# 计算语句最大长度
max_length_targ, max_length_inp = target_tensor.shape[1], input_tensor.shape[1]
```

(6) 数据切割。程序代码如下：

```
1  # 数据切割
2  input_tensor_train, input_tensor_val, target_tensor_train, target_tensor_val = \
3      train_test_split(input_tensor, target_tensor, test_size=0.2)
4
5  len(input_tensor_train), len(input_tensor_val)
```

(7) 参数设定。程序代码如下：

```
1  # 参数设定
2  BUFFER_SIZE = len(input_tensor_train)                    # Dataset的缓冲区大小
3  BATCH_SIZE = 64                                          # 批量
4  steps_per_epoch = len(input_tensor_train)//BATCH_SIZE    # 每周期包含的步骤数
5  embedding_dim = 256                                      # 嵌入层的输出维度
6  units = 1024                                             # GRU 输出维度
7  vocab_inp_size = len(inp_lang.word_index)+1              # 原始语言的字汇表大小
8  vocab_tar_size = len(targ_lang.word_index)+1             # 目标语言的字汇表大小
```

(8) 建立 Dataset。程序代码如下：

```
1  # 建立 Dataset
2  dataset = tf.data.Dataset.from_tensor_slices(
3      (input_tensor_train, target_tensor_train)).shuffle(BUFFER_SIZE)
4  dataset = dataset.batch(BATCH_SIZE, drop_remainder=True)
```

(9) 建立模型编码器。程序代码如下：

```
1   # 建立模型编码器
2   class Encoder(tf.keras.Model):
3       def __init__(self, vocab_size, embedding_dim, enc_units, batch_sz):
4           super(Encoder, self).__init__()
5           self.batch_sz = batch_sz
6           self.enc_units = enc_units
7           self.embedding = tf.keras.layers.Embedding(vocab_size, embedding_dim)
8           self.gru = tf.keras.layers.GRU(self.enc_units,
9                          return_sequences=True, return_state=True,
10                         recurrent_initializer='glorot_uniform')
11
12      def call(self, x, hidden):
13          x = self.embedding(x)
14          output, state = self.gru(x, initial_state=hidden)
15          return output, state
16
17      def initialize_hidden_state(self):
18          return tf.zeros((self.batch_sz, self.enc_units))
19
20  encoder = Encoder(vocab_inp_size, embedding_dim, units, BATCH_SIZE)
21
22  # 测试
23  sample_hidden = encoder.initialize_hidden_state()
24  sample_output, sample_hidden = encoder(example_input_batch, sample_hidden)
25  print('编码器输出维度：(批量, 语句长度, 输出) =', sample_output.shape)
26  print('编码器隐藏层输出维度：(批量, 输出) =', sample_hidden.shape)
```

执行结果如下：

① 编码器输出维度：(批量 , 语句长度 , 输出)=(64, 19, 1024)。

② 编码器隐藏层输出维度：(批量 , 输出)=(64, 1024)。

(10) 建立注意力机制：Bahdanau 做法。程序代码如下：

```
1  # 建立模型注意力(Attention)机制：Bahdanau 做法
2  class BahdanauAttention(tf.keras.layers.Layer):
3      def __init__(self, units):
4          super(BahdanauAttention, self).__init__()
5          self.W1 = tf.keras.layers.Dense(units)
6          self.W2 = tf.keras.layers.Dense(units)
7          self.V = tf.keras.layers.Dense(1)
8
9      def call(self, query, values):
10         # 依虚拟程式码的公式计算
11         query_with_time_axis = tf.expand_dims(query, 1)
12         score = self.V(tf.nn.tanh(
13             self.W1(query_with_time_axis) + self.W2(values)))
14         attention_weights = tf.nn.softmax(score, axis=1)
15
16         context_vector = attention_weights * values
17         context_vector = tf.reduce_sum(context_vector, axis=1)
18
19         return context_vector, attention_weights
20
21 attention_layer = BahdanauAttention(10)
22 attention_result, attention_weights = attention_layer(sample_hidden,
23                                                      sample_output)
24
25 print("Attention维度：(批量，输出) =", attention_result.shape)
26 print("Attention权重：(批量，语句长度，1) =", attention_weights.shape)
```

执行结果如下：

① Attention 维度：(批量，输出)=(64, 1024)。

② Attention 权重：(批量，语句长度，1)=(64, 19, 1)。

(11) 建立模型译码器。程序代码如下：

```
1  # 建立模型译码器
2  class Decoder(tf.keras.Model):
3      def __init__(self, vocab_size, embedding_dim, dec_units, batch_sz):
4          super(Decoder, self).__init__()
5          self.batch_sz = batch_sz
6          self.dec_units = dec_units
7          self.embedding = tf.keras.layers.Embedding(vocab_size, embedding_dim)
8          self.gru = tf.keras.layers.GRU(self.dec_units,
9                                         return_sequences=True, return_state=True,
10                                        recurrent_initializer='glorot_uniform')
11         self.fc = tf.keras.layers.Dense(vocab_size)
12         self.attention = BahdanauAttention(self.dec_units)
13
14     def call(self, x, hidden, enc_output):
15         context_vector, attention_weights = self.attention(hidden, enc_output)
16         x = self.embedding(x)
17         x = tf.concat([tf.expand_dims(context_vector, 1), x], axis=-1)
18         output, state = self.gru(x)
19         output = tf.reshape(output, (-1, output.shape[2]))
20         x = self.fc(output)
21
22         return x, state, attention_weights
23
24 decoder = Decoder(vocab_tar_size, embedding_dim, units, BATCH_SIZE)
25 sample_decoder_output, _, _ = decoder(tf.random.uniform((BATCH_SIZE, 1)),
26                                       sample_hidden, sample_output)
27
28 print('解码器维度：(批量，字汇表尺寸) =', sample_decoder_output.shape)
```

执行结果：译码器维度为 (批量，字汇表尺寸)=(64, 4807)。

(12) 指定优化器、损失函数：语句长度不足补 0 的部分，损失不予计算。程序代码如下：

```python
# 指定优化器、损失函数
optimizer = tf.keras.optimizers.Adam()
loss_object = tf.keras.losses.SparseCategoricalCrossentropy(
    from_logits=True, reduction='none')

# 损失函数
def loss_function(real, pred):
    mask = tf.math.logical_not(tf.math.equal(real, 0))
    loss_ = loss_object(real, pred)

    mask = tf.cast(mask, dtype=loss_.dtype)
    loss_ *= mask

    return tf.reduce_mean(loss_)
```

(13) 检查点存档：由于训练需要 10 多分钟，避免中途宕机要重来，故设检查点存盘，万一发生宕机的状况，即可自最后一个检查点还原。程序代码如下：

```python
# 检查点存档
checkpoint_dir = './training_checkpoints'
checkpoint_prefix = os.path.join(checkpoint_dir, "ckpt")
checkpoint = tf.train.Checkpoint(optimizer=optimizer,
                                 encoder=encoder, decoder=decoder)
```

(14) 定义梯度下降函数。程序代码如下：

```python
# 梯度下降函数
@tf.function
def train_step(inp, targ, enc_hidden):
    loss = 0

    # 梯度下降
    with tf.GradientTape() as tape:
        enc_output, enc_hidden = encoder(inp, enc_hidden)
        dec_hidden = enc_hidden
        dec_input = tf.expand_dims([targ_lang.word_index['<start>']] * BATCH_SIZE, 1)

        # Teacher forcing：以解码器目标(y)为下一节点的输入
        for t in range(1, targ.shape[1]):
            # 解码器有三个输入：目标语言的输入、解码器隐藏层的输出、编码器的输出
            predictions, dec_hidden, _ = decoder(dec_input, dec_hidden, enc_output)
            loss += loss_function(targ[:, t], predictions)
            dec_input = tf.expand_dims(targ[:, t], 1)

    # 梯度计算
    batch_loss = (loss / int(targ.shape[1]))
    variables = encoder.trainable_variables + decoder.trainable_variables
    gradients = tape.gradient(loss, variables)
    optimizer.apply_gradients(zip(gradients, variables))

    return batch_loss
```

(15) 训练模型：在笔者的 PC 上执行，每一个执行周期约需 80 秒的时间。程序代码如下：

```python
# 模型训练
EPOCHS = 10
for epoch in range(EPOCHS):
    start = time.time()

    enc_hidden = encoder.initialize_hidden_state()
    total_loss = 0

    for (batch, (inp, targ)) in enumerate(dataset.take(steps_per_epoch)):
```

```
10      batch_loss = train_step(inp, targ, enc_hidden)
11      total_loss += batch_loss
12
13      if batch % 100 == 0:
14          print(f'Epoch {epoch+1} Batch {batch} Loss {batch_loss.numpy():.4f}')
15
16  # 每2个训练周期存档一次
17  if (epoch + 1) % 2 == 0:
18      checkpoint.save(file_prefix=checkpoint_prefix)
19
20  print(f'Epoch {epoch+1} Loss {total_loss/steps_per_epoch:.4f}')
21  print(f'Time taken for 1 epoch {time.time()-start:.2f} sec\n')
```

执行结果如下:

```
Epoch 8 Batch 0 Loss 0.1553
Epoch 8 Batch 100 Loss 0.1314
Epoch 8 Batch 200 Loss 0.1630
Epoch 8 Batch 300 Loss 0.1755
Epoch 8 Loss 0.1607
Time taken for 1 epoch 79.50 sec

Epoch 9 Batch 0 Loss 0.0995
Epoch 9 Batch 100 Loss 0.1169
Epoch 9 Batch 200 Loss 0.1294
Epoch 9 Batch 300 Loss 0.1857
Epoch 9 Loss 0.1259
Time taken for 1 epoch 75.70 sec

Epoch 10 Batch 0 Loss 0.0781
Epoch 10 Batch 100 Loss 0.0725
Epoch 10 Batch 200 Loss 0.0826
Epoch 10 Batch 300 Loss 0.0960
Epoch 10 Loss 0.1016
Time taken for 1 epoch 79.90 sec
```

(16) 定义预测函数。程序代码如下:

```
1   # 定义预测函数
2   def evaluate(sentence):
3       attention_plot = np.zeros((max_length_targ, max_length_inp))
4       sentence = preprocess_sentence(sentence)
5
6       # 分词,长度不足补空白
7       inputs = [inp_lang.word_index[i] for i in sentence.split(' ')]
8       inputs = tf.keras.preprocessing.sequence.pad_sequences([inputs],
9                                   maxlen=max_length_inp, padding='post')
10      inputs = tf.convert_to_tensor(inputs)
11
12      # 依模型训练的程序计算
13      result = ''
14      hidden = [tf.zeros((1, units))]
15      enc_out, enc_hidden = encoder(inputs, hidden)
16      dec_hidden = enc_hidden
17      dec_input = tf.expand_dims([targ_lang.word_index['<start>']], 0)
18      for t in range(max_length_targ):
19          predictions, dec_hidden, attention_weights = decoder(dec_input,
20                                          dec_hidden, enc_out)
21          attention_weights = tf.reshape(attention_weights, (-1, ))
22          attention_plot[t] = attention_weights.numpy()
23          predicted_id = tf.argmax(predictions[0]).numpy()
24          result += targ_lang.index_word[predicted_id] + ' '
25
26          if targ_lang.index_word[predicted_id] == '<end>':
27              return result, sentence, attention_plot
28          dec_input = tf.expand_dims([predicted_id], 0)
29
30      return result, sentence, attention_plot
```

(17) 定义 attention weights 绘图函数。程序代码如下:

```
1  # 定义 attention weights 绘图函数
2  def plot_attention(attention, sentence, predicted_sentence):
3      fig = plt.figure(figsize=(10, 10))
4      ax = fig.add_subplot(1, 1, 1)
5      ax.matshow(attention, cmap='viridis')
6  
7      fontdict = {'fontsize': 14}
8  
9      ax.set_xticklabels([''] + sentence, fontdict=fontdict, rotation=90)
10     ax.set_yticklabels([''] + predicted_sentence, fontdict=fontdict)
11  
12     ax.xaxis.set_major_locator(ticker.MultipleLocator(1))
13     ax.yaxis.set_major_locator(ticker.MultipleLocator(1))
14  
15     plt.show()
```

(18) 定义翻译函数。程序代码如下：

```
1  # 定义翻译函数
2  def translate(sentence):
3      result, sentence, attention_plot = evaluate(sentence)
4  
5      print('Input:', sentence)
6      print('Predicted translation:', result)
7  
8      attention_plot = attention_plot[:len(result.split(' ')),
9                                     :len(sentence.split(' '))]
10     plot_attention(attention_plot,
11                    sentence.split(' '), result.split(' '))
```

(19) 翻译测试，并绘制热图。程序代码如下：

```
1  # 翻译测试，并绘制热图
2  translate(u'hace mucho frio aqui.')
```

执行结果：可自 Google 翻译查证测试结果。结果如下：

```
Input: <start> hace mucho frio aqui . <end>
Predicted translation: it s very cold here . <end>
```

观察图 12.32，如果原始语言与目标语言的单字是一一对照的，则热图的对角线应该是关联最大。

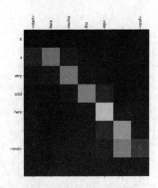

图 12.32　绘制热力图

(20) 用户可下载其他语言试试看，包括中英文对照档。

除了翻译功能之外，Seq2Seq 模型还有其他各种型态和应用，如图 12.33 所示。

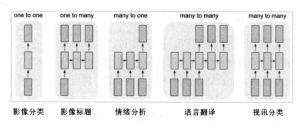

图 12.33　Seq2Seq 模型的各种型态和应用
(图片来源：*The Unreasonable Effectiveness of Recurrent Neural Networks* [11])

(1) 一对一 (one to one)：固定长度的输入与输出，即一般的神经网络模型。例如影像分类，输入一张影像后，预测这张影像所属的类别。

(2) 一对多 (one to many)：单一输入，多个输出。例如影像标题 (Image Captioning)，输入一个影像后，接着检测影像内的多个对象，并一一给予标题，这称之为"Sequence Output"。

(3) 多对一 (many to one)：多个输入，单一输出。例如情绪分析 (Sentiment Analysis)，输入一大段话后，判断这段话是正面或负面的情绪表达，这称之为"Sequence input"。

(4) 多对多 (many to many)：多个输入，多个输出。例如语言翻译 (Machine Translation)，输入一段英文句子后，翻译成中文，这称之为"Sequence input and sequence output"。

(5) 另一种多对多 (many to many)：多个输入，多个输出同步 (Synchronize)。例如视频分类 (Video Classification)，输入一段影片后，每一帧 (Frame) 都各产生一个标题，这称之为"Synced sequence input and output"。

这里大家先有个基本概念即可，在下一章介绍应用时，我们会再多看一些范例。

12-7　Transformer 架构

Google 的学者 Ashish Vaswani 等人于 2017 年依照 Seq2Seq 模型加上注意力机制，提出了 Transformer 架构，如图 12.34 所示。架构一推出后，马上跃身为 NLP 近年来最受欢迎的算法，而 "Attention Is All You Need" 一文也被公认是必读的文章，各种改良的算法也纷纷出笼，如 BERT、GPT-2、GPT-3、XLNet、ELMo、T5 等，几乎抢占了 NLP 大部分的版面。接下来我们就来好好认识 Transformer 与其相关的算法。

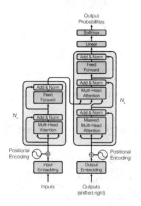

图 12.34　Transformer 架构
(图片来源：*Attention Is All You Need* [12])

12-7-1　Transformer 原理

RNN/LSTM/GRU 有个最大的缺点，因为要以上文预测目前的目标，必须以序列的方式，依序执行每一个节点的训练，进而导致执行效能过慢。而 Transformer 克服了此问题，提出自注意力机制 (Self-Attention Mechanism)，能够并行计算出所有的输出，计算步骤如下，请同时参考图 12.35。

(1) 首先输入向量 (Input Vector) 被表征为 Q、K、V 向量。
① K：Key Vector，为 Encoder 隐藏层状态的键值，即上下文的词向量。
② V：Value Vector，为 Encoder 隐藏层状态的输出值。
③ Q：Query Vector，为 Decoder 的前一期输出。
④ 故自注意力机制对应 Q、K、V，共有三种权重，而单纯的注意力机制则只有一种权重——Attention Weight。
⑤ 利用神经网络优化可以找到三种权重的最佳值，然后，以输入向量分别乘以三种权重，即可求得 Q、K、V 向量。

(2) Q、K、V 再经过下图的运算即可得到自注意力矩阵。
① 点积运算：$Q \times K$，计算输入向量与上下文词汇的相似度。
② 特征缩放：Q、K 维度开根号，通常 Q、K 维度是 64，故 $\sqrt{64} = 8$。
③ Softmax 运算：将上述结果转为概率。
④ 找出要重视的上下文词汇：以 Value Vector 乘以上述概率，较大值为要重视的上下文词汇。

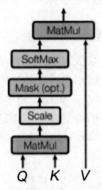

图 12.35　"自注意力机制"运算

(图片来源：*Attention Is All You Need*[12])

上图运算过程以数学式表达，即自注意力矩阵公式为

$$Attention(Q, K, V) = softmax(\frac{QK^{\mathrm{T}}}{\sqrt{d_k}})V$$

式中：d_k 为 Key Vector 维度，通常是 64。

(3) 自注意力机制是多头 (Multi-Head) 的，通常是 8 个头，如图 12.35 的机制，经过内积运算，串联这 8 个头，如图 12.36 所示。

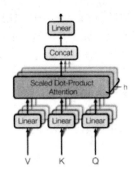

图 12.36 "自注意力机制"多头运算

(图片来源：*Attention Is All You Need* [12])

多头自注意力矩阵公式如下：

$$MultiHead(Q,K,V) = concat(head_1 head_2 \ldots head_n)Wo$$

$$where, headi = Attention(QW_i^Q, KW_i^K, VW_i^V)$$

(4) 最后加上其他的神经层，就构成了 Transformer 网络架构。

要了解详细的计算过程请参考"Illustrated：Self-Attention"[13] 一文，它还附有精美的动画；另外，*The Illustrated Transformer* [14] 也值得一读。

总而言之，自注意力机制就是要找出应该关注的上下文词汇，举例来说：

The animal didn't cross the street because it was too tired.

其中的 it 是代表 animal 还是 street？透过自注意力机制，可以帮我们找出 it 与上下文词汇的关联度，进而判断出 it 所代表的是 animal，如图 12.37 所示。

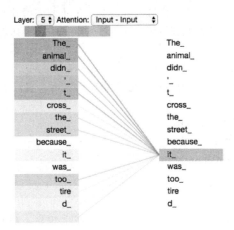

图 12.37 "自注意力机制"示意图

(图片来源："The Illustrated Transformer" [14])

12-7-2 Transformer 效能

依"Self-attention in NLP"[15] 一文中的实验，上述的 Transformer 网络在一台 8 颗 NVIDIA P100 GPU 的服务器上运行，大约要 3.5 天才能完成训练，英/德文翻译的准确

率 (BLEU) 约 28.4 分，英 / 法文翻译约 41.8 分。BLEU(Bilingual Evaluation Understudy) 是专为双语言翻译所设定的效果衡量指标，是根据 n-gram 的相符数目 (不考虑顺序)，乘以对应的权重而得到的分数，详细的计算可参考 "A Gentle Introduction to Calculating the BLEU Score for Text in Python" [16] 一文。

由于，笔者没有这么好的设备可以训练模型，再往下钻研细节原理也没什么意义，因此，我们只简单阐述其精神，集中火力在应用层面。

目前以 BERT、GPT 最为普遍，GPT 须在 AWS 执行，因此我们只介绍 BERT 与其应用。

12-8 BERT

BERT(Bidirectional Encoder Representations from Transformers) 顾名思义，就是双向的 Transformer，由 Google Jacob Devlin 等学者于 2018 年发表，参阅 "BERT: Pre-training of Deep Bidirectional Transformers for Language Understanding" [17] 一文。

Word2Vec/GloVe 一个单字只以一个词向量表示，但是，一词多义是所有语系共有的现象。例如，Apple 是水果也可以是苹果公司，Bank 是银行也可能是岸边，BERT 就能解决这个问题，它是上下文相关 (Context Dependent)，输入的是一个句子，而不是一个单字，例如：

We go to the river bank. ➜ bank 是岸边

I need to go to bank to make a deposit. ➜ bank 是银行。

BERT 算法比 Transformer 更复杂，要花更长的时间训练，在这里进行介绍，有以下两点原因。

(1) 它跟 CNN 一样有预先训练好的模型 (Pre-trained model)，可以进行转移学习。BERT 分为两阶段，首先是一般的模型训练，之后依不同应用领域进行模型的效能微调 (Fine tuning)，类似于 CNN 预先训练模型接上自定义的完全连接层，就可以符合各应用领域的需求。

(2) BERT 支持中文模型。

虽然没办法训练模型，但为了在实务上能灵活运用，我们需要理解 BERT 的运作原理，免得误用。

BERT 使用以下两个训练策略。

① Masked LM(MLM)。

② Next Sentence Prediction(NSP)

12-8-1 Masked LM

RNN/LSTM/GRU 都是以序列的方式，逐一产生输出，导致训练速度过慢，而 Masked LM(MLM) 则可以克服这个问题，训练数据在喂进模型前，有 15% 的词汇先以 [MASK] 符号取代，即所谓的屏蔽 (Mask)，之后算法就试图用未屏蔽的词汇来预测被屏蔽的词汇。Masked LM 的架构如图 12.38 所示。

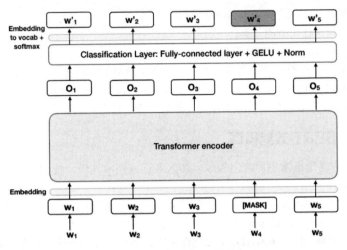

图 12.38 Masked LM 的架构

(图片来源：*BERT Explained*：*State of the art language model for NLP* [18])

计算过程如下。

(1) 完全连接层 (Full-connected layer)：对 Encoder 的输出进行分类。

(2) 上一步骤的输出乘以词嵌入矩阵，得到字汇表的维度 (Vocabulary Dimension)。

(3) 以 Softmax 换算字汇表内每个词汇的概率。

12-8-2 Next Sentence Prediction

Next Sentence Prediction(NSP) 如图 12.39 所示。训练时会收到两个字句，NSP 预测第 2 句是否是第 1 句的接续下文。训练时会取样正负样本各占 50%，进行以下前置处理。

(1) 符号词嵌入 (Token embedding)：[CLS] 插在第 1 句的前面，[SEP] 插在每一句的后面。

(2) 字句词嵌入 (Sentence embedding)：在每个符号 (词汇) 上加注它是属于第 1 句或第 2 句。

(3) 位置词嵌入 (Positional embedding)：在每个符号 (词汇) 上加注它是在合并字句中的第几个位置。

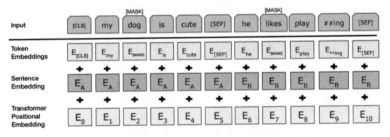

图 12.39 Next Sentence Prediction(NSP)

(图片来源：*BERT Explained: State of the art language model for NLP* [18])

这三种词嵌入就类似于前面自注意力机制的 *Q*、*K*、*V*。

预测第 2 句是否为第 1 句的接续下文，处理步骤如下。

(1) 所有输入序列导入 Transformer 模型。
(2) 将字句进行简单的分类。
(3) 使用 Softmax，判断是否为接续下文 (IsNextSequence)。
BERT 训练时会结合两个算法，目标是最小化两个策略的合并损失函数。

根据 BERT GitHub [30] 说明，模型训练在 4~16 个 TPU 的服务器上要训练 4 天的时间，因此，我们还是下载预先训练好的模型，然后，集中精力在效能微调上，比较实际。

12-8-3　BERT 效能微调

效能微调就是根据不同应用领域，加入各行业别的知识，使 BERT 能更聪明，有以下应用类型。

(1) 分类 (Classification)：加一个分类层，进行情绪分析的判别，可参考 BERT GitHub 的程序 run_classifier.py。

(2) 问答 (Question Answering)：如 SQuAD 数据集，输入一个问题后，能够在全文中标示出答案的开头与结束的位置，可参考 BERT GitHub 的程序 run_squad.py。

(3) 命名实体识别 (Named Entity Recognition, NER)：输入一段文字后，可以标注其中的实体，如人名、组织、日期等。

以分类为例，测试处理程序如下。

(1) GLUE(https://gluebenchmark.com/tasks) 下载数据集，较有名的是 Quora Question Pairs，它是科技问答网站的问题配对，标签是相似与否。

(2) 下载预先训练模型 BERT-Base，解压缩至一目录，如 BERT_BASE_DIR 所指向的目录。

(3) 效能微调：下列是 Linux 指令，Windows 作业环境下可直接把变量带入。

```
export BERT_BASE_DIR=/path/to/bert/uncased_L-12_H-768_A-12
export GLUE_DIR=/path/to/glue

python run_classifier.py \
  --task_name=MRPC \
  --do_train=true \
  --do_eval=true \
  --data_dir=$GLUE_DIR/MRPC \
  --vocab_file=$BERT_BASE_DIR/vocab.txt \
  --bert_config_file=$BERT_BASE_DIR/bert_config.json \
  --init_checkpoint=$BERT_BASE_DIR/bert_model.ckpt \
  --max_seq_length=128 \
  --train_batch_size=32 \
  --learning_rate=2e-5 \
  --num_train_epochs=3.0 \
  --output_dir=/tmp/mrpc_output/
```

(4) 得到结果如下：

```
***** Eval results *****
eval_accuracy = 0.845588
eval_loss = 0.505248
global_step = 343
loss = 0.505248
```

(5) 预测：参数 do_predict=true，输入放在 input/test.tsv，执行结果则在 output/test_results.tsv。

```
export BERT_BASE_DIR=/path/to/bert/uncased_L-12_H-768_A-12
export GLUE_DIR=/path/to/glue
export TRAINED_CLASSIFIER=/path/to/fine/tuned/classifier

python run_classifier.py \
  --task_name=MRPC \
  --do_predict=true \
  --data_dir=$GLUE_DIR/MRPC \
  --vocab_file=$BERT_BASE_DIR/vocab.txt \
  --bert_config_file=$BERT_BASE_DIR/bert_config.json \
  --init_checkpoint=$TRAINED_CLASSIFIER \
  --max_seq_length=128 \
  --output_dir=/tmp/mrpc_output/
```

问答 (Question Answering) 以 SQuAD 数据集为例，程序与上述程序类似。

注意：效能微调使用 GPU 时，BERT GitHub 建议为 Titan X 或 GTX 1080，否则容易发生内存不足的情形。看到这里，可能很多读者(包括笔者)脸上又不明白了，还好，有一些库可以让我们直接实践，不须使用上述程序。

12-9 Transformers 库

Transformers 库的功能十分强大，它支持数十种模型，包括 BERT、GPT、T5、XLNet、XLM 等架构，详情请参阅 Transformers GitHub[20]。

接下来我们就拿 Transformers 这个库当例子，做一些实验，它包含以下功能。

(1) 情绪分析 (Sentiment analysis)。

(2) 文字生成 (Text Generation)：限英文。

(3) 命名实体识别 (Named Entity Recognition, NER)。

(4) 问题回答 (Question Answering)。

(5) 克漏字填空 (Filling Masked Text)。

(6) 文字摘要 (Text Summarization)：将文章节录出大意。

(7) 翻译 (Translation)。

(8) 特征提取 (Feature Extraction)：类似词向量，将文字转换为向量。

12-9-1 Transformers 库范例

先安装库，指令如下：

pip install transformers

范例1. 情绪分析。

请参阅程序：**12_08_BERT_ 情绪分析 .ipynb**，修改自 Transformers 官网的 "Quick tour" [32]。

(1) 加载相关库。程序代码如下：

```
1  # 载入相关库
2  from transformers import pipeline
```

(2) 加载模型：BERT 有许多变型，下列指令默认下载 distilbert-base-uncased-finetuned-sst-2-english 模型，使用"The Stanford Sentiment Treebank"(SST-2) 数据集进行效能微调。程序代码如下：

```
1  # 载入模型
2  classifier = pipeline('sentiment-analysis')
```

(3) 情绪分析测试。程序代码如下：

```
1  # 正面
2  print(classifier('We are very happy to show you the 🤗 Transformers library.'))
3
4  # 负面
5  print(classifier('I hate this movie.'))
6
7  # 否定句也可以正确分类
8  print(classifier('the movie is not bad.'))
```

执行结果：非常准确，否定句也可以正确分类，不像之前的 RNN/LSTM/GRU 碰到否定句都无法正确分类。结果如下：

```
[{'label': 'POSITIVE', 'score': 0.9997795224189758}]
[{'label': 'NEGATIVE', 'score': 0.9996869564056396}]
[{'label': 'POSITIVE', 'score': 0.999536395072937}]
```

(4) 一次测试多批。程序代码如下：

```
1  # 一次测试多批
2  results = classifier(["We are very happy.",
3                       "We hope you don't hate it."])
4  for result in results:
5      print(f"label: {result['label']}, with score: {round(result['score'], 4)}")
```

执行结果：非常准确，就连否定句有可能是中性的这点也能够分辨，如 don't hate 不讨厌，但不意味是喜欢，所以分数只有 0.5。

```
label: POSITIVE, with score: 0.9999
label: NEGATIVE, with score: 0.5309
```

(5) 多语系支援：BERT 支持 100 多种语系，提供 24 种模型，以 BERT-base 的文件名 uncased_L-12_H-768_A-12.zip 为例来说明，L-12 表示 12 层神经层，H-768 表示 768 个隐藏层神经元，A-12 表示 12 个头。

(6) 西班牙文 (Spanish) 测试。程序代码如下：

```
1  # 西班牙文(Spanish)
2  # 负面, I hate this movie
3  print(classifier('Odio esta pelicula.'))
4
5  # the movie is not bad.
6  print(classifier('la pelicula no esta mal.'))
```

执行结果：不是很准确，分数都非极端值。结果如下：

```
[{'label': '1 star', 'score': 0.4615824222564697}]
[{'label': '3 stars', 'score': 0.6274545788764954}]
```

(7) 法文 (French) 测试。程序代码如下：

```
1  # 法文(French)
2  # 负面, I hate this movie
3  print(classifier('Je deteste ce film.'))
4
5  # the movie is not bad.
6  print(classifier('le film n\'est pas mal.'))
```

执行结果：不是很准确，分数都非极端值。结果如下：

```
[{'label': '1 star', 'score': 0.631117582321167}]
[{'label': '3 stars', 'score': 0.5710769295692444}]
```

范例2. 问题回答。

请参阅程序：**12_09_BERT_问题回答.ipynb**，修改自 Transformers 官网 "Summary of the tasks" 的 Extractive Question Answering[33]。

(1) 加载相关库。程序代码如下：

```
1  # 载入相关库
2  from transformers import pipeline
```

(2) 加载模型：参数须设为 question-answering。程序代码如下：

```
1  # 载入模型
2  nlp = pipeline("question-answering")
```

(3) 设定训练数据。程序代码如下：

```
1  # 训练数据
2  context = r"Extractive Question Answering is the task of extracting an answer " + \
3  "from a text given a question. An example of a question answering " + \
4  "dataset is the SQuAD dataset, which is entirely based on that task. " + \
5  "If you would like to fine-tune a model on a SQuAD task, you may " + \
6  "leverage the examples/question-answering/run_squad.py script."
```

(4) 测试两批数据。程序代码如下：

```
1  # 测试两批
2  result = nlp(question="What is extractive question answering?", context=context)
3  print(f"Answer: '{result['answer']}', score: {round(result['score'], 4)}",
4        f", start: {result['start']}, end: {result['end']}")
5
6  print()
7
8  result = nlp(question="What is a good example of a question answering dataset?",
9              context=context)
10 print(f"Answer: '{result['answer']}', score: {round(result['score'], 4)}",
11       f", start: {result['start']}, end: {result['end']}")
```

执行结果：非常准确，通常是从训练数据中节录一段文字当作回答。结果如下：

```
Answer: 'the task of extracting an answer from a text given a question', score: 0.6226 , start: 33, end: 94
Answer: 'SQuAD dataset', score: 0.5053 , start: 146, end: 159
```

(5) 结合分词：可自定义分词器，断句会比较准确，参阅"Using tokenizers from Tokenizers"(https://huggingface.co/transformers/fast_tokenizers.html)，下面使用预设的分词器。

(6) 载入分词器。程序代码如下：

```python
from transformers import AutoTokenizer, TFAutoModelForQuestionAnswering
import tensorflow as tf

# 结合分词器(Tokenizer)
tokenizer = AutoTokenizer.from_pretrained("bert-large-uncased-whole-word-masking-finetuned-squad")
model = TFAutoModelForQuestionAnswering.from_pretrained("bert-large-uncased-whole-word-masking-finetuned-squad")
```

(7) 加载训练数据。程序代码如下：

```python
# 训练数据
text = r"""
🤗 Transformers (formerly known as pytorch-transformers and pytorch-pretrained-bert) provides general-purpose
architectures (BERT, GPT-2, RoBERTa, XLM, DistilBert, XLNet…) for Natural Language Understanding (NLU) and Natural
Language Generation (NLG) with over 32+ pretrained models in 100+ languages and deep interoperability between
TensorFlow 2.0 and PyTorch.
"""
```

(8) 设定问题。程序代码如下：

```python
# 问题
questions = [
    "How many pretrained models are available in 🤗 Transformers?",
    "What does 🤗 Transformers provide?",
    "🤗 Transformers provides interoperability between which frameworks?",
]
```

(9) 推测答案。程序代码如下：

```python
# 推测答案
for question in questions:
    inputs = tokenizer(question, text, add_special_tokens=True, return_tensors="tf")
    input_ids = inputs["input_ids"].numpy()[0]
    outputs = model(inputs)

    answer_start_scores = outputs.start_logits
    answer_end_scores = outputs.end_logits
    answer_start = tf.argmax(answer_start_scores, axis=1).numpy()[0]
    answer_end = (tf.argmax(answer_end_scores, axis=1) + 1).numpy()[0]
    answer = tokenizer.convert_tokens_to_string(tokenizer.convert_ids_to_tokens
                                (input_ids[answer_start:answer_end]))

    print(f"Question: {question}")
    print(f"Answer: {answer}\n")
```

执行结果：非常准确。结果如下：

```
Question: How many pretrained models are available in 🤗 Transformers?
Answer: over 32 +

Question: What does 🤗 Transformers provide?
Answer: general - purpose architectures

Question: 🤗 Transformers provides interoperability between which frameworks?
Answer: tensorflow 2. 0 and pytorch
```

范例3. 克漏字填空。

请参阅程序：**12_10_BERT_填漏字.ipynb**，修改自 Transformers 官网 "Summary of the tasks" 的 Masked Language Modeling [23]。

(1) 加载相关库。程序代码如下：

```
1  # 载入相关库
2  from transformers import pipeline
```

(2) 加载模型：参数须设为 fill-mask。程序代码如下：

```
1  # 载入模型
2  nlp = pipeline("fill-mask")
```

(3) 测试。程序代码如下：

```
1  # 测试
2  from pprint import pprint
3  pprint(nlp(f"HuggingFace is creating a {nlp.tokenizer.mask_token} " + \
4             "that the community uses to solve NLP tasks."))
```

执行结果：列出前 5 名与其分数，框起来的即是填上的字。结果如下：

```
[{'score': 0.17927466332912445,
  'sequence': 'HuggingFace is creating a tool that the community uses to solve '
              'NLP tasks.',
  'token': 3944,
  'token_str': ' tool'},
 {'score': 0.11349395662546158,
  'sequence': 'HuggingFace is creating a framework that the community uses to '
              'solve NLP tasks.',
  'token': 7208,
  'token_str': ' framework'},
 {'score': 0.05243542045354843,
  'sequence': 'HuggingFace is creating a library that the community uses to '
              'solve NLP tasks.',
  'token': 5560,
  'token_str': ' library'},
 {'score': 0.03493538498878479,
  'sequence': 'HuggingFace is creating a database that the community uses to '
              'solve NLP tasks.',
  'token': 8503,
  'token_str': ' database'},
 {'score': 0.028602542355656624,
  'sequence': 'HuggingFace is creating a prototype that the community uses to '
              'solve NLP tasks.',
  'token': 17715,
  'token_str': ' prototype'}]
```

(4) 结合分词。程序代码如下：

```
1  # 载入相关库
2  from transformers import TFAutoModelWithLMHead, AutoTokenizer
3  import tensorflow as tf
4
5  # 结合分词器(Tokenizer)
6  tokenizer = AutoTokenizer.from_pretrained("distilbert-base-cased")
7  model = TFAutoModelWithLMHead.from_pretrained("distilbert-base-cased")
```

(5) 推测答案。程序代码如下：

```
1  # 推测答案
2  sequence = f"Distilled models are smaller than the models they mimic. " + \
3      f"Using them instead of the large versions would help {tokenizer.mask_token} " + \
4      "our carbon footprint."
5  input = tokenizer.encode(sequence, return_tensors="tf")
6  mask_token_index = tf.where(input == tokenizer.mask_token_id)[0, 1]
7  token_logits = model(input)[0]
8  mask_token_logits = token_logits[0, mask_token_index, :]
9  top_5_tokens = tf.math.top_k(mask_token_logits, 5).indices.numpy()
10 for token in top_5_tokens:
11     print(sequence.replace(tokenizer.mask_token, tokenizer.decode([token])))
```

执行结果：列出前 5 名与其分数，框起来的即是填上的字。结果如下：

```
Distilled models are smaller than the models they mimic. Using them instead of the large versions would help reduce our carbon footprint.
Distilled models are smaller than the models they mimic. Using them instead of the large versions would help increase our carbon footprint.
Distilled models are smaller than the models they mimic. Using them instead of the large versions would help decrease our carbon footprint.
Distilled models are smaller than the models they mimic. Using them instead of the large versions would help offset our carbon footprint.
Distilled models are smaller than the models they mimic. Using them instead of the large versions would help improve our carbon footprint.
```

范例4. 文字生成：这里使用GPT-2算法，并非BERT，同属于Transformer算法的变形，目前已发展到GPT-3。

请参阅程序：**12_11_ GPT2_ 文字生成.ipynb**，修改自 Transformers 官网 "Summary of the tasks" 的 Text Generation [24]。

(1) 加载相关库。程序代码如下：

```
1  # 载入相关库
2  from transformers import pipeline
```

(2) 加载模型：参数须设为 text-generation。程序代码如下：

```
1  # 载入模型
2  text_generator = pipeline("text-generation")
```

(3) 测试：max_length=50 表示最大生成字数；do_sample=False 表示不随机产生，反之为 True 时，则每次生成的内容都会不同，如聊天机器人，使用者会期望机器人表达能够有变化，不要每次都回答一样的答案。例如，问 "How are you?"，机器人有时候回答 "I am fine"，有时候回答 "Great" "Not bad"。程序代码如下：

```
1  # 测试
2  print(text_generator("As far as I am concerned, I will",
3                       max_length=50, do_sample=False))
```

执行结果：每次生成的内容均相同。结果如下：

```
[{'generated_text': 'As far as I am concerned, I will be the first to admit that I am not a fan of the idea of a "free market." I think that the idea of a free market is a bit of a stretch. I think that the idea'}]
```

(4) 测试：do_sample=True 表示随机产生，每次生成内容均不同。程序代码如下：

```
1  # 测试
2  print(text_generator("As far as I am concerned, I will",
3                       max_length=50, do_sample=True))
```

执行结果：每次生成的内容均不相同。结果如下：

```
[{'generated_text': 'As far as I am concerned, I will not be using the name \'Archer\', even though it\'d make all of me cry!\n
\n"I\'ll wait until they leave me, you know, on this little ship, of course,'}]
```

（5）结合分词：这里使用 XLNet 算法，而非 BERT，也属于 Transformer 算法的变形。程序代码如下：

```
1  # 载入相关库
2  from transformers import TFAutoModelWithLMHead, AutoTokenizer
3
4  # 结合分词器(Tokenizer)
5  model = TFAutoModelWithLMHead.from_pretrained("xlnet-base-cased")
6  tokenizer = AutoTokenizer.from_pretrained("xlnet-base-cased")
```

（6）提示：针对短提示，XLNet 通常要补充说明 (Padding)，因为它是针对开放式 (open-ended) 问题而设计的，但 GPT-2 则不用。程序代码如下：

```
1   # 针对短提示，XLNet 通常要补充说明(Padding)
2   PADDING_TEXT = """In 1991, the remains of Russian Tsar Nicholas II and his family
3   (except for Alexei and Maria) are discovered.
4   The voice of Nicholas's young son, Tsarevich Alexei Nikolaevich, narrates the
5   remainder of the story. 1883 Western Siberia,
6   a young Grigori Rasputin is asked by his father and a group of men to perform magic.
7   Rasputin has a vision and denounces one of the men as a horse thief. Although his
8   father initially slaps him for making such an accusation, Rasputin watches as the
9   man is chased outside and beaten. Twenty years later, Rasputin sees a vision of
10  the Virgin Mary, prompting him to become a priest. Rasputin quickly becomes famous,
11  with people, even a bishop, begging for his blessing. <eod> </s> <eos>"""
12
13  # 提示
14  prompt = "Today the weather is really nice and I am planning on "
```

（7）推测答案。程序代码如下：

```
1   # 推测答案
2   inputs = tokenizer.encode(PADDING_TEXT + prompt, add_special_tokens=False,
3                             return_tensors="tf")
4   prompt_length = len(tokenizer.decode(inputs[0], skip_special_tokens=True,
5                                         clean_up_tokenization_spaces=True))
6   outputs = model.generate(inputs, max_length=250, do_sample=True, top_p=0.95,
7                             top_k=60)
8   generated = prompt + tokenizer.decode(outputs[0])[prompt_length:]
9
10  print(generated)
```

执行结果如下：

```
Today the weather is really nice and I am planning on anning on getting some good photos. I need to take some long-running pict
ures of the past few weeks and "in the moment."<eop> We are on a beach, right on the coast of Alaska. It is beautiful. It is pe
aceful. It is very quiet. It is peaceful. I am trying not to be too self-centered. But if the sun doesn
```

范例5. 命名实体识别：预设使用 CoNLL-2003 NER 数据集。

请参阅程序：**12_12_BERT_NER.ipynb**，修改自 Transformers 官网 "Summary of the tasks" 的 Named Entity Recognition [25]。

（1）加载相关库。程序代码如下：

```
1  # 载入相关库
2  from transformers import pipeline
```

(2) 加载模型：参数须设为 ner。程序代码如下：

```
1  # 载入模型
2  nlp = pipeline("ner")
```

(3) 测试。程序代码如下：

```
1  # 测试数据
2  sequence = "Hugging Face Inc. is a company based in New York City. " \
3             "Its headquarters are in DUMBO, therefore very" \
4             "close to the Manhattan Bridge."
5
6  # 推测答案
7  import pandas as pd
8  df = pd.DataFrame(nlp(sequence))
9  df
```

① 执行结果：显示所有实体 (Entity)，word 字段中以 ## 开头的，表示与其前一个词汇结合也是一个实体，如 ##gging，前一个词汇为 Hu，即表示 Hu、Hugging 均为实体。

② entity 字段有以下实体类别。
- O：非实体。
- B-MISC：杂项实体的开头，接在另一个杂项实体的后面。
- I-MISC：杂项实体。
- B-PER：人名的开头，接在另一个人名的后面。
- I-PER：人名。
- B-ORG：组织的开头，接在另一个组织的后面。
- I-ORG：组织。
- B-LOC：地名的开头，接在另一个地名的后面。
- I-LOC：地名。

	word	score	entity	index	start	end
0	Hu	0.999511	I-ORG	1	0	2
1	##gging	0.989597	I-ORG	2	2	7
2	Face	0.997970	I-ORG	3	8	12
3	Inc	0.999376	I-ORG	4	13	16
4	New	0.999341	I-LOC	11	40	43
5	York	0.999193	I-LOC	12	44	48
6	City	0.999341	I-LOC	13	49	53
7	D	0.986336	I-LOC	19	79	80
8	##UM	0.939624	I-LOC	20	80	82
9	##BO	0.912139	I-LOC	21	82	84
10	Manhattan	0.983919	I-LOC	29	113	122
11	Bridge	0.992424	I-LOC	30	123	129

(4) 结合分词。程序代码如下：

```
1  # 载入相关库
2  from transformers import TFAutoModelForTokenClassification, AutoTokenizer
3  import tensorflow as tf
4
5  # 结合分词器(Tokenizer)
6  model_name = "dbmdz/bert-large-cased-finetuned-conll03-english"
7  model = TFAutoModelForTokenClassification.from_pretrained(model_name)
8  tokenizer = AutoTokenizer.from_pretrained("bert-base-cased")
```

(5) 测试。程序代码如下：

```
1  # NER 类别
2  label_list = [
3      "O",          # 非实体
4      "B-MISC",     # 杂项实体的开头，接在另一杂项实体的后面
5      "I-MISC",     # 杂项实体
6      "B-PER",      # 人名的开头，接在另一人名的后面
7      "I-PER",      # 人名
8      "B-ORG",      # 组织的开头，接在另一组织的后面
9      "I-ORG",      # 组织
10     "B-LOC",      # 地名的开头，接在另一地名的后面
11     "I-LOC"       # 地名
12 ]
13
14 # 测试数据
15 sequence = "Hugging Face Inc. is a company based in New York City. " \
16            "Its headquarters are in DUMBO, therefore very" \
17            "close to the Manhattan Bridge."
18
19 # 推测答案
20 tokens = tokenizer.tokenize(tokenizer.decode(tokenizer.encode(sequence)))
21 inputs = tokenizer.encode(sequence, return_tensors="tf")
22 outputs = model(inputs)[0]
23 predictions = tf.argmax(outputs, axis=2)
24 print([(token, label_list[prediction]) for token, prediction in
25        zip(tokens, predictions[0].numpy())])
```

执行结果：代码说明可参照程序代码的第 3~11 行。结果如下：

```
[('[CLS]', 'O'), ('Hu', 'I-ORG'), ('##gging', 'I-ORG'), ('Face', 'I-ORG'), ('Inc', 'I-ORG'), ('.', 'O'), ('is', 'O'), ('a', 'O'), ('company', 'O'), ('based', 'O'), ('in', 'O'), ('New', 'I-LOC'), ('York', 'I-LOC'), ('City', 'I-LOC'), ('.', 'O'), ('It', 's', 'O'), ('headquarters', 'O'), ('are', 'O'), ('in', 'O'), ('D', 'I-LOC'), ('##UM', 'I-LOC'), ('##BO', 'I-LOC'), (',', 'O'), ('therefore', 'O'), ('very', 'O'), ('##c', 'O'), ('##lose', 'O'), ('to', 'O'), ('the', 'O'), ('Manhattan', 'I-LOC'), ('Bridge', 'I-LOC'), ('.', 'O'), ('[SEP]', 'O')]
```

范例6. 文字摘要：从篇幅较长的文章中整理出摘要，测试的数据集是 **CNN** 和 **Daily Mail** 媒体刊登的文章。

请参阅程序：**12_13_ 文字摘要 .ipynb**，修改自 Transformers 官网 "Summary of the tasks" 的 Summarization [26]。

(1) 加载相关库。程序代码如下：

```
1  # 载入相关库
2  from transformers import pipeline
```

(2) 加载模型：参数须设为 summarization。程序代码如下：

```
1  # 载入模型
2  summarizer = pipeline("summarization")
```

(3) 测试。程序代码如下：

```
 1  # 测试数据
 2  ARTICLE = """ New York (CNN) When Liana Barrientos was 23 years old, she got married in Westchester County, New York.
 3  A year later, she got married again in Westchester County, but to a different man and without divorcing her first husband.
 4  Only 18 days after that marriage, she got hitched yet again. Then, Barrientos declared "I do" five more times, sometimes onl
 5  In 2010, she married once more, this time in the Bronx. In an application for a marriage license, she stated it was her "fir
 6  Barrientos, now 39, is facing two criminal counts of "offering a false instrument for filing in the first degree," referring
 7  2010 marriage license application, according to court documents.
 8  Prosecutors said the marriages were part of an immigration scam.
 9  On Friday, she pleaded not guilty at State Supreme Court in the Bronx, according to her attorney, Christopher Wright, who de
10  After leaving court, Barrientos was arrested and charged with theft of service and criminal trespass for allegedly sneaking
11  Annette Markowski, a police spokeswoman. In total, Barrientos has been married 10 times, with nine of her marriages occurrin
12  All occurred either in Westchester County, Long Island, New Jersey or the Bronx. She is believed to still be married to four
13  Prosecutors said the immigration scam involved one of her husbands, who filed for permanent residence status shortly after
14  Any divorces happened only after such filings were approved. It was unclear whether any of the men will be prosecuted.
15  The case was referred to the Bronx District Attorney\'s Office by Immigration and Customs Enforcement and the Department of
16  Investigation Division. Seven of the men are from so-called "red-flagged" countries, including Egypt, Turkey, Georgia, Pakis
17  Her eighth husband, Rashid Rajput, was deported in 2006 to his native Pakistan after an investigation by the Joint Terrorism
18  If convicted, Barrientos faces up to four years in prison. Her next court appearance is scheduled for May 18.
19  """
20
21  # 推测答案
22  print(summarizer(ARTICLE, max_length=130, min_length=30, do_sample=False))
```

执行结果：摘要内容尚可。结果如下：

```
[{'summary_text': ' Liana Barrientos, 39, is charged with two counts of "offering a false instrument for filing in the first de
gree" In total, she has been married 10 times, with nine of her marriages occurring between 1999 and 2002 . At one time, she wa
s married to eight men at once, prosecutors say .'}]
```

(4) 结合 Tokenizer：T5 是 Google Text-To-Text Transfer Transformer 的模型，它提供一个框架，可以使用多种的模型、损失函数、超参数，来进行不同的任务 (Tasks)，如翻译、语意接受度检查、相似度比较、文字摘要等，详细说明可参阅 *Exploring Transfer Learning with T5: the Text-To-Text Transfer Transformer*[27]。

```
 1  # 载入相关库
 2  from transformers import TFAutoModelWithLMHead, AutoTokenizer
 3  model = TFAutoModelWithLMHead.from_pretrained("t5-base")
 4
 5  # 结合分词器(Tokenizer)
 6  tokenizer = AutoTokenizer.from_pretrained("t5-base")
 7  # T5 uses a max_length of 512 so we cut the article to 512 tokens.
 8  inputs = tokenizer.encode("summarize: " + ARTICLE, return_tensors="tf",
 9                            max_length=512)
10  outputs = model.generate(inputs, max_length=150, min_length=40,
11                           length_penalty=2.0, num_beams=4, early_stopping=True)
12  [tokenizer.decode(i) for i in outputs]
```

执行结果：T5 最多只可输入 512 个词汇，故将多余的文字截断，产生的摘要也还可以看得懂。结果如下：

```
['<pad> prosecutors say the marriages were part of an immigration scam. if convicted, barrientos faces two criminal counts of
"offering a false instrument for filing in the first degree" she has been married 10 times, nine of them between 1999 and 200
2.']
```

范例7. 翻译功能：使用 **WMT English to German dataset**(英翻德数据集)。

请参阅程序：**12_14_T5_翻译.ipynb**，修改自 Transformers 官网 "Summary of the tasks" 的 Translation [28]。

(1) 加载相关库。程序代码如下：

```
1  # 载入相关库
2  from transformers import pipeline
```

(2) 加载模型：参数设为 translation_en_to_de 表示英翻德。程序代码如下：

```
1  # 载入模型
2  translator = pipeline("translation_en_to_de")
```

(3) 测试。程序代码如下：

```
1  # 测试数据
2  text = "Hugging Face is a technology company based in New York and Paris"
3  print(translator(text, max_length=40))
```

执行结果如下：

```
[{'translation_text': 'Hugging Face ist ein Technologieunternehmen mit Sitz in New York und Paris.'}]
```

(4) 结合 Tokenizer。程序代码如下：

```
1   # 载入相关库
2   from transformers import TFAutoModelWithLMHead, AutoTokenizer
3   model = TFAutoModelWithLMHead.from_pretrained("t5-base")
4
5   # 结合分词器(Tokenizer)
6   tokenizer = AutoTokenizer.from_pretrained("t5-base")
7   text = "translate English to German: Hugging Face is a " + \
8          "technology company based in New York and Paris"
9   inputs = tokenizer.encode(text, return_tensors="tf")
10  outputs = model.generate(inputs, max_length=40, num_beams=4, early_stopping=True)
11  [tokenizer.decode(i) for i in outputs]
```

执行结果如下：

```
['<pad> Hugging Face ist ein Technologieunternehmen mit Sitz in New York und Paris.']
```

12-9-2　Transformers 库效能微调

Transformers 也提供了效能微调的功能，可参阅 Transformers 官网 *Training and fine-tuning* [29] 的网页说明，我们现在就来练习整个程序。Transformers 效能微调可使用以下三种方式。

(1) TensorFlow v2。

(2) PyTorch。

(3) Transformers 的 Trainer。

范例1. 直接以Transformers的Trainer进行效能微调。

请参阅程序：**12_15_BERT_Train.ipynb**，修改自参考资料 [30]。

设计流程如图 12.40 所示。

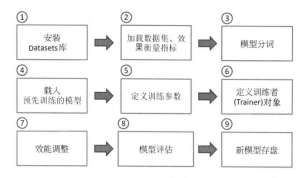

图 12.40　设计流程

(1) 安装 Datasets 库：GLUE Benchmark(https://gluebenchmark.com/tasks) 包含许多任务与测试数据集。

```
pip install datasets
```

(2) 定义 GLUE 所有任务。程序代码如下：

```
1  # 任务(Task)
2  GLUE_TASKS = ["cola", "mnli", "mnli-mm", "mrpc", "qnli", "qqp", "rte", "sst2", "stsb", "wnli"]
```

(3) 指定任务为 cola。程序代码如下：

```
1  # 指定任务为 cola
2  task = "cola"
3  # 预先训练模型
4  model_checkpoint = "distilbert-base-uncased"
5  # 批量
6  batch_size = 16
```

(4) 加载数据集、效果衡量指标：每个数据集有不同的效果衡量指标。程序代码如下：

```
1  import datasets
2
3  actual_task = "mnli" if task == "mnli-mm" else task
4  # 载入数据集
5  dataset = datasets.load_dataset("glue", actual_task)
6  # 载入效果衡量指标
7  metric = datasets.load_metric('glue', actual_task)
```

(5) 显示 Dataset 数据内容：Dataset 数据类型为 DatasetDict，可参考 Transformers 官网的 "DatasetDict 说明文件"（https://huggingface.co/docs/datasets/package_reference/main_classes.html#datasetdict）。程序代码如下：

```
1  # 显示 dataset 数据内容
2  dataset
```

执行结果：训练数据 8551 批，验证数据 1043 批，测试数据 1063 批。结果如下。

```
DatasetDict({
    train: Dataset({
        features: ['sentence', 'label', 'idx'],
        num_rows: 8551
    })
    validation: Dataset({
        features: ['sentence', 'label', 'idx'],
        num_rows: 1043
    })
    test: Dataset({
        features: ['sentence', 'label', 'idx'],
        num_rows: 1063
    })
})
```

(6) 显示第一批内容。程序代码如下：

```
1  # 显示第一批内容
2  dataset["train"][1]
```

执行结果：为正面/负面的情绪分析数据。结果如下：

```
{'idx': 0,
 'label': 1,
 'sentence': "Our friends won't buy this analysis, let alone the next one we propose."}
```

(7) 定义随机抽取数据函数。程序代码如下：

```
1  import random
2  import pandas as pd
3  from IPython.display import display, HTML
4
5  # 随机抽取数据函数
6  def show_random_elements(dataset, num_examples=10):
7      picks = []
8      for _ in range(num_examples):
9          pick = random.randint(0, len(dataset)-1)
10         while pick in picks:
11             pick = random.randint(0, len(dataset)-1)
12         picks.append(pick)
13
14     df = pd.DataFrame(dataset[picks])
15     for column, typ in dataset.features.items():
16         if isinstance(typ, datasets.ClassLabel):
17             df[column] = df[column].transform(lambda i: typ.names[i])
18     display(HTML(df.to_html()))
```

(8) 随机抽取 10 批数据查看。程序代码如下：

```
1  # 随机抽取10批数据查看
2  show_random_elements(dataset["train"])
```

执行结果如下：

	idx	label	sentence
0	2722	unacceptable	A bicycle lent to me.
1	6537	unacceptable	Who did you arrange for to come?
2	1451	unacceptable	The cages which we donated wire for the convicts to build with are strong.
3	3119	acceptable	Cynthia munched on peaches.
4	3399	acceptable	Jackie chased the thief.
5	4705	acceptable	Nina got Bill elected to the committee.
6	1942	unacceptable	Every student who ever goes to Europe ever has enough money.
7	5889	acceptable	Bob gave Steve the syntax assignment.
8	4162	acceptable	This Government have been more transparent in the way they have dealt with public finances than any previous government.
9	1261	acceptable	I know two men behind me.

(9) 显示效果衡量指标。程序代码如下：

```
1  # 显示效果衡量指标
2  metric
```

执行结果：包含准确率 (Accuracy)、F1、Pearson 关联度 (Correlation)、Spearman 关联度、Matthew 关联度。结果如下：

```
Metric(name: "glue", features: {'predictions': Value(dtype='int64', id=None),
ge: """
Compute GLUE evaluation metric associated to each GLUE dataset.
Args:
    predictions: list of predictions to score.
        Each translation should be tokenized into a list of tokens.
    references: list of lists of references for each translation.
        Each reference should be tokenized into a list of tokens.
Returns: depending on the GLUE subset, one or several of:
    "accuracy": Accuracy
    "f1": F1 score
    "pearson": Pearson Correlation
    "spearmanr": Spearman Correlation
    "matthews_correlation": Matthew Correlation
```

(10) 产生两批随机数，测试效果衡量指标。程序代码如下：

```python
# 产生两批随机乱数，测试效果衡量指标
import numpy as np

fake_preds = np.random.randint(0, 2, size=(64,))
fake_labels = np.random.randint(0, 2, size=(64,))
metric.compute(predictions=fake_preds, references=fake_labels)
```

(11) 模型分词：前置处理以便于测试，可取得生字表 (Vocabulary)，设定 use_fast=True 就能够快速处理。程序代码如下：

```python
from transformers import AutoTokenizer

# 分词
tokenizer = AutoTokenizer.from_pretrained(model_checkpoint, use_fast=True)
```

(12) 测试两批数据，进行分词。程序代码如下：

```python
# 测试两批数据，进行分词
tokenizer("Hello, this one sentence!", "And this sentence goes with it.")
```

(13) 定义任务的数据集字段。程序代码如下：

```python
# 任务的数据集栏位
task_to_keys = {
    "cola": ("sentence", None),
    "mnli": ("premise", "hypothesis"),
    "mnli-mm": ("premise", "hypothesis"),
    "mrpc": ("sentence1", "sentence2"),
    "qnli": ("question", "sentence"),
    "qqp": ("question1", "question2"),
    "rte": ("sentence1", "sentence2"),
    "sst2": ("sentence", None),
    "stsb": ("sentence1", "sentence2"),
    "wnli": ("sentence1", "sentence2"),
}
```

(14) 测试第一批数据。程序代码如下：

```python
# 测试第一批数据
sentence1_key, sentence2_key = task_to_keys[task]
if sentence2_key is None:
    print(f"Sentence: {dataset['train'][0][sentence1_key]}")
else:
    print(f"Sentence 1: {dataset['train'][0][sentence1_key]}")
    print(f"Sentence 2: {dataset['train'][0][sentence2_key]}")
```

执行结果：Our friends won't buy this analysis, let alone the next one we propose.

(15) 测试 5 批数据分词。程序代码如下：

```python
# 测试 5 批数据分词
def preprocess_function(examples):
    if sentence2_key is None:
        return tokenizer(examples[sentence1_key], truncation=True)
    return tokenizer(examples[sentence1_key], examples[sentence2_key], truncation=True)

preprocess_function(dataset['train'][:5])
```

执行结果如下：

```
{'input_ids': [[101, 2256, 2814, 2180, 1005, 1056, 4965, 2023, 4106, 1010, 2292, 2894, 1996, 2279, 2028, 2057, 16599, 1012, 10
2], [101, 2028, 2062, 18404, 2236, 3989, 1998, 1045, 1005, 1049, 3228, 2039, 1012, 102], [101, 2028, 2062, 18404, 2236, 3989, 2
030, 1045, 1005, 1005, 1049, 3228, 2039, 1012, 102], [101, 1996, 2062, 2057, 2817, 16025, 1010, 1996, 13675, 16103, 2121, 2027, 2131,
1012, 102], [101, 2154, 2011, 2154, 1996, 8866, 2024, 2893, 14163, 8024, 3771, 1012, 102]], 'attention_mask': [[1, 1, 1, 1, 1,
1, 1, 1, 1, 1, 1, 1, 1, 1, 1, 1, 1, 1, 1, 1], [1, 1, 1, 1, 1, 1, 1, 1, 1, 1, 1, 1, 1, 1], [1, 1, 1, 1, 1, 1, 1, 1, 1, 1, 1, 1,
1, 1, 1], [1, 1, 1, 1, 1, 1, 1, 1, 1, 1, 1, 1, 1, 1], [1, 1, 1, 1, 1, 1, 1, 1, 1, 1, 1, 1, 1]]}
```

(16) 加载预先训练的模型。程序代码如下：

```
1  from transformers import AutoModelForSequenceClassification, TrainingArguments, Trainer
2
3  # 载入预先训练的模型
4  num_labels = 3 if task.startswith("mnli") else 1 if task=="stsb" else 2
5  model = AutoModelForSequenceClassification.from_pretrained(model_checkpoint, num_labels=num_labels)
```

(17) 定义训练参数：可参阅 Transformers 官网的"TrainingArguments 说明文件"https:// huggingface.co/transformers/main_classes/trainer.html#transformers.TrainingArguments。程序代码如下：

```
1  # 定义训练参数
2  metric_name = "pearson" if task == "stsb" else "matthews_correlation" \
3                          if task == "cola" else "accuracy"
4
5  args = TrainingArguments(
6      "test-glue",
7      evaluation_strategy = "epoch",
8      learning_rate=2e-5,
9      per_device_train_batch_size=batch_size,
10     per_device_eval_batch_size=batch_size,
11     num_train_epochs=5,
12     weight_decay=0.01,
13     load_best_model_at_end=True,
14     metric_for_best_model=metric_name,
15 )
```

(18) 定义效果衡量指标计算的函数。程序代码如下：

```
1  # 定义效果衡量指标计算的函数
2  def compute_metrics(eval_pred):
3      predictions, labels = eval_pred
4      if task != "stsb":
5          predictions = np.argmax(predictions, axis=1)
6      else:
7          predictions = predictions[:, 0]
8      return metric.compute(predictions=predictions, references=labels)
```

(19) 定义训练者 (Trainer) 对象：参数包含额外增加的训练数据。程序代码如下：

```
1  # 定义训练者(Trainer)对象
2  validation_key = "validation_mismatched" if task == "mnli-mm" else \
3                   "validation_matched" if task == "mnli" else "validation"
4
5  trainer = Trainer(
6      model,
7      args,
8      train_dataset=encoded_dataset["train"],
9      eval_dataset=encoded_dataset[validation_key],
10     tokenizer=tokenizer,
11     compute_metrics=compute_metrics
12 )
```

(20) 在预先训练好的模型基础上继续训练，即是效能调整，在笔者的 PC 上训练了 20 小时。程序代码如下：

```
1  trainer.train()
```

执行结果如下：

Epoch	Training Loss	Validation Loss	Matthews Correlation	Runtime	Samples Per Second
1	0.519900	0.484644	0.437994	301.078100	3.464000
2	0.352600	0.519489	0.505773	299.051900	3.488000
3	0.231000	0.538032	0.556475	1863.316700	0.560000
4	0.180900	0.733648	0.515271	241.590500	4.317000
5	0.130700	0.787703	0.538738	242.532000	4.300000

训练时间统计如下：

```
TrainOutput(global_step=2675, training_loss=0.27276652897629783, metrics={'train_runtime': 57010.5155, 'train_samples_per_secon
d': 0.047, 'total_flos': 356073036950940.0, 'epoch': 5.0, 'init_mem_cpu_alloc_delta': 757764096, 'init_mem_gpu_alloc_delta': 26
8953088, 'init_mem_cpu_peaked_delta': 273670144, 'init_mem_gpu_peaked_delta': 0, 'train_mem_cpu_alloc_delta': -935870464, 'trai
n_mem_gpu_alloc_delta': 1077715968, 'train_mem_cpu_peaked_delta': 1757851648, 'train_mem_gpu_peaked_delta': 21298176})
```

(21) 模型评估。程序代码如下：

```
1  # 模型评估
2  trainer.evaluate()
```

执行结果如下：

```
{'eval_loss': 0.5380318760871887,
 'eval_matthews_correlation': 0.5564748164739529,
 'eval_runtime': 229.9053,
 'eval_samples_per_second': 4.537,
 'epoch': 5.0,
 'eval_mem_cpu_alloc_delta': 507904,
 'eval_mem_gpu_alloc_delta': 0,
 'eval_mem_cpu_peaked_delta': 0,
 'eval_mem_gpu_peaked_delta': 20080128}
```

(22) 新模型存盘：未来就能透过 from_pretrained() 加载此效能调整后的模型进行预测。程序代码如下：

```
1  # 模型存档
2  trainer.save_model('./cola')
```

(23) 新数据预测。程序代码如下：

```
1  # 预测
2  class SimpleDataset:
3      def __init__(self, tokenized_texts):
4          self.tokenized_texts = tokenized_texts
5  
6      def __len__(self):
7          return len(self.tokenized_texts["input_ids"])
8  
9      def __getitem__(self, idx):
10         return {k: v[idx] for k, v in self.tokenized_texts.items()}
11 
12 texts = ["Hello, this one sentence!", "And this sentence goes with it."]
13 tokenized_texts = tokenizer(texts, padding=True, truncation=True)
14 new_dataset = SimpleDataset(tokenized_texts)
15 trainer.predict(new_dataset)
```

执行结果：每笔以最大值作为预测结果。结果如下：

```
PredictionOutput(predictions=array([[-0.55236566,  0.32417056],
       [-1.5994203 ,  1.4773667 ]], dtype=float32), label_ids=None, metrics={'test_runtime': 4.0388, 'test_samples_per_second':
0.495, 'test_mem_cpu_alloc_delta': 20480, 'test_mem_gpu_alloc_delta': 0, 'test_mem_cpu_peaked_delta': 0, 'test_mem_gpu_peaked_d
elta': 609280})
```

(24) 之后可进行参数调校，笔者不再继续进行。

12-9-3　后续努力

以上只就官方的文件与范例介绍，Transformers 模型的功能非常多，要熟悉完整功能，尚待读者后续努力实验，BERT 的变形不少，这些变形统称为 BERTology，预先训练的模型可参阅 "官网 Pretrained models" (https://huggingface.co/transformers/pretrained_models.html)，有的提供轻量型模型，如 ALBERT、TinyBERT，也有的提供更完整的模型，如 GPT-3，号称有 1750 亿个参数，更多内容可参阅 "AI 趋势周报第 142 期报导"[31]。

Transformer 架构的出现已经完全颠覆了 NLP 的发展，过往的 RNN/LSTM 模型虽然仍然可以拿来应用，但是，遵循 Transformer 架构的模型，它们在准确率上确实有比较明显的优势，因此，推测后续的研究方向应该会逐渐转移到 Transformer 架构上，而且它不仅可以应用于 NLP，也开始将触角伸向影像辨识领域，由此可见 Transformers 套件变得日益重要，详情可参阅 "AI 趋势周报第 167 期报导"[32]。

12-10　总结

这一章我们介绍了处理自然语言的相关模型与其演进过程，包括 RNN、LSTM、GRU、注意力机制、Transformer、BERT 等，同时也实践许多范例，如情绪分析、神经机器翻译 (NMT)、字句相似度的比对、问答系统、文字摘要、命名实体识别 (NER)、时间序列预测等。相信各位对于 NLP 应用应该有了基本的认识，若要能灵活应用，还是需要找些项目或题目实践，毕竟成功源于细节。提醒一下，由于目前 BERT 系列的模型在准确度方面已经超越了 RNN/LSTM/GRU，所以如果是项目应用，建议应优先采用 BERT 模型。

第 13 章
聊天机器人

这几年 NLP 的应用范围相当广泛，如聊天机器人 (ChatBot)，几乎每一家企业都有这方面的需求，从售前支持 (Pre-sale)、销售 (Sales) 到售后服务 (Post Services) 等方面，用途十分多元，而支持系统功能的技术则涵盖了 NLP、NLU、NLG，既要能解析对话 (NLP)、理解问题 (NLU)，又要能回答得体、幽默、周全 (NLG)，技术范围几乎整合了上一章所有的范例。另外，如果能结合语音识别，用说话代替打字，这样不论身处何时何地，人们都能够更方便地用手机与机器沟通，或是结合其他的软/硬件，如社群软件、智能音箱等，使得计算机可以更贴近用户的需求，提供人性化的服务，以往只能在电影里看见的各种科技场景正逐渐在我们的日常生活中成为现实，如图 13.1 所示。

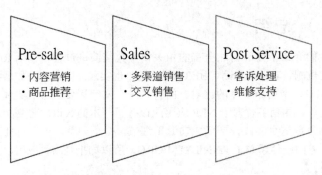

图 13.1　ChatBot 商业应用

话说回来，要开发一个功能完善的 ChatBot，除了技术之外，更要有良好的规划与设计作为基础，当中有哪些重要的技巧和窍门呢？现在就跟大家来一探究竟。

13-1　ChatBot 类别

广义来说，ChatBot 不一定要具备 AI 的功能，只要能自动应答信息，基本上就称为 ChatBot。通常一说到聊天机器人，大家直觉都会想到苹果公司的 Siri，它可以跟使用者天南地北地聊天，不管是天气、金融、音乐、生活信息都难不倒它，但是，对于一般中小企业而言，这样的功能并不能带来商机，他们需要更直接的支持功能，因此我们把 ChatBot 分为以下类别。

(1) 不限话题的机器人：可以与人天南地北地闲聊，包括公开信息的查询与应答，如温度、股市、播放音乐等，也包含日常寒暄，不需要精准的答案，只要有趣味性、实时回复。

(2) 任务型机器人：如专家系统，具备特定领域的专业知识，服务范围如医疗、驾驶、航行、加密文件的解密等，着重在复杂的算法或规则式 (Rule Based) 的推理，需给予精准的答案，但不求实时的回复。

(3) 常见问答集 (Frequently Asked Questions, FAQ)：客服中心将长年累积的客户疑问集结成知识库，当客户询问时，可快速搜寻，找出相似的问题，并将对应的处理方式回复给客户，答复除了要求正确性与遵循话题之外，也讲究内容是否浅显易懂和详细严密，避免重复而空泛的回答，引发客户不耐烦与不满。

(4) 信息检索：利用全文检索的功能，搜寻关键词的相关信息，如 Google 搜寻，不需要完全精准的信息，也不要单一的答案，而是提供所有可能的答案，由使用者自行做进一步判断。

(5) 数据库应用：借由 SQL 指令来查询、筛选或统计数据，如旅馆订房、餐厅订位、航班查询/订位、报价等，这是最传统的需求，但如果能结合 NLP，让输出输入接口更友善，如语音输入/输出，可以带来新一波的商机。

以上这五种类别的 ChatBot 各有不同的诉求，功能设计方向也因而有所差异，所以，在开工之前，务必要先搞清楚需求，以免开发出来不符合需求。

13-2　ChatBot 设计

上一节谈到的 ChatBot 种类非常多元，如果就每一种应用都详细介绍的话未免过于烦琐，所以本节仅对共同的关键功能进行说明。

ChatBot 的规划要点如下。

(1) 订订目标：根据规划的目标，选择适合的 ChatBot 类别，可以是多种类别的混合体。

(2) 收集应用案例 (Use Case)：收集应用的各种状况和场景，整理成案例，以航空机票的销售来举例，包括了每日空位查询、旅程推荐、订票、付款、退换票等，分析每个案例的现状与导入 ChatBot 后的场景与优点。

(3) 提供的内容：现在营销是内容为王 (Content is king) 的时代，有内容的信息才能吸引人潮并带来商业潮，这就是大家常听到的内容营销 (Content Marketing)。因此，要评估哪些信息是有效的，又该如何生产，并以何种方式呈现 (如 Video、PodCast、部落文等)。

(4) 挑选开发平台，有以下四种方式供选择。

- 软件包：现在已有许多厂商提供某些行业级别的解决方案，如金融、保险等各行各业，技术也从传统的 IVR 顺势转为 ChatBot，提供更便利的使用接口。
- ChatBot 平台：许多大型系统厂商都有提供 ChatBot 平台，他们利用独有的 NLP 技术以及大量的 NER 信息，整合各种社群软件，用户只要直接设定，就可以在云端使用 ChatBot 并享有相关的服务。厂商包括 Google DialogFlow、微软 QnA Maker 等。
- 开发工具：许多厂商提供开发工具，方便工程师快速完成一个 ChatBot，如 Microsoft Bot Framework、Wit.ai 等，可参阅 10 Best Chatbot Development Frameworks to Build Powerful Bots [1]，另外 Google、Amazon 智能音箱也都提供了 SDK。
- 自行构建：可以利用库加速开发，如 TextBlob、Gemsim、SpaCy、Transforms 等 NLP 函数库，或是 Rasa、ChatterBot 等 ChatBot Open Source。

(5) 部署平台：可选择云端或本地端，云端可享有全球服务或以微服务的方式运作，以使用次数计费，可节省初期的高额支出，因此，若 ChatBot 不是数据库交易类别的话，会有越来越多企业采用云端方案。

(6) 用户偏好 (Preference) 与面貌 (Profile)：考虑要存储哪些与业务相关的用户信息。ChatBot 的术语定义如下。

(1) 技能 (Skill)：例如银行的技能包含存提款、定存、换汇、基金购买、房贷等，每一个应用都称为一种技能。

(2) 意图 (Intent)：技能中每一种对谈的用意。例如，技能是旅馆订房，意图则是查询某日是否有空的双人房、订房、换日期、退房、付款等。

(3) 实体 (Entity)：关键的人事时地物，利用前面所提的命名实体识别 (NER) 找出实体，每一个意图可指定必要的实体，如旅馆订房必须指定日期、房型、住房天数、身份证号码等。

(4) 例句 (Utterance)：因为不同的人表达同一意图会有各种不同表达方式，所以需要收集大量的例句，训练 ChatBot，如"我要订 3 月 21 日双人房""明天、双人房一间"等。

(5) 行动 (Action)：所需信息均已收集完整后，即可作出响应 (Response) 与相关的动作，如订房，若已确定日期、房型、住房天数、身份证号后，即可采取行动，为客人保留房间，并且响应客户"订房成功"。

(6) 开场白 (Opening Message)：如欢迎词 (Welcome)、问候语 (Greeting) 等，通常要有一些例句供随机使用，避免一成不变，流于枯燥。

对话设计的注意事项如下。

(1) 对话管理：有两种处理方式，有限状态机 (Finite-State Machine, FSM) 和槽位填充 (Slot Filling)。

- 有限状态机：传统的自动语音应答系统 (IVR) 大多采取这种方式，事先设计问题顺序，确认每一个问题都得到适当的回答，才会进到下一状态，如果中途出错，就退回到前一状态重来，银行 ATM 操作、计算机报修专线等都是这种设计方式，如图 13.2 所示。

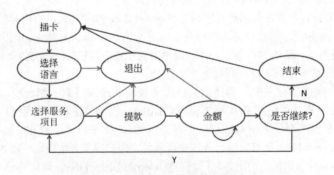

图 13.2　ATM 提款的有限状态机 (FSM)

- 槽位填充：有限状态机的缺点是必须按顺序回答问题，并且每次只能回答一个信息，而且要等到系统念完问题才能回答，对娴熟的使用者来说会很不耐烦，若能引进 NLP 技术，就可以让使用者用自然对谈的方式提供信息。例如"我要订 3 月 21 日双人房"，客户说一句话，系统就能够直接处理，若发现信息有欠缺，系统再询问欠缺的信息即可，就像与真人客服对谈一样，不必像往常一样，"普通话请按 1，闽南话请按 2，客语请按 3，英语请按 4"，引起客户不满。

(2) 整合社群媒体，如 Line、Facebook Messenger、Twitter 等，用户不需额外安装软件，且不用教学，直接在对话群组加入官方账号，即可开始与 ChatBot 对话。

(3) 人机整合：ChatBot 设计千万不能重复问相同的问题，必须设定跳脱条件，一旦察觉对话不合理，就应停止或转由客服人员处理，避免引起使用者不快，造成反作用，使用有限状态机设计方式，常会发生这种错误，若状态已重复两次以上，就可能是 Bug。几年前，微软聊天机器人 Tay，推出后不到 24 小时，就因为学会骂人、讲脏话，导致微软紧急将她下架，就是一个血淋淋的案例。

除了技术层面的问题之外，ChatBot 也称为 Conversational AI，因此对话的过程，需注意使用者的个人信息保护，包含对话文件的存取权、对话中敏感信息的保护，并且让使用者清楚知道 ChatBot 的能力与应用范围。

13-3　ChatBot 实践

这一节我们先以自行制作 ChatBot 为出发点，看看几个范例。

范例. NLP加上相似度比较，制作简单的ChatBot。

请参阅程序：**13_01_simple_chatbot.ipynb**。

(1) 加载相关库。程序代码如下：

```
1  # 载入相关库
2  import spacy
3  import json
4  import random
5  import pandas as pd
```

(2) 加载训练数据：数据来自于 "Learn to build your first chatbot using NLTK & Keras" (https://data-flair.training/blogs/python-chatbot-project)。程序代码如下：

```
1   # 训练数据
2   data_file = open('./chatbot_data/intents.json').read()
3   intents = json.loads(data_file)
4   
5   intent_list = []
6   documents = []
7   responses = []
8   
9   # 读取所有意图、例句、回应
10  for i, intent in enumerate(intents['intents']):
11      # 例句
12      for pattern in intent['patterns']:
13          # adding documents
14          documents.append((pattern, intent['tag'], i))
15  
16          # adding classes to our class list
17          if intent['tag'] not in intent_list:
18              intent_list.append(intent['tag'])
19  
20      # 回应(responses)
21      for response in intent['responses']:
22          responses.append((i, response))
23  
24  responses_df = pd.DataFrame(responses, columns=['no', 'response'])
25  
26  print(f'例句个数:{len(documents)}, intent个数:{len(intent_list)}')
27  responses_df
```

执行结果：例句个数有 47 个，意图 (Intent) 个数有 9 个。

(3) 载入词向量。程序代码如下：

```
1  # 载入词向量
2  nlp = spacy.load("en_core_web_md")
```

(4) 定义前置处理函数：去除停用词、词形还原。程序代码如下：

```
1   from spacy.lang.en.stop_words import STOP_WORDS
2   
3   # 去除停用词函数
4   def remove_stopwords(text1):
5       filtered_sentence =[]
6       doc = nlp(text1)
7       for word in doc:
8           if word.is_stop == False:              # 停用词检查
9               filtered_sentence.append(word.lemma_) # lemma_：词形还原
10      return nlp(' '.join(filtered_sentence))
11  
12  # 结束用语
13  def say_goodbye():
14      tag = 1 # goodbye 项次
15      response_filter = responses_df[responses_df['no'] == tag][['response']]
16      selected_response = response_filter.sample().iloc[0, 0]
17      return selected_response
18  
19  # 结束用语
20  def say_not_understand():
21      tag = 3 # 不理解的项次
22      response_filter = responses_df[responses_df['no'] == tag][['response']]
23      selected_response = response_filter.sample().iloc[0, 0]
24      return selected_response
```

(5) 测试：相似度比较，为防止选出的问题相似度过低，可订立相似度下限，低于下限即调用 say_not_understand()，回复"我不懂你的意思，请再输入一次"，高于下限，才回答问题。程序代码如下：

```
1   # 测试
2   prob_thread =0.6 # 相似度下限
3   while True:
4       max_score = 0
5       intent_no = -1
6       similar_question = ''
7   
8       question = input('请输入:\n')
9       if question == '':
10          break
11  
12      doc1 = remove_stopwords(question)
13  
14      # 比对：相似度比较
15      for utterance in documents:
16          # 两语句的相似度比较
17          doc2 = remove_stopwords(utterance[0])
18          if len(doc1) > 0 and len(doc2) > 0:
19              score = doc1.similarity(doc2)
20              # print(utterance[0], score)
21          # else:
22              # print('\n', utterance[0],'\n')
23  
24          if score > max_score:
25              max_score = score
```

```
26              intent_no = utterance[2]
27              similar_question = utterance[1] +', '+utterance[0]
28
29      # 若找到相似问题，且高于相似度下限，才回答问题
30      if intent_no == -1 or max_score < prob_thread:
31          print(say_not_understand())
32      else:
33          print(f'你问的是：{similar_question}')
34          response_filter = responses_df[responses_df['no'] == intent_no][['response']]
35          # print(response_filter)
36          selected_response = response_filter.sample().iloc[0, 0]
37          # print(type(selected_response))
38          print(f'回答：{selected_response}')
39
40  # say goodbye!
41  print(f'回答：{say_goodbye()}')
```

① 将回答转成 Pandas DataFrame，便于筛选与抽样 (Sample)，针对相同问题，可做不同的回复。

② 执行结果：经过程序调校后，响应的结果比较满意。结果如下：

```
请输入：
hello
你问的是：greeting, Hello
回答：Hello, thanks for asking
请输入：
How you could help me
你问的是：options, What help you provide?
回答：I can guide you through Adverse drug reaction list, Blood pressure tracking, Hospitals and Pharmacies
请输入：
Adverse drug reaction
你问的是：adverse_drug, How to check Adverse drug reaction?
回答：Navigating to Adverse drug reaction module
请输入：
blood pressure result
你问的是：blood_pressure_search, Show blood pressure results for patient
回答：Patient ID?
请输入：
123
我不懂你的意思，请再输入一次.
请输入：
pharmacy
你问的是：pharmacy_search, Find me a pharmacy
回答：Please provide pharmacy name
请输入：
hospital
你问的是：hospital_search, Hospital lookup for patient
回答：Please provide hospital name or location
请输入：

回答：Bye! Come back again soon.
```

利用前一章所学的知识，只要短短数十行的程序代码，就可以完成一个具体而微的 ChatBot，当然，它还可以再加强的地方有很多，举例如下。

(1) 中文语料库测试。

(2) 可视化接口：可以利用 Streamlit、Flask、Django 等库制作网页，提供使用者测试。

(3) 整合社群软件：例如 LINE，直接在手机上测试。

(4) 使用更完整的语料库，测试 ChatBot 效果：目前使用 SpaCy 的分词速度有点慢，应该是词向量的转换和前置处理花了一些时间，可以改用 NLTK 试试看。

(5) 整合数据库：例如查询数据库，检查旅馆是否有空房、保留订房等。

(6) 利用 NER 提取实体：有了人事时地物的信息，可进一步整合数据库。

13-4 ChatBot 工具框架

网络上有许多的 ChatBot 工具框架，技术架构也很多样化，笔者测试的一些框架如下。

(1) ChatterBot(https://github.com/gunthercox/ChatterBot/tree/3eccceddd2a14eccaaeff12df7fa68513a464a00)：采配接器模式 (Adapter Pattern)，是一个可扩充式的架构，支持多语系。

(2) ChatBotAI(https://github.com/ahmadfaizalbh/Chatbot)：以样板 (Template) 语法制定各式的样板，接着再制定变量嵌入样板中，除了原本内建的样板外，用户也可以自定义样板和变量，来扩充 ChatBot 的功能。

(3) Rasa(https://rasa.com/)：以 Markdown 格式制定意图、故事、响应、实体与对话管理等功能，用户可以编辑各个组态文件 (*.yml)，重新训练后，就可以提供给 ChatBot 使用。

13-4-1 ChatterBot 实践

ChatterBot 采配接器模式，内建多种配接器 (Adapters)，主要分为 Logic adapters、Storage adapters 两类，也能自制配接器，是一个扩充式的架构，也支持多语系。它本身并没有 NLP 的功能，只是单纯的文字比对功能。

范例. ChatterBot测试。

请参阅程序：**13_02_ChatterBot_test.ipynb**。

(1) 加载相关库。程序代码如下：

```
1  # 载入相关库
2  from chatterbot import ChatBot
3  from chatterbot.trainers import ListTrainer
```

(2) 训练：将后一句作为前一句的回答。例如，使用者输入 Hello 后，ChatBot 则回答"Hi there!"，它会使用到 NLTK 的语料库。程序代码如下：

```
1  # 训练数据
2  chatbot = ChatBot("QA")
3
4  # 将后一句作为前一句的回答
5  conversation = [
6      "Hello",
7      "Hi there!",
8      "How are you doing?",
9      "I'm doing great.",
10     "That is good to hear",
11     "Thank you.",
12     "You're welcome."
13 ]
14
15 trainer = ListTrainer(chatbot)
16
17 trainer.train(conversation)
```

(3) 简单测试。程序代码如下：

```
1  # 测试
2  response = chatbot.get_response("Good morning!")
3  print(f'回答：{response}')
```

执行结果：由于"Good morning!"不在训练数据中，所以 ChatBot 就从过往的对话中随机抽一批数据出来回答。

(4) 测试另一句在训练数据中的句子：ChatBot 通常会回答后一句，偶尔会回答过往的对话。程序代码如下：

```
1  # 测试
2  response = chatbot.get_response("Hi there")
3  print(f'回答：{response}')
```

(5) 加入内建的配接器。

① MathematicalEvaluation：数学式运算，检视原始码后发现它是使用 mathparse 函数库 (https://github.com/gunthercox/mathparse)。

② TimeLogicAdapter：有关时间的函数。

③ BestMatch：从设定的句子中找出最相似的句子。

程序代码如下：

```
1   bot = ChatBot(
2       'Built-in adapters',
3       storage_adapter='chatterbot.storage.SQLStorageAdapter',
4       logic_adapters=[
5           'chatterbot.logic.MathematicalEvaluation',
6           'chatterbot.logic.TimeLogicAdapter',
7           'chatterbot.logic.BestMatch'
8       ],
9       database_uri='sqlite:///database.sqlite3'
10  )
```

④ storage_adapter 参数指定对话记录存储在 SQL 数据库或 MongoDB。

(6) 测试时间的问题：问现在的时间。程序代码如下：

```
1  # 时间测试
2  response = bot.get_response("What time is it?")
3  print(f'回答：{response}')
```

① 问法可检视原始码 time_adapter.py。

```
self.positive = kwargs.get('positive', [
    'what time is it',
    'hey what time is it',
    'do you have the time',
    'do you know the time',
    'do you know what time it is',
    'what is the time'
])

self.negative = kwargs.get('negative', [
    'it is time to go to sleep',
    'what is your favorite color',
    'i had a great time',
    'thyme is my favorite herb',
    'do you have time to look at my essay',
    'how do you have the time to do all this',
    'what is it'
])
```

② 执行结果：回答"The current time is 04：37 PM"。

(7) 数学式测试。程序代码如下：

```
1   # 数学式测试
2   # 7 + 7
3   response = bot.get_response("What is 7 plus 7?")
4   print(f'回答：{response}')
5
6   # 8 - 7
7   response = bot.get_response("What is 8 minus 7?")
8   print(f'回答：{response}')
9
10  # 50 * 100
11  response = bot.get_response("What is 50 * 100?")
12  print(f'回答：{response}')
13
14  # 50 * (85 / 100)
15  response = bot.get_response("What is 50 * (85 / 100)?")
16  print(f'回答：{response}')
```

执行结果如下：

```
回答：7 plus 7 = 14
回答：8 minus 7 = 1
回答：50 * 100 = 5000
回答：50 * ( 85 / 100 ) = 42.50
```

(8) 加入自定义的配接器：自定义配接器为 my_adapter.py，类别名称为 MyLogicAdapter。程序代码如下：

```
1   bot = ChatBot(
2       'Built-in adapters',
3       storage_adapter='chatterbot.storage.SQLStorageAdapter',
4       logic_adapters=[
5           'chatterbot.logic.MathematicalEvaluation',
6           'chatterbot.logic.TimeLogicAdapter',
7           'chatterbot.logic.BestMatch'
8       ],
9       database_uri='sqlite:///database.sqlite3'
10  )
```

(9) 测试自定义配接器。程序代码如下：

```
1   # 测试自定义配接器
2   response = bot.get_response("我要订位")
3   print(f'回答：{response}')
```

① 执行结果：会回答"订位日期、时间及人数？"或"哪一天？几点？人数呢？"，这是程序中随机指定的。

② 自定义配接器必须实现以下三个函数。

- __init__：初始化对象。
- can_process：设定何种问题由此配接器处理，笔者设定的条件为 statement.text.find('订位')>= 0。
- process：处理回答的函数。

以上范例是一个很简单的架构，虽然没有太多 NLP 的功能，提问的句子还必须与训练数据完全相同，但是，它提供了一个可扩充式的架构，让读者可以利用各自的配接器开发技能，再结合相似度辨识，找出意图最相似的问题，最后做出对应的回答，程序就更实用了。

13-4-2　Chatbot AI 实践

ChatBot AI 同时提供 AI 的功能与对话管理的架构，可以透过 REST API 与社群软件进行整合，如 Facebook Messenger，并且以样板语言为主，提供学习 (Learn)、记忆 (Memory) 设定、条件判断 (Conditional Switch)、主题式对话 (Topic-based Conversation Handling) 等功能，如图 13.3 所示。

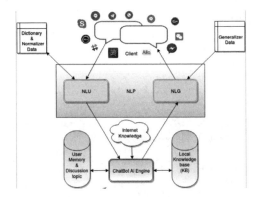

图 13.3　ChatBot AI 的架构图

(图片来源：chatbotAI 官网 [2])

范例. ChatBot AI测试。

请参阅程序：**13_03_ chatbotAI_test.ipynb**。

(1) 加载相关库。

```
1  # 载入相关库
2  from chatbot import demo
```

(2) 功能展示。程序代码如下：

```
1  # 功能展示
2  demo()
```

执行结果：> 后面为使用者输入的问题，一般问题的回答还算得体，要结束的话需输入 quit。执行结果如下：

```
Hi, how are you?
> fine
  Nice to know that you are fine. What else?
> what is your name?
My name is ChatBot
> are you male?
I may be male? -- what do you think?
> how old are you?
Perhaps you can answer your own question.
> are you a kid?
Perhaps you believe I am a kid.
> should I get out tomorrow?
Why do you ask that?
> weather
Let's change focus a bit... Tell me about your family.
> I have one brother
Now that you have one brother, what will you do next?
> quit
Thank you for talking with me.
```

(3) 使用维基百科作为语料库,需安装 wikipedia 库。程序如下:

pip install wikipedia

这个库可搜寻维基百科的数据,输入关键词后,就可以进行多功能的查寻,相关使用说明可参考 wikipedia 库的官网 (https://github.com/goldsmith/Wikipedia)。

(4) 注册可接收的关键词及负责响应的模块为维基百科。程序代码如下:

```python
# 载入相关库
from chatbot import Chat, register_call
import wikipedia

# 注册可接收的关键字及负责回应的模组
@register_call("whoIs")
def who_is(session, query):
    try:
        # 回应
        return wikipedia.summary(query)
    # 例外处理
    except Exception:
        for new_query in wikipedia.search(query):
            try:
                return wikipedia.summary(new_query)
            except Exception:
                pass
    return "I don't know about "+query
```

(5) 指定样板,开始对话。样本文件内容如下:

```
{% block %}
    {% client %}(Do you know about|what is|who is|tell me about) (?P<query>.*){% endclient %}
    {% response %}{% call whoIs: %query %}{% endresponse %}
{% endblock %}
```

① client:使用者。

② response:ChatBot 的回应。

③ (Do you know about|what is|who is|tell me about):可接收的问句开头。

④ call whoIs: %query:指定注册的 whoIs 模块响应。

程序代码如下:

```python
# 第一个问题
first_question="Hi, how are you?"

# 使用的样板
Chat("chatbot_data/Example.template").converse(first_question)
```

执行结果:询问一些比较专业的问题,都可以应答无碍。结果如下:

```
Hi, how are you?
> fine
 Nice to know that you are fine. What else?
> what is tensor
In mathematics, a tensor is an algebraic object that describes a (multilinear) relationship between sets of algebraic objects related to a vector space. Objects that tensors may map between include vectors and scalars, and even other tensors. Tensors can take several different forms – for example: scalars and vectors (which are the simplest tensors), dual vectors, multilinear maps between vector spaces, and even some operations such as the dot product. Tensors are defined independent of any basis, although they are often referred to by their components in a basis related to a particular coordinate system.
Tensors are important in physics because they provide a concise mathematical framework for formulating and solving physics problems in areas such as mechanics (stress, elasticity, fluid mechanics, moment of inertia, ...), electrodynamics (electromagnetic tensor, Maxwell tensor, permittivity, magnetic susceptibility, ...), or general relativity (stress-energy tensor, curvature tensor, ... ) and others. In applications, it is common to study situations in which a different tensor can occur at each point of an object; for example the stress within an object may vary from one location to another. This leads to the concept of a tensor field. In some areas, tensor fields are so ubiquitous that they are often simply called "tensors".
Tensors were conceived in 1900 by Tullio Levi-Civita and Gregorio Ricci-Curbastro, who continued the earlier work of Bernhard Riemann and Elwin Bruno Christoffel and others, as part of the absolute differential calculus. The concept enabled an alternative formulation of the intrinsic differential geometry of a manifold in the form of the Riemann curvature tensor.
> tell me about chatbot
Kuki, formerly known as Mitsuku, is a chatbot created from Pandorabots AIML technology by Steve Worswick. It is a five-time winner of a Turing Test competition called the Loebner Prize (in 2013, 2016, 2017, 2018, and 2019), for which it holds a world record. Kuki is available to chat via an online portal, and on Facebook Messenger, Twitch group chat, Telegram and Kik Messenger, and was available on Skype, but was removed by its developer.
```

(6) 使用中文关键词发问。程序代码如下：

```
1  first_question="你好吗?"
2  Chat("chatbot_data/Example.template").converse(first_question)
```

执行结果：中文关键词 (who is 杨振宁 ?) 能够正确回答。结果如下：

```
你好吗?
> 好
Please tell me more.
> who is 杨振宁?
Yang Chen-Ning or Chen-Ning Yang (Chinese: 杨振宁; pinyin: Yáng Zhènníng; born 1 October 1922), also known as C. N. Yang or by t
he English name Frank Yang, is a Chinese theoretical physicist who made significant contributions to statistical mechanics, int
egrable systems, gauge theory, and both particle physics and condensed matter physics. He and Tsung-Dao Lee received the 1957 N
obel Prize in Physics for their work on parity nonconservation of weak interaction. The two proposed that one of the basic quan
tum-mechanics laws, the conservation of parity, is violated in the so-called weak nuclear reactions, those nuclear processes th
at result in the emission of beta or alpha particles. Yang is also well known for his collaboration with Robert Mills in develo
ping non-abelian gauge theory, widely known as the Yang-Mills theory.
```

(7) 记忆模块定义：下面使用变量来记忆一个字符串或累计值，如访客人数，并且使用 key/value 进行存储。程序代码如下：

```
1  # 记忆(memory)模组定义
2  @register_call("increment_count")
3  def memory_get_set_example(session, query):
4      # 一律转成小写
5      name=query.strip().lower()
6      # 取得记忆的次数
7      old_count = session.memory.get(name, '0')
8      new_count = int(old_count) + 1
9      # 设定记忆次数
10     session.memory[name]=str(new_count)
11     return f"count {new_count}"
```

(8) 记忆设定测试。程序代码如下：

```
1  # 记忆(memory)测试
2  chat = Chat("chatbot_data/get_set_memory_example.template")
3  chat.converse("""
4  Memory get and set example
5
6  Usage:
7    increment <name>
8    show <name>
9    remember <name> is <value>
10   tell me about <name>
11
12 example:
13   increment mango
14   show mango
15   remember sun is red hot star in our solar system
16   tell me about sun
17 """)
```

① chat.converse()：内含用法说明。
- increment <name>：变量值加 1。
- show <name>：显示变量值。
- remember <name> is <value>：记忆变量与对应值。
- tell me about <name>：显示变量对应值。

② 执行结果如下：

```
> increment mango
count  1
> increment mango
count  2
> show mango
2
> remember sun is red hot star in our solar system
I will remember sun is red hot star in our solar system
> tell me about sun
sun is red hot star in our solar system
> remember PLG 5/2 比赛结果 is 梦想家胜
I will remember plg 5/2 比赛结果 is 梦想家胜
> tell me about plg 5/2
I don't know about plg 5/2
> tell me about plg 5/2比赛结果
I don't know about plg 5/2比赛结果
> tell me about plg 5/2 比赛结果
plg 5/2 比赛结果 is 梦想家胜
> quit
Thank you. Have a good day!
```

ChatBotAI 也提供了一个扩充性的架构，可透过注册的模块和样板，以外挂的方式衔接各种技能。

13-4-3 Rasa 实践

Rasa 是一个 Open Source 的工具软件，也有付费版本，相当多的文章提到了它。它以 Markdown 格式设定意图、故事、响应、实体以及对话管理等功能，用户可以编辑各个组态文件 (*.yml)，重新训练过后，就可以提供给 ChatBot 来使用。

安装过程依照 Rasa 官网指示操作，会出现错误，正确的安装指令如下。

1. Windows 操作系统

pip install rasa --ignore-installed ruamel.yaml --user

** --user 参数：会让 Rasa 被安装在用户目录下。若不加此选项，则会出现权限不足的错误信息，表示 Python site-packages 目录不允许安装。

2. Linux/Mac 操作系统

pip install rasa --ignore-installed ruamel.yaml

在 Windows 操作系统下，Rasa 安装成功后，程序会放在 C:\users\<user_name>\appdata\roaming\python\python38\scripts\。接着，测试步骤如下。

1. 新增一个项目

C:\users\<user_name>\appdata\roaming\python\python38\scripts\rasa.exe init --no-prompt

(1) 产生一个范例项目，子目录和文件列表如下：

- actions
- data
- models
- tests
- config.yml
- credentials.yml
- domain.yml
- endpoints.yml

(2) 会依据以上项目文件，同时进行训练，完成后建立模型文件，存储在 models 子目录内。

(3) data 子目录内有以下几个重要的文件。

① nlu.yml：NLU 训练数据，包含各类的意图和例句。

② rules.yml：包含各项规则的意图和行动。
③ stories.yml：包含各项故事情节，描述多个意图和行动的顺序。
(4) 根目录的文件如下。
① domain.yml：包含 Bot 各项的回应。
② config.yml：NLU 训练的管线 (Pipeline) 与策略 (Policy)。

2. 测试

C:\users\<user_name>\appdata\roaming\python\python38\scripts\rasa.exe shell
对话过程如下，并没有太大的弹性，必须完全照着 nlu.yml 问问题。

3. 故事情节可视化

C:\users\<user_name>\appdata\roaming\python\python38\scripts\rasa.exe visualize
执行结果：如图 13.4 所示，对应 stories.yml 的内容。

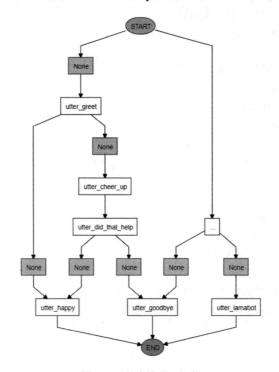

图 13.4　故事情节可视化

4. 训练模型

可以修改上述的 .yml 文件后，重新训练模型。

C:\users\<user_name>\appdata\roaming\python\python38\scripts\rasa.exe train

范例. 建立自定义的行动(Custom action)。 下面新增一个行动，询问姓名，并单纯回答 "Hello <name>"。

(1) 安装 Rasa SDK：

pip install rasa_core_sdk

(2) 在 domain.yml 文件内增加以下内容，请参阅范例文件。

① inform 意图。

② entities、actions。

entities:
 - name

actions:
 - action_save_name

③ responses 增加以下内容：

utter_welcome:
 - text: "Welcome!"

utter_ask_name:
 - text: "What's your name?"

(3) 在 data\nlu.yml 增加以下内容：

- intent: inform
  examples: |
    - my name is [Michael](name)
    - [Philip](name)
    - [Michelle](name)
    - [Mike](name)
    - I'm [Helen](name)

(4) 在 data\ stories.yml 的每一段 action：utter_ask_name 后面增加下列内容：

- intent: inform
  entities:
    - name: "name"
  - action: action_save_name

(5) 在 endpoints.yml 解除批注：

action_endpoint:
 url: http: //localhost: 5055/webhook

(6) 增加一段 action 处理程序。程序代码如下：

```python
from typing import Any, Text, Dict, List
from rasa_sdk import Action, Tracker
from rasa_sdk.executor import CollectingDispatcher

class ActionSaveName(Action):
    def name(self):
        return "action_save_name"
    def run(self, dispatcher: CollectingDispatcher,
           tracker: Tracker,
           domain: Dict[Text, Any]) -> List[Dict[Text, Any]]:
        
        name = \
        next(tracker.get_latest_entity_values("name"))
        dispatcher.utter_message(text=f"Hello, {name}!")
        return []
```

(7) 启动 action 程序：C:\users\<user_name>\appdata\roaming\python\python38\scripts\rasa.exe run actions。

(8) 重新训练模型：C:\users\<user_name>\appdata\roaming\python\python38\scripts\rasa.exe train。

(9) 测试：C:\users\<user_name>\appdata\roaming\python\python38\scripts\rasa.exe shell
对话过程如下，确实有回应"Hello <name>"。

```
Your input -> hello
What's your name?
Your input -> michael
Hello, michael!
Hey! How are you?
```

Rasa 比较像传统的 AIML ChatBot，是以问答例句当作训练数据，算是相对僵硬的方式，且需要大量的人力维护，但好处是可以精准控制回答的内容。

13-5　Dialogflow 实践

现在已经有许多厂商都推出了成熟的 ChatBot 产品，只要经过适当的设定，就可以上线了，如 Google Dialogflow、Microsoft QnA Maker、Azure Bot Service、IBM Watson Assistant 等。以下我们以 DialogFlow 为例介绍整个流程。

依据 Dialogflow 的官网说明[3]，它是一个 NLU 平台，可将对话功能整合至网页、手机、语音响应接口，而输入/输出接口可以是文字或语音。就笔者实验结果而言，它主要是以槽位填充为出发点，并搭配完整的 NER 功能，如时间，可输入 today、tomorrow、right now，系统会自动转换为日期，另外全世界的城市也能辨识，算是一个可轻易上手的产品。

它有两个版本：Dialogflow CX 和 Dialogflow ES，前者为进阶版本，后者为标准版，可免费试用，我们用免费版本测试。两者功能的比较表可参阅：https://cloud.google.com/dialogflow/docs/editions。

Dialogflow 的术语定义如下。

(1) Agent：即 ChatBot，每个公司可建立多个 ChatBot，各司其职。

(2) 意图：与之前定义相同，但更细致，包含如下。

- 训练的词组 (Training Phrases)：定义使用者表达意图的词组，不必列举所有可能的词组，Dialogflow 有内建的机器学习智能，会自动加入类似的词组。
- 行动：ChatBot 接收到意图后采取的行动。

- 参数：定义槽位填充所需的信息，包括必填的和选填的参数，Dialogflow 可以从使用者的表达中找出对应的实体，如图 13.5 所示。
- 回应：行动完毕后，响应用户的文字或语音。

图 13.5　Dialogflow 可从意图中找出时间和地点
(图片来源：Dialogflow 的官网说明 [3])

(3) 实体：Dialogflow 已内建许多系统实体 (System Entity) 类别，包括日期、时间、颜色、Email 等，还包括多国语系的实体。

(4) 上下文：如图 13.6 所示，Dialogflow 从第一句话中察觉意图是"查询帐户信息"(CheckingInfo)，接着会问"何种信息"，用户回答"账户余额"后，Dialogflow 即将余额告诉使用者。Dialogflow 会先辨识意图，再根据缺乏的信息进一步询问，直到所有信息都满足为止，才会将答案回复给使用者，这就是槽位填充 (Slot Filling) 的机制。

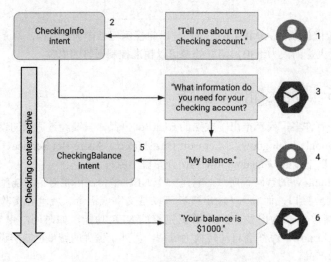

图 13.6　Dialogflow 上下文对话的流程
(图片来源：Dialogflow 的官网说明 [3])

(5) 追问意图 (Follow-up intent)：可依据使用者的回答定义不同的回答方式，以追问意图，通过此功能可以建立有限状态机，对于复杂的流程有很大的帮助，Dialogflow 也内建了追问意图的识别，如 Yes/No。例如 yes，回答 sure、exactly 也可以，如图 13.7 所示。

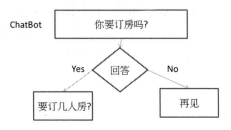

图 13.7　追问意图

　　(6) 履行 (Fulfillment)：ChatBot 除了响应文字之外，也能够与数据库或社群软件整合，开发者可以撰写一个服务，整合各种软硬件，如图 13.8 所示。

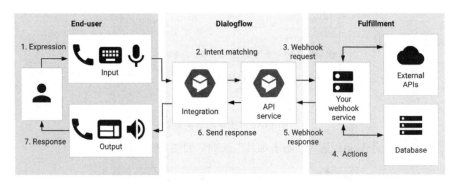

图 13.8　履行
(图片来源：Dialogflow 的官网说明 [3])

13-5-1　Dialogflow 安装

　　Dialogflow 不需安装，只需开通，程序如下。
　　(1) 开通：首先要申请 Gmail 账号，接着再申请 GCP(Google Cloud Platform) 云端服务。
　　(2) 新增 GCP 的项目：参阅 "Dialogflow Quickstart：Setup"，选择 "新建项目" 选项，并单击 "建立" 按钮，如图 13.9 所示。

图 13.9　新增 GCP 项目

(3) 授权项目使用 Dialogflow API：单击"启用 API"按钮。
(4) 建立服务账户：单击"建立服务账号"按钮，如图 13.10 所示。

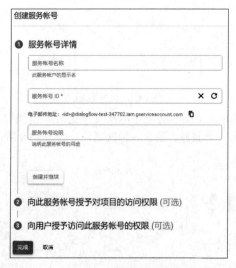

图 13.10　建立服务账号

(5) 新增密钥 (key)：选择"电子邮件"选项，如图 13.11 所示。

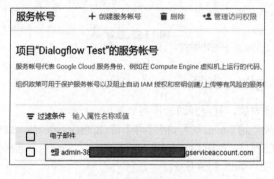

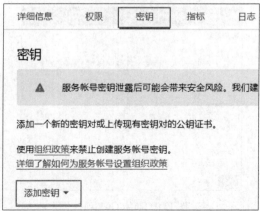

图 13.11　新增密钥

(6) 设定环境变量，指向密钥路径。在 Powershell 内输入如下：
$env：GOOGLE_APPLICATION_CREDENTIALS="< 密钥路径 >"
例如："F：\0_AI\Books\ 以 100 张图理解深度学习 \quickstart.json"。
(7) 安装 Cloud SDK。
(8) 测试 SDK：会打印出密钥 (是一堆乱码)。
gcloud auth application-default print-access-token
(9) 安装 Dialogflow client library：pip install google-cloud-dialogflow。

13-5-2 Dialogflow 基本功能

至此开通完成，即可进入 Dialogflow 设定相关画面。

(1) 建立 Agent：输入相关信息，支持多语系，包括中文，单击"CREATE"按钮即可，如图 13.12 所示。

图 13.12　建立 Agent

(2) 内建意图：Dialogflow 会预先建立两个意图。
- Default Fallback Intent：不理解使用者的意图时，会归属于此，通常会要求使用者再输入其他用语。
- Default Welcome Intent：Agent 的欢迎词。

(3) 建立意图：单击"Create Intent"按钮，输入意图名称，并单击"Add Training Phrases"超链接，就可以输入多组问句与响应，如图 13.13 所示。

图 13.13　建立意图

回应：单击"ADD RESPONSE"超链接，如图 13.14 所示。

图 13.14　回应

存档：单击"SAVE"按钮。

(4) 测试：存盘，并确定训练完成的信息出现之后，即可在画面右侧测试，亦可直接用语音输入。

① 输入"What is your name"，如图 13.15 所示。

图 13.15　测试

② 输入"Hello"，如图 13.16 所示。

图 13.16　测试 2

(5) 参数：输入的例句如果包含内建的实体，则会被解析出来，当作参数，可进一步设定参数属性。单击画面左侧 Intent 旁的"+"。

① 例如输入"I know English"，Dialogflow 检测到"English"是内建的语言 Entity(@sys.language)，系统会自动新增一个参数，如图 13.17 所示。

图 13.17　参数

② 可针对参数设定属性。
- Required：是否必要输入。
- Parameter Name：参数名称。
- Entity：选择 Entity 类别，可修改为其他类别。
- Value：参数的名称，响应可以此名称取得参数值。
- Is List：参数值是否为 List，即一参数含多个值。
- Prompts：若输入的问句或回答欠缺此参数，Agent 会显示此提示，询问用户，如图 13.18 所示。

图 13.18　询问用户

③ 输入响应："Wow! I didn't know you knew $language."，其中 $language 会自用户的问句取得变量值。

④ 存档。

(6) 测试：输入"I speak english"，响应的 $language = English，如图 13.19 所示。

图 13.19　测试

(7) 可建立自定义的实体：单击画面左侧 Entities 旁的"+"。
① 输入 Entity 和同义字。
② 存档，如图 13.20 所示。

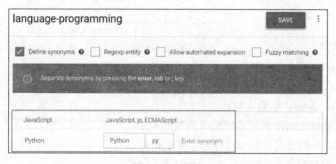

图 13.20　存档

(8) 使用 English 的实体：在原来的"set-language"Entity，输入例句 (Training phrase)。
① I know JavaScript.
② I write the logic in Python.
③ 双击"JavaScript"按钮，选择"language-programming"选项。
④ 输入响应："$language-programming is an excellent programming language."。
⑤ 存档。
(9) 测试：输入"you know js?"。
① 参数 language 若选择"Required"，会出现"what is the language?"，如图 13.21 所示。

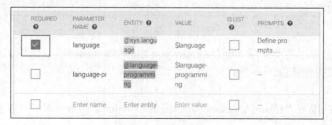

图 13.21　选择参数

续图 13.21　选择参数

② 全部参数若都不选择"Required",则会出现"JavaScript is an excellent programming language.",如图 123.22 所示。

图 13.22　不勾选所有参数

(10) 追问意图 (Follow-up Intent):若需考虑上文回答,可追问详细意图。

① 测试:修改回应为"Wow! I didn't know you knew $language. How long have you known $language?"。

② 加追问意图:单击画面左侧"intents"选项,将鼠标移至"set-language",会出现"Add follow-up intent",单击即可,会增加"set-language - custom"追问意图,如图 13.23 所示。

 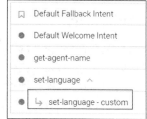

图 13.23　加追问意图

③ 单击"set-language - custom",输入例句 (Training phrase) 如下:
- 3 years
- about 4 days
- for 5 years

④ 寿命 (Lifespan):一般意图的预设寿命为 5 个对话,追问意图的预设寿命则为 2 个对话,超过 20 分钟,所有意图均不保留,即相关的对话状态会被重置。

⑤ 测试:加入响应"I can't believe you've known #set-language-followup.language for \$duration!"。
- "#":意图。
- ".":参数值。

(11) 测试追问意图。

① 输入"I know French",如图 13.24 所示。

图 13.24 输入 1 响应

② 输入"for 5 years",如图 13.25 所示。

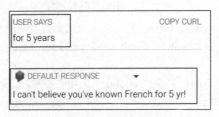

图 13.25 输入 2 响应

13-5-3 履行

履行是在搜集完整信息后采取的行动,撰写程序完成商业逻辑和交易,可与社群软件、硬件整合。Dialog 提供以下两种履行类型。

(1) Webhook:撰写一个网页服务 (Web Service),Dialog 通过 POST 请求送给 Webhook,并接收响应。

(2) Inline Editor:通过 GCP 建立 Cloud Functions,使用 Node.js 执行环境,这是比较简单的方式,不过如果是正式的项目开发,还是要选择 Webhook。

范例. Inline Editor须建立GCP付费账号，才能使用，下面针对Webhook实践。

(1) 建立一个新的意图：输入两个例句 "order a room in Tainan at 2021-2-5" "I want a double room in Taipei at 2021-01-01"，如图 13.26 所示。

图 13.26　建立新的意图

(2) 参数 "geo-city" "date-time" 均设为必要字段，如图 13.27 所示。

图 13.27　设置参数

(3) 履行：启用 "Enable webhook call for this intent"。

(4) 撰写 Webhook 程序：可使用多种语言撰写，这里我们使用 Python 加上 Flask 库，撰写 Web 程序，完整程序请参考 dialogflow\webhook\app.py，程序代码后续说明。

(5) 程序必须部署到 Internet 上，Dialogflow 才能存取到 app.py。可以使用 ngrok.exe 将内部网址对应到外部网址，这样就可以先在本机测试，等到测试成功后，再将程序部署到 Heroku 或其他网站测试，Heroku 是免费的网站部署平台，试用后可升级为付费账户。

(6) 启动 app.py：预设网址为 http://127.0.0.1：5000/。

(7) 执行下列指令，取得对应的 https 网址。

(8) 接着设定 Fulfillment：单击画面左侧的 Fulfillment 旁的 "+" 按钮，启用 Webhook，并设定上一步骤所取得的 https 网址，后面须加上 /webhook，单击下方 "Save" 按钮即可，如图 13.28 所示。

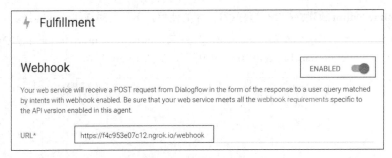

图 13.28　设定 Fulfillment

(9) 测试：在画面右侧输入 "order a room in Tainan at 2021-2-5"，如图 13.29 所示。

图 13.29　测试

(10) 再查看 dialogflow\webhook\test.db SQLite 数据库，就可以看到每重复执行一次，tainan/2021-02-05 的订房数 (room_count) 就会加 1。而输入不同的城市或日期则会新增一批记录。SQLite 数据库可使用 SQLitespy.exe 或其他工具软件开启，如图 13.30 所示。

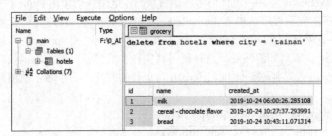

图 13.30　查看数据库

dialogflow\webhook\app.py 程序代码说明如下。
(1) 安装库。
pip install flask
pip install sqlalchemy

(2) 加载相关库。程序代码如下：

```
4  # 载入相关库
5  from flask import Flask, request, jsonify, make_response
6  from sqlalchemy import create_engine
```

(3) 声明 Flask 对象。程序代码如下：

```
8  # 声明 Flask 对象
9  app = Flask(__name__)
```

(4) 定义函数：必须为 @app.route('/webhook', methods=['POST'])。可取得请求、意图、entity 等。程序代码如下：

```
22  @app.route('/webhook', methods=['POST'])
23  def hotel_booking():
24      # 取得请求
25      req = request.get_json(force=True)
26      # 取得意图 set-Language
27      intent = req.get('queryResult').get('intent')['displayName']
28      # 取得 entity
29      entityCity = req.get('queryResult').get('parameters')["geo-city"].lower()
30      entityDate = req.get('queryResult').get('parameters')["date-time"].lower()
31      entityDate = entityDate[:10].replace('/', '-')
```

(5) 开启数据库联机。程序代码如下：

```
33  # 开启数据库联机
34  engine = create_engine('sqlite:///test.db', convert_unicode=True)
35  con = engine.connect()
```

(6) 更新数据库：先根据城市、日期查询数据，若记录存在，则订房数加 1；反之，则新增一批新的记录，最后传回 OK 信息。程序代码如下：

```
37      if intent == 'booking':
38          # 根据城市、日期查询
39          sql_cmd = f"select room_count from  hotels "
40          sql_cmd += f"where city = '{entityCity}' and order_date = '{entityDate}'"
41          result = con.execute(sql_cmd)
42          list1 = result.fetchall()
43
44          # 增加记录
45          if len(list1) > 0: # 订房数加 1
46              sql_cmd = f"update hotels set 'room_count' = {list1[-1][-1]+1} "
47              sql_cmd += f"where city = '{entityCity}' and order_date = '{entityDate}'"
48              result = con.execute(sql_cmd)
49          else: # 新增一批记录
50              sql_cmd = "insert into hotels('city', 'order_date', 'room_count')"
51              sql_cmd += f" values ('{entityCity}', '{entityDate}', 1)"
52              result = con.execute(sql_cmd)
53
54          # 回应
55          response = f'{entityCity}, {entityDate} OK.'
56          return make_response(jsonify({ 'fulfillmentText': response }))
```

(7) 以上只是示范程序，在实际情况中，我们必须做例外处理，包括程序代码错误、意图、Entity 检查等。

Dialogflow 还可以整合语音交换机、社群媒体、Spark 等，详情可参阅 "Dialogflow Integrations 说明"。另外，Dialogflow 也内建了许多应用程序，可参阅 "Dialogflow Prebuilt Agents 说明"。

上述 Dialogflow 介绍的概念，也几乎是业界的标准。

13-6　总结

对于大部分的企业来说，聊天机器人的实用度相当高，可以提供售前支持、销售甚至是售后服务等多方面的服务，但如何整合既有的流程及系统，使得 ChatBot 能无缝接轨，员工也能快速上手，是系统设计的一大课题。最后，设置时也不要忘记系统自我学习的使命，让系统随着服务的经验，越来越"聪明"。

第 14 章
语音识别

近几年随着社会发展，影像、语音等的自然用户接口 (Natural User Interface, NUI) 有了突破性的发展，如 Apple Face ID 以脸部辨识登录，手机、智能音箱可以使用语音输入，这类操作方式大幅降低输入的难度，尤其针对中老年人。根据统计，人们讲话的速度约为每分钟 150~200 字，而打字输入大概只有每 60 字 / 分，如果能提高语音识别的能力，语音输入就会逐渐取代键盘打字了，此外，键盘在携带方便性与亲和力方面也远不及语音。由此可见，要消弭人类与机器之间的隔阂，语音识别是关键技术，接下来我们就来好好认识它的发展。

回归现实，语音识别并不简单，必须要克服以下挑战。

(1) 说话者的个体差异：包括口音、音调的高低起伏，如男性和女性的音频差异就很大。

(2) 环境噪声：各种环境会有不同的背景音源，因此辨识前必须先去除噪声。

(3) 语调的差异：人在不同的情绪下，讲话的语调会有所不同，比如悲伤时讲话速度可能较慢，声音较小而低沉；反之，兴奋时，讲话速度快，声音较大。

光是"No"一个简单的词，不同的人说就有各式各样的声波，如图 14.1 所示。

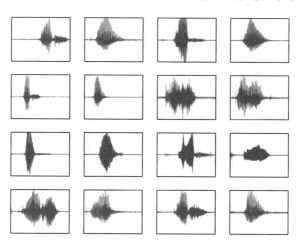

图 14.1　一千种 No 的声波的部分提取
（图片来源：哥伦比亚大学语音识别课程讲义[1]）

因此，要能辨识不同人的声音，计算机必须先对收到的信号做前置处理，之后，才能再运用各种算法和数据库进行辨识，而这过程中所需的基础知识包括如下。

(1) 信号处理 (Signal Processing)。
(2) 概率与统计 (Probability and Statistics)。
(3) 语音和语意学 (Phonetics；linguistics)。
(4) 自然语言处理 (Natural language Processing, NLP)。
(5) 机器学习与深度学习。

看到这里大家应该有点犯难了，所以笔者试着以简驭繁，将焦点放在实践上。

14-1 语音基本认识

以说话为例，人类以胸腔压缩和变换嘴唇、舌头形状等方式，使空气产生压缩与伸张的效果，形成声波，然后以每秒大约 340 米的速度在空气中传播，当此声波传递到另一个人的耳朵时，耳膜就会感受到一伸一压的压力信号，接着内耳神经再将此信号传递到大脑，并由大脑解析与判读，分辨此信号的意义，详细说明可参阅 *Audio Signal Processing and Recognition*[2]。

声音的信号通常是不规则的 (见图 14.2)，所以必须先经过数字化，才能交由计算机处理，做法是每隔一段时间衡量振幅，得到一个数字，这个过程称为取样，如图 14.3 所示。之后，再把所有数字记录下来变成数字音频，而这个过程就是所谓的将模拟 (Analog) 信号转为数字 (Digital) 信号。

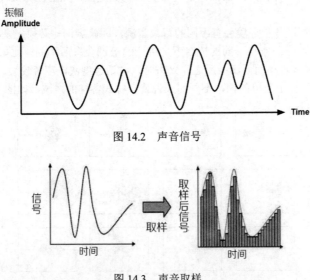

图 14.2　声音信号

图 14.3　声音取样
(图片来源：台湾大学普通物理实验室[3])

信号可由波形的振幅 (Amplitude)、频率 (Frequency) 及相位 (Phase) 来表示，如图 14.4 所示。

(1) 振幅：指波的高度，可以形容声音的大小。
(2) 频率：为一秒波动的周期数，可以形容声音的高低。
(3) 相位：描述信号波形变化的度量，通常以度 (角度) 作为单位，也称为相角或相。当信号波形以周期的方式变化，波形循环一周即为 360 度。

第 14 章 | 语音识别

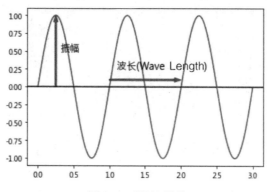

图 14.4　振幅与波长

请参阅程序：**14_01_ 振幅、频率及相位 .ipynb**，做一简单的测试。

频率是以赫兹 (Hz) 为单位，赫兹为信号每秒振动的周期数，通常人耳可以听到的频率约在 20 Hz~20 kHz，但随着年龄的增长，人们会对高频信号越来越不敏感，如图 14.5 所示。

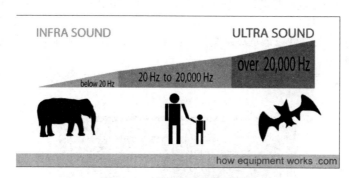

图 14.5　动物可听见的音频范围

(图片来源：*Audio Signal Processing* [4])

根据奈奎斯特 (Nyquist) 定理，重建信号是取样频率 (Sample Rate) 的一半，以传统电话为例，通常接收的音频约为 4kHz，因此取样频率通常是 8kHz，其他常见装置的取样频率如下。

(1) 网络电话：16kHz。

(2) CD：单声道为 22.05kHz，立体 (双) 声道为 44.1kHz。

(3) DVD：单声道为 48kHz，蓝光 DVD 为 96kHz。

(4) 其他装置的取样频率可参阅"Sampling(signal processing) 维基百科"(https://en.wikipedia.org/wiki/Sampling_(signal_processing)#Sampling_rate)。

将信号转为数字时，若数字的精度不足会造成更多的损失，因此，也可分为 8 位、16 位、32 位不同的整数精度，这个过程称为量化 (Quantization)，传统电话采用 8 位，网络电话采用 16 位。

信号经过数字化后，通常会把它存盘或通过网络传输给另一端，接着再把数字信号转回模拟信号，即可原音重现，如图 14.6 所示。这时就涉及到信号压缩的问题，如何以最小的数据量存储或传输，就是所谓的编码机制。

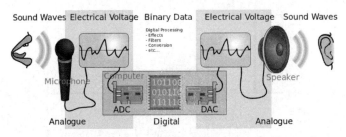

图 14.6 信号的数字化与重现
（图片来源："File：CPT-Sound-ADC-DAC.svg"[5]）

常见的编码方式如下。

(1) 脉冲编码调变 (Pulse-code Modulation,PCM)：直接将每一个取样的振幅存档或传输至对方，这种编码方式效率不高。

(2) 非线性 PCM(Non-linear PCM)：因人类对高频信号较不敏感，故可以把高频信号以较低精度编码；反之，低频信号采较高精度，可降低编码量。

(3) 可调变 PCM(Adaptive PCM)：由于信号片段高低不一，因此不必统一编码，可以将信号切成很多段，并把每一段都分别编码，进行正规化 (Regularization) 后，再做 PCM 编码。

最常见的语音文件应该是 wav 文件，它支持各式的精度与编码，最常见的是 16 位精度与 PCM 编码。

以上的过程可通过示波器 (Oscilloscope) 观察，如图 14.7 所示，也可以直接以程序实践。

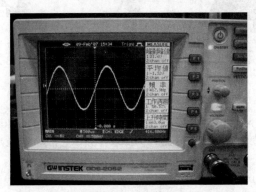

图 14.7 示波器
（图片来源：台湾大学普通物理实验室[3]）

范例1. 音频文件解析。

请参阅程序：**14_02_ 音频文件解析 .ipynb**。

(1) 加载相关库：Jupyter Notebook 本身就支持影像显示、语音播放。程序代码如下：

```
1  # 载入相关库
2  import IPython
```

(2) 播放音频文件：文件来源为 https://github.com/maxifjaved/sample-files，autoplay 设定为 True 时，执行即会自动播放，不需另外按 PLAY 键。程序代码如下：

```
1  # 文件来源：https://github.com/maxifjaved/sample-files
2  wav_file = './audio/WAV_1MG.wav'
3
4  # autoplay=True：自动播放，不需按 PLAY 键
5  IPython.display.Audio(wav_file, autoplay=True)
```

执行结果：可中止，显示文件长度有 33 秒。

（3）取得音频文件的属性：可使用 Python 内建的模块 wave，取得音频文件的属性，相关说明可参阅 wave 说明文件 (https://docs.python.org/3/library/wave.html)。程序代码如下：

```
1  # 取得音频文件的属性
2  import wave
3
4  f=wave.open(wav_file)
5  print(f'取样频率={f.getframerate()}, 帧数={f.getnframes()}, ' +
6        f'声道={f.getnchannels()}, 精度={f.getsampwidth()}, ' +
7        f'文件秒数={f.getnframes() / f.getframerate():.2f}')
8  f.close()
```

① 执行结果：取样频率 =8000，帧数 =268237，声道 =2，精度 =2，文件秒数 =33.53。

② getframerate()：取样频率。

③ getnframes()：音频文件总帧数。

④ getnchannels()：声道。

⑤ getsampwidth()：量化精度。

⑥ 文件秒数 = 音频文件总帧数 / 取样频率。

（4）使用 PyAudio 函数库串流播放：每读一个区块，就立即播放。PyAudio 在 Windows 操作系统下不能使用 pip install PyAudio 顺利安装，请直接至 Unofficial Windows Binaries for Python Extension Packages(https://www.lfd.uci.edu/~gohlke/pythonlibs/#pyaudio) 下载 PyAudio-0.2.11-cp38-cp3[X]-win_amd64.whl，再执行 pip install PyAudio-0.2.11-cp38-cp3[X]-win_amd64.whl。程序代码如下：

```
1   # 使用 PyAudio 串流播放
2   import pyaudio
3
4   def PlayAudio(filename, seconds=-1):
5       # 定义串流区块大小(stream chunk)
6       chunk = 1024
7
8       # 开启音频文件
9       f = wave.open(filename,"rb")
10
11      # 初始化 PyAudio
12      p = pyaudio.PyAudio()
13
14      # 开启串流
15      stream = p.open(format = p.get_format_from_width(f.getsampwidth()),
16                      channels = f.getnchannels(), rate = f.getframerate(), output = True)
17
18      # 计算每秒区块数
```

```
19      sample_count_per_second = f.getframerate() / chunk
20
21      # 计算总区块数
22      if seconds > 0 :
23          total_chunk = seconds * sample_count_per_second
24      else:
25          total_chunk = (f.getnframes() / (f.getframerate() * f.getnchannels())) \
26                      * sample_count_per_second
27
28      print(f'每秒区块数={sample_count_per_second}, 总区块数={total_chunk}')
29
30      # 每次读一区块
31      data = f.readframes(chunk)
32      no=0
33      while data:
34          # 播放区块
35          stream.write(data)
36          data = f.readframes(chunk)
37          no+=1
38          if seconds > 0 and no > total_chunk :
39              break
40
41      # 关闭串流
42      stream.stop_stream()
43      stream.close()
44
45      # 关闭 PyAudio
46      p.terminate()
```

(5) 调用函数播放。程序代码如下：

```
1   # 播放音频文件
2   PlayAudio(wav_file, -1)
```

执行结果：每秒区块数 =7.8125， 总区块数 =130.97509765625。

(6) 绘制波形：由于多声道 wav 文件格式是交错存储的，故先说明比较单纯的单声道 wav 文件读取。程序代码如下：

```
1   # 绘制波形
2   import numpy as np
3   import wave
4   import sys
5   import matplotlib.pyplot as plt
6
7   # 单声道绘制波形
8   def DrawWavFile_mono(filename):
9       # 开启音频文件
10      f = wave.open(filename, "r")
11
12      # 字串转换整数
13      signal = f.readframes(-1)
14      signal = np.frombuffer(signal, np.int16)
15      fs = f.getframerate()
16
17      # 非单声道无法解析
18      if f.getnchannels() == 1:
19          Time = np.linspace(0, len(signal) / fs, num=len(signal))
20
21          # 绘图
22          plt.figure(figsize=(12,6))
23          plt.title("Signal Wave...")
24          plt.plot(Time, signal)
25          plt.show()
26      else:
27          print('非单声道无法解析')
```

(7) 测试。程序代码如下:

```
1  wav_file = './audio/down.wav'
2  DrawWavFile_mono(wav_file)
```

执行结果:如图 14.8 所示。

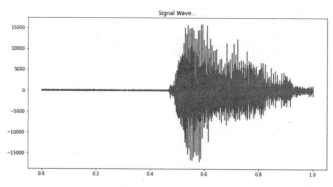

图 14.8　测试结果

(8) 多声道绘制波形函数。程序代码如下:

```
1   # 多声道绘制波形
2   def DrawWavFile_stereo(filename):
3       # 开启音频文件
4       with wave.open(filename,'r') as wav_file:
5           # 字串转换整数
6           signal = wav_file.readframes(-1)
7           signal = np.frombuffer(signal, np.int16)
8
9           # 为每一声道准备一个 list
10          channels = [[] for channel in range(wav_file.getnchannels())]
11
12          # 将数据放入每个 list
13          for index, datum in enumerate(signal):
14              channels[index % len(channels)].append(datum)
15
16          # 计算时间
17          fs = wav_file.getframerate()
18          Time=np.linspace(0, len(signal)/len(channels)/fs,
19                          num=int(len(signal)/len(channels)))
20
21          f, ax = plt.subplots(nrows=len(channels), ncols=1,figsize=(10,6))
22          for i, channel in enumerate(channels):
23              if len(channels)==1:
24                  ax.plot(Time,channel)
25              else:
26                  ax[i].plot(Time,channel)
```

(9) 测试。程序代码如下:

```
1  wav_file = './audio/WAV_1MG.wav'
2  DrawWavFile_stereo(wav_file)
```

执行结果:双声道如图 14.9 所示。

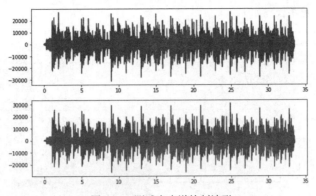

图 14.9 测试多声道绘制波形

(10) 将前面的单声道、多声道函数整合在一起。程序代码如下：

```
1  # 多声道绘制波形
2  def DrawWavFile(wav_file):
3      f=wave.open(wav_file)
4      channels = f.getnchannels() # 声道
5      f.close()
6
7      if channels == 1:
8          DrawWavFile_mono(wav_file)
9      else:
10         DrawWavFile_stereo(wav_file)
```

(11) 测试。程序代码如下：

```
1  wav_file = './audio/down.wav'
2  DrawWavFile(wav_file)
3  wav_file = './audio/WAV_1MG.wav'
4  DrawWavFile(wav_file)
```

执行结果：如图 14.10 所示。

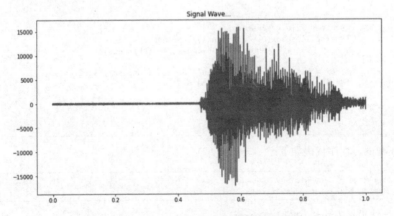

图 14.10 整合单声道、多声道函数测试结果

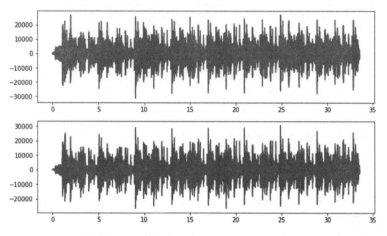

续图 14.10　整合单声道、多声道函数测试结果

(12) 产生音频文件：以随机数生成音频文件，随机数介于 (-32767, 32767)。程序代码如下：

```python
# 产生音频文件
import wave, struct, random

sampleRate = 44100.0 # 取样频率
duration = 1.0 # 秒数

wav_file = './audio/random.wav'
obj = wave.open(wav_file,'w')
obj.setnchannels(1) # 单声道
obj.setsampwidth(2)
obj.setframerate(sampleRate)
for i in range(99999):
    value = random.randint(-32767, 32767)
    data = struct.pack('<h', value) # <h : short, big-endian
    obj.writeframesraw(data)
obj.close()

IPython.display.Audio(wav_file)
```

执行结果：产生音频文件 random.wav，并播放。

(13) 取得音频文件的属性。程序代码如下：

```python
# 取得音频文件的属性
f=wave.open(wav_file)
print(f'取样频率={f.getframerate()}, 帧数={f.getnframes()}, ' +
      f'声道={f.getnchannels()}, 精度={f.getsampwidth()}, ' +
      f'文件秒数={f.getnframes() / (f.getframerate() * f.getnchannels()):.2f}')
f.close()
```

执行结果：取样频率 =44100，帧数 =99999，声道 =1，精度 =2，文件秒数 =2.27，与设定一致。

(14) 双声道音频文件转换为单声道。程序代码如下：

```python
1   # 双声道音频文件转换为单声道
2   import numpy as np
3   
4   wav_file = './audio/WAV_1MG.wav'
5   # 开启音频文件
6   with wave.open(wav_file,'r') as f:
7       # 字串转换整数
8       signal = f.readframes(-1)
9       signal = np.frombuffer(signal, np.int16)
10  
11      # 为每一声道准备一个 list
12      channels = [[] for channel in range(f.getnchannels())]
13  
14      # 将数据放入每个 list
15      for index, datum in enumerate(signal):
16          channels[index % len(channels)].append(datum)
17  
18      sampleRate = f.getframerate()  # 取样频率
19      sampwidth = f.getsampwidth()
20  
21  wav_file_out = './audio/WAV_1MG_mono.wav'
22  obj = wave.open(wav_file_out,'w')
23  obj.setnchannels(1)  # 单声道
24  obj.setsampwidth(sampwidth)
25  obj.setframerate(sampleRate)
26  for data in channels[0]:
27      obj.writeframesraw(data)
28  obj.close()
```

(15) 测试。程序代码如下：

```python
1   # 取得音频文件的属性
2   import wave
3   
4   f=wave.open(wav_file)
5   print(f'取样频率={f.getframerate()}, 帧数={f.getnframes()}, ' +
6         f'声道={f.getnchannels()}, 精度={f.getsampwidth()}, ' +
7         f'文件秒数={f.getnframes() / f.getframerate():.2f}')
8   f.close()
```

执行结果：取样频率 =8000，帧数 =268237，声道 =2，精度 =2，文件秒数 =33.53。

除了读取文件之外，要如何才能直接从麦克风接收音频或是录音存盘呢？我们马上就通过下一个范例来看看该怎么做。

范例2.麦克风接收音频与录音存盘。

请参阅程序：**14_03_ 录音 .ipynb**。

(1)SpeechRecognition 库提供了麦克风收音的功能，并支持语音识别，首先要进行安装：pip install SpeechRecognition。

(2) 另外，文字转语音 (Text To Speech, TTS) 的技术也已非常成熟，因此需一并安装 pyttsx3 库，下面程序代码会使用到：pip install pyttsx3。

(3) 麦克风收音，并进行语音识别。程序代码如下：

```python
1   # 载入相关库
2   import speech_recognition as sr
3   import pyttsx3
```

(4) 列出计算机中的说话者 (Speaker)。程序代码如下：

```
1   # 列出计算机中的说话者(Speaker)
2   speak = pyttsx3.init()
3   voices = speak.getProperty('voices')
4   for voice in voices:
5       print("Voice:")
6       print(" - ID: %s" % voice.id)
7       print(" - Name: %s" % voice.name)
8       print(" - Languages: %s" % voice.languages)
9       print(" - Gender: %s" % voice.gender)
10      print(" - Age: %s" % voice.age)
```

执行结果：注意有些说话者擅长说英文或中文，不过笔者实际测试后发现，其实他们两种语言都可以讲。结果如下：

```
Voice:
 - ID: HKEY_LOCAL_MACHINE\SOFTWARE\Microsoft\Speech\Voices\Tokens\TTS_MS_ZH-TW_HANHAN_11.0
 - Name: Microsoft Hanhan Desktop - Chinese (Taiwan)
 - Languages: []
 - Gender: None
 - Age: None
Voice:
 - ID: HKEY_LOCAL_MACHINE\SOFTWARE\Microsoft\Speech\Voices\Tokens\TTS_MS_EN-US_ZIRA_11.0
 - Name: Microsoft Zira Desktop - English (United States)
 - Languages: []
 - Gender: None
 - Age: None
```

(5) 指定说话者：每台计算机安装的说话者均不同，请以 ID 从中指定一位。程序代码如下：

```
1   # 指定说话者
2   speak.setProperty('voice', voices[1].id)
```

(6) 麦克风收音：含文字转语音 (Text To Speech, TTS)，程序会等到持续静默一段时间 (预设是 0.8 秒) 后才结束。详细可参阅 SpeechRecognition 官方说明 (https://pypi.org/project/SpeechRecognition/2.1.2/)。程序代码如下：

```
1   # 麦克风收音
2   # 受台风影响北台湾今天下午大雨特报，有些道路甚至发生淹水
3   r = sr.Recognizer()
4   with sr.Microphone() as source:
5       # 文字转语音
6       speak.say('请说话...')
7       # 等待说完
8       speak.runAndWait()
9   
10      #降噪
11      r.adjust_for_ambient_noise(source)
12      # 麦克风收音
13      audio = r.listen(source)
```

(7) 录音存档。程序代码如下：

```
1   # 录音存档
2   wav_file = "./audio/woman.wav"
3   with open(wav_file, "wb") as f:
4       f.write(audio.get_wav_data(convert_rate=16000))
```

(8) 语音识别：需以参数 language 指定要辨识的语系。程序代码如下：

```
1  # 语音辨识
2  # 受台风影响北台湾今天下午大雨特报，有些道路甚至发生积淹，曾文水库上游也传来好消息
3  try:
4      text=r.recognize_google(audio, language='zh-tw')
5      print(text)
6  except e:
7      pass
```

① 笔者念了一段新闻，内容为："受台风影响，北台湾今天下午大雨特报，有些道路甚至发生积淹，曾文水库上游也传来好消息。"

② 执行结果为："受台风影响北台湾今天下午大雨特报有些道路甚至发曾记殷曾文水库上游也传来好消息。"

③ 结果大部分是对的，错误的文字均为同音异字。

(9) 检查输出文件：播放录音。程序代码如下：

```
1  import IPython
2
3  # autoplay=True：自动播放，不须按 PLAY 键
4  IPython.display.Audio(wav_file, autoplay=True)
```

(10) 取得音频文件的属性。程序代码如下：

```
1  # 取得音频文件的属性
2  # https://docs.python.org/3/library/wave.html
3  import wave
4
5  f=wave.open(wav_file)
6  print(f'取样频率={f.getframerate()}, 帧数={f.getnframes()}, ' +
7        f'声道={f.getnchannels()}, 精度={f.getsampwidth()}, ' +
8        f'文件秒数={f.getnframes() / (f.getframerate() * f.getnchannels()):.2f}')
9  f.close()
```

执行结果：取样频率 =16000，帧数 =173128，声道 =1，精度 =2，文件秒数 =10.82，与设定一致。

(11) 读取音频文件，转为 SpeechRecognition 音频格式，再进行语音识别。程序代码如下：

```
1  import speech_recognition as sr
2
3  # 读取音频文件，转为音频
4  r = sr.Recognizer()
5  with sr.WavFile(wav_file) as source:
6      audio = r.record(source)
7
8  # 语音辨识
9  try:
10     text=r.recognize_google(audio, language='zh-tw')
11     print(text)
12 except e:
13     pass
```

执行结果为："受台风影响北台湾今天下午大雨特报有些道路甚至发曾记殷曾文水库上游也传来好消息。"与麦克风来源一致。

(12) 显示所有可能的辨识结果及信赖度。程序代码如下：

```
1  # 显示所有可能的辨识结果及信赖度
2  dict1=r.recognize_google(audio, show_all=True, language='zh-tw')
3  for i, item in enumerate(dict1['alternative']):
4      if i == 0:
5          print(f"信赖度={item['confidence']}, {item['transcript']}")
6      else:
7          print(f"{item['transcript']}")
```

执行结果：

信赖度 =0.89820588,

所有可能的辨识结果如下：

受台风影响台湾今天下午大雨特报有些道路甚至发曾记殷曾文水库上游野传来好消息

受台风影响台湾今天下午大雨特报有些道路甚至发生技烟曾文水库上游野传来好消息

受台风影响台湾今天下午大雨特报有些道路甚至发生记烟曾文水库上游野传来好消息

受台风影响台湾今天下午大雨特报有些道路甚至发生气烟曾文水库上游野传来好消息

受台风影响台湾今天下午大雨特报有些道路甚至发生记燕曾文水库上游野传来好消息

14-2 语音前置处理

另外，有一个非常棒的语音处理库不得不提，那就是 Librosa，它可以将音频做进一步的解析和转换，我们会在后面实践相关功能，更多内容请参阅 Librosa 说明文件 (https://librosa.org/doc/latest/tutorial.html)。

在开始测试之前，还有一些关于音频的概念需要我们先了解。由于音频通常是一段不规则的波形，很难分析，因此，学者提出傅里叶变换 (Fourier Transform)，可以把不规则的波形变成多个规律的正弦波形 (Sinusoidal) 相加，如图 14.11 所示。

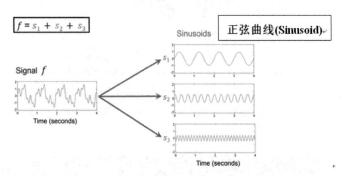

图 14.11 傅里叶变换

(图片来源："Introduction Basic Audio Feature Extraction"[6])

每个正弦波形可以被表示为

$$s_{(A,\omega,\varphi)}(t) = A \cdot \sin(2\pi(\omega t - \varphi))$$

式中：A 为振幅；ω 为频率；φ 为相位。

如图 14.12 所示，可以观察到振幅、频率、相位是如何影响正弦波形的。

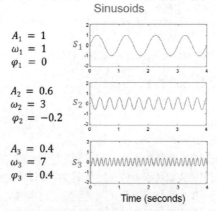

图 14.12 正弦波形的振幅、频率与相位
(图片来源：*Introduction Basic Audio Feature Extraction* [6])

转换后的波形振幅和频率均相同，原来的 X 轴为时域 (Time Domain) 就转为频域 (Frequency Domain)，如图 14.13 所示。

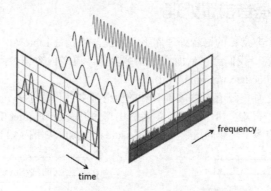

图 14.13 傅里叶变换将时域转为频域
(图片来源：*Audio Data Analysis Using Deep Learning with Python(Part 1)* [7])

不同的频率混合在一起称之为频谱 (Spectrum)，而绘制的图表就称为频谱图 (Spectrogram)，通常 X 轴为时间，Y 轴为频率，可以从图表中观察到各种频率的能量，如图 14.14 所示。

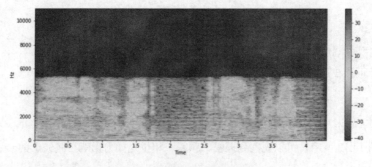

图 14.14 频谱图 (Spectrogram)

第 14 章 | 语音识别

为了方便做语音识别，与处理影像一样，我们会对音频进行特征提取，目前有 FBank(Filter Banks)、MFCC(Mel-frequency Cepstral Coefficients) 两种，特征提取前须先对声音做前置处理，如图 14.15 所示。

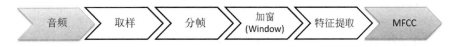

图 14.15　音频前置处理

(1) 分帧：通常每帧是 25ms，帧与帧之间重叠 10ms，避免边界信号的遗漏，如图 14.16 所示。

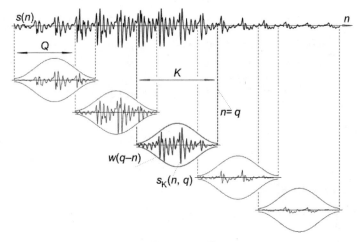

图 14.16　分帧

(2) 信号加强：针对高频信号做加强，使信号更清楚。

(3) 加窗 (Window)：目的是消除各个帧的两端信号可能不连续的现象，常用的窗函数有方窗、汉明窗 (Hamming Window) 等。有时候为了考虑上下文，会将相邻的帧合并成一个帧，这种处理方式称为帧叠加 (Frame Stacking)。

(4) 去除噪声 (denoising or noise reduction)。

在计算频谱时，会将以上的前置处理，包含分帧、加窗、离散傅里叶变换 (Discrete Fourier Transform, DFT) 合并为一个步骤，称为短时傅里叶变换 (Short-Time Fourier Transform, STFT)，SciPy 支持此功能，函数名称为 stft。

范例1. 频谱图实时显示。

请参阅程序：**14_05_spectrogram.py**，由于是以动画呈现，无法在 Jupyter Notebook 上展示，故以 Python 文件执行。另外，14_04_waves.py 可显示实时的波形。这两支程序均源自于 *Python audio spectrum analyzer* [8]。

(1) 加载相关库。程序代码如下：

```
3  import pyaudio
4  import struct
5  import matplotlib.pyplot as plt
6  import numpy as np
7  from scipy import signal
```

(2) 开启麦克风，设定收音相关参数。程序代码如下：

```
9   # 声明麦克风变量
10  mic = pyaudio.PyAudio()
11
12  # 参数设定
13  FORMAT = pyaudio.paInt16        # 精度
14  CHANNELS = 1                    # 单声道
15  RATE = 48000                    # 取样频率
16  INTERVAL = 0.32                 # 缓冲区大小
17  CHUNK = int(RATE * INTERVAL)    # 接收区块大小
18
19  # 开启麦克风
20  stream = mic.open(format=FORMAT, channels=CHANNELS, rate=RATE,
21               input=True, output=True, frames_per_buffer=CHUNK)
```

(3) 频谱图实时显示：调用 signal.spectrogram()，显示频谱图，设定显示满 100 个图表即停止，可依需要弹性调整。程序代码如下：

```
23  i=0
24  while i < 100: # 显示100次即停止
25      data = stream.read(CHUNK, exception_on_overflow=False)
26      data = np.frombuffer(data, dtype='b')
27
28      # 绘制频谱图
29      f, t, Sxx = signal.spectrogram(data, fs=CHUNK)
30      dBS = 10 * np.log10(Sxx)
31      plt.clf()
32      # 设定X/Y轴标签
33      plt.ylabel('Frequency [Hz]')
34      plt.xlabel('Time [sec]')
35
36      plt.pcolormesh(t, f, dBS)
37      plt.pause(0.001)
38      i+=1
```

执行结果：如图 14.17 所示。

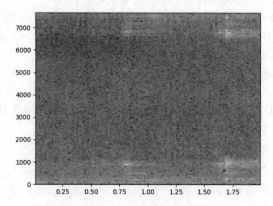

图 14.17　频谱图实时显示

(4) 关闭所有装置。程序代码如下：

```
40  # 关闭所有装置
41  stream.stop_stream()
42  stream.close()
43  mic.terminate()
```

范例2. 音频前置处理：利用**Librosa**函数库了解音频的前置处理程序。

请参阅程序：**14_06_ 音讯前置处理 .ipynb**。

(1) 加载相关库。程序代码如下：

```python
# 载入相关库
import IPython
import pyaudio
import struct
import matplotlib.pyplot as plt
import numpy as np
from scipy import signal
import librosa
import librosa.display # 一定要加
from IPython.display import Audio
```

(2) 载入文件：调用 librosa.load()，传回数据与取样频率。可设定参数如下。
① hq=True，表示加载时采用高质量模式 (high-quality mode)。
② sr=44100，指定取样频率。
③ res_type='kaiser_fast'，表示快速载入文件。

程序代码如下：

```python
# 文件来源：https://github.com/maxifjaved/sample-files
wav_file = './audio/WAV_1MG.wav'

# 载入文件
data, sr = librosa.load(wav_file)
print(f'取样频率={sr}, 总样本数={data.shape}')
```

执行结果：取样频率 =22050， 总样本数 =(739329)。

(3) 绘制波形。程序代码如下：

```python
# 绘制波形
librosa.display.waveplot(data, sr)
```

执行结果：如图 14.18 所示。

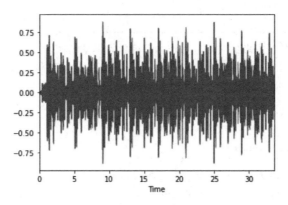

图 14.18　绘制波形

(4) 显示频谱图：先调用 melspectrogram() 取得梅尔系数 (Mel)，再调用 power_to_db() 转为分贝 (db)，最后调用 specshow() 显示频谱图。程序代码如下：

```
1  # 载入频谱图
2  spec = librosa.feature.melspectrogram(y=data, sr=sr)
3
4  # 显示频谱图
5  db_spec = librosa.power_to_db(spec, ref=np.max,)
6  librosa.display.specshow(db_spec,y_axis='mel', x_axis='s', sr=sr)
7  plt.colorbar()
```

执行结果：如图 14.19 所示。

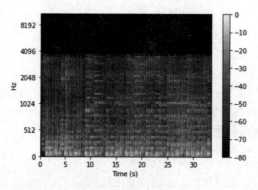

图 14.19　显示频谱图

(5) 存档：v0.8 版本后已不支持 librosa.output.write_wav 函数，因此须改用 soundfile 库。程序代码如下：

```
1  # 存档
2  sr = 22050 # sample rate
3  T = 5.0     # seconds
4  t = np.linspace(0, T, int(T*sr), endpoint=False) # time variable
5  x = 0.5*np.sin(2*np.pi*220*t)# pure sine wave at 220 Hz
6
7  #playing generated audio
8  Audio(x, rate=sr) # load a NumPy array
9
10 # v0.8后已不支持
11 # librosa.output.write_wav('generated.wav', x, sr) # writing wave file in .wav format
12 import soundfile as sf
13 sf.write('./audio/generated.wav', x, sr, 'PCM_24')
14
```

(6) 接着进行特征提取的实践，可作为深度学习模型的输入。

(7) 短时傅里叶变换 (Short-Time Fourier transform)：包括分帧、加窗、离散傅里叶变换，合并为一个步骤。程序代码如下：

```
1  # Short-time Fourier transform
2  # return complex matrix D[f, t], which f is frequency, t is time (frame).
3  D = librosa.stft(data)
4  print(D.shape, D.dtype)
```

① 传回一个矩阵 **D**，其中包含频率、时间。

② 执行结果：(1025, 1445)complex64。

(8) MFCC：参数 n_mfcc 可指定每秒要传回几个 MFCC frame，通常是 13、40 个。程序代码如下：

```
1  # mfcc
2  mfcc = librosa.feature.mfcc(y=data, sr=sr, n_mfcc=40)
3  mfcc.shape
```

执行结果：(40, 1445)。

(9) Log-Mel Spectrogram。程序代码如下：

```
1  # Log-Mel Spectrogram
2  melspec = librosa.feature.melspectrogram(data, sr, n_fft=1024,
3                                            hop_length=512, n_mels=128)
4  logmelspec = librosa.power_to_db(melspec)
5  logmelspec.shape
```

执行结果：(128, 1445)。

(10) 接着说明 Librosa 内建音频加载的方法。程序代码如下：

```
1  # librosa 内建音频列表
2  librosa.util.list_examples()
```

执行结果如下：

```
AVAILABLE EXAMPLES
--------------------------------------------------------------
brahms          Brahms - Hungarian Dance #5
choice          Admiral Bob - Choice (drum+bass)
fishin          Karissa Hobbs - Let's Go Fishin'
nutcracker      Tchaikovsky - Dance of the Sugar Plum Fairy
trumpet         Mihai Sorohan - Trumpet loop
vibeace         Kevin MacLeod - Vibe Ace
```

(11) 加载 Librosa 默认的内建音频文件。程序代码如下：

```
1  # 载入 librosa 内建音频
2  y, sr = librosa.load(librosa.util.example_audio_file())
3  print(f'取样频率={sr}, 总样本数={y.shape}')
```

执行结果：取样频率 =22050，总样本数 =(1355168)。

(12) 播放：利用 IPython 模块播放音频。程序代码如下：

```
1  # 播放
2  Audio(y, rate=sr, autoplay=True)
```

(13) 指定 ID 加载内建音频文件。程序代码如下：

```
1  # hq=True :high-quality mode
2  # 勃拉姆斯 匈牙利舞曲
3  y, sr = librosa.load(librosa.example('brahms', hq=True))
4  print(f'取样频率={sr}, 总样本数={y.shape}')
5  Audio(y, rate=sr, autoplay=True)
```

(14) 音频处理与转换：Librosa 支持多种音频处理与转换功能，我们逐一来实验。

(15) 重取样 (Resampling)：从既有的音频重取样，通常是从高质量的取样频率，通过重取样，转换为较低取样频率的数据。程序代码如下：

```
1  # 重取样
2  sr_new = 11000
3  y = librosa.resample(y, sr, sr_new)
4
5  print(len(y), sr_new)
6
7  Audio(y, rate=sr_new, autoplay=True)
```

(16) 将和音与打击音分离 (Harmonic/Percussive Separation)：调用 librosa.effects.hpss() 可将和音与打击音分离，从打击音可以找到音乐的节奏 (Tempo)。程序代码如下：

```
1   # 和音与打击音分离(Harmonic/Percussive Separation)
2   y_h, y_p = librosa.effects.hpss(y)
3   spec_h = librosa.feature.melspectrogram(y_h, sr=sr)
4   spec_p = librosa.feature.melspectrogram(y_p, sr=sr)
5   db_spec_h = librosa.power_to_db(spec_h,ref=np.max)
6   db_spec_p = librosa.power_to_db(spec_p,ref=np.max)
7
8   plt.subplot(2,1,1)
9   librosa.display.specshow(db_spec_h, y_axis='mel', x_axis='s', sr=sr)
10  plt.colorbar()
11
12  plt.subplot(2,1,2)
13  librosa.display.specshow(db_spec_p, y_axis='mel', x_axis='s', sr=sr)
14  plt.colorbar()
15
16  plt.tight_layout()
```

执行结果：如图 14.20 所示。

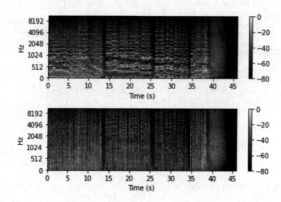

图 14.20　和音与打击音分离

(17) 取得打击音每分钟出现的样本数。程序代码如下：

```
1   # 打击音每分钟出现的样本数
2   print(librosa.beat.tempo(y, sr=sr))
```

执行结果：143.5546875。

(18) 可分别播放和音与打击音。程序代码如下：

```
1   # 播放和音(harmonic component)
2   IPython.display.Audio(data=y_h, rate=sr)
```

(19) 绘制色度图 (Chromagram)：chroma 为半音 (semitones)，可提取音准 (pitch) 信息。程序代码如下：

```
1  # 提取音准(pitch)信息
2  chroma = librosa.feature.chroma_cqt(y=y_h, sr=sr)
3  plt.figure(figsize=(18,5))
4  librosa.display.specshow(chroma, sr=sr, x_axis='time', y_axis='chroma', vmin=0, vmax=1)
5  plt.title('Chromagram')
6  plt.colorbar()
7
8  plt.figure(figsize=(18,5))
9  plt.title('Spectrogram')
10 librosa.display.specshow(chroma, sr=sr, x_axis='s', y_axis='chroma', )
```

执行结果：如图 14.21 所示，y 轴显示 12 个半音，pitch 是有周期的循环。

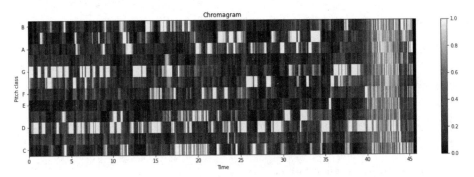

图 14.21　绘制色度图

(20) 可任意分离频谱，例如将频谱分为 8 个成分 (Component)，以非负矩阵分解法 (NMF) 分离频谱，NMF 类似于主成分分析 (PCA)。程序代码如下：

```
1  # 将频谱分为 8 个成分(Component)
2  # Short-time Fourier transform
3  D = librosa.stft(y)
4
5  # Separate the magnitude and phase
6  S, phase = librosa.magphase(D)
7
8  # Decompose by nmf
9  components, activations = librosa.decompose.decompose(S, n_components=8, sort=True)
```

(21) 显示成分与 Activations。程序代码如下：

```
1  # 显示成分(Component)与 Activations
2  plt.figure(figsize=(12,4))
3
4  plt.subplot(1,2,1)
5  librosa.display.specshow(librosa.amplitude_to_db(np.abs(components)
6                           , ref=np.max), y_axis='log')
7  plt.xlabel('Component')
8  plt.ylabel('Frequency')
9  plt.title('Components')
10
11 plt.subplot(1,2,2)
12 librosa.display.specshow(activations, x_axis='time')
13 plt.xlabel('Time')
14 plt.ylabel('Component')
15 plt.title('Activations')
16
17 plt.tight_layout()
```

执行结果：X 轴为 8 个成分，如图 14.22 所示。

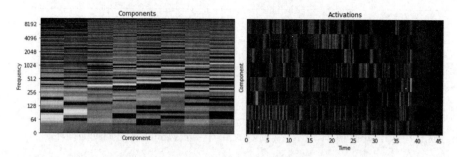

图 14.22　显示成分与 Activations

(22) 再以分离的 Components 与 Activations 重建音频。程序代码如下：

```
1   # 以 Components 与 Activations 重建音频
2   D_k = components.dot(activations)
3
4   # invert the stft after putting the phase back in
5   y_k = librosa.istft(D_k * phase)
6
7   # And playback
8   print('Full reconstruction')
9
10  IPython.display.Audio(data=y_k, rate=sr)
```

执行结果：播放与原曲一致，这部分的功能可用于音乐合成或修改。

(23) 只以第一 Component 与 Activation 重建音频：播放效果与原曲大相径庭。程序代码如下：

```
1   # 只以第一 Component 与 Activation 重建音频
2   k = 0
3   D_k = np.multiply.outer(components[:, k], activations[k])
4
5   # invert the stft after putting the phase back in
6   y_k = librosa.istft(D_k * phase)
7
8   # And playback
9   print('Component #{}'.format(k))
10
11  IPython.display.Audio(data=y_k, rate=sr)
```

(24) Pre-emphasis：用途为高频加强。前面说过，人类对高频信号较不敏感，所以能利用此技巧，补强音频里高频的部分。程序代码如下：

```
1   # Pre-emphasis：强调高频的部分
2   import matplotlib.pyplot as plt
3
4   y, sr = librosa.load(wav_file, offset=30, duration=10)
5
6   y_filt = librosa.effects.preemphasis(y)
7
8   # 比较原音与修正的音频
9   S_orig = librosa.amplitude_to_db(np.abs(librosa.stft(y)), ref=np.max)
10  S_preemph = librosa.amplitude_to_db(np.abs(librosa.stft(y_filt)), ref=np.max)
11
12  # 绘图
13  plt.subplot(2,1,1)
14  librosa.display.specshow(S_orig, y_axis='log', x_axis='time')
15  plt.title('Original signal')
16
```

```
17  plt.subplot(2,1,2)
18  librosa.display.specshow(S_preemph, y_axis='log', x_axis='time')
19  fig=plt.title('Pre-emphasized signal')
20
21  plt.tight_layout()
```

执行结果：如图 14.23 所示。可以很明显看到高频已被补强。

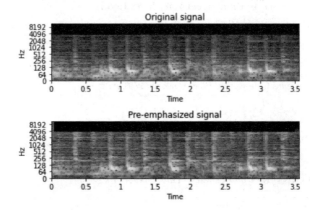

图 14.23　Pre-emphasis

(25) 正态化：在导入机器学习模型之前，我们通常会先进行特征缩放，除了能提高准确率外，也能加快优化求解的收敛速度，具体方式就是直接使用 SciKit-Learn 的 minmax_scale 函数即可。程序代码如下：

```
1   # 正态化
2   from sklearn.preprocessing import minmax_scale
3
4   wav_file = './audio/WAV_1MG.wav'
5   data, sr = librosa.load(wav_file, offset=30, duration=10)
6
7   plt.subplot(2,1,1)
8   librosa.display.waveplot(data, sr=sr, alpha=0.4)
9
10  plt.subplot(2,1,2)
11  fig = plt.plot(minmax_scale(data), color='r')
```

执行结果：如图 14.24 所示。

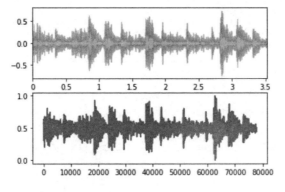

图 14.24　正态化

除了 Librosa 库之外，也有 python_speech_features 库，提供读取音频文件特征的功能，包括 MFCC/FBank 等，安装指令如下：

pip install python_speech_features

范例3. 特征提取MFCC、Filter bank向量。

请参阅程序：**14_07_python_speech_features.ipynb**。

(1) 加载相关库。程序代码如下：

```
1  # 载入相关库
2  import matplotlib.pyplot as plt
3  from scipy.io import wavfile
4  from python_speech_features import mfcc, logfbank
```

(2) 加载音乐文件。程序代码如下：

```
1  # 载入音乐文件
2  sr, data = wavfile.read("./audio/WAV_1MG.wav")
```

(3) 读取 MFCC、Filter bank 特征。程序代码如下：

```
1  # 读取 MFCC、Filter bank 特征
2  mfcc_features = mfcc(data, sr)
3  filterbank_features = logfbank(data, sr)
4
5  # Print parameters
6  print('MFCC 维度:', mfcc_features.shape)
7  print('Filter bank 维度:', filterbank_features.shape)
```

执行结果：

① MFCC 维度：(6705, 13)。

② Filter bank 维度：(6705, 26)。

(4) MFCC、Filter bank 绘图。程序代码如下：

```
1  # 绘图
2  plt.subplot(2,1,1)
3  mfcc_features = mfcc_features.T
4  plt.imshow(mfcc_features, cmap=plt.cm.jet,
5      extent=[0, mfcc_features.shape[1], 0, mfcc_features.shape[0]], aspect='auto')
6  plt.title('MFCC')
7
8  plt.subplot(2,1,2)
9  filterbank_features = filterbank_features.T
10 plt.imshow(filterbank_features, cmap=plt.cm.jet,
11     extent=[0, filterbank_features.shape[1], 0, filterbank_features.shape[0]], aspect='auto')
12 plt.title('Filter bank')
13 plt.tight_layout()
14 plt.show()
```

执行结果：如图 14.25 所示。

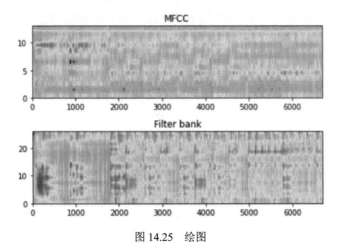

图 14.25　绘图

有关音频的转换还有另一个选择，读者可以自 http://ffmpeg.org/download.html 下载 ffmpeg 工具程序，它支持的功能非常多，包括裁剪、取样频率、编码等，详细说明可参阅 ffmpeg 官网 (http://ffmpeg.org/documentation.html)。下面介绍将 input.wav 转为 output.wav，并改变取样频率、声道、编码：ffmpeg.exe -i output.wav -ar 44100 -ac 1 -acodec pcm_s16le output.wav

14-3　语音相关的深度学习应用

了解前面音频处理与转换的内容后，我们算是做好热身了，接下来，就要正式实践几个深度学习相关的应用。

范例1. 音乐曲风的分类。 我们利用上一节特征提取的 MFCC 向量，导入到 CNN 模型，就可以分类曲风了。

请参阅程序：**14_08_ 音乐曲风分类 .ipynb**。

数据集：MARSYAS GTZAN Genre Collection。

http://marsyas.info/downloads/datasets.html，提供各种不同大小的数据集，本范例采用最大的数据集 (http://opihi.cs.uvic.ca/sound/genres.tar.gz)，共有 10 个类别，每个类别各有 100 首歌，每首歌的长度均为 30 秒。10 个类别分别为：Blues、Classical、Country、Disco、Hiphop、Jazz、Metal、Pop、Reggae、Rock。

程序修改自 *Audio Data Analysis Using Deep Learning with Python(Part 2)* [9]。

(1) 加载相关库。程序代码如下：

```
1  # 载入相关库
2  import pandas as pd
3  import numpy as np
4  import matplotlib.pyplot as plt
5  import librosa
6  import librosa.display
7  import os
8  import pathlib
9  import csv
10 import tensorflow as tf
11 from tensorflow.keras import layers
```

(2) 加载音乐文件：文件目录如图 14.26 所示。

图 14.26　加载音乐文件

① 调用 librosa.load() 加载音乐文件。
② 调用 librosa.feature.mfcc() 将数据转为 MFCC 向量。
③ CNN 输入需要四维数据 (批数、宽度、高度、颜色)，因此，将训练数据转为四维。
程序代码如下：

```python
# 载入音乐文件
genres = 'blues classical country disco hiphop jazz metal pop reggae rock'.split()

X = None
y = []
for i, g in enumerate(genres):
    pathlib.Path(f'./GTZAN/genres//{g}').mkdir(parents=True, exist_ok=True)
    for filename in os.listdir(f'./GTZAN/genres/{g}'):
        songname = f'./GTZAN/genres/{g}/{filename}'
        data, sr = librosa.load(songname, mono=True, duration=25)
        mfcc = librosa.feature.mfcc(y=data, sr=sr, n_mfcc=40)
        # print(data.shape, mfcc.shape)
        if X is None:
            X = mfcc.reshape(1, 40, -1, 1)
        else:
            X = np.concatenate((X, mfcc.reshape(1, 40, -1, 1)), axis=0)
        y.append(i)

print(X.shape, len(y))
```

执行结果：(1000, 40, 1077, 1)。

(3) 特征缩放：数据正态化。程序代码如下：

```python
# 正态化
X_norm = (X - X.min(axis=0)) / (X.max(axis=0) - X.min(axis=0))
```

(4) 将数据切割为训练数据和测试数据。程序代码如下：

```python
# 数据切割
from sklearn.model_selection import train_test_split
y = np.array(y)
X_train, X_test, y_train, y_test = train_test_split(X_norm, y, test_size=.2)
X_train.shape, X_test.shape
```

执行结果：((800, 40, 1077, 1),(200, 40, 1077, 1))，切割为训练数据 800 批、测试数据 200 批。

(5) CNN 模型：大部分的文章使用 AveragePooling2D 取代 MaxPooling2D，不过笔者实测后发现，两者效果并没有太大差异，所以这里两种模型都进行列出。程序代码如下：

```
# CNN 模型
input_shape = X_train.shape[1:]
model = tf.keras.Sequential(
    [
        tf.keras.Input(shape=input_shape),
        layers.Conv2D(32, kernel_size=(3, 3), activation="relu"),
        layers.MaxPooling2D(pool_size=(2, 2)),
        layers.Conv2D(64, kernel_size=(3, 3), activation="relu"),
        layers.MaxPooling2D(pool_size=(2, 2)),
        layers.Flatten(),
        layers.Dropout(0.5),
        layers.Dense(10, activation="softmax"),
    ]
)
```

```
# CNN 模型
input_shape = X_train.shape[1:]
model = tf.keras.Sequential(
    [
        tf.keras.Input(shape=input_shape),
        layers.Conv2D(32, kernel_size=(3, 3), strides=(2, 2), activation="relu"),
        layers.AveragePooling2D(pool_size=(2, 2)),
        layers.Conv2D(64, kernel_size=(3, 3), strides=(2, 2), activation="relu"),
        layers.AveragePooling2D(pool_size=(2, 2)),
        layers.Conv2D(64, kernel_size=(3, 3), padding='same'),
        layers.AveragePooling2D(pool_size=(2, 2)),
        layers.Flatten(),
        layers.Dropout(0.5),
        layers.Dense(64, activation="relu"),
        layers.Dropout(0.5),
        layers.Dense(10, activation="softmax"),
    ]
)
```

(6) 模型训练、评分。程序代码如下：

```
# 设定优化器(optimizer)、损失函数(loss)、效果衡量指标(metrics)的类别
model.compile(optimizer='adam',
              loss='sparse_categorical_crossentropy',
              metrics=['accuracy'])

# 模型训练
history = model.fit(X_train, y_train, epochs=20, validation_split=0.2)

# 评分(Score Model)
score=model.evaluate(X_test, y_test, verbose=0)

for i, x in enumerate(score):
    print(f'{model.metrics_names[i]}: {score[i]:.4f}')
```

执行结果：训练 20 周期，准确率为 46%，并不高。

(7) 对训练过程的准确率绘图。程序代码如下：

```
# 对训练过程的准确率绘图
plt.rcParams['font.sans-serif'] = ['Microsoft JhengHei']
plt.rcParams['axes.unicode_minus'] = False

plt.figure(figsize=(8, 6))
plt.plot(history.history['accuracy'], 'r', label='训练准确率')
plt.plot(history.history['val_accuracy'], 'g', label='验证准确率')
plt.legend()
```

执行结果：训练准确率高达 99.89%，而验证准确率只有 52.50%，表示模型有过度拟合 (Overfitting) 的现象。测试准确率只有 46.00%，也偏低，如图 14.27 所示。

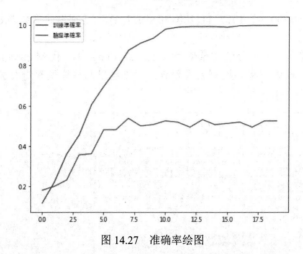

图 14.27 准确率绘图

Music Genre Recognition using Convolutional Neural Networks(CNN)— Part 1 [10] 一文提到以下两个改善的方向。

(1) 将音乐数据分段 (Segmentation)：每一段视为一组数据，使用 pydub 库调用 AudioSegment.from_wav() 载入文件，即可切割。

(2) 数据增补 (Data Augmentation)：将音乐存储为 png 文件，再利用 ImageDataGenerator 类别进行数据增补，产生更多的数据。

综合多篇文章的实验结果来看，数据增补并无太大帮助，但数据分段的方法却能大幅提高准确率，训练 70 周期后，训练准确率高达 99.57%，而验证准确率也达到了 89.03%。笔者对数据分段进行的实验如下。

(1) 数据分段：将每个文件分为 10 段，训练数据变成 10000 批。程序代码如下：

```python
# 载入音乐文件
X = None
y = []
for i, g in enumerate(genres):
    pathlib.Path(f'./GTZAN/genres//{g}').mkdir(parents=True, exist_ok=True)
    for filename in os.listdir(f'./GTZAN/genres/{g}'):
        songname = f'./GTZAN/genres/{g}/{filename}'
        data, sr = librosa.load(songname, mono=True, duration=25)
        try:
            if i == 0:
                segment_length = int(data.shape[0] / 10)
            for j in range(10):
                segment = data[j * segment_length: (j+1) * segment_length]
                # print(segment.shape)
                mfcc = librosa.feature.mfcc(y=segment, sr=sr, n_mfcc=40)
                # print(data.shape, mfcc.shape)
                if X is None:
                    X = mfcc.reshape(1, 40, -1, 1)
                else:
                    X = np.concatenate((X, mfcc.reshape(1, 40, -1, 1)), axis=0)
                y.append(i)
        except:
            print(i)
            raise Exception('')
print(X.shape, len(y))
```

(2) 之后的处理程序都一样，不再赘述，实验结果如图 14.28 所示。

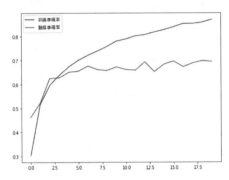

图 14.28 训练与验证准确率绘图

执行结果：训练准确率高达 87.12%，而验证准确率为 69.44%，测试准确率也有 67.80%，模型有了明显改善。如果要再提高，可参阅上文，进行数据增补。

接着再来看另一个范例，Google 收集短指令的数据集，包括常用的词汇，如 stop、play、up、down、right、left 等，共有 30 个类别，如果辨识率很高，我们就能将其应用到各种场域，如玩游戏、控制简报等。

范例2. 短指令辨识。一样使用MFCC向量，导入CNN模型，即可进行分类。同时笔者也会结合录音实测，示范如何控制录音与训练样本一致(Alignment)，其中有些技巧将在后面说明。

请参阅程序：**14_09_ 短指令辨识 .ipynb**。

数　据　集：Google's Speech Commands Dataset(http://download.tensorflow.org/data/speech_commands_test_set_v0.02.tar.gz)。

每个文件长度约为 1 秒，无杂音。它也附一个有杂音的目录，与无杂音的文件混合在一起，增加辨识的困难度。

(1) 加载相关库。程序代码如下：

```
1  # 载入相关库
2  import pandas as pd
3  import numpy as np
4  import matplotlib.pyplot as plt
5  import librosa
6  import librosa.display
7  import os
8  import pathlib
9  import csv
10 import tensorflow as tf
11 from tensorflow.keras import layers
```

(2) 任选一个文件测试，该文件发音为 happy。程序代码如下：

```
1  # 任选一文件测试，发音为 happy
2  train_audio_path = './GoogleSpeechCommandsDataset/data/'
3  data, sr = librosa.load(train_audio_path+'happy/0ab3b47d_nohash_0.wav')
4
5  # 绘制波形
6  librosa.display.waveplot(data, sr)
7  print(data.shape)
```

执行结果：如图 14.29 所示，数据长度为 19757。

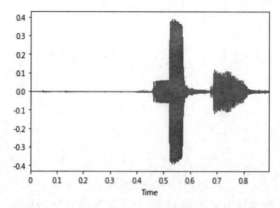

图 14.29　测试文件

(3) 再选一个文件测试，该文件发音也为 happy。

```
1  # 任选一文件测试，发音为 happy
2  train_audio_path = './GoogleSpeechCommandsDataset/data/'
3  data, sr = librosa.load(train_audio_path+'happy/0b09edd3_nohash_0.wav')
4
5  # 绘制波形
6  librosa.display.waveplot(data, sr)
7  print(data.shape)
```

① 执行结果：与图 14.29 相比较，同样有两段振幅较大的声波，这代表 happy 的两个音节，但是，因为录音时每个人的起始发音点不同，因此，波形有很大差异，必须收集够多的训练数据才能找出共同的特征。

② 数据长度为 22050，与上一笔音频文件的数据长度亦不相同，如图 14.30 所示。

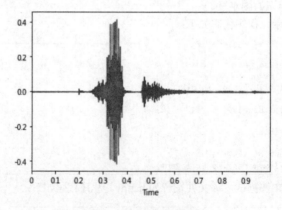

图 14.30　测试文件

(4) 播放文件，观察其中的差异。程序代码如下：

```
1  # 播放
2  from IPython.display import Audio
3
4  Audio(data, rate=sr)
```

(5) 取得音频文件的属性：每个文件的长度不等，但都接近于 1 秒。程序代码如下：

```
1  # 取得音频文件的属性
2  import wave
3
4  wav_file = train_audio_path+'happy/0ab3b47d_nohash_0.wav'
5  f=wave.open(wav_file)
6  print(f'取样频率={f.getframerate()}, 帧数={f.getnframes()}, ' +
7        f'声道={f.getnchannels()}, 精度={f.getsampwidth()}, ' +
8        f'文件秒数={f.getnframes() / f.getframerate():.2f}')
9  f.close()
10
11 nchannels2 = f.getnchannels()
12 sample_rate2 = f.getframerate()
13 sample_width2 = f.getsampwidth()
```

执行结果：取样频率 =16000，帧数 =14336，声道 =1，精度 =2，文件秒数 =0.90。

(6) 只取三个短指令测试：只放入三个子目录的文件于测试目录内。程序代码如下：

```
1  # 取得子目录名称
2  labels=os.listdir(train_audio_path)
3  labels
```

执行结果：['bed', 'cat', 'happy']。

(7) 统计子目录的文件数。程序代码如下：

```
1  # 子目录的文件数
2  no_of_recordings=[]
3  for label in labels:
4      waves = [f for f in os.listdir(train_audio_path + '/'+ label) if f.endswith('.wav')]
5      no_of_recordings.append(len(waves))
6
7  # 绘图
8  plt.rcParams['font.sans-serif'] = ['Microsoft JhengHei']
9  plt.rcParams['axes.unicode_minus'] = False
10
11 plt.figure(figsize=(10,6))
12 index = np.arange(len(labels))
13 plt.bar(index, no_of_recordings)
14 plt.xlabel('指令', fontsize=12)
15 plt.ylabel('文件数', fontsize=12)
16 plt.xticks(index, labels, fontsize=15, rotation=60)
17 plt.title('子目录的文件数')
18 print(f'文件数={no_of_recordings}')
19 plt.show()
```

执行结果：如图 14.31 所示，文件数目略有不同。文件数 =[1713, 1733, 1742]。

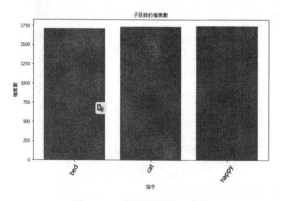

图 14.31　统计子目录文件数

(8) 加载音乐文件。

① 扫描每个目录的文件。

② 以 librosa 加载音频文件，由于每个音频文件的长度不一，因此，使用 np.pad 与 np.resize 将其统一长度为 1 秒。

③ 最后将每个类别的文件合并存储为 npy 文件格式，之后如果要重新测试，就可以直接加载，省去一一读取和解析文件的时间。

程序代码如下：

```python
# 载入音乐文件
TOTAL_FRAME_COUNT = 16000 # 每个文件统一的帧数
duration_of_recordings=[]
all_wave = []
y = []
for i, label in enumerate(labels):
    waves = [f for f in os.listdir(train_audio_path + '/'+ label) if f.endswith('.wav')]
    class_wave=None
    for wav in waves:
        # 载入音乐文件
        samples, sample_rate = librosa.load(train_audio_path + '/' + label + '/' + wav
                                            ,sr=None , res_type='kaiser_fast')
        duration_of_recordings.append(float(len(samples)/sample_rate))
        # 长度不足，右边补 0
        if len(samples) < TOTAL_FRAME_COUNT :
            samples = np.pad(samples,(0, TOTAL_FRAME_COUNT-len(samples)),'constant')
        elif len(samples) > TOTAL_FRAME_COUNT :
            samples = np.resize(samples, TOTAL_FRAME_COUNT)
        
        if class_wave is None:
            class_wave = samples.reshape(1, -1)
        else:
            class_wave = np.concatenate([class_wave, samples.reshape(1, -1)], axis=0)
        y.append(i)
    
    all_wave.append(class_wave)
    print(class_wave.shape)
    np.save('./GoogleSpeechCommandsDataset/' + label + '.npy', class_wave) # 存成 npy
fig = plt.hist(np.array(duration_of_recordings))
```

执行结果：以直方图的方式统计文件的长度，发现大部分的音频文件是接近于 1 秒钟，但有少数音频文件的时间长度非常短，事实上这会影响训练的准确度，故统一长度有其必要性。

X 轴为音频文件长度，Y 轴为笔数，如图 14.32 所示。

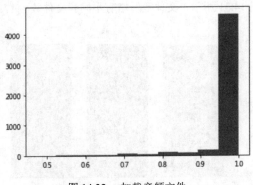

图 14.32　加载音频文件

(9) 载入 npy 文件的测试。程序代码如下：

```
1  # 载入npy文件
2  train_audio_path2 = './GoogleSpeechCommandsDataset/'
3  npy_files = [f for f in os.listdir(train_audio_path2) if f.endswith('.npy')]
4  print(npy_files)
5  all_wave = []
6  y = []
7  no=0
8  for i, label in enumerate(npy_files):
9      class_wave = np.load(train_audio_path2+label)
10     all_wave.append(class_wave)
11     print(class_wave.shape)
12     no+=class_wave.shape[0]
13     y.extend(np.full(class_wave.shape[0], i))
```

执行结果：加载 npy 文件的速度很快，一瞬间就将所有音频文件全部载入了。

(10) 特征缩放：MFCC 会有标准化的效果，后面会有测试，因此这里不需进行特征缩放。

(11) 计算每个音频文件的 MFCC，同时转换成 CNN 模型的输入格式。程序代码如下：

```
1  # 计算 MFCC
2  MFCC_COUNT = 40
3  X = None
4  for class_wave in all_wave:
5      for data in class_wave:
6          mfcc = librosa.feature.mfcc(y=data, sr=len(data), n_mfcc=MFCC_COUNT)
7          # print(data.shape, mfcc.shape)
8          if X is None:
9              X = mfcc.reshape(1, MFCC_COUNT, -1, 1)
10         else:
11             X = np.concatenate((X, mfcc.reshape(1, MFCC_COUNT, -1, 1)), axis=0)
12     print(X.shape)
13 print(X.shape, len(y))
```

执行结果：输入数据维度为 (5188, 40, 32, 1)。

(12) 数据切割。程序代码如下：

```
1  # 数据切割
2  from sklearn.model_selection import train_test_split
3  y = np.array(y)
4  X_train, X_test, y_train, y_test = train_test_split(X, y, test_size=.2)
5  X_train.shape, X_test.shape
```

(13) 建立 CNN 模型，与前一个范例相同，除了最后一层外，类别数量改为 3。程序代码如下：

```
1  # CNN 模型
2  input_shape = X_train.shape[1:]
3  model = tf.keras.Sequential(
4      [
5          tf.keras.Input(shape=input_shape),
6          layers.Conv2D(32, kernel_size=(3, 3), activation="relu"),
7          layers.MaxPooling2D(pool_size=(2, 2)),
8          layers.Conv2D(64, kernel_size=(3, 3), activation="relu"),
9          layers.MaxPooling2D(pool_size=(2, 2)),
10         layers.Flatten(),
11         layers.Dropout(0.5),
12         layers.Dense(len(labels), activation="softmax"),
13     ]
14 )
```

(14) 模型训练与评分。程序代码如下：

```
1   # 设定优化器(optimizer)、损失函数(loss)、效果衡量指标(metrics)的类别
2   model.compile(optimizer='adam',
3                 loss='sparse_categorical_crossentropy',
4                 metrics=['accuracy'])
5
6   # 模型训练
7   history = model.fit(X_train, y_train, epochs=20, validation_split=0.2)
8
9   # 评分(Score Model)
10  score=model.evaluate(X_test, y_test, verbose=0)
11
12  for i, x in enumerate(score):
13      print(f'{model.metrics_names[i]}: {score[i]:.4f}')
```

执行结果：准确度高达 97.88%。

(15) 对训练过程的准确率绘图。程序代码如下：

```
1   # 对训练过程的准确率绘图
2   plt.rcParams['font.sans-serif'] = ['Microsoft JhengHei']
3   plt.rcParams['axes.unicode_minus'] = False
4
5   plt.figure(figsize=(8, 6))
6   plt.plot(history.history['accuracy'], 'r', label='训练准确率')
7   plt.plot(history.history['val_accuracy'], 'g', label='验证准确率')
8   fig = plt.legend(prop={"size":22})
```

执行结果：如图 14.33 所示。

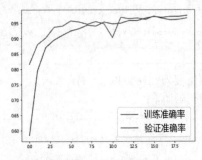

图 14.33　准确率绘图

(16) 定义一个预测函数，功能包括如下。
① 统一文件长度，右边补 0，过长则截掉。
② 转为 MFCC。
③ 以 MFCC 预测词汇。
④ 过程中显示原始波形和 MFCC 散点图。
程序代码如下：

```
1   # 预测函数
2   def predict(file_path):
3       samples, sr = librosa.load(file_path, sr=None, res_type='kaiser_fast')
4       # 绘制波形
5       librosa.display.waveplot(samples, sr)
6       plt.show()
7
8       # 右边补 0
9       if len(samples) < TOTAL_FRAME_COUNT :
10          samples = np.pad(samples,(0, TOTAL_FRAME_COUNT-len(samples)),'constant')
11      elif len(samples) > TOTAL_FRAME_COUNT :
12          # 取中间一段
```

```
13              oversize = len(samples) - TOTAL_FRAME_COUNT
14              samples = samples[int(oversize/2):int(oversize/2)+TOTAL_FRAME_COUNT]
15
16     # 绘制波形
17     librosa.display.waveplot(samples, sr)
18     plt.show()
19
20     # 验证MFCC是否需要标准化
21     mfcc = librosa.feature.mfcc(y=samples, sr=sr, n_mfcc=MFCC_COUNT)
22     for i in range(mfcc.shape[1]):
23         plt.scatter(x=range(mfcc.shape[0]), y=mfcc[:, i].reshape(-1))
24     X_pred = mfcc.reshape(1, *mfcc.shape, 1)
25
26     print(X_pred.shape, samples.shape)
27     # 预测
28     prob = model.predict(X_pred)
29     return np.around(prob, 2), labels[np.argmax(prob)]
```

（17）任选一个文件进行预测，该文件发音为 bed。程序代码如下：

```
1  # 任选一文件测试，该文件发音为 bed
2  train_audio_path = './GoogleSpeechCommandsDataset/data/'
3  predict(train_audio_path+'bed/0d2bcf9d_nohash_0.wav')
```

执行结果：[[0.99, 0. ,0.01]]，正确判断为 bed。如图 14.34 第二张图所示，除了起始的信号为很大的负值以外，其他都介于 (-100, 100)。

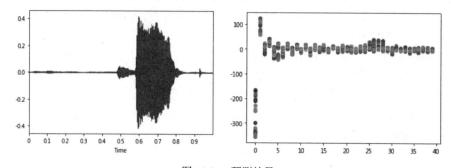

图 14.34　预测结果

（18）再任选一个文件测试，该文件发音为 cat。程序代码如下：

```
1  # 任选一文件测试，该文件发音为 cat
2  predict(train_audio_path+'cat/0ac15fe9_nohash_0.wav')
```

执行结果：[[0., 1., 0.]]，正确判断为 cat，如图 14.35 所示。

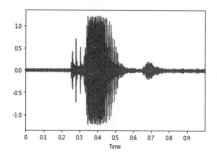

图 14.35　测试文件

(19) 接着再任选一个文件测试，该文件发音为 happy。程序代码如下：

```
1  # 任选一文件测试，该文件发音为 happy
2  predict(train_audio_path+'happy/0ab3b47d_nohash_0.wav')
```

执行结果：[[0., 0.,1.]]，正确判断为 happy，如图 14.36 所示。

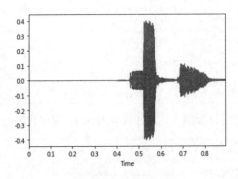

图 14.36 测试文件

(20) 自行录音测试：笔者开发一个录音程序 14_10_record.py，用法如下：
python 14_10_record.py GoogleSpeechCommandsDataset/happy.wav
最后的参数为存档的文件名。程序录音长度设为 2 秒，再利用上述 predict 函数，截取中间 1 秒钟的音频。

(21) 测试：该文件发音为 happy。程序代码如下：

```
1  # 测试，该文件发音为 happy
2  predict('./GoogleSpeechCommandsDataset/happy.wav')
```

执行结果：[[1., 0., 0.]]，正确判断为 happy，下面第一张图为原录音波形，下面第二张图为截取中段的波形，如图 14.37 所示。

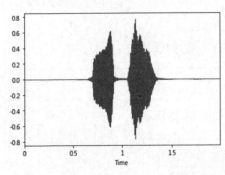 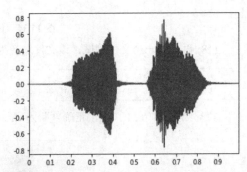

图 14.37 自行录音测试 1

(22) 再录音测试 cat。程序代码如下：

```
1  # 测试，该文件发音为 cat
2  predict('./GoogleSpeechCommandsDataset/cat.wav')
```

执行结果：[[0.,1., 0.]]，正确判断为 cat，如图 14.38 所示。

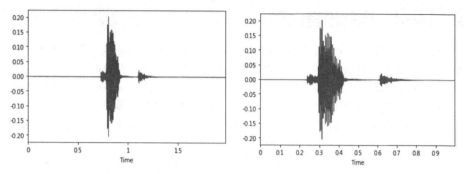

图 14.38　自行录音测试 2

(23) 再录音测试 bed。程序代码如下：

```
1  # 测试，该文件发音为 bed
2  predict('./GoogleSpeechCommandsDataset/bed.wav')
```

执行结果：[[1., 0., 0.]]，正确判断为 bed，如图 14.39 所示。

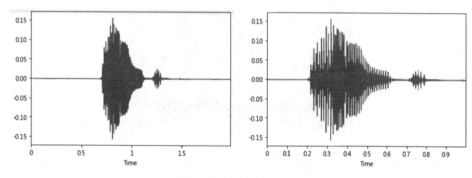

图 14.39　自行录音测试 3

总地来说，如果用训练数据进行测试的话，准确率都还不错，但若是自行录音则准确率就差强人意了，可能原因有两点：第一是笔者发音欠佳，第二是录音的处理方式与训练方式不同。因此，建议还是要自己收集训练数据为宜，也建议读者发挥创意，多做实验。

以上是参酌多篇文章后修改而成的程序，之前笔者有发表类似的程序在 Blog 上，许多网友对这方面的应用非常感兴趣，提出很多的问题，读者可参阅"Day 25：自动语音识别 (Automatic Speech Recognition)——观念与实践"[11]，此外，Kaggle 上也有一个关于这个数据集的竞赛，可参阅"TensorFlow Speech Recognition Challenge"[12]。

笔者另外还做了一个实验，以支持向量机 (Support Vector Machine, SVM) 算法与主成分分析 (PCA)，对上述数据训练和预测。测试结果与 CNN 模型相同，只是训练速度更快，读者可参阅 14_11_SVM_短指令辨识.ipynb，处理程序与 14_09_短指令辨识.ipynb 类似，细节不再赘述。由于 SVM 输入只接受二维，而 MFCC 本身即为二维，需重置为一维，又因变量过多，因此使用 PCA 降维，使其符合输入条件。

上述实验只能辨识短指令，假使要辨识一句话，或者更长的一段话，那就力不从心了，因为讲话的方式千变万化，很难收集到完整的数据来训练，所以解决的办法则是把辨识目标再细化，以音节或音素 (Phoneme) 为单位，再使用语言模型，并考虑上下文才能精准预测，下一节我们就来探讨相关的技术。

14-4 自动语音识别

自动语音识别 (Automatic Speech Recognition, ASR) 的目标是将人类的语音转换为数字信号，之后计算机就可进一步理解说话者的意图，并做出对应的行动。例如，指令操控，应用于简报上/下页控制、车辆和居家装置开关的控制、产生字幕与演讲稿等。

英文的词汇有数万个，假如要进行分类，模型会很复杂，需要很长的训练时间，准确率也不会太高，因为，相似音太多，因此自动语音识别多改为将音素 (Phoneme) 作为预测目标，依据维基百科[13]的说明如下。

音素，又称音位，是人类语言中能够区别意义的最小声音单位，一个词汇由一至多个音节所组成，每个音节又由一至多个音段所组成，音素类似于音段，但音素定义是要能区分语义。

举例来说，bat 由 3 个音素 /b/、/æ/、/t/ 所组成，连接这些音素，就是 bat 的拼音 (Pronunciation)，然后按照拼音就可以猜测到一个英文词汇，当然，有可能发生同音异字的状况，这时就必须依靠上下文做进一步的推测了。如图 14.40 所示，Human 单字被切割成多个音素 HH、Y、UW、M、AH、N。

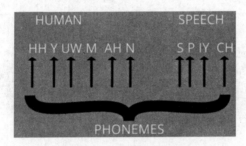

图 14.40　音素辨识示意图

(图片来源：Indian Accent Speech Recognition https://anandai.medium.com/indian-accent-speech-recognition-2d433eb7edac)

各种语言的音素列表可参考"Amazon Polly 支持语言的音素"(https://docs.aws.amazon.com/zh_tw/polly/latest/dg/ref-phoneme-tables-shell.html)，以英文/美国 (en-US) 为例，音素列表主要包括元音和辅音，共约 40~50 个，而中文则另外包含声调 (一声、二声、三声、四声和轻声)。

如图 14.41 所示，自动语音识别的流程可分成以下四个步骤。

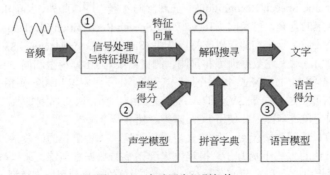

图 14.41　自动语音识别架构

(1) 信号处理与特征提取：先将语音信息进行傅里叶变换、去杂音等前置处理，接着转为特征向量，如 MFCC、LPC(Linear Predictive Coding)。

(2) 声学模型 (Acoustic Model)：通过特征向量，转换成多个音素，再将音素组合成拼音，然后至拼音字典 (Pronunciation Dictionary) 里比对，找到对应的词汇与得分。

(3) 语言模型 (Language Model)：依据上一个词汇，猜测目前的词汇，事先以 n-gram 为输入，训练模型，之后套用此模型，计算一个语言的得分。

(4) 解码搜寻 (Decoding Search)：根据声学得分和语言得分来比对搜寻出最有可能的词汇。

经典的 GMM-HMM 算法是过去数十年来语音识别的主流，直到 2014 年 Google 学者使用双向 LSTM，以 CTC(Connectionist Temporal Classification) 为目标函数，将音频转成文字，深度学习算法就此涉足这个领域，不过，目前大部分的工具箱依然以 GMM-HMM 算法为主，因此，我们还是要先来认识 GMM-HMM 的运作原理。

自动语音识别的流程可用贝式定理 (Bayes' Theorem) 来表示：

$$W = \arg\max P(W|O)$$
$$W = \arg\max \frac{P(O|W)P(W)}{P(O)}$$
$$W = \arg\max P(O|W)P(W)$$

式中各项说明如下。

(1) W 就是我们要预测的词汇 (W_1、W_2、W_3…)，O 是音频的特征向量。

(2) $P(W|O)$：已知特征向量，预测各个词汇的概率，故以 argmax 找到获得最大概率的 W，即为辨识的词汇。

(3) 公式中的 $P(O)$ 不影响 W，可省略。

(4) $P(O|W)$：通常就是声学模型，以高斯混合模型 (Gaussian Mixture Model, GMM) 算法建构如图 14.42 所示。

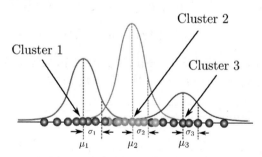

图 14.42　一维高斯混合模型示意图
(图片来源："Gaussian Mixture Models Explained"[14])

(5) $P(W)$：语言模型，以隐藏式马尔可夫模型 (Hidden Markov Model, HMM) 算法建构。

高斯混合模型是一种非监督式的算法，假设样本是由多个正态分布混合而成的，则算法会利用最大似然估计法 (MLE) 推算出母体的统计量 (平均数、标准差)，进而将数据分成多个集群 (Clusters)，如图 14.43 所示。其中会应用到声学模型，就是以特征向量作为输入，算出每个词汇的可能概率。

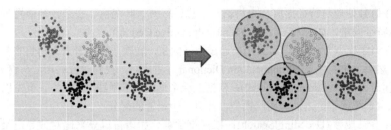

图 14.43　二维高斯混合模型示意图

以声学模型推测出多个音素后，就可以比对拼音字典，找到相对的词汇，如图 14.44 所示。左边是词汇，右边是对照的音素，最后两个词汇同音，故标示 #1、#2。

```
下雨    x ia4 ii v3
今天    j in1 t ian1
会      h ui4
北京    b ei3 j ing1
去      q v4
吗      m a1
天气    t ian1 q i4
怎么样  z en3 m o5 ii ang4
旅游    l v3 ii ou2
明天    m ing2 t ian1
的      d e5
还是    h ai2 sh i4
中      zh ong1 #1
忠      zh ong1 #2
```

图 14.44　拼音字典示意图

(图片来源："语音识别系列 2-- 基于 WFST 译码器 _u012361418 的博客 - 程序员宅基地"[15])

隐藏式马尔可夫模型 (Hidden Markov Model，HMM) 系利用前面的状态 (k-2、k-⋯) 预测目前状态 (k)。应用到语言模型，就是以前面的词汇为输入，预测下一个词汇的可能概率，即前面提到 NLP 的 n-gram 语言模型。声学模型也可以使用 HMM，以前面的音素推测目前的音素，如一个字的拼音为首是ㄅ，那么接着ㄆ就绝对不会出现。

$$P(w) = \prod_{k=1}^{K} P(w_k | w_{k-1}, \cdots w_1)$$

又比方，and、but、cat 三个词汇，采用 bi-gram 模型，我们就要根据上一个词汇预测下一个词汇的可能概率，并取其中概率最大者，如图 14.45 所示。

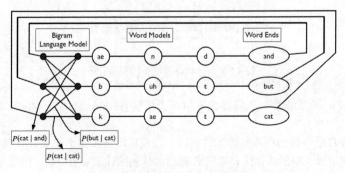

图 14.45　bi-gram 语言模型结合 HMM 的示意图
(图片来源："爱丁堡大学语音辨识课程"第 11 章 [16])

最后，综合 GMM 和 HMM 模型所得到的分数，再由译码的方式搜寻最有可能的词汇。小型的词汇集可采用维特比译码 (Viterbi Decoding) 进行精确搜索 (Exact Search)，但大词汇连续语音辨识就会遭遇困难，所以一般会改为采用光束搜寻 (Beam Search)、加权的有限状态转换机 (Weighted Finite State Transducers, WFST) 或其他算法，如图 14.46 所示。如要获得较完整的概念可参阅"现阶段大词汇连续语音辨识研究之简介"[17] 一文的说明。

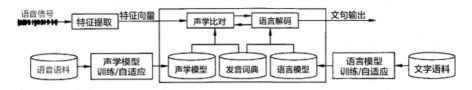

图 14.46　大词汇连续语音识别的流程

14-5　自动语音识别实践

Kaldi 是目前较为流行的语音识别工具箱，它囊括了上一节所介绍的声学模型、语言模型及译码搜寻的相关函数库实践，由 Daniel Povey 等研究人员所开发，源代码为 C++，其安装程序较复杂，必须安装许多公用程序和第三方工具，虽然可以在 Windows 操作系统上安装，但是许多测试步骤均使用 Shell 脚本 (*.sh)，因此，最好还是安装在 Linux 环境上，由于笔者手上并没有相关设备，只好跳过这方面的实践，请读者见谅。

以下仅列举 Kaldi 的相关资源，供各位参考。

(1) 下载　git clone https://github.com/kaldi-asr/kaldi.git kaldi --origin upstream。

(2) 安装 NVidia GPU 卡驱动程序和 CUDA Toolkit。

(3) 安装 Kaldi。

① cd kaldi。

② 检查相关的开发工具是否已安装，若有缺少，必须补齐。

③ 安装第三方工具，包括 OpenFst、CUB、Sclite、Sph2pipe、IRSTLM/SRILM/Kaldi_lm 语言模型工具、OpenBLAS/MKL 矩阵运算函数库。

④ 使用 configure 进行配置，编译 Kaldi。其中 OpenFst 是加权有限状态转换器 (WFST) 的函数库，Sclite 是计算错误率 (Word Error Rate, WER) 的函数库。

安装完成之后就可以进行一些测试了，相关操作说明可参考 Kaldi 官网文件 (http://kaldi-asr.org/doc/index.html)，内容相当多，需投入不少精力来研读，请读者自行参阅。

另外，各大学的机电系都有开设整学期的课程，名称即为语音识别 (Speech Recognition)，网络上有许多公开的教材，包括影片和投影片，有兴趣的读者可前往搜寻。

(1) 台湾大学李琳山教授 (http://speech.ee.ntu.edu.tw/DSP2019Spring/)。

(2) 哥伦比亚大学 EECS E6870(https://www.ee.columbia.edu/~stanchen/fall12/e6870/outline.html)。

(3) 爱丁堡大学 AUTOMATIC SPEECH RECOGNITION(https://www.inf.ed.ac.uk/teaching/courses/asr/lectures-2019.html)。

最后，语音识别必须要收集大量的训练数据，而 OpenSLR 就有提供非常多可免费下载的数据集和软件，详情可参考官网说明 (https://www.openslr.org/resources.php)，其中也有中文的语音数据集 CN-Celeb，它包含了 1000 位著名华人的三十万条语音，VoxCeleb 则是知名人士的英语语音数据集，其他较知名的数据集如下。

(1) TIMIT(https://catalog.ldc.upenn.edu/LDC93S1)：美式英语数据集。

(2) LibriSpeech：电子书的英语朗读数据集，可在 OpenSLR 下载。

(3) 维基百科语音数据集 (https://en.wikipedia.org/wiki/Wikipedia：WikiProject_Spoken_Wikipedia)。

14-6 总结

语音除了可以拿来进行语音识别之外，还有许多其他方面的应用，举例如下。

(1) 声纹辨识：从讲话的声音分辨是否为特定人，属于生物识别技术 (Biometrics) 的一种，可应用在登录 (Sign in)、犯罪侦测、智能家庭等领域。

(2) 声纹建模：模拟或创造特定人的声音唱歌或讲话，如 Siri。

(3) 相似性比较：未来也许能够使用语音搜寻，类似现在的文字、图像搜寻。

(4) 音乐方面的应用：比如曲风辨识、模拟歌手的声音唱歌、编曲 / 混音等。

各位读者看到这里，应该能深刻了解到，文字、影像、语言辨识是整个人工智能应用的三大基石，不论是自动驾驶车、机器人、ChatBot、甚至是医疗诊断通通都是建构在这些基础技术之上的。如同前文提到，现今的第三波 AI 浪潮之所以不会像前两波一样后继无力，不了了之，有一部分原因是要归功于这些基本技术的开发，这就像盖房子的地基，技术的研发与应用实践并进，才不会空有理论，最后成为空中楼阁。相信在未来这三大基石还会有更进一步的发展，而到时候又会有新的技能被解放，我们能透过 AI 完成的任务也更多了，换言之，我们学习的脚步永远不会有停止的一天，笔者与大家共勉之。

第五篇 | 强化学习

强化学习 (Reinforcement Learning, RL) 相关的研究少说也有数十年的历史了，但与另外两类机器学习相比，并不受瞩目，直到 2016 年以强化学习为理论基础的 AlphaGo，先后击败了世界围棋冠军李世乭、柯洁等人才开始备受世界瞩目，强化学习才因此一炮而红，学者专家纷纷投入研发，接下来我们就来探究其原理与应用。机器学习分类如下图所示。

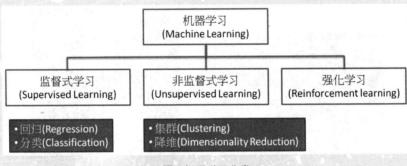

图　机器学习分类

第 15 章
强化学习

强化学习是指机器与环境的互动过程中，人类不必直接提供解决方案，而是通过计算机不断地尝试于错误中学习，称为试误法 (Trial and Error)，自我学习一段时间后，计算机就可以找到最佳的行动策略。打个比方，就像是训练狗接飞盘一样，人们不会教狗如何接飞盘，而是由主人不断地抛出飞盘让狗练习，如果它成功接到飞盘，就给予食物奖励，反之就不给奖励，经过反复练习后，方可完成，如图 15.1 所示。因此，强化学习并不是单一阶段 (One Step) 的算法，而是多阶段，反复求解，类似于梯度下降法的求解过程。

图 15.1　训练狗接飞盘

根据维基百科[1]的概述，强化学习涉及的学术领域相当多，包括博弈论 (Game Theory)、自动控制、作业研究、信息论、仿真优化、群体智慧 (Swarm Intelligence)、统计学以及遗传算法等，同时它的应用领域也是非常广泛，举例如下。

(1) 下棋、电玩游戏策略 (Game Playing)。
(2) 制造 / 医疗 / 服务机器人的控制策略 (Robotic Motor Control)。
(3) 广告投放策略 (Ad-placement Optimization)。
(4) 金融投资交易策略 (Stock Market Trading Strategies)。
(5) 运输路线的规划 (Transportation Routing)。
(6) 库存管理策略 (Inventory Management)、生产排程 (Production Scheduling)。

甚至于残酷的战争，只要应用领域是能在模拟环境下尝试与错误，并且需要人工智能提供行动的决策辅助，都是强化学习可以发挥的领域。

15-1　强化学习的基础

强化学习的理论基础为马尔可夫决策过程 (Markov Decision Processes, MDP), 主要是指所有的行动决策都会基于当时所处的状态及行动后会带来的奖励，而状态与奖励是由环境所决定的，因此就形成图 15.2 所示的示意图。

(1) 代理人行动后，环境会依据行动更新状态，并给予奖励。
(2) 代理人观察所处的状态及之前的行动，决定下次的行动。

图 15.2　马尔可夫决策过程的示意图

各个专有名词的定义如下。

(1) 代理人或称智能体 (Agent)：也就是实际行动的主人翁，比如游戏中的玩家 (Player)、下棋者、机器人、金融投资者、接飞盘的狗等，他主要的任务是与环境互动，并根据当时的状态与之前得到的奖惩，来决定下一步的行动。代理人可能不只一个，如果有多个，状况就会复杂许多，这称为多代理人 (Multi-Agent)。

(2) 环境 (Environment)：根据代理人的行动 (Action)，给予立即的奖励或惩罚，一律称为奖励，它也会决定代理人所处的状态。

(3) 状态：指代理人所处的状态，如围棋的棋局、游戏中玩家 / 敌人 / 宝物的位置、能力和金额。有时候代理人只能观察到局部的状态，如扑克牌游戏 21 点 (Black Jack)，庄家有一张牌盖牌，玩家是看不到的，所以，状态也被称为观察 (Observation)。

(4) 行动 (Action)：代理人依据环境所提示的状态与奖励而做出的决策。

整个过程就是代理人与环境互动的过程，可以以行动轨迹 (Trajectory) 来表示：
$\{S_0, A_0, R_1, S_1, A_1, R_2, S_2, \cdots, S_t, A_t, R_{t+1}, S_{t+1}, A_{t+1}, R_{t+2}, S_{t+2}\}$

其中：S：状态。A：行动。R：奖励。S_t：t 是时间点。

行动轨迹：行动 (A_0) 后，代理人会得到奖励 (R_1)、状态 (S_1)，之后再采取下一步的行动 (A_1)，不停循环 ($A_t, R_{t+1}, S_{t+1} \cdots$) 直至终点或中途比赛失败 / 胜利为止。

马尔可夫决策过程 (以下简称 MDP) 的假设是代理人的行动决策是 "累计获得的奖励最大化"，也称为 "报酬" (Return)。注意，报酬并不是指每一种状态下的最大奖励，比方说，下棋时我们会为了诱敌进入陷阱，而故意牺牲某些棋子，以求得最后的胜利。同样的道理，MDP 是追求长期的最大报酬，而非每一步骤的最大奖励 (短期利益)。强化学习类似于优化求解，目标函数是报酬，希望找到报酬最大化时应采取的行动策略 (Policy)，对比于神经网络求解，神经网络目标是最小化损失函数，对各神经元的权重求解。

MDP 是由马尔可夫奖励过程 (Markov Reward Process, MRP) 加上行动转移矩阵 (Action Transition matrix) 所组成，接着我们依序讲解这两个概念。

在说明 MRP 之前，先从 MRP 的基础开始讲起，马尔可夫过程 (Markov Process, MP)，也称为马尔可夫链 (Markov Chain)，主要内容为描述状态之间的转换。例如，假设天气的变化状态有两种，晴天和雨天，一个典型的马尔可夫链的状态转换图如图 15.3 所示。

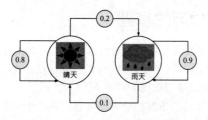

图 15.3 马尔可夫链的示意图

也可以用表 15.1 来表示，称为状态转换矩阵 (State Transition matrix)。

表 15.1 状态转换矩阵

	晴天	雨天
晴天	0.8	0.2
雨天	0.1	0.9

上面图表要表达的信息如下。
(1) 今天是晴天，明天也是晴天的概率：0.8。
(2) 今天是晴天，明天是雨天的概率：0.2。
(3) 今天是雨天，明天是晴天的概率：0.1。
(4) 今天是雨天，明天也是雨天的概率：0.9。

也就是说，明日天气会受今日天气的影响，换言之，下一个状态出现的概率会受到目前状态的影响，符合这种特性的模型就称为具有"马尔可夫性质"(Markov Property)，即目前状态 (S_t) 只受前一个状态 (S_{t-1}) 影响，与之前的状态 (S_{t-2}, S_{t-3}…) 无关，也可以扩展受 n 个状态 (S_{t-1}, S_{t-2}, S_{t-3},…, S_{t-n}) 影响，类似于时间序列。

因此，我们可从上面图表推测出 n 天后出现晴天或雨天的概率，例如：
(1) 今天是晴天，后天是晴天的概率 = 0.8×0.8 + 0.2×0.1 = 0.66。
(2) 今天是雨天，后天是晴天的概率 = 0.1×0.8 + 0.9×0.1 = 0.17。

再扩充一下，马尔可夫链加上奖励，就称为马尔可夫奖励过程 (Markov Reward Process, MRP)，即 Markov Process + Reward = Markov Reward Process，如图 15.4 所示。

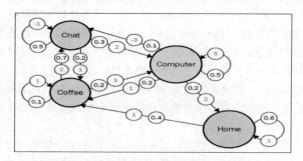

图 15.4 马尔可夫奖励过程

图 15.4 是学生作息的状态转换，状态包括聊天 (Chat)、喝咖啡 (Coffee)、玩计算机 (Computer) 和在家 (Home)，我们依据转换概率和奖励，可算出每个状态的期望值，来表达每个状态的价值，如

$$V_{(chat)} = -1*0.5 + 2*0.3 + 1*0.2 = 0.3$$
$$V_{(coffee)} = 2*0.7 + 1*0.1 + 3*0.2 = 2.1$$
$$V_{(home)} = 1*0.6 + 1*04 = 1.0$$
$$V_{(computer)} = 5*0.5 + (-3)*0.1 + 1*0.2 + 2*0.2 = 2.8$$

理解 MRP 后，那么行动转移矩阵 (Action Transition matrix) 又是什么呢？举例来说，走迷宫时，玩家往上 / 下 / 左 / 右走的概率可能不相等，又如玩剪刀石头布时，每个人的猜拳偏好都不尽相同，假设第一次双方平手，第二次出手可能就会参考第一次的结果来出拳，因此出剪刀 / 石头 / 布的概率又会有所改变，这就是行动转移矩阵，它在每个状态的转移矩阵值可能都不一样，如图 15.5 所示。

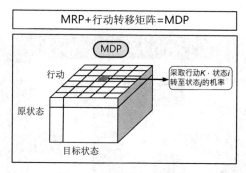

图 15.5 马尔可夫决策过程

我们可将行动转移矩阵理解为策略，若策略是固定的常数，则 MDP 就等于 MRP，但是，通常我们面临的环境是多变的，策略不会一成不变，因此总而言之，**强化学习的目标就是在 MDP 的机制下，要找出最佳的行动策略，而目的是希望获得最大的报酬**。

15-2 强化学习模型

接下来用数学式建立强化学习模型，将马尔可夫决策过程的示意图转为数学符号 (见图 15.6)。

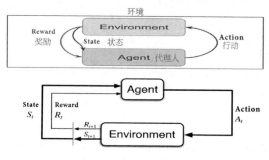

图 15.6 强化学习模型

行动轨迹 (trajectory) 为

$$\{S_0, A_0, R_1, S_1, A_1, R_2, S_2 \cdots S_t, A_t, R_{t+1}, S_{t+1}, A_{t+1}, R_{t+2}, S_{t+2} \cdots\}$$

(1) 状态转移概率：达到状态 St+1 的概率为
$$p(S_{t+1}| S_t, A_t, S_{t-1}, A_{t-1}, S_{t-2}, A_{t-2}, S_{t-3}, A_{t-3} \cdots)$$
依据马尔可夫性质的假设，S_{t+1} 只与前一个状态 (S_t) 有关，上式简化为
$$p(S_{t+1}| S_t, A_t)$$

(2) 报酬：就以走迷宫为例，到达终点时，所累积的奖励总和称为报酬，下式为从 t 时间点走到终点 (T) 的累积奖励。即
$$G_t = R_{t+1} + R_{t+2} + R_{t+3} + \cdots + R_T = \sum_{k=1}^{T} R_{t+k}$$

例 1：以图 15.8 的走迷宫为例，目标是以最短路径到达终点，故设定每走一步奖励为 -1，即可算出每一个位置的报酬，计算方法是由终点倒推回起点，结果如图 15.7 中的数字所示。

图 15.7　计算迷宫每一个位置的报酬

(3) 折扣报酬 (Discount Return)：模型目标是追求报酬最大化，若迷宫很大的话要考虑的奖励 (R_t) 个数也会很多，所以为了简化模型，将每个时间的奖励乘以一个小于 1 的折扣因子 (γ)，让越久远的奖励越不重要，避免要考虑太多的状态，类似复利的概念，报酬公式修正为
$$G_t = R_{t+1} + \gamma R_{t+2} + \gamma^2 R_{t+3} + \cdots + \gamma^{T-1} R_T = \sum_{k=1}^{T} \gamma^{k-1} R_{t+k}$$

又 $G_{t+1} = R_{t+2} + \gamma R_{t+3} + \gamma^2 R_{t+4} + \cdots + \gamma^{T-2} R_T$
故 $G_t = R_{t+1} + \gamma G_{t+1}$

(4) 状态值函数 (State Value Function)：以图 15.8 所示的迷宫为例，玩家所在的位置就是状态，所以，图中的数字 (报酬) 即是状态值，代表每个状态的价值。又加上要考虑从起点走到终点的路径可能不止一种，故状态值函数是每条路径报酬的期望值 (平均数)。

例 2：举另一个迷宫游戏为例，规则如下，起点为 (1, 1)，终点为 (4, 3) 或 (4, 2)，走到 (4, 3) 奖励为 1，走到 (4, 2) 奖励为 -1，每走一步奖励均为 -0.04。

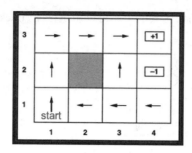

图 15.8　另一个迷宫游戏

假设有三种走法：

① $(1,1) \to (1,2) \to (1,3) \to (1,2) \to (1,3) \to (2,3) \to (3,3) \to (4,3)$
　-0.04　-0.04　-0.04　-0.04　-0.04　-0.04　-0.04　+1

② $(1,1) \to (1,2) \to (1,3) \to (2,3) \to (3,3) \to (3,2) \to (3,3) \to (4,3)$
　-0.04　-0.04　-0.04　-0.04　-0.04　-0.04　-0.04　+1

③ $(1,1) \to (2,1) \to (3,1) \to (3,2) \to (4,2)$
　-0.04　-0.04　-0.04　-0.04　-1

三条走法的报酬计算如下：

① $1 - 0.04 \times 7 = 0.72$

② $1 - 0.04 \times 7 = 0.72$

③ $-1 - 0.04 \times 4 = -1.16$

$(1, 1)$ 状态期望值 $=(0.72 + 0.72 + (-1.16))/3 = 0.28/3 \fallingdotseq 0.09$

状态值函数以 $V_\pi(s)$ 表示，其中 π 为特定策略。有

$$V_\pi(s) = E(G|S=s)$$

(5) Bellman 方程式：特定策略下采取各种行动的概率，状态值函数的公式为

$$v_\pi(s) = \sum_a \pi(a|s) \sum_{s'} \mathcal{P}^a_{ss'} [\mathcal{R}^a_{ss'} + \gamma v_\pi(s')]$$

式中：

s' 为下一状态；

$\pi(a|s)$ 为采取特定策略时，在状态 s 采取行动 a 的概率；

$\mathcal{P}^a_{ss'}$ 为行动转移概率，即在状态 s 采取行动 a，会达到状态 s' 的概率。

后面 [] 的公式系依据 $G_t = R_{t+1} + \gamma G_{t+1}$ 转换而来。

Bellman 方程式让我们可以从下一状态的奖励/状态值函数推算出目前状态的值数。那么在目前状态下怎么会知道下一个状态的值函数呢？不要忘了，强化学习是以尝试错误 (Trial and Error) 的方式进行训练，我们可以从之前的训练结果推算目前回合的值函数。例如，要算第 50 回合的值函数，可以从 1~49 回合推算每一状态的期望值。

(6) 行动值函数 (Action Value Function)：采取某一行动的值函数，类似状态值函数公式为

$$q_\pi(s, a) = \sum_{s'} \mathcal{P}^a_{ss'} [\mathcal{R}^a_{ss'} + \gamma \sum_{a'} \pi(a'|s') q_\pi(s', a')]$$

同样可以从下一状态的奖励/行动值函数推算出目前行动值函数。

(7) 状态值函数与行动值函数的关系可以由倒推图 (Backup Diagram) 来表示，如图 15.9 和图 15.10 所示。

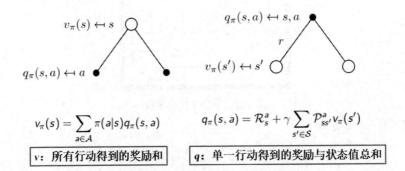

图 15.9　状态值函数与行动值函数的关系 1

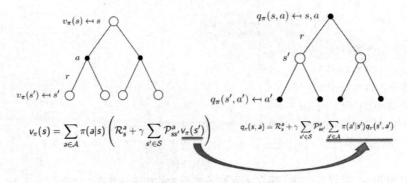

图 15.10　状态值函数与行动值函数的关系 2

从倒推图可以看出行动值函数的公式来源。

依照上述公式行动，不断更新所有状态值函数，之后在每一个状态下，以最大化状态或行动值函数为准则，采取行动，以获取最大报酬。

15-3　简单的强化学习架构

这一节我们把前面刚学到的理论整理一下，就能完成一个初阶的程序。回顾前面谈到的强化学习机制如图 15.11 所示。

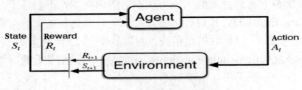

图 15.11　强化学习机制

由强化学习机制，我们可以制定程序架构如图 15.12 所示。

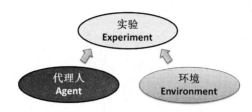

图 15.12　强化学习程序架构

采取面向对象设计 (OOP)，程序架构大致分为三个步骤，共有两个类别，介绍如下。

(1) 环境 (Environment)：比如迷宫、游戏或围棋，它会给予玩家奖励并负责状态转换，若是单人游戏，环境还要担任玩家的对手，像是计算机围棋。职责 (方法) 列举如下。

① 初始化 (Initialization)：需定义状态空间 (State Space)、奖励办法、行动空间 (Action Space)、状态转换 (State Transition Definition)。

② 重置 (Reset)：每一回合 (Episode) 结束时，需重新开始，重置所有变量。

③ 步骤：代理人行动后，驱动行动轨迹的下一步，而环境就会随之更新状态、给予奖励，并判断回合是否结束。

④ 渲染 (Render)：更新显示的画面。

(2) 代理人 (Agent)：即玩家，职责 (方法) 列举如下。

① 行动：代理人依据既定的策略与目前所处的状态，采取行动，如上、下、左、右。

② 通常如果要订制特殊的策略，会使用继承代理人类别 (Agent Class)，在衍生的类别中，构思写行动函数，并撰写策略逻辑。

(3) 进行实验时，先建立两个类别对象，触发环境各项方法，等待玩家行动。

接下来，我们就依照上述架构来开发程序。

范例1.建立简单的迷宫游戏：共有**5**个位置，玩家一开始站中间位置，每走一步扣分**0.2**，走到左端点得**-1**分，走到右端点得**1**分，走到左右端点该回合即结束。

起点

请参阅程序：**15_01_simple_game.py**。

(1) 加载相关库。程序代码如下：

```
1  # 载入相关库
2  import random
```

(2) 建立环境类别。

- __init__：初始化，每回合结束后比赛重置。
- get_observation：返回状态空间，本游戏假设有五种：1、2、3、4、5。
- get_actions：返回行动空间，本游戏假设有两种：-1、1，只能往左或往右。
- is_done：判断比赛回合是否结束。
- step：触发下一步，根据传入的行动，更新状态，并计算奖励。

程序代码如下：

```python
4   # 环境类别
5   class Environment:
6       def __init__(self):              # 初始化
7           self.poistion = 3            # 玩家一开始站中间位置
8   
9       def get_observation(self):
10          # 状态空间(State Space)，共有5个位置
11          return [i for i in range(1, 6)]
12  
13      def get_actions(self):
14          return [-1, 1]               # 行动空间(Action Space)
15  
16      def is_done(self):               # 判断比赛回合是否结束
17          # 是否走到左右端点
18          return self.poistion == 1 or self.poistion == 5
19  
20      # 步骤
21      def step(self, action):
22          # 是否回合已结束
23          if self.is_done():
24              raise Exception("Game is over")
25  
26          self.poistion += action
27          if self.poistion == 1:
28              reward = -1
29          elif self.poistion == 5:
30              reward = 1
31          else:
32              reward = -0.2
33  
34          return action, reward
```

(3) 建立代理人类别：主要是制定行动策略，本范例采取随机策略。程序代码如下：

```python
37  # 代理人类别
38  class Agent:
39      # 初始化
40      def __init__(self):
41          pass
42  
43      def action(self, env):
44          # 取得状态
45          current_obs = env.get_observation()
46          # 随机行动
47          return random.choice(env.get_actions())
```

(4) 定义好环境与代理人功能后，就可以进行实验了。程序代码如下：

```python
50  if __name__ == "__main__":
51      # 建立实验，含环境、代理人对象
52      env = Environment()
53      agent = Agent()
54  
55      # 进行实验
56      total_reward=0   # 累计报酬
57      while not env.is_done():
58          # 采取行动
59          action = agent.action(env)
60  
61          # 更新下一步
62          state, reward = env.step(action)
63  
64          # 计算累计报酬
65          total_reward += reward
66  
67      # 显示累计报酬
68      print(f"累计报酬: {total_reward:.4f}")
```

① 执行：python RL_15_01_simple_game.py。

② 执行结果：累计报酬：-1.2，由于采随机策略，因此，每次结果均不相同。

范例2.调用15_01_simple_game.py，执行10回合。

请参阅程序：**15_02_simple_game_test.py**。

(1) 加载相关库。程序代码如下：

```
1  # 载入相关库
2  from RL_15_01_simple_game import Environment, Agent
```

(2) 建立实验，包含环境、代理人对象。程序代码如下：

```
4  # 建立实验，含环境、代理人对象
5  env = Environment()
6  agent = Agent()
```

(3) 进行实验。程序代码如下：

```
8   # 进行实验
9   for _ in range(10):
10      env.__init__()      # 重置
11      total_reward=0      # 累计报酬
12      while not env.is_done():
13          # 采取行动
14          action = agent.action(env)
15
16          # 更新下一步
17          state, reward = env.step(action)
18
19          # 计算累计报酬
20          total_reward += reward
21
22      # 显示累计报酬
23      print(f"累计报酬: {total_reward:.4f}")
24
```

执行结果：可以看到每次的结果均不相同，这就是程序在尝试错误的证明。结果如下：

```
累计报酬: 0.8000
累计报酬: -1.2000
累计报酬: 0.4000
累计报酬: -2.8000
累计报酬: -1.2000
累计报酬: -1.2000
累计报酬: -3.2000
累计报酬: 0.8000
累计报酬: -1.6000
累计报酬: -1.2000
```

范例3.以状态值函数最大者为行动依据，执行10回合，并将程序改成较有弹性，允许更多的节点。

请参阅程序：**15_03_simple_game_with_state_value.ipynb**。

(1) 加载相关库。程序代码如下：

```
1  # 载入相关库
2  import numpy as np
3  import random
```

(2) 参数设定。程序代码如下：

```
1  # 参数设定
2  NODE_COUNT = 15        # 节点数
3  NORMAL_REWARD = -0.2   # 每走一步扣分 0.2
```

(3) 建立环境类别：增加以下函数。
- update_state_value：由终点倒推，更新状态值函数。
- get_observation：取得状态值函数的期望值，以状态值函数最大者为行动依据。

程序代码如下：

```
1   # 环境类别
2   class Environment():
3       # 初始化
4       def __init__(self):
5           # 存储状态值函数，索引值[0]:不用，从1开始
6           self.state_value = np.full((NODE_COUNT+1), 0.0)
7           self.state_value[1]=-1
8           self.state_value[NODE_COUNT]=1
9
10          # 更新次数，索引值[0]:不用，从1开始
11          self.state_value_count = np.full((NODE_COUNT+1), 0)
12          self.state_value_count[1]=1
13          self.state_value_count[NODE_COUNT]=1
14
15      # 初始化
16      def reset(self):
17          self.poistion = int((1+NODE_COUNT) / 2)  # 玩家一开始站中间位置
18          self.trajectory=[] # 行动轨迹
19
20      def get_states(self):
21          # 状态空间(State Space)，共有5个位置
22          return [i for i in range(1, 6)]
23
24      def get_actions(self):
25          return [-1, 1] # 行动空间(Action Space)
26
27      def is_done(self): # 判断比赛回合是否结束
28          # 是否走到左右端点
29          if self.poistion == 1 or self.poistion == NODE_COUNT:
30              self.trajectory.append(self.poistion)
31              return True
32          else:
33              return False
34
35      # 步骤
36      def step(self, action):
37          # 是否回合已结束
38          if self.is_done():
39              # 不应该有机会执行到这里
40              raise Exception("Game is over")
41
42          self.trajectory.append(self.poistion)
43          self.poistion += action
44          if self.poistion == 1:
45              reward = -1
46          elif self.poistion == NODE_COUNT:
47              reward = 1
48          else:
49              reward = NORMAL_REWARD
50
51          return self.poistion, reward
52
53      def update_state_value(self, final_value):
54          # 倒推，更新状态值函数
```

```
55        for i in range(len(self.trajectory)-1, -1, -1):
56            final_value += NORMAL_REWARD
57            self.state_value[self.trajectory[i]] += final_value
58            self.state_value_count[self.trajectory[i]] += 1
59
60    # 取得状态值函数期望值
61    def get_observation(self):
62        mean1 = self.state_value / self.state_value_count
63        return mean1
```

(4) 代理人类别：比较左右相邻的节点，以状态值函数最大者为行动方向，如果两个状态值一样大，就随机选择一个。程序代码如下：

```
1  # 代理人类别
2  class Agent():
3      # 初始化
4      def __init__(self):
5          pass
6
7      def action(self, env):
8          # 取得状态值函数期望值
9          state_value = env.get_observation()
10
11         # 以左/右节点状态值函数大者为行动依据，如果两个状态值一样大，随机选择一个
12         if state_value[env.poistion-1] > state_value[env.poistion+1]:
13             return -1
14         if state_value[env.poistion-1] < state_value[env.poistion+1]:
15             return 1
16         else:
17             return random.choice([-1, 1])
```

(5) 建立实验，包含环境、代理人对象。程序代码如下：

```
1  # 建立实验，含环境、代理人对象
2  env = Environment()
3  agent = Agent()
4
5  # 进行实验
6  total_reward_list = []
7  for _ in range(10):
8      env.reset()   # 重置
9      total_reward=0   # 累计报酬
10     while not env.is_done():
11         # 采取行动
12         action = agent.action(env)
13
14         # 更新下一步
15         state, reward = env.step(action)
16         #print(state, reward)
17         # 计算累计报酬
18         total_reward += reward
19
20     print('trajectory', env.trajectory)
21     env.update_state_value(total_reward)
22     total_reward_list.append(round(total_reward, 2))
23
24 # 显示累计报酬
25 print(f"累计报酬: {total_reward_list}")
```

执行结果：可以看出每次的结果均不相同，基本上训练了两次之后，接下来的每一次都会往右走，这表示已经找到最佳策略，就是一直往右走。结果如下：

```
trajectory [3, 2, 3, 4, 5]
trajectory [3, 2, 3, 2, 3, 2, 3, 2, 3, 2, 3, 2, 3, 2, 3, 2, 3, 2, 3, 4, 3, 2, 3, 4, 3, 4, 5]
trajectory [3, 4, 5]
trajectory [3, 4, 5]
trajectory [3, 4, 5]
trajectory [3, 4, 5]
trajectory [3, 4, 5]
trajectory [3, 4, 5]
trajectory [3, 4, 5]
trajectory [3, 4, 5]
累计报酬: [0.4, -4.0, 0.8, 0.8, 0.8, 0.8, 0.8, 0.8, 0.8, 0.8]
```

(6) 绘图。程序代码如下:

```python
# 绘图
import matplotlib.pyplot as plt

plt.figure(figsize=(10,6))
plt.plot(total_reward_list)
```

① 执行结果:如图 15.13 所示,可以看出训练两次过后,即可找到最佳策略,就是一直往右走。

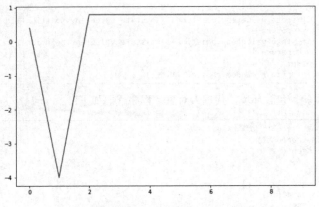

图 15.13 训练

② 把节点数 (NODE_COUNT) 参数放大为 11,执行结果:如图 15.14 所示,可以看出训练几次后,就找到最佳策略,也是一直往右走。

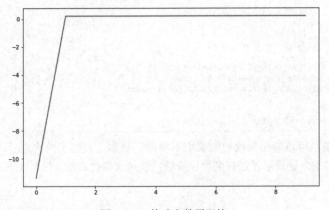

图 15.14 修改参数原训练

结论：以状态值函数最大者为行动依据，训练模型，果然可以找到最佳解，模型就是每个状态的值函数，之后实际上线时即可加载模型执行。

15-4　Gym 库

根据前面的练习，可以了解到强化学习是在各种环境中寻找最佳策略，因此，为了节省开发者的时间，网络上有许多库设计了各式各样的环境，供大家实验，也能借由动画来展示训练过程，如 Gym、Amazon SageMaker 等库。

以下就来介绍 Gym 库的用法，它是 OpenAI 开发的学习库，提供了数十种不同的游戏，Gym 官网 (https://gym.openai.com/) 首页上展示了一些游戏画面。不过请读者留意，有些游戏在 Windows 操作环境下并不能顺利安装，因为 Gym 是以 gcc 撰写的。

安装指令如下：

pip install gym

假如要修改 Gym 的程序代码，可直接从 GitHub 下载源代码后，再自行安装：

git clone https://github.com/openai/gym

cd gym

pip install -e .

如需安装全部游戏，可执行下列指令。注意：这些指令只能在 Linux 环境下执行，而且必须先安装相关软件工具，请参考 Gym GitHub 说明 (https://github.com/openai/gym#installing-everything)。

pip install -e '.[all]'

在 Windows 操作环境下仅能安装 Atari 游戏，Atari 为 1967 年开发的游戏机 (见图 15.15)，拥有几十种游戏，如打砖块 (Breakout)、桌球 (Pong) 等：

pip install -e '.[atari]'

图 15.15　Atari 游戏机

Gym 提供的环境分为以下四类。

(1) 经典游戏 (Classic Control) 和文字游戏 (Toy Text)：属于小型的环境，适合初学者开发测试。

(2) 算法类 (Algorithmic)：像是多位数的加法、反转顺序等，这对计算机来说非常简单，但使用强化学习方式求解是一大挑战。

(3) Atari：Atari 游戏机内的一些游戏。

(4) 2D and 3D 机器人 (Robot)：机器人模拟环境，有些是要付费的，可免费试用 30 天。但是在 Windows 操作环境安装会有问题，好在网络上有些文章提到了解决方案，需要的读者可以 Google 搜索或参考 "Install OpenAI Gym with Box2D and Mujoco in Windows 10"[2]。

接下来先认识一下 Gym 的架构，各位可能会觉得有点眼熟，这是由于前面的范例刻意模仿 Gym 的设计架构，因此两者的环境类别有些类似。

Gym 的环境类别包括以下方法。

(1) reset()：比赛一开始或回合结束时，调用此方法重置环境。

(2) step(action)：传入行动，触动下一步，返回下列信息。

- observation：环境更新后的状态。
- reward：行动后得到的奖励。
- done：布尔值，True 表示比赛回合结束，False 表示比赛回合进行中。
- info：为字典的数据类型，通常是除错信息。

(3) render()：渲染，即显示更新后的画面。

(4) close()：关闭环境。

范例1.Gym入门。

请参阅程序：**15_04_Gym.ipynb**。

(1) 加载相关库。程序代码如下：

```
1  # 载入相关库
2  import gym
3  from gym import envs
```

(2) 显示已注册的游戏环境。程序代码如下：

```
1  # 已注册的游戏
2  all_envs = envs.registry.all()
3  env_ids = [env_spec.id for env_spec in all_envs]
4  print(env_ids)
```

执行结果：有数百种的游戏，种类依每台机器安装的情形而有所不同。结果如下：

```
['Copy-v0', 'RepeatCopy-v0', 'ReversedAddition-v0', 'ReversedAddition3-v0', 'DuplicatedInput-v0', 'Reverse-v0', 'CartPole-v0', 'CartPole-v1', 'MountainCar-v0', 'MountainCarContinuous-v0', 'Pendulum-v0', 'Acrobot-v1', 'LunarLander-v2', 'LunarLanderContinuous-v2', 'BipedalWalker-v3', 'BipedalWalkerHardcore-v3', 'CarRacing-v0', 'Blackjack-v0', 'KellyCoinflip-v0', 'KellyCoinflipGeneralized-v0', 'FrozenLake-v0', 'FrozenLake8x8-v0', 'CliffWalking-v0', 'NChain-v0', 'Roulette-v0', 'Taxi-v3', 'GuessingGame-v0', 'HotterColder-v0', 'Reacher-v2', 'Pusher-v2', 'Thrower-v2', 'Striker-v2', 'InvertedPendulum-v2', 'InvertedDoublePendulum-v2', 'HalfCheetah-v3', 'HalfCheetah-v2', 'Hopper-v2', 'Hopper-v3', 'Swimmer-v2', 'Swimmer-v3', 'Walker2d-v2', 'Walker2d-v3', 'Ant-v2', 'Ant-v3', 'Humanoid-v2', 'Humanoid-v3', 'HumanoidStandup-v2', 'FetchSlide-v1', 'FetchPickAndPlace-v1', 'FetchReach-v1', 'FetchPush-v1', 'HandReach-v0', 'HandManipulateBlockRotateZ-v0', 'HandManipulateBlockRotateZTouchSensors-v0', 'HandManipulateBlockRotateZTouchSensors-v1', 'HandManipulateBlockRotateParallel-v0', 'HandManipulateBlockRotateParallelTouchSensors-v0', 'HandManipulateBlockRotateParallelTouchSensors-v1', 'HandManipulateBlockRotateXYZ-v0', 'HandManipulateBlockRotateXYZTouchSensors-v0', 'HandManipulateBlockRotateXYZTouchSensors-v1', 'HandManipulateBlockFull-v0', 'HandManipulateBlock-v0', 'HandManipulateBlockTouchSensors-v0', 'HandManipulateBlockTouchSensors-v1', 'HandManipulateEggRotate-v0', 'HandManipulateEggRotateTouchSensors-v0', 'HandManipulateEggRotateTouchSensors-v1', 'HandManipulateEggFull-v0', 'HandManipulateEgg-v0', 'HandManipula
```

(3) 任意加载一个环境，如木棒小车 (CartPole) 游戏，并显示行动空间、状态空间/最大值/最小值。程序代码如下：

```
1  # 载入 木棒小车(CartPole) 游戏
2  env = gym.make("CartPole-v1")
3
4  # 环境的信息
5  print(env.action_space)
6  print(env.observation_space)
7  print('observation_space 范围：')
8  print(env.observation_space.high)
9  print(env.observation_space.low)
```

执行结果：行动空间有两个离散值(0 为往左，1 为往右)、状态空间为 Box 数据类型，表示连续型变量，维度大小为 4，分别代表小车位置 (Cart Position)、小车速度 (Cart Velocity)、木棒角度 (Pole Angle) 及木棒速度 (Pole Velocity At Tip)，另外显示四项信息的最大值和最小值。结果如下：

```
Discrete(2)
Box(4,)
observation_space 范围：
[4.8000002e+00  3.4028235e+38  4.1887903e-01  3.4028235e+38]
[-4.8000002e+00 -3.4028235e+38 -4.1887903e-01 -3.4028235e+38]
```

(4) 加载打砖块游戏，显示环境的信息。程序代码如下：

```
1  # 载入 打砖块(Breakout) 游戏
2  env = gym.make("Breakout-v0")
3
4  # 环境的信息
5  print(env.action_space)
6  print(env.observation_space)
7  print('observation_space 范围：')
8  print(env.observation_space.high)
9  print(env.observation_space.low)
```

执行结果：相较于木棒小车，打砖块就复杂许多，官网并未提供相关信息，必须从 GitHub 下载源代码，再观看程序说明。或是查看安装目录，Atari 程序安装在 anaconda3\Lib\site-packages\atari_py 目录下，Breakout 原始程序为 ale_interface\src\games\supported\Breakout.cpp。结果如下：

```
Discrete(4)
Box(210, 160, 3)
observation_space 范围：
[[[255 255 255]
  [255 255 255]
  [255 255 255]
  ...
  [255 255 255]
  [255 255 255]
  [255 255 255]]

 [[255 255 255]
  [255 255 255]
  [255 255 255]
  ...
  [255 255 255]
  [255 255 255]
  [255 255 255]]
```

(5) 实验木棒小车游戏。程序代码如下：

```
1  # 载入 木棒小车(CartPole) 游戏
2  env = gym.make("CartPole-v1")
3
4  # 比赛回合结束，重置
5  observation = env.reset()
6  # 将环境信息写入日志档
7  with open("CartPole_random.log", "w", encoding='utf8') as f:
8      # 执行 1000 次行动
9      for _ in range(1000):
```

```
10          # 更新画面
11          env.render()
12          # 随机行动
13          action = env.action_space.sample()
14          # 触动下一步
15          observation, reward, done, info = env.step(action)
16          # 写入信息
17          f.write(f"action={action}, observation={observation}," +
18                  f"reward={reward}, done={done}, info={info}\n")
19          # 比赛回合结束，重置
20          if done:
21              observation = env.reset()
22  env.close()
```

① 执行结果：以随机的方式行动，可以看到小车时而前进，时而后退，如图 15.16 所示。

图 15.16　木棒小车游戏

② CartPole_random.log 日志文件的部分内容如下：

```
action=0, observation=[ 0.02797028 -0.203182    0.00185102  0.28630734],reward=1.0, done=F
action=1, observation=[ 0.02390664 -0.00808649  0.00757717 -0.00579121],reward=1.0, done=F
action=1, observation=[ 0.02374491  0.18692597  0.00746134 -0.29607385],reward=1.0, done=F
action=0, observation=[ 0.02748343 -0.00830155  0.00153987 -0.00104711],reward=1.0, done=F
action=0, observation=[ 0.0273174  -0.20344555  0.00151892  0.29212127],reward=1.0, done=F
action=1, observation=[ 2.32484899e-02 -8.34528672e-03  7.36135014e-03 -8.22245954e-05],re
action=1, observation=[ 0.02308158  0.18667032  0.00735971 -0.2904335 ],reward=1.0, done=F
action=0, observation=[ 0.02681499 -0.00855579  0.00155104  0.00456148],reward=1.0, done=F
action=0, observation=[ 0.02664387 -0.20369996  0.00164227  0.29773338],reward=1.0, done=F
action=0, observation=[ 0.02256988 -0.00860145  0.00759693  0.00556884],reward=1.0, done=F
action=0, observation=[ 0.02239785 -0.20383153  0.00770831  0.30063898],reward=1.0, done=F
```

木棒小车的游戏规则说明如下。
(1) 可控制小车往左 (0) 或往右 (1)。
(2) 每走一步得一分。
(3) 小车一开始定位在中心点，平衡杆是直立 (Upright) 的，在行驶中要保持平衡。
(4) 游戏结束的条件，三择一。
① 平衡杆偏差超过 12℃→败。
② 离中心点 2.4 单位→胜。
③ 两个版本，v0：行动超过 200 步，v1：行动超过 500 步→胜。
(5) 如果连续 100 回合的平均报酬超过 195 步，即视为解题成功。
Step 函数返回的内容如下。
(1) observation：环境更新后的状态。
① 小车位置。
② 小车速度。
③ 木棒角度。
④ 木棒速度。

(2) reward：行动后得到的奖励。

(3) done：布尔值，True 表示比赛回合结束，False 表示比赛回合进行中。

(4) info：为字典的数据类型，通常是除错信息，本游戏均不返回信息。

范例2.木棒小车实验。

请参阅程序：**15_05_CartPole.ipynb**。

(1) 加载相关库。程序代码如下：

```
1  # 载入相关库
2  import gym
3  from gym import envs
```

(2) 设定比赛回合数。程序代码如下：

```
1  # 参数设定
2  no = 50          # 比赛回合数
```

(3) 实验：采用随机行动。程序代码如下：

```
1   # 载入 木棒小车(CartPole) 游戏
2   env = gym.make("CartPole-v0")
3
4   # 重置
5   observation = env.reset()
6   all_rewards=[]      # 每回合总报酬
7   all_steps=[]        # 每回合总步数
8   total_rewards = 0
9   total_steps=0
10
11  while no > 0:        # 执行 50 比赛回合数
12      # 随机行动
13      action = env.action_space.sample()
14      total_steps+=1
15
16      # 触动下一步
17      observation, reward, done, info = env.step(action)
18      # 累计报酬
19      total_rewards += reward
20
21      # 比赛回合结束，重置
22      if done:
23          observation = env.reset()
24          all_rewards.append(total_rewards)
25          all_steps.append(total_steps)
26          total_rewards = 0
27          total_steps=0
28          no-=1
29
30  env.close()
```

执行结果：结果相当惨烈，没有一回合走超过 200 步，显示出对于强化学习而言这个游戏很有挑战性。结果如下：

回合	报酬	结果
0	18.0	Loss
1	55.0	Loss
2	38.0	Loss
3	11.0	Loss
4	34.0	Loss
5	51.0	Loss
6	15.0	Loss
7	20.0	Loss
8	11.0	Loss
9	32.0	Loss
10	13.0	Loss
11	22.0	Loss
12	21.0	Loss
13	15.0	Loss
14	57.0	Loss
15	11.0	Loss
16	46.0	Loss
17	16.0	Loss
18	16.0	Loss
19	10.0	Loss
20	17.0	Loss
21	13.0	Loss
22	15.0	Loss
23	19.0	Loss
24	14.0	Loss
25	32.0	Loss
26	14.0	Loss
27	10.0	Loss
28	21.0	Loss

(4) 基于上述实验，传统的做法会针对问题提出对策，举例如下。

① 小车距离中心点大于 2.4 单位就算输了，所以设定每次行动采用一左一右的方式，尽量不偏离中心点。

② 由于小车的平衡杆角度偏差 12° 以上也算输，所以设定平衡杆角度若偏右 8° 以上，就往右前进，直到角度偏右小于 8 度为止。

③ 反之，偏左也采用类似处理。

(5) 首先建立 Agent 类别，撰写 act 函数实现以上逻辑。程序代码如下：

```
1  import math
2
3  # 参数设定
4  left, right = 0, 1      # 小车行进方向
5  max_angle = 8           # 偏右8度以上，就往右前进，偏左也是同样处理
```

```
1  class Agent:
2      # 初始化
3      def __init__(self):
4          self.direction = left
5          self.last_direction=right
6
7      # 自定义策略
8      def act(self, observation):
9          # 小车位置、小车速度、平衡杆角度、平衡杆速度
10         cart_position, cart_velocity, pole_angle, pole_velocity = observation
11
12         '''
13         行动策略：
14         1. 设定每次行动采一左一右，尽量不离中心点。
15         2. 平衡杆角度偏右8度以上，就往右前进，直到角度偏右小于8度。
16         3. 反之，偏左也是同样处理。
17         '''
18         if pole_angle < math.radians(max_angle) and \
19             pole_angle > math.radians(-max_angle):
20             self.direction = (self.last_direction + 1) % 2
21         elif pole_angle >= math.radians(max_angle):
22             self.direction = right
23         else:
24             self.direction = left
25
26         self.last_direction = self.direction
27
28         return self.direction
```

(6) 以 agent.act(observation) 取代 env.action_space.sample()。程序代码如下：

```
1   no = 50           # 比赛回合数
2
3   # 载入 木棒小车(CartPole) 游戏
4   env = gym.make("CartPole-v0")
5
6   # 重置
7   observation = env.reset()
8   all_rewards=[] # 每回合总报酬
9   all_steps=[] # 每回合总步数
10  total_rewards = 0
11  total_steps=0
12
13  agent = Agent()
14  while no > 0:     # 执行 50 比赛回合数
15      # 行动
16      action = agent.act(observation) #env.action_space.sample()
17      total_steps+=1
18
19      # 触动下一步
20      observation, reward, done, info = env.step(action)
21      # 累计报酬
22      total_rewards += reward
23
24      # 比赛回合结束，重置
25      if done:
26          observation = env.reset()
27          all_rewards.append(total_rewards)
28          total_rewards = 0
29          all_steps.append(total_steps)
30          total_steps = 0
31          no-=1
32
33  env.close()
```

(7) 显示执行结果：虽然比起随机行动的方式，改良后的报酬增加很多，但绝大多数的回合依然以失败告终。结果如下：

回合	报酬	结果
0	103.0	Loss
1	86.0	Loss
2	116.0	Loss
3	125.0	Loss
4	119.0	Loss
5	117.0	Loss
6	165.0	Loss
7	55.0	Loss
8	200.0	Win
9	88.0	Loss
10	99.0	Loss
11	45.0	Loss
12	90.0	Loss
13	69.0	Loss
14	75.0	Loss
15	70.0	Loss
16	48.0	Loss
17	107.0	Loss
18	98.0	Loss
19	51.0	Loss
20	51.0	Loss
21	93.0	Loss
22	122.0	Loss
23	91.0	Loss
24	100.0	Loss
25	92.0	Loss
26	121.0	Loss
27	65.0	Loss
28	128.0	Loss

上述的解法还有一个缺点，就是不具有通用性，这个策略就算在木棒小车游戏中有效，也不能套用到其他游戏上，也没有自我学习的能力，无法随着训练次数的增加，

使模型更加聪明与准确。

木棒小车是一款很简单的游戏，不过，要能成功解题并不如想象中容易，笔者应该以前面讲到的"状态值函数最大化"为策略来进行实验，但如此一来又会碰到以下难题。

(1) 状态非单一变量，而是四个变量，包括小车的位置和速度、木棒的角度和速度。

(2) 这四个变量都是连续型变量，然而计算状态值函数是针对每一状态，因此状态空间必须是离散的，仅有限的个数才能倒推计算出状态值函数。

以上两个问题可以使用以下技巧处理。

(1) 四个变量混合列举出所有组合。

(2) 将连续型变量分组，变成有限组别。

这里我们先不急着进行实验，因为后续可以搭配更好的算法来解决上述问题，所以这个问题我们暂且告一段落。

15-5 Gym 扩充功能

虽然 Gym 有很多环境供开发者挑选，但万一还是没找到完全符合需求的环境该怎么办呢？这时可以利用扩充功能 Wrapper，定制预设的环境，包括以下修改。

(1) 修改 step() 返回的状态：预设只会返回最新的状态，我们可以利用 ObservationWrapper 达成此一功能。

(2) 修改奖励值：可以利用 RewardWrapper 修改预设的奖励值。

(3) 修改行动值：可以利用 ActionWrapper 导入行动值。

范例1. ActionWrapper 示范：执行木棒小车游戏，原先小车固定往左走，但加上 ActionWrapper 后，会有 1/10 的概率采取随机行动。

请参阅程序：**15_06_Action_Wrapper_test.py**。

(1) 加载相关库。程序代码如下：

```
1  # 载入相关库
2  import gym
3  import random
```

(2) 建立一个 RandomActionWrapper 类别，继承 gym.ActionWrapper 基础类别，复写 action() 方法。epsilon 变量为随机行动的概率，每次行动时 (step) 都会调用 RandomActionWrapper 的 action()。程序代码如下：

```
5  # 继承 gym.ActionWrapper 基础类别
6  class RandomActionWrapper(gym.ActionWrapper):
7      def __init__(self, env, epsilon=0.1):
8          super(RandomActionWrapper, self).__init__(env)
9          self.epsilon = epsilon  # 随机行动的机率
10
11     def action(self, action):
12         # 随机数小于 epsilon，采取随机行动
13         if random.random() < self.epsilon:
14             print("Random!")
15             return self.env.action_space.sample()
16         return action
```

(3) 实验：step(0) 表示固定往左走，但却会被 RandomActionWrapper 的 action() 所拦截，偶尔会出现随机行动。程序代码如下：

```python
if __name__ == "__main__":
    env = RandomActionWrapper(gym.make("CartPole-v0"))

    for _ in range(50):
        env.reset()
        total_reward = 0.0
        while True:
            env.render()
            # 固定往左走
            print("往左走!")
            obs, reward, done, _ = env.step(0)
            total_reward += reward
            if done:
                break

        print(f"报酬: {total_reward:.2f}")
    env.close()
```

执行结果：结果如下：

范例2. 使用wrappers.Monitor录像，将训练过程存成多段影片文件(mp4)。

请参阅程序：**15_07_Record_test.py**。

(1) 加载相关库。程序代码如下：

```python
# 载入相关库
import gym
```

(2) 录像：调用 Monitor()。程序代码如下：

```python
# 载入环境
env = gym.make("CartPole-v0")

# 录影
env = gym.wrappers.Monitor(env, "recording", force=True)
```

(3) 实验。程序代码如下：

```
10  # 实验
11  for _ in range(50):
12      total_reward = 0.0
13      obs = env.reset()
14
15      while True:
16          env.render()
17          action = env.action_space.sample()
18          obs, reward, done, _ = env.step(action)
19          total_reward += reward
20          if done:
21              break
22
23      print(f"报酬: {total_reward:.2f}")
24
25  env.close()
```

执行结果：会将录像结果存在 recording 文件夹。

上面只是列举两个简单的范例，读者有兴趣可参阅官网说明。

15-6 动态规划

依据前面谈到的 Bellman 方程式

$$v_\pi(s) = \sum_a \pi(a|s) \sum_{s'} \mathcal{P}_{ss'}^a \left[\mathcal{R}_{ss'}^a + \gamma v_\pi(s') \right]$$

如果上述的行动转移概率 (π)、状态转移概率 (P) 均为已知，即环境是明确的 (Deterministic)，我们就可以利用 Bellman 方程式计算出状态值函数、行动值函数，以反复的方式求解，这种解法称为动态规划 (Dynamic Programming, DP)，类似于程序 RL_15_03_simple_game_with_state_value.ipynb，不过，更为细致一点。

动态规划的概念，是将大问题切分成小问题，然后逐步解决每个小问题，由于每个小问题都很类似，因此整合起来就能解决大问题。例如斐波那契数列 (Fibonacci)，其中 $F_n = F_{n-1} + F_{n-2}$，要计算整个数列的话，可以设计一个 $F_n = F_{n-1} + F_{n-2}$ 函数 (小问题)，以递归的方式完成整个数列的计算 (大问题)。

范例1. 费波那契数列的计算。

请参阅程序：**15_08_Fibonacci_Calculation.ipynb**。程序代码如下：

```
1   def fibonacci(n):
2       if n == 0 or n ==1:
3           return n
4       else:
5           return fibonacci(n-1)+fibonacci(n-2)
6
7   list1=[]
8   for i in range(2, 20):
9       list1.append(fibonacci(i))
10  print(list1)
```

执行结果如下：每个小问题的计算结果都会被存储下来，作为下个小问题的计算基础。

```
[1, 2, 3, 5, 8, 13, 21, 34, 55, 89, 144, 233, 377, 610, 987, 1597, 2584, 4181]
```

强化学习将问题分成两个步骤。

(1) 策略评估 (Policy Evaluation)：当玩家走完一回合后，就可以更新所有状态的值函数，这就称为策略评估，即将所有状态重新评估一次，也称为预测 (prediction)。

(2) 策略改善 (Policy Improvement)：依照策略评估的最新状态，采取最佳策略，以改善模型，也称为控制 (control)，通常都会依据最大的状态值函数行动，我们称之为贪婪 (Greedy) 策略，但其实它是有缺陷的，后面会再详加讨论。

最后，将两个步骤合并，循环使用，即是所谓的策略循环或策略迭代 (Policy Iteration)，如图 15.17 所示。

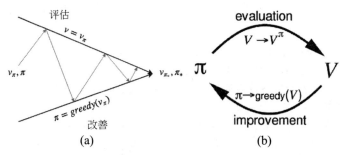

图 15.17　策略循环或策略迭代 (Policy Iteration)

图 15.17(a)：表示先走一回合后，进行评估，接着依评估结果采用贪婪策略行动，再评估，一直循环下去，直到收敛为止。

图 15.17(b)：强调经过行动策略 π 后，状态值函数会由原来的 V 变成 V_π，之后再以 V_π 作为行动的依据。

范例2. 以图15.18所示的迷宫为例，执行策略评估。

请参阅程序：15_09_Policy_Evaluation.ipynb，修改自 Denny Britz 网站[3]，它是解答"Reinforcement Learning：An Introduction" 一书 (http://incompleteideas.net/book/the-book-2nd.html) 的习题。

图 15.18　Grid World 迷宫 (左上角为起点，右下角为终点)

(1) 加载相关库。

```
1  # 载入相关库
2  import numpy as np
3  from lib.envs.gridworld import GridworldEnv
```

(2) 建立 Grid World 迷宫环境：程序为 lib\envs\gridworld.py，定义游戏规则，注意，Grid World 在网络上有许多不同的版本，游戏规则略有差异。程序代码如下：

```
1  # 环境
2  env = GridworldEnv()
```

(3) 策略评估函数。
① 依下列公式更新。

$$v_\pi(s) = \sum_a \pi(a|s) \sum_{s'} \mathcal{P}^a_{ss'} \left[\mathcal{R}^a_{ss'} + \gamma v_\pi(s') \right]$$

② 参数说明如下。
- discount_factor：折扣因子，预设为 1，即无折扣。
- theta：差异容忍值，前后两次状态值函数的最大差异小于此数值，即停止更新。
③ P 均为 1，表示状态转移概率均等，定义在 gridworld.py 中。
程序代码如下：

```
1  # 策略评估函数
2  def policy_eval(policy, env, discount_factor=1.0, theta=0.00001):
3      # 状态值函数初始化
4      V = np.zeros(env.nS)
5      while True:
6          delta = 0
7          # 更新每个状态值的函数
8          for s in range(env.nS):
9              v = 0
10             # 计算每个行动后的状态值函数
11             for a, action_prob in enumerate(policy[s]):
12                 # 取得所有可能的下一状态值
13                 for prob, next_state, reward, done in env.P[s][a]:
14                     # 状态值函数公式，依照所有可能的下一状态值函数加总
15                     v += action_prob * prob * (reward + discount_factor * V[next_state])
16             # 比较更新前后的差值，取最大值
17             delta = max(delta, np.abs(v - V[s]))
18             V[s] = v
19         # 若最大差值 < 阈值，则停止评估
20         if delta < theta:
21             break
22     return np.array(V)
```

(4) 呼叫策略评估函数：采随机策略，往上 / 下 / 左 / 右走的概率 (π) 均等。程序代码如下：

```
1  # 随机策略，概率均等
2  random_policy = np.ones([env.nS, env.nA]) / env.nA
3  # 评估
4  v = policy_eval(random_policy, env)
```

(5) 显示状态值函数。程序代码如下：

```
1  print("状态值函数:")
2  print(v)
3  print("")
4
5  print("4x4 状态值函数:")
6  print(v.reshape(env.shape))
7  print("")
```

(6) 验证答案是否正确：与书中的答案相对照。程序代码如下：

```
1  # 验证答案是否正确
2  expected_v = np.array([0, -14, -20, -22, -14, -18, -20, -20, -20, -20, -18, -14, -22, -20, -14, 0])
3  np.testing.assert_array_almost_equal(v, expected_v, decimal=2)
```

完成策略循环中的评估后，接下来再结合策略改善。

范例3. 以上述的迷宫为例，执行策略循环。

请参阅程序：**15_10_Policy_Iteration.ipynb**，修改自 Denny Britz 网站。

(1) 加载相关库，**前三个步骤与上例相同**。程序代码如下：

```
1  # 载入相关库
2  import numpy as np
3  from lib.envs.gridworld import GridworldEnv
```

(2) 建立 Grid World 迷宫环境：程序在 lib\envs\gridworld.py，定义游戏规则。注意：Grid World 在网络上有许多不同的版本，游戏规则略有差异。程序代码如下：

```
1  # 环境
2  env = GridworldEnv()
```

(3) 策略评估函数：程序代码如下：

```
1   # 策略评估函数
2   def policy_eval(policy, env, discount_factor=1.0, theta=0.00001):
3       # 状态值函数初始化
4       V = np.zeros(env.nS)
5       while True:
6           delta = 0
7           # 更新每个状态值的函数
8           for s in range(env.nS):
9               v = 0
10              # 计算每个行动后的状态值函数
11              for a, action_prob in enumerate(policy[s]):
12                  # 取得所有可能的下一状态值
13                  for prob, next_state, reward, done in env.P[s][a]:
14                      # 状态值函数公式，依照所有可能的下一状态值函数加总
15                      v += action_prob * prob * (reward + discount_factor * V[next_state])
16              # 比较更新前后的差值，取最大值
17              delta = max(delta, np.abs(v - V[s]))
18              V[s] = v
19          # 若最大差值 < 阈值，则停止评估
20          if delta < theta:
21              break
22      return np.array(V)
```

(4) 定义策略改善函数。

① one_step_lookahead：依下列公式计算每一种行动的值函数。

$$q_\pi(s,a) = \sum_{s'} \mathcal{P}_{ss'}^a \left[\mathcal{R}_{ss'}^a + \gamma \sum_{a'} \pi(a'|s') \, q_\pi(s',a') \right]$$

② 一开始采随机策略，进行策略评估，计算状态值函数。

③ 调用 one_step_lookahead，计算下一步的行动值函数，找出最佳行动，并更新策略转移概率 (π)。

④ 直到已无较佳的行动策略，则返回策略与状态值函数。

程序代码如下：

```python
1   # 策略改善函数
2   def policy_improvement(env, policy_eval_fn=policy_eval, discount_factor=1.0):
3       # 计算行动值函数
4       def one_step_lookahead(state, V):
5           A = np.zeros(env.nA)
6           for a in range(env.nA):
7               for prob, next_state, reward, done in env.P[state][a]:
8                   A[a] += prob * (reward + discount_factor * V[next_state])
9           return A
10
11      # 一开始采随机策略，往上/下/左/右走的概率(π)均等
12      policy = np.ones([env.nS, env.nA]) / env.nA
13
14      while True:
15          # 策略评估
16          V = policy_eval_fn(policy, env, discount_factor)
17
18          # 若要改变策略，会设定 policy_stable = False
19          policy_stable = True
20
21          for s in range(env.nS):
22              # 依 P 选择最佳行动
23              chosen_a = np.argmax(policy[s])
24
25              # 计算下一步的行动值函数
26              action_values = one_step_lookahead(s, V)
27              # 选择最佳行动
28              best_a = np.argmax(action_values)
29
30              # 贪婪策略：若有新的最佳行动，修改行动策略
31              if chosen_a != best_a:
32                  policy_stable = False
33              policy[s] = np.eye(env.nA)[best_a]
34
35          # 如果已无较佳行动策略，则回传策略及状态值函数
36          if policy_stable:
37              return policy, V
```

(5) 执行策略循环。程序代码如下：

```python
1   # 执行策略循环
2   policy, v = policy_improvement(env)
```

(6) 显示结果。程序代码如下：

```python
1   # 显示结果
2   print("策略机率分配:")
3   print(policy)
4   print("")
5
6   print("4x4 策略概率分配 (0=up, 1=right, 2=down, 3=left):")
7   print(np.reshape(np.argmax(policy, axis=1), env.shape))
8   print("")
9
10  print("状态值函数:")
11  print(v)
12  print("")
13
14  print("4x4 状态值函数:")
15  print(v.reshape(env.shape))
16  print("")
```

执行结果：结果如下，分别得到 π、P，也就是模型的参数。

```
策略概率分配:
[[1. 0. 0. 0.]
 [0. 0. 0. 1.]
 [0. 0. 0. 1.]
 [0. 0. 1. 0.]
 [1. 0. 0. 0.]
 [1. 0. 0. 0.]
 [1. 0. 0. 0.]
 [0. 0. 1. 0.]
 [1. 0. 0. 0.]
 [1. 0. 0. 0.]
 [0. 1. 0. 0.]
 [0. 0. 1. 0.]
 [1. 0. 0. 0.]
 [0. 1. 0. 0.]
 [0. 1. 0. 0.]
 [1. 0. 0. 0.]]

4x4 策略概率分配 (0=up, 1=right, 2=down, 3=left):
[[0 3 3 2]
 [0 0 0 2]
 [0 0 1 2]
 [0 1 1 0]]

状态值函数:
[ 0. -1. -2. -3. -1. -2. -3. -2. -2. -3. -2. -1. -3. -2. -1.  0.]

4x4 状态值函数:
[[ 0. -1. -2. -3.]
 [-1. -2. -3. -2.]
 [-2. -3. -2. -1.]
 [-3. -2. -1.  0.]]
```

(7) 验证答案是否正确: 与书中的答案相对照。程序代码如下:

```
1  # 验证答案是否正确
2  expected_v = np.array([ 0, -1, -2, -3, -1, -2, -3, -2, -2, -3, -2, -1, -3, -2, -1,  0])
3  np.testing.assert_array_almost_equal(v, expected_v, decimal=2)
```

(8) 因此, 参考策略概率分布, 从左上角走到右下角的最佳路径如下:

```
[0 3 3 2]
[0 0 0 2]
[0 0 1 2]
[0 1 1 0]
```

15-7 值循环

采用策略循环时, 在每次策略改善前, 必须先做一次策略评估, 执行循环, 更新所有状态值函数, 直至收敛, 非常耗费时间, 所以, 考虑到状态值函数与行动值函数的更新十分类似, 我们可以将其二者合并, 以改善策略循环的缺点, 称之为值循环(Value Iteration)。

范例. 以上述的迷宫为例, 使用值循环。

请参阅程序: **15_11_Value_Iteration.ipynb**, 修改自 Denny Britz 网站。

(1) 加载相关库, **前两个步骤与上例相同**。程序代码如下:

```python
# 载入相关库
import numpy as np
from lib.envs.gridworld import GridworldEnv
```

(2) 建立 Grid World 迷宫环境。程序代码如下：

```python
# 环境
env = GridworldEnv()
```

(3) 定义值循环函数：直接以行动值函数取代状态值函数，将策略评估函数与策略改善函合而为一。程序代码如下：

```python
# 值循环函数
def value_iteration(env, theta=0.0001, discount_factor=1.0):
    # 计算行动值函数
    def one_step_lookahead(state, V):
        A = np.zeros(env.nA)
        for a in range(env.nA):
            for prob, next_state, reward, done in env.P[state][a]:
                A[a] += prob * (reward + discount_factor * V[next_state])
        return A

    # 状态值函数初始化
    V = np.zeros(env.nS)
    while True:
        delta = 0
        # 更新每个状态值的函数
        for s in range(env.nS):
            # 计算下一步的行动值函数
            A = one_step_lookahead(s, V)
            best_action_value = np.max(A)
            # 比较更新前后的差值，取最大值
            delta = max(delta, np.abs(best_action_value - V[s]))
            # 更新状态值函数
            V[s] = best_action_value
        # 若最大差值 < 阈值，则停止评估
        if delta < theta:
            break

    # 一开始采随机策略，往上/下/左/右走的概率(π)均等
    policy = np.zeros([env.nS, env.nA])
    for s in range(env.nS):
        # 计算下一步的行动值函数
        A = one_step_lookahead(s, V)
        # 选择最佳行动
        best_action = np.argmax(A)
        # 永远采取最佳行动
        policy[s, best_action] = 1.0

    return policy, V
```

(4) 执行值循环。程序代码如下：

```python
# 执行值循环
policy, v = value_iteration(env)
```

(5) 显示结果：与策略循环结果相同。程序代码如下：

```
1  # 显示结果
2  print("策略概率分配:")
3  print(policy)
4  print("")
5
6  print("4x4 策略概率分配 (0=up, 1=right, 2=down, 3=left):")
7  print(np.reshape(np.argmax(policy, axis=1), env.shape))
8  print("")
9
10 print("状态值函数:")
11 print(v)
12 print("")
13
14 print("4x4 状态值函数:")
15 print(v.reshape(env.shape))
16 print("")
```

执行结果：结果如下，分别得到 π、P，也就是模型的参数。

```
策略概率分配:
[[1. 0. 0. 0.]
 [0. 0. 0. 1.]
 [0. 0. 0. 1.]
 [0. 0. 1. 0.]
 [1. 0. 0. 0.]
 [1. 0. 0. 0.]
 [1. 0. 0. 0.]
 [0. 0. 1. 0.]
 [1. 0. 0. 0.]
 [1. 0. 0. 0.]
 [0. 1. 0. 0.]
 [0. 0. 1. 0.]
 [1. 0. 0. 0.]
 [0. 1. 0. 0.]
 [0. 1. 0. 0.]
 [1. 0. 0. 0.]]

4x4 策略概率分配 (0=up, 1=right, 2=down, 3=left):
[[0 3 3 2]
 [0 0 0 2]
 [0 0 1 2]
 [0 1 1 0]]
```

```
状态值函数:
[ 0. -1. -2. -3. -1. -2. -3. -2. -2. -3. -2. -1. -3. -2. -1.  0.]

4x4 状态值函数:
[[ 0. -1. -2. -3.]
 [-1. -2. -3. -2.]
 [-2. -3. -2. -1.]
 [-3. -2. -1.  0.]]
```

(6) 验证答案是否正确：与书中的答案相对照。程序代码如下：

```
1  # 验证答案是否正确
2  expected_v = np.array([ 0, -1, -2, -3, -1, -2, -3, -2, -2, -3, -2, -1, -3, -2, -1,  0])
3  np.testing.assert_array_almost_equal(v, expected_v, decimal=2)
```

(7) 因此，参考策略概率分布，从左上角走到右下角的最佳路径如下：

```
[0 3 3 2]
[0 0 0 2]
[0 0 1 2]
[0 1 1 0]
```

动态规划的优缺点如下。

(1) 适合定义明确的问题，即策略转移概率、状态转移概率均为已知的状况。

(2) 适合中小型的模型，状态空间不超过百万个，如围棋，状态空间 = $3^{19 \times 19}=1.74 \times 10^{172}$，状态值函数更新就会执行太久。另外，可能会有大部分的路径从未走过，导致样本代表性不足，进而引发维数灾难 (Curse of Dimensionality)。

15-8　蒙特卡洛

我们在玩游戏时，通常不会知道策略转移概率、状态转移概率，其他应用领域也是如此，这称为无模型 (Model Free) 学习，在这样的情况下，动态规划就无法派上用场。因此，有学者就应用蒙特卡洛 (Monte Carlo, MC) 算法，透过仿真的方式估计出了转移概率。

根据维基百科[4]描述，它命名的由来相当有趣，二战时期，美国研发核武器的团队发明了此计算方式，而发明人之一的斯塔尼斯拉夫·乌拉姆，因为他的叔叔经常在摩纳哥的蒙特卡洛赌场输钱，故而将其方法取名为蒙特卡洛。蒙特卡洛算法主要就是使用随机数生成器产生数据，进而估计实际问题的答案。

范例1. 以蒙特卡洛算法求圆周率(π)。

请参阅程序：**15_12_MC_Pi.ipynb**。

(1) 加载相关库。程序代码如下：

```
1  # 载入相关库
2  import random
```

(2) 计算圆周率 (π)。

① 如图 15.19 所示，假设有一个正方形与圆形，圆形半径为 r，则圆形面积为 πr^2，正方形面积为 $(2r)^2=4r^2$。

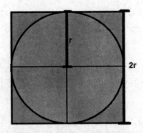

图 15.19　计算圆周率

② 在正方形的范围内随机产生一千万个点，计算落在圆形内的点数。
③ 落在圆形内的点数 / 一千万 ≒ $\pi r^2 / 4r^2$ = π /4
④ 化简后　π = 4 × (落在圆形内的点数)/ 一千万。

程序代码如下：

```
1   # 模拟一千万次
2   run_count=10000000
3   list1=[]
4
5   # 在 X:(-0.5, -0.5)、Y:(0.5, 0.5) 范围内产生一千万个点
6   for _ in range(run_count):
7       list1.append([random.random()-0.5, random.random()-0.5])
8
9   in_circle_count=0
10  for i in range(run_count):
11      # 计算在圆内的点，即 (X^2 + Y^2 <= 0.5 ^ 2)，其中 半径=0.5
12      if list1[i][0]**2 + list1[i][1]**2 <= 0.5 ** 2:
13          in_circle_count+=1
14
15  # 正方形面积：宽高各为2r，故面积=4*(r**2)
16  # 圆形面积：pi * (r ** 2)
17  # pi = 圆形点数 / 正方形点数
18  pi=(in_circle_count/run_count) * 4
19  pi
```

执行结果：得到 π = 3.1418028，与正确答案 3.14159 相差不远，如果仿真更多的点，结果就会更相近。

从以上的例子延伸，假如转移概率未知，我们也可以利用蒙特卡洛算法估计转移概率，利用随机策略去走迷宫，根据结果计算转移概率。

为了避免无聊，我们换另一款游戏"21点扑克牌"实验，读者如不熟悉游戏规则，可参照维基百科的规则说明 https://zh.wikipedia.org/wiki/ 二十一点。

范例2.实验21点扑克牌之策略评估。

请参阅程序：**15_13_Blackjack_Policy_Evaluation.ipynb**，修改自 Denny Britz 网站。

(1) 加载相关库。程序代码如下：

```
1   # 载入相关库
2   import numpy as np
3   from lib.envs.blackjack import BlackjackEnv
4   from lib import plotting
5   import sys
6   from collections import defaultdict
7   import matplotlib
8
9   matplotlib.style.use('ggplot') # 设定绘图的风格
```

(2) 建立环境：程序为 lib\envs\blackjack.py。程序代码如下：

```
1   # 环境
2   env = BlackjackEnv()
```

(3) 试玩：采用的策略为如果玩家手上点数超过 (≥)20 点，才不补牌 (Stick)，反之都跟庄家要一张牌 (Hit)，策略并不合理，通常超过 16 点就不补牌了，若考虑更周详的话，会再视庄家的点数，才决定是否补牌，读者可自行更改策略，观察实验结果的变化。采用这个不合理的策略，是要测试各种算法是否能有效提升胜率。程序代码如下：

```python
1   # 试玩
2   def print_observation(observation):
3       score, dealer_score, usable_ace = observation
4       print(f"玩家分数: {score} (是否持有A: {usable_ace}), 庄家分数: {dealer_score}")
5   
6   def strategy(observation):
7       score, dealer_score, usable_ace = observation
8       # 超过20点，不补牌(stick)，否则都跟庄家要一张牌(hit)
9       return 0 if score >= 20 else 1
10  
11  # 试玩 20 次
12  for i_episode in range(20):
13      observation = env.reset()
14      # 开始依策略玩牌，最多 100 步骤，中途分出胜负即结束
15      for t in range(100):
16          print_observation(observation)
17          action = strategy(observation)
18          print(f'行动: {["不补牌", "补牌"][action]}')
19          observation, reward, done, _ = env.step(action)
20          if done:
21              print_observation(observation)
22              print(f"输赢分数: {reward}\n")
23              break
```

执行结果：结果如下，读者若不熟悉玩法，可以观察下列过程。

```
玩家分数: 21 (是否持有A: True), 庄家分数: 9
行动: 不补牌
玩家分数: 21 (是否持有A: True), 庄家分数: 9
输赢分数: 0

玩家分数: 15 (是否持有A: False), 庄家分数: 3
行动: 补牌
玩家分数: 17 (是否持有A: False), 庄家分数: 3
行动: 补牌
玩家分数: 22 (是否持有A: False), 庄家分数: 3
输赢分数: -1

玩家分数: 20 (是否持有A: True), 庄家分数: 6
行动: 不补牌
玩家分数: 20 (是否持有A: True), 庄家分数: 6
输赢分数: 1

玩家分数: 20 (是否持有A: False), 庄家分数: 1
行动: 不补牌
玩家分数: 20 (是否持有A: False), 庄家分数: 1
输赢分数: 0
```

(4) 定义策略评估函数：主要是通过既定策略计算状态值函数。

① 实验 1000 回合，记录玩牌的过程，然后计算每个状态的平均值函数。

② 状态为 Tuple 数据类型，内含：玩家的总点数 0~31、庄家亮牌的点数 1~11(A)、玩家是否拿 A，维度大小为 (32, 11, 2)，其中 A 可为 1 点或 11 点，由持有者自行决定。

③ 行动只有两种：0 为不补牌，1 为补牌。

④ 注意：在一回合中每个状态有可能被走过两次以上。例如，一开始持有 A、5，玩家视 A 为 11 点，加总为 16 点，后来补牌后抽到 10 点，改视 A 为 1 点，加总也是 16 点，故 16 点这个状态被经历两次。所以，在计算状态值函数时，有两种方式，即"首次访问"(First Visit) 及"每次访问"(Every Visit)。首次访问只计算第一次访问时的报酬，而每次访问则计算所有访问的平均报酬，本程序采用首次访问。

程序代码如下：

```python
1   # 策略评估函数
2   def policy_eval(policy, env, num_episodes, discount_factor=1.0):
3       returns_sum = defaultdict(float)     # 记录每一个状态的报酬
4       returns_count = defaultdict(float)   # 记录每一个状态的访问个数
5       V = defaultdict(float) # 状态值函数
6
7       # 实验 N 回合
8       for i_episode in range(1, num_episodes + 1):
9           # 每 1000 回合显示除错信息
10          if i_episode % 1000 == 0:
11              print(f"\r {i_episode}/{num_episodes}回合.", end="")
12              sys.stdout.flush() # 清除画面
13
14          # 回合(episode)数据结构为阵列，每一项目含 state, action, reward
15          episode = []
16          state = env.reset()
17          # 开始依策略玩牌，最多 100 步骤，中途分出胜负即结束
18          for t in range(100):
19              action = policy(state)
20              next_state, reward, done, _ = env.step(action)
21              episode.append((state, action, reward))
22              if done:
23                  break
24              state = next_state
25
26          # 找出走过的所有状态
27          states_in_episode = set([tuple(x[0]) for x in episode])
28          # 计算每一状态的值函数
29          for state in states_in_episode:
30              # 找出每一步骤内的首次访问(First Visit)
31              first_occurence_idx = next(i for i,x in enumerate(episode)
32                                         if x[0] == state)
33              # 算累计报酬(G)
34              G = sum([x[2]*(discount_factor**i) for i,x in
35                      enumerate(episode[first_occurence_idx:])])
36              # 计算状态值函数
37              returns_sum[state] += G
38              returns_count[state] += 1.0
39              V[state] = returns_sum[state] / returns_count[state]
40
41      return V
```

(5) 制定策略：与前面策略相同。程序代码如下：

```python
1   # 采相同策略
2   def sample_policy(observation):
3       score, dealer_score, usable_ace = observation
4       # 超过20点，不补牌(stick)，否则都跟庄家要一张牌(hit)
5       return 0 if score >= 20 else 1
```

(6) 分别实验 10,000 与 500,000 回合。程序代码如下：

```python
1   # 实验 10000 回合
2   V_10k = policy_eval(sample_policy, env, num_episodes=10000)
3   plotting.plot_value_function(V_10k, title="10,000 Steps")
4
5   # 实验 500,000 回合
6   V_500k = policy_eval(sample_policy, env, num_episodes=500000)
7   plotting.plot_value_function(V_500k, title="500,000 Steps")
```

① 执行结果：显示各状态的值函数，分成持有 A(比较容易获胜) 及未持有 A。如

图15.20所示，可以看到当玩家持有的分数很高时，胜率会明显提升。下列彩色图表可参考程序执行结果。

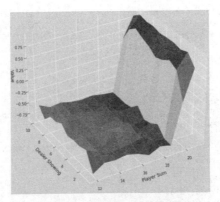

图15.20　实验10000回合

② 持有 A，但分数不高时，胜率也有明显提升，如图 15.21 所示。

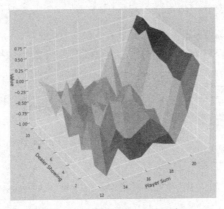

图15.21　持有 A 但分数不高

③ 实验 500000 回合后的表现更明显。

接着进行值循环，结合策略评估与策略改善。另外，还要介绍一个新的策略 ε-greedy。之前策略改善时都是采用贪婪策略，它有一个弱点，就是一旦发现最大值函数的路径后，贪婪策略会一直走相同的路径，这样便失去了找到更好路径的潜在机会，举例来说，家庭聚餐时，都会选择最好的美食餐厅，若为了不踩雷，每次都去之前最好吃的餐厅用餐，其他新开的餐厅就永远没机会被发现了，这就是所谓的"探索与利用"(Exploration and Exploitation)，而 ε-greedy 所采取的方式就是除了采用最佳路径之外，还保留一个比例去探索，不完全走既有的老路，如图 15.22 所示。下面我们就尝试这种新策略与蒙特卡洛算法结合。

图 15.22　探索与利用

范例3.实验21点扑克牌之值循环。

请参阅程序：**15_14_Blackjack_Value_Iteration.ipynb**，修改自 Denny Britz 网站。

(1) 加载相关库。程序代码如下：

```
1  # 载入相关库
2  import numpy as np
3  from lib.envs.blackjack import BlackjackEnv
4  from lib import plotting
5  import sys
6  from collections import defaultdict
7  import matplotlib
8
9  matplotlib.style.use('ggplot') # 设定绘图的风格
```

(2) 建立环境：程序为 lib\envs\blackjack.py。程序代码如下：

```
1  # 环境
2  env = BlackjackEnv()
```

(3) 定义 ε-greedy 策略：若 ε=0.1，则 10 次行动有 1 次采取随机行动。程序代码如下：

```
1   # ε-greedy策略
2   def make_epsilon_greedy_policy(Q, epsilon, nA):
3       def policy_fn(observation):
4           # 每个行动的概率初始化，均为 ε / n
5           A = np.ones(nA, dtype=float) * epsilon / nA
6           best_action = np.argmax(Q[observation])
7           # 最佳行动的概率再加 1 - ε
8           A[best_action] += (1.0 - epsilon)
9           return A
10      return policy_fn
```

(4) 定义值循环函数：与上例的程序逻辑几乎相同，主要差异是将状态值函数改为行动值函数。程序代码如下：

```
1  # 值循环函数
2  def value_iteration(env, num_episodes, discount_factor=1.0, epsilon=0.1):
3      returns_sum = defaultdict(float)      # 记录每一个状态的报酬
4      returns_count = defaultdict(float)    # 记录每一个状态的访问个数
5      Q = defaultdict(lambda: np.zeros(env.action_space.n))  # 行动值函数
6
7      # 采用 ε-greedy策略
8      policy = make_epsilon_greedy_policy(Q, epsilon, env.action_space.n)
9
```

```python
10      # 实验 N 回合
11      for i_episode in range(1, num_episodes + 1):
12          # 每 1000 回合显示除错信息
13          if i_episode % 1000 == 0:
14              print(f"\r {i_episode}/{num_episodes}回合.", end="")
15              sys.stdout.flush() # 清除画面
16
17          # 回合(episode)数据结构为阵列，每一项目含 state、action、reward
18          episode = []
19          state = env.reset()
20          # 开始依策略玩牌，最多 100 步骤，中途分出胜负即结束
21          for t in range(100):
22              probs = policy(state)
23              action = np.random.choice(np.arange(len(probs)), p=probs)
24              next_state, reward, done, _ = env.step(action)
25              episode.append((state, action, reward))
26              if done:
27                  break
28              state = next_state
29
30          # 找出走过的所有状态
31          sa_in_episode = set([(tuple(x[0]), x[1]) for x in episode])
32          for state, action in sa_in_episode:
33              # (状态，行动)组合初始化
34              sa_pair = (state, action)
35              # 找出每一步骤内的首次访问(First Visit)
36              first_occurence_idx = next(i for i,x in enumerate(episode)
37                                          if x[0] == state and x[1] == action)
38              # 算累计报酬(G)
39              G = sum([x[2]*(discount_factor**i) for i,x in
40                      enumerate(episode[first_occurence_idx:])])
41              # 计算行动值函数
42              returns_sum[sa_pair] += G
43              returns_count[sa_pair] += 1.0
44              Q[state][action] = returns_sum[sa_pair] / returns_count[sa_pair]
45
46      return Q, policy
```

(5) 执行值循环。程序代码如下：

```
1  # 执行值循环
2  Q, policy = value_iteration(env, num_episodes=500000, epsilon=0.1)
```

(6) 显示执行结果。程序代码如下：

```
1  # 显示结果
2  V = defaultdict(float)
3  for state, actions in Q.items():
4      action_value = np.max(actions)
5      V[state] = action_value
6  plotting.plot_value_function(V, title="Optimal Value Function")
```

执行结果：上个范例只有当玩家的分数接近 20 分的时候，值函数特别高，然而，这个策略即使在低分时也有不差的表现，胜率比起上例明显提升。程序执行结果可参考图 15.23。

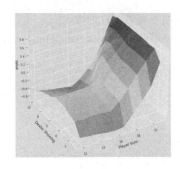

图 15.23　ε-greedy 策略执行结果

再来看另一种想法，目前为止的值循环在策略评估与策略改良上，均采用同一策略，即 ε-greedy，而这次两者各自采用不同策略，即策略评估时采用随机策略，尽可能走过所有路径，在策略改良时，改为采用贪婪策略，尽量求胜。所以，采用同一策略，我们称为 On-policy，采用不同策略则称为 Off-policy。

范例4.实验21点扑克牌之Off-policy值循环。

请参阅程序：**15_15_Blackjack_Off_Policy.ipynb**，修改自 Denny Britz 网站。

(1) 加载相关库。程序代码如下：

```
1  # 载入相关库
2  import numpy as np
3  from lib.envs.blackjack import BlackjackEnv
4  from lib import plotting
5  import sys
6  from collections import defaultdict
7  import matplotlib
8
9  matplotlib.style.use('ggplot') # 设定绘图的风格
```

(2) 建立环境：程序为 lib\envs\blackjack.py。程序代码如下：

```
1  # 环境
2  env = BlackjackEnv()
```

(3) 定义随机策略在评估时使用。程序代码如下：

```
1  # 随机策略
2  def create_random_policy(nA):
3      A = np.ones(nA, dtype=float) / nA
4      def policy_fn(observation):
5          return A
6      return policy_fn
```

(4) 定义贪婪策略在改良时使用。程序代码如下：

```
1   # 贪婪策略
2   def create_greedy_policy(Q):
3       def policy_fn(state):
4           # 每个行动的机率初始化，均为 0
5           A = np.zeros_like(Q[state], dtype=float)
6           best_action = np.argmax(Q[state])
7           # 最佳行动的机率 = 1
8           A[best_action] = 1.0
9           return A
10      return policy_fn
```

(5) 定义值循环策略，使用重要性加权抽样。

① 重要性加权抽样 (Weighted Importance Sampling)：以值函数大小作为随机抽样比例的分母。

② 依重要性加权抽样，值函数公式为

$$Q(S_t, A_t) \leftarrow Q(S_t, A_t) + \frac{W}{C(S_t, A_t)} [G - Q(S_t, A_t)]$$

程序代码如下：

```python
# 定义值循环策略，使用重要性加权抽样
def mc_control_importance_sampling(env, num_episodes, behavior_policy, discount_factor=1.0):
    Q = defaultdict(lambda: np.zeros(env.action_space.n)) # 行动值函数
    # 重要性加权抽样(weighted importance sampling)的累计分母
    C = defaultdict(lambda: np.zeros(env.action_space.n))
    
    # 在策略改良时，采贪婪策略
    target_policy = create_greedy_policy(Q)
    
    # 实验 N 回合
    for i_episode in range(1, num_episodes + 1):
        # 每 1000 回合显示除错信息
        if i_episode % 1000 == 0:
            print(f"\r {i_episode}/{num_episodes}回合.", end="")
            sys.stdout.flush() # 清除画面
        
        # 回合(episode)数据结构为阵列，每一项目含 state, action, reward
        episode = []
        state = env.reset()
        # 开始依策略玩牌，最多 100 步骤，中途分出胜负即结束
        for t in range(100):
            # 评估时采用随机策略
            probs = behavior_policy(state)
            # 以值函数大小为随机抽样比例的分母
            action = np.random.choice(np.arange(len(probs)), p=probs)
            next_state, reward, done, _ = env.step(action)
            episode.append((state, action, reward))
            if done:
                break
            state = next_state
        
        G = 0.0 # 报酬初始化
        W = 1.0 # 权重初始化
        # 找出走过的所有状态
        for t in range(len(episode))[::-1]:
            state, action, reward = episode[t]
            # 累计报酬
            G = discount_factor * G + reward
            # 累计权重
            C[state][action] += W
            # 更新值函数，公式参见书籍
            Q[state][action] += (W / C[state][action]) * (G - Q[state][action])
            # 已更新完毕，即跳出回圈
            if action != np.argmax(target_policy(state)):
                break
            # 更新权重
            W = W * 1./behavior_policy(state)[action]
    
    return Q, target_policy
```

(6) 执行值循环：评估时采用随机策略。程序代码如下：

```python
# 执行值循环
random_policy = create_random_policy(env.action_space.n)
Q, policy = mc_control_importance_sampling(env, num_episodes=500000,
                                            behavior_policy=random_policy)
```

(7) 显示执行结果。程序代码如下：

```
1  # 显示结果
2  V = defaultdict(float)
3  for state, actions in Q.items():
4      action_value = np.max(actions)
5      V[state] = action_value
6  plotting.plot_value_function(V, title="Optimal Value Function")
```

执行结果：玩家分数在低分时胜率也明显提升。程序执行结果可参考图 15.24。

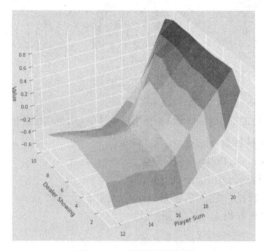

图 15.24　显示执行结果

这一节我们学会了运用蒙特卡洛算法，还有探索与利用、On/Off Policy，使模型胜率提高了不少，这些概念不只可以应用在蒙特卡洛算法上，也能套用到后续其他的算法中，读者可视项目不同的需求来选择。

15-9　时序差分

蒙特卡洛算法必须先完成一些评估后，才能计算值函数，接着依据值函数计算出状态转移概率，有以下缺点。

(1) 每个回合必须走到终点，才能够倒推每个状态的值函数。

(2) 假如状态空间很大的话，还是一样要走到终点，才能开始下行动决策，速度实在太慢，如围棋，根据统计，每下一盘棋平均约需 150 手，而且围棋共有 $3^{19 \times 19} \approx 1.74 \times 10^{172}$ 个状态，就算使用探索也很难测试到每个状态，计算值函数。

于是学者提出时序差分 (Temporal Difference, TD) 算法，通过边走边计算值函数的方式，解决上述问题。

值函数更新公式为

$$v(s_t) = v(s_t) + \alpha[r_{t+1} + \gamma v(s_{t+1}) - v(s_t)]$$

值函数每次加上下一状态值函数与目前状态值函数的差额，以目前的行动产生的结果代替 Bellman 公式的期望值，另外，再乘以学习率 (Learning Rate)α。这种走一步更新一次的做法称为 TD(0)，如果是走 n 步更新一次的做法称为 TD(λ)。

以倒推图比较动态规划、蒙特卡洛及时序差分算法的做法，如图 15.25 所示。
(1) 动态规划：逐步搜寻所有的下一个可能状态，计算值函数期望值。
(2) 蒙特卡洛：试走多个回合，再以回推的方式计算值函数期望值。
(3) 时序差分：每走一步更新一次值函数。

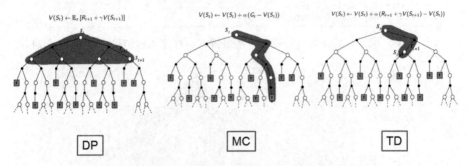

图 15.25　动态规划、蒙特卡洛及时序差分算法的倒推图

时序差分有以下两种算法。
(1) SARSA 算法：On Policy 的时序差分。
(2) Q-learning 算法：Off Policy 的时序差分。

先介绍 SARSA 算法，它的名字是行动轨迹中 5 个元素 s_t, a_t, r_{t+1}, s_{t+1}, a_{t+1} 的缩写，如图 15.26 所示，意味着每走一步更新一次。

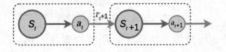

图 15.26　SARSA

接着我们就来进行算法的实践，再介绍一款新游戏 Windy Gridworld，与原来的 Grid World 有些差异，变成了 10×7 个格子，第 4、5、6、9 列的风力 1 级，第 7、8 列的风力 2 级，会把玩家往上吹 1 格和 2 格，而起点 (x) 与终点 (T) 的位置如图 15.27 所示。

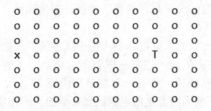

图 15.27　Windy Gridworld

范例1.实验Windy Gridworld之SARSA策略。

请参阅程序：**15_16_SARSA.ipynb**，修改自 Denny Britz 网站。
(1) 加载相关库。程序代码如下：

```
1   # 载入相关库
2   import gym
3   import itertools
4   import matplotlib
5   import numpy as np
6   import pandas as pd
7   import sys
8   from collections import defaultdict
9   from lib.envs.windy_gridworld import WindyGridworldEnv
10  from lib import plotting
11
12  matplotlib.style.use('ggplot') # 设定绘图的风格
```

(2) 建立 Windy Gridworld 环境。程序代码如下：

```
1   # 建立环境
2   env = WindyGridworldEnv()
```

(3) 试玩，一律往右走。程序代码如下：

```
1   # 试玩
2   print(env.reset()) # 重置
3   env.render()        # 更新画面
4
5   print(env.step(1)) # 走下一步
6   env.render()        # 更新画面
7
8   print(env.step(1)) # 走下一步
9   env.render()        # 更新画面
10
11  print(env.step(1)) # 走下一步
12  env.render()        # 更新画面
13
14  print(env.step(1)) # 走下一步
15  env.render()        # 更新画面
16
17  print(env.step(1)) # 走下一步
18  env.render()        # 更新画面
19
20  print(env.step(1)) # 走下一步
21  env.render()        # 更新画面
```

执行结果如下：

30：第 30 个点，表示起始点为第 3 行第 0 列，索引值从 0 开始算。

o o o o o o o o o o

o o o o o o o o o o

o o o o o o o o o o

x o o o o o o T o o

o o o o o o o o o o

o o o o o o o o o o

o o o o o o o o o o

移至第 3 行第 1 列，奖励为 -1。
(31, -1.0, False, {'prob': 1.0})

o o o o o o o o o o

o o o o o o o o o o

```
o o o o o o o o o
o x o o o o o T o o
o o o o o o o o o
o o o o o o o o o
o o o o o o o o o
```

...

(33, -1.0, False, {'prob': 1.0})

(24, -1.0, False, {'prob': 1.0}) ➔ 往上吹一格

(15, -1.0, False, {'prob': 1.0}) ➔ 往上吹一格

(4) 定义 ε-greedy 策略：与前面相同。程序代码如下：

```python
# 定义 ε-greedy策略
def make_epsilon_greedy_policy(Q, epsilon, nA):
    def policy_fn(observation):
        # 每个行动的概率初始化，均为 ε / n
        A = np.ones(nA, dtype=float) * epsilon / nA
        best_action = np.argmax(Q[observation])
        # 最佳行动的概率再加 1 - ε
        A[best_action] += (1.0 - epsilon)
        return A
    return policy_fn
```

(5) 定义 SARSA 策略：走一步算一步，然后采用 ε-greedy 策略，决定行动。程序代码如下：

```python
# 定义 SARSA 策略
def sarsa(env, num_episodes, discount_factor=1.0, alpha=0.5, epsilon=0.1):
    # 行动值函数初始化
    Q = defaultdict(lambda: np.zeros(env.action_space.n))
    # 记录 所有回合的长度及奖励
    stats = plotting.EpisodeStats(
        episode_lengths=np.zeros(num_episodes),
        episode_rewards=np.zeros(num_episodes))

    # 使用 ε-greedy策略
    policy = make_epsilon_greedy_policy(Q, epsilon, env.action_space.n)

    # 实验 N 回合
    for i_episode in range(num_episodes):
        # 每 100 回合显示除错信息
        if (i_episode + 1) % 100 == 0:
            print(f"\r {(i_episode + 1)}/{num_episodes}回合.", end="")
            sys.stdout.flush() # 清除画面

        # 开始依策略实验
        state = env.reset()
        action_probs = policy(state)
        action = np.random.choice(np.arange(len(action_probs)), p=action_probs)

        # 每次走一步就更新状态值
        for t in itertools.count():
            # 走一步
            next_state, reward, done, _ = env.step(action)

            # 选择下一步行动
            next_action_probs = policy(next_state)
            next_action = np.random.choice(np.arange(len(next_action_probs))
```

```
33                                      , p=next_action_probs)
34
35              # 更新长度及奖励
36              stats.episode_rewards[i_episode] += reward
37              stats.episode_lengths[i_episode] = t
38
39              # 更新状态值
40              td_target = reward + discount_factor * Q[next_state][next_action]
41              td_delta = td_target - Q[state][action]
42              Q[state][action] += alpha * td_delta
43
44              if done:
45                  break
46
47              action = next_action
48              state = next_state
49
50      return Q, stats
```

(6) 执行 SARSA 策略 200 回合。程序代码如下：

```
1  # 执行 SARSA 策略
2  Q, stats = sarsa(env, 200)
```

(7) 显示执行结果。程序代码如下：

```
1  # 显示结果
2  fig = plotting.plot_episode_stats(stats)
```

① 执行结果：共有三张图表。

② 每一回合走到终点的距离：刚开始的时候要走很多步才会到终点，不过执行到大约第 50 回合后就逐渐收敛了，每回合几乎都步数相同，如图 15.28 所示。

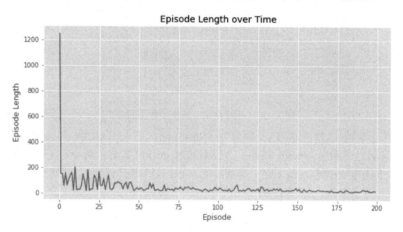

图 15.28　执行结果 (距离)

③ 每一回合的报酬：每回合获得的报酬越来越高，如图 15.29 所示。

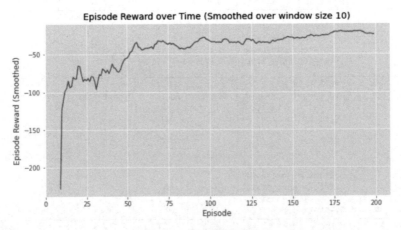

图 15.29　执行结果（报酬）

④ 累计的步数与回合对比：呈现曲线上升的趋势，即每回合到达终点的步数越来越少，如图 15.30 所示。

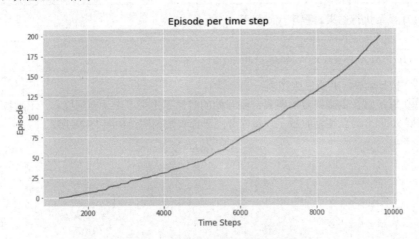

图 15.30　执行结果（累计步数与回合）

接着说明时序差分的第二种算法 Q-learning，它与 SARSA 的差别是采用 Off Policy，评估时使用 ε-greedy 策略，改良时选择 greedy 策略。再介绍另一款游戏 Cliff Walking，同样也是迷宫，最下面一排除了起点 (x) 与终点 (T) 之外，其他都是陷阱 (C)，踩到陷阱即终止游戏，如图 15.31 所示。

```
o o o o o o o o o o o o
o o o o o o o o o o o o
o o o o o o o o o o o o
x C C C C C C C C C C T
```

图 15.31　Cliff Walking 游戏

范例2.实验Cliff Walking之Q-learning策略。

请参阅程序：**15_17_Q_learning.ipynb**，修改自 Denny Britz 网站。

(1) 加载相关库。程序代码如下：

```
1  # 载入相关库
2  import gym
3  import itertools
4  import matplotlib
5  import numpy as np
6  import pandas as pd
7  import sys
8  from collections import defaultdict
9  from lib.envs.cliff_walking import CliffWalkingEnv
10 from lib import plotting
11
12 matplotlib.style.use('ggplot') # 设定绘图的风格
```

(2) 建立 Cliff Walking 环境。程序代码如下：

```
1  # 建立环境
2  env = CliffWalkingEnv()
```

(3) 试玩：随便走。程序代码如下：

```
1  # 试玩
2  print(env.reset()) # 重置
3  env.render()       # 更新画面
4
5  print(env.step(0)) # 往上走
6  env.render()       # 更新画面
7
8  print(env.step(1)) # 往右走
9  env.render()
10
11 print(env.step(1)) # 往右走
12 env.render()
13
14 print(env.step(2)) # 往下走
15 env.render()
```

执行结果：

① 36：第 36 个点，表示起始点为第 3 行第 0 列，但程序却是在第 3 行第 6 列，应该是程序逻辑有问题，但不影响测试，就不除错了，如图 15.32 所示。

```
36
o o o o o o o o o o o o
o o o o o o o o o o o o
o o o o o o o o o o o o
x C C C C C C C C C C T
```

图 15.32　执行结果 36

② 走到最后一步，移至第 3 行第 2 列，走到陷阱，奖励 -100，如图 15.33 所示。

```
(38, -100.0, True, {'prob': 1.0})
o o o o o o o o o o o o
o o o o o o o o o o o o
o o o o o o o o o o o o
o C x C C C C C C C C T
```

图 15.33　执行到最后一步结果

(4) 定义 ε-greedy 策略：与前面相同。程序代码如下：

```
1   # 定义 ε-greedy策略
2   def make_epsilon_greedy_policy(Q, epsilon, nA):
3       def policy_fn(observation):
4           # 每个行动的概率初始化，均为 ε / n
5           A = np.ones(nA, dtype=float) * epsilon / nA
6           best_action = np.argmax(Q[observation])
7           # 最佳行动的概率再加 1 - ε
8           A[best_action] += (1.0 - epsilon)
9           return A
10      return policy_fn
```

(5) 定义 Q-learning 策略：评估时采 ε-greedy 策略，改良时选择 greedy 策略。程序代码如下：

```
1   # 定义 Q_learning 策略
2   def q_learning(env, num_episodes, discount_factor=1.0, alpha=0.5, epsilon=0.1):
3       # 行动值函数初始化
4       Q = defaultdict(lambda: np.zeros(env.action_space.n))
5       # 记录所有回合的长度及奖励
6       stats = plotting.EpisodeStats(
7           episode_lengths=np.zeros(num_episodes),
8           episode_rewards=np.zeros(num_episodes))
9
10      # 使用 ε-greedy策略
11      policy = make_epsilon_greedy_policy(Q, epsilon, env.action_space.n)
12
13      # 实验 N 回合
14      for i_episode in range(num_episodes):
15          # 每 100 回合显示除错信息
16          if (i_episode + 1) % 100 == 0:
17              print(f"\r {(i_episode + 1)}/{num_episodes}回合.", end="")
18              sys.stdout.flush() # 清除画面
19
20          # 开始依策略实验
21          state = env.reset()
22          # 每次走一步就更新状态值
23          for t in itertools.count():
24              # 使用 ε-greedy策略
25              action_probs = policy(state)
26              # 选择下一步行动
27              action = np.random.choice(np.arange(len(action_probs)), p=action_probs)
28              next_state, reward, done, _ = env.step(action)
29
30              # 更新长度及奖励
31              stats.episode_rewards[i_episode] += reward
32              stats.episode_lengths[i_episode] = t
33
34              # 选择最佳行动
35              best_next_action = np.argmax(Q[next_state])
36              # 更新状态值
37              td_target = reward + discount_factor * Q[next_state][best_next_action]
38              td_delta = td_target - Q[state][action]
```

```
39                Q[state][action] += alpha * td_delta
40
41            if done:
42                break
43
44            state = next_state
45
46    return Q, stats
```

（6）执行 Q-learning 策略 500 回合。程序代码如下：

```
1  # 执行 Q-learning 策略
2  Q, stats = q_learning(env, 500)
```

（7）显示执行结果。程序代码如下：

```
1  # 显示结果
2  fig = plotting.plot_episode_stats(stats)
```

① 执行结果：共有三张图表。

② 每一回合走到终点的距离：与 SARSA 相同，刚开始要走很多步后才会到终点，但执行到大约第 50 回合就逐渐收敛，之后的每个回合几乎都步数相同。由于，这两个范例的游戏不同，不能比较 SARSA 与 Q-learning 的效果，若要比较效果，可改用同一款游戏进行比较，如图 15.34 所示。

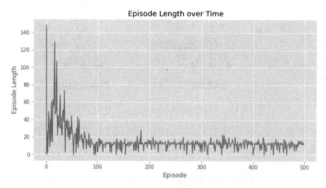

图 15.34　执行结果 (每一回合走到终点距离)

③ 每一回合的报酬：每回合获得的报酬越来越高，不过尚未收敛，如图 15.35 所示。

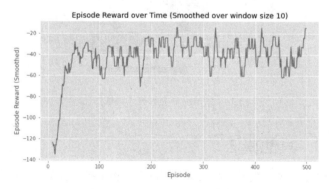

图 15.35　执行结果 (每一回合报酬)

④ 累计的步数与回合对比：呈现直线上升的趋势，即每回合到达终点的步数差不多，这可能是因为有陷阱的关系，应该分成胜败两种模式比较，会更清楚，如图 15.36 所示。

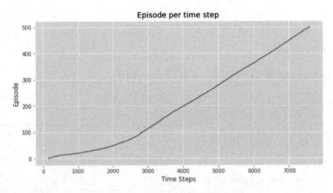

图 15.36　执行结果（累计步数与回合）

总体而言，SARSA 与 Q-learning 的比较如图 15.37 所示。

Sarsa：$q(s_t, a_t) = q(s_t, a_t) + \alpha[r_{t+1} + \gamma q(s_{t+1}, a_{t+1}) - q(s_t, a_t)]$

Q-learning：$q(s_t, a_t) = q(s_t, a_t) + \alpha[r_{t+1} + \gamma \max_a q(s_{t+1}, a) - q(s_t, a_t)]$

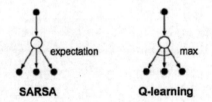

图 15.37　SARSA 与 Q-learning 策略的比较

看了这么多的算法，不管是策略循环或值循环，总体而言，它们的逻辑与神经网络优化求解，其实有些相似，如图 15.38 所示。

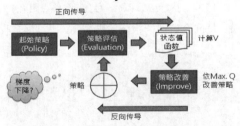

图 15.38　策略循环与梯度下降法的比较

15-10　其他算法

不管是使用状态值函数或是行动值函数，上述算法都是建立一个数组，来记录所有的对应值，之后就从数组中选择最佳的行动，所以这类算法被称为表格型 (Tabular)

强化学习，做法简单直接，但只适合离散型的状态，像木棒小车这种的连续型变量，就不适用，变通的做法有以下两种。

(1) 将连续型变量进行分组，转换成离散型变量。

(2) 使用概率分布或神经网络模型取代表格，以策略评估的训练数据，来估计模型的参数(权重)，选择行动时，就依据模型推断出最佳预测值，而 Deep Q-learning(DQN) 即是利用神经网络的 Q-learning 算法。

另外一个研究的课题则是多人游戏的情境，不同于之前介绍的游戏，玩家都只有一位，现代的游戏设计重视人际之间的交流，可以有多位玩家同时参与一款游戏，这时就会产生协同合作或互相对抗的情境，玩家除了考虑奖励与状态外，也需观察其他玩家的状态，这种算法称为多玩家强化学习 (Multi-agent Reinforcement Learning)，如许多扑克牌游戏都属于多玩家游戏，它们之间的比较如图 15.39 所示。

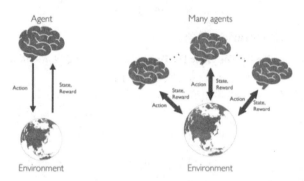

图 15.39　单玩家与多玩家强化学习的比较

(图片来源："An Overview of Multi-Agent Reinforcement Learning from Game Theoretical Perspective"[5])

近年来，强化学习研究的环境越来越复杂，各种算法相继推陈出新，可参阅维基百科强化学习的介绍 (https://en.wikipedia.org/wiki/Reinforcement_learning)，具体详见表 15.1。

表 15.1　强化学习算法的比较

Algorithm	Description	Policy	Action Space	State Space	Operator
Monte Carlo	Every visit to Monte Carlo	Either	Discrete	Discrete	Sample-means
Q-learning	State–action–reward–state	Off-policy	Discrete	Discrete	Q-value
SARSA	State–action–reward–state–action	On-policy	Discrete	Discrete	Q-value
Q-learning - Lambda	State–action–reward–state with eligibility traces	Off-policy	Discrete	Discrete	Q-value
SARSA - Lambda	State–action–reward–state–action with eligibility traces	On-policy	Discrete	Discrete	Q-value
DQN	Deep Q Network	Off-policy	Discrete	Continuous	Q-value
DDPG	Deep Deterministic Policy Gradient	Off-policy	Continuous	Continuous	Q-value
A3C	Asynchronous Advantage Actor-Critic Algorithm	On-policy	Continuous	Continuous	Advantage
NAF	Q-Learning with Normalized Advantage Functions	Off-policy	Continuous	Continuous	Advantage
TRPO	Trust Region Policy Optimization	On-policy	Continuous	Continuous	Advantage
PPO	Proximal Policy Optimization	On-policy	Continuous	Continuous	Advantage
TD3	Twin Delayed Deep Deterministic Policy Gradient	Off-policy	Continuous	Continuous	Q-value
SAC	Soft Actor-Critic	Off-policy	Continuous	Continuous	Advantage

本书关于算法的介绍就到此告一段落，想了解更多内容的读者，可详阅强化学习

的"Reinforcement Learning:An Introduction"一书 (http://incompleteideas.net/book/the-book.html)。

15-11 井字游戏

接着我们就开始实战吧，拿最简单的井字游戏 (Tic-Tac-Toe) 来练习，包括如何把井字游戏转换为环境，如何定义状态及立即奖励，模型存盘等，如图 15.40 所示。

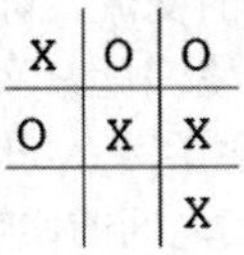

```
X | O | O
---------
O | X | X
---------
  |   | X
```

图 15.40 井字游戏

范例.实验井字游戏之Q-learning策略。

请参阅程序：**TicTacToe_1\ticTacToe.py**，程序修改自 *Reinforcement Learning — Implement TicTacToe* [6]，程序撰写成类似 Gym 的架构。

(1) 加载相关库。程序代码如下：

```
1   # 载入相关库
2   import numpy as np
3   import pickle
4   import os
5
6   # 参数设定
7   BOARD_ROWS = 3 # 行数
8   BOARD_COLS = 3 # 列数
```

(2) 定义环境类别：与前面的范例类似，主要就是棋盘重置 (Reset)、更新状态、给予奖励及判断输赢，胜负未分的时候，计算机加 0.1 分，而玩家加 0.5 分，这样设定是希望计算机能尽快赢得胜利，读者可以试试看其他的给分方式，若胜负已定，则给 1 分。

(3) 环境初始化。程序代码如下：

```
10  # 环境类别
11  class Environment:
12      def __init__(self, p1, p2):
13          # 变量初始化
14          self.board = np.zeros((BOARD_ROWS, BOARD_COLS))
15          self.p1 = p1                    # 第一个玩家
16          self.p2 = p2                    # 第二个玩家
17          self.isEnd = False              # 是否结束
18          self.boardHash = None           # 棋盘
19
20          self.playerSymbol = 1           # 第一个玩家使用X
21
22          # 记录棋盘状态
23      def getHash(self):
24          self.boardHash = str(self.board.reshape(BOARD_COLS * BOARD_ROWS))
25          return self.boardHash
```

(4) 判断输赢：取得胜利的情况包括连成一列、一行或对角线。程序代码如下：

```python
27      # 判断输赢
28      def is_done(self):
29          # 连成一列
30          for i in range(BOARD_ROWS):
31              if sum(self.board[i, :]) == 3:
32                  self.isEnd = True
33                  return 1
34              if sum(self.board[i, :]) == -3:
35                  self.isEnd = True
36                  return -1
37  
38          # 连成一行
39          for i in range(BOARD_COLS):
40              if sum(self.board[:, i]) == 3:
41                  self.isEnd = True
42                  return 1
43              if sum(self.board[:, i]) == -3:
44                  self.isEnd = True
45                  return -1
46  
47          # 连成对角线
48          diag_sum1 = sum([self.board[i, i] for i in range(BOARD_COLS)])
49          diag_sum2 = sum([self.board[i, BOARD_COLS - i - 1] for i in
50                                                      range(BOARD_COLS)])
51          diag_sum = max(abs(diag_sum1), abs(diag_sum2))
52          if diag_sum == 3:
53              self.isEnd = True
54              if diag_sum1 == 3 or diag_sum2 == 3:
55                  return 1
56              else:
57                  return -1
58  
59          # 无空位置即算平手
60          if len(self.availablePositions()) == 0:
61              self.isEnd = True
62              return 0
63          self.isEnd = False
64          return None
```

(5) 定义显示空位置、更新棋盘、给予奖励等函数。程序代码如下：

```python
66      # 显示空位置
67      def availablePositions(self):
68          positions = []
69          for i in range(BOARD_ROWS):
70              for j in range(BOARD_COLS):
71                  if self.board[i, j] == 0:
72                      positions.append((i, j))
73          return positions
74  
75      # 更新棋盘
76      def updateState(self, position):
77          self.board[position] = self.playerSymbol
78          # switch to another player
79          self.playerSymbol = -1 if self.playerSymbol == 1 else 1
80  
81      # 给予奖励
82      def giveReward(self):
83          result = self.is_done()
84          # backpropagate reward
85          if result == 1:      # 第一玩家赢，P1加一分
86              self.p1.feedReward(1)
87              self.p2.feedReward(0)
88          elif result == -1:   # 第二玩家赢，P2加一分
89              self.p1.feedReward(0)
90              self.p2.feedReward(1)
91          else:                # 胜负未分，第一玩家加 0.1分，第二玩家加 0.5分
92              self.p1.feedReward(0.1)
93              self.p2.feedReward(0.5)
```

(6) 棋盘重置。程序代码如下：

```
95      # 棋盘重置
96      def reset(self):
97          self.board = np.zeros((BOARD_ROWS, BOARD_COLS))
98          self.boardHash = None
99          self.isEnd = False
100         self.playerSymbol = 1
```

(7) 训练：这是重点，本例训练 50000 回合后，可产生状态值函数表，将计算机和玩家的状态值函数表分别存盘 (policy_p1、policy_p2)，policy_p1 为先下子的策略模型，policy_p2 为后下子的策略模型。程序代码如下：

```
102     # 开始训练
103     def play(self, rounds=100):
104         for i in range(rounds):
105             if i % 1000 == 0:
106                 print(f"Rounds {i}")
107
108             while not self.isEnd:
109                 # Player 1
110                 positions = self.availablePositions()
111                 p1_action = self.p1.chooseAction(positions,
112                             self.board, self.playerSymbol)
113                 # take action and upate board state
114                 self.updateState(p1_action)
115                 board_hash = self.getHash()
116                 self.p1.addState(board_hash)
117
118                 # 检查是否胜负已分
119                 win = self.is_done()
120
121                 # 胜负已分
122                 if win is not None:
123                     self.giveReward()
124                     self.p1.reset()
125                     self.p2.reset()
126                     self.reset()
127                     break
128                 else:
129                     # Player 2
130                     positions = self.availablePositions()
131                     p2_action = self.p2.chooseAction(positions,
132                                 self.board, self.playerSymbol)
133                     self.updateState(p2_action)
134                     board_hash = self.getHash()
135                     self.p2.addState(board_hash)
136
137                     win = self.is_done()
138                     if win is not None:
139                         # self.showBoard()
140                         # ended with p2 either win or draw
141                         self.giveReward()
142                         self.p1.reset()
143                         self.p2.reset()
144                         self.reset()
145                         break
```

(8) 比赛：与训练逻辑类似，差别是玩家要自行输入行动。程序代码如下：

```
147      # 开始比赛
148      def play2(self, start_player=1):
149          is_first = True
150          while not self.isEnd:
151              # Player 1
152              positions = self.availablePositions()
153              if not (is_first and start_player==2):
154                  p1_action = self.p1.chooseAction(positions,
155                      self.board, self.playerSymbol)
156                  # take action and upate board state
157                  self.updateState(p1_action)
158                  is_first = False
159                  self.showBoard()
160                  # check board status if it is end
161                  win = self.is_done()
162                  if win is not None:
163                      if win == -1 or win == 1:
164                          print(self.p1.name, " 胜!")
165                      else:
166                          print("平手!")
167                      self.reset()
168                      break
169              else:
170                  # Player 2
171                  positions = self.availablePositions()
172                  p2_action = self.p2.chooseAction(positions)
173
174                  self.updateState(p2_action)
175                  self.showBoard()
176                  win = self.is_done()
177                  if win is not None:
178                      if win == -1 or win == 1:
179                          print(self.p2.name, " 胜!")
180                      else:
181                          print("平手!")
182                      self.reset()
183                      break
```

(9) 显示棋盘目前的状态。程序代码如下：

```
185      # 显示棋盘目前状态
186      def showBoard(self):
187          # p1: x  p2: o
188          for i in range(0, BOARD_ROWS):
189              print('-------------')
190              out = '| '
191              for j in range(0, BOARD_COLS):
192                  if self.board[i, j] == 1:
193                      token = 'x'
194                  if self.board[i, j] == -1:
195                      token = 'o'
196                  if self.board[i, j] == 0:
197                      token = ' '
198                  out += token + ' | '
199              print(out)
200          print('-------------')
```

(10) 计算机类别：包括计算机依最大值函数行动，比赛结束前存盘，比赛开始前载入文件。

(11) 初始化。程序代码如下：

```python
202  # 计算机类别
203  class Player:
204      def __init__(self, name, exp_rate=0.3):
205          self.name = name
206          self.states = []  # record all positions taken
207          self.lr = 0.2
208          self.exp_rate = exp_rate
209          self.decay_gamma = 0.9
210          self.states_value = {}  # state -> value
211  
212      def getHash(self, board):
213          boardHash = str(board.reshape(BOARD_COLS * BOARD_ROWS))
214          return boardHash
```

(12) 计算机依最大值函数行动。程序代码如下：

```python
216  # 计算机依最大值函数行动
217  def chooseAction(self, positions, current_board, symbol):
218      if np.random.uniform(0, 1) <= self.exp_rate:
219          # take random action
220          idx = np.random.choice(len(positions))
221          action = positions[idx]
222      else:
223          value_max = -999
224          for p in positions:
225              next_board = current_board.copy()
226              next_board[p] = symbol
227              next_boardHash = self.getHash(next_board)
228              value = 0 if self.states_value.get(next_boardHash) is None \
229                      else self.states_value.get(next_boardHash)
230  
231              # 依最大值函数行动
232              if value >= value_max:
233                  value_max = value
234                  action = p
235      # print("{} takes action {}".format(self.name, action))
236      return action
```

(13) 更新状态值函数。程序代码如下：

```python
238  # 更新状态值函数
239  def addState(self, state):
240      self.states.append(state)
241  
242  # 重置状态值函数
243  def reset(self):
244      self.states = []
245  
246  # 比赛结束，倒推状态值函数
247  def feedReward(self, reward):
248      for st in reversed(self.states):
249          if self.states_value.get(st) is None:
250              self.states_value[st] = 0
251          self.states_value[st] += self.lr * (self.decay_gamma * reward
252                                              - self.states_value[st])
253          reward = self.states_value[st]
```

(14) 存盘、载入文件。程序代码如下：

```python
255  # 存盘
256  def savePolicy(self):
257      fw = open(f'policy_{self.name}', 'wb')
258      pickle.dump(self.states_value, fw)
259      fw.close()
260  
261  # 载入文件
262  def loadPolicy(self, file):
263      fr = open(file, 'rb')
264      self.states_value = pickle.load(fr)
265      fr.close()
```

(15) 玩家类别：自行输入行动。程序代码如下：

```python
267  # 玩家类别
268  class HumanPlayer:
269      def __init__(self, name):
270          self.name = name
271  
272      # 行动
273      def chooseAction(self, positions):
274          while True:
275              position = int(input("输入位置(1~9):"))
276              row = position // 3
277              col = (position % 3) - 1
278              if col < 0:
279                  row -= 1
280                  col = 2
281              # print(row, col)
282              action = (row, col)
283              if action in positions:
284                  return action
285  
286      # 状态值函数更新
287      def addState(self, state):
288          pass
289  
290      # 比赛结束，倒推状态值函数
291      def feedReward(self, reward):
292          pass
293  
294      def reset(self):
295          pass
```

(16) 画图说明输入规则：说明如何输入位置。程序代码如下：

```python
297  # 画图说明输入规则
298  def first_draw():
299      rv = '\n'
300      no=0
301      for y in range(3):
302          for x in range(3):
303              idx = y * 3 + x
304              no+=1
305              rv += str(no)
306              if x < 2:
307                  rv += '|'
308          rv += '\n'
309          if y < 2:
310              rv += '-----\n'
311      return rv
```

执行结果：输入位置的号码如下：

```
1|2|3
-----
4|5|6
-----
7|8|9
```

(17) 主程序。

① 若已训练过，就不会再训练了，若要重新训练，可将 policy_p1、policy_p2 文件删除。

② 提供执行参数 2，让玩家先下子，否则一律由计算机先下子。指令如下：

python ticTacToe.py 2

程序代码如下：

```
313  if __name__ == "__main__":    # 主程序
314      import sys
315      if len(sys.argv) > 1:
316          start_player = int(sys.argv[1])
317      else:
318          start_player = 1
319
320      # 产生对象
321      p1 = Player("p1")
322      p2 = Player("p2")
323      env = Environment(p1, p2)
324
325      # 训练
326      if not os.path.exists(f'policy_p{start_player}'):
327          print("开始训练...")
328          env.play(50000)
329          p1.savePolicy()
330          p2.savePolicy()
331
332      print(first_draw())    # 棋盘说明
333
334      # 载入训练成果
335      p1 = Player("computer", exp_rate=0)
336      p1.loadPolicy(f'policy_p{start_player}')
337      p2 = HumanPlayer("human")
338      env = Environment(p1, p2)
339
340      # 开始比赛
341      env.play2(start_player)
```

执行结果：笔者试了几回合，计算机获胜的概率较大。

平手！

15-12 木棒小车

透过 15-4 节的实验，我们了解到木棒小车的状态是连续型变量，无法以数组存储所有状态的值函数，而这一节我们就来看看如何使用行动者与评论者 (Actor Critic) 算法进行木棒小车实验。

Actor Critic 类似于 GAN，主要分为两个神经网络，行动者在评论者的指导下，优化行动决策，而评论者则负责评估行动决策的好坏，并主导值函数模型的参数更新，详细的说明可参阅"Keras 官网说明"(https://keras.io/examples/rl/actor_critic_cartpole/)，以下的程序也来自于该网页。

请参阅程序 15_18_Actor_Critic.py。

执行指令：python 15_18_Actor_Critic.py。

执行结果：若报酬超过 195 分，即停止，表示模型已非常成熟，部分执行结果如下，在 763 回合成功达成目标。

```
running reward: 173.41 at episode 680
running reward: 181.18 at episode 690
running reward: 188.73 at episode 700
running reward: 186.98 at episode 710
running reward: 179.31 at episode 720
running reward: 181.53 at episode 730
running reward: 187.06 at episode 740
running reward: 190.73 at episode 750
running reward: 194.45 at episode 760
Solved at episode 763!
```

官网也提供了两段录制的动画，分别为训练初期与后期的比较，可以看出后期的木棒小车已经行驶得相当稳定。

(1) 训练初期：https://i.imgur.com/5gCs5kH.gif。
(2) 训练后期：https://i.imgur.com/5ziiZUD.gif。

15-13 总结

强化学习的应用范围越来越广泛，如自动驾驶车或无人搬运车 (Automated Guided Vehicle, AGV) 都会在不久的将来大行其道，它们都是利用摄像机侦测前方的障碍，但更核心的部分是利用强化学习，来采取最佳行动决策。以无人搬运车为例，我们只要模仿 Grid World 游戏的做法，将办公室 / 工厂 / 医院平面图制成类似于迷宫的路径，进行仿真训练后，将模型移植到机器人，就可以驱动机器人从 A 点送货至 B 点，如图 15.41 所示。

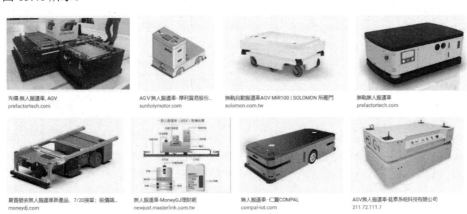

图 15.41　各厂牌的无人搬运车

不仅如此，在股票投资、脑部手术等其他领域，也都看得到强化学习的身影，虽然其理论较为深奥，且需要较扎实的程序基础，但是，它的好处是不用搜集大量的训练数据，也不需标记数据。